はしがき

本書は，大学初年度に学ぶ線形代数学の内容を理解するために編集された学習参考書です。
本書に先がけて発行した，大学生用のテキスト

数研講座シリーズ　大学教養　線形代数

に掲載された問題のすべてと本書独自に採録した問題について，その問題を解決するための考え方を示す指針と，詳しい解答を掲載しています。単に解き方を学ぶだけでなく，本書を上記のテキストと一緒に読み進めることで，その発想やアイデアの源泉に精通し，理解が深まるように書かれています。

線形代数学は，代数学の一分野です。代数学とはその名の通り，「数の代わり」として文字を使って数に関する様々な性質を系統だてて研究する学問で，線形代数学は，主に行列を使って学習していきます。行列は，高校数学でも以前は大きく扱われていて，文科系の生徒も学び，一時期は大学入試問題の花形でした。高校数学でも扱われたという事実が物語るように，線形代数学は大学初年度で学ぶ微分積分学とともに大変重要な学問で，理数科だけでなく工学科，経済学科の授業にも登場します。

しかし，それを表面的に示すことが難しいのが線形代数学の特長です。なぜならば，線形代数学は，以下のような２つの重要な側面が，抽象的な表現方法によって補完し合うことで成り立っているからです。それは

(A) 計算のための精緻なアルゴリズム　と，(B) その計算の深奥にある広大な理論

という２つの側面です。
ここで，(B) は理論のためだけにあるのではなく，(B) をきちんと理解することで，より柔軟で汎用性のある計算の発想を自分の力で考え出すことができるようになるという点で，極めて実際的な意義を見出すことができます。つまり，(A) か (B) かのどちらかに偏るのではなく，どちらにもバランスよく精通していることこそが，線形代数学をよく理解することなのです。

上記を踏まえ，(A) については，基本的には「計算ができさえすればよい」という発想で学習を進めてもよいでしょう。ここで学ぶことは「計算術」で，それは行列に精通することであり，行列の計算の達人（「行列使い」）になることです。行列の計算が上手にできて，それを使っていろいろな問題を解く力が備わるということが目標となります。
次に，(B) については，「使い方からその意味へ」という発想の転換が必要です。ただただ使えるというだけでなく，その意味まで理解して使えるようになること，つまり，ただ闇雲に使えればよいという考え方から脱皮して，その本当の意味を学習し，より柔軟で豊かな発想力や計算力・応用力を養うことが目標となります。

本書は，高等学校のチャート式参考書と同様な方針のもとに編集されています。既習事項との円滑な接続にも十分配慮していますので，安心して学習を進めることができます。
高校で数学を面白いと感じたのは，わかった！と思い，そして，問題を自力で解けたときではないでしょうか。それは，大学の数学でも同じです。
本書で，しっかりと学習して，数学の面白さ，線形代数学の奥の深さを存分に味わってください。

行列の行基本操作と行基本変形

- **行基本操作**　以下では，$i \neq j$ であるとする。
  - [1]　i 行目と j 行目を入れ替える。
  - [2]　i 行目を c 倍する（c は定数で $c \neq 0$）。
  - [3]　j 行目の a 倍を i 行目に足す（a は定数）。

  なお，行基本操作はすべて可逆である。
- **階段形**　$m \times n$ 行列 $A=[a_{ij}]$ が階段形であるとは，$0 \leqq r \leqq m$ である整数 r と，r 個の整数 $1 \leqq c_1 < c_2 < \cdots\cdots < c_r \leqq n$ が存在して，次を満たすことである。
  - [1]　$1 \leqq i \leqq r$ および $1 \leqq j \leqq c_i - 1$ のとき $a_{ij}=0$
  - [2]　$r+1 \leqq i \leqq m$ のとき，すべての $j\ (1 \leqq j \leqq n)$ について $a_{ij}=0$
  - [3]　$1 \leqq i \leqq r$ のとき $a_{ic_i} \neq 0$

  上記の階段形の行列において，$(i,\ c_i)$ 成分を，i 番目の主成分といい，r 個の整数 $c_1,\ c_2,\ \cdots\cdots,\ c_r$ を主番号という。また，各 c_i 番目の列を i 番目の主列，あるいは主列ベクトルという。また，整数 r を，この階段形行列の階数 (rank) という。
- **簡約階段形**　$m \times n$ 行列 $A=[a_{ij}]$ が次の条件満たすとき，A は簡約階段形であるという。
  - [1]　A は階段形である。
  - [2]　主成分はすべて 1 である。
  - [3]　各主列における主成分の上下の成分はすべて 0 である。
- **行基本変形定理**　任意の行列 A は，適当な行基本変形によって，簡約階段形に変形できる。
- 行基本変形のような手順によって行列を変形していくプロセスを掃き出し法という。また，行列 A を行基本変形して簡約階段形行列を作ること，およびその行列を A の簡約階段化という。
- **行列の階数とその性質**　簡約階段化された行列 A の階段の段の個数，すなわち階数を A の階数 (rank) といい $\operatorname{rank} A$ と書く。$m \times n$ 行列 A について $\operatorname{rank} A \leqq \min\{m,\ n\}$ が成り立つ。
- **行基本変形と連立１次方程式**
  A を $m \times n$ 行列とし，未知数ベクトル $\boldsymbol{x}={}^t[\,x_1 \quad x_2 \quad \cdots\cdots \quad x_n\,]$ をもつ連立１次方程式 $A\boldsymbol{x}=\boldsymbol{b}$　(＊) を考える。ただし，$\boldsymbol{b}={}^t[\,b_1 \quad b_2 \quad \cdots\cdots \quad b_m\,]$ は任意の定数項ベクトルとする。拡大係数行列 $[A \mid \boldsymbol{b}]$ に行基本変形を行って，$[B \mid \boldsymbol{b}']$（B は $m \times n$ 行列で，$\boldsymbol{b}'$ は $m \times 1$ 行列）が得られたとする。このとき，連立１次方程式 $B\boldsymbol{x}=\boldsymbol{b}'$ は (＊) と同値である。

連立１次方程式とその解

- **連立１次方程式の解の存在と解の自由度**

で示し
1次方
意定数
めの必
] が成

(2)　(1) の等式が成り立つとき，連立１次方程式 (＊) の解の自由度は $n-\operatorname{rank} A$ である。
(3)　$\operatorname{rank} A=m$ ならば，この連立１次方程式は解をもち，その解の自由度は $n-m$ である。

注意　係数行列 A と拡大係数行列 $[A \mid \boldsymbol{b}]$ の階数の関係は $\operatorname{rank} A \leqq \operatorname{rank}\,[A \mid \boldsymbol{b}]$ である。

同次連立１次方程式　前頁で示した連立１次方程式 (＊) において $b_1=b_2=\cdots\cdots=b_m=0$ であるとき，(＊) は同次連立１次方程式といい，行列では $A\boldsymbol{x}=\boldsymbol{0}_m$ と表す。$\boldsymbol{b} \neq \boldsymbol{0}_m$ のとき $A\boldsymbol{x}=\boldsymbol{b}$ は非同次連立１次方程式という。同次連立１次方程式 $A\boldsymbol{x}=\boldsymbol{0}_m$　(＊＊) について，次が成り立つ。
(0)　(＊＊) は，必ず自明な解 $\boldsymbol{x}=\boldsymbol{0}_m$ をもつ。
(1)　$\operatorname{rank} A=n$ ならば，(＊＊) は自明な解しかもたない。
(2)　$\operatorname{rank} A<n$ ならば，(＊＊) は非自明な解をもつ。

行列の構造と行列式

基本行列と基本変形

- **基本行列**　$i,\ j$ を n 以下の自然数とする。次の条件を満たす n 次正方行列 $P_{ij},\ P_i(c),\ P_{ij}(a)$ を基本行列という。
  - [1]　n 次単位行列の，i 行 [列] 目と j 行 [列] 目を入れ替えた行列 P_{ij}　ただし，$i \neq j$ である。
  - [2]　n 次単位行列の $(i,\ i)$ 成分の１つを 0 でない数 c に変えた行列 $P_i(c)$
  - [3]　n 次単位行列の $(i,\ j)$ 成分の１つを数 a に変えた行列 $P_{ij}(a)$　ただし，$i \neq j$ である。
- **基本行列と行基本変形**　$m \times n$ 行列 A に対して，左の段で示した行列の行基本操作 [1]〜[3] は，次の行列の演算のことである。
  - [1]　積 $P_{ij}A$　（i 行目と j 行目の入れ替え）
  - [2]　積 $P_i(c)A$　（i 行目を c 倍する）
  - [3]　積 $P_{ij}(a)A$（j 行目の a 倍を i 行目に足す）
- **行基本変形定理（その２）**　任意の $m \times n$ 行列 A に対して，$B=Q_1Q_2\cdots\cdots Q_sA$ が簡約階段形の行列となるような，有限個の基本行列 $Q_1,\ Q_2,\ \cdots\cdots,\ Q_s$ が存在する。

大数 154631

- **列基本操作**　以下では，$i \neq j$ であるとする。
  [1]　i 列目と j 列目を入れ替える。
  [2]　i 列目を c 倍する（c は定数で $c \neq 0$）。
  [3]　j 列目の a 倍を i 列目に足す（a は定数）。
  なお，列基本操作はすべて可逆である。行基本変形と列基本変形を総称して基本変形という。
- **行列の標準形**　$m \times n$ 行列 A に対して基本変形を行い，r 個の $(i,\ i)$ 成分 $(i=1,\ 2,\ \cdots\cdots,\ r)$ だけが 1 であり，残りのすべての成分が 0 の行列に変形できる。この行列を A の標準形という。つまり，m 次基本行列の有限個の積である行列 Q と，n 次基本行列の有限個の積である行列 P が存在して QAP が A の標準形になり得る。
- **基本行列の正則性**　n 次の行列 P_{ij}，$P_i(c)$，$P_{ij}(a)$ $(i,\ j=1,\ 2,\ 3,\ \cdots\cdots,\ n,\ i \neq j,\ c \neq 0)$ は正則であり，次が成り立つ。
  $P_{ij}{}^{-1}=P_{ij}$, $P_i(c)^{-1}=P_i(c^{-1})$, $P_{ij}(a)^{-1}=P_{ij}(-a)$
  また，基本行列の逆行列は，基本行列である。
- **正則行列の構造**　n 次正方行列 A について，次の条件 (a)，(b)，(c) は互いに同値である。
  (a)　A は正則行列である。 (b)　$\mathrm{rank}\,A=n$
  (c)　A は有限個の基本行列の積で表される。
- **逆行列と基本変形**　任意の正則行列 A について，A から単位行列 E を作る行基本変形を，単位行列 E に施すと，A の逆行列 A^{-1} が得られる。

置換　n，k を自然数とする。

- **n 個の数字の置換**　n 個の文字からなる順列を，文字を入れ替えて他の順列におき換えることを置換という。特に，n 個の文字 1，2，…，n の置換とは，集合 $\{1,\ 2,\ \cdots,\ n\}$ からそれ自身への写像で 1 対 1 のものである。σ，τ を n 個の文字 1，2，…，n の置換とする。置換 σ を行った後に続けて置換 τ を行うと新たな置換が得られる。これを σ と τ の合成といい $\tau\sigma$ で表す。
- **単位置換と逆置換**　文字 i $(i=1,\ 2,\ 3,\ \cdots,\ n)$ を i 自身に写す置換を単位置換といい，e で表す。また，任意の置換 σ に対して $\sigma\tau=\tau\sigma=e$ となる置換 τ がただ 1 つ定まる。この τ を σ の逆置換といい，σ^{-1} で表す。σ の k 個の合成を σ^k と表し，特に $\sigma^0=e$ とすると次が成り立つ。
  (1)　σ^k の逆置換は
  $\sigma^{-k}=\sigma^{-1}\sigma^{-1}\cdots\sigma^{-1}$（$\sigma^{-1}$ の k 個の合成）
  (2)　任意の整数 k，l について　$\sigma^{k+l}=\sigma^k\sigma^l$
- **n 変数の差積**　n 個の変数 x_1，x_2，……，x_n による多項式 $D(x_1,\ x_2,\ \cdots\cdots,\ x_n)$ を
  $(x_1-x_2)\times(x_1-x_3)\times\cdots\cdots\times(x_1-x_n)$
  $\times(x_2-x_3)\times(x_2-x_4)\times\cdots\cdots\times(x_2-x_n)$
  $\times\cdots\cdots\times(x_{n-1}-x_n)$
  で定義する。これを n 変数の差積という。
- **n 変数多項式の符号と置換の転倒数**
  i，j を n 以下の自然数とする。また，σ を n 個の文字 1，2，…，n の置換とする。
  変数 x_1，x_2，……，x_n の番号を σ で置換して得られる多項式 $D(x_{\sigma(1)},\ x_{\sigma(2)},\ \cdots\cdots,\ x_{\sigma(n)})$ を考えると，$i<j$ かつ $\sigma(i)>\sigma(j)$ である $(i,\ j)$ の個数が，偶数のとき $D(x_1,\ x_2,\ \cdots\cdots,\ x_n)$ に一致し，奇数のとき $-D(x_1,\ x_2,\ \cdots\cdots,\ x_n)$ に一致する。
  また，組 $(i,\ j)$ の個数を σ の転倒数という。
- **置換の符号**　n 個の文字 1，2，……，n の置換 σ について
  $$\mathrm{sgn}(\sigma)=\frac{D(x_{\sigma(1)},\ x_{\sigma(2)},\ \cdots\cdots,\ x_{\sigma(n)})}{D(x_1,\ x_2,\ \cdots\cdots,\ x_n)}$$
  を σ の符号といい，次が成り立つ。
  $\mathrm{sgn}(\sigma)=1 \iff \sigma$ の転倒数が偶数
  $\mathrm{sgn}(\sigma)=-1 \iff \sigma$ の転倒数が奇数
  また，符号が 1 である置換を遇置換，符号が -1 である置換を奇置換という。
- **合成公式**　n 個の文字 1，2，3，…，n の置換 σ，τ について $\mathrm{sgn}(\sigma\tau)=\mathrm{sgn}(\sigma)\mathrm{sgn}(\tau)$ が成り立つ。

行列式　A を n 次正方行列 $A=[a_{ij}]$ とする。

- **定義**　$\sum\limits_{\sigma}\mathrm{sgn}(\sigma)a_{1\sigma(1)}a_{2\sigma(2)}\cdots a_{n\sigma(n)}$ で定まる数を A の行列式といい，$\det(A)$，$|A|$，$|a_{ij}|$ などの記号で表す。上記の $\sum$ における σ は，n 個の文字 1, 2, 3, …, n の置換全体を動く。例えば
  A が 2 次のとき　$|A|=a_{11}a_{22}-a_{12}a_{21}$
  A が 3 次のとき　$|A|=a_{11}a_{22}a_{33}+a_{32}a_{21}a_{13}$
  $+a_{21}a_{12}a_{23}-a_{13}a_{22}a_{31}-a_{32}a_{23}a_{11}-a_{33}a_{12}a_{21}$
- **行列式の性質**　A，B を n 次正方行列とする。
  (1)　$|{}^tA|=|A|$　　(2)　$|AB|=|A||B|$
  (3)　A が正則なら $|A| \neq 0$ で　$|A^{-1}|=|A|^{-1}$
- **2 次の正則行列の逆行列**
  正則行列 $A=\begin{bmatrix} a & b \\ c & d \end{bmatrix}$ の逆行列 A^{-1} は
  $$A^{-1}=\frac{1}{|A|}\begin{bmatrix} d & -b \\ -c & a \end{bmatrix}=\frac{1}{ad-bc}\begin{bmatrix} d & -b \\ -c & a \end{bmatrix}$$
- **基本行列の行列式**　$i \neq j$ であるとする。
  (1)　$|P_{ij}|=-1$　(2)　$|P_i(c)|=c$　(3)　$|P_{ij}(a)|=1$
- **小行列式**　n 次正方行列 A の i 行目と j 列目を取り去ってできた $(n-1)$ 次正方行列の行列式 m_{ij} を，A の $(i,\ j)$ 小行列式といい，また，$\tilde{a}_{ij}=(-1)^{i+j}m_{ij}$ を A の $(i,\ j)$ 余因子という。

チャート式®シリーズ

大学教養　線形代数

はじめに

大学受験を目的としたチャート式の学習参考書は，およそ 100 年前に誕生しました。
戦争によって，発行が途絶えた時期もあったものの，多くの皆さんに愛され続けながら，チャート式の歴史は現在に至っています。
この間，時代は大きく変わりました。科学技術の進展に伴い，私たちを取り巻く環境や生活は驚くど変化し，そして便利なものとなりました。
この発展を基礎で支える学問の 1 つが数学です。数学の応用範囲は以前にも増して広がり，現代においで，数学の果たす役割はますます重要なものとなっています。

チャートとは

問題の急所がどこにあるか，

その解法をいかにして思いつくか

をわかりやすく示したものであり，その性格は，100 年前の刊行当時と何ら変わりありません。
チャートを用いて学習内容をわかりやすく解説するという特徴も，高等学校までのチャート式学習参考書と今回発行する大学向け参考書で，変わりのないところです。
チャート式は，わかりやすさを追究しながら，常に時代とともに進化を続けています。

> CHART とは何？
> C.O.D (*The Concise Oxford Dictionary*) には，CHART—Navigator's sea map with coast outlines, rocks, shoals, *etc.* と説明してある。
> 海図—浪風荒き問題の海に船出する若き船人に捧げられた海図—問題海の全面をことごとく一眸の中に収め，もっとも安らかな航路を示し，あわせて乗り上げやすい暗礁や浅瀬を一目瞭然たらしめる CHART！
> 昭和初年チャート式代数学巻頭言

大学で学ぶ数学は，高校までの数学に比べて複雑で，奥の深いものです。
授業の進度も早いため，学生の皆さんには，主体的に学び，より積極的に探究しようとする態度が求められます。
チャート式は，自ら考える皆さんの味方です。
大学受験を目的として刊行されたチャート式ですが，受験問題が解けるようになることは 1 つの通過点であって，数学を学ぶことのゴールではありません。
これまで見たことのない数学の世界が，皆さんの前に広がっています。
新たな数学の学習をスタートさせましょう。チャート式といっしょに。

数研出版編集部

本書の構成

章はじめ

各章の初めに，その章で扱う節名と例題一覧を，以下の項目で示した。教科書との対応とは，既刊の大学生用テキスト「**数研講座シリーズ 大学教養 線形代数**」との対応を示すものである。レベルは3段階で1(易)～3(難)で示した。

※ 以下の文章における「教科書」は上記の本を表す。

例題一覧

例題番号	レベル	例題タイトル	教科書との対応	例題番号	レベル	例題タイトル	教科書との対応
▼	▼	▼		▼	▼	▼	

基本 例題 000 例題タイトル ★☆☆

教科書の練習に対応している。★の数はレベル1～3に対応している。

問題文に続いて，解答の方針等を示した **指針**，詳しい **解答** を適宜副文も付けて示した。

指針では，解答に必要な **定義**，**定理** や，解答の方針を端的に示す **CHART** も適宜載せた。

解答では，**別解** の他，参考事項・注意事項・検討事項・補足事項・研究事項を，それぞれ **参考**・**注意**・**検討**・**補足**・**研究** として適宜示した。

また，解答の中で特に重要となる事柄や式を赤字で示した。

基本 例題 000 例題タイトル ★☆☆

教科書に載っていない，本書独自の問題で，内容は上記と同じである。

第0章の内容チェックテスト

その章の基本的な内容が把握できているかどうかを穴埋め式の問題で確認できるようにした。

□ にあてはまる解答例は巻末の**答の部**で示した。なお，解答例以外の答もあり得る。

重要 例題 000 例題タイトル ★★☆

教科書の各章の章末問題に対応している。

指針 や **解答** は，上記の基本例題と同じである。

重要 例題 000 例題タイトル ★★☆

教科書の章末問題レベルで，本書独自の問題である。

指針 や **解答** は，上記の基本例題と同じである。

目次

	問題数
基本例題	178 題
基本例題	7 題
基本例題合計	**185 題**
内容チェックテスト	48 題
重要例題	64 題
重要例題	33 題
重要例題合計	**97 題**
総問題数	330 題

第1章

1

行列の概念

1 行列とは何か
2 行列の演算
3 行列の種々の概念

例題一覧

例題番号	レベル	例題タイトル	教科書との対応
		1 行列とは何か	
基本 001	1	行列の型	練習 1
基本 002	1	行列の型と成分	練習 2
基本 003	1	行ベクトルと列ベクトル	練習 3
		2 行列の演算	
基本 004	1	行列の和・差・スカラー倍 ①	練習 1
基本 005	1	行列の和・差・スカラー倍 ②	練習 2
基本 006	1	零行列を含む行列の演算	練習 3
基本 007	1	2 次行列の積を含む演算	練習 4
基本 008	2	3 次行列の積と等式を満たす行列	練習 5
基本 009	1	行列の積と演算法則	練習 6
基本 010	1	行列の区分けと行列の積	練習 7
基本 011	1	3 次行列の積	練習 8
		3 行列の種々の概念	
基本 012	1	転置行列の性質の証明	練習 1
基本 013	1	転置行列を含む等式	練習 2
基本 014	1	2 次正方行列と逆行列	
基本 015	2	正則行列と逆行列	練習 3
基本 016	1	2 次行列が逆行列をもたない条件	練習 4
基本 017	1	逆行列の性質の証明	練習 5
基本 018	1	逆行列を常にもつ条件	練習 6
基本 019	1	行列の積と逆行列の性質	練習 7
基本 020	1	上三角行列，下三角行列 ①	練習 8
		第 1 章の内容チェックテスト	
		演 習 編	
重要 001	1	正方行列とその転置行列の積の成分	章末 1
重要 002	1	転置行列がもとの行列の実数倍	章末 2
重要 003	1	正方行列 A の多項式と A の正則性	章末 3
重要 004	1	上三角行列，下三角行列の逆行列	章末 4
重要 005	1	上三角行列，下三角行列 ②	章末 5
重要 006	1	行列のトレースの性質	章末 6
重要 007	1	行列のべき乗	

1　行列とは何か

基本　例題 001　行列の型　★☆☆

次の行列の型は何か。

(1) $\begin{bmatrix} 1 & 0 \\ -2 & 4 \\ 3 & -5 \end{bmatrix}$　　(2) $\begin{bmatrix} a & b \\ -c & d \end{bmatrix}$　　(3) $\begin{bmatrix} -1 & -1 & -4 \\ 2 & 2 & 0 \\ 4 & 0 & 3 \end{bmatrix}$

指針 いくつかの数を長方形状に並べたものを **行列** といい，その各々の数を，この行列の **成分** または **要素** という。特に，成分の横並びを「行」，縦並びを「列」と呼ぶ。
第 i 行（上から i 番目の行）と第 j 列（左から j 番目の列）の交わる場所におかれている数を **(i, j) 成分** または **(i, j) 要素** といい，a_{ij} のように表す。
一般に，行列は次のように定義される。右ページの基本例題 003 **参考** も参照。

定義　行列
mn 個の数を長方形状に並べた右のようなものを **$m\times n$ 行列**，**(m, n) 型行列**，**m 行 n 列の行列** などという。

$$\begin{bmatrix} a_{11} & a_{12} & \cdots & a_{1n} \\ a_{21} & a_{22} & \cdots & a_{2n} \\ \vdots & \vdots & & \vdots \\ a_{m1} & a_{m2} & \cdots & a_{mn} \end{bmatrix}$$

解答 (1) **(3, 2) 型**　(2) **(2, 2) 型**　(3) **(3, 3) 型**

基本　例題 002　行列の型と成分　★☆☆

行列 A，B について次の問いに答えよ。

$$A=\begin{bmatrix} 3 & 0 \\ -1 & 3 \\ 1 & 0 \end{bmatrix} \qquad B=\begin{bmatrix} -2 & -1 & 1 \\ 1 & 2 & -3 \\ 4 & 0 & 3 \end{bmatrix}$$

(1) 行列の型は何か。
(2) 行列 A の (3, 1) 成分はどれか。また，-1 は何成分か。
(3) 行列 B の (3, 2) 成分はどれか。また，-3 は何成分か。

指針 行列それぞれを表す場合，A，B など大文字で表すことが多い。
基本例題 001 の指針を参照。

解答 (1) 行列 A は **(3, 2) 型**，行列 B は **(3, 3) 型** である。
(2) 行列 A の (3, 1) 成分は **1** である。また，-1 は **(2, 1) 成分** である。
(3) 行列 B の (3, 2) 成分は **0** である。また，-3 は **(2, 3) 成分** である。

基本 例題 003 行ベクトルと列ベクトル ★☆☆

次の行列について，行ベクトルと列ベクトルをすべて書き出せ。

(1) $\begin{bmatrix} -2 & 3 \\ 4 & -1 \end{bmatrix}$

(2) $\begin{bmatrix} 1 & -3 & 0 \\ 5 & 2 & 4 \\ -1 & -2 & 0 \end{bmatrix}$

指針 行列の中で，列の数または行の数が 1 である行列は **ベクトル** とも呼ばれ，次のように 2 通りのベクトルがある。

[1]　$m\times1$ 行列，すなわち縦に m 個の数が並んだ行列を **m 次列ベクトル**（**縦ベクトル**）といい，$\begin{bmatrix} a_1 \\ a_2 \\ \vdots \\ a_m \end{bmatrix}$ で表す。

[2]　$1\times n$ 行列，すなわち横に n 個の数が並んだ行列を **n 次行ベクトル**（**横ベクトル**）といい，$[a_1 \quad a_2 \quad \cdots \quad a_n]$ で表す。

例えば，行列 $P=\begin{bmatrix} 1 & -3 & 0 \\ 5 & 2 & 4 \end{bmatrix}$ ならば

$[1 \quad -3 \quad 0]$，$[5 \quad 2 \quad 4]$ はそれぞれ行列 P の行ベクトル

$\begin{bmatrix} 1 \\ 5 \end{bmatrix}$，$\begin{bmatrix} -3 \\ 2 \end{bmatrix}$，$\begin{bmatrix} 0 \\ 4 \end{bmatrix}$ はそれぞれ行列 P の列ベクトル

である。

解答 (1)　行ベクトルは　$[-2 \quad 3]$，$[4 \quad -1]$

列ベクトルは　$\begin{bmatrix} -2 \\ 4 \end{bmatrix}$，$\begin{bmatrix} 3 \\ -1 \end{bmatrix}$

(2)　行ベクトルは　$[1 \quad -3 \quad 0]$，$[5 \quad 2 \quad 4]$，$[-1 \quad -2 \quad 0]$

列ベクトルは　$\begin{bmatrix} 1 \\ 5 \\ -1 \end{bmatrix}$，$\begin{bmatrix} -3 \\ 2 \\ -2 \end{bmatrix}$，$\begin{bmatrix} 0 \\ 4 \\ 0 \end{bmatrix}$

参考 上の (1) は 2×2 行列，(2) は 3×3 行列である。このように，$m\times n$ 行列の行と列の個数が同じである行列，すなわち $m=n$ である行列を **n 次の正方行列**，**n 次行列**，または単に **正方行列** という。

2　行列の演算

基本 例題 004　行列の和・差・スカラー倍①　★☆☆

次の行列の計算をせよ。

(1) $\begin{bmatrix} 4 & -1 \\ 3 & 2 \end{bmatrix}+\begin{bmatrix} -2 & 1 \\ -1 & 3 \end{bmatrix}$　　(2) $\begin{bmatrix} 1 & 2 \\ 4 & 5 \end{bmatrix}-2\begin{bmatrix} 3 & 2 \\ 6 & 5 \end{bmatrix}$

(3) $\dfrac{2}{3}\begin{bmatrix} 6 & -9 \\ -3 & 0 \end{bmatrix}+\dfrac{1}{2}\begin{bmatrix} 8 & 0 \\ -2 & -4 \end{bmatrix}$

指針 行列の和と差は同じ型どうしの行列で行う。2つの $m\times n$ 行列 A，B の相等，和と差，スカラー倍は，以下のように定義される。なお，行列 A，B を，それらの成分 a_{ij}，b_{ij} を用いて $\boldsymbol{A=[a_{ij}]}$，$\boldsymbol{B=[b_{ij}]}$ と簡略化して表すことにする。

定義　行列の相等

2つの行列 A，B が等しいとは，[1]　型が同じ　[2]　対応する成分がどれも同じ　であることをいう。つまり $A=B \Longleftrightarrow a_{ij}=b_{ij}$ $(i=1,\ 2,\ \cdots\cdots,\ m,\ j=1,\ 2,\ \cdots\cdots,\ n)$

定義　行列の和と差（複号同順）

$$A\pm B=\begin{bmatrix} a_{11}\pm b_{11} & a_{12}\pm b_{12} & \cdots & a_{1n}\pm b_{1n} \\ a_{21}\pm b_{21} & a_{22}\pm b_{22} & \cdots & a_{2n}\pm b_{2n} \\ \vdots & \vdots & & \vdots \\ a_{m1}\pm b_{m1} & a_{m2}\pm b_{m2} & \cdots & a_{mn}\pm b_{mn} \end{bmatrix}$$

$A\pm B=[a_{ij}]\pm[b_{ij}]=[a_{ij}\pm b_{ij}]$
$(i=1,\ 2,\ \cdots\cdots,\ m,\ j=1,\ 2,\ \cdots\cdots,\ n)$

定数を **スカラー** と呼ぶ。$m\times n$ 行列 A のスカラー倍は，以下のように定義される。

定義　行列のスカラー（定数）倍（k は定数）

$$kA=\begin{bmatrix} ka_{11} & ka_{12} & \cdots & ka_{1n} \\ ka_{21} & ka_{22} & \cdots & ka_{2n} \\ \vdots & \vdots & & \vdots \\ ka_{m1} & ka_{m2} & \cdots & ka_{mn} \end{bmatrix}$$

$kA=k[a_{ij}]=[ka_{ij}]$
$(i=1,\ 2,\ \cdots\cdots,\ m,\ j=1,\ 2,\ \cdots\cdots,\ n)$

特に，A の -1 倍を $\boldsymbol{-A}$ で表す。すなわち，$-A=(-1)A$ となる。

解答

(1) $\begin{bmatrix} 4 & -1 \\ 3 & 2 \end{bmatrix}+\begin{bmatrix} -2 & 1 \\ -1 & 3 \end{bmatrix}=\begin{bmatrix} 4-2 & -1+1 \\ 3-1 & 2+3 \end{bmatrix}=\begin{bmatrix} \mathbf{2} & \mathbf{0} \\ \mathbf{2} & \mathbf{5} \end{bmatrix}$

(2) $\begin{bmatrix} 1 & 2 \\ 4 & 5 \end{bmatrix}-2\begin{bmatrix} 3 & 2 \\ 6 & 5 \end{bmatrix}=\begin{bmatrix} 1-2\cdot 3 & 2-2\cdot 2 \\ 4-2\cdot 6 & 5-2\cdot 5 \end{bmatrix}=\begin{bmatrix} \mathbf{-5} & \mathbf{-2} \\ \mathbf{-8} & \mathbf{-5} \end{bmatrix}$

(3) $\dfrac{2}{3}\begin{bmatrix} 6 & -9 \\ -3 & 0 \end{bmatrix}+\dfrac{1}{2}\begin{bmatrix} 8 & 0 \\ -2 & -4 \end{bmatrix}=\begin{bmatrix} \dfrac{2}{3}\cdot 6+\dfrac{1}{2}\cdot 8 & \dfrac{2}{3}\cdot(-9)+\dfrac{1}{2}\cdot 0 \\ \dfrac{2}{3}\cdot(-3)+\dfrac{1}{2}\cdot(-2) & \dfrac{2}{3}\cdot 0+\dfrac{1}{2}\cdot(-4) \end{bmatrix}$

$=\begin{bmatrix} \mathbf{8} & \mathbf{-6} \\ \mathbf{-3} & \mathbf{-2} \end{bmatrix}$

基本 例題 005 行列の和・差・スカラー倍 ② ★☆☆

$A=\begin{bmatrix} -1 & 0 \\ 2 & 1 \end{bmatrix}$, $B=\begin{bmatrix} 2 & 0 \\ 1 & -2 \end{bmatrix}$ とする。次の等式を満たす行列 X を求めよ。

(1) $3X-B=X+4A$　　(2) $\dfrac{1}{2}(2A-B-X)=2\{X-2(A-3B)\}$

指針 行列 A, B, X の和・差・スカラー倍は，A, B, X を普通の文字と考えて，文字式の計算と同じように行える。ただし，11 ページ以降の **行列の積は，文字式の計算と同じにはできない**。
まず，行列の等式を X について解き，X を A, B で表す。その後，行列 A, B を成分表示して，基本例題 004 と同様に演算を行う。

CHART **行列 A, B の計算 ①**
和・差・スカラー倍なら文字式 A, B の計算と同じ

解答 (1) 与えられた等式より　$2X=4A+B$

よって　$X=\dfrac{1}{2}(4A+B)$

ゆえに　$X=\dfrac{1}{2}\left\{4\begin{bmatrix} -1 & 0 \\ 2 & 1 \end{bmatrix}+\begin{bmatrix} 2 & 0 \\ 1 & -2 \end{bmatrix}\right\}$

$$=\frac{1}{2}\begin{bmatrix} 4\cdot(-1)+2 & 4\cdot 0+0 \\ 4\cdot 2+1 & 4\cdot 1+(-2) \end{bmatrix}=\begin{bmatrix} \mathbf{-1} & \mathbf{0} \\ \mathbf{\dfrac{9}{2}} & \mathbf{1} \end{bmatrix}$$

(2) 与えられた等式より　$2A-B-X=4X-8A+24B$

よって　$X=2A-5B$

ゆえに　$X=2\begin{bmatrix} -1 & 0 \\ 2 & 1 \end{bmatrix}-5\begin{bmatrix} 2 & 0 \\ 1 & -2 \end{bmatrix}$

$$=\begin{bmatrix} 2\cdot(-1)-5\cdot 2 & 2\cdot 0-5\cdot 0 \\ 2\cdot 2-5\cdot 1 & 2\cdot 1-5\cdot(-2) \end{bmatrix}$$

$$=\begin{bmatrix} \mathbf{-12} & \mathbf{0} \\ \mathbf{-1} & \mathbf{12} \end{bmatrix}$$

参考 上の例題の A, B はともに 2 次行列 (7 ページの 参考 参照) である。特に，n 次行列において，$(i,\ i)$ 成分 $(i=1,\ 2,\ \cdots\cdots,\ n)$ を **対角成分** といい，対角成分以外，すなわち $i\neq j$ であるすべての $(i,\ j)$ 成分が 0 であるものを **対角行列**，$(i,\ i)$ 成分がすべて 1 で $(i,\ i)$ 成分以外はすべて 0 であるもの，すなわち対角成分がすべて 1 である対角行列を **単位行列** という。

基本 例題 006　零行列を含む行列の演算　★☆☆

$A+O=O+A=A$ を証明せよ。

指針　成分がすべて 0 である行列を **零行列** という。

定義　**零行列**

成分がすべて 0 の $m\times n$ 行列 $O_{mn}=\begin{bmatrix} 0 & \cdots & 0 \\ \vdots & & \vdots \\ 0 & \cdots & 0 \end{bmatrix}$ を $\boldsymbol{(m,\ n)}$ **型零行列**，$\boldsymbol{m\times n}$ **零行列**，

または単に **零行列** という。

基本例題 004 で扱った行列の和の定義を用いて示す。

解答　$A=[a_{ij}]$，$O=[o_{ij}]$ とする。

また，O は零行列であるから　$o_{ij}=0$

ゆえに　$A+O=[a_{ij}+o_{ij}]=[a_{ij}]=A$

$O+A=[o_{ij}+a_{ij}]=[a_{ij}]=A$ ■

検討　**零ベクトルと零行列を含む行列の演算（和）**

混乱しない場合は，零行列の型を省略して O で表す。また，成分がすべて 0 である行ベクトル，および列ベクトルは零ベクトルといい

$$[0\ \ 0\ \ \cdots\ \ 0]=\mathbf{0}\qquad \begin{bmatrix} 0 \\ \vdots \\ 0 \end{bmatrix}=\mathbf{0}$$

のように 0 の太文字 $\mathbf{0}$ で表す。また，零行列を含む行列の演算について，次の定理が成り立つ。

定理　**零行列を含む行列の演算（和）**

$(m,\ n)$ 型行列 A と，$(m,\ n)$ 型零行列 O について

$A+O=O+A=A$

$A+(-A)=(-A)+A=O$

が成り立つ。

参考　**基本的な行列のまとめ**

① $m\times n$ 行列で $m=n$ のものを $\boldsymbol{n}$ **次正方行列**（$\boldsymbol{n}$ **次行列**）という。

② 成分がすべて 0 である行列を **零行列** といい，普通 $\boldsymbol{O}$ で表す。

③ n 次行列で，$(i,\ i)$ 成分以外はすべて 0 であるものを **対角行列** という。また，n 次行列で $(i,\ i)$ 成分がすべて 1 で $(i,\ i)$ 成分以外はすべて 0 であるもの，すなわち，対角成分がすべて 1 の対角行列は **単位行列** といい，普通 $\boldsymbol{E}$ または $\boldsymbol{E_n}$ で表す。

基本 例題 007 2次行列の積を含む演算 ★☆☆

$A=\begin{bmatrix} -1 & 4 \\ 2 & -5 \end{bmatrix}$，$B=\begin{bmatrix} 1 & 0 \\ 0 & -1 \end{bmatrix}$ のとき，$A^2+AB-BA-B^2$ を求めよ。

指針 $l\times m$ 行列A，$m\times n$ 行列Bの積は次のように定義される。

定義 2つの行列の積

$$A=\begin{bmatrix} a_{11} & a_{12} & \cdots & a_{1m} \\ a_{21} & a_{22} & \cdots & a_{2m} \\ \vdots & \vdots & & \vdots \\ a_{i1} & a_{i2} & \cdots & a_{im} \\ \vdots & \vdots & & \vdots \\ a_{l1} & a_{l2} & \cdots & a_{lm} \end{bmatrix},\quad B=\begin{bmatrix} b_{11} & b_{12} & \cdots & b_{1j} & \cdots & b_{1n} \\ b_{21} & b_{22} & \cdots & b_{2j} & \cdots & b_{2n} \\ \vdots & \vdots & & \vdots & & \vdots \\ b_{m1} & b_{m2} & \cdots & b_{mj} & \cdots & b_{mn} \end{bmatrix}$$ とすると

$$AB=\begin{bmatrix} c_{11} & c_{12} & \cdots & c_{1j} & \cdots & c_{1n} \\ c_{21} & c_{22} & \cdots & c_{2j} & \cdots & c_{2n} \\ \vdots & \vdots & & \vdots & & \vdots \\ c_{i1} & c_{i2} & \cdots & c_{ij} & \cdots & c_{in} \\ \vdots & \vdots & & \vdots & & \vdots \\ c_{l1} & c_{l2} & \cdots & c_{lj} & \cdots & c_{ln} \end{bmatrix}\quad \begin{aligned} c_{ij}&=\sum_{k=1}^{m} a_{ik}b_{kj} \\ &=a_{i1}b_{1j}+a_{i2}b_{2j}+\cdots\cdots+a_{im}b_{mj} \end{aligned}$$
$(i=1,\ 2,\ \cdots\cdots,\ l\ ;\ j=1,\ 2,\ \cdots\cdots,\ n)$

このように，**行列Aの列数** と，**行列Bの行数** が同じ（この場合はm）でなければ積は定義されない。よって，2つの行列の積 AB が定義されても積 BA が定義されるとは限らない。更に，積 AB と BA が定義されても，常に $AB=BA$ とはならない。すなわち，一般に，2つの行列の積について，交換法則は成り立たない（$AB\neq BA$）。$AB=BA$ が成り立つときは，A とBは可換であるという。

CHART **行列 A，B の計算 ②**
積は，文字式 A，B の積とは違って，一般に $AB\neq BA$

解答 $A^2+AB-BA-B^2=A(A+B)-B(A+B)=(A-B)(A+B)$

$$=\left\{\begin{bmatrix} -1 & 4 \\ 2 & -5 \end{bmatrix}-\begin{bmatrix} 1 & 0 \\ 0 & -1 \end{bmatrix}\right\}\left\{\begin{bmatrix} -1 & 4 \\ 2 & -5 \end{bmatrix}+\begin{bmatrix} 1 & 0 \\ 0 & -1 \end{bmatrix}\right\}$$

$$=\begin{bmatrix} -1-1 & 4-0 \\ 2-0 & -5-(-1) \end{bmatrix}\begin{bmatrix} -1+1 & 4+0 \\ 2+0 & -5-1 \end{bmatrix}$$

$$=\begin{bmatrix} -2 & 4 \\ 2 & -4 \end{bmatrix}\begin{bmatrix} 0 & 4 \\ 2 & -6 \end{bmatrix}=\begin{bmatrix} \mathbf{8} & \mathbf{-32} \\ \mathbf{-8} & \mathbf{32} \end{bmatrix}$$

注意 一般に，$AB\neq BA$ であるから
$(A+B)(A-B)=A(A-B)+B(A-B)$
$\qquad=A^2-AB+BA-B^2\neq A^2+AB-BA-B^2=(A-B)(A+B)$
すなわち，一般に　$(A+B)(A-B)\neq(A-B)(A+B)$

基本 例題 008　3次行列の積と等式を満たす行列　★★☆

$A=\begin{bmatrix}\lambda & 1 & 0\\ 0 & \lambda & 1\\ 0 & 0 & \lambda\end{bmatrix}$ に対して，$AX=XA$ を満たす3次の正方行列 X を求めよ。

指針　積 AX，XA の計算は，基本例題007の指針を参照。また，基本例題004の指針で示したように，行列の相等は，以下のように定義される。

定義　行列の相等

$m\times n$ 行列 $P=[p_{ij}]$，$Q=[q_{ij}]$ に対して

$$P=Q \Longleftrightarrow p_{ij}=q_{ij}\quad (i=1,\ 2,\ \cdots\cdots,\ m\ ;\ j=1,\ 2,\ \cdots\cdots,\ n)$$

$X=\begin{bmatrix}a & b & c\\ d & e & f\\ g & h & i\end{bmatrix}$ とおき，更に $A=\begin{bmatrix}\lambda & 0 & 0\\ 0 & \lambda & 0\\ 0 & 0 & \lambda\end{bmatrix}+\begin{bmatrix}0 & 1 & 0\\ 0 & 0 & 1\\ 0 & 0 & 0\end{bmatrix}$ のように分解して AX と XA を，分配法則（基本例題009の指針参照）を使って計算するとラク。

CHART　行列の計算　計算はラクに行え

解答　$X=\begin{bmatrix}a & b & c\\ d & e & f\\ g & h & i\end{bmatrix}$ とする。

$A=\lambda\begin{bmatrix}1 & 0 & 0\\ 0 & 1 & 0\\ 0 & 0 & 1\end{bmatrix}+\begin{bmatrix}0 & 1 & 0\\ 0 & 0 & 1\\ 0 & 0 & 0\end{bmatrix}$ であるから

$$AX=\lambda\begin{bmatrix}1 & 0 & 0\\ 0 & 1 & 0\\ 0 & 0 & 1\end{bmatrix}\begin{bmatrix}a & b & c\\ d & e & f\\ g & h & i\end{bmatrix}+\begin{bmatrix}0 & 1 & 0\\ 0 & 0 & 1\\ 0 & 0 & 0\end{bmatrix}\begin{bmatrix}a & b & c\\ d & e & f\\ g & h & i\end{bmatrix}$$

$$=\lambda\begin{bmatrix}a & b & c\\ d & e & f\\ g & h & i\end{bmatrix}+\begin{bmatrix}d & e & f\\ g & h & i\\ 0 & 0 & 0\end{bmatrix}=\lambda X+\begin{bmatrix}d & e & f\\ g & h & i\\ 0 & 0 & 0\end{bmatrix}$$

$$XA=\lambda\begin{bmatrix}a & b & c\\ d & e & f\\ g & h & i\end{bmatrix}\begin{bmatrix}1 & 0 & 0\\ 0 & 1 & 0\\ 0 & 0 & 1\end{bmatrix}+\begin{bmatrix}a & b & c\\ d & e & f\\ g & h & i\end{bmatrix}\begin{bmatrix}0 & 1 & 0\\ 0 & 0 & 1\\ 0 & 0 & 0\end{bmatrix}$$

$$=\lambda\begin{bmatrix}a & b & c\\ d & e & f\\ g & h & i\end{bmatrix}+\begin{bmatrix}0 & a & b\\ 0 & d & e\\ 0 & g & h\end{bmatrix}=\lambda X+\begin{bmatrix}0 & a & b\\ 0 & d & e\\ 0 & g & h\end{bmatrix}$$

$AX=XA$ から　　$a=e=i$，$b=f$，$d=g=h=0$

よって　　$\boldsymbol{X=\begin{bmatrix}a & b & c\\ 0 & a & b\\ 0 & 0 & a\end{bmatrix}}$　**（a，b，c は任意定数）**

◀ $\begin{bmatrix}\lambda & 0 & 0\\ 0 & \lambda & 0\\ 0 & 0 & \lambda\end{bmatrix}=\lambda E$
（E は単位行列）
$A(B+C)=AB+AC$
（分配法則）

◀ $X(\lambda E)=\lambda XE$ から。

◀ λX は共通であるから
$\begin{bmatrix}d & e & f\\ g & h & i\\ 0 & 0 & 0\end{bmatrix}=\begin{bmatrix}0 & a & b\\ 0 & d & e\\ 0 & g & h\end{bmatrix}$

基本 例題 009 行列の積と演算法則 ★☆☆

n 次正方行列についての次の式を計算し，簡単にせよ。

(1) $(A+B)(A-B)$　　(2) $2(A-C)^2+2(B-C)^2-(A+B-2C)^2$

(3) $(A+3E)^2$　　(4) $(A+E)^2+(A-E)^2$

指針 行列の積の演算法則を用いる。なお，(3)，(4)の E は単位行列（9 ページの 参考 を参照）を表す。A と E だけの式なら，普通の文字式と同じように計算できる。

定理 行列の積の演算法則

1. $(AB)C=A(BC)$ **結合法則**
2. $A(B+C)=AB+AC$　$(A+B)C=AC+BC$ **分配法則**
3. $AB \neq BA$ **一般に，交換法則は成り立たない。**

また，$m\times n$ 行列 A と単位行列，零行列については

$AE_n=A$，$E_mA=A$（E_n は n 次単位行列，E_m は m 次単位行列）

$AO=O$，$OA=O$（左辺の零行列は，前者が $(n,\ k)$ 型，後者が $(l,\ m)$ 型）

特に，A，E，O がすべて n 次正方行列なら $AE=EA=A$，$AO=OA=O$ であり，積の交換法則が成り立つ。

CHART 正方行列の計算　A と E だけなら積の交換 O.K.

解答 (1) $(A+B)(A-B)=A(A-B)+B(A-B)=\boldsymbol{A^2-AB+BA-B^2}$

(2) $2(A-C)^2+2(B-C)^2-(A+B-2C)^2$

$=2(A-C)(A-C)+2(B-C)(B-C)-(A+B-2C)(A+B-2C)$

$=2(A^2-AC-CA+C^2)+2(B^2-BC-CB+C^2)$

$\qquad -(A^2+AB-2AC+BA+B^2-2BC-2CA-2CB+4C^2)$

$=\boldsymbol{A^2-AB-BA+B^2}$

(3) $(A+3E)^2=A^2+2A(3E)+3^2E^2=\boldsymbol{A^2+6A+9E}$

(4) $(A+E)^2+(A-E)^2=(A^2+2A+E)+(A^2-2A+E)=\boldsymbol{2A^2+2E}$

注意 上の指針で示した，行列の積の演算法則は，数の演算法則をすべて満たすわけではない。

[1] 行列 A，B の積について，常に $AB=BA$ となるとは限らない。$AB=BA$ が成り立つときは，A と B は可換であるという。

[2] $A\neq O$，$B\neq O$ であって，$AB=O$ となる行列 A，B が存在する。このような行列 A，B を **零因子** と呼ぶ。

[3] $A\neq O$ でも，$AX=E$，$YA=E$ となる行列 X，Y が存在するとは限らない。

基本 例題 010 行列の区分けと行列の積 ★☆☆

$A=\begin{bmatrix} 1 & -1 & 0 & 0 \\ 0 & -2 & 0 & 0 \\ 0 & 0 & -2 & 3 \\ 0 & 0 & 1 & 1 \end{bmatrix}$, $B=\begin{bmatrix} 2 & 1 & 0 & 0 \\ 0 & 1 & 0 & 0 \\ 0 & 0 & 1 & 1 \\ 0 & 0 & 2 & -3 \end{bmatrix}$ のとき，行列の積 AB を求めよ。

指針 基本例題 007 の指針で示した積の定義の式を使って計算してもよいが，ここでは行列の形の特徴から次のように計算する。まず，行列 A，B を次のように区分け（ブロック分け）する。

$$A=\left[\begin{array}{cc|cc} 1 & -1 & 0 & 0 \\ 0 & -2 & 0 & 0 \\ \hline 0 & 0 & -2 & 3 \\ 0 & 0 & 1 & 1 \end{array}\right],\quad B=\left[\begin{array}{cc|cc} 2 & 1 & 0 & 0 \\ 0 & 1 & 0 & 0 \\ \hline 0 & 0 & 1 & 1 \\ 0 & 0 & 2 & -3 \end{array}\right]$$

分けられた各ブロックは，行列Aや行列Bの **小行列** と呼ばれ，それら自身で1つの行列とみなすことができる。各小行列を行列の各成分とみて，それぞれの行列の掛け算を行うことで，積 AB を計算することができる。

CHART　行列の計算　計算はラクに行え

解答 $A_1=\begin{bmatrix} 1 & -1 \\ 0 & -2 \end{bmatrix}$, $A_2=\begin{bmatrix} -2 & 3 \\ 1 & 1 \end{bmatrix}$, $B_1=\begin{bmatrix} 2 & 1 \\ 0 & 1 \end{bmatrix}$, $B_2=\begin{bmatrix} 1 & 1 \\ 2 & -3 \end{bmatrix}$, $O=\begin{bmatrix} 0 & 0 \\ 0 & 0 \end{bmatrix}$ とすると

$$AB=\begin{bmatrix} A_1 & O \\ O & A_2 \end{bmatrix}\begin{bmatrix} B_1 & O \\ O & B_2 \end{bmatrix}$$

$$=\begin{bmatrix} A_1B_1 & O \\ O & A_2B_2 \end{bmatrix}$$

$$=\begin{bmatrix} 1\cdot2+(-1)\cdot0 & 1\cdot1+(-1)\cdot1 & 0 & 0 \\ 0\cdot2+(-2)\cdot0 & 0\cdot1+(-2)\cdot1 & 0 & 0 \\ 0 & 0 & (-2)\cdot1+3\cdot2 & (-2)\cdot1+3\cdot(-3) \\ 0 & 0 & 1\cdot1+1\cdot2 & 1\cdot1+1\cdot(-3) \end{bmatrix}$$

$$=\begin{bmatrix} \mathbf{2} & \mathbf{0} & \mathbf{0} & \mathbf{0} \\ \mathbf{0} & \mathbf{-2} & \mathbf{0} & \mathbf{0} \\ \mathbf{0} & \mathbf{0} & \mathbf{4} & \mathbf{-11} \\ \mathbf{0} & \mathbf{0} & \mathbf{3} & \mathbf{-2} \end{bmatrix}$$

基本 例題 011 3次行列の積 ★☆☆

$A=\begin{bmatrix} 2 & 0 & 0 \\ 0 & -1 & 0 \\ 0 & 0 & 3 \end{bmatrix}$, $B=\begin{bmatrix} -1 & 0 & 0 \\ 0 & 2 & 0 \\ 0 & 0 & 1 \end{bmatrix}$ のとき，行列の積 AB を求めよ。

指針 基本例題 007 の指針の定義に従って行列の積を求める。
または，次のように，行列Aを列ベクトルに分解して積を考えることもできる。
行列Aの 3 つの列ベクトルを $\boldsymbol{x}_1$，$\boldsymbol{x}_2$，$\boldsymbol{x}_3$ とすると，$A=[\,\boldsymbol{x}_1 \quad \boldsymbol{x}_2 \quad \boldsymbol{x}_3\,]$ と表される。
また，$B=\begin{bmatrix} \lambda_1 & 0 & 0 \\ 0 & \lambda_2 & 0 \\ 0 & 0 & \lambda_3 \end{bmatrix}$ と表すと，$AB=[\,\boldsymbol{x}_1 \quad \boldsymbol{x}_2 \quad \boldsymbol{x}_3\,]\begin{bmatrix} \lambda_1 & 0 & 0 \\ 0 & \lambda_2 & 0 \\ 0 & 0 & \lambda_3 \end{bmatrix}=[\,\lambda_1\boldsymbol{x}_1 \quad \lambda_2\boldsymbol{x}_2 \quad \lambda_3\boldsymbol{x}_3\,]$
と計算できることを利用する。

解答

$$AB=\begin{bmatrix} 2 & 0 & 0 \\ 0 & -1 & 0 \\ 0 & 0 & 3 \end{bmatrix}\begin{bmatrix} -1 & 0 & 0 \\ 0 & 2 & 0 \\ 0 & 0 & 1 \end{bmatrix}$$

$$=\begin{bmatrix} 2\cdot(-1)+0\cdot0+0\cdot0 & 2\cdot0+0\cdot2+0\cdot0 & 2\cdot0+0\cdot0+0\cdot1 \\ 0\cdot(-1)+(-1)\cdot0+0\cdot0 & 0\cdot0+(-1)\cdot2+0\cdot0 & 0\cdot0+(-1)\cdot0+0\cdot1 \\ 0\cdot(-1)+0\cdot0+3\cdot0 & 0\cdot0+0\cdot2+3\cdot0 & 0\cdot0+0\cdot0+3\cdot1 \end{bmatrix}$$

$$=\begin{bmatrix} \mathbf{-2} & \mathbf{0} & \mathbf{0} \\ \mathbf{0} & \mathbf{-2} & \mathbf{0} \\ \mathbf{0} & \mathbf{0} & \mathbf{3} \end{bmatrix}$$

別解

$$AB=\begin{bmatrix} 2 & 0 & 0 \\ 0 & -1 & 0 \\ 0 & 0 & 3 \end{bmatrix}\begin{bmatrix} -1 & 0 & 0 \\ 0 & 2 & 0 \\ 0 & 0 & 1 \end{bmatrix}=\begin{bmatrix} (-1)\cdot2 & 2\cdot0 & 1\cdot0 \\ (-1)\cdot0 & 2\cdot(-1) & 1\cdot0 \\ (-1)\cdot0 & 2\cdot0 & 1\cdot3 \end{bmatrix}$$

$$=\begin{bmatrix} \mathbf{-2} & \mathbf{0} & \mathbf{0} \\ \mathbf{0} & \mathbf{-2} & \mathbf{0} \\ \mathbf{0} & \mathbf{0} & \mathbf{3} \end{bmatrix}$$

参考 $A=[\,\boldsymbol{x}_1 \quad \boldsymbol{x}_2 \quad \boldsymbol{x}_3\,]$，$B=\begin{bmatrix} 0 & 0 & \lambda_1 \\ 0 & \lambda_2 & 0 \\ \lambda_3 & 0 & 0 \end{bmatrix}$ ならば $AB=[\,\lambda_3\boldsymbol{x}_3 \quad \lambda_2\boldsymbol{x}_2 \quad \lambda_1\boldsymbol{x}_1\,]$ となる。

また，$B=\begin{bmatrix} b_{11} & b_{12} & b_{13} \\ b_{21} & b_{22} & b_{23} \\ b_{31} & b_{32} & b_{33} \end{bmatrix}$ とし，$\boldsymbol{y}_1=[\,b_{11} \quad b_{12} \quad b_{13}\,]$，$\boldsymbol{y}_2=[\,b_{21} \quad b_{22} \quad b_{23}\,]$，

$\boldsymbol{y}_3=[\,b_{31} \quad b_{32} \quad b_{33}\,]$ とすると，$B=\begin{bmatrix} \boldsymbol{y}_1 \\ \boldsymbol{y}_2 \\ \boldsymbol{y}_3 \end{bmatrix}$ と表される。このとき，$A=\begin{bmatrix} \mu_1 & 0 & 0 \\ 0 & \mu_2 & 0 \\ 0 & 0 & \mu_3 \end{bmatrix}$ とすると，

$AB=\begin{bmatrix} \mu_1 & 0 & 0 \\ 0 & \mu_2 & 0 \\ 0 & 0 & \mu_3 \end{bmatrix}\begin{bmatrix} \boldsymbol{y}_1 \\ \boldsymbol{y}_2 \\ \boldsymbol{y}_3 \end{bmatrix}=\begin{bmatrix} \mu_1\boldsymbol{y}_1 \\ \mu_2\boldsymbol{y}_2 \\ \mu_3\boldsymbol{y}_3 \end{bmatrix}$ となる。

3　行列の種々の概念

基本　例題 012　転置行列の性質の証明　★☆☆

(1)　${}^t(AB)={}^tB\,{}^tA$ を示せ。

(2)　${}^t(ABC)={}^tC\,{}^tB\,{}^tA$ を示せ。

指針　$m\times n$ 行列 A に対し，列と行を入れ替えて得られる行列を行列 A の **転置行列** といい，${}^tA$ で表し，以下のように定義する。

定義　転置行列

$$A=\begin{bmatrix} a_{11} & a_{12} & \cdots & a_{1n} \\ a_{21} & a_{22} & \cdots & a_{2n} \\ \vdots & \vdots & & \vdots \\ a_{m1} & a_{m2} & \cdots & a_{mn} \end{bmatrix},\quad {}^tA=\begin{bmatrix} a_{11} & a_{21} & \cdots & a_{m1} \\ a_{12} & a_{22} & \cdots & a_{m2} \\ \vdots & \vdots & & \vdots \\ a_{1n} & a_{2n} & \cdots & a_{mn} \end{bmatrix}$$

行列 ${}^tA$ の $(i,\ j)$ 成分は，行列 A の $(j,\ i)$ 成分である。

CHART　**行列の等式 $P=Q$ の証明**
$P=[p_{ij}]$，$Q=[q_{ij}]$ なら，$p_{ij}=q_{ij}$ を示す
行列 $A=[a_{ij}]$ の転置行列 ${}^tA$
i と j が入れ替わる

解答　(1)　A を $l\times m$ 行列，B を $m\times n$ 行列とし，$A=[a_{ij}]$，$B=[b_{ij}]$ とする。

このとき，${}^tA$ の $(i,\ j)$ 成分は a_{ji}，${}^tB$ の $(i,\ j)$ 成分は b_{ji} であるから，${}^tB\,{}^tA$ の $(i,\ j)$ 成分は

$$\sum_{k=1}^{m} b_{ki}a_{jk}=\sum_{k=1}^{m} a_{jk}b_{ki} \quad \cdots\cdots ①$$

また，行列 AB の $(i,\ j)$ 成分は　$\displaystyle\sum_{k=1}^{m} a_{ik}b_{kj}$

① は行列 AB の $(j,\ i)$ 成分であるから　${}^t(AB)={}^tB\,{}^tA$　■

(2)　(1) により　${}^t(ABC)={}^t\{(AB)C\}={}^tC\,{}^t(AB)={}^tC\,{}^tB\,{}^tA$　■

補足　転置行列の性質として，${}^t({}^tA)=A$，${}^t(A+B)={}^tA+{}^tB$，${}^t(kA)=k\,{}^tA$（k は実数）も成り立つ。

基本 例題 013 転置行列を含む等式 ★☆☆

$A=\begin{bmatrix} a & b \\ c & d \end{bmatrix}$ のとき，$A{}^tA={}^tAA$ かつ $A\neq{}^tA$ となる条件を求めよ。

指針 ${}^t\begin{bmatrix} a & b \\ c & d \end{bmatrix}=\begin{bmatrix} a & c \\ b & d \end{bmatrix}$ である。積 $A{}^tA$ と ${}^tAA$ をそれぞれ計算し，両者の成分が等しくなる条件をまず求める。また，$A\neq{}^tA$ を満たす a，b，c，d の条件は何か。

解答 ${}^tA=\begin{bmatrix} a & c \\ b & d \end{bmatrix}$ であるから

$$A{}^tA=\begin{bmatrix} a & b \\ c & d \end{bmatrix}\begin{bmatrix} a & c \\ b & d \end{bmatrix}=\begin{bmatrix} a^2+b^2 & ac+bd \\ ac+bd & c^2+d^2 \end{bmatrix}$$

$${}^tAA=\begin{bmatrix} a & c \\ b & d \end{bmatrix}\begin{bmatrix} a & b \\ c & d \end{bmatrix}=\begin{bmatrix} a^2+c^2 & ab+cd \\ ab+cd & b^2+d^2 \end{bmatrix}$$

よって，$A{}^tA={}^tAA$ から

$$\begin{bmatrix} a^2+b^2 & ac+bd \\ ac+bd & c^2+d^2 \end{bmatrix}=\begin{bmatrix} a^2+c^2 & ab+cd \\ ab+cd & b^2+d^2 \end{bmatrix}$$

したがって

$a^2+b^2=a^2+c^2$ ……①

$ac+bd=ab+cd$ ……②

$c^2+d^2=b^2+d^2$ ……③

また，$A\neq{}^tA$ から

$$\begin{bmatrix} a & b \\ c & d \end{bmatrix}\neq\begin{bmatrix} a & c \\ b & d \end{bmatrix}$$

したがって　$b\neq c$ ……④

①，③ により，$b^2=c^2$ であるから　$(b+c)(b-c)=0$

ゆえに，$c=\pm b$ であるから，④ により　$c=-b$

このとき，② から　$b(a-d)=0$

$b=0$ のとき，$b=c=0$ となり，④ に反するから　$b\neq 0$

よって　$d=a$

以上から　$\boldsymbol{c=-b\neq 0}$　**かつ**　$\boldsymbol{d=a}$

参考 $A=\begin{bmatrix} a & b \\ c & d \end{bmatrix}$ で $c=-b\neq 0$ かつ $d=a$ のとき $A{}^tA={}^tAA=\begin{bmatrix} a^2+b^2 & 0 \\ 0 & a^2+b^2 \end{bmatrix}$ となる。特に，$a^2+b^2=1$ のとき $A{}^tA={}^tAA=E$ であり，このような行列 A を **直交行列** という（314 ページを参照）。

基本 例題 014　2次正方行列と逆行列　★☆☆

Eを2次の単位行列とする。$A=\begin{bmatrix} a & b \\ c & d \end{bmatrix}$のとき，$AX=E$を満たす行列$X$が存在するための条件とそのときの$X$を求めよ。また，$AX=E$を満たす$X$について$XA=E$が成り立つことを証明せよ。

指針　行列A，Eはともに2次の正方行列であるから，$AX=E$が成り立つならXも2次の正方行列である。よって，$X=\begin{bmatrix} p & q \\ r & s \end{bmatrix}$とおいて，積$AX$を実際に計算し，それが単位行列$E$に等しくなるための$a$，$b$，$c$，$d$の条件を求め，そのときの$X$の成分を$a$，$b$，$c$，$d$を用いて表す。
一般に，n次行列Aに対して$AX=XA=E$（Eはn次単位行列）を満たすn次行列Xを，行列Aの **逆行列** という。また，逆行列をもつ正方行列を **正則行列** といい，正方行列Aが逆行列をもつことを「行列Aは正則である」などという。

解答　Xは2次の正方行列であるから$X=\begin{bmatrix} p & q \\ r & s \end{bmatrix}$とする。

◀Xが$l\times m$行列ならば積AXが定義できることから$l=2$でAXは$2\times m$行列となり，Eは2×2行列であるから$AX=E$ならば$m=2$，すなわちXは2次の正方行列である。
一般に，行列の式$AX=B$においてA，Bがn次行列ならXもn次行列になる。

このとき　$AX=\begin{bmatrix} a & b \\ c & d \end{bmatrix}\begin{bmatrix} p & q \\ r & s \end{bmatrix}=\begin{bmatrix} ap+br & aq+bs \\ cp+dr & cq+ds \end{bmatrix}$

であるから，$AX=E$であるとすると

$ap+br=1$　……①，$aq+bs=0$　……②，
$cp+dr=0$　……③，$cq+ds=1$　……④

$$\left.\begin{array}{ll} ①\times d-③\times b \text{ から} & (ad-bc)p=d \\ ②\times d-④\times b \text{ から} & (ad-bc)q=-b \\ ③\times a-①\times c \text{ から} & (ad-bc)r=-c \\ ④\times a-②\times c \text{ から} & (ad-bc)s=a \end{array}\right\} \cdots\cdots ⑤$$

ゆえに，$ad-bc=0$ならば，⑤より$a=b=c=d=0$
すなわち$A=O$となるから，$AX=E$を満たさない。

◀$AO=OA=O$となる。

よって，求める条件は$ad-bc\neq0$であり，このとき⑤から

$$p=\frac{d}{ad-bc},\ q=\frac{-b}{ad-bc},\ r=\frac{-c}{ad-bc},\ s=\frac{a}{ad-bc}$$

すなわち$X=\dfrac{1}{ad-bc}\begin{bmatrix} d & -b \\ -c & a \end{bmatrix}$となる。

◀第4章で学習するが，2次行列$A=\begin{bmatrix} a & b \\ c & d \end{bmatrix}$に対して$ad-bc$の値はこの行列の **行列式** といい，$\det(A)$，$|A|$などで表す。

また$\begin{bmatrix} d & -b \\ -c & a \end{bmatrix}\begin{bmatrix} a & b \\ c & d \end{bmatrix}=\begin{bmatrix} ad-bc & 0 \\ 0 & ad-bc \end{bmatrix}$であるから

$XA=\dfrac{1}{ad-bc}\begin{bmatrix} ad-bc & 0 \\ 0 & ad-bc \end{bmatrix}=E$が成り立つ。■

基本 例題 015 正則行列と逆行列 ★★☆

次の行列の逆行列はあるか。あれば，それを求めよ。

$$A=\begin{bmatrix}1&2&-1\\0&1&3\\0&0&1\end{bmatrix}\qquad B=\begin{bmatrix}0&0&0&1\\0&0&1&0\\0&1&0&0\\1&0&0&0\end{bmatrix}\qquad C=\begin{bmatrix}a&a-1\\a+2&a+1\end{bmatrix}$$

指針 18 ページでも示したが，正則行列と逆行列の定義を示しておく（第 3 章で詳しく学習する）。

定義　正則行列と逆行列

n 次行列 A に対して，$XA=AX=E$ となる n 次正方行列 X が存在するとき，行列 A を **正則行列** という。行列 X は行列 A の **逆行列** という。

行列 A に対し，逆行列 A^{-1} が存在すると仮定すると，それは 3 次行列である。よって，

$A^{-1}=\begin{bmatrix}p&q&r\\s&t&u\\x&y&z\end{bmatrix}$ とし，$AA^{-1}=A^{-1}A=E$ を満たすような p，q，r，s，t，u，x，y，z の値を求める。これらの値が 1 つでも存在しなければ，逆行列 A^{-1} は存在しない。

行列 B に対しても行列 A と同様に考える。B^{-1} の成分 16 個を適当な文字で表し，$BB^{-1}=B^{-1}B=E$ を満たすような成分の値を求める。これら成分の値が 1 つでも存在しなければ，逆行列 B^{-1} は存在しない。

次に，2 次行列 C に対しては，基本例題 014 の結果を利用する。すなわち，$C=\begin{bmatrix}p&q\\r&s\end{bmatrix}$ が逆行列をもつための条件は $\boldsymbol{ps-qr\neq 0}$ で，このとき $\boldsymbol{C^{-1}=\dfrac{1}{ps-qr}\begin{bmatrix}s&-q\\-r&p\end{bmatrix}}$ となる。

解答 A：行列 A の逆行列 A^{-1} が存在すると仮定して，$A^{-1}=\begin{bmatrix}p&q&r\\s&t&u\\x&y&z\end{bmatrix}$ とすると

$$AA^{-1}=\begin{bmatrix}1&2&-1\\0&1&3\\0&0&1\end{bmatrix}\begin{bmatrix}p&q&r\\s&t&u\\x&y&z\end{bmatrix}=\begin{bmatrix}p+2s-x&q+2t-y&r+2u-z\\s+3x&t+3y&u+3z\\x&y&z\end{bmatrix}$$

$$A^{-1}A=\begin{bmatrix}p&q&r\\s&t&u\\x&y&z\end{bmatrix}\begin{bmatrix}1&2&-1\\0&1&3\\0&0&1\end{bmatrix}=\begin{bmatrix}p&2p+q&-p+3q+r\\s&2s+t&-s+3t+u\\x&2x+y&-x+3y+z\end{bmatrix}$$

$AA^{-1}=A^{-1}A=E$ であるから

$p+2s-x=p=1$，$q+2t-y=2p+q=0$，$r+2u-z=-p+3q+r=0$，

$s+3x=s=0$，$t+3y=2s+t=1$，$u+3z=-s+3t+u=0$，

$x=0$，$y=2x+y=0$，$z=-x+3y+z=1$

これを解くと

$p=1$，$q=-2$，$r=7$，$s=0$，$t=1$，$u=-3$，$x=0$，$y=0$，$z=1$

したがって，**行列Aの逆行列は存在して**　　$\boldsymbol{A^{-1}=\begin{bmatrix} 1 & -2 & 7 \\ 0 & 1 & -3 \\ 0 & 0 & 1 \end{bmatrix}}$

B：行列Bの逆行列 B^{-1} が存在すると仮定して，$B^{-1}=\begin{bmatrix} h & i & j & k \\ l & m & n & o \\ p & q & r & s \\ x & y & z & w \end{bmatrix}$ とすると

$$BB^{-1}=\begin{bmatrix} 0 & 0 & 0 & 1 \\ 0 & 0 & 1 & 0 \\ 0 & 1 & 0 & 0 \\ 1 & 0 & 0 & 0 \end{bmatrix}\begin{bmatrix} h & i & j & k \\ l & m & n & o \\ p & q & r & s \\ x & y & z & w \end{bmatrix}=\begin{bmatrix} x & y & z & w \\ p & q & r & s \\ l & m & n & o \\ h & i & j & k \end{bmatrix}$$

$$B^{-1}B=\begin{bmatrix} h & i & j & k \\ l & m & n & o \\ p & q & r & s \\ x & y & z & w \end{bmatrix}\begin{bmatrix} 0 & 0 & 0 & 1 \\ 0 & 0 & 1 & 0 \\ 0 & 1 & 0 & 0 \\ 1 & 0 & 0 & 0 \end{bmatrix}=\begin{bmatrix} k & j & i & h \\ o & n & m & l \\ s & r & q & p \\ w & z & y & x \end{bmatrix}$$

$BB^{-1}=B^{-1}B=E$ であるから

$x=k=1$，$y=j=0$，$z=i=0$，$w=h=0$，$p=o=0$，$q=n=1$，$r=m=0$，$s=l=0$

したがって，**行列Bの逆行列は存在して**　　$\boldsymbol{B^{-1}=\begin{bmatrix} 0 & 0 & 0 & 1 \\ 0 & 0 & 1 & 0 \\ 0 & 1 & 0 & 0 \\ 1 & 0 & 0 & 0 \end{bmatrix}}$

C：$a(a+1)-(a-1)(a+2)=2\neq 0$ であるから，**行列Cの逆行列は存在して**

$$\boldsymbol{C^{-1}}=\frac{1}{2}\begin{bmatrix} a+1 & -(a-1) \\ -(a+2) & a \end{bmatrix}=\boldsymbol{\frac{1}{2}\begin{bmatrix} a+1 & -a+1 \\ -a-2 & a \end{bmatrix}}$$

参考　CについてもA，Bの場合と同様にして $C^{-1}=\begin{bmatrix} p & q \\ r & s \end{bmatrix}$ とおいて $CC^{-1}=C^{-1}C=E$ からp，q，r，sを決めることができるが，Cの成分がaの式であるから，計算が複雑になる。

なお，3次行列 $A=\begin{bmatrix} a_{11} & a_{12} & a_{13} \\ a_{21} & a_{22} & a_{23} \\ a_{31} & a_{32} & a_{33} \end{bmatrix}$ の逆行列 A^{-1} は

$$D=a_{11}a_{22}a_{33}+a_{32}a_{21}a_{13}+a_{31}a_{12}a_{23}-a_{13}a_{22}a_{31}-a_{32}a_{23}a_{11}-a_{33}a_{12}a_{21}$$

とすると，$D\neq 0$ のとき存在し，次で与えられる。

$$\boldsymbol{A^{-1}=\frac{1}{D}\begin{bmatrix} a_{22}a_{33}-a_{23}a_{32} & a_{13}a_{32}-a_{12}a_{33} & a_{12}a_{23}-a_{13}a_{22} \\ a_{23}a_{31}-a_{21}a_{33} & a_{11}a_{33}-a_{13}a_{31} & a_{13}a_{21}-a_{11}a_{23} \\ a_{21}a_{32}-a_{22}a_{31} & a_{12}a_{31}-a_{11}a_{32} & a_{11}a_{22}-a_{12}a_{21} \end{bmatrix}}$$

なお，Dは3次行列 $A=[a_{ij}]$ の **行列式** である（第4章で学習する）。

基本 例題 016 2 次行列が逆行列をもたない条件 ★☆☆

A を 2 次の正方行列とする。$E+A$，$E-A$ のいずれもが逆行列をもたなければ，$A^2=E$ であることを示せ。

指針 基本例題 014 の結果を利用。2 次行列 $\boldsymbol{P}=\begin{bmatrix} p & q \\ r & s \end{bmatrix}$ **が逆行列をもたない条件は** $\boldsymbol{ps-qr=0}$ である。

解答 $A=\begin{bmatrix} a & b \\ c & d \end{bmatrix}$ とすると　$E+A=\begin{bmatrix} 1+a & b \\ c & 1+d \end{bmatrix}$，$E-A=\begin{bmatrix} 1-a & -b \\ -c & 1-d \end{bmatrix}$

$E+A$，$E-A$ はともに逆行列をもたないから

$$(1+a)(1+d)-bc=0 \quad \cdots\cdots \text{①}, \quad (1-a)(1-d)-bc=0 \quad \cdots\cdots \text{②}$$

①－② により　$2(a+d)=0$　　すなわち　$a+d=0$ ……③

①，③ から　$bc=ad+1$ ……④

③，④ から

$$A^2=\begin{bmatrix} a & b \\ c & d \end{bmatrix}\begin{bmatrix} a & b \\ c & d \end{bmatrix}=\begin{bmatrix} a^2+bc & ab+bd \\ ac+cd & bc+d^2 \end{bmatrix}=\begin{bmatrix} a(a+d)+1 & b(a+d) \\ c(a+d) & d(a+d)+1 \end{bmatrix}=\begin{bmatrix} 1 & 0 \\ 0 & 1 \end{bmatrix}=E \quad ■$$

基本 例題 017 逆行列の性質の証明 ★☆☆

正則な n 次正方行列 A，B について，以下をそれぞれ証明せよ。

(1) $AB=E$ ならば $B=A^{-1}$，$A=B^{-1}$　　(2) $k \neq 0$ のとき $(kA)^{-1}=\dfrac{1}{k}A^{-1}$

指針 (1) E は n 次単位行列である。行列 A，B が正則であることから，与えられた等式の両辺に左から A^{-1}，右から B^{-1} をそれぞれ掛ける。

(2) $(kA)\left(\dfrac{1}{k}A^{-1}\right)=E$，$\left(\dfrac{1}{k}A^{-1}\right)(kA)=E$ をそれぞれ示せばよい。

CHART 証明の問題　結論からお迎えにいく

解答 (1) 行列 A は正則であるから，$AB=E$ の両辺に左から A^{-1} を掛けると　$B=A^{-1}$

行列 B は正則であるから，$AB=E$ の両辺に右から B^{-1} を掛けると　$A=B^{-1}$ ■

(2) $(kA)\left(\dfrac{1}{k}A^{-1}\right)=E$，$\left(\dfrac{1}{k}A^{-1}\right)(kA)=E$　　よって　$(kA)^{-1}=\dfrac{1}{k}A^{-1}$ ■

補足 正則な n 次行列 P，Q は，それぞれ逆行列 P^{-1}，Q^{-1} をもつ。逆に考えると P^{-1} は P を，Q^{-1} は Q をそれぞれ逆行列にもつから，$\boldsymbol{P^{-1}}$ **も** $\boldsymbol{Q^{-1}}$ **も正則行列である**。また，

$$(PQ)(Q^{-1}P^{-1})=P(QQ^{-1})P^{-1}=PP^{-1}=E$$
$$(Q^{-1}P^{-1})(PQ)=Q^{-1}(P^{-1}P)Q=Q^{-1}Q=E$$

であるから，**行列 $\boldsymbol{PQ}$ も正則で，逆行列 $\boldsymbol{(PQ)^{-1}=Q^{-1}P^{-1}}$ をもつ。**

基本 例題 018　逆行列を常にもつ条件　★☆☆

a，t は実数とする。行列 $A=\begin{bmatrix} t & at+1 \\ a & t+a \end{bmatrix}$ について，どのような実数 t に対しても，A が必ず逆行列をもつような a の値の範囲を求めよ。

指針 基本例題 014 の解答で示したように，**2次行列 $P=\begin{bmatrix} s & t \\ u & v \end{bmatrix}$ が逆行列をもつ条件は $sv-tu\neq 0$** である。これを利用する。

解答 行列 A が逆行列をもつための条件は

$$t(t+a)-(at+1)a\neq 0,\ \text{すなわち}\quad t^2-(a^2-a)t-a\neq 0$$

ここで，t の2次方程式 $t^2-(a^2-a)t-a=0$ ……① の判別式を D とすると

$$D=\{-(a^2-a)\}^2-4\cdot 1\cdot(-a)=a(a+1)(a^2-3a+4)$$

どのような実数 t に対しても，$t^2-(a^2-a)t-a\neq 0$ となるための条件は，2次方程式①が実数解をもたない条件であるから　$D<0$

$D=a(a+1)(a^2-3a+4)$ において，$a^2-3a+4=\left(a-\dfrac{3}{2}\right)^2+\dfrac{7}{4}>0$ であるから

$$D<0 \iff a(a+1)<0$$

よって，求める a の値の範囲は　$\boldsymbol{-1<a<0}$

基本 例題 019　行列の積と逆行列の性質　★☆☆

$A=\begin{bmatrix} 5 & 2 \\ 3 & 1 \end{bmatrix}$，$B=\begin{bmatrix} 1 & -3 \\ -5 & 2 \end{bmatrix}$ のとき，次の計算をせよ。

(1)　BA　　(2)　$(BA)^{-1}$　　(3)　$A(BA)^{-1}B$

指針 (2)は，基本例題 014 と(1)を利用する。(3)は，(2)から $\begin{bmatrix} 5 & 2 \\ 3 & 1 \end{bmatrix}\left(\dfrac{1}{13}\begin{bmatrix} -8 & 1 \\ 19 & -4 \end{bmatrix}\right)\begin{bmatrix} 1 & -3 \\ -5 & 2 \end{bmatrix}$ を計算してもよいが，21ページの **補足** で示した関係，すなわち $(BA)^{-1}=A^{-1}B^{-1}$ であることを使って求める。

解答 (1)　$BA=\begin{bmatrix} 1 & -3 \\ -5 & 2 \end{bmatrix}\begin{bmatrix} 5 & 2 \\ 3 & 1 \end{bmatrix}=\begin{bmatrix} 1\cdot 5+(-3)\cdot 3 & 1\cdot 2+(-3)\cdot 1 \\ (-5)\cdot 5+2\cdot 3 & (-5)\cdot 2+2\cdot 1 \end{bmatrix}=\begin{bmatrix} \boldsymbol{-4} & \boldsymbol{-1} \\ \boldsymbol{-19} & \boldsymbol{-8} \end{bmatrix}$

(2)　(1)より

$$(BA)^{-1}=\frac{1}{(-4)\cdot(-8)-(-1)\cdot(-19)}\begin{bmatrix} -8 & 1 \\ 19 & -4 \end{bmatrix}=\boldsymbol{\frac{1}{13}\begin{bmatrix} -8 & 1 \\ 19 & -4 \end{bmatrix}}$$

(3)　$(BA)^{-1}=A^{-1}B^{-1}$ であるから

$$A(BA)^{-1}B=AA^{-1}B^{-1}B=E^2=E=\begin{bmatrix} \boldsymbol{1} & \boldsymbol{0} \\ \boldsymbol{0} & \boldsymbol{1} \end{bmatrix}$$

基本 例題 020 上三角行列，下三角行列 ①　★☆☆

(1) A，B を 2 次の上三角行列とするとき，AB も上三角行列であることを示せ。

(2) A，B を 3 次の下三角行列とするとき，AB も下三角行列であることを示せ。

指針 n 次正方行列 $A=[a_{ij}]$ は，$i>j$ であるすべての $(i,\ j)$ 成分 a_{ij} が 0 であるとき，**上三角行列** といい，$i<j$ であるすべての $(i,\ j)$ 成分 a_{ij} が 0 であるとき，**下三角行列** という。例えば

$\begin{bmatrix} 2 & 1 \\ 0 & 3 \end{bmatrix}$，$\begin{bmatrix} 0 & -2 \\ 0 & 1 \end{bmatrix}$ は上三角行列，$\begin{bmatrix} 3 & 0 & 0 \\ 4 & 1 & 0 \\ 1 & 5 & 2 \end{bmatrix}$，$\begin{bmatrix} 0 & 0 & 0 \\ 0 & 1 & 0 \\ 2 & 3 & 0 \end{bmatrix}$ は下三角行列である。

(1) $A=\begin{bmatrix} a_{11} & a_{12} \\ 0 & a_{22} \end{bmatrix}$，$B=\begin{bmatrix} b_{11} & b_{12} \\ 0 & b_{22} \end{bmatrix}$ として，AB を計算する。

(2) $A=\begin{bmatrix} a_{11} & 0 & 0 \\ a_{21} & a_{22} & 0 \\ a_{31} & a_{32} & a_{33} \end{bmatrix}$，$B=\begin{bmatrix} b_{11} & 0 & 0 \\ b_{21} & b_{22} & 0 \\ b_{31} & b_{32} & b_{33} \end{bmatrix}$ として，AB を計算する。

解答 (1) $A=\begin{bmatrix} a_{11} & a_{12} \\ 0 & a_{22} \end{bmatrix}$，$B=\begin{bmatrix} b_{11} & b_{12} \\ 0 & b_{22} \end{bmatrix}$ とするとき

$$AB=\begin{bmatrix} a_{11} & a_{12} \\ 0 & a_{22} \end{bmatrix}\begin{bmatrix} b_{11} & b_{12} \\ 0 & b_{22} \end{bmatrix}=\begin{bmatrix} a_{11}b_{11} & a_{11}b_{12}+a_{12}b_{22} \\ 0 & a_{22}b_{22} \end{bmatrix}$$

よって，AB も上三角行列である。■

(2) $A=\begin{bmatrix} a_{11} & 0 & 0 \\ a_{21} & a_{22} & 0 \\ a_{31} & a_{32} & a_{33} \end{bmatrix}$，$B=\begin{bmatrix} b_{11} & 0 & 0 \\ b_{21} & b_{22} & 0 \\ b_{31} & b_{32} & b_{33} \end{bmatrix}$ とするとき

$$AB=\begin{bmatrix} a_{11} & 0 & 0 \\ a_{21} & a_{22} & 0 \\ a_{31} & a_{32} & a_{33} \end{bmatrix}\begin{bmatrix} b_{11} & 0 & 0 \\ b_{21} & b_{22} & 0 \\ b_{31} & b_{32} & b_{33} \end{bmatrix}$$

$$=\begin{bmatrix} a_{11}b_{11} & 0 & 0 \\ a_{21}b_{11}+a_{22}b_{21} & a_{22}b_{22} & 0 \\ a_{31}b_{11}+a_{32}b_{21}+a_{33}b_{31} & a_{32}b_{22}+a_{33}b_{32} & a_{33}b_{33} \end{bmatrix}$$

よって，AB も下三角行列である。■

補足 9 ページの **参考** で示したように，上の指針において，$i\neq j$ であるすべての $(i,\ j)$ 成分 a_{ij} が 0 である行列は **対角行列** である。
よって，単位行列 E と正方行列の零行列 O は上三角行列でもあり，下三角行列でもあり，対角行列でもある。

第1章の内容チェックテスト

□ に当てはまる適当な式や値を答えよ。

(1) 次の行列の計算をし，成分をできるだけ簡単にして表せ。

(ア) $2\begin{bmatrix}-2 & 3 & 4\\ -1 & 5 & -3\\ 0 & 2 & 1\end{bmatrix}-3\begin{bmatrix}-5 & -6 & 1\\ 0 & -3 & 2\\ 5 & 4 & 5\end{bmatrix}-\dfrac{1}{2}\begin{bmatrix}-4 & -6 & 4\\ 8 & 4 & 12\\ 0 & -6 & 8\end{bmatrix}=\square$

(イ) $\begin{bmatrix}\sin^2 x & 3\sin x\\ 4\cos^3 x & \cos^2 x\end{bmatrix}-\begin{bmatrix}-\cos^2 x & 4\sin^3 x\\ 3\cos x & \sin^2 x\end{bmatrix}=\square$

(ウ) $A=\begin{bmatrix}2 & 0 & 3\\ -1 & 1 & 4\end{bmatrix}$, $B=\begin{bmatrix}-1 & 2 & -3\\ 1 & -1 & 2\end{bmatrix}$ のとき $4X+3A-2B=7X+8B-2A$ を満たす行列 X は $X=\square$ である。

(2) 次の行列の計算をせよ。

(ア) $\begin{bmatrix}1 & 3\end{bmatrix}\begin{bmatrix}4 & 2 & -1\\ 0 & 1 & 5\end{bmatrix}=\square$

(イ) $\begin{bmatrix}4 & 5\\ 2 & 7\end{bmatrix}\begin{bmatrix}1 & 0 & 3 & 2\\ 5 & 3 & 6 & 4\end{bmatrix}=\square$

(ウ) $\begin{bmatrix}8 & 2 & -3\\ 5 & -2 & -1\\ 6 & 8 & 7\end{bmatrix}{}^t\begin{bmatrix}-3 & -1 & 0\end{bmatrix}=\square$

(エ) $\left\{\begin{bmatrix}1 & -2\\ 3 & 0\end{bmatrix}+\begin{bmatrix}-3 & 2\\ 4 & 1\end{bmatrix}\right\}^2=\square$

(3) a を定数，n を自然数とする。$A=\begin{bmatrix}a & 2\\ 0 & a\end{bmatrix}$ について，次の問いに答えよ。

$A^2=$ ア□，$A^3=$ イ□，$A^4=$ ウ□ から，$A^n=$ エ□ と予想でき，それが正しいことが オ□ により証明できる。

(4) A，B，C を $n(\geqq 2)$ 次正方行列とするとき，次の式を簡単にせよ。

(ア) $(A-C)^2+(B-C)^2-\dfrac{1}{2}(A+B-2C)^2=\square$

(イ) $(A+B+C)^2-(A-B+C)^2+(A+B-C)^2-(A-B-C)^2=\square$

(5) 次の行列の逆行列があれば求め，なければ「ない」と答えよ。(ウ)の a は実数とする。

(ア) $\begin{bmatrix}3 & 2\\ 7 & 5\end{bmatrix}$: □

(イ) $\begin{bmatrix}1 & 0 & 0\\ 2 & 3 & 0\\ 4 & 5 & 0\end{bmatrix}$: □

(ウ) $\begin{bmatrix}a+1 & a\\ a+4 & 2a+2\end{bmatrix}$: □

(6) $A=\begin{bmatrix}a & b\\ c & d\end{bmatrix}$ のとき $A^2-(a+d)A+$ ア□ $E=O$ であり，$A^3=O$ であるための a，b，c，d の条件を求めると イ□ である。また，$A^2=A$ が成り立つとき，(ウ□)$A=(ad-bc)E$ が成り立つ。更に，行列 $A-tE$ が逆行列をもたないような実数 t のとりうる値は $t=$ エ□ である。ただし，E，O は，それぞれ2次の単位行列，零行列とする。

重要　例題 001　正方行列とその転置行列の積の成分　★☆☆

n 次の正方行列 A の $(i,\ j)$ 成分 a_{ij} $(i,\ j=1,\ \cdots\cdots,\ n)$ が $a_{ij}=i+2j$ であるとする。このとき，${}^tAA$ の $(i,\ j)$ 成分を計算せよ。

指針　${}^tA$ の $(i,\ j)$ 成分は，A の $(j,\ i)$ 成分，すなわち $a_{ji}=j+2i$ である。よって，${}^tAA$ の $(i,\ j)$ 成分は $\displaystyle\sum_{k=1}^{n}(k+2i)(k+2j)$ であることに着目する。$\displaystyle\sum_{k=1}^{n}k$，$\displaystyle\sum_{k=1}^{n}k^2$ の公式も思い出そう。

$$\sum_{k=1}^{n}k=\frac{1}{2}n(n+1),\quad \sum_{k=1}^{n}k^2=\frac{1}{6}n(n+1)(2n+1)$$

CHART　**$A=[a_{ij}]$ の転置行列 ${}^tA$　i と j が入れ替わる**

解答　${}^tA$ の $(i,\ j)$ 成分は，A の $(j,\ i)$ 成分であるから　　$a_{ji}=j+2i$

よって，${}^tAA$ の $(i,\ j)$ 成分は

$$\begin{aligned}\sum_{k=1}^{n}(k+2i)(k+2j)&=\sum_{k=1}^{n}\{k^2+2(i+j)k+4ij\}\\&=\frac{1}{6}n(n+1)(2n+1)+2(i+j)\cdot\frac{1}{2}n(n+1)+4ijn\\&=\boldsymbol{\frac{1}{3}n^3+\left(i+j+\frac{1}{2}\right)n^2+\left(4ij+i+j+\frac{1}{6}\right)n}\end{aligned}$$

重要　例題 002　転置行列がもとの行列の実数倍　★☆☆

零行列でない n 次正方行列 A について，${}^tA=cA$ を満たす実数 c が存在したとする。このとき $c=\pm1$ であることを示せ。

指針　${}^tA$ の $(i,\ j)$ 成分は A の $(j,\ i)$ 成分であることを利用して証明してもよいが，ここでは ${}^t({}^tA)=A$，${}^t(cA)=c\,{}^tA$ であることから，行列 A のままで計算しよう。

解答　転置行列の性質から

$${}^t({}^tA)=A\quad\cdots\cdots①,\quad {}^t(cA)=c\,{}^tA\quad\cdots\cdots②$$

${}^tA=cA$ から　　$c\,{}^tA=c(cA)=c^2A$　$\cdots\cdots$③

②，③により　　${}^t(cA)=c^2A$　$\cdots\cdots$④

①，④により　　$A=c^2A$

ゆえに　　$(c+1)(c-1)A=O$

ここで，A は零行列でないから，0 でない成分をもつ。

よって，その成分に注目して

$c=\pm1$　■

別解　条件より ${}^tA\neq O$ であるから，${}^tA$ の 0 でない $(i,\ j)$ 成分 a_{ij} がある。その成分について

${}^tA=cA$ から

$a_{ij}=ca_{ji}$

$a_{ji}=ca_{ij}$

ゆえに

$a_{ij}=c^2a_{ij}$

から　　$c^2=1$

よって　　$c=\pm1$　■

重要 例題 003 正方行列 A の多項式と A の正則性 ★☆☆

n 次の正方行列 A に対し，A の多項式
$f(A)=a_mA^m+a_{m-1}A^{m-1}+\cdots\cdots+a_1A+a_0E$（$E$ は n 次の単位行列）で与えられる n 次正方行列 $f(A)$ を考える。$a_0\neq 0$ で $f(A)=O$（O は n 次の零行列）が成り立つとき，A は正則であることを示せ。

指針 基本例題 014 の指針で示した正則行列と逆行列の定義に従って示す。$f(A)$ から a_0E を引いた式は A でくくれることに着目する。また，**$a_0\neq 0$ なら a_0 で割れる** ことも活用。

解答 $a_0\neq 0$ で $f(A)=O$ が成り立つとき

$$A\{-(a_mA^{m-1}+a_{m-1}A^{m-2}+\cdots\cdots+a_1E)\}=a_0E,$$
$$\{-(a_mA^{m-1}+a_{m-1}A^{m-2}+\cdots\cdots+a_1E)\}A=a_0E$$

の両辺を a_0 で割って

$$A\left(-\frac{a_m}{a_0}A^{m-1}-\frac{a_{m-1}}{a_0}A^{m-2}-\cdots\cdots-\frac{a_1}{a_0}E\right)=E$$
$$\left(-\frac{a_m}{a_0}A^{m-1}-\frac{a_{m-1}}{a_0}A^{m-2}-\cdots\cdots-\frac{a_1}{a_0}E\right)A=E$$

よって，$-\dfrac{a_m}{a_0}A^{m-1}-\dfrac{a_{m-1}}{a_0}A^{m-2}-\cdots\cdots-\dfrac{a_1}{a_0}E$ は行列 A の逆行列である。

したがって，A は正則である。■

重要 例題 004 上三角行列，下三角行列の逆行列 ★☆☆

A が 2 次の正則行列で，上三角行列であるとき，逆行列 A^{-1} も上三角行列であることを示せ。また，A が下三角行列ならば，A^{-1} も下三角行列であることを示せ。

指針 行列 A が上三角行列，下三角行列であるとき，それぞれ $A=\begin{bmatrix} a & b \\ 0 & c \end{bmatrix}$，$A=\begin{bmatrix} a & 0 \\ b & c \end{bmatrix}$ とおける。
基本例題 014 の結果を利用する。

解答 A が上三角行列であるとき，$A=\begin{bmatrix} a & b \\ 0 & c \end{bmatrix}$ とおける。

A は正則であるから $ac\neq 0$ で，このとき　$A^{-1}=\dfrac{1}{ac}\begin{bmatrix} c & -b \\ 0 & a \end{bmatrix}$

よって，逆行列 A^{-1} も上三角行列である。■

また，A が下三角行列であるとき，$A=\begin{bmatrix} a & 0 \\ b & c \end{bmatrix}$ とおける。

A は正則であるから $ac\neq 0$ で，このとき　$A^{-1}=\dfrac{1}{ac}\begin{bmatrix} c & 0 \\ -b & a \end{bmatrix}$

よって，逆行列 A^{-1} も下三角行列である。■

重要 例題 005 上三角行列，下三角行列 ② ★☆☆

A と B が n 次の上三角行列ならば，AB も上三角行列であることを示せ。また，A と B が n 次の下三角行列ならば，AB も下三角行列であることを示せ。

指針 基本例題 020 の指針の上三角行列，下三角行列の定義を，行列 AB に適用する。$AB=[c_{ij}]$ とすると，$c_{ij}=\sum_{k=1}^{n} a_{ik}b_{kj}$ となることに着目する。

解答 $AB=[c_{ij}]$ とすると　　$c_{ij}=\sum_{k=1}^{n} a_{ik}b_{kj}$

A と B が n 次の上三角行列ならば，$i>k$ であるすべての $(i,\ k)$ 成分 a_{ik} が 0，$k>j$ であるすべての $(k,\ j)$ 成分 b_{kj} が 0 である。

ゆえに，$i>j$ のとき $i>k$ または $k>j$ が成り立つから　　$c_{ij}=0$

よって，AB も上三角行列である。■

A と B が n 次の下三角行列ならば，$i<k$ であるすべての $(i,\ k)$ 成分 a_{ik} が 0，$k<j$ であるすべての $(k,\ j)$ 成分 b_{kj} が 0 である。

ゆえに，$i<j$ のとき $i<k$ または $k<j$ が成り立つから　　$c_{ij}=0$

よって，AB も下三角行列である。■

重要 例題 006 行列のトレースの性質 ★☆☆

n 次正方行列 $A=[a_{ij}]$ に対し，その対角成分の和 $a_{11}+a_{22}+\cdots\cdots+a_{nn}$ を $\mathrm{tr}(A)$ と書いて，A の **トレース** という。A，B を n 次正方行列とするとき，次が成り立つことを示せ。

(1) $\mathrm{tr}(A+B)=\mathrm{tr}(A)+\mathrm{tr}(B)$　　(2) 実数 c について　$\mathrm{tr}(cA)=c\cdot\mathrm{tr}(A)$

(3) $\mathrm{tr}({}^t\!A)=\mathrm{tr}(A)$　　(4) $\mathrm{tr}(AB)=\mathrm{tr}(BA)$

指針 $\sum_{k=1}^{n}(ca_{kk}+cb_{kk})=c\sum_{k=1}^{n}a_{kk}+c\sum_{k=1}^{n}b_{kk}$，$\sum_{k=1}^{n}\left(\sum_{l=1}^{n}a_{kl}b_{lk}\right)=\sum_{l=1}^{n}\left(\sum_{k=1}^{n}b_{lk}a_{kl}\right)$ を利用。
トレースを **対角和** と呼んでもよい。

解答 (1) $A+B=[a_{ij}+b_{ij}]$

よって　$\mathrm{tr}(A+B)=\sum_{k=1}^{n}(a_{kk}+b_{kk})=\sum_{k=1}^{n}a_{kk}+\sum_{k=1}^{n}b_{kk}=\mathrm{tr}(A)+\mathrm{tr}(B)$ ■

(2) $cA=[ca_{ij}]$　　よって　$\mathrm{tr}(cA)=\sum_{k=1}^{n}ca_{kk}=c\sum_{k=1}^{n}a_{kk}=c\cdot\mathrm{tr}(A)$ ■

(3) ${}^t\!A=[a_{ji}]$　　よって　$\mathrm{tr}({}^t\!A)=\sum_{k=1}^{n}a_{kk}=\mathrm{tr}(A)$ ■

(4) $AB=\left[\sum_{l=1}^{n}a_{il}b_{lj}\right]$

よって　$\mathrm{tr}(AB)=\sum_{k=1}^{n}\left(\sum_{l=1}^{n}a_{kl}b_{lk}\right)=\sum_{l=1}^{n}\left(\sum_{k=1}^{n}b_{lk}a_{kl}\right)=\mathrm{tr}(BA)$ ■

重要 例題 007 行列のべき乗 ★☆☆

$A=\begin{bmatrix}0&0&a\\1&0&0\\0&1&0\end{bmatrix}$（$a$ は実数）とする。

(1)　A^3 を計算せよ。　　　(2)　A^{20} を求めよ。

指針　(2) は (1) を利用する。

CHART　**行列 A^n の計算　単位行列を作ってラクに計算**

解答　(1)　$A^2=\begin{bmatrix}0&0&a\\1&0&0\\0&1&0\end{bmatrix}\begin{bmatrix}0&0&a\\1&0&0\\0&1&0\end{bmatrix}$

$$=\begin{bmatrix}0\cdot0+0\cdot1+a\cdot0 & 0\cdot0+0\cdot0+a\cdot1 & 0\cdot a+0\cdot0+a\cdot0\\ 1\cdot0+0\cdot1+0\cdot0 & 1\cdot0+0\cdot0+0\cdot1 & 1\cdot a+0\cdot0+0\cdot0\\ 0\cdot0+1\cdot1+0\cdot0 & 0\cdot0+1\cdot0+0\cdot1 & 0\cdot a+1\cdot0+0\cdot0\end{bmatrix}$$

$$=\begin{bmatrix}0&a&0\\0&0&a\\1&0&0\end{bmatrix}$$

$$A^3=A^2A=\begin{bmatrix}0&a&0\\0&0&a\\1&0&0\end{bmatrix}\begin{bmatrix}0&0&a\\1&0&0\\0&1&0\end{bmatrix}$$

$$=\begin{bmatrix}0\cdot0+a\cdot1+0\cdot0 & 0\cdot0+a\cdot0+0\cdot1 & 0\cdot a+a\cdot0+0\cdot0\\ 0\cdot0+0\cdot1+a\cdot0 & 0\cdot0+0\cdot0+a\cdot1 & 0\cdot a+0\cdot0+a\cdot0\\ 1\cdot0+0\cdot1+0\cdot0 & 1\cdot0+0\cdot0+0\cdot1 & 1\cdot a+0\cdot0+0\cdot0\end{bmatrix}$$

$$=\begin{bmatrix}\boldsymbol{a}&\mathbf{0}&\mathbf{0}\\\mathbf{0}&\boldsymbol{a}&\mathbf{0}\\\mathbf{0}&\mathbf{0}&\boldsymbol{a}\end{bmatrix}$$

(2)　(1) により，E を 3 次の単位行列とすると

$$A^3=aE$$

よって　$A^{20}=(A^3)^6A^2=(aE)^6A^2=a^6\begin{bmatrix}0&a&0\\0&0&a\\1&0&0\end{bmatrix}=\begin{bmatrix}\mathbf{0}&\boldsymbol{a^7}&\mathbf{0}\\\mathbf{0}&\mathbf{0}&\boldsymbol{a^7}\\\boldsymbol{a^6}&\mathbf{0}&\mathbf{0}\end{bmatrix}$

参考　与えられた行列 A に対して $A^m=kE$（E は単位行列）となる自然数 m がわかれば，$A^{m+1}=kA$，$A^{m+2}=kA^2$，…… となって A^n の次数 n を小さくできる。

また，2 次行列 $A=\begin{bmatrix}a&b\\c&d\end{bmatrix}$ に対しては

$$\boldsymbol{A^2=(a+d)A-(ad-bc)E}$$

が成り立つ（**ケーリー・ハミルトンの定理**）。

よって，$A^3=(a+d)A^2-(ad-bc)A=\{(a+d)^2-(ad-bc)\}A-(a+d)(ad-bc)E$ のように，この定理を繰り返し使うことによって **A^n は A と E の 1 次の式で表される** ことがわかる。

第2章

2 連立1次方程式

1 連立1次方程式と行列
2 行列の行基本変形
3 連立1次方程式とその解

例題一覧

例題番号	レベル	例題タイトル	教科書との対応
		1 連立1次方程式と行列	
基本 021	1	連立1次方程式を行列で表す	練習 1
基本 022	1	連立1次方程式の解法 ①	練習 2
基本 023	1	行列の行操作による連立1次方程式の解法	練習 3
		2 行列の行基本変形	
基本 024	1	行基本操作と行基本変形	練習 1
基本 025	1	階段形の判定と主番号・主列・主成分	練習 2
基本 026	2	階段形の行列 $[\,A\quad B\,]$ と行列A	練習 3
基本 027	1	簡約階段形の判定	練習 4
基本 028	2	簡約階段形の行列 $[\,A\quad B\,]$ と行列A	練習 5
基本 029	2	階数nのn次簡約階段形の行列はE	練習 6
基本 030	1	行基本変形（掃き出し法）で簡約階段化	練習 7
基本 031	1	行列の簡約階段化とその階数 ①	練習 8
基本 032	2	行列の階数の判定 ①	練習 9
		3 連立1次方程式とその解	
基本 033	1	連立1次方程式の拡大係数行列の簡約階段化	練習 1
基本 034	1	連立1次方程式の解法と解の自由度	練習 2
基本 035	1	連立1次方程式が解をもたない確認	練習 3
基本 036	1	連立1次方程式が解をもつための条件	練習 4
基本 037	1	同次連立1次方程式が非自明な解をもつ条件	練習 5
		第2章の内容チェックテスト	
		演 習 編	
重要 008	1	行列の簡約階段化	章末 1
重要 009	2	連立1次方程式の解法 ②	章末 2
重要 010	1	同次連立1次方程式の解法	章末 3
重要 011	2	唯一の解をもつ条件，解をもたない条件	章末 4
重要 012	1	行列の簡約階段化とその階数 ②	章末 5
重要 013	1	行列の階数の判定 ②	章末 6
重要 014	2	連立1次方程式と同次連立1次方程式の関係	章末 7
重要 015	2	連立1次方程式の解と係数の関係	
重要 016	3	行列の階数が1であることと同値な条件	

1　連立 1 次方程式と行列

基本 例題 021　連立 1 次方程式を行列で表す　★☆☆

次の連立 1 次方程式を，行列を用いて書き表せ。

(1) $\begin{cases} 4x-\ y+3z=0 \\ \ x+2y-4z=2 \end{cases}$　(2) $\begin{cases} -x\quad +2z=3 \\ \quad 2y+\ z=1 \end{cases}$　(3) $\begin{cases} 3x+\ y\qquad =\ 3 \\ \ x\qquad -2z=\ 1 \\ \ x+\ y+\ z=-1 \\ -x+3y-5z=\ 0 \end{cases}$

指針　連立 1 次方程式を，行列を用いて表してみよう。
n 個の未知数 x_1，x_2，……，x_n についての，m 個の 1 次方程式によって与えられる連立 1 次

方程式 $\begin{cases} a_{11}x_1+a_{12}x_2+\cdots\cdots+a_{1n}x_n=b_1 \\ a_{21}x_1+a_{22}x_2+\cdots\cdots+a_{2n}x_n=b_2 \\ \qquad\qquad \vdots \\ a_{m1}x_1+a_{m2}x_2+\cdots\cdots+a_{mn}x_n=b_m \end{cases}$ ……(＊) について

$$A=\begin{bmatrix} a_{11} & a_{12} & \cdots & a_{1n} \\ a_{21} & a_{22} & \cdots & a_{2n} \\ \vdots & \vdots & & \vdots \\ a_{m1} & a_{m2} & \cdots & a_{mn} \end{bmatrix},\qquad \boldsymbol{x}=\begin{bmatrix} x_1 \\ x_2 \\ \vdots \\ x_n \end{bmatrix},\qquad \boldsymbol{b}=\begin{bmatrix} b_1 \\ b_2 \\ \vdots \\ b_m \end{bmatrix}$$

とすると，連立 1 次方程式 (＊) は，行列を用いて $A\boldsymbol{x}=\boldsymbol{b}$ と書き表される。
このとき，行列 A，$\boldsymbol{x}$，$\boldsymbol{b}$ をそれぞれ，連立 1 次方程式 (＊) の

係数行列，未知数ベクトル，定数項ベクトル

という。

解答　(1) $\begin{bmatrix} 4 & -1 & 3 \\ 1 & 2 & -4 \end{bmatrix}\begin{bmatrix} x \\ y \\ z \end{bmatrix}=\begin{bmatrix} 0 \\ 2 \end{bmatrix}$

(2) $\begin{bmatrix} -1 & 0 & 2 \\ 0 & 2 & 1 \end{bmatrix}\begin{bmatrix} x \\ y \\ z \end{bmatrix}=\begin{bmatrix} 3 \\ 1 \end{bmatrix}$

(3) $\begin{bmatrix} 3 & 1 & 0 \\ 1 & 0 & -2 \\ 1 & 1 & 1 \\ -1 & 3 & -5 \end{bmatrix}\begin{bmatrix} x \\ y \\ z \end{bmatrix}=\begin{bmatrix} 3 \\ 1 \\ -1 \\ 0 \end{bmatrix}$

(1)，(2)
(2×3) 行列
$\times(3\times 1)$ 行列
$=(2\times 1)$ 行列

(3)　(4×3) 行列
$\times(3\times 1)$ 行列
$=(4\times 1)$ 行列

補足　未知数ベクトル $\boldsymbol{x}=\begin{bmatrix} x_1 \\ x_2 \\ \vdots \\ x_n \end{bmatrix}$，定数項ベクトル $\boldsymbol{b}=\begin{bmatrix} b_1 \\ b_2 \\ \vdots \\ b_m \end{bmatrix}$ を，それぞれ転置行列の形

${}^t[\,x_1\ \ x_2\ \ \cdots\ \ x_n\,]$，${}^t[\,b_1\ \ b_2\ \ \cdots\ \ b_m\,]$ で表すこともある。

基本 例題 022 連立1次方程式の解法 ① (復習) ★☆☆

次の連立1次方程式を，未知数を消去していくことより解け。

$$\begin{cases} -3x+2y+7z=8 & \cdots\cdots \text{①} \\ -x-2y-3z=0 & \cdots\cdots \text{②} \\ 3x+y-3z=-7 & \cdots\cdots \text{③} \end{cases}$$

指針 ここでは，行列を使った解法の準備として，第1式の x の係数が1になるように，まず操作する。後は，高等学校までで学んだように，各方程式を定数倍して和・差を考える **加減法** で方程式を解く。

解答 ② の両辺に -1 を掛けて，これを改めて ② とすると

$$x+2y+3z=0 \quad \cdots\cdots \text{②}$$

① と ② を入れ替え，改めて番号を上から振り直すと

$$\begin{cases} x+2y+3z=0 & \cdots\cdots \text{①} \\ -3x+2y+7z=8 & \cdots\cdots \text{②} \\ 3x+y-3z=-7 & \cdots\cdots \text{③} \end{cases}$$

① の3倍を ② に足し，① の -3 倍を ③ に足して，改めて上から番号を振り直すと

$$\begin{cases} x+2y+3z=0 & \cdots\cdots \text{①} \\ 8y+16z=8 & \cdots\cdots \text{②} \\ -5y-12z=-7 & \cdots\cdots \text{③} \end{cases}$$

② を $\dfrac{1}{8}$ 倍して，改めて上から番号を振り直すと

$$\begin{cases} x+2y+3z=0 & \cdots\cdots \text{①} \\ y+2z=1 & \cdots\cdots \text{②} \\ -5y-12z=-7 & \cdots\cdots \text{③} \end{cases}$$

② の -2 倍を ① に足し，② の5倍を ③ に足して，改めて上から番号を振り直すと

$$\begin{cases} x-z=-2 & \cdots\cdots \text{①} \\ y+2z=1 & \cdots\cdots \text{②} \\ -2z=-2 & \cdots\cdots \text{③} \end{cases}$$

③ を $-\dfrac{1}{2}$ 倍して，改めて上から番号を振り直すと

$$\begin{cases} x-z=-2 & \cdots\cdots \text{①} \\ y+2z=1 & \cdots\cdots \text{②} \\ z=1 & \cdots\cdots \text{③} \end{cases}$$

③ の1倍を ① に足し，③ の -2 倍を ② に足して，改めて上から番号を振り直すと

$$\begin{cases} x=-1 & \cdots\cdots \text{①} \\ y=-1 & \cdots\cdots \text{②} \\ z=1 & \cdots\cdots \text{③} \end{cases}$$

よって，与えられた連立1次方程式の解は

$$\begin{cases} \boldsymbol{x=-1} \\ \boldsymbol{y=-1} \\ \boldsymbol{z=1} \end{cases}$$

基本 例題 023　行列の行操作による連立 1 次方程式の解法　★☆☆

連立 1 次方程式 $\begin{cases} -3x+2y+7z=8 \\ -x-2y-3z=0 \\ 3x+y-3z=-7 \end{cases}$ の解法を，行列 $\left[\begin{array}{ccc|c} -3 & 2 & 7 & 8 \\ -1 & -2 & -3 & 0 \\ 3 & 1 & -3 & -7 \end{array}\right]$ の行の操作によって記述せよ。

指針　基本例題 022 の連立 1 次方程式を行列を使って解く操作である。
一般に，行列を用いて表した連立 1 次方程式 $A\boldsymbol{x}=\boldsymbol{b}$ において，係数行列

$A=\begin{bmatrix} a_{11} & a_{12} & \cdots & a_{1n} \\ a_{21} & a_{22} & \cdots & a_{2n} \\ \vdots & \vdots & & \vdots \\ a_{m1} & a_{m2} & \cdots & a_{mn} \end{bmatrix}$ と定数項ベクトル $\boldsymbol{b}=\begin{bmatrix} b_1 \\ b_2 \\ \vdots \\ b_m \end{bmatrix}$ を並べてできる行列

$$[\,A \mid \boldsymbol{b}\,]=\left[\begin{array}{cccc|c} a_{11} & a_{12} & \cdots & a_{1n} & b_1 \\ a_{21} & a_{22} & \cdots & a_{2n} & b_2 \\ \vdots & \vdots & & \vdots & \vdots \\ a_{m1} & a_{m2} & \cdots & a_{mn} & b_m \end{array}\right]$$

を，この連立 1 次方程式の **拡大係数行列** という。連立 1 次方程式は，拡大係数行列の変形によって解くことができる。

解答　**※以後，行列の変形を示す ⟶ の上に示した，①，②，……などの丸付き番号は，それぞれ変形する前の行列の 1 行目，2 行目，……を表す。**

$$\left[\begin{array}{ccc|c} -3 & 2 & 7 & 8 \\ -1 & -2 & -3 & 0 \\ 3 & 1 & -3 & -7 \end{array}\right] \xrightarrow{②\times(-1)} \left[\begin{array}{ccc|c} -3 & 2 & 7 & 8 \\ 1 & 2 & 3 & 0 \\ 3 & 1 & -3 & -7 \end{array}\right] \xrightarrow{②\longleftrightarrow①} \left[\begin{array}{ccc|c} 1 & 2 & 3 & 0 \\ -3 & 2 & 7 & 8 \\ 3 & 1 & -3 & -7 \end{array}\right]$$

$$\xrightarrow[①\times(-3)+③]{①\times3+②} \left[\begin{array}{ccc|c} 1 & 2 & 3 & 0 \\ 0 & 8 & 16 & 8 \\ 0 & -5 & -12 & -7 \end{array}\right] \xrightarrow{②\times\frac{1}{8}} \left[\begin{array}{ccc|c} 1 & 2 & 3 & 0 \\ 0 & 1 & 2 & 1 \\ 0 & -5 & -12 & -7 \end{array}\right]$$

$$\xrightarrow[②\times5+③]{②\times(-2)+①} \left[\begin{array}{ccc|c} 1 & 0 & -1 & -2 \\ 0 & 1 & 2 & 1 \\ 0 & 0 & -2 & -2 \end{array}\right] \xrightarrow{③\times\left(-\frac{1}{2}\right)} \left[\begin{array}{ccc|c} 1 & 0 & -1 & -2 \\ 0 & 1 & 2 & 1 \\ 0 & 0 & 1 & 1 \end{array}\right]$$

$$\xrightarrow[③\times(-2)+②]{③\times1+①} \left[\begin{array}{ccc|c} 1 & 0 & 0 & -1 \\ 0 & 1 & 0 & -1 \\ 0 & 0 & 1 & 1 \end{array}\right]$$

よって，与えられた連立 1 次方程式の解は　$\begin{cases} \boldsymbol{x=-1} \\ \boldsymbol{y=-1} \\ \boldsymbol{z=1} \end{cases}$

2 行列の行基本変形

基本 例題 024 行基本操作と行基本変形 ★☆☆

次の行列に，それぞれ括弧内で示された行基本変形（①，②，③ は，それぞれ行列の 1 行目，2 行目，3 行目を示す）を行った結果を示せ。

(1) $\begin{bmatrix} 4 & -1 & 3 & 0 \\ 1 & 2 & -4 & 2 \end{bmatrix}$ （① ⟷ ②）　　(2) $\begin{bmatrix} -1 & 2 & 3 \\ 2 & 1 & 1 \end{bmatrix}$ （①×2＋②）

(3) $\begin{bmatrix} 1 & 0 & -2 & 1 \\ 1 & 1 & 1 & -1 \\ -1 & 3 & -5 & 0 \end{bmatrix}$ （①×(−1)＋②，①×1＋③）

指針 行列の変形では，次の 3 つの操作を行う。これらはそれぞれ右のように略記できる。

[1] i 行目と j 行目を入れ替える ($i \neq j$)。　　[1] ⓘ ⟷ ⓙ

[2] i 行目を c 倍する ($c \neq 0$)。　　[2] ⓘ×c

[3] j 行目の a 倍を i 行目に足す（a は定数，$i \neq j$）。　　[3] ⓙ×a＋ⓘ

[1]，[2]，[3] を行列の **行基本操作** という。行基本操作を有限回繰り返して行列を変形していくことを，行列の **行基本変形** という。

解答 (1) $\begin{bmatrix} 4 & -1 & 3 & 0 \\ 1 & 2 & -4 & 2 \end{bmatrix} \longrightarrow \begin{bmatrix} \mathbf{1} & \mathbf{2} & \mathbf{-4} & \mathbf{2} \\ \mathbf{4} & \mathbf{-1} & \mathbf{3} & \mathbf{0} \end{bmatrix}$

(2) $\begin{bmatrix} -1 & 2 & 3 \\ 2 & 1 & 1 \end{bmatrix} \longrightarrow \begin{bmatrix} -1 & 2 & 3 \\ (-1)\times 2+2 & 2\times 2+1 & 3\times 2+1 \end{bmatrix} \longrightarrow \begin{bmatrix} \mathbf{-1} & \mathbf{2} & \mathbf{3} \\ \mathbf{0} & \mathbf{5} & \mathbf{7} \end{bmatrix}$

(3) $$\begin{bmatrix} 1 & 0 & -2 & 1 \\ 1 & 1 & 1 & -1 \\ -1 & 3 & -5 & 0 \end{bmatrix}$$

$$\longrightarrow \begin{bmatrix} 1 & 0 & -2 & 1 \\ 1\times(-1)+1 & 0\times(-1)+1 & (-2)\times(-1)+1 & 1\times(-1)+(-1) \\ 1\times 1+(-1) & 0\times 1+3 & (-2)\times 1+(-5) & 1\times 1+0 \end{bmatrix}$$

$$\longrightarrow \begin{bmatrix} \mathbf{1} & \mathbf{0} & \mathbf{-2} & \mathbf{1} \\ \mathbf{0} & \mathbf{1} & \mathbf{3} & \mathbf{-2} \\ \mathbf{0} & \mathbf{3} & \mathbf{-7} & \mathbf{1} \end{bmatrix}$$

補足 行基本操作は，すべて **可逆** である。

すなわち，逆操作によって，もとに戻すことができる。

なお，次のものは行基本操作ではない。

[1] i 行目を 0 倍すること。

[2] j 行目を i 行目でおき換えること。

[3] j 行目の a 倍を i 行目に足したものを k 行目 ($i \neq k$) とすること。

実際，これらの操作は可逆でない，すなわち，もとに戻すことができない。

基本 例題 025　階段形の判定と主番号・主列・主成分　★☆☆

次の行列が，階段形であるかそうでないかを答えよ。また，階段形であれば，その主番号，主列，および主成分を答えよ。

$$\begin{bmatrix} 0 & 1 & 2 & 3 \\ 0 & 4 & 5 & 0 \\ 6 & 0 & 0 & 0 \\ 0 & 0 & 0 & 0 \end{bmatrix}, \quad \begin{bmatrix} 1 & 2 & 3 \\ 4 & 5 & 0 \\ 0 & 0 & 6 \end{bmatrix}, \quad \begin{bmatrix} 0 & 1 & 2 & 4 \\ 0 & 0 & 8 & 4 \\ 0 & 0 & 0 & 0 \end{bmatrix}$$

指針　右の，図 1 で示したような行列を **階段形** の行列という。この行列は次の性質をもっている。

[1]　左下部分にはすべて 0 が並んでいる。

[2]　0 が並んでいる部分と，そうでない部分との境目は，図に示したような階段状になっており，その 1 つ 1 つの段が落ちる部分の成分 (図では c_1 列目，c_2 列目，……，c_r 列目の ∗ で示した成分) は 0 ではない。

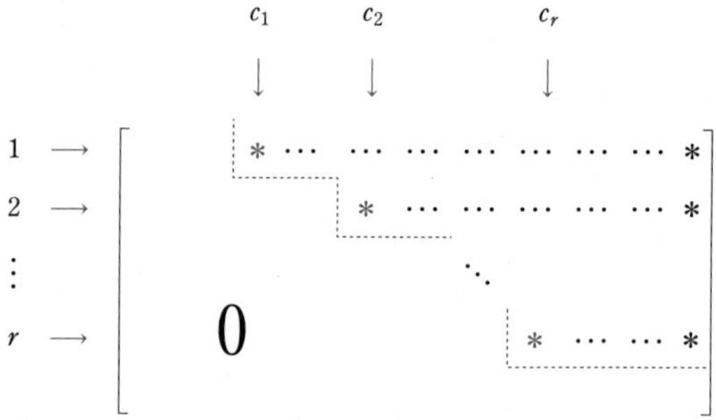

図 1　階段形

[3]　その他の成分 (図では ∗ や … で示された成分) は，何でもよい (0 でもよい)。

階段形の行列のより厳密な定義は次の通りである。

定義　階段形

$m\times n$ 行列 $A=[a_{ij}]$ が **階段形** であるとは，$0\leqq r\leqq m$ となる整数 r と，r 個の整数 $1\leqq c_1<c_2<\cdots\cdots<c_r\leqq n$ が存在して，次を満たすことである。

[1]　$1\leqq i\leqq r$ および $1\leqq j\leqq c_i-1$ のとき　$a_{ij}=0$

[2]　$r+1\leqq i\leqq m$ のとき，すべての j $(1\leqq j\leqq n)$ について　$a_{ij}=0$

[3]　$1\leqq i\leqq r$ のとき　$a_{ic_i}\neq 0$

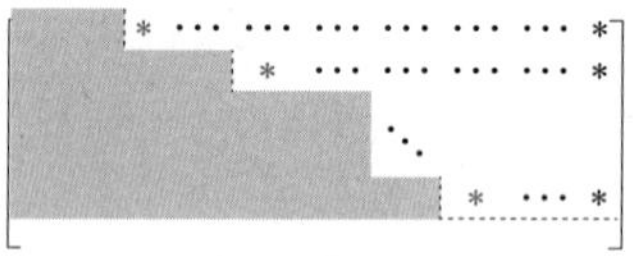

[1]

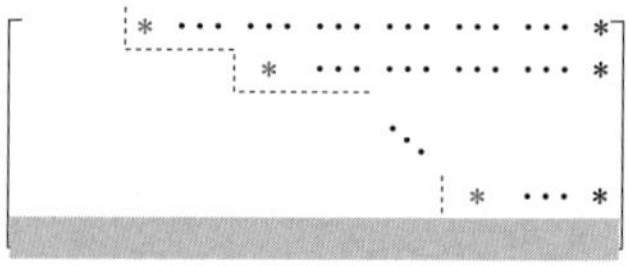

[2]

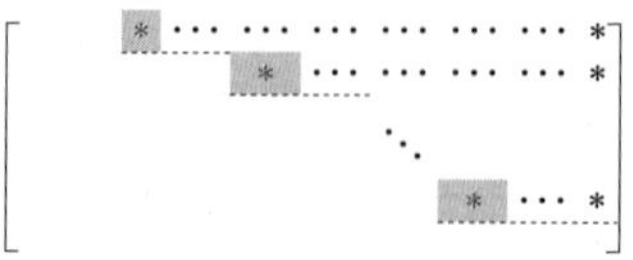

[3]

この定義において，各 $i=1,\ 2,\ \cdots\cdots,\ r$ について，$(i,\ c_i)$ 成分（$*$で示した成分）を，i 番目の **主成分** といい，r 個の整数 $c_1,\ c_2,\ \cdots\cdots,\ c_r$ を **主番号** という。また，各 c_i 番目の列を i 番目の **主列**，あるいは **主列ベクトル** という。
したがって，主列とは「段が落ちる列」のことであり，その列番号が主成分である。また，i 番目の主列ベクトルの，上から i 番目の成分，すなわち，$(i,\ c_i)$ 成分が，i 番目の主成分である。更に，整数 r を，この階段形の行列の **階数** (rank) という。階段形の行列の階数とは，階段の段の個数のことである。
この定義に従って，階段形か階段形でないかを判定する。なお，下の 補足 も参照。

解答 $\begin{bmatrix} 0 & 1 & 2 & 3 \\ 0 & 4 & 5 & 0 \\ 6 & 0 & 0 & 0 \\ 0 & 0 & 0 & 0 \end{bmatrix}$：**階段形でない**

$\begin{bmatrix} 1 & 2 & 3 \\ 4 & 5 & 0 \\ 0 & 0 & 6 \end{bmatrix}$：**階段形でない**

$\begin{bmatrix} 0 & 1 & 2 & 4 \\ 0 & 0 & 8 & 4 \\ 0 & 0 & 0 & 0 \end{bmatrix}$：**階段形である；主番号は 2 と 3** で

主番号 2 の **主列は** $\begin{bmatrix} \mathbf{1} \\ \mathbf{0} \\ \mathbf{0} \end{bmatrix}$ で，**主成分は 1**，

主番号 3 の **主列は** $\begin{bmatrix} \mathbf{2} \\ \mathbf{8} \\ \mathbf{0} \end{bmatrix}$ で，**主成分は 8** である。

補足 上の 1 番目の行列は，例えば $(2,\ 2)$ 成分と $(3,\ 1)$ 成分がともに 0 ならば階段形になる。2 番目の行列は，例えば $(2,\ 1)$ 成分が 0 ならば階段形になる。
階数 0 の階段形の行列とは，零行列 O のことである。
また，**階段形の行列の各段の段差は，1 でなければならない**。例えば，次の行列は，どれも階段形ではない。

$$\begin{bmatrix} 0 & 0 & 0 \\ 0 & 1 & 2 \\ 0 & 0 & 1 \end{bmatrix} \qquad \begin{bmatrix} 1 & 2 & 3 & 4 \\ 0 & 0 & 1 & 2 \\ 0 & 0 & 3 & 4 \end{bmatrix} \qquad \begin{bmatrix} 1 & 2 & 3 & 4 & 5 \\ 0 & 0 & 0 & 0 & 0 \\ 0 & 1 & 2 & 3 & 4 \\ 0 & 0 & 1 & 2 & 3 \end{bmatrix}$$

基本 例題 026　階段形の行列 $[A\ \ B]$ と行列 A ★★☆

$m\times l$ 行列 A と $m\times n$ 行列 B を並べてできた $m\times(l+n)$ 行列 $[A\ \ B]$ が階段形ならば，A も階段形であることを示せ。

指針　次の階段形の定義に従って示す。

定義　階段形

$m\times n$ 行列 $A=[a_{ij}]$ が **階段形** であるとは，$0\leqq r\leqq m$ となる整数 r と，r 個の整数 $1\leqq c_1<c_2<\cdots\cdots<c_r\leqq n$ が存在して，次を満たすことである。

[1]　$1\leqq i\leqq r$ および $1\leqq j\leqq c_i-1$ のとき　　$a_{ij}=0$

[2]　$r+1\leqq i\leqq m$ のとき，すべての j $(1\leqq j\leqq n)$ について　　$a_{ij}=0$

[3]　$1\leqq i\leqq r$ のとき　　$a_{ic_i}\neq 0$

解答　$[A\ \ B]=[d_{ij}]$ とする。

行列 $[A\ \ B]$ が階段形であるならば，$0\leqq r\leqq m$ となる整数 r と，r 個の整数 $1\leqq c_1<c_2<\cdots\cdots<c_r\leqq l+n$ が存在して，次を満たす。

[1]　$1\leqq i\leqq r$ および $1\leqq j\leqq c_i-1$ のとき　　$d_{ij}=0$

[2]　$r+1\leqq i\leqq m$ のとき，すべての j $(1\leqq j\leqq l+n)$ について　　$d_{ij}=0$

[3]　$1\leqq i\leqq r$ のとき　　$d_{ic_i}\neq 0$

[a]　$l<c_1$ のとき

行列 A は零行列であるから，階数 0 の階段形である。

[b]　$c_1\leqq l<c_r$ のとき

ある整数 $1\leqq k<r$ に対して，$c_k\leqq l<c_{k+1}$ となる。

このとき，行列 A は k 個の整数 c_1，c_2，……，c_k を主番号とする階段形である。

[c]　$c_r\leqq l$ のとき

行列 A は r 個の整数 $1\leqq c_1<c_2<\cdots\cdots<c_r\leqq l$ を主番号とする階段形である。

[a]，[b]，[c] から，行列 A も階段形である。 ■

補足　行列 $[A\ \ B]$ が階段形なら A も階段形であるが，行列 B は階段形であるとは限らない。

例えば $[A\ \ B]=\begin{bmatrix}1&2&3&4&5\\0&1&2&0&0\\0&0&1&0&1\end{bmatrix}$ の場合

$$A=\begin{bmatrix}1&2&3\\0&1&2\\0&0&1\end{bmatrix},\ B=\begin{bmatrix}4&5\\0&0\\0&1\end{bmatrix}；あるいは\ A=\begin{bmatrix}1&2\\0&1\\0&0\end{bmatrix},\ B=\begin{bmatrix}3&4&5\\2&0&0\\1&0&1\end{bmatrix}$$

など。

基本 例題 027 簡約階段形の判定 ★☆☆

次の行列が，簡約階段形であるかそうでないかを答えよ。

$$\begin{bmatrix} 1 & 2 & -2 \\ 0 & 1 & 0 \\ 0 & 0 & 1 \\ 0 & 0 & 0 \end{bmatrix},\quad \begin{bmatrix} 1 & 3 & 2 & -1 \\ 0 & 0 & 1 & 3 \\ 0 & 0 & 0 & 0 \end{bmatrix},\quad \begin{bmatrix} 1 & 0 & 1 & 7 & 0 & 2 \\ 0 & 1 & 4 & 2 & 0 & -1 \\ 0 & 0 & 0 & 0 & 1 & 2 \end{bmatrix}$$

指針 定義 **簡約階段形**

$m\times n$ 行列 $A=[a_{ij}]$ が次の条件を満たすとき，行列 A は **簡約階段形** であるという。

[1] 行列 A は階段形である。

[2] 主成分はすべて 1 である。

[3] 各主列における主成分の上下の成分はすべて 0 である。

簡約階段形の行列は，右の図 2 のようなものである。
階段形の定義を利用すると，階段形行列が簡約階段形である条件 [2] と [3] は，次のように書かれる。

[2] $1\leqq i\leqq r$ のとき $a_{ic_i}=1$

[3] $1\leqq i\leqq r$ および $k\neq i$ のとき $a_{kc_i}=0$

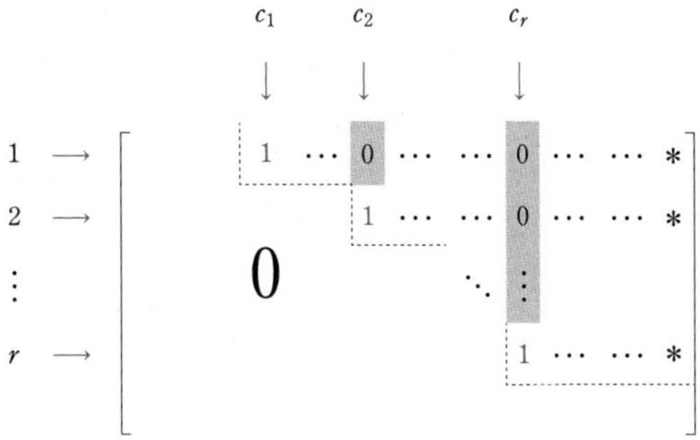

図 2 簡約階段形

解答

$\begin{bmatrix} 1 & 2 & -2 \\ 0 & 1 & 0 \\ 0 & 0 & 1 \\ 0 & 0 & 0 \end{bmatrix}$: **簡約階段形でない**

$\begin{bmatrix} 1 & 3 & 2 & -1 \\ 0 & 0 & 1 & 3 \\ 0 & 0 & 0 & 0 \end{bmatrix}$: **簡約階段形でない**

$\begin{bmatrix} 1 & 0 & 1 & 7 & 0 & 2 \\ 0 & 1 & 4 & 2 & 0 & -1 \\ 0 & 0 & 0 & 0 & 1 & 2 \end{bmatrix}$: **簡約階段形である**

補足 1 番目と 2 番目の行列はともに階段形で，主成分はすべて 1 であるから，定義の [1]，[2] を満たしている。ところが，[3] を満たしていないため，簡約階段形でない。

基本 例題 028 簡約階段形の行列 $[A\quad B]$ と行列 A ★★☆

$m\times l$ 行列 A と $m\times n$ 行列 B を並べてできた $m\times(l+n)$ 行列 $[A\quad B]$ が簡約階段形ならば，A も簡約階段形であることを示せ。

指針　次の簡約階段形の定義に従って示す。

定義　**簡約階段形**

$m\times n$ 行列 $A=[a_{ij}]$ が次の条件を満たすとき，行列 A は **簡約階段形** であるという。

[1]　行列 A は階段形である。

[2]　主成分はすべて 1 である。

[3]　各主列における主成分の上下の成分はすべて 0 である。

解答　$[A\quad B]=[d_{ij}]$ とする。

行列 $[A\quad B]$ が簡約階段形であるならば，次を満たす。

[1]　行列 $[A\quad B]$ は階段形である。

[2]　主成分はすべて 1 である。

[3]　各主列における主成分の上下の成分はすべて 0 である。

[1] において，行列 $[A\quad B]$ は階段形であるから，$0\leqq r\leqq m$ となる整数 r と，r 個の整数 $1\leqq c_1<c_2<\cdots\cdots<c_r\leqq l+n$ が存在して，次を満たす。

[a]　$1\leqq i\leqq r$ および $1\leqq j\leqq c_i-1$ のとき

$$d_{ij}=0$$

[b]　$r+1\leqq i\leqq m$ のとき

すべての j $(1\leqq j\leqq l+n)$ について　　$d_{ij}=0$

[c]　$1\leqq i\leqq r$ のとき　　$d_{ic_i}\neq 0$

このとき，行列 A は階段形である。　◀基本例題 025 より。

[α]　$l<c_1$ のとき

行列 A は零行列であるから，階数 0 の簡約階段形である。

[β]　$c_1\leqq l<c_r$ のとき

ある整数 $1\leqq k<r$ に対して，$c_k\leqq l<c_{k+1}$ となる。

このとき，行列 A は k 個の整数 c_1，c_2，……，c_k を主番号とする簡約階段形である。

[γ]　$c_r\leqq l$ のとき

行列 A は r 個の整数 $1\leqq c_1<c_2<\cdots\cdots<c_r\leqq l$ を主番号とする簡約階段形である。

[α]，[β]，[γ] から，行列 A も簡約階段形である。 ■

補足　基本例題 026 と同様，行列 $[A\quad B]$ が簡約階段形のとき，行列 B は簡約階段形である必要はない。

例えば　$[A\quad B]$

$$=\begin{bmatrix}1&0&3&0&4&0\\0&1&2&0&5&0\\0&0&0&1&6&7\end{bmatrix}$$

とすると，これは簡約階段形で

$$A=\begin{bmatrix}1&0&3\\0&1&2\\0&0&0\end{bmatrix},\quad B=\begin{bmatrix}0&4&0\\0&5&0\\1&6&7\end{bmatrix};$$

$$A=\begin{bmatrix}1&0&3&0\\0&1&2&0\\0&0&0&1\end{bmatrix},\quad B=\begin{bmatrix}4&0\\5&0\\6&7\end{bmatrix}$$

など。

基本 例題 029 階数 n の n 次簡約階段形の行列は E ★★☆

n 次正方行列 A が簡約階段形であり，かつ，その階段の段の個数が n であるとき，$A=E$（単位行列）であることを示せ。

指針 次の簡約階段形の定義に従って示す。

定義 簡約階段形

$m\times n$ 行列 $A=[a_{ij}]$ が次の条件を満たすとき，行列 A は **簡約階段形** であるという。

[1] 行列 A は階段形である。

[2] 主成分はすべて 1 である。

[3] 各主列における主成分の上下の成分はすべて 0 である。

解答 $A=[a_{ij}]$ とする。

行列 A が簡約階段形であるから，次を満たす。

[1] 行列 A は階段形である。

[2] 主成分はすべて 1 である。

[3] 各主列における主成分の上下の成分はすべて 0 である。

[1] より，$0\leqq r\leqq n$ となる整数 r と，r 個の整数 $1\leqq c_1<c_2<\cdots\cdots<c_r\leqq n$ が存在して，次を満たす。

[a] $1\leqq i\leqq r$ および $1\leqq j\leqq c_i-1$ のとき　$a_{ij}=0$

[b] $r+1\leqq i\leqq n$ のとき，すべての j $(1\leqq j\leqq n)$ について　$a_{ij}=0$

[c] $1\leqq i\leqq r$ のとき　$a_{ic_i}\neq 0$

行列 A の階段の段の個数は n であるから

$$c_1=1,\ c_2=2,\ \cdots\cdots,\ c_n=n$$

[2] より　$a_{11}=a_{1c_1}=1,\ a_{22}=a_{2c_2}=1,\ \cdots\cdots,\ a_{nn}=a_{nc_n}=1$

[3] も合わせて　$A=E$ ■

補足 $n=3$ で試してみよう。

3 次行列 A が条件 [1] を満たすとき A は階段形で，$\mathrm{rank}\,A=3$ なら

$$A=\begin{bmatrix} a_{11} & a_{12} & a_{13} \\ 0 & a_{22} & a_{23} \\ 0 & 0 & a_{33} \end{bmatrix}\ (a_{ij}\neq 0)$$

次に，[2] から $A=\begin{bmatrix} 1 & a_{12} & a_{13} \\ 0 & 1 & a_{23} \\ 0 & 0 & 1 \end{bmatrix}$，更に [3] から $A=\begin{bmatrix} 1 & 0 & 0 \\ 0 & 1 & 0 \\ 0 & 0 & 1 \end{bmatrix}$ となり，$A=E$ が成り立つ。

基本 例題 030 行基本変形（掃き出し法）で簡約階段化 ★☆☆

次の行列を，行基本変形によって，簡約階段形にせよ。

(1) $\begin{bmatrix} 0 & 1 & 2 & 3 \\ 1 & 1 & 1 & 1 \\ 1 & 1 & 1 & 1 \\ 0 & 1 & 2 & 3 \end{bmatrix}$　　(2) $\begin{bmatrix} 1 & 2 & 1 \\ 2 & 2 & 2 \\ 1 & 0 & 1 \end{bmatrix}$　　(3) $\begin{bmatrix} 1 & -1 & 2 & 1 & -1 \\ 2 & -1 & 1 & 2 & 0 \\ -1 & 1 & 2 & 3 & 1 \\ 0 & 1 & -1 & 2 & 4 \end{bmatrix}$

指針 まず，行基本変形の定理を紹介する。

定理　行基本変形定理

任意の行列 A は，適当な行基本変形によって，簡約階段形に変形できる。

行基本変形のような手順によって行列を変形していくプロセスを，**掃き出し法** という。行基本変形により行列を簡約階段形に変形することを **簡約階段化** という。なお，簡約階段形に変形された行列そのものを「簡約階段化」と呼ぶこともある。詳しくは，「数研講座シリーズ　大学教養　線形代数」の 53 ページから 56 ページを参照。

解答 (1)

$$\begin{bmatrix} 0&1&2&3 \\ 1&1&1&1 \\ 1&1&1&1 \\ 0&1&2&3 \end{bmatrix} \xrightarrow{\text{②}\leftrightarrow\text{①}} \begin{bmatrix} 1&1&1&1 \\ 0&1&2&3 \\ 1&1&1&1 \\ 0&1&2&3 \end{bmatrix} \xrightarrow{\text{①}\times(-1)+\text{③}} \begin{bmatrix} 1&1&1&1 \\ 0&1&2&3 \\ 0&0&0&0 \\ 0&1&2&3 \end{bmatrix} \xrightarrow{\text{②}\times(-1)+\text{④}} \begin{bmatrix} 1&1&1&1 \\ 0&1&2&3 \\ 0&0&0&0 \\ 0&0&0&0 \end{bmatrix}$$

$$\xrightarrow{\text{②}\times(-1)+\text{①}} \begin{bmatrix} \mathbf{1}&\mathbf{0}&\mathbf{-1}&\mathbf{-2} \\ \mathbf{0}&\mathbf{1}&\mathbf{2}&\mathbf{3} \\ \mathbf{0}&\mathbf{0}&\mathbf{0}&\mathbf{0} \\ \mathbf{0}&\mathbf{0}&\mathbf{0}&\mathbf{0} \end{bmatrix}$$

(2)

$$\begin{bmatrix} 1&2&1 \\ 2&2&2 \\ 1&0&1 \end{bmatrix} \xrightarrow{\substack{\text{①}\times(-2)+\text{②} \\ \text{①}\times(-1)+\text{③}}} \begin{bmatrix} 1&2&1 \\ 0&-2&0 \\ 0&-2&0 \end{bmatrix} \xrightarrow{\text{②}\times\left(-\frac{1}{2}\right)} \begin{bmatrix} 1&2&1 \\ 0&1&0 \\ 0&-2&0 \end{bmatrix} \xrightarrow{\substack{\text{②}\times(-2)+\text{①} \\ \text{②}\times2+\text{③}}} \begin{bmatrix} \mathbf{1}&\mathbf{0}&\mathbf{1} \\ \mathbf{0}&\mathbf{1}&\mathbf{0} \\ \mathbf{0}&\mathbf{0}&\mathbf{0} \end{bmatrix}$$

(3)

$$\begin{bmatrix} 1&-1&2&1&-1 \\ 2&-1&1&2&0 \\ -1&1&2&3&1 \\ 0&1&-1&2&4 \end{bmatrix} \xrightarrow{\substack{\text{①}\times(-2)+\text{②} \\ \text{①}\times1+\text{③}}} \begin{bmatrix} 1&-1&2&1&-1 \\ 0&1&-3&0&2 \\ 0&0&4&4&0 \\ 0&1&-1&2&4 \end{bmatrix} \xrightarrow{\substack{\text{②}\times1+\text{①} \\ \text{③}\times\frac{1}{4} \\ \text{②}\times(-1)+\text{④}}} \begin{bmatrix} 1&0&-1&1&1 \\ 0&1&-3&0&2 \\ 0&0&1&1&0 \\ 0&0&2&2&2 \end{bmatrix}$$

$$\xrightarrow{\substack{\text{③}\times1+\text{①} \\ \text{③}\times3+\text{②} \\ \text{③}\times(-2)+\text{④}}} \begin{bmatrix} 1&0&0&2&1 \\ 0&1&0&3&2 \\ 0&0&1&1&0 \\ 0&0&0&0&2 \end{bmatrix} \xrightarrow{\text{④}\times\frac{1}{2}} \begin{bmatrix} 1&0&0&2&1 \\ 0&1&0&3&2 \\ 0&0&1&1&0 \\ 0&0&0&0&1 \end{bmatrix} \xrightarrow{\substack{\text{④}\times(-1)+\text{①} \\ \text{④}\times(-2)+\text{②}}} \begin{bmatrix} \mathbf{1}&\mathbf{0}&\mathbf{0}&\mathbf{2}&\mathbf{0} \\ \mathbf{0}&\mathbf{1}&\mathbf{0}&\mathbf{3}&\mathbf{0} \\ \mathbf{0}&\mathbf{0}&\mathbf{1}&\mathbf{1}&\mathbf{0} \\ \mathbf{0}&\mathbf{0}&\mathbf{0}&\mathbf{0}&\mathbf{1} \end{bmatrix}$$

補足 行列の簡約階段形は，与えられた行列に対して，ただ 1 通りに決まる。

この事実を初等的に証明することは可能であるが，本質的な証明は第 5 章以降で扱われるベクトル空間論を用いて与えられる。以降，この事実を認めることとする。

このことの詳細を知りたい読者は，「数研講座シリーズ　大学教養　線形代数」のインターネットサイトにある補助教材を参照するとよい。

基本 例題 031 行列の簡約階段化とその階数 ① ★☆☆

次の行列（基本例題 030 の行列）について，その階数を求めよ。

(1) $\begin{bmatrix} 0 & 1 & 2 & 3 \\ 1 & 1 & 1 & 1 \\ 1 & 1 & 1 & 1 \\ 0 & 1 & 2 & 3 \end{bmatrix}$　(2) $\begin{bmatrix} 1 & 2 & 1 \\ 2 & 2 & 2 \\ 1 & 0 & 1 \end{bmatrix}$　(3) $\begin{bmatrix} 1 & -1 & 2 & 1 & -1 \\ 2 & -1 & 1 & 2 & 0 \\ -1 & 1 & 2 & 3 & 1 \\ 0 & 1 & -1 & 2 & 4 \end{bmatrix}$

指針 基本例題 030 の **補足** で示したように，行列の簡約階段形は，与えられた行列に対して 1 通りに決まるため，その階数も 1 通りに決まる。行列の階数の定義は次の通りである。

定義　行列の階数
行列 A の簡約階段形の階数（階段の段の個数）を，行列 A の **階数**（rank）といい，$\mathrm{rank}\,A$ と書く。

行列の階数は，基本例題 025 の指針で示した階段形の行列の階数に一致する。また，行列の階数については，次の定理が成り立つ。

定理　階数の性質
$m\times n$ 行列 A について，不等式 $\mathrm{rank}\,A \leqq \min\{m,\ n\}$ が成り立つ。

解答 (1) 与えられた行列を A として簡約階段化すると

$$A \longrightarrow \begin{bmatrix} 1 & 1 & 1 & 1 \\ 0 & 1 & 2 & 3 \\ 1 & 1 & 1 & 1 \\ 0 & 1 & 2 & 3 \end{bmatrix} \longrightarrow \begin{bmatrix} 1 & 1 & 1 & 1 \\ 0 & 1 & 2 & 3 \\ 0 & 0 & 0 & 0 \\ 0 & 0 & 0 & 0 \end{bmatrix} \longrightarrow \begin{bmatrix} 1 & 0 & -1 & -2 \\ 0 & 1 & 2 & 3 \\ 0 & 0 & 0 & 0 \\ 0 & 0 & 0 & 0 \end{bmatrix}$$

よって，階数は　**2**

(2) 与えられた行列を A として簡約階段化すると

$$A \longrightarrow \begin{bmatrix} 1 & 2 & 1 \\ 0 & -2 & 0 \\ 0 & -2 & 0 \end{bmatrix} \longrightarrow \begin{bmatrix} 1 & 2 & 1 \\ 0 & 1 & 0 \\ 0 & -2 & 0 \end{bmatrix} \longrightarrow \begin{bmatrix} 1 & 0 & 1 \\ 0 & 1 & 0 \\ 0 & 0 & 0 \end{bmatrix}$$

よって，階数は　**2**

(3) 与えられた行列を A として簡約階段化すると

$$A \longrightarrow \begin{bmatrix} 1 & -1 & 2 & 1 & -1 \\ 0 & 1 & -3 & 0 & 2 \\ 0 & 0 & 4 & 4 & 0 \\ 0 & 1 & -1 & 2 & 4 \end{bmatrix} \longrightarrow \begin{bmatrix} 1 & 0 & -1 & 1 & 1 \\ 0 & 1 & -3 & 0 & 2 \\ 0 & 0 & 1 & 1 & 0 \\ 0 & 0 & 2 & 2 & 2 \end{bmatrix} \longrightarrow \begin{bmatrix} 1 & 0 & 0 & 2 & 1 \\ 0 & 1 & 0 & 3 & 2 \\ 0 & 0 & 1 & 1 & 0 \\ 0 & 0 & 0 & 0 & 2 \end{bmatrix}$$

$$\longrightarrow \begin{bmatrix} 1 & 0 & 0 & 2 & 1 \\ 0 & 1 & 0 & 3 & 2 \\ 0 & 0 & 1 & 1 & 0 \\ 0 & 0 & 0 & 0 & 1 \end{bmatrix} \longrightarrow \begin{bmatrix} 1 & 0 & 0 & 2 & 0 \\ 0 & 1 & 0 & 3 & 0 \\ 0 & 0 & 1 & 1 & 0 \\ 0 & 0 & 0 & 0 & 1 \end{bmatrix}$$

よって，階数は　**4**

基本　例題 032　行列の階数の判定 ①　★★☆

行列 $A=\begin{bmatrix}2 & a & 1\\ a & a & 1\\ 1 & 1 & 1\end{bmatrix}$ （a は定数）の階数を求めよ。

指針　まず，行列 A を行基本変形して階段形にする。a の値によって行列 A の簡約階段形が異なるため，場合分けをして，階段形の行列を簡約階段化することを考える。

解答　行列 A を行基本変形すると，次のようになる。

$$A\xrightarrow{\text{③}\leftrightarrow\text{①}}\begin{bmatrix}1 & 1 & 1\\ a & a & 1\\ 2 & a & 1\end{bmatrix}\xrightarrow[\text{①}\times(-2)+\text{③}]{\text{①}\times(-a)+\text{②}}\begin{bmatrix}1 & 1 & 1\\ 0 & 0 & 1-a\\ 0 & a-2 & -1\end{bmatrix}\xrightarrow{\text{③}\leftrightarrow\text{②}}\overset{(*)}{\begin{bmatrix}1 & 1 & 1\\ 0 & a-2 & -1\\ 0 & 0 & 1-a\end{bmatrix}}$$

[1]　$a=2$ のとき，最後の行列 $(*)$ は $\begin{bmatrix}1 & 1 & 1\\ 0 & 0 & -1\\ 0 & 0 & -1\end{bmatrix}$ となる。

これを簡約階段化すると，次のようになる。

$$\begin{bmatrix}1 & 1 & 1\\ 0 & 0 & -1\\ 0 & 0 & -1\end{bmatrix}\xrightarrow{\text{②}\times(-1)}\begin{bmatrix}1 & 1 & 1\\ 0 & 0 & 1\\ 0 & 0 & -1\end{bmatrix}\xrightarrow[\text{②}\times1+\text{③}]{\text{②}\times(-1)+\text{①}}\begin{bmatrix}1 & 1 & 0\\ 0 & 0 & 1\\ 0 & 0 & 0\end{bmatrix}$$

よって，階数は　2

[2]　$a=1$ のとき，最後の行列 $(*)$ は $\begin{bmatrix}1 & 1 & 1\\ 0 & -1 & -1\\ 0 & 0 & 0\end{bmatrix}$ となる。

これを簡約階段化すると，次のようになる。

$$\begin{bmatrix}1 & 1 & 1\\ 0 & -1 & -1\\ 0 & 0 & 0\end{bmatrix}\xrightarrow{\text{②}\times(-1)}\begin{bmatrix}1 & 1 & 1\\ 0 & 1 & 1\\ 0 & 0 & 0\end{bmatrix}\xrightarrow{\text{②}\times(-1)+\text{①}}\begin{bmatrix}1 & 0 & 0\\ 0 & 1 & 1\\ 0 & 0 & 0\end{bmatrix}$$

よって，階数は　2

[3]　$a\neq1,\ 2$ のとき，最後の行列 $(*)$ を簡約階段化すると，次のようになる。

$$\begin{bmatrix}1 & 1 & 1\\ 0 & a-2 & -1\\ 0 & 0 & 1-a\end{bmatrix}\xrightarrow{\text{③}\times\frac{1}{1-a}}\begin{bmatrix}1 & 1 & 1\\ 0 & a-2 & -1\\ 0 & 0 & 1\end{bmatrix}\xrightarrow[\text{③}\times1+\text{②}]{\text{③}\times(-1)+\text{①}}\begin{bmatrix}1 & 1 & 0\\ 0 & a-2 & 0\\ 0 & 0 & 1\end{bmatrix}$$

$$\xrightarrow{\text{②}\times\frac{1}{a-2}}\begin{bmatrix}1 & 1 & 0\\ 0 & 1 & 0\\ 0 & 0 & 1\end{bmatrix}\xrightarrow{\text{②}\times(-1)+\text{①}}\begin{bmatrix}1 & 0 & 0\\ 0 & 1 & 0\\ 0 & 0 & 1\end{bmatrix}$$

よって，階数は　3

以上から，行列 A の階数は　**$a=1,\ 2$ のとき 2，$a\neq1,\ 2$ のとき 3**

3 連立 1 次方程式とその解

基本 例題 033 連立 1 次方程式の拡大係数行列の簡約階段化 ★☆☆

連立 1 次方程式 $\begin{cases} 2x+5y-z+5u=8 \\ -x-3y+z-2u+2v=-4 \\ -3y+3z+7u+4v=4 \\ x+2y+3u+2v=4 \end{cases}$ の拡大係数行列の簡約階段形が,

$$\left[\begin{array}{ccccc|c} 1 & 0 & 2 & 0 & 20 & -1 \\ 0 & 1 & -1 & 0 & -6 & 1 \\ 0 & 0 & 0 & 1 & -2 & 1 \\ 0 & 0 & 0 & 0 & 0 & 0 \end{array}\right]$$ となることを確かめよ。

指針 係数行列の基本変形とまったく同様に，拡大係数行列についても行基本変形を行い，簡約階段化する。

解答 与えられた連立 1 次方程式の拡大係数行列は $\left[\begin{array}{ccccc|c} 2 & 5 & -1 & 5 & 0 & 8 \\ -1 & -3 & 1 & -2 & 2 & -4 \\ 0 & -3 & 3 & 7 & 4 & 4 \\ 1 & 2 & 0 & 3 & 2 & 4 \end{array}\right]$ である

から，これを簡約階段化すると

$$\left[\begin{array}{ccccc|c} 2 & 5 & -1 & 5 & 0 & 8 \\ -1 & -3 & 1 & -2 & 2 & -4 \\ 0 & -3 & 3 & 7 & 4 & 4 \\ 1 & 2 & 0 & 3 & 2 & 4 \end{array}\right] \xrightarrow{④\leftrightarrow①} \left[\begin{array}{ccccc|c} 1 & 2 & 0 & 3 & 2 & 4 \\ -1 & -3 & 1 & -2 & 2 & -4 \\ 0 & -3 & 3 & 7 & 4 & 4 \\ 2 & 5 & -1 & 5 & 0 & 8 \end{array}\right]$$

$$\xrightarrow[①\times(-2)+④]{①\times1+②} \left[\begin{array}{ccccc|c} 1 & 2 & 0 & 3 & 2 & 4 \\ 0 & -1 & 1 & 1 & 4 & 0 \\ 0 & -3 & 3 & 7 & 4 & 4 \\ 0 & 1 & -1 & -1 & -4 & 0 \end{array}\right] \xrightarrow{②\times(-1)} \left[\begin{array}{ccccc|c} 1 & 2 & 0 & 3 & 2 & 4 \\ 0 & 1 & -1 & -1 & -4 & 0 \\ 0 & -3 & 3 & 7 & 4 & 4 \\ 0 & 1 & -1 & -1 & -4 & 0 \end{array}\right]$$

$$\xrightarrow[\substack{②\times3+③ \\ ②\times(-1)+④}]{②\times(-2)+①} \left[\begin{array}{ccccc|c} 1 & 0 & 2 & 5 & 10 & 4 \\ 0 & 1 & -1 & -1 & -4 & 0 \\ 0 & 0 & 0 & 4 & -8 & 4 \\ 0 & 0 & 0 & 0 & 0 & 0 \end{array}\right] \xrightarrow{③\times\frac{1}{4}} \left[\begin{array}{ccccc|c} 1 & 0 & 2 & 5 & 10 & 4 \\ 0 & 1 & -1 & -1 & -4 & 0 \\ 0 & 0 & 0 & 1 & -2 & 1 \\ 0 & 0 & 0 & 0 & 0 & 0 \end{array}\right]$$

$$\xrightarrow[③\times1+②]{③\times(-5)+①} \left[\begin{array}{ccccc|c} 1 & 0 & 2 & 0 & 20 & -1 \\ 0 & 1 & -1 & 0 & -6 & 1 \\ 0 & 0 & 0 & 1 & -2 & 1 \\ 0 & 0 & 0 & 0 & 0 & 0 \end{array}\right]$$

以上から，確かめられた。 ■

基本　例題 034　連立1次方程式の解法と解の自由度　★☆☆

次の連立1次方程式を解け。また，それぞれ，解の自由度を答えよ。

(1) $\begin{cases} x+2y-\ z=3 \\ 2x+4y-3z=5 \end{cases}$

(2) $\begin{cases} x+\ y-\ z=\ \ 6 \\ 2x+4y+6z=-2 \\ -3x-2y+\ z=\ \ 5 \end{cases}$

(3) $\begin{cases} 2x-\ y-\ z=12 \\ x-3y+2z=\ 1 \\ 4x-5y+\ z=18 \end{cases}$

(4) $\begin{cases} x+2y-z+3u+4v=\ \ 5 \\ z-2u+4v=-2 \\ 2x+4y-z+3u+2v=\ \ 5 \end{cases}$

指針　もちろん，拡大係数行列の簡約階段化によって，解を求める。解の自由度については，次の定理の下の説明を参照。また，定理の仕組みを理解するには，「数研講座シリーズ　大学教養 線形代数」の 60 ページから 61 ページを参照するとよい。

定理　行基本変形と連立1次方程式

A を $m\times n$ 行列とし，未知数ベクトル $\boldsymbol{x}={}^t[\,x_1\ \ x_2\ \ \cdots\ \ x_n\,]$ を解にもつ連立1次方程式 $A\boldsymbol{x}=\boldsymbol{b}$ ……(∗) を考える。ただし，$\boldsymbol{b}={}^t[\,b_1\ \ b_2\ \ \cdots\ \ b_m\,]$ は任意の定数項ベクトルとする。拡大係数行列 $[\,A\mid\boldsymbol{b}\,]$ に行基本変形を行って，$[\,B\mid\boldsymbol{b}'\,]$（$B$ は $m\times n$ 行列で，$\boldsymbol{b}'$ は $m\times 1$ 行列）が得られたとする。このとき，連立1次方程式 $B\boldsymbol{x}=\boldsymbol{b}'$ ……(∗∗) は (∗) と同値である（すなわち，解は一致する)。

また，連立1次方程式のすべての解を表すために必要な任意定数の個数を，**解の自由度** という。ここでは，$[\,A\mid\boldsymbol{b}\,]$ を簡約階段化した $[\,B\mid\boldsymbol{b}'\,]$ をまず求める。その後，普通の連立1次方程式の形にして，解を求める。

解答　(1)　連立1次方程式は $\begin{bmatrix}1&2&-1\\2&4&-3\end{bmatrix}\begin{bmatrix}x\\y\\z\end{bmatrix}=\begin{bmatrix}3\\5\end{bmatrix}$ と表される。

この拡大係数行列は $\left[\begin{array}{ccc|c}1&2&-1&3\\2&4&-3&5\end{array}\right]$ であり，これを簡約階段化すると

$$\xrightarrow{①\times(-2)+②}\left[\begin{array}{ccc|c}1&2&-1&3\\0&0&-1&-1\end{array}\right]\xrightarrow{②\times(-1)}\left[\begin{array}{ccc|c}1&2&-1&3\\0&0&1&1\end{array}\right]\xrightarrow{②\times1+①}\left[\begin{array}{ccc|c}1&2&0&4\\0&0&1&1\end{array}\right]$$

よって，与えられた連立1次方程式は $\begin{cases}x+2y\ \ =4\\ \qquad\ z=1\end{cases}$ と同値である。

これを解くと $\begin{cases}x=4-2c\\ y=\quad\ \ c\quad(c\text{ は任意定数})\\ z=1\end{cases}$

したがって，解は $\begin{cases}\boldsymbol{x=4-2c}\\ \boldsymbol{y=c}\\ \boldsymbol{z=1}\end{cases}$　**（$\boldsymbol{c}$ は任意定数）**

また，解の自由度は　**1**

(2) 連立1次方程式は $\begin{bmatrix} 1 & 1 & -1 \\ 2 & 4 & 6 \\ -3 & -2 & 1 \end{bmatrix}\begin{bmatrix} x \\ y \\ z \end{bmatrix}=\begin{bmatrix} 6 \\ -2 \\ 5 \end{bmatrix}$ と表される。

この拡大係数行列は $\left[\begin{array}{ccc|c} 1 & 1 & -1 & 6 \\ 2 & 4 & 6 & -2 \\ -3 & -2 & 1 & 5 \end{array}\right]$ であり，これを簡約階段化すると

$$\xrightarrow[\text{①}\times 3+\text{③}]{\text{①}\times(-2)+\text{②}}\left[\begin{array}{ccc|c} 1 & 1 & -1 & 6 \\ 0 & 2 & 8 & -14 \\ 0 & 1 & -2 & 23 \end{array}\right]\xrightarrow[\text{③}\times(-2)+\text{②}]{\text{③}\times(-1)+\text{①}}\left[\begin{array}{ccc|c} 1 & 0 & 1 & -17 \\ 0 & 0 & 12 & -60 \\ 0 & 1 & -2 & 23 \end{array}\right]$$

$$\xrightarrow{\text{②}\times\frac{1}{12}\longleftrightarrow\text{③}}\left[\begin{array}{ccc|c} 1 & 0 & 1 & -17 \\ 0 & 1 & -2 & 23 \\ 0 & 0 & 1 & -5 \end{array}\right]\xrightarrow[\text{③}\times 2+\text{②}]{\text{③}\times(-1)+\text{①}}\left[\begin{array}{ccc|c} 1 & 0 & 0 & -12 \\ 0 & 1 & 0 & 13 \\ 0 & 0 & 1 & -5 \end{array}\right]$$

よって，与えられた連立1次方程式は $\begin{cases} x = -12 \\ y = 13 \\ z = -5 \end{cases}$ と同値である。

したがって，解は $\begin{cases} \boldsymbol{x=-12} \\ \boldsymbol{y=13} \\ \boldsymbol{z=-5} \end{cases}$

また，解の自由度は **0**

(3) 連立1次方程式は $\begin{bmatrix} 2 & -1 & -1 \\ 1 & -3 & 2 \\ 4 & -5 & 1 \end{bmatrix}\begin{bmatrix} x \\ y \\ z \end{bmatrix}=\begin{bmatrix} 12 \\ 1 \\ 18 \end{bmatrix}$ と表される。

この拡大係数行列は $\left[\begin{array}{ccc|c} 2 & -1 & -1 & 12 \\ 1 & -3 & 2 & 1 \\ 4 & -5 & 1 & 18 \end{array}\right]$ であり，これを簡約階段化すると

$$\xrightarrow{\text{②}\longrightarrow\text{①}}\left[\begin{array}{ccc|c} 1 & -3 & 2 & 1 \\ 2 & -1 & -1 & 12 \\ 4 & -5 & 1 & 18 \end{array}\right]\xrightarrow[\text{①}\times(-4)+\text{③}]{\text{①}\times(-2)+\text{②}}\left[\begin{array}{ccc|c} 1 & -3 & 2 & 1 \\ 0 & 5 & -5 & 10 \\ 0 & 7 & -7 & 14 \end{array}\right]$$

$$\xrightarrow[\text{③}\times\frac{1}{7}]{\text{②}\times\frac{1}{5}}\left[\begin{array}{ccc|c} 1 & -3 & 2 & 1 \\ 0 & 1 & -1 & 2 \\ 0 & 1 & -1 & 2 \end{array}\right]\xrightarrow{\text{②}\times(-1)+\text{③}}\left[\begin{array}{ccc|c} 1 & -3 & 2 & 1 \\ 0 & 1 & -1 & 2 \\ 0 & 0 & 0 & 0 \end{array}\right]\xrightarrow{\text{②}\times 3+\text{①}}\left[\begin{array}{ccc|c} 1 & 0 & -1 & 7 \\ 0 & 1 & -1 & 2 \\ 0 & 0 & 0 & 0 \end{array}\right]$$

よって，与えられた連立1次方程式は $\begin{cases} x -z=7 \\ y-z=2 \end{cases}$ と同値である。

これを解くと $\begin{cases} x=7+c \\ y=2+c \\ z=c \end{cases}$ （c は任意定数）

したがって，解は　$\left\{\begin{array}{l}\boldsymbol{x=7+c}\\ \boldsymbol{y=2+c}\\ \boldsymbol{z=c}\end{array}\right.$　**（$\boldsymbol{c}$ は任意定数）**

また，解の自由度は　**1**

(4)　連立1次方程式は $\begin{bmatrix}1 & 2 & -1 & 3 & 4\\ 0 & 0 & 1 & -2 & 4\\ 2 & 4 & -1 & 3 & 2\end{bmatrix}\begin{bmatrix}x\\ y\\ z\\ u\\ v\end{bmatrix}=\begin{bmatrix}5\\ -2\\ 5\end{bmatrix}$ と表される。

この拡大係数行列は $\left[\begin{array}{ccccc|c}1 & 2 & -1 & 3 & 4 & 5\\ 0 & 0 & 1 & -2 & 4 & -2\\ 2 & 4 & -1 & 3 & 2 & 5\end{array}\right]$ であり，これを簡約階段化すると

$$\xrightarrow{\text{①×(−2)+③}}\left[\begin{array}{ccccc|c}1 & 2 & -1 & 3 & 4 & 5\\ 0 & 0 & 1 & -2 & 4 & -2\\ 0 & 0 & 1 & -3 & -6 & -5\end{array}\right]\xrightarrow[\text{②×(−1)+③}]{\text{②×1+①}}\left[\begin{array}{ccccc|c}1 & 2 & 0 & 1 & 8 & 3\\ 0 & 0 & 1 & -2 & 4 & -2\\ 0 & 0 & 0 & -1 & -10 & -3\end{array}\right]$$

$$\xrightarrow[\text{③×(−2)+②}]{\text{③×1+①}}\left[\begin{array}{ccccc|c}1 & 2 & 0 & 0 & -2 & 0\\ 0 & 0 & 1 & 0 & 24 & 4\\ 0 & 0 & 0 & -1 & -10 & -3\end{array}\right]\xrightarrow{\text{③×(−1)}}\left[\begin{array}{ccccc|c}1 & 2 & 0 & 0 & -2 & 0\\ 0 & 0 & 1 & 0 & 24 & 4\\ 0 & 0 & 0 & 1 & 10 & 3\end{array}\right]$$

よって，与えられた連立1次方程式は $\left\{\begin{array}{l}x+2y-2v=0\\ z+24v=4\\ u+10v=3\end{array}\right.$ と同値である。

これを解くと

$$\left\{\begin{array}{l}x=-2c+2d\\ y=c\\ z=4-24d\\ u=3-10d\\ v=d\end{array}\right.\quad (c,\ d \text{ は任意定数})$$

したがって，解は　$\left\{\begin{array}{l}\boldsymbol{x=-2c+2d}\\ \boldsymbol{y=c}\\ \boldsymbol{z=4-24d}\\ \boldsymbol{u=3-10d}\\ \boldsymbol{v=d}\end{array}\right.$　**（$\boldsymbol{c}$，$\boldsymbol{d}$ は任意定数）**

また，解の自由度は　**2**

基本 例題 035 連立 1 次方程式が解をもたない確認 ★☆☆

次の連立 1 次方程式が，解をもたないことを確かめよ。

(1) $\begin{cases} 2x-5y+3z=7 \\ x-3y+2z=1 \\ 4x-5y+z=18 \end{cases}$　　(2) $\begin{cases} x-2y+4z-w=-6 \\ 3x+12y-6z+w=8 \\ 5x-y+11z-3w=3 \end{cases}$

指針 連立 1 次方程式の拡大係数行列を簡約階段化してできる連立 1 次方程式を確かめる。一般に，拡大係数行列の階数が係数行列の階数より大きいと矛盾が生じる（次の基本例題 036 の指針および 注意 を参照）。

解答 (1) 連立 1 次方程式は $\begin{bmatrix} 2 & -5 & 3 \\ 1 & -3 & 2 \\ 4 & -5 & 1 \end{bmatrix}\begin{bmatrix} x \\ y \\ z \end{bmatrix}=\begin{bmatrix} 7 \\ 1 \\ 18 \end{bmatrix}$ …… ① と表される。この拡大係数

行列は $\left[\begin{array}{ccc|c} 2 & -5 & 3 & 7 \\ 1 & -3 & 2 & 1 \\ 4 & -5 & 1 & 18 \end{array}\right]$ であり，簡約階段化すると $\left[\begin{array}{ccc|c} 1 & 0 & -1 & 0 \\ 0 & 1 & -1 & 0 \\ 0 & 0 & 0 & 1 \end{array}\right]$

よって，与えられた連立 1 次方程式は $\begin{cases} x-z=0 \\ y-z=0 \\ 0=1 \end{cases}$ …… ② と同値である。

ところが，明らかに ② の式 $0=1$ は成り立たない。

したがって，与えられた連立 1 次方程式は解をもたない。 ■

(2) 連立 1 次方程式は $\begin{bmatrix} 1 & -2 & 4 & -1 \\ 3 & 12 & -6 & 1 \\ 5 & -1 & 11 & -3 \end{bmatrix}\begin{bmatrix} x \\ y \\ z \\ w \end{bmatrix}=\begin{bmatrix} -6 \\ 8 \\ 3 \end{bmatrix}$ …… ① と表される。

この拡大係数行列は $\left[\begin{array}{cccc|c} 1 & -2 & 4 & -1 & -6 \\ 3 & 12 & -6 & 1 & 8 \\ 5 & -1 & 11 & -3 & 3 \end{array}\right]$ であり，簡約階段化すると

$$\left[\begin{array}{cccc|c} 1 & 0 & 2 & -\frac{5}{9} & 0 \\ 0 & 1 & -1 & \frac{2}{9} & 0 \\ 0 & 0 & 0 & 0 & 1 \end{array}\right]$$

よって，与えられた連立 1 次方程式は $\begin{cases} x+2z-\frac{5}{9}w=0 \\ y-z+\frac{2}{9}w=0 \\ 0=1 \end{cases}$ …… ② と同値である。

ところが，明らかに ② の式 $0=1$ は成り立たない。

したがって，与えられた連立 1 次方程式は解をもたない。 ■

基本　例題 036　連立 1 次方程式が解をもつための条件　★☆☆

次の連立 1 次方程式が解をもつための，定数 a の条件を求めよ。また，そのとき，解を求めよ。

(1) $\begin{cases} 2x+3y-4z-\ \ w=1 \\ \ \ x+\ \ y-\ \ z+2w=2 \\ \qquad\ \ y-2z-5w=a \end{cases}$　　(2) $\begin{cases} x+ay=2 \\ x+\ \ y=3 \end{cases}$

指針　**定理**　**連立 1 次方程式の解の存在と自由度**

連立 1 次方程式 $A\boldsymbol{x}=\boldsymbol{b}$ ……(＊) を考える。ここで，A は $m\times n$ 行列であり，$\boldsymbol{x}$ は n 個の変数からなる変数ベクトル，$\boldsymbol{b}$ は m 個の定数からなる定数項ベクトルである。

[1]　連立 1 次方程式 (＊) が解をもつための必要十分条件は，
等式 $\mathrm{rank}\,A=\mathrm{rank}\,[\,A\mid\boldsymbol{b}\,]$ ……(＊＊) が成り立つことである。

[2]　(＊＊) が成り立つとき，連立 1 次方程式 (＊) の解の自由度は $n-\mathrm{rank}\,A$ である。

この定理から，次の 系 が得られる（定理の証明については，「数研講座シリーズ　大学教養 線形代数」の 66 ページから 67 ページを参照）。

系　連立 1 次方程式 $A\boldsymbol{x}=\boldsymbol{b}$ において，係数行列 A が $m\times n$ 行列である（すなわち，方程式の個数が m 個で，未知数の個数が n 個）とする。このとき，$\mathrm{rank}\,A=m$ ならば，この連立 1 次方程式は解をもち，その解の自由度は $n-m$ である。

解答　与えられた連立 1 次方程式を行列を用いて書き表したときの係数行列を A，定数項ベクトルを b とし，拡大係数行列を $[\,A\mid\boldsymbol{b}\,]$ とする。

(1)　$[\,A\mid\boldsymbol{b}\,]=\left[\begin{array}{cccc|c} 2 & 3 & -4 & -1 & 1 \\ 1 & 1 & -1 & 2 & 2 \\ 0 & 1 & -2 & -5 & a \end{array}\right]$ を行基本変形すると $\left[\begin{array}{cccc|c} 1 & 0 & 1 & 7 & 5 \\ 0 & 1 & -2 & -5 & -3 \\ 0 & 0 & 0 & 0 & a+3 \end{array}\right]$

$\mathrm{rank}\,A=2$ であるから，与えられた連立 1 次方程式が解をもつ条件は

$\mathrm{rank}\,[\,A\mid\boldsymbol{b}\,]=2$，すなわち　　$a+3=0$

よって　　$\boldsymbol{a=-3}$

また，このとき，解は

$$\boldsymbol{x=5-c-7d,\ \ y=-3+2c+5d,\ \ z=c,\ \ w=d}\ \ \textbf{(}\boldsymbol{c,\ d}\ \textbf{は任意定数)}$$

(2)　$[\,A\mid\boldsymbol{b}\,]=\left[\begin{array}{cc|c} 1 & a & 2 \\ 1 & 1 & 3 \end{array}\right]$ を行基本変形すると　$\left[\begin{array}{cc|c} 1 & 1 & 3 \\ 0 & a-1 & -1 \end{array}\right]$

$\mathrm{rank}\,[\,A\mid\boldsymbol{b}\,]=2$ であるから，与えられた連立 1 次方程式が解をもつ条件は

$\mathrm{rank}\,A=2$，すなわち　　$a-1\neq 0$

よって　　$\boldsymbol{a\neq 1}$

また，このとき，解は　　$\boldsymbol{x=\dfrac{2-3a}{1-a},\ \ y=\dfrac{1}{1-a}}$

注意　一般に，連立 1 次方程式 $A\boldsymbol{x}=\boldsymbol{b}$ の係数行列 A と拡大係数行列 $[\,A\mid\boldsymbol{b}\,]$ の階数において，不等式 $\mathrm{rank}\,A\leqq\mathrm{rank}\,[\,A\mid\boldsymbol{b}\,]$ が成り立つ。**定理** の条件 (＊＊) は，この不等式の等号が成り立つということである。

基本 例題 037 同次連立1次方程式が非自明な解をもつ条件 ★☆☆

次の同次連立1次方程式が，非自明な解をもつための，定数 a の条件を求めよ。

$$\begin{cases} 2x+ay+z=0 \\ ax+ay+z=0 \\ \ \ x+\ \ y+z=0 \end{cases}$$

指針

連立1次方程式 $\left\{\begin{array}{l} a_{11}x_1+a_{12}x_2+\cdots\cdots+a_{1n}x_n=b_1 \\ a_{21}x_1+a_{22}x_2+\cdots\cdots+a_{2n}x_n=b_2 \\ \\ a_{m1}x_1+a_{m2}x_2+\cdots\cdots+a_{mn}x_n=b_m \end{array}\right.$ は，その定数項がすべて0であるとき，

すなわち $b_1=b_2=\cdots\cdots=b_m=0$ であるとき，**同次連立1次方程式** といい，そうでないとき，**非同次連立1次方程式** という。

$A=[a_{ij}]$，$\boldsymbol{x}={}^t[\,x_1\ \ x_2\ \ \cdots\ \ x_n\,]$，$\boldsymbol{0}_m={}^t[\,\overbrace{0\ \ 0\ \ \cdots\ \ 0}^{m\text{ 個}}\,]$ とすると，同次連立1次方程式は，$A\boldsymbol{x}=\boldsymbol{0}_m$ ……(∗) のように，定数項ベクトルが零ベクトルになっているような連立1次方程式のことである。同次連立1次方程式は必ず解をもつ。実際，(∗)は0だけからなる解 $x_1=x_2=\cdots\cdots=x_n=0$ すなわち，ベクトルの形では $\boldsymbol{x}=\boldsymbol{0}_m$ という解をもっている。これを同次連立1次方程式(∗)の **自明な解** といい，そうでない解を **非自明な解** という。

基本例題036で扱った定理から，次の定理が成り立つ（証明は「数研講座シリーズ　大学教養 線形代数」の70ページを参照)。

定理 同次連立1次方程式(∗)について，次が成り立つ。

[1] $\mathrm{rank}\,A=n$ ならば，(∗)は自明な解しかもたない。

[2] $\mathrm{rank}\,A<n$ ならば，(∗)は非自明な解をもつ。

なお，この例題の連立1次方程式の係数行列は，基本例題032の行列 A と一致するから，その解答を利用するとよい。

解答 与えられた同次連立1次方程式の係数行列を A とすると

$$A=\begin{bmatrix} 2 & a & 1 \\ a & a & 1 \\ 1 & 1 & 1 \end{bmatrix}$$

行列 A の階数が，3よりも小さくなるための条件を求めればよい。

A を行基本変形すると

$$\begin{bmatrix} 1 & 1 & 1 \\ 0 & a-2 & -1 \\ 0 & 0 & 1-a \end{bmatrix} \quad (*)$$

よって，行列 A の階数は，$a=1,\ 2$ のとき2，$a\neq 1,\ 2$ のとき3であるから，求める定数 a の条件は

$$\boldsymbol{a=1,\ 2}$$

◀解答の行列(∗)は

$a=2$ のとき

$$\begin{bmatrix} 1 & 1 & 1 \\ 0 & 0 & -1 \\ 0 & 0 & -1 \end{bmatrix} \longrightarrow \begin{bmatrix} 1 & 1 & 0 \\ 0 & 0 & 1 \\ 0 & 0 & 0 \end{bmatrix}$$

$a=1$ のとき

$$\begin{bmatrix} 1 & 1 & 1 \\ 0 & -1 & -1 \\ 0 & 0 & 0 \end{bmatrix} \longrightarrow \begin{bmatrix} 1 & 0 & 0 \\ 0 & 1 & 1 \\ 0 & 0 & 0 \end{bmatrix}$$

と簡約階段化できる。

第 2 章の内容チェックテスト

次の(ア)，(イ)などの問いに答えよ。また，□に当てはまる適当な式や値を答えよ。

(1) 次の連立 1 次方程式を行列を用いて表せ。

(ア) $\begin{cases} 3x-2y=1 \\ 5x+3y=-3 \end{cases}$ (イ) $\begin{cases} 3x+2y-4u=5 \\ x+2y-4z+3u=0 \\ 2x+3z-u=-1 \\ -x-3y+2z+6u=7 \end{cases}$ (ウ) $\begin{cases} 5x-6y+4z-2=0 \\ -4x+2y-6z+3=0 \\ x-7z+12=0 \end{cases}$

(2) (1)の連立 1 次方程式の拡大係数行列をそれぞれ答えよ。

(ア) □ (イ) □ (ウ) □

(3) 次の行列を簡約階段形に行基本変形せよ。

(ア) $\begin{bmatrix} 3 & 2 & -1 \\ -1 & -1 & 1 \\ 4 & 1 & 2 \end{bmatrix}$ (イ) $\begin{bmatrix} 2 & -1 & -1 & 1 \\ 1 & 1 & 4 & 2 \\ -1 & 1 & 2 & 0 \end{bmatrix}$ (ウ) $\begin{bmatrix} 1 & -1 & 0 & 3 \\ 1 & 2 & 1 & -2 \\ 0 & 1 & 3 & -2 \\ -1 & 1 & 2 & 1 \end{bmatrix}$

(4) (3)の各行列の階数を求めよ。

(ア) □ (イ) □ (ウ) □

(5) a を定数とするとき，行列 $A=\begin{bmatrix} 4 & 4 & a \\ 4 & a & 4 \\ a & 4 & 4 \end{bmatrix}$ の階数を求めよ。

(6) 次の連立 1 次方程式を解き，解の自由度を答えよ。ただし，解をもたないときは，ともに「なし」と答えよ。

[1] $\begin{cases} 3x+y-13z=0 \\ x-y-3z=2 \end{cases}$ ： 解は ^{ア}□，自由度は ^{イ}□

[2] $\begin{cases} 2x-y-z=3 \\ x-2y+z=0 \\ x+y-2z=4 \end{cases}$ ： 解は ^{ウ}□，自由度は ^{エ}□

[3] $\begin{cases} 2x-y-3z=5 \\ 3x+2y+4z=2 \\ 4x+3y+2z=-2 \end{cases}$ ： 解は ^{オ}□，自由度は ^{カ}□

(7) 次の連立 1 次方程式が，非自明な解をもつように，定数 a の値を定めよ。

(ア) $\begin{cases} 2x+5y=ax \\ 3x+4y=ay \end{cases}$ (イ) $\begin{cases} x+y+az=0 \\ 2x-y-z=0 \\ ax-y+2z=0 \end{cases}$

重要 例題 008 行列の簡約階段化 ★☆☆

次の行列を簡約階段化せよ。

(1) $\begin{bmatrix} 1 & 2 & -1 & 3 \\ 2 & 4 & -3 & 5 \end{bmatrix}$　　(2) $\begin{bmatrix} 1 & -3 & 3 & -7 \\ 3 & -9 & 1 & -5 \\ 2 & -6 & 1 & -4 \end{bmatrix}$

(3) $\begin{bmatrix} 0 & 1 & 1 & 4 \\ 1 & -2 & 1 & 1 \\ -3 & 3 & -2 & -3 \\ -2 & 1 & 1 & 4 \end{bmatrix}$　　(4) $\begin{bmatrix} 1 & 1 & 1 & -2 & -1 \\ 1 & 2 & 3 & -4 & -4 \\ 3 & 0 & -3 & 1 & 7 \\ 0 & -1 & -2 & -1 & 0 \end{bmatrix}$

指針 下の，行列の階段形と簡約階段形の定義に従うように，行基本変形する。

定義 階段形

$m\times n$ 行列 $A=[a_{ij}]$ が **階段形** であるとは，$0\leqq r\leqq m$ となる整数 r と，r 個の整数 $1\leqq c_1<c_2<\cdots\cdots<c_r\leqq n$ が存在して，次を満たすことである。

[1] $1\leqq i\leqq r$ および $1\leqq j\leqq c_i-1$ のとき　$a_{ij}=0$

[2] $r+1\leqq i\leqq m$ のとき，すべての j $(1\leqq j\leqq n)$ について　$a_{ij}=0$

[3] $1\leqq i\leqq r$ のとき　$a_{ic_i}\neq 0$

定義 簡約階段形

$m\times n$ 行列 $A=[a_{ij}]$ が次の条件を満たすとき，行列 A は **簡約階段形** であるという。

[1] 行列 A は階段形である。

[2] 主成分はすべて 1 である。

[3] 各主列における主成分の上下の成分はすべて 0 である。

解答 (1)

$$\begin{bmatrix} 1 & 2 & -1 & 3 \\ 2 & 4 & -3 & 5 \end{bmatrix} \xrightarrow{\text{①}\times(-2)+\text{②}} \begin{bmatrix} 1 & 2 & -1 & 3 \\ 0 & 0 & -1 & -1 \end{bmatrix}$$

$$\xrightarrow{\text{②}\times(-1)} \begin{bmatrix} 1 & 2 & -1 & 3 \\ 0 & 0 & 1 & 1 \end{bmatrix}$$

$$\xrightarrow{\text{②}\times 1+\text{①}} \begin{bmatrix} \mathbf{1} & \mathbf{2} & \mathbf{0} & \mathbf{4} \\ \mathbf{0} & \mathbf{0} & \mathbf{1} & \mathbf{1} \end{bmatrix}$$

(2)

$$\begin{bmatrix} 1 & -3 & 3 & -7 \\ 3 & -9 & 1 & -5 \\ 2 & -6 & 1 & -4 \end{bmatrix} \xrightarrow[\text{①}\times(-2)+\text{③}]{\text{①}\times(-3)+\text{②}} \begin{bmatrix} 1 & -3 & 3 & -7 \\ 0 & 0 & -8 & 16 \\ 0 & 0 & -5 & 10 \end{bmatrix}$$

$$\xrightarrow[\text{③}\times\left(-\frac{1}{5}\right)]{\text{②}\times\left(-\frac{1}{8}\right)} \begin{bmatrix} 1 & -3 & 3 & -7 \\ 0 & 0 & 1 & -2 \\ 0 & 0 & 1 & -2 \end{bmatrix}$$

$$\xrightarrow[\text{②}\times(-1)+\text{③}]{\text{②}\times(-3)+\text{①}} \begin{bmatrix} \mathbf{1} & \mathbf{-3} & \mathbf{0} & \mathbf{-1} \\ \mathbf{0} & \mathbf{0} & \mathbf{1} & \mathbf{-2} \\ \mathbf{0} & \mathbf{0} & \mathbf{0} & \mathbf{0} \end{bmatrix}$$

(3) $\begin{bmatrix} 0 & 1 & 1 & 4 \\ 1 & -2 & 1 & 1 \\ -3 & 3 & -2 & -3 \\ -2 & 1 & 1 & 4 \end{bmatrix}$

$$\xrightarrow{\text{②}\leftrightarrow\text{①}} \begin{bmatrix} 1 & -2 & 1 & 1 \\ 0 & 1 & 1 & 4 \\ -3 & 3 & -2 & -3 \\ -2 & 1 & 1 & 4 \end{bmatrix} \xrightarrow{\substack{\text{①}\times 3+\text{③} \\ \text{①}\times 2+\text{④}}} \begin{bmatrix} 1 & -2 & 1 & 1 \\ 0 & 1 & 1 & 4 \\ 0 & -3 & 1 & 0 \\ 0 & -3 & 3 & 6 \end{bmatrix}$$

$$\xrightarrow{\substack{\text{②}\times 2+\text{①} \\ \text{②}\times 3+\text{③} \\ \text{②}\times 3+\text{④}}} \begin{bmatrix} 1 & 0 & 3 & 9 \\ 0 & 1 & 1 & 4 \\ 0 & 0 & 4 & 12 \\ 0 & 0 & 6 & 18 \end{bmatrix} \xrightarrow{\substack{\text{③}\times \frac{1}{4} \\ \text{④}\times \frac{1}{6}}} \begin{bmatrix} 1 & 0 & 3 & 9 \\ 0 & 1 & 1 & 4 \\ 0 & 0 & 1 & 3 \\ 0 & 0 & 1 & 3 \end{bmatrix}$$

$$\xrightarrow{\substack{\text{③}\times(-3)+\text{①} \\ \text{③}\times(-1)+\text{②} \\ \text{③}\times(-1)+\text{④}}} \begin{bmatrix} \mathbf{1} & \mathbf{0} & \mathbf{0} & \mathbf{0} \\ \mathbf{0} & \mathbf{1} & \mathbf{0} & \mathbf{1} \\ \mathbf{0} & \mathbf{0} & \mathbf{1} & \mathbf{3} \\ \mathbf{0} & \mathbf{0} & \mathbf{0} & \mathbf{0} \end{bmatrix}$$

(4) $\begin{bmatrix} 1 & 1 & 1 & -2 & -1 \\ 1 & 2 & 3 & -4 & -4 \\ 3 & 0 & -3 & 1 & 7 \\ 0 & -1 & -2 & -1 & 0 \end{bmatrix}$

$$\xrightarrow{\substack{\text{①}\times(-1)+\text{②} \\ \text{①}\times(-3)+\text{③}}} \begin{bmatrix} 1 & 1 & 1 & -2 & -1 \\ 0 & 1 & 2 & -2 & -3 \\ 0 & -3 & -6 & 7 & 10 \\ 0 & -1 & -2 & -1 & 0 \end{bmatrix} \xrightarrow{\substack{\text{②}\times(-1)+\text{①} \\ \text{②}\times 3+\text{③} \\ \text{②}\times 1+\text{④}}} \begin{bmatrix} 1 & 0 & -1 & 0 & 2 \\ 0 & 1 & 2 & -2 & -3 \\ 0 & 0 & 0 & 1 & 1 \\ 0 & 0 & 0 & -3 & -3 \end{bmatrix}$$

$$\xrightarrow{\substack{\text{③}\times 2+\text{②} \\ \text{③}\times 3+\text{④}}} \begin{bmatrix} \mathbf{1} & \mathbf{0} & \mathbf{-1} & \mathbf{0} & \mathbf{2} \\ \mathbf{0} & \mathbf{1} & \mathbf{2} & \mathbf{0} & \mathbf{-1} \\ \mathbf{0} & \mathbf{0} & \mathbf{0} & \mathbf{1} & \mathbf{1} \\ \mathbf{0} & \mathbf{0} & \mathbf{0} & \mathbf{0} & \mathbf{0} \end{bmatrix}$$

重要 例題 009 連立1次方程式の解法 ② ★★☆

次の連立1次方程式を解け。

(1) $\begin{cases} x-2y+2z=-6 \\ -2x-2y-3z=-5 \\ -3x+z=7 \\ 2x+2y+z=3 \end{cases}$

(2) $\begin{cases} -2x-y-6z-2w=3 \\ -x+2y-3z+2w=10 \\ 2x+y+6z=-7 \\ 3x+2y+9z+2w=-6 \end{cases}$

(3) $\begin{cases} x-z-2w=-1 \\ -2x+3y+3z+13w=-3 \\ -3x-y+z-2w=-3 \\ x+y+3w=-3 \end{cases}$

指針 (1), (2), (3) いずれも拡大係数行列を簡約階段化して解く。54ページの 補足 を参照。

CHART 連立1次方程式 $A\boldsymbol{x}=\boldsymbol{b}$ の解法
拡大係数行列 $[\,A \mid \boldsymbol{b}\,]$ を簡約階段化

解答 (1) 連立1次方程式は $\begin{bmatrix} 1 & -2 & 2 \\ -2 & -2 & -3 \\ -3 & 0 & 1 \\ 2 & 2 & 1 \end{bmatrix}\begin{bmatrix} x \\ y \\ z \end{bmatrix}=\begin{bmatrix} -6 \\ -5 \\ 7 \\ 3 \end{bmatrix}$ と表され，この拡大係数行列は

$\left[\begin{array}{ccc|c} 1 & -2 & 2 & -6 \\ -2 & -2 & -3 & -5 \\ -3 & 0 & 1 & 7 \\ 2 & 2 & 1 & 3 \end{array}\right]$ で，簡約階段化すると $\left[\begin{array}{ccc|c} 1 & 0 & 0 & -2 \\ 0 & 1 & 0 & 3 \\ 0 & 0 & 1 & 1 \\ 0 & 0 & 0 & 0 \end{array}\right]$

よって，与えられた連立1次方程式は $\begin{cases} x=-2 \\ y=3 \\ z=1 \end{cases}$ と同値である。

したがって，求める解は　$\boldsymbol{x=-2,\ y=3,\ z=1}$

(2) 連立1次方程式は $\begin{bmatrix} -2 & -1 & -6 & -2 \\ -1 & 2 & -3 & 2 \\ 2 & 1 & 6 & 0 \\ 3 & 2 & 9 & 2 \end{bmatrix}\begin{bmatrix} x \\ y \\ z \\ w \end{bmatrix}=\begin{bmatrix} 3 \\ 10 \\ -7 \\ -6 \end{bmatrix}$ と表され，この拡大係数

行列は $\left[\begin{array}{cccc|c} -2 & -1 & -6 & -2 & 3 \\ -1 & 2 & -3 & 2 & 10 \\ 2 & 1 & 6 & 0 & -7 \\ 3 & 2 & 9 & 2 & -6 \end{array}\right]$ で，簡約階段化すると $\left[\begin{array}{cccc|c} 1 & 0 & 3 & 0 & -4 \\ 0 & 1 & 0 & 0 & 1 \\ 0 & 0 & 0 & 1 & 2 \\ 0 & 0 & 0 & 0 & 0 \end{array}\right]$

よって，与えられた連立1次方程式は $\begin{cases} x + 3z = -4 \\ y = 1 \\ w = 2 \end{cases}$ と同値である。

これを解くと，$x=-4-3c$，$y=1$，$z=c$，$w=2$（c は任意定数）

したがって，求める解は

$$\boldsymbol{x=-4-3c,\ y=1,\ z=c,\ w=2}\quad (\boldsymbol{c}\ \textbf{は任意定数})$$

(3)　連立1次方程式は $\begin{bmatrix} 1 & 0 & -1 & -2 \\ -2 & 3 & 3 & 13 \\ -3 & -1 & 1 & -2 \\ 1 & 1 & 0 & 3 \end{bmatrix}\begin{bmatrix} x \\ y \\ z \\ w \end{bmatrix}=\begin{bmatrix} -1 \\ -3 \\ -3 \\ -3 \end{bmatrix}$ と表され，この拡大係数

行列は $\left[\begin{array}{cccc|c} 1 & 0 & -1 & -2 & -1 \\ -2 & 3 & 3 & 13 & -3 \\ -3 & -1 & 1 & -2 & -3 \\ 1 & 1 & 0 & 3 & -3 \end{array}\right]$ で，簡約階段化すると $\left[\begin{array}{cccc|c} 1 & 0 & 0 & 1 & 0 \\ 0 & 1 & 0 & 2 & 0 \\ 0 & 0 & 1 & 3 & 0 \\ 0 & 0 & 0 & 0 & 1 \end{array}\right]$

よって，与えられた連立1次方程式は $\begin{cases} x + w = 0 \\ y + 2w = 0 \\ z + 3w = 0 \\ 0 = 1 \end{cases}$ ……① と同値である。

ところが，明らかに①の式 $0=1$ は成り立たない。

したがって，与えられた連立1次方程式は **解をもたない**。

補足　解答の拡大係数行列は次のように簡約階段化される（行基本変形の方法は他にもある）。

(1)
$$\left[\begin{array}{ccc|c} 1 & -2 & 2 & -6 \\ -2 & -2 & -3 & -5 \\ -3 & 0 & 1 & 7 \\ 2 & 2 & 1 & 3 \end{array}\right] \xrightarrow{\substack{\text{①×2+②} \\ \text{①×3+③} \\ \text{①×(−2)+④}}} \left[\begin{array}{ccc|c} 1 & -2 & 2 & -6 \\ 0 & -6 & 1 & -17 \\ 0 & -6 & 7 & -11 \\ 0 & 6 & -3 & 15 \end{array}\right]$$

$$\xrightarrow{\substack{\text{②×(−1)+③} \\ \text{②×1+④}}} \left[\begin{array}{ccc|c} 1 & -2 & 2 & -6 \\ 0 & -6 & 1 & -17 \\ 0 & 0 & 6 & 6 \\ 0 & 0 & -2 & -2 \end{array}\right] \xrightarrow{\text{③}\times\frac{1}{6}} \left[\begin{array}{ccc|c} 1 & -2 & 2 & -6 \\ 0 & -6 & 1 & -17 \\ 0 & 0 & 1 & 1 \\ 0 & 0 & -2 & -2 \end{array}\right]$$

$$\xrightarrow{\substack{\text{③×(−2)+①} \\ \text{③×(−1)+②} \\ \text{③×2+④}}} \left[\begin{array}{ccc|c} 1 & -2 & 0 & -8 \\ 0 & -6 & 0 & -18 \\ 0 & 0 & 1 & 1 \\ 0 & 0 & 0 & 0 \end{array}\right] \xrightarrow{\text{②}\times\left(-\frac{1}{6}\right)} \left[\begin{array}{ccc|c} 1 & -2 & 0 & -8 \\ 0 & 1 & 0 & 3 \\ 0 & 0 & 1 & 1 \\ 0 & 0 & 0 & 0 \end{array}\right] \xrightarrow{\text{②×2+①}} \left[\begin{array}{ccc|c} 1 & 0 & 0 & -2 \\ 0 & 1 & 0 & 3 \\ 0 & 0 & 1 & 1 \\ 0 & 0 & 0 & 0 \end{array}\right]$$

(2)
$$\left[\begin{array}{cccc|c} -2 & -1 & -6 & -2 & 3 \\ -1 & 2 & -3 & 2 & 10 \\ 2 & 1 & 6 & 0 & -7 \\ 3 & 2 & 9 & 2 & -6 \end{array}\right] \xrightarrow{\text{②×(−1)} \longleftrightarrow \text{①}} \left[\begin{array}{cccc|c} 1 & -2 & 3 & -2 & -10 \\ -2 & -1 & -6 & -2 & 3 \\ 2 & 1 & 6 & 0 & -7 \\ 3 & 2 & 9 & 2 & -6 \end{array}\right]$$

$$\xrightarrow{\substack{\text{①}\times 2+\text{②}\\ \text{①}\times(-2)+\text{③}\\ \text{①}\times(-3)+\text{④}}}\left[\begin{array}{cccc|c} 1 & -2 & 3 & -2 & -10\\ 0 & -5 & 0 & -6 & -17\\ 0 & 5 & 0 & 4 & 13\\ 0 & 8 & 0 & 8 & 24 \end{array}\right] \xrightarrow{\text{④}\times\frac{1}{8}\longleftrightarrow\text{②}}\left[\begin{array}{cccc|c} 1 & -2 & 3 & -2 & -10\\ 0 & 1 & 0 & 1 & 3\\ 0 & 5 & 0 & 4 & 13\\ 0 & -5 & 0 & -6 & -17 \end{array}\right]$$

$$\xrightarrow{\substack{\text{②}\times(-5)+\text{③}\\ \text{②}\times 5+\text{④}}}\left[\begin{array}{cccc|c} 1 & -2 & 3 & -2 & -10\\ 0 & 1 & 0 & 1 & 3\\ 0 & 0 & 0 & -1 & -2\\ 0 & 0 & 0 & -1 & -2 \end{array}\right] \xrightarrow{\text{③}\times(-1)+\text{④}}\left[\begin{array}{cccc|c} 1 & -2 & 3 & -2 & -10\\ 0 & 1 & 0 & 1 & 3\\ 0 & 0 & 0 & -1 & -2\\ 0 & 0 & 0 & 0 & 0 \end{array}\right]$$

$$\xrightarrow{\substack{\text{②}\times 2+\text{①}\\ \text{③}\times(-1)}}\left[\begin{array}{cccc|c} 1 & 0 & 3 & 0 & -4\\ 0 & 1 & 0 & 1 & 3\\ 0 & 0 & 0 & 1 & 2\\ 0 & 0 & 0 & 0 & 0 \end{array}\right] \xrightarrow{\text{③}\times(-1)+\text{②}}\left[\begin{array}{cccc|c} 1 & 0 & 3 & 0 & -4\\ 0 & 1 & 0 & 0 & 1\\ 0 & 0 & 0 & 1 & 2\\ 0 & 0 & 0 & 0 & 0 \end{array}\right]$$

(3) $$\left[\begin{array}{cccc|c} 1 & 0 & -1 & -2 & -1\\ -2 & 3 & 3 & 13 & -3\\ -3 & -1 & 1 & -2 & -3\\ 1 & 1 & 0 & 3 & -3 \end{array}\right] \xrightarrow{\substack{\text{①}\times 2+\text{②}\\ \text{①}\times 3+\text{③}\\ \text{①}\times(-1)+\text{④}}}\left[\begin{array}{cccc|c} 1 & 0 & -1 & -2 & -1\\ 0 & 3 & 1 & 9 & -5\\ 0 & -1 & -2 & -8 & -6\\ 0 & 1 & 1 & 5 & -2 \end{array}\right]$$

$$\xrightarrow{\substack{\text{④}\longleftrightarrow\text{②}\\ \text{③}\times(-1)}}\left[\begin{array}{cccc|c} 1 & 0 & -1 & -2 & -1\\ 0 & 1 & 1 & 5 & -2\\ 0 & 1 & 2 & 8 & 6\\ 0 & 3 & 1 & 9 & -5 \end{array}\right] \xrightarrow{\substack{\text{②}\times(-1)+\text{③}\\ \text{②}\times(-3)+\text{④}}}\left[\begin{array}{cccc|c} 1 & 0 & -1 & -2 & -1\\ 0 & 1 & 1 & 5 & -2\\ 0 & 0 & 1 & 3 & 8\\ 0 & 0 & -2 & -6 & 1 \end{array}\right]$$

$$\xrightarrow{\substack{\text{③}\times(-1)+\text{②}\\ \text{③}\times 2+\text{④}}}\left[\begin{array}{cccc|c} 1 & 0 & -1 & -2 & -1\\ 0 & 1 & 0 & 2 & -10\\ 0 & 0 & 1 & 3 & 8\\ 0 & 0 & 0 & 0 & 17 \end{array}\right] \xrightarrow{\substack{\text{③}\times 1+\text{①}\\ \text{④}\times\frac{1}{17}}}\left[\begin{array}{cccc|c} 1 & 0 & 0 & 1 & 7\\ 0 & 1 & 0 & 2 & -10\\ 0 & 0 & 1 & 3 & 8\\ 0 & 0 & 0 & 0 & 1 \end{array}\right]$$

$$\xrightarrow{\substack{\text{④}\times(-7)+\text{①}\\ \text{④}\times 10+\text{②}\\ \text{④}\times(-8)+\text{③}}}\left[\begin{array}{cccc|c} 1 & 0 & 0 & 1 & 0\\ 0 & 1 & 0 & 2 & 0\\ 0 & 0 & 1 & 3 & 0\\ 0 & 0 & 0 & 0 & 1 \end{array}\right]$$

検討　(3) の係数行列を A，定数項ベクトルを $\boldsymbol{b}$ とすると，行列 $[\,A\mid\boldsymbol{b}\,]$ の簡約階段化により $\operatorname{rank}A=3<\operatorname{rank}[\,A\mid\boldsymbol{b}\,]=4$ となる。よって，$\operatorname{rank}A=\operatorname{rank}[\,A\mid\boldsymbol{b}\,]$ が成り立たないから，与えられた連立 1 次方程式は解をもたない。

重要 例題 010　同次連立1次方程式の解法　★☆☆

次の連立1次方程式を解け。

(1) $\begin{cases} 2x-\ \ y+4z=0 \\ x+3y-\ \ z=0 \\ x+\ \ y+\ \ z=0 \end{cases}$　　(2) $\begin{cases} x-y+2z=0 \\ -2x+y-\ \ z=0 \\ -\ \ x-y+4z=0 \end{cases}$

指針 (1), (2) ともに同次連立1次方程式であるから，係数行列を簡約階段化して解く。

CHART　同次連立1次方程式 $A\boldsymbol{x}=\boldsymbol{0}$ の解法
係数行列 A を簡約階段化

解答 (1)　係数行列 $\begin{bmatrix} 2 & -1 & 4 \\ 1 & 3 & -1 \\ 1 & 1 & 1 \end{bmatrix}$ を簡約階段化すると $\begin{bmatrix} 1 & 0 & 0 \\ 0 & 1 & 0 \\ 0 & 0 & 1 \end{bmatrix}$

よって，与えられた連立1次方程式は $\begin{cases} x \quad =0 \\ \quad y \ =0 \\ \qquad z=0 \end{cases}$ と同値である。

したがって，求める解は　　$\boldsymbol{x=0,\ y=0,\ z=0}$

(2)　係数行列 $\begin{bmatrix} 1 & -1 & 2 \\ -2 & 1 & -1 \\ -1 & -1 & 4 \end{bmatrix}$ を簡約階段化すると $\begin{bmatrix} 1 & 0 & -1 \\ 0 & 1 & -3 \\ 0 & 0 & 0 \end{bmatrix}$

よって，与えられた連立1次方程式は $\begin{cases} x \ -\ z=0 \\ \quad y-3z=0 \end{cases}$ と同値である。

これを解くと　　$x=c,\ y=3c,\ z=c$　(c は任意定数)

したがって，求める解は　　$\boldsymbol{x=c,\ y=3c,\ z=c}$　**(c は任意定数)**

補足 例題の係数行列は，次のように簡約階段化される (操作説明は省略)。

(1) $$\begin{bmatrix} 2 & -1 & 4 \\ 1 & 3 & -1 \\ 1 & 1 & 1 \end{bmatrix} \longrightarrow \begin{bmatrix} 1 & 1 & 1 \\ 1 & 3 & -1 \\ 2 & -1 & 4 \end{bmatrix} \longrightarrow \begin{bmatrix} 1 & 1 & 1 \\ 0 & 2 & -2 \\ 0 & -3 & 2 \end{bmatrix} \longrightarrow \begin{bmatrix} 1 & 1 & 1 \\ 0 & 1 & -1 \\ 0 & -3 & 2 \end{bmatrix}$$
$$\longrightarrow \begin{bmatrix} 1 & 0 & 2 \\ 0 & 1 & -1 \\ 0 & 0 & -1 \end{bmatrix} \longrightarrow \begin{bmatrix} 1 & 0 & 2 \\ 0 & 1 & -1 \\ 0 & 0 & 1 \end{bmatrix} \longrightarrow \begin{bmatrix} 1 & 0 & 0 \\ 0 & 1 & 0 \\ 0 & 0 & 1 \end{bmatrix}$$

(2) $$\begin{bmatrix} 1 & -1 & 2 \\ -2 & 1 & -1 \\ -1 & -1 & 4 \end{bmatrix} \longrightarrow \begin{bmatrix} 1 & -1 & 2 \\ 0 & -1 & 3 \\ 0 & -2 & 6 \end{bmatrix} \longrightarrow \begin{bmatrix} 1 & -1 & 2 \\ 0 & 1 & -3 \\ 0 & -2 & 6 \end{bmatrix} \longrightarrow \begin{bmatrix} 1 & 0 & -1 \\ 0 & 1 & -3 \\ 0 & 0 & 0 \end{bmatrix}$$

重要 例題 011　唯一の解をもつ条件，解をもたない条件　★★☆

x，y，z を未知数とする連立1次方程式 $\begin{cases} x+\ y-\ z=1 \\ 2x+3y+az=3 \\ x+ay+3z=2 \end{cases}$ について，次の問いに答えよ。

(1)　この連立1次方程式が唯一の解をもつような a の条件を求めよ。

(2)　この連立1次方程式が解をもたないような a の条件を求めよ。

指針　(1)　与えられた連立1次方程式が解をもち，かつ解の自由度が0となるような a の条件を求めればよい。解の自由度については，基本例題 034 の指針を参照。

(2)　(1) より，$a \neq 2, -3$ のとき解をもつから，$a=2$ または $a=-3$ の場合を考える。

解答　与えられた連立1次方程式の拡大係数行列は $\left[\begin{array}{ccc|c} 1 & 1 & -1 & 1 \\ 2 & 3 & a & 3 \\ 1 & a & 3 & 2 \end{array}\right]$

これを行基本変形すると $\left[\begin{array}{ccc|c} 1 & 0 & -(a+3) & 0 \\ 0 & 1 & a+2 & 1 \\ 0 & 0 & (a-2)(a+3) & a-2 \end{array}\right]$ ……(∗)

(1)　与えられた連立1次方程式が唯一の解をもつための条件は　$(a-2)(a+3) \neq 0$

よって　$\boldsymbol{a \neq 2, -3}$

(2)　[1]　$a=2$ のとき　上の行列 (∗) は $\left[\begin{array}{ccc|c} 1 & 0 & -5 & 0 \\ 0 & 1 & 4 & 1 \\ 0 & 0 & 0 & 0 \end{array}\right]$ となる。

よって，与えられた連立1次方程式は $\begin{cases} x\quad -5z=0 \\ \quad y+4z=1 \end{cases}$ と同値である。

これを解くと　$x=5c$，$y=1-4c$，$z=c$　（c は任意定数）

[2]　$a=-3$ のとき　上の行列 (∗) を簡約階段化すると $\left[\begin{array}{ccc|c} 1 & 0 & 0 & 0 \\ 0 & 1 & -1 & 0 \\ 0 & 0 & 0 & 1 \end{array}\right]$ となる。

よって，与えられた連立1次方程式は $\begin{cases} x \qquad\ =0 \\ \quad y-z=0 \\ \qquad\ \ 0=1 \end{cases}$ ……① と同値である。

ところが，明らかに ① の式 $0=1$ は成り立たない。

したがって，与えられた連立1次方程式は解をもたない。

以上から，求める条件は　$\boldsymbol{a=-3}$

重要　例題012　行列の簡約階段化とその階数②　★☆☆

次の行列の階数を求めよ。

(1) $\begin{bmatrix} 5 & 2 \\ 1 & 2 \end{bmatrix}$

(2) $\begin{bmatrix} 0 & 2 & 4 & 2 \\ 1 & 2 & 3 & 1 \\ -2 & -1 & 0 & 1 \end{bmatrix}$

(3) $\begin{bmatrix} 4 & -7 & 6 & 1 \\ 1 & 0 & 5 & 2 \\ -1 & 5 & 5 & 3 \\ 0 & 1 & 2 & 1 \end{bmatrix}$

(4) $\begin{bmatrix} 4 & 1 & -1 & 1 & 2 \\ 5 & -1 & -1 & 2 & 4 \\ 0 & 2 & 1 & 1 & 0 \\ 2 & 0 & 3 & 4 & 1 \end{bmatrix}$

指針　行列の階数の定義は次の通りである。

定義　行列の階数
行列Aの簡約階段形の階数（階段の段の個数）を，行列Aの **階数**（rank）といい，$\operatorname{rank} A$ と書く。

基本例題031と同様に簡約階段化して階数を求める。
(4) 簡約階段化では，(1, 1) 成分を1にするために，まず，1行目と2行目を入れ替えた後，4行目の -2 倍を1行目に足すとよい（2行目の (-1) 倍を1行目に足してもよい）。こうすると，成分に分数が現れない。

CHART　行列Aの階数判定　Aを簡約階段化

解答　(1) 与えられた行列を簡約階段化すると

$$\begin{bmatrix} 5 & 2 \\ 1 & 2 \end{bmatrix} \xrightarrow{\text{②}\longleftrightarrow\text{①}} \begin{bmatrix} 1 & 2 \\ 5 & 2 \end{bmatrix} \xrightarrow{\text{①}\times(-5)+\text{②}} \begin{bmatrix} 1 & 2 \\ 0 & -8 \end{bmatrix} \xrightarrow{\text{②}\times\left(-\frac{1}{8}\right)} \begin{bmatrix} 1 & 2 \\ 0 & 1 \end{bmatrix} \xrightarrow{\text{②}\times(-2)+\text{①}} \begin{bmatrix} 1 & 0 \\ 0 & 1 \end{bmatrix}$$

よって，階数は　**2**

(2) 与えられた行列を簡約階段化すると

$$\begin{bmatrix} 0 & 2 & 4 & 2 \\ 1 & 2 & 3 & 1 \\ -2 & -1 & 0 & 1 \end{bmatrix} \xrightarrow{\text{②}\longleftrightarrow\text{①}} \begin{bmatrix} 1 & 2 & 3 & 1 \\ 0 & 2 & 4 & 2 \\ -2 & -1 & 0 & 1 \end{bmatrix} \xrightarrow[\text{①}\times2+\text{③}]{\text{②}\times\frac{1}{2}} \begin{bmatrix} 1 & 2 & 3 & 1 \\ 0 & 1 & 2 & 1 \\ 0 & 3 & 6 & 3 \end{bmatrix}$$

$$\xrightarrow{\text{③}\times\frac{1}{3}} \begin{bmatrix} 1 & 2 & 3 & 1 \\ 0 & 1 & 2 & 1 \\ 0 & 1 & 2 & 1 \end{bmatrix} \xrightarrow[\text{②}\times(-1)+\text{③}]{\text{②}\times(-2)+\text{①}} \begin{bmatrix} 1 & 0 & -1 & -1 \\ 0 & 1 & 2 & 1 \\ 0 & 0 & 0 & 0 \end{bmatrix}$$

よって，階数は　**2**

(3) 与えられた行列を簡約階段化すると

$$\begin{bmatrix} 4 & -7 & 6 & 1 \\ 1 & 0 & 5 & 2 \\ -1 & 5 & 5 & 3 \\ 0 & 1 & 2 & 1 \end{bmatrix} \xrightarrow{\text{②}\longleftrightarrow\text{①}} \begin{bmatrix} 1 & 0 & 5 & 2 \\ 4 & -7 & 6 & 1 \\ -1 & 5 & 5 & 3 \\ 0 & 1 & 2 & 1 \end{bmatrix} \xrightarrow[\text{①}\times1+\text{③}]{\text{①}\times(-4)+\text{②}} \begin{bmatrix} 1 & 0 & 5 & 2 \\ 0 & -7 & -14 & -7 \\ 0 & 5 & 10 & 5 \\ 0 & 1 & 2 & 1 \end{bmatrix}$$

$$\xrightarrow[\text{③}\times\frac{1}{5}]{\text{②}\times\left(-\frac{1}{7}\right)}\begin{bmatrix}1&0&5&2\\0&1&2&1\\0&1&2&1\\0&1&2&1\end{bmatrix}\xrightarrow[\text{②}\times(-1)+\text{④}]{\text{②}\times(-1)+\text{③}}\begin{bmatrix}1&0&5&2\\0&1&2&1\\0&0&0&0\\0&0&0&0\end{bmatrix}$$

よって，階数は　**2**

(4)　与えられた行列を簡約階段化すると

$$\begin{bmatrix}4&1&-1&1&2\\5&-1&-1&2&4\\0&2&1&1&0\\2&0&3&4&1\end{bmatrix}$$

$$\xrightarrow{\text{②}\longleftrightarrow\text{①}}\begin{bmatrix}5&-1&-1&2&4\\4&1&-1&1&2\\0&2&1&1&0\\2&0&3&4&1\end{bmatrix}\xrightarrow[\text{④}\times(-2)+\text{②}]{\text{④}\times(-2)+\text{①}}\begin{bmatrix}1&-1&-7&-6&2\\0&1&-7&-7&0\\0&2&1&1&0\\2&0&3&4&1\end{bmatrix}$$

$$\xrightarrow{\text{①}\times(-2)+\text{④}}\begin{bmatrix}1&-1&-7&-6&2\\0&1&-7&-7&0\\0&2&1&1&0\\0&2&17&16&-3\end{bmatrix}\xrightarrow[\substack{\text{②}\times(-2)+\text{③}\\\text{②}\times(-2)+\text{④}}]{\text{②}\times1+\text{①}}\begin{bmatrix}1&0&-14&-13&2\\0&1&-7&-7&0\\0&0&15&15&0\\0&0&31&30&-3\end{bmatrix}$$

$$\xrightarrow{\text{③}\times\frac{1}{15}}\begin{bmatrix}1&0&-14&-13&2\\0&1&-7&-7&0\\0&0&1&1&0\\0&0&31&30&-3\end{bmatrix}\xrightarrow[\substack{\text{③}\times7+\text{②}\\\text{③}\times(-31)+\text{④}}]{\text{③}\times14+\text{①}}\begin{bmatrix}1&0&0&1&2\\0&1&0&0&0\\0&0&1&1&0\\0&0&0&-1&-3\end{bmatrix}$$

$$\xrightarrow{\text{④}\times(-1)}\begin{bmatrix}1&0&0&1&2\\0&1&0&0&0\\0&0&1&1&0\\0&0&0&1&3\end{bmatrix}\xrightarrow[\text{④}\times(-1)+\text{③}]{\text{④}\times(-1)+\text{①}}\begin{bmatrix}1&0&0&0&-1\\0&1&0&0&0\\0&0&1&0&-3\\0&0&0&1&3\end{bmatrix}$$

よって，階数は　**4**

重要 例題 013　行列の階数の判定 ②　★☆☆

次の行列の階数を求めよ。ただし，a，b は定数とする。

(1) $\begin{bmatrix} a & b & 1 \\ b & b & 1 \\ 1 & 1 & 1 \end{bmatrix}$　　　(2) $\begin{bmatrix} 1 & 0 & -1 \\ 2 & a & -1 \\ a+1 & 1 & a \end{bmatrix}$

指針　基本例題 032 と同様にして，(1)，(2) ともに，まず与えられた行列の行基本変形を行う。文字の値によって与えられた行列の簡約階段形が異なるため，場合分けをして考える。

CHART　**行列 A の階数判定　A を簡約階段化**

解答　与えられた行列を A とおく。

(1) A に行基本変形を施すと

$$A \xrightarrow{③\longleftrightarrow①} \begin{bmatrix} 1 & 1 & 1 \\ b & b & 1 \\ a & b & 1 \end{bmatrix} \xrightarrow[①\times(-a)+③]{①\times(-b)+②} \begin{bmatrix} 1 & 1 & 1 \\ 0 & 0 & 1-b \\ 0 & b-a & 1-a \end{bmatrix} \xrightarrow{③\longleftrightarrow②} \begin{bmatrix} 1 & 1 & 1 \\ 0 & b-a & 1-a \\ 0 & 0 & 1-b \end{bmatrix} \quad \cdots\cdots (*)$$

[1]　$a=b$，$b=1$ のとき，行列 $(*)$ は $\begin{bmatrix} 1 & 1 & 1 \\ 0 & 0 & 0 \\ 0 & 0 & 0 \end{bmatrix}$ となる。

よって，階数は　1

[2]　$a=b$，$b\neq 1$ のとき，行列 $(*)$ は $\begin{bmatrix} 1 & 1 & 1 \\ 0 & 0 & 1-a \\ 0 & 0 & 1-b \end{bmatrix}$ となる。

これを簡約階段化すると，$a\neq 1$ に注意して

$$\begin{bmatrix} 1 & 1 & 1 \\ 0 & 0 & 1-a \\ 0 & 0 & 1-b \end{bmatrix} \xrightarrow[③\times\frac{1}{1-b}]{②\times\frac{1}{1-a}} \begin{bmatrix} 1 & 1 & 1 \\ 0 & 0 & 1 \\ 0 & 0 & 1 \end{bmatrix} \xrightarrow[②\times(-1)+③]{②\times(-1)+①} \begin{bmatrix} 1 & 1 & 0 \\ 0 & 0 & 1 \\ 0 & 0 & 0 \end{bmatrix}$$

よって，階数は　2

[3]　$a\neq b$，$b=1$ のとき，行列 $(*)$ は $\begin{bmatrix} 1 & 1 & 1 \\ 0 & 1-a & 1-a \\ 0 & 0 & 0 \end{bmatrix}$ となる。

これを簡約階段化すると，$a\neq 1$ に注意して

$$\begin{bmatrix} 1 & 1 & 1 \\ 0 & 1-a & 1-a \\ 0 & 0 & 0 \end{bmatrix} \xrightarrow{②\times\frac{1}{1-a}} \begin{bmatrix} 1 & 1 & 1 \\ 0 & 1 & 1 \\ 0 & 0 & 0 \end{bmatrix} \xrightarrow{②\times(-1)+①} \begin{bmatrix} 1 & 0 & 0 \\ 0 & 1 & 1 \\ 0 & 0 & 0 \end{bmatrix}$$

よって，階数は　2

[4]　$a \neq b$, $b \neq 1$ のとき，行列 $(*)$ を簡約階段化すると

$$\begin{bmatrix} 1 & 1 & 1 \\ 0 & b-a & 1-a \\ 0 & 0 & 1-b \end{bmatrix}$$

$$\xrightarrow{\text{③}\times\frac{1}{1-b}} \begin{bmatrix} 1 & 1 & 1 \\ 0 & b-a & 1-a \\ 0 & 0 & 1 \end{bmatrix} \xrightarrow[\text{③}\times\{-(1-a)\}+\text{②}]{\text{③}\times(-1)+\text{①}} \begin{bmatrix} 1 & 1 & 0 \\ 0 & b-a & 0 \\ 0 & 0 & 1 \end{bmatrix}$$

$$\xrightarrow{\text{②}\times\frac{1}{b-a}} \begin{bmatrix} 1 & 1 & 0 \\ 0 & 1 & 0 \\ 0 & 0 & 1 \end{bmatrix} \xrightarrow{\text{②}\times(-1)+\text{①}} \begin{bmatrix} 1 & 0 & 0 \\ 0 & 1 & 0 \\ 0 & 0 & 1 \end{bmatrix}$$

よって，階数は　　3

以上から　　**$a=b=1$ のとき階数は 1；$a=b\neq 1$, $a\neq b=1$ のとき階数は 2；**

$a\neq b$, $b\neq 1$ のとき階数は 3

(2)　A に行基本変形を施すと

$$A \xrightarrow[\text{①}\times\{-(a+1)\}+\text{③}]{\text{①}\times(-2)+\text{②}} \begin{bmatrix} 1 & 0 & -1 \\ 0 & a & 1 \\ 0 & 1 & 2a+1 \end{bmatrix} \xrightarrow{\text{③}\longleftrightarrow\text{②}} \begin{bmatrix} 1 & 0 & -1 \\ 0 & 1 & 2a+1 \\ 0 & a & 1 \end{bmatrix}$$

$$\xrightarrow{\text{②}\times(-a)+\text{③}} \begin{bmatrix} 1 & 0 & -1 \\ 0 & 1 & 2a+1 \\ 0 & 0 & -(a+1)(2a-1) \end{bmatrix} \quad \cdots\cdots (**)$$

[1]　$a=-1$ のとき，行列 $(**)$ は $\begin{bmatrix} 1 & 0 & -1 \\ 0 & 1 & -1 \\ 0 & 0 & 0 \end{bmatrix}$ となる。

よって，階数は　　2

[2]　$a=\dfrac{1}{2}$ のとき，最後の行列 $(**)$ は $\begin{bmatrix} 1 & 0 & -1 \\ 0 & 1 & 2 \\ 0 & 0 & 0 \end{bmatrix}$ となる。

よって，階数は　　2

[3]　$a\neq -1$, $\dfrac{1}{2}$ のとき，行列 $(**)$ を簡約階段化すると

$$\begin{bmatrix} 1 & 0 & -1 \\ 0 & 1 & 2a+1 \\ 0 & 0 & -(a+1)(2a-1) \end{bmatrix} \xrightarrow{\text{③}\times\left\{-\frac{1}{(a+1)(2a-1)}\right\}} \begin{bmatrix} 1 & 0 & -1 \\ 0 & 1 & 2a+1 \\ 0 & 0 & 1 \end{bmatrix}$$

$$\xrightarrow[\text{③}\times\{-(2a+1)\}+\text{②}]{\text{③}\times 1+\text{①}} \begin{bmatrix} 1 & 0 & 0 \\ 0 & 1 & 0 \\ 0 & 0 & 1 \end{bmatrix}$$

よって，階数は　　3

以上から　　**$a=-1$, $\dfrac{1}{2}$ のとき階数は 2；$a\neq -1$, $\dfrac{1}{2}$ のとき階数は 3**

重要 例題 014　連立1次方程式と同次連立1次方程式の関係　★★☆

連立1次方程式 $A\boldsymbol{x}=\boldsymbol{b}$ ……(＊) の解の1つを $\boldsymbol{x}=\boldsymbol{x}_0$ とする。

(1) $\boldsymbol{x}=\boldsymbol{y}$ が同次連立1次方程式 $A\boldsymbol{x}=\boldsymbol{0}$ ……(＊＊) の解であるとき，$\boldsymbol{x}=\boldsymbol{x}_0+\boldsymbol{y}$ は(＊)の解であることを示せ。

(2) (＊)の任意の解は，(＊＊)の解 $\boldsymbol{x}=\boldsymbol{y}$ によって，$\boldsymbol{x}=\boldsymbol{x}_0+\boldsymbol{y}$ と書けることを示せ。

指針　(1)は $A(\boldsymbol{x}_0+\boldsymbol{y})=\boldsymbol{b}$ となることを示す。(2)は(1)の結果を利用して示す。

CHART　**連立1次方程式 $A\boldsymbol{x}=\boldsymbol{b}$ の解**
$\boldsymbol{x}=\boldsymbol{p}$ が解 ⟹ 代入すれば成り立つ　$A\boldsymbol{p}=\boldsymbol{b}$

解答　(1) $\boldsymbol{x}=\boldsymbol{x}_0$ は方程式(＊)の解であるから　$A\boldsymbol{x}_0=\boldsymbol{b}$

$\boldsymbol{x}=\boldsymbol{y}$ は方程式(＊＊)の解であるから　$A\boldsymbol{y}=\boldsymbol{0}$

よって　$A(\boldsymbol{x}_0+\boldsymbol{y})=A\boldsymbol{x}_0+A\boldsymbol{y}=\boldsymbol{b}$

したがって，$\boldsymbol{x}=\boldsymbol{x}_0+\boldsymbol{y}$ は方程式(＊)の解である。 ■

(2) 方程式(＊)の任意の解を $\boldsymbol{x}$ とし，$\boldsymbol{y}=\boldsymbol{x}-\boldsymbol{x}_0$ とすると

$$A\boldsymbol{y}=A\boldsymbol{x}-A\boldsymbol{x}_0=\boldsymbol{b}-\boldsymbol{b}=\boldsymbol{0}$$

よって，$\boldsymbol{y}=\boldsymbol{x}-\boldsymbol{x}_0$ は方程式(＊＊)の解である。

したがって，(＊)の任意の解は，(＊＊)の解 $\boldsymbol{x}=\boldsymbol{y}$ によって，$\boldsymbol{x}=\boldsymbol{x}_0+\boldsymbol{y}$ と書ける。

■

補足　上の例題は，(＊)の解 $\boldsymbol{x}_0$ を1つ固定すれば，(＊)の任意の解は $\boldsymbol{x}_0$ に(＊＊)の解を加えることによって得られることを示している。上の解答における $\boldsymbol{x}_0$ を $A\boldsymbol{x}=\boldsymbol{b}$ の特殊解，$\boldsymbol{x}=\boldsymbol{x}_0+\boldsymbol{y}$ を一般解と呼ぶ。

なお，$\boldsymbol{y}_1$，$\boldsymbol{y}_2$，……，$\boldsymbol{y}_k$ が(＊＊)の解ならば，その1次結合 $a_1\boldsymbol{y}_1+a_2\boldsymbol{y}_2+\cdots\cdots+a_k\boldsymbol{y}_k$ もまた(＊＊)の解である（1次結合については，第5章 **2** で詳しく解説する)。

重要 例題 015 連立1次方程式の解と係数の関係 ★★☆

$\boldsymbol{x}=\boldsymbol{x}_1,\ \boldsymbol{x}_2,\ \cdots\cdots,\ \boldsymbol{x}_k$ を，連立1次方程式 $A\boldsymbol{x}=\boldsymbol{b}$（ただし，$\boldsymbol{b}\neq\boldsymbol{0}$）の k 個の解とする。このとき，$\boldsymbol{x}=\sum_{i=1}^{k}a_i\boldsymbol{x}_i$（各 a_i は定数）が，同じく $A\boldsymbol{x}=\boldsymbol{b}$ の解であるための必要十分条件は $\sum_{i=1}^{k}a_i=1$ であることを示せ。

指針 $\sum_{i=1}^{k}a_i=1$ が，$\boldsymbol{x}=\sum_{i=1}^{k}a_i\boldsymbol{x}_i$ が $A\boldsymbol{x}=\boldsymbol{b}$ の解であるための　[1]　必要条件である　[2]　十分条件である　ことを示す。

条件 p，q について

p が q であるための必要条件である $\iff$ q ならば p が成り立つ

p が q であるための十分条件である $\iff$ p ならば q が成り立つ

解答 $A\boldsymbol{x}=\boldsymbol{b}$　……①とする。

$\boldsymbol{x}=\boldsymbol{x}_1,\ \boldsymbol{x}_2,\ \cdots\cdots,\ \boldsymbol{x}_k$ が，連立1次方程式 $A\boldsymbol{x}=\boldsymbol{b}$ の解であるから，$i=1,\ 2,\ \cdots\cdots,\ k$ に対し　$A\boldsymbol{x}_i=\boldsymbol{b}$ が成り立つ。……②

[1]　必要条件であることの証明

$\boldsymbol{x}=\sum_{i=1}^{k}a_i\boldsymbol{x}_i$ が連立1次方程式①の解であるならば　$A\sum_{i=1}^{k}a_i\boldsymbol{x}_i=\boldsymbol{b}$

ここで，②により　$A\sum_{i=1}^{k}a_i\boldsymbol{x}_i=\sum_{i=1}^{k}a_iA\boldsymbol{x}_i=\sum_{i=1}^{k}a_i\boldsymbol{b}=\left(\sum_{i=1}^{k}a_i\right)\boldsymbol{b}$

よって　$\left(\sum_{i=1}^{k}a_i\right)\boldsymbol{b}=\boldsymbol{b}$

$\boldsymbol{b}\neq\boldsymbol{0}$ であるから　$\sum_{i=1}^{k}a_i=1$

[2]　十分条件であることの証明

$\sum_{i=1}^{k}a_i=1$ であるとすると，②により

$$A\sum_{i=1}^{k}a_i\boldsymbol{x}_i=\sum_{i=1}^{k}a_iA\boldsymbol{x}_i=\sum_{i=1}^{k}a_i\boldsymbol{b}=\left(\sum_{i=1}^{k}a_i\right)\boldsymbol{b}=\boldsymbol{b}$$

よって，$\boldsymbol{x}=\sum_{i=1}^{k}a_i\boldsymbol{x}_i$ は方程式①の解である。

以上から，題意は示された。■

重要 例題 016 行列の階数が1であることと同値な条件 ★★★

行列Aについて，次の同値を示せ。

$\operatorname{rank} A=1 \iff A \neq O$ かつ行列Aの零ベクトルでない行ベクトルは互いに平行

指針 「$\operatorname{rank} A=1 \Longrightarrow A \neq O$ かつ行列Aの零ベクトルでない行ベクトルは互いに平行」と，「$A \neq O$ かつ行列Aの零ベクトルでない行ベクトルは互いに平行 $\Longrightarrow \operatorname{rank} A=1$」をそれぞれ示す。行ベクトルが互いに平行であるとは，行ベクトルが互いに定数倍となるということである。行基本変形を行うと，行ベクトルがどのようになるかを考える。

解答 Aを $m\times n$ 行列とし，$A=[a_{ij}]=\begin{bmatrix} \boldsymbol{a}_1 \\ \boldsymbol{a}_2 \\ \vdots \\ \boldsymbol{a}_m \end{bmatrix}$ とする。

[1]　$\operatorname{rank} A=1$ とする。

このとき，$A \neq O$ であるから，0でない成分を含む1番左にある列を c $(1 \leqq c \leqq n)$ 列目とする。

c 列目の成分のうち，0でない $(p,\ c)$ $(1 \leqq p \leqq m)$ 成分を考え，$a_{pc}=b$ とする。

p 行目と1行目を入れ替え，その後1行目のすべての成分を $\dfrac{1}{b}$ 倍する。

行基本操作後の行列を A' とし，$A'=[a_{ij}']=\begin{bmatrix} \boldsymbol{a}_1' \\ \boldsymbol{a}_2' \\ \vdots \\ \boldsymbol{a}_m' \end{bmatrix}$ とすると

$$\boldsymbol{a}_1'=\frac{1}{b}\boldsymbol{a}_p,\ \boldsymbol{a}_2'=\boldsymbol{a}_2,\ \cdots\cdots,\ \boldsymbol{a}_{p-1}'=\boldsymbol{a}_{p-1},\ \boldsymbol{a}_p'=\boldsymbol{a}_1,$$

$$\boldsymbol{a}_{p+1}'=\boldsymbol{a}_{p+1},\ \cdots\cdots,\ \boldsymbol{a}_m'=\boldsymbol{a}_m$$

また　$a_{1c}'=1$

$q=2,\ 3,\ \cdots\cdots,\ m$ の各々に対して，行列 A' の1行目を $(-a_{qc}')$ 倍して，q 行目に足すという行基本操作を行うと，$(q,\ c)$ 成分は0になるから，c 列目に関して，1行目の成分は1であり，その下の成分はすべて0になる。

また，$\operatorname{rank} A=1$ であるから，行列 A' の $(2,\ c+1)$ 成分より右下のブロックはOである。

よって，$a_{rc} \neq 0$ となる r $(1 \leqq r \leqq p-1,\ p+1 \leqq r \leqq m)$ に対し

$$(-a_{rc})\cdot\frac{1}{b}\boldsymbol{a}_p+\boldsymbol{a}_r=\boldsymbol{0}$$

となる。

ゆえに，行列Aのp行目とその他の零ベクトルでない行ベクトルは平行である。

したがって，行列Aの零ベクトルでない行ベクトルは互いに平行である。

[2]　$A \neq O$ であり，かつ行列 A の零ベクトルでない行ベクトルは互いに平行であるとする。

このとき，0 でない成分を含む 1 番左にある列を c $(1 \leqq c \leqq n)$ 列目とする。

c 列目の成分のうち，0 でない $(p,\ c)$ $(1 \leqq p \leqq m)$ 成分を考え，$a_{pc}=b$ とする。

p 行目と 1 行目を入れ替えると，1 行目以外の行ベクトルは 1 行目の定数倍であるから，1 行目以外の行ベクトルは行基本操作により消去できる。

更に，1 行目のすべての成分を $\dfrac{1}{b}$ 倍すると，1 個の段からなる簡約階段形となる。

よって　　$\mathrm{rank}\, A=1$

以上から，題意は示された。■

参考　第 6 章で，行列 A から決まる線形写像について学習する。線形写像を導入することにより，この例題を簡単に示すことができるため，第 6 章，263 ページの重要例題 059 でも扱った。

3

第3章
行列の構造

1 基本行列と基本変形
2 正則行列
3 逆行列

例題一覧

例題番号	レベル	例題タイトル	教科書との対応
		1 基本行列と基本変形	
基本 038	1	基本行列の判定	練習 1
基本 039	1	基本行列による行基本操作の確認	練習 2
基本 040	1	複数の行基本操作と基本行列の積	練習 3
基本 041	1	行列の列基本変形	練習 4
基本 042	1	基本行列による列基本操作の確認	練習 5
基本 043	1	複数の列基本操作と基本行列の積	練習 6
基本 044	2	行列の標準形	練習 7
		2 正則行列	
基本 045	1	基本行列の正則性の証明	練習 1
基本 046	1	i 行が 0，j 列が 0 の行列が正則でない証明	練習 2
基本 047	2	行基本変形と行ベクトルの関係 ①	
基本 048	2	i 行＝j 行，i 列＝j 列の行列が正則でない証明	練習 3
		3 逆行列	
基本 049	1	逆行列を基本行列の積で表す	練習 1
基本 050	1	逆行列であることの確認	練習 2
基本 051	2	3 次行列の正則判定と逆行列 ①	練習 3

例題番号	レベル	例題タイトル	教科書との対応
		第 3 章の内容チェックテスト	
		演　習　編	
重要 017	1	行列の簡約階段化と標準形	章末 1
重要 018	2	行列 QAP が標準形になる行列 Q，P	章末 2
重要 019	2	行列の標準形と標準形にする行列	
重要 020	2	行列を基本行列の積で表す	章末 3
重要 021	2	3 次行列の正則判定と逆行列 ②	章末 4
重要 022	2	4 次行列の逆行列 ①	章末 5
重要 023	2	4 次行列の逆行列 ②	
重要 024	2	ブロック基本行列	章末 6
重要 025	2	区分けされた行列の階数 ①	章末 7
重要 026	2	区分けされた行列の階数 ②	
重要 027	3	行列の階数に関する不等式の証明	
重要 028	3	行列の階数に関する等式の証明	章末 8
重要 029	3	行基本変形と行ベクトルの関係 ②	

1 基本行列と基本変形

◈基本行列

任意の行列に行基本変形を行うことで，必ず簡約階段形にすることができる。実は，ここで行った行基本変形という操作は，行列の演算の用語だけで（内在的に）記述することができる。これを確かめるために，**基本行列**というものを導入する。

基本行列は 3 種類ある。以下，m，i，j を自然数とする。

[1]　基本行列 P_{ij} $(i \neq j)$

これは図 1 に示したような m 次正方行列である。ただし，i，j は m 以下の自然数であり，$i \neq j$ である。この行列の $(i,\ i)$ 成分と $(j,\ j)$ 成分は 0 であり，その他の対角成分は 1 である。

また，$(i,\ j)$ 成分と $(j,\ i)$ 成分は 1 である。そして，残りの成分はすべて 0 である。

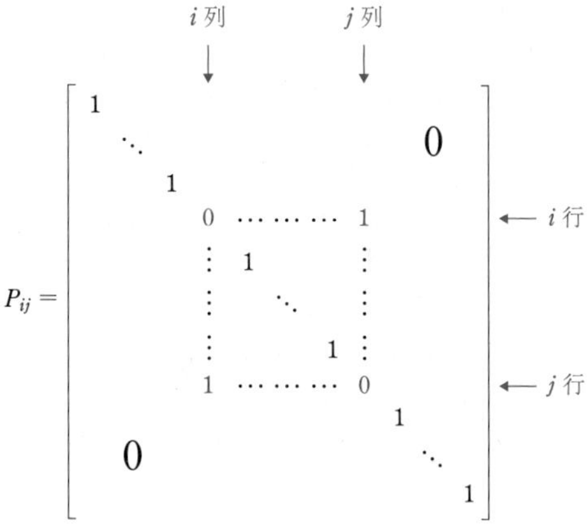

図 1　基本行列 P_{ij}

[2]　基本行列 $P_i(c)$ $(c \neq 0)$

これは図 2 に示したような m 次正方行列である。これは対角行列であり，その対角成分は $(i,\ i)$ 成分の 1 つが $c(\neq 0)$ であり，残りの対角成分はすべて 1 である。

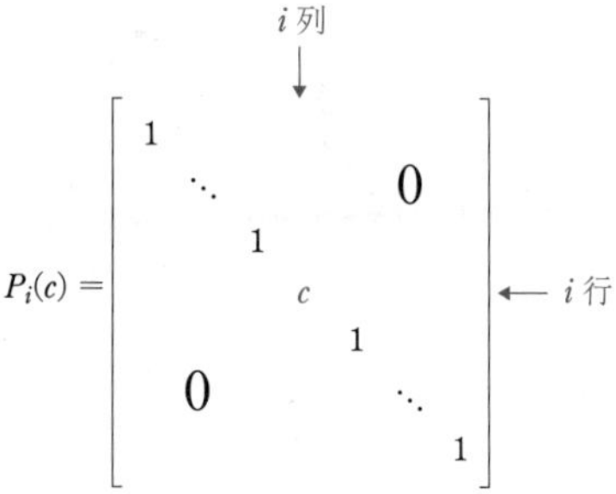

図 2　基本行列 $P_i(c)$

[3]　基本行列 $P_{ij}(a)$ $(i \neq j)$

これは図 3 に示したような m 次正方行列である。その対角成分はすべて 1 であり，残りの成分は，$(i,\ j)$ 成分の 1 つが a であることを除いて，すべて 0 である。ただし，a は 0 であってもよい。すなわち，基本行列 $P_{ij}(0)$ は単位行列であり，単位行列は基本行列の 1 つである。

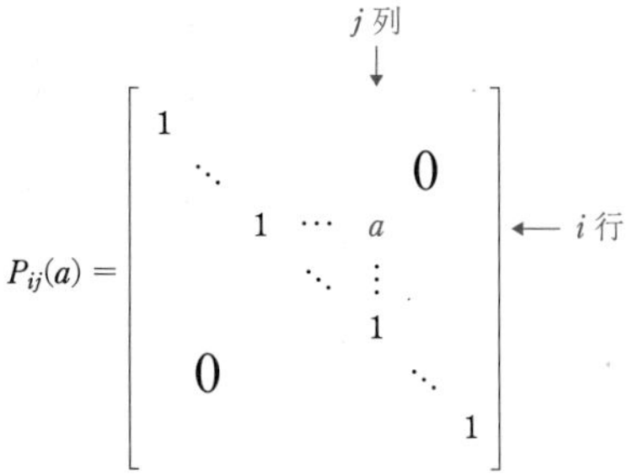

図 3　基本行列 $P_{ij}(a)$

基本　例題 038　基本行列の判定　★☆☆

次の行列が基本行列であるか，そうでないかを答えよ。また，基本行列であれば，前ページの [1]，[2]，[3] で定義した記号で答えよ。

(1) $\begin{bmatrix} 0 & 1 \\ 1 & 0 \end{bmatrix}$　(2) $\begin{bmatrix} 1 & 0 & 0 \\ 1 & 1 & 0 \\ 0 & 0 & 1 \end{bmatrix}$　(3) $\begin{bmatrix} 2 & 0 & 0 & 0 \\ 0 & 1 & 0 & 0 \\ 0 & 0 & 1 & 0 \\ 0 & 0 & 0 & 1 \end{bmatrix}$　(4) $\begin{bmatrix} 0 & 0 & 0 & 0 \\ 0 & 1 & 0 & 2 \\ 0 & 0 & 1 & 0 \\ 0 & 0 & 0 & 1 \end{bmatrix}$

指針 67 ページにまとめた基本行列に該当するか考える。なお，基本行列の定義は，単位行列をもとにして考えるとわかりやすい。下の 参考 を参照。

解答 (1) **基本行列である。**

形は　$\boldsymbol{P_{12}}$

(2) **基本行列である。**

形は　$\boldsymbol{P_{21}(1)}$

(3) **基本行列である。**

形は　$\boldsymbol{P_{1}(2)}$

(4) **基本行列でない。**

補足 (1) の基本行列の形は P_{21} と答えてもよい。一般に前ページの基本行列 P_{ij} は P_{ji} と同じ行列を表す。

参考 $i=1, 2, \cdots\cdots, n$，$j=1, 2, \cdots\cdots, n$ とするとき，次の行列 P_{ij}，$P_i(c)$，$P_{ij}(a)$ を **基本行列** という。

[1]　n 次単位行列の，i 行目と j 行目，もしくは i 列目と j 列目を入れ替えた行列 P_{ij}　ただし，$i \neq j$ である。

[2]　n 次単位行列の (i, i) の成分の 1 つを 0 でない数 c に変えた行列 $P_i(c)$

[3]　n 次単位行列の (i, j) 成分の 1 つを数 a に変えた行列 $P_{ij}(a)$　ただし，$i \neq j$ である。

(例)　$n=3$ のとき

$$\begin{bmatrix} 1 & 0 & 0 \\ 0 & 1 & 0 \\ 0 & 0 & 1 \end{bmatrix} \longrightarrow \underset{P_{23}(P_{32})}{\begin{bmatrix} 1 & 0 & 0 \\ 0 & 0 & 1 \\ 0 & 1 & 0 \end{bmatrix}} \quad \underset{P_3(7)}{\begin{bmatrix} 1 & 0 & 0 \\ 0 & 1 & 0 \\ 0 & 0 & 7 \end{bmatrix}} \quad \underset{P_{13}(-2)}{\begin{bmatrix} 1 & 0 & -2 \\ 0 & 1 & 0 \\ 0 & 0 & 1 \end{bmatrix}}$$

$$\begin{bmatrix} 1 & 0 & 0 \\ 0 & 0 & 1 \\ 0 & 1 & 0 \end{bmatrix}$$

基本 例題 039 基本行列による行基本操作の確認 ★☆☆

次の行列に，それぞれ括弧内で示された基本行列を左から掛けて，その結果が対応する行基本操作を行ったものになっていることを確かめよ。

(1) $\begin{bmatrix} 4 & -1 & 3 & 0 \\ 1 & 2 & -4 & 2 \end{bmatrix}$ (P_{12})

(2) $\begin{bmatrix} -1 & 2 & 3 \\ 2 & 1 & 1 \end{bmatrix}$ $(P_{21}(2))$

(3) $\begin{bmatrix} -1 & 2 & 3 \\ 2 & 1 & 1 \end{bmatrix}$ $(P_2(3))$

(4) $\begin{bmatrix} 1 & 0 & -2 & 1 \\ 1 & 1 & 1 & -1 \\ -1 & 3 & -5 & 0 \end{bmatrix}$ $(P_{23}(-1))$

指針 まず，括弧内で示された基本行列をそれぞれ求める。与えられた行列は (1)～(3) が 2 行の行列，(4) は 3 行の行列であるから，左から掛ける基本行列は，(1)～(3) が 2 次行列，(4) が 3 次行列である。一般に，$m\times n$ 行列 A に対して，基本行列を左から A に掛けることは，それぞれ次の [1]～[3] の行基本操作を A に行うことに対応する。すなわち

[1] $m\times n$ 行列 A に行基本操作 ⓘ $\longleftrightarrow$ ⓙ $(i\neq j)$ を行った結果は，$P_{ij}A$ に等しい。

[2] $m\times n$ 行列 A に行基本操作 ⓘ$\times c$ $(c\neq 0)$ を行った結果は，$P_i(c)A$ に等しい。

[3] $m\times n$ 行列 A に行基本操作 ⓙ$\times a+$ⓘ $(i\neq j)$ を行った結果は，$P_{ij}(a)A$ に等しい。

解答 (1) $P_{12}=\begin{bmatrix} 0 & 1 \\ 1 & 0 \end{bmatrix}$ であるから $\begin{bmatrix} 0 & 1 \\ 1 & 0 \end{bmatrix}\begin{bmatrix} 4 & -1 & 3 & 0 \\ 1 & 2 & -4 & 2 \end{bmatrix}=\begin{bmatrix} 1 & 2 & -4 & 2 \\ 4 & -1 & 3 & 0 \end{bmatrix}$

よって，1 行目と 2 行目を入れ替えることは，与えられた行列に 2 次の基本行列 P_{12} を左から掛けることに対応している。

(2) $P_{21}(2)=\begin{bmatrix} 1 & 0 \\ 2 & 1 \end{bmatrix}$ であるから $\begin{bmatrix} 1 & 0 \\ 2 & 1 \end{bmatrix}\begin{bmatrix} -1 & 2 & 3 \\ 2 & 1 & 1 \end{bmatrix}=\begin{bmatrix} -1 & 2 & 3 \\ 0 & 5 & 7 \end{bmatrix}$

よって，1 行目の 2 倍を 2 行目に足すことは，与えられた行列に 2 次の基本行列 $P_{21}(2)$ を左から掛けることに対応している。

(3) $P_2(3)=\begin{bmatrix} 1 & 0 \\ 0 & 3 \end{bmatrix}$ であるから $\begin{bmatrix} 1 & 0 \\ 0 & 3 \end{bmatrix}\begin{bmatrix} -1 & 2 & 3 \\ 2 & 1 & 1 \end{bmatrix}=\begin{bmatrix} -1 & 2 & 3 \\ 6 & 3 & 3 \end{bmatrix}$

よって，2 行目を 3 倍することは，与えられた行列に 2 次の基本行列 $P_2(3)$ を左から掛けることに対応している。

(4) $P_{23}(-1)=\begin{bmatrix} 1 & 0 & 0 \\ 0 & 1 & -1 \\ 0 & 0 & 1 \end{bmatrix}$ であるから

$$\begin{bmatrix} 1 & 0 & 0 \\ 0 & 1 & -1 \\ 0 & 0 & 1 \end{bmatrix}\begin{bmatrix} 1 & 0 & -2 & 1 \\ 1 & 1 & 1 & -1 \\ -1 & 3 & -5 & 0 \end{bmatrix}=\begin{bmatrix} 1 & 0 & -2 & 1 \\ 2 & -2 & 6 & -1 \\ -1 & 3 & -5 & 0 \end{bmatrix}$$

よって，3 行目の (-1) 倍を 2 行目に足すことは，与えられた行列に 3 次の基本行列 $P_{23}(-1)$ を左から掛けることに対応している。

基本　例題 040　複数の行基本操作と基本行列の積　★☆☆

行列Aに，次の行基本操作を，左から順に行った結果を，基本行列を用いて表せ。

(1)　②×3，③ ⟷ ②

(2)　③×(−1)+②，①×2+④

(3)　①×2+③，④ ⟷ ②，③×(−3)+④

指針　いくつかの行基本操作を行うことは，対応する基本行列を，左から次々に掛けていく ことに対応している。

CHART　**行基本操作　基本行列を左から掛ける**

解答　(1)　行基本操作 ②×3 を行った結果は，基本行列 $P_2(3)$ をAに左から掛けた結果に等しく，行基本操作 ③ ⟷ ② を行った結果は基本行列 P_{32} をAに左から掛けた結果に等しい。

よって　　$\boldsymbol{P_{32}P_2(3)A}$

(2)　行基本操作 ③×(−1)+② を行った結果は，基本行列 $P_{23}(-1)$ をAに左から掛けた結果に等しく，行基本操作 ①×2+④ を行った結果は，基本行列 $P_{41}(2)$ をAに左から掛けた結果に等しい。

よって　　$\boldsymbol{P_{41}(2)P_{23}(-1)A}$

(3)　行基本操作 ①×2+③ を行った結果は，基本行列 $P_{31}(2)$ をAに左から掛けた結果に等しく，行基本操作 ④ ⟷ ② を行った結果は，基本行列 P_{42} をAに左から掛けた結果に等しく，行基本操作 ③×(−3)+④ を行った結果は，$P_{43}(-3)$ をAに左から掛けた結果に等しい。

よって　　$\boldsymbol{P_{43}(-3)P_{42}P_{31}(2)A}$

研究　基本例題 030 で扱った定理（行基本変形定理）により，次の定理が成り立つ。

定理　**行基本変形定理**（その 2）
Aを任意の $m\times n$ 行列とするとき，ある有限個のm次の基本行列 Q_1，Q_2，……，Q_s が存在して，Q_1Q_2 …… Q_sA が簡約階段形の行列となる。

基本 例題 041 行列の列基本変形 ★☆☆

次の行列に，それぞれ括弧内で示された列基本変形を施せ。

(1) $\begin{bmatrix} 4 & -1 & 3 & 0 \\ 1 & 2 & -4 & 2 \end{bmatrix}$ $(\boxed{1} \longleftrightarrow \boxed{2})$　　(2) $\begin{bmatrix} -1 & 2 & 3 \\ 2 & 1 & 1 \end{bmatrix}$ $(\boxed{1} \times 2 + \boxed{2})$

(3) $\begin{bmatrix} 1 & 0 & -2 & 1 \\ 1 & 1 & 1 & -1 \\ -1 & 3 & -5 & 0 \end{bmatrix}$ $(\boxed{1} \times (-1) + \boxed{2},\ \boxed{1} \times 1 + \boxed{3})$

指針 行列についての，次の3つの操作を **列基本操作** という。

[1]　i 列目と j 列目を入れ替える $(i \neq j)$。

[2]　i 列目を c 倍する $(c \neq 0)$。

[3]　j 列目の a 倍を i 列目に足す（a は定数，$i \neq j$）。

行基本操作の場合と同様に，列基本操作をそれぞれ次の記号で略記できる。

[1]　$\boxed{i} \longleftrightarrow \boxed{j}$

[2]　$\boxed{i} \times c$

[3]　$\boxed{j} \times a + \boxed{i}$

列基本操作を有限回行って行列を変形していくことを，行列の **列基本変形** という。

また，行基本変形と列基本変形を総称して，**基本変形** という。

解答 (1)　1列目と2列目を入れ替えると　$\begin{bmatrix} \mathbf{-1} & \mathbf{4} & \mathbf{3} & \mathbf{0} \\ \mathbf{2} & \mathbf{1} & \mathbf{-4} & \mathbf{2} \end{bmatrix}$

(2)　1列目の2倍を2列目に足すと　$\begin{bmatrix} \mathbf{-1} & \mathbf{0} & \mathbf{3} \\ \mathbf{2} & \mathbf{5} & \mathbf{1} \end{bmatrix}$

(3)　1列目の (-1) 倍を2列目に足し，1列目の1倍を3列目に足すと

$$\begin{bmatrix} \mathbf{1} & \mathbf{-1} & \mathbf{-1} & \mathbf{1} \\ \mathbf{1} & \mathbf{0} & \mathbf{2} & \mathbf{-1} \\ \mathbf{-1} & \mathbf{4} & \mathbf{-6} & \mathbf{0} \end{bmatrix}$$

研究 行基本操作と同様に，列基本操作も **可逆** である。

すなわち，逆操作によって，もとに戻すことができる。実際

[1]　$\boxed{i} \longleftrightarrow \boxed{j}$ は，それ自身 $\boxed{i} \longleftrightarrow \boxed{j}$ が逆操作

[2]　$\boxed{i} \times c\ (c \neq 0)$ は，$\boxed{i} \times \dfrac{1}{c}$ が逆操作

[3]　$\boxed{j} \times a + \boxed{i}$ は，$\boxed{j} \times (-a) + \boxed{i}$ が逆操作

になっている。

基本 例題 042 基本行列による列基本操作の確認　★☆☆

次の行列に，それぞれ括弧内で示された基本行列を右から掛けて，その結果が対応する列基本操作を行ったものになっていることを確かめよ。

(1) $\begin{bmatrix} 4 & -1 & 3 & 0 \\ 1 & 2 & -4 & 2 \end{bmatrix}$ (P_{12})　　(2) $\begin{bmatrix} -1 & 2 & 3 \\ 2 & 1 & 1 \end{bmatrix}$ $(P_{21}(2))$

(3) $\begin{bmatrix} -1 & 2 & 3 \\ 2 & 1 & 1 \end{bmatrix}$ $(P_2(3))$　　(4) $\begin{bmatrix} 1 & 0 & -2 & 1 \\ 1 & 1 & 1 & -1 \\ -1 & 3 & -5 & 0 \end{bmatrix}$ $(P_{23}(-1))$

指針 設定は基本例題 039 とまったく同じであるが，基本行列は，(1) と (4) は 4 次行列，(2) と (3) は 3 次行列になる。一般に，$m\times n$ 行列Aに対して，基本行列を右からAに掛けることは，それぞれ次の [1]～[3] の列基本操作をAに行うことに対応する。

[1]　$m\times n$ 行列Aに列基本操作 $\boxed{i}\longleftrightarrow\boxed{j}$ $(i\neq j)$ を行った結果は，AP_{ij} に等しい。
すなわち，i 列目と j 列目を入れ替えることは，n 次の基本行列 P_{ij} を右から掛けることに対応している。

[2]　$m\times n$ 行列Aに列基本操作 $\boxed{i}\times c$ $(c\neq 0)$ を行った結果は，$AP_i(c)$ に等しい。
すなわち，i 列目を c 倍することは，n 次の基本行列 $P_i(c)$ を右から掛けることに対応している。

[3]　$m\times n$ 行列Aに列基本操作 $\boxed{j}\times a+\boxed{i}$ $(i\neq j)$ を行った結果は，$AP_{ji}(a)$ に等しい。
すなわち，i 列目に j 列目の a 倍を足すことは，n 次の基本行列 $P_{ji}(a)$ を右から掛けることに対応している。

解答 (1)　$P_{12}=\begin{bmatrix} 0 & 1 & 0 & 0 \\ 1 & 0 & 0 & 0 \\ 0 & 0 & 1 & 0 \\ 0 & 0 & 0 & 1 \end{bmatrix}$ で　$\begin{bmatrix} 4 & -1 & 3 & 0 \\ 1 & 2 & -4 & 2 \end{bmatrix}\begin{bmatrix} 0 & 1 & 0 & 0 \\ 1 & 0 & 0 & 0 \\ 0 & 0 & 1 & 0 \\ 0 & 0 & 0 & 1 \end{bmatrix}=\begin{bmatrix} -1 & 4 & 3 & 0 \\ 2 & 1 & -4 & 2 \end{bmatrix}$

よって，1 列目と 2 列目を入れ替えることは，与えられた行列に 4 次の基本行列 P_{12} を右から掛けることに対応している。

(2)　$P_{21}(2)=\begin{bmatrix} 1 & 0 & 0 \\ 2 & 1 & 0 \\ 0 & 0 & 1 \end{bmatrix}$ で　$\begin{bmatrix} -1 & 2 & 3 \\ 2 & 1 & 1 \end{bmatrix}\begin{bmatrix} 1 & 0 & 0 \\ 2 & 1 & 0 \\ 0 & 0 & 1 \end{bmatrix}=\begin{bmatrix} 3 & 2 & 3 \\ 4 & 1 & 1 \end{bmatrix}$

よって，1 列目に 2 列目の 2 倍を足すことは，与えられた行列に 3 次の基本行列 $P_{21}(2)$ を右から掛けることに対応している。

(3)　$P_2(3)=\begin{bmatrix} 1 & 0 & 0 \\ 0 & 3 & 0 \\ 0 & 0 & 1 \end{bmatrix}$ で　$\begin{bmatrix} -1 & 2 & 3 \\ 2 & 1 & 1 \end{bmatrix}\begin{bmatrix} 1 & 0 & 0 \\ 0 & 3 & 0 \\ 0 & 0 & 1 \end{bmatrix}=\begin{bmatrix} -1 & 6 & 3 \\ 2 & 3 & 1 \end{bmatrix}$

よって，2 列目を 3 倍することは，与えられた行列に 3 次の基本行列 $P_2(3)$ を右から掛けることに対応している。

(4) $P_{23}(-1)=\begin{bmatrix}1&0&0&0\\0&1&-1&0\\0&0&1&0\\0&0&0&1\end{bmatrix}$ で

$$\begin{bmatrix}1&0&-2&1\\1&1&1&-1\\-1&3&-5&0\end{bmatrix}\begin{bmatrix}1&0&0&0\\0&1&-1&0\\0&0&1&0\\0&0&0&1\end{bmatrix}=\begin{bmatrix}1&0&-2&1\\1&1&0&-1\\-1&3&-8&0\end{bmatrix}$$

よって，3列目に2列目の (-1) 倍を足すことは，与えられた行列に4次の基本行列 $P_{23}(-1)$ を右から掛けることに対応している。

基本 例題 043 複数の列基本操作と基本行列の積 ★☆☆

行列 A に，次の列基本操作を，左から順に行った結果を，基本行列を用いて表せ。

(1) $\boxed{2}\times3$, $\boxed{3}\longleftrightarrow\boxed{2}$

(2) $\boxed{3}\times(-1)+\boxed{2}$, $\boxed{1}\times2+\boxed{4}$

(3) $\boxed{1}\times2+\boxed{3}$, $\boxed{4}\longleftrightarrow\boxed{2}$, $\boxed{3}\times(-3)+\boxed{4}$

指針 いくつかの列基本操作を行うことは，対応する基本行列を，**右から次々に掛けていく** ことに対応している。

CHART 列基本操作 基本行列を右から掛ける

解答 (1) 列基本操作 $\boxed{2}\times3$ を行った結果は，基本行列 $P_2(3)$ を A に右から掛けた結果に等しく，列基本操作 $\boxed{3}\longleftrightarrow\boxed{2}$ を行った結果は，基本行列 P_{32} を A に右から掛けた結果に等しい。

よって　　$\boldsymbol{AP_2(3)P_{32}}$

(2) 列基本操作 $\boxed{3}\times(-1)+\boxed{2}$ を行った結果は，基本行列 $P_{32}(-1)$ を A に右から掛けた結果に等しく，列基本操作 $\boxed{1}\times2+\boxed{4}$ を行った結果は，基本行列 $P_{14}(2)$ を A に右から掛けた結果に等しい。

よって　　$\boldsymbol{AP_{32}(-1)P_{14}(2)}$

(3) 列基本操作 $\boxed{1}\times2+\boxed{3}$ を行った結果は，基本行列 $P_{13}(2)$ を A に右から掛けた結果に等しく，列基本操作 $\boxed{4}\longleftrightarrow\boxed{2}$ を行った結果は基本行列 P_{42} を A に右から掛けた結果に等しく，列基本操作 $\boxed{3}\times(-3)+\boxed{4}$ を行った結果は基本行列 $P_{34}(-3)$ を A に右から掛けた結果に等しい。

よって　　$\boldsymbol{AP_{13}(2)P_{42}P_{34}(-3)}$

基本 例題 044　行列の標準形　★★☆

次の行列を基本変形して，標準形にせよ。

(1) $\begin{bmatrix} 4 & -1 & 3 & 0 \\ 1 & 2 & -4 & 2 \end{bmatrix}$　(2) $\begin{bmatrix} -1 & 2 & 3 \\ 2 & 1 & 1 \end{bmatrix}$　(3) $\begin{bmatrix} 1 & 0 & -2 & 1 \\ 1 & 1 & 1 & -1 \\ -1 & 3 & -5 & 0 \end{bmatrix}$

指針　基本例題 030 で扱った行基本変形の定理により，任意の行列は，適当な行基本変形によって簡約階段形に変形できる。簡約階段形を更に列基本変形することにより，より簡単な形に変形することができる。

定理　行列の標準形

A を $m\times n$ 行列とし，$r=\operatorname{rank} A$ とする。このとき，行列 A に適当な行基本変形と列基本変形を行って，次の形に変形することができる。

$$\begin{bmatrix} 1 & & & \\ & \ddots & & \text{\Large 0} \\ & & 1 & \\ \text{\Large 0} & & & \end{bmatrix} \quad \cdots\cdots (*)$$

ここで，この行列は r 個の $(i,\ i)$ 成分 $(i=1,\ 2,\ \cdots\cdots,\ r)$ だけが 1 であり，残りの成分はすべて 0 である。すなわち，m 次基本行列の有限個の積である行列 Q と，n 次基本行列の有限個の積である行列 P が存在して，QAP が $(*)$ の形になる。

上の定理の $(*)$ の形の行列を，行列 A の **標準形** という（定理の証明は，「数研講座シリーズ 大学教養　線形代数」の 81 ページから 82 ページを参照)。

解答　(1)　与えられた行列を簡約階段化すると

$$\begin{bmatrix} 4 & -1 & 3 & 0 \\ 1 & 2 & -4 & 2 \end{bmatrix} \xrightarrow{②\leftrightarrow①} \begin{bmatrix} 1 & 2 & -4 & 2 \\ 4 & -1 & 3 & 0 \end{bmatrix} \xrightarrow{①\times(-4)+②} \begin{bmatrix} 1 & 2 & -4 & 2 \\ 0 & -9 & 19 & -8 \end{bmatrix}$$

$$\xrightarrow{②\times\left(-\frac{1}{9}\right)} \begin{bmatrix} 1 & 2 & -4 & 2 \\ 0 & 1 & -\dfrac{19}{9} & \dfrac{8}{9} \end{bmatrix} \xrightarrow{②\times(-2)+①} \begin{bmatrix} 1 & 0 & \dfrac{2}{9} & \dfrac{2}{9} \\ 0 & 1 & -\dfrac{19}{9} & \dfrac{8}{9} \end{bmatrix}$$

これを列基本変形すると（※$\boxed{1}$，$\boxed{2}$，…… は，変形前の行列の列の番号を表す）

$$\begin{bmatrix} 1 & 0 & \dfrac{2}{9} & \dfrac{2}{9} \\ 0 & 1 & -\dfrac{19}{9} & \dfrac{8}{9} \end{bmatrix} \xrightarrow[\boxed{1}\times\left(-\frac{2}{9}\right)+\boxed{4}]{\boxed{1}\times\left(-\frac{2}{9}\right)+\boxed{3}} \begin{bmatrix} 1 & 0 & 0 & 0 \\ 0 & 1 & -\dfrac{19}{9} & \dfrac{8}{9} \end{bmatrix} \xrightarrow[\boxed{2}\times\left(-\frac{8}{9}\right)+\boxed{4}]{\boxed{2}\times\frac{19}{9}+\boxed{3}} \begin{bmatrix} \mathbf{1} & \mathbf{0} & \mathbf{0} & \mathbf{0} \\ \mathbf{0} & \mathbf{1} & \mathbf{0} & \mathbf{0} \end{bmatrix}$$

(2)　与えられた行列を簡約階段化すると

$$\begin{bmatrix} -1 & 2 & 3 \\ 2 & 1 & 1 \end{bmatrix} \xrightarrow{①\times(-1)} \begin{bmatrix} 1 & -2 & -3 \\ 2 & 1 & 1 \end{bmatrix} \xrightarrow{①\times(-2)+②} \begin{bmatrix} 1 & -2 & -3 \\ 0 & 5 & 7 \end{bmatrix}$$

$$\xrightarrow{②\times\frac{1}{5}} \begin{bmatrix} 1 & -2 & -3 \\ 0 & 1 & \dfrac{7}{5} \end{bmatrix} \xrightarrow{②\times 2+①} \begin{bmatrix} 1 & 0 & -\dfrac{1}{5} \\ 0 & 1 & \dfrac{7}{5} \end{bmatrix}$$

これを列基本変形すると

$$\begin{bmatrix} 1 & 0 & -\frac{1}{5} \\ 0 & 1 & \frac{7}{5} \end{bmatrix} \xrightarrow{\boxed{1}\times\frac{1}{5}+\boxed{3}} \begin{bmatrix} 1 & 0 & 0 \\ 0 & 1 & \frac{7}{5} \end{bmatrix} \xrightarrow{\boxed{2}\times\left(-\frac{7}{5}\right)+\boxed{3}} \begin{bmatrix} \mathbf{1} & \mathbf{0} & \mathbf{0} \\ \mathbf{0} & \mathbf{1} & \mathbf{0} \end{bmatrix}$$

(3) 与えられた行列を簡約階段化すると

$$\begin{bmatrix} 1 & 0 & -2 & 1 \\ 1 & 1 & 1 & -1 \\ -1 & 3 & -5 & 0 \end{bmatrix}$$

$$\xrightarrow[\text{①}\times1+\text{③}]{\text{①}\times(-1)+\text{②}} \begin{bmatrix} 1 & 0 & -2 & 1 \\ 0 & 1 & 3 & -2 \\ 0 & 3 & -7 & 1 \end{bmatrix} \xrightarrow{\text{②}\times(-3)+\text{③}} \begin{bmatrix} 1 & 0 & -2 & 1 \\ 0 & 1 & 3 & -2 \\ 0 & 0 & -16 & 7 \end{bmatrix}$$

$$\xrightarrow{\text{③}\times\left(-\frac{1}{16}\right)} \begin{bmatrix} 1 & 0 & -2 & 1 \\ 0 & 1 & 3 & -2 \\ 0 & 0 & 1 & -\frac{7}{16} \end{bmatrix} \xrightarrow[\text{③}\times(-3)+\text{②}]{\text{③}\times2+\text{①}} \begin{bmatrix} 1 & 0 & 0 & \frac{1}{8} \\ 0 & 1 & 0 & -\frac{11}{16} \\ 0 & 0 & 1 & -\frac{7}{16} \end{bmatrix}$$

これを列基本変形すると

$$\begin{bmatrix} 1 & 0 & 0 & \frac{1}{8} \\ 0 & 1 & 0 & -\frac{11}{16} \\ 0 & 0 & 1 & -\frac{7}{16} \end{bmatrix} \xrightarrow{\boxed{1}\times\left(-\frac{1}{8}\right)+\boxed{4}} \begin{bmatrix} 1 & 0 & 0 & 0 \\ 0 & 1 & 0 & -\frac{11}{16} \\ 0 & 0 & 1 & -\frac{7}{16} \end{bmatrix}$$

$$\xrightarrow{\boxed{2}\times\frac{11}{16}+\boxed{4}} \begin{bmatrix} 1 & 0 & 0 & 0 \\ 0 & 1 & 0 & 0 \\ 0 & 0 & 1 & -\frac{7}{16} \end{bmatrix} \xrightarrow{\boxed{3}\times\frac{7}{16}+\boxed{4}} \begin{bmatrix} \mathbf{1} & \mathbf{0} & \mathbf{0} & \mathbf{0} \\ \mathbf{0} & \mathbf{1} & \mathbf{0} & \mathbf{0} \\ \mathbf{0} & \mathbf{0} & \mathbf{1} & \mathbf{0} \end{bmatrix}$$

補足 行列の標準形は，簡約階段形と同様に，与えられた行列に対して，ただ1通りに決まる。この事実の証明は初等的に証明することが可能であるが，本質的な証明は第5章以降で扱われるベクトル空間論を用いて与えられる。以下ではこの事実を認めることとする。なお，証明は姉妹書「数研講座シリーズ　大学教養　線形代数」のインターネットサイトの補助教材を参照するとよい。

2　正則行列

◈基本行列の正則性

A を n 次正方行列とするとき，行列 A が正則であるとは，$AB=BA=E$（E は単位行列）となる n 次正方行列 B が存在することをいう。このような行列 B は，存在するならば，行列 A に対して唯一に決まることから，これを A^{-1} と書き，行列 A の逆行列というのであった（第1章18ページ参照)。

また，正則行列の逆行列や，正則行列の積もまた正則であり，次の等式が成り立つ。

$$(AB)^{-1}=B^{-1}A^{-1},\qquad (A^{-1})^{-1}=A \qquad (\text{ただし，}A,\ B\text{ は }n\text{ 次正則行列})$$

基本行列について，次の定理が成り立つ。

定理　基本行列の正則性

n 次の基本行列 P_{ij}，$P_i(c)$，$P_{ij}(a)$ $(i=1,\ 2,\ \cdots\cdots,\ n\ ;\ j=1,\ 2,\ \cdots\cdots,\ n,\ i\neq j,\ c\neq 0)$ は正則であり，次が成り立つ。

$$P_{ij}{}^{-1}=P_{ij},\qquad \{P_i(c)\}^{-1}=P_i\left(\frac{1}{c}\right),\qquad \{P_{ij}(a)\}^{-1}=P_{ij}(-a)$$

特に，基本行列の逆行列は，また基本行列である。

証明　$P_{ij}(a)$ の正則性を証明する。$P_{ij}(a)$ を左から掛けることは，i 行目に j 行目の a 倍を足すことであった。

よって，$P_{ij}(-a)$ に $P_{ij}(a)$ を左から掛けると，単位行列 E になる。

$$P_{ij}(a)P_{ij}(-a)=\begin{bmatrix} \ddots & & & & \\ & 1 & \cdots & a & \\ & & \ddots & \vdots & \\ & & & 1 & \\ & & & & \ddots \end{bmatrix}\begin{bmatrix} \ddots & & & & \\ & 1 & \cdots & -a & \\ & & \ddots & \vdots & \\ & & & 1 & \\ & & & & \ddots \end{bmatrix}=\begin{bmatrix} \ddots & & & & \\ & 1 & \cdots & 0 & \\ & & \ddots & \vdots & \\ & & & 1 & \\ & & & & \ddots \end{bmatrix}=E$$

この議論で，a と $-a$ をとり替えれば，同様に，$P_{ij}(a)$ に $P_{ij}(-a)$ を左から掛けると，単位行列 E になることがわかる。

ゆえに　　$P_{ij}(a)P_{ij}(-a)=P_{ij}(-a)P_{ij}(a)=E$

したがって，$P_{ij}(a)$ は正則であり，$P_{ij}(-a)$ がその逆行列である。

すなわち，$\{P_{ij}(a)\}^{-1}=P_{ij}(-a)$ が成り立つ。

P_{ij}，$P_i(c)$ についても，同様に証明できる。■

補足　基本例題040で扱った定理と基本例題044の指針で扱った定理により，次の 系 が得られる。

系　A を任意の $m\times n$ 行列とするとき，ある m 次正則行列 Q が存在して，QA が簡約階段形となる。更に，ある n 次正則行列 P が存在して，QAP が標準形となる。

基本 例題 045 基本行列の正則性の証明 ★☆☆

前ページの $P_{ij}(a)$ が正則であることの証明にならって，P_{ij} および $P_i(c)$ が正則であることを証明せよ。

指針 CHART **正方行列 A が　正則 $\Longleftrightarrow$ $AB=BA=E$ となる B がある**

解答 [1] $P_{ij}P_{ij}=\begin{bmatrix} 1 &&&&&&&&&& \\ & \ddots &&&&&& \mathbf{0} &&& \\ && 1 &&&&&&&& \\ &&& 0 & \cdots & \cdots & \cdots & 1 &&& \\ &&& \vdots & 1 &&& \vdots &&& \\ &&& \vdots && \ddots && \vdots &&& \\ &&& \vdots &&& 1 & \vdots &&& \\ &&& 1 & \cdots & \cdots & \cdots & 0 &&& \\ &&&&&&&& 1 && \\ & \mathbf{0} &&&&&&&& \ddots & \\ &&&&&&&&&& 1 \end{bmatrix}\begin{bmatrix} 1 &&&&&&&&&& \\ & \ddots &&&&&& \mathbf{0} &&& \\ && 1 &&&&&&&& \\ &&& 0 & \cdots & \cdots & \cdots & 1 &&& \\ &&& \vdots & 1 &&& \vdots &&& \\ &&& \vdots && \ddots && \vdots &&& \\ &&& \vdots &&& 1 & \vdots &&& \\ &&& 1 & \cdots & \cdots & \cdots & 0 &&& \\ &&&&&&&& 1 && \\ & \mathbf{0} &&&&&&&& \ddots & \\ &&&&&&&&&& 1 \end{bmatrix}=E$

よって，基本行列 P_{ij} は正則である。 ■

補足 基本行列 P_{ij} に基本行列 P_{ij} を左から掛けると，基本行列 P_{ij} の i 行目と j 行目が入れ替わり，単位行列 E となる。
また，基本行列 P_{ij} に基本行列 P_{ij} を右から掛けると，基本行列 P_{ij} の i 列目と j 列目が入れ替わり，単位行列 E となる。

[2] $c \neq 0$ に対し

$$P_i(c)\,P_i\left(\frac{1}{c}\right)=\begin{bmatrix} 1 &&&&&& \\ & \ddots &&& \mathbf{0} && \\ && 1 &&&& \\ &&& c &&& \\ &&&& 1 && \\ & \mathbf{0} &&&& \ddots & \\ &&&&&& 1 \end{bmatrix}\begin{bmatrix} 1 &&&&&& \\ & \ddots &&& \mathbf{0} && \\ && 1 &&&& \\ &&& \frac{1}{c} &&& \\ &&&& 1 && \\ & \mathbf{0} &&&& \ddots & \\ &&&&&& 1 \end{bmatrix}=E$$

$$P_i\left(\frac{1}{c}\right)P_i(c)=\begin{bmatrix} 1 &&&&&& \\ & \ddots &&& \mathbf{0} && \\ && 1 &&&& \\ &&& \frac{1}{c} &&& \\ &&&& 1 && \\ & \mathbf{0} &&&& \ddots & \\ &&&&&& 1 \end{bmatrix}\begin{bmatrix} 1 &&&&&& \\ & \ddots &&& \mathbf{0} && \\ && 1 &&&& \\ &&& c &&& \\ &&&& 1 && \\ & \mathbf{0} &&&& \ddots & \\ &&&&&& 1 \end{bmatrix}=E$$

よって，基本行列 $P_i(c)$ は正則である。 ■

補足 基本行列 $P_i\left(\frac{1}{c}\right)$ に基本行列 $P_i(c)$ を左から掛けると，基本行列 $P_i\left(\frac{1}{c}\right)$ の i 行目は 1 となり単位行列 E となる。また，基本行列 $P_i\left(\frac{1}{c}\right)$ に基本行列 $P_i(c)$ を右から掛けると，基本行列 $P_i\left(\frac{1}{c}\right)$ の i 列目は 1 となり単位行列 E となる。

基本 例題 046　i 行が 0，j 列が 0 の行列が正則でない証明　★☆☆

(1)　n を自然数とし，i を $1 \leqq i \leqq n$ である自然数とする。n 次正方行列 A の i 行目の成分が，すべて 0 ならば，A は正則ではないことを示せ。

(2)　n を自然数とし，j を $1 \leqq j \leqq n$ である自然数とする。n 次正方行列 A の j 列目の成分が，すべて 0 ならば，A は正則ではないことを示せ。

指針　任意の n 次正方行列 B に対し，(1) は積 AB を，(2) は積 BA を考え，それぞれ積が n 次の単位行列 E にならないことを示す。

CHART　**正方行列 A が**
正則でない $\Longleftrightarrow$ $AB=BA=E$ となる B がない

解答　B を任意の n 次正方行列，E を n 次の単位行列とし，$A=[a_{pq}]$，$B=[b_{pq}]$，$AB=[c_{pq}]$，$BA=[d_{pq}]$ で表す。ただし，p，q は n 以下の自然数すべてを表す。

(1)　$B=[b_{pq}]$ に対し，行列 $A=[a_{pq}]$ の i 行目の成分がすべて 0，すなわち

$$a_{i1}=a_{i2}=\cdots\cdots=a_{in}=0$$

であるならば，積 $AB=[c_{pq}]$ の i 行目の成分

$$c_{i1}=\sum_{k=1}^{n} a_{ik}b_{k1},\quad c_{i2}=\sum_{k=1}^{n} a_{ik}b_{k2},\quad \cdots\cdots,\quad c_{in}=\sum_{k=1}^{n} a_{ik}b_{kn}$$

はすべて 0 になり，特に $(i,\ i)$ 成分 c_{ii} は 0 である。

よって，$AB=E$ となる n 次正方行列 B は存在しないから，行列 A は正則ではない。■

(2)　$B=[b_{pq}]$ に対し，行列 $A=[a_{pq}]$ の j 列目の成分がすべて 0，すなわち

$$a_{1j}=a_{2j}=\cdots\cdots=a_{nj}=0$$

であるならば，積 $BA=[d_{pq}]$ の j 列目の成分

$$d_{1j}=\sum_{k=1}^{n} b_{1k}a_{kj},\quad d_{2j}=\sum_{k=1}^{n} b_{2k}a_{kj},\quad \cdots\cdots,\quad d_{nj}=\sum_{k=1}^{n} b_{nk}a_{kj}$$

はすべて 0 になり，特に $(j,\ j)$ 成分 d_{jj} は 0 である。

よって，$BA=E$ となる n 次正方行列 B は存在しないから，行列 A は正則ではない。■

基本 例題 047 行基本変形と行ベクトルの関係 ① ★★☆

$\boldsymbol{a}_i$ $(i=1,\ 2,\ \cdots\cdots,\ m)$ を行ベクトルとする $m\times n$ 行列 A を行基本変形して，行列 B が得られたとする。
このとき，B の行ベクトルは，$(c_1,\ c_2,\ \cdots\cdots,\ c_m)\neq(0,\ 0,\ \cdots\cdots,\ 0)$ である定数 c_1, c_2, ……, c_m によって，$c_1\boldsymbol{a}_1+c_2\boldsymbol{a}_2+\cdots\cdots+c_m\boldsymbol{a}_m$ の形に書けることを示せ。

指針 条件から $B=PA$ となる m 次の正則行列 P が存在することに着目。行列 A の行基本変形により，行列 B の行ベクトルがどのようになるかを考える。正則行列ならば，どの行に対しても行の成分がすべて 0 になることはないことに注意する。

解答 行基本変形により，行列 A が行列 B に変形されることから，
ある m 次正則行列 P が存在して $B=PA$ となる。

よって，$B=\begin{bmatrix}\boldsymbol{b}_1\\ \boldsymbol{b}_2\\ \vdots\\ \boldsymbol{b}_m\end{bmatrix}$，$P=[p_{ij}]$ とすると，

$(c_1,\ c_2,\ \cdots\cdots,\ c_m)=(p_{i1},\ p_{i2},\ \cdots\cdots,\ p_{im})$ として，

$\boldsymbol{b}_i=\sum_{k=1}^{m}c_k\boldsymbol{a}_k$ と表される。

ここで，$\boldsymbol{a}_k=[\,a_{k1}\quad a_{k2}\quad\cdots\quad a_{kn}\,]$ である。
また，$[\,p_{i1}\quad p_{i2}\quad\cdots\quad p_{im}\,]$ は行列 P の i 行目の行ベクトルであり，行列 P は正則であるから，

$$(p_{i1},\ p_{i2},\ \cdots\cdots,\ p_{im})\neq(0,\ 0,\ \cdots\cdots,\ 0)$$

◀基本例題 046 (1) より。

となり，条件を満たす。
よって，題意は示された。 ■

基本 例題 048　i 行$=j$ 行，i 列$=j$ 列の行列が正則でない証明　★★☆

(1)　n を自然数とし，i，j を $1 \leqq i \leqq n$，$1 \leqq j \leqq n$ である自然数とする。n 次正方行列 A の i 行目と j 行目が一致するならば，A は正則ではないことを示せ。

(2)　n を自然数とし，i，j を $1 \leqq i \leqq n$，$1 \leqq j \leqq n$ である自然数とする。n 次正方行列 A の i 列目と j 列目が一致するならば，A は正則ではないことを示せ。

指針　(1)　基本例題 046 を利用して，背理法で示す。また，正則行列の積はまた正則行列であること，基本行列は正則であることも利用する（21 ページ，76 ページを参照）。

(2)　(1) と同様に $AP_{ij}(-1)$ が正則でないことから示してもよいが，ここでは，(1) を利用し，A の転置行列を用いて，背理法で示す。

CHART　直接がだめなら間接で　背理法

解答　(1)　行列 A の i 行目と j 行目が一致するならば，$P_{ij}(-1)A$ の i 行目の成分はすべて 0 になる。

よって，$P_{ij}(-1)A$ は正則ではない。

◀基本例題 046 より。

ここで，行列 A が正則であると仮定する。

◀ここから背理法。

基本行列 $P_{ij}(-1)$ は正則であり，正則行列の積は正則行列であるから，$P_{ij}(-1)A$ は正則となり，$P_{ij}(-1)A$ が正則でないことに矛盾する。

◀76 ページ，21 ページ参照。

ゆえに，行列 A は正則ではない。■

(2)　仮定を満たす行列 A について，その転置行列 ${}^tA$ は i 行目と j 行目が一致する。

よって，(1) により，${}^tA$ は正則ではない。

ここで，行列 A が正則行列であると仮定すると，逆行列 A^{-1} が存在して，$AA^{-1}=E$，$A^{-1}A=E$ となる。

◀ここから背理法。

ここで　　${}^t(AA^{-1})={}^t(A^{-1}){}^tA$

　　　　　${}^t(A^{-1}A)={}^tA{}^t(A^{-1})$

◀基本例題 012 より。

よって　　${}^t(A^{-1}){}^tA=E$，${}^tA{}^t(A^{-1})=E$

ゆえに，${}^t(A^{-1})$ は ${}^tA$ の逆行列であり，${}^tA$ が正則でないことに矛盾する。

したがって，行列 A は正則ではない。■

検討　正則な行列の転置行列は正則であることから，上の例題の (1) と (2) の事実は，行列の転置を用いることにより同値であることがわかる。

◈正則行列の構造

基本行列の正則性を用いて，正則行列の構造についての定理の証明を行う。

定理　正則行列の構造

A を n 次正方行列とするとき，次の条件は同値である。

(a) 行列 A は正則行列である。

(b) $\mathrm{rank}\,A=n$

(c) 行列 A は有限個の基本行列の積に等しい。

証明 (a) ⟹ (b) を証明する。

対偶を証明するために，$\mathrm{rank}\,A\neq n$ として，行列 A が正則でないことを証明する。

A を $m\times n$ 行列とするとき，$\mathrm{rank}\,A\leqq\min\{m,\ n\}$ より　　$\mathrm{rank}\,A<n$

これは，行列 A を簡約階段化して簡約階段形行列 B を得たとき，行列 B の階段の段数が $n-1$ 以下であることを意味している。特に行列 B の n 行目の成分は，すべて 0 である。

ここで，76 ページの基本行列の正則性の定理より，基本行列は正則であり，正則行列の積はまた正則であるから，ある n 次正則行列 P が存在して $PA=B$ となる。行列 A が正則ならば，行列 B も正則であるが，行列 B の n 行目の成分はすべて 0 であるから，これは矛盾である。

よって，行列 A は正則ではない。

(b) ⟹ (c) を証明する。

基本例題 040 で扱った定理より，任意の行列 A に対し，ある基本行列 Q_1，Q_2，……，Q_s が存在し，$P=Q_1Q_2\cdots\cdots Q_s$ として PA は簡約階段形となる。ここで，$B=PA$ とする。$\mathrm{rank}\,A=n$ であるから，行列 B の階段の段数は n である。ところが，行列 B は n 次正方行列であるから，これは行列 B が単位行列 E に等しいことを意味している。

よって，$PA=E$ であるから　　$A=P^{-1}=Q_s{}^{-1}\cdots\cdots Q_2{}^{-1}Q_1{}^{-1}$

ここで，各 $Q_i{}^{-1}$ $(i=1,\ 2,\ \cdots\cdots,\ s)$ は，基本行列 Q_i の逆行列であるから，また基本行列である（76 ページの基本行列の正則性の定理より）。よって，行列 A は有限個の基本行列の積である。

最後に (c) ⟹ (a) を証明する。

行列 A が有限個の基本行列の積であるとする。76 ページの基本行列の正則性の定理より基本行列は正則であり，正則行列の積は正則であるから，行列 A は正則である。

以上で，定理は証明された。 ■

3 逆　行　列

◈逆行列を求めるためのアルゴリズム 1

詳しくは，「数研講座シリーズ　大学教養　線形代数」の 88 ページを参照。以下は，その要約である。

基本操作と基本行列との関係から，正則行列の構造が導かれたが，この議論を更に深めることで，正則行列の逆行列を計算するための，一般的なアルゴリズムが導かれる。

81 ページの定理より，任意の正則行列 A は

$$A=Q_1Q_2 \cdots\cdots\ Q_s \quad \cdots\cdots (*)$$

の形になる。ここで，各 Q_k $(k=1,\ 2,\ \cdots\cdots,\ s)$ は基本行列，すなわち，P_{ij}，$P_i(c)$，$P_{ij}(a)$ のいずれかの形をしている行列であるとする。

上の $(*)$ の右辺に単位行列 E を補って，$A=Q_1Q_2 \cdots\cdots\ Q_sE$ とすると，これは次のことを表している。

- **行列 A は，単位行列 E に，基本行列 Q_s に対応する基本操作を行い，その結果に基本行列 Q_{s-1} に対応する基本操作を行い，以下これを繰り返して，基本行列 Q_1 に対応する基本操作までを行うことで得られる行列である。**

また，$(*)$ より　　$A^{-1}=Q_s{}^{-1} \cdots\cdots\ Q_2{}^{-1}Q_1{}^{-1} \quad \cdots\cdots (**)$

76 ページの定理より，基本行列の逆行列もまた基本行列である。また，その逆行列は，もとの基本行列に対応する基本操作の逆操作に対応している。よって，$(**)$ は，(上と同様に，右辺に単位行列 E を補って考えることで) 次のことを表している。

- **A^{-1} は，単位行列 E に，基本行列 Q_1 に対応する基本操作の逆操作を行い，その結果に基本行列 Q_2 に対応する基本操作の逆操作を行い，以下これを繰り返して，基本行列 Q_s に対応する基本操作の逆操作までを行うことで得られる行列である。**

以上より，次のことがわかる。

- **任意の正則行列 A について，行列 A を単位行列 E から行基本変形によって構成する手順の逆の手順を，単位行列 E から行うと，行列 A の逆行列 A^{-1} が得られる。**

基本 例題 049 逆行列を基本行列の積で表す ★☆☆

次の行列について，その逆行列を基本行列の積の形で表せ。

(1) $P_1(2)P_{12}$　　(2) $P_{12}(-3)P_{23}(2)$　　(3) $P_{12}P_2(3)P_{23}(-1)$

指針 76 ページの基本行列の正則性の定理 $\left[P_{ij}{}^{-1}=P_{ij},\ \{P_i(c)\}^{-1}=P_i\left(\dfrac{1}{c}\right),\ \{P_{ij}(a)\}^{-1}=P_{ij}(-a)\right]$ と基本例題 017 で扱った逆行列の性質 $[(AB)^{-1}=B^{-1}A^{-1}]$ を利用する。また，逆行列と基本行列の関係については，前ページの (＊＊) も参照するとよい。

解答 (1) $P_{12}{}^{-1}=P_{12}$，$\{P_1(2)\}^{-1}=P_1\left(\dfrac{1}{2}\right)$ であるから

$$\boldsymbol{\{P_1(2)P_{12}\}^{-1}}=P_{12}{}^{-1}\{P_1(2)\}^{-1}=\boldsymbol{P_{12}P_1\left(\frac{1}{2}\right)}$$

(2) $\{P_{12}(-3)\}^{-1}=P_{12}(3)$，$\{P_{23}(2)\}^{-1}=P_{23}(-2)$ であるから

$$\boldsymbol{\{P_{12}(-3)P_{23}(2)\}^{-1}}=\{P_{23}(2)\}^{-1}\{P_{12}(-3)\}^{-1}=\boldsymbol{P_{23}(-2)P_{12}(3)}$$

(3) $P_{12}{}^{-1}=P_{12}$，$\{P_2(3)\}^{-1}=P_2\left(\dfrac{1}{3}\right)$，$\{P_{23}(-1)\}^{-1}=P_{23}(1)$ であるから

$$\boldsymbol{\{P_{12}P_2(3)P_{23}(-1)\}^{-1}}=\{P_{23}(-1)\}^{-1}\{P_2(3)\}^{-1}P_{12}{}^{-1}=\boldsymbol{P_{23}(1)P_2\left(\frac{1}{3}\right)P_{12}}$$

◈逆行列を求めるためのアルゴリズム 2

詳しくは「数研講座シリーズ　大学教養　線形代数」の 89～91 ページを参照。以下は，その要約である。

単位行列 E から行列 A を作る行基本変形を逆にすれば，単位行列 E から行列 A の逆行列 A^{-1} を作ることができる。単位行列 E から行列 A を作る行基本変形の逆とは，行列 A から単位行列 E を作る行基本変形である。

よって，次のことが成り立つ (右の図を参照)。

$$\begin{array}{ccc} A & \xrightarrow{\text{行基本変形}} & E \\ & \| & \\ E & \longrightarrow & A^{-1} \end{array}$$

図　逆行列の作り方

- **任意の正則行列 A について，行列 A から単位行列 E を作る行基本変形を，単位行列 E に施すと，行列 A の逆行列 A^{-1} が得られる。**

この原理に従って逆行列を求めるには，次のようなやり方が便利である。

例えば，行列 $A=\begin{bmatrix} 1 & 0 & 1 \\ -2 & 1 & 0 \\ 2 & -1 & 1 \end{bmatrix}$ の逆行列を求めてみよう。

そのために，次のように，行列 A と単位行列 E を横に並べて 3×6 行列を作る。

$$[\,A \mid E\,]=\left[\begin{array}{ccc|ccc} 1 & 0 & 1 & 1 & 0 & 0 \\ -2 & 1 & 0 & 0 & 1 & 0 \\ 2 & -1 & 1 & 0 & 0 & 1 \end{array}\right]$$

この行列に対して行基本変形を行い，左ブロックを簡約階段化する。行列 A が正則ならば，その簡約階段形は単位行列になるから，左ブロックは単位行列になる。このとき，右の 3×3 ブロックに残っているのが，求める行列 A の逆行列 A^{-1} になっている。

実際，下の図の左右に示されているように，各段階での基本操作に対応して，基本行列が左から掛けられる。最初の基本操作 ①×2+② によって，$[\,A \mid E\,]$ は

$$[\,P_{21}(2)A \mid P_{21}(2)\,]$$

となり，次の基本操作 ①×(−2)+③ によって

$$[\,P_{31}(-2)P_{21}(2)A \mid P_{31}(-2)P_{21}(2)\,]$$

となる。

左ブロック		**右ブロック**
A	$\left[\begin{array}{ccc\|ccc} 1 & 0 & 1 & 1 & 0 & 0 \\ -2 & 1 & 0 & 0 & 1 & 0 \\ 2 & -1 & 1 & 0 & 0 & 1 \end{array}\right]$	E
	↓①×2+②	
$P_{21}(2)A$	$\left[\begin{array}{ccc\|ccc} 1 & 0 & 1 & 1 & 0 & 0 \\ 0 & 1 & 2 & 2 & 1 & 0 \\ 2 & -1 & 1 & 0 & 0 & 1 \end{array}\right]$	$P_{21}(2)$
	↓①×(−2)+③	
$P_{31}(-2)P_{21}(2)A$	$\left[\begin{array}{ccc\|ccc} 1 & 0 & 1 & 1 & 0 & 0 \\ 0 & 1 & 2 & 2 & 1 & 0 \\ 0 & -1 & -1 & -2 & 0 & 1 \end{array}\right]$	$P_{31}(-2)P_{21}(2)$
	↓②×1+③	
$P_{32}(1)P_{31}(-2)P_{21}(2)A$	$\left[\begin{array}{ccc\|ccc} 1 & 0 & 1 & 1 & 0 & 0 \\ 0 & 1 & 2 & 2 & 1 & 0 \\ 0 & 0 & 1 & 0 & 1 & 1 \end{array}\right]$	$P_{32}(1)P_{31}(-2)P_{21}(2)$
	↓③×(−1)+①	
$P_{13}(-1)P_{32}(1)P_{31}(-2)P_{21}(2)A$	$\left[\begin{array}{ccc\|ccc} 1 & 0 & 0 & 1 & -1 & -1 \\ 0 & 1 & 2 & 2 & 1 & 0 \\ 0 & 0 & 1 & 0 & 1 & 1 \end{array}\right]$	$P_{13}(-1)P_{32}(1)P_{31}(-2)P_{21}(2)$
	↓③×(−2)+②	
$P_{23}(-2)P_{13}(-1)P_{32}(1)$ $P_{31}(-2)P_{21}(2)A=E$	$\left[\begin{array}{ccc\|ccc} 1 & 0 & 0 & 1 & -1 & -1 \\ 0 & 1 & 0 & 2 & -1 & -2 \\ 0 & 0 & 1 & 0 & 1 & 1 \end{array}\right]$	$P_{23}(-2)P_{13}(-1)P_{32}(1)$ $P_{31}(-2)P_{21}(2)=A^{-1}$

このようにして，最後には

$$[\,P_{23}(-2)P_{13}(-1)P_{32}(1)P_{31}(-2)P_{21}(2)A \mid P_{23}(-2)P_{13}(-1)P_{32}(1)P_{31}(-2)P_{21}(2)\,] \quad \cdots\cdots (*)$$

となるが，この左の 3×3 ブロックは単位行列 E であるから

$$P_{23}(-2)P_{13}(-1)P_{32}(1)P_{31}(-2)P_{21}(2)A=E$$

これに右から A^{-1} を掛けると，次のようになる。

$$P_{23}(-2)P_{13}(-1)P_{32}(1)P_{31}(-2)P_{21}(2)=A^{-1}$$

この左辺が，(∗) の右の 3×3 ブロックに他ならない。

よって，上の最後の行列の右の 3×3 ブロックである $\begin{bmatrix} \mathbf{1} & \mathbf{-1} & \mathbf{-1} \\ \mathbf{2} & \mathbf{-1} & \mathbf{-2} \\ \mathbf{0} & \mathbf{1} & \mathbf{1} \end{bmatrix}$ が求める逆行列 A^{-1} である。

基本 例題 050 逆行列であることの確認 ★☆☆

前ページで出てきた行列 $\begin{bmatrix} 1 & -1 & -1 \\ 2 & -1 & -2 \\ 0 & 1 & 1 \end{bmatrix}$ を $A=\begin{bmatrix} 1 & 0 & 1 \\ -2 & 1 & 0 \\ 2 & -1 & 1 \end{bmatrix}$ の左右に掛けて，それぞれ単位行列になることを確かめよ。

指針 行列の積を実際に計算し，単位行列になることを確かめる。ここで，i，j を 3 以下の自然数とし，行列 $A=[a_{ij}]$，$B=[b_{ij}]$，$AB=[c_{ij}]$，$BA=[d_{ij}]$ とすると，$c_{ij}=\sum_{k=1}^{3} a_{ik}b_{kj}$，$d_{ij}=\sum_{k=1}^{3} b_{ik}a_{kj}$ となる。

解答

$$\begin{bmatrix} 1 & -1 & -1 \\ 2 & -1 & -2 \\ 0 & 1 & 1 \end{bmatrix}\begin{bmatrix} 1 & 0 & 1 \\ -2 & 1 & 0 \\ 2 & -1 & 1 \end{bmatrix}$$

$$=\begin{bmatrix} 1\cdot1+(-1)\cdot(-2)+(-1)\cdot2 & 1\cdot0+(-1)\cdot1+(-1)\cdot(-1) & 1\cdot1+(-1)\cdot0+(-1)\cdot1 \\ 2\cdot1+(-1)\cdot(-2)+(-2)\cdot2 & 2\cdot0+(-1)\cdot1+(-2)\cdot(-1) & 2\cdot1+(-1)\cdot0+(-2)\cdot1 \\ 0\cdot1+1\cdot(-2)+1\cdot2 & 0\cdot0+1\cdot1+1\cdot(-1) & 0\cdot1+1\cdot0+1\cdot1 \end{bmatrix}$$

$$=\begin{bmatrix} 1 & 0 & 0 \\ 0 & 1 & 0 \\ 0 & 0 & 1 \end{bmatrix}$$

$$\begin{bmatrix} 1 & 0 & 1 \\ -2 & 1 & 0 \\ 2 & -1 & 1 \end{bmatrix}\begin{bmatrix} 1 & -1 & -1 \\ 2 & -1 & -2 \\ 0 & 1 & 1 \end{bmatrix}$$

$$=\begin{bmatrix} 1\cdot1+0\cdot2+1\cdot0 & 1\cdot(-1)+0\cdot(-1)+1\cdot1 & 1\cdot(-1)+0\cdot(-2)+1\cdot1 \\ (-2)\cdot1+1\cdot2+0\cdot0 & (-2)\cdot(-1)+1\cdot(-1)+0\cdot1 & (-2)\cdot(-1)+1\cdot(-2)+0\cdot1 \\ 2\cdot1+(-1)\cdot2+1\cdot0 & 2\cdot(-1)+(-1)\cdot(-1)+1\cdot1 & 2\cdot(-1)+(-1)\cdot(-2)+1\cdot1 \end{bmatrix}$$

$$=\begin{bmatrix} 1 & 0 & 0 \\ 0 & 1 & 0 \\ 0 & 0 & 1 \end{bmatrix}$$

以上から，確かめられた。 ■

参考 第 1 章の 20 ページの **参考** で示した，3 次行列の逆行列の公式を使って A の逆行列を求めると，次のようになる。

公式における D の値は

$$D=1\cdot1\cdot1+(-1)\cdot(-2)\cdot1+2\cdot0\cdot0-1\cdot1\cdot2-(-1)\cdot0\cdot1-1\cdot0\cdot(-2)=1$$

よって $$A^{-1}=\frac{1}{1}\begin{bmatrix} 1\cdot1-0\cdot(-1) & 1\cdot(-1)-0\cdot1 & 0\cdot0-1\cdot1 \\ 0\cdot2-(-2)\cdot1 & 1\cdot1-1\cdot2 & 1\cdot(-2)-1\cdot0 \\ (-2)\cdot(-1)-1\cdot2 & 0\cdot2-1\cdot(-1) & 1\cdot1-0\cdot(-2) \end{bmatrix}=\begin{bmatrix} 1 & -1 & -1 \\ 2 & -1 & -2 \\ 0 & 1 & 1 \end{bmatrix}$$

基本　例題 051　3次行列の正則判定と逆行列 ①　★★☆

次の行列が正則であるかどうか調べ，正則ならば逆行列を求めよ。

(1) $\begin{bmatrix} 1 & 1 & 1 \\ 2 & 1 & 1 \\ 4 & 3 & 2 \end{bmatrix}$　　(2) $\begin{bmatrix} 1 & 1 & 1 \\ 2 & 1 & 1 \\ 3 & 2 & 2 \end{bmatrix}$　　(3) $\begin{bmatrix} 1 & 2 & 1 \\ 4 & 0 & 3 \\ 2 & -2 & 1 \end{bmatrix}$

指針　与えられた行列が正則であるかどうかは，81 ページの正則行列の構造に関する定理を用いて調べる。与えられた行列を A として，行列 $[A \mid E]$ を簡約階段化する。

CHART　**行列 A の逆行列の求め方**
行列 $[A \mid E]$ を簡約階段化する

解答　(1) $A=\begin{bmatrix} 1 & 1 & 1 \\ 2 & 1 & 1 \\ 4 & 3 & 2 \end{bmatrix}$ とする。

3×6 行列 $[A \mid E]$ を簡約階段化すると

$$\left[\begin{array}{ccc|ccc} 1 & 1 & 1 & 1 & 0 & 0 \\ 2 & 1 & 1 & 0 & 1 & 0 \\ 4 & 3 & 2 & 0 & 0 & 1 \end{array}\right]$$

①×(−2)+②
①×(−4)+③
$$\longrightarrow \left[\begin{array}{ccc|ccc} 1 & 1 & 1 & 1 & 0 & 0 \\ 0 & -1 & -1 & -2 & 1 & 0 \\ 0 & -1 & -2 & -4 & 0 & 1 \end{array}\right]$$

②×(−1)
$$\longrightarrow \left[\begin{array}{ccc|ccc} 1 & 1 & 1 & 1 & 0 & 0 \\ 0 & 1 & 1 & 2 & -1 & 0 \\ 0 & -1 & -2 & -4 & 0 & 1 \end{array}\right]$$

②×(−1)+①
②×1+③
$$\longrightarrow \left[\begin{array}{ccc|ccc} 1 & 0 & 0 & -1 & 1 & 0 \\ 0 & 1 & 1 & 2 & -1 & 0 \\ 0 & 0 & -1 & -2 & -1 & 1 \end{array}\right]$$

③×(−1)
$$\longrightarrow \left[\begin{array}{ccc|ccc} 1 & 0 & 0 & -1 & 1 & 0 \\ 0 & 1 & 1 & 2 & -1 & 0 \\ 0 & 0 & 1 & 2 & 1 & -1 \end{array}\right]$$

③×(−1)+②
$$\longrightarrow \left[\begin{array}{ccc|ccc} 1 & 0 & 0 & -1 & 1 & 0 \\ 0 & 1 & 0 & 0 & -2 & 1 \\ 0 & 0 & 1 & 2 & 1 & -1 \end{array}\right]$$

最後に得られた行列の左ブロックは行列 A の簡約階段形である。

よって，$\operatorname{rank} A=3$ であるから，行列 A は **正則である**。

◀正則行列の構造の定理より（81 ページ）。

したがって　$\boldsymbol{A^{-1}=\begin{bmatrix} -1 & 1 & 0 \\ 0 & -2 & 1 \\ 2 & 1 & -1 \end{bmatrix}}$

(2) $A=\begin{bmatrix} 1 & 1 & 1 \\ 2 & 1 & 1 \\ 3 & 2 & 2 \end{bmatrix}$ とする。

3×6 行列 $[A \mid E]$ を簡約階段化すると

$$\left[\begin{array}{ccc|ccc} 1 & 1 & 1 & 1 & 0 & 0 \\ 2 & 1 & 1 & 0 & 1 & 0 \\ 3 & 2 & 2 & 0 & 0 & 1 \end{array}\right]$$

$$\xrightarrow[\text{①}\times(-3)+\text{③}]{\text{①}\times(-2)+\text{②}}\left[\begin{array}{ccc|ccc}1&1&1&1&0&0\\0&-1&-1&-2&1&0\\0&-1&-1&-3&0&1\end{array}\right]\xrightarrow{\text{②}\times(-1)}\left[\begin{array}{ccc|ccc}1&1&1&1&0&0\\0&1&1&2&-1&0\\0&-1&-1&-3&0&1\end{array}\right]$$

$$\xrightarrow[\text{②}\times1+\text{③}]{\text{②}\times(-1)+\text{①}}\left[\begin{array}{ccc|ccc}1&0&0&-1&1&0\\0&1&1&2&-1&0\\0&0&0&-1&-1&1\end{array}\right]\xrightarrow{\text{③}\times(-1)}\left[\begin{array}{ccc|ccc}1&0&0&-1&1&0\\0&1&1&2&-1&0\\0&0&0&1&1&-1\end{array}\right]$$

$$\xrightarrow[\text{③}\times(-2)+\text{②}]{\text{③}\times1+\text{①}}\left[\begin{array}{ccc|ccc}1&0&0&0&2&-1\\0&1&1&0&-3&2\\0&0&0&1&1&-1\end{array}\right]$$

最後に得られた行列の左ブロックは行列Aの簡約階段形である。

よって，$\mathrm{rank}\,A=2$ であるから，行列Aは **正則でない。**

◀正則行列の構造の定理より (81 ページ)。

(3) $A=\begin{bmatrix}1&2&1\\4&0&3\\2&-2&1\end{bmatrix}$ とする。

3×6 行列 $[\,A\mid E\,]$ を簡約階段化すると

$$\left[\begin{array}{ccc|ccc}1&2&1&1&0&0\\4&0&3&0&1&0\\2&-2&1&0&0&1\end{array}\right]$$

$$\xrightarrow[\text{①}\times(-2)+\text{③}]{\text{①}\times(-4)+\text{②}}\left[\begin{array}{ccc|ccc}1&2&1&1&0&0\\0&-8&-1&-4&1&0\\0&-6&-1&-2&0&1\end{array}\right]\xrightarrow{\text{②}\times\left(-\frac{1}{8}\right)}\left[\begin{array}{ccc|ccc}1&2&1&1&0&0\\0&1&\frac{1}{8}&\frac{1}{2}&-\frac{1}{8}&0\\0&-6&-1&-2&0&1\end{array}\right]$$

$$\xrightarrow[\text{②}\times6+\text{③}]{\text{②}\times(-2)+\text{①}}\left[\begin{array}{ccc|ccc}1&0&\frac{3}{4}&0&\frac{1}{4}&0\\0&1&\frac{1}{8}&\frac{1}{2}&-\frac{1}{8}&0\\0&0&-\frac{1}{4}&1&-\frac{3}{4}&1\end{array}\right]\xrightarrow{\text{③}\times(-4)}\left[\begin{array}{ccc|ccc}1&0&\frac{3}{4}&0&\frac{1}{4}&0\\0&1&\frac{1}{8}&\frac{1}{2}&-\frac{1}{8}&0\\0&0&1&-4&3&-4\end{array}\right]$$

$$\xrightarrow[\text{③}\times\left(-\frac{1}{8}\right)+\text{②}]{\text{③}\times\left(-\frac{3}{4}\right)+\text{①}}\left[\begin{array}{ccc|ccc}1&0&0&3&-2&3\\0&1&0&1&-\frac{1}{2}&\frac{1}{2}\\0&0&1&-4&3&-4\end{array}\right]$$

最後に得られた行列の左ブロックは行列Aの簡約階段形である。

よって，$\mathrm{rank}\,A=3$ であるから，行列Aは **正則である。**

◀正則行列の構造の定理より (81 ページ)。

したがって　　$\boldsymbol{A^{-1}=\frac{1}{2}\begin{bmatrix}6&-4&6\\2&-1&1\\-8&6&-8\end{bmatrix}}$

第 3 章の内容チェックテスト

次の(ア)，(イ)などの問いに答えよ。また，□に当てはまる適当な式や値，用語を答えよ。

(1) 基本行列はすべて ア□ 行列で，下の [1]～[3] の 3 種類ある。以下，n，i，j は自然数とし，n は基本行列の次数で，$1 \leqq i \leqq n$，$1 \leqq j \leqq n$ であるとする。

[1] $i \neq j$ のとき，$(i,\ i)$ 成分と $(j,\ j)$ 成分が イ□，その他の ウ□ 成分が 1，$(i,\ j)$ 成分と $(j,\ i)$ 成分が エ□，そして残りの成分がすべて オ□ である基本行列 P_{ij}

[2] n 次の カ□ 行列で，その カ□ 成分は，$(i,\ i)$ 成分が 0 でない数 c で，残りがすべて キ□ である基本行列 $P_i(c)$

[3] 対角成分がすべて ク□ で，残りの成分は，$i \neq j$ のとき $(i,\ j)$ 成分が a であることを除いてすべて ケ□ である基本行列 $P_{ij}(a)$

(2) 下に示した行列 A，B，C，D のうち，基本行列は ア□ である。そのうち，(1) の P_{ij} 型は イ□，$P_i(c)$ 型は ウ□，$P_{ij}(a)$ 型は エ□ である。

$$A=\begin{bmatrix} -1 & 0 & 0 \\ 0 & 1 & 0 \\ 0 & 0 & 1 \end{bmatrix},\quad B=\begin{bmatrix} 0 & 0 & 1 \\ 0 & 2 & 0 \\ 1 & 0 & 0 \end{bmatrix},\quad C=\begin{bmatrix} 1 & 0 & 0 & 0 \\ 0 & 1 & 3 & 0 \\ 0 & 0 & 1 & 0 \\ 0 & 0 & 0 & 1 \end{bmatrix},\quad D=\begin{bmatrix} 0 & 0 & 0 & 1 & 0 \\ 0 & 1 & 0 & 0 & 0 \\ 0 & 0 & 1 & 0 & 0 \\ 1 & 0 & 0 & 0 & 0 \\ 0 & 0 & 0 & 0 & 1 \end{bmatrix}$$

(3) (1) で示した基本行列について，次の行列の積を計算をせよ。

(ア) $P_{12}\begin{bmatrix} 3 & -1 \\ 0 & 5 \end{bmatrix}$　　(イ) $P_2(-1)\begin{bmatrix} 1 & 2 & 3 \\ 4 & 5 & 6 \\ 7 & 8 & 9 \end{bmatrix}$　　(ウ) $P_{21}(2)\begin{bmatrix} a & b & c \\ p & q & r \end{bmatrix}$

(エ) $\begin{bmatrix} a & b & c \\ p & q & r \end{bmatrix}P_{21}$　　(オ) $\begin{bmatrix} 1 & 2 & 3 \\ 4 & 5 & 6 \\ 7 & 8 & 9 \end{bmatrix}P_3(2)$　　(カ) $\begin{bmatrix} 4 & 3 \\ 2 & 1 \end{bmatrix}P_{12}(3)$

(4) 次の行列を基本変形して，標準形にせよ。

(ア) $\begin{bmatrix} 5 & -3 & 1 & -2 \\ 1 & -1 & 1 & 0 \end{bmatrix}$　　(イ) $\begin{bmatrix} 2 & -1 & -1 & 1 \\ 1 & 1 & 4 & 2 \\ -1 & 1 & 2 & 0 \end{bmatrix}$　　(ウ) $\begin{bmatrix} 1 & 2 & 3 & 1 \\ 0 & 2 & 4 & -1 \\ 2 & -3 & 0 & 1 \\ -1 & 2 & 3 & -4 \end{bmatrix}$

(5) 次の行列が正則なら逆行列を求め，正則でなければ「なし」と答えよ。

(ア) $\begin{bmatrix} a & 1 \\ a+1 & -a \end{bmatrix}$ ただし，a は実数　　(イ) $\begin{bmatrix} 2 & 0 & -1 \\ 3 & -3 & -4 \\ -2 & 0 & 1 \end{bmatrix}$

(ウ) $\begin{bmatrix} 1 & -2 & 2 \\ 2 & 1 & 1 \\ 2 & 1 & -1 \end{bmatrix}$　　(エ) $\begin{bmatrix} 2 & -2 & -1 \\ -3 & 4 & 3 \\ 0 & 2 & -1 \end{bmatrix}$

重要 例題 017　行列の簡約階段化と標準形　★☆☆

次の行列の簡約階段形および標準形を求めよ。

(1) $\begin{bmatrix} 1 & 0 & 2 & -1 & 5 & -1 \\ 0 & 1 & -1 & 1 & -1 & 9 \\ 1 & 0 & 2 & 1 & 3 & 1 \\ 0 & 1 & -1 & 4 & -4 & 12 \end{bmatrix}$　　(2) $\begin{bmatrix} 1 & 1 & 4 & 1 & 2 & 4 \\ 2 & -3 & -7 & 2 & -1 & 13 \\ -1 & 2 & 5 & -1 & 1 & -7 \\ 0 & -1 & -3 & 2 & 5 & 5 \\ 3 & 0 & 3 & 2 & 0 & 13 \end{bmatrix}$

指針　簡約階段形は，基本例題 030，重要例題 008 と同様にして求める。また，標準形は基本例題 044 と同様にして求める。

解答　(1)　簡約階段化すると，**簡約階段形は**

$$\begin{bmatrix} 1 & 0 & 2 & -1 & 5 & -1 \\ 0 & 1 & -1 & 1 & -1 & 9 \\ 1 & 0 & 2 & 1 & 3 & 1 \\ 0 & 1 & -1 & 4 & -4 & 12 \end{bmatrix}$$

①×(−1)+③，②×(−1)+④ ⟶

$$\begin{bmatrix} 1 & 0 & 2 & -1 & 5 & -1 \\ 0 & 1 & -1 & 1 & -1 & 9 \\ 0 & 0 & 0 & 2 & -2 & 2 \\ 0 & 0 & 0 & 3 & -3 & 3 \end{bmatrix}$$

③×$\frac{1}{2}$ ⟶

$$\begin{bmatrix} 1 & 0 & 2 & -1 & 5 & -1 \\ 0 & 1 & -1 & 1 & -1 & 9 \\ 0 & 0 & 0 & 1 & -1 & 1 \\ 0 & 0 & 0 & 3 & -3 & 3 \end{bmatrix}$$

③×1+①，③×(−1)+②，③×(−3)+④ ⟶

$$\begin{bmatrix} \mathbf{1} & \mathbf{0} & \mathbf{2} & \mathbf{0} & \mathbf{4} & \mathbf{0} \\ \mathbf{0} & \mathbf{1} & \mathbf{-1} & \mathbf{0} & \mathbf{0} & \mathbf{8} \\ \mathbf{0} & \mathbf{0} & \mathbf{0} & \mathbf{1} & \mathbf{-1} & \mathbf{1} \\ \mathbf{0} & \mathbf{0} & \mathbf{0} & \mathbf{0} & \mathbf{0} & \mathbf{0} \end{bmatrix}$$

これを列基本変形すると，**標準形は**

$$\begin{bmatrix} 1 & 0 & 2 & 0 & 4 & 0 \\ 0 & 1 & -1 & 0 & 0 & 8 \\ 0 & 0 & 0 & 1 & -1 & 1 \\ 0 & 0 & 0 & 0 & 0 & 0 \end{bmatrix}$$

1□×(−2)+3□，1□×(−4)+5□ ⟶

$$\begin{bmatrix} 1 & 0 & 0 & 0 & 0 & 0 \\ 0 & 1 & -1 & 0 & 0 & 8 \\ 0 & 0 & 0 & 1 & -1 & 1 \\ 0 & 0 & 0 & 0 & 0 & 0 \end{bmatrix}$$

2□×1+3□，2□×(−8)+6□ ⟶

$$\begin{bmatrix} 1 & 0 & 0 & 0 & 0 & 0 \\ 0 & 1 & 0 & 0 & 0 & 0 \\ 0 & 0 & 0 & 1 & -1 & 1 \\ 0 & 0 & 0 & 0 & 0 & 0 \end{bmatrix}$$

4□×1+5□，4□×(−1)+6□ ⟶

$$\begin{bmatrix} 1 & 0 & 0 & 0 & 0 & 0 \\ 0 & 1 & 0 & 0 & 0 & 0 \\ 0 & 0 & 0 & 1 & 0 & 0 \\ 0 & 0 & 0 & 0 & 0 & 0 \end{bmatrix}$$

4□ ⟷ 3□ ⟶

$$\begin{bmatrix} \mathbf{1} & \mathbf{0} & \mathbf{0} & \mathbf{0} & \mathbf{0} & \mathbf{0} \\ \mathbf{0} & \mathbf{1} & \mathbf{0} & \mathbf{0} & \mathbf{0} & \mathbf{0} \\ \mathbf{0} & \mathbf{0} & \mathbf{1} & \mathbf{0} & \mathbf{0} & \mathbf{0} \\ \mathbf{0} & \mathbf{0} & \mathbf{0} & \mathbf{0} & \mathbf{0} & \mathbf{0} \end{bmatrix}$$

(2)　簡約階段化すると，**簡約階段形は**

$$\begin{bmatrix} 1 & 1 & 4 & 1 & 2 & 4 \\ 2 & -3 & -7 & 2 & -1 & 13 \\ -1 & 2 & 5 & -1 & 1 & -7 \\ 0 & -1 & -3 & 2 & 5 & 5 \\ 3 & 0 & 3 & 2 & 0 & 13 \end{bmatrix}$$

$$\xrightarrow{\substack{\text{①}\times(-2)+\text{②} \\ \text{①}\times 1+\text{③} \\ \text{①}\times(-3)+\text{⑤}}} \begin{bmatrix} 1 & 1 & 4 & 1 & 2 & 4 \\ 0 & -5 & -15 & 0 & -5 & 5 \\ 0 & 3 & 9 & 0 & 3 & -3 \\ 0 & -1 & -3 & 2 & 5 & 5 \\ 0 & -3 & -9 & -1 & -6 & 1 \end{bmatrix} \xrightarrow{\text{②}\times\left(-\frac{1}{5}\right)} \begin{bmatrix} 1 & 1 & 4 & 1 & 2 & 4 \\ 0 & 1 & 3 & 0 & 1 & -1 \\ 0 & 3 & 9 & 0 & 3 & -3 \\ 0 & -1 & -3 & 2 & 5 & 5 \\ 0 & -3 & -9 & -1 & -6 & 1 \end{bmatrix}$$

$$\xrightarrow{\substack{\text{②}\times(-1)+\text{①} \\ \text{②}\times(-3)+\text{③} \\ \text{②}\times 1+\text{④} \\ \text{②}\times 3+\text{⑤}}} \begin{bmatrix} 1 & 0 & 1 & 1 & 1 & 5 \\ 0 & 1 & 3 & 0 & 1 & -1 \\ 0 & 0 & 0 & 0 & 0 & 0 \\ 0 & 0 & 0 & 2 & 6 & 4 \\ 0 & 0 & 0 & -1 & -3 & -2 \end{bmatrix} \xrightarrow{\text{④}\times\frac{1}{2}} \begin{bmatrix} 1 & 0 & 1 & 1 & 1 & 5 \\ 0 & 1 & 3 & 0 & 1 & -1 \\ 0 & 0 & 0 & 0 & 0 & 0 \\ 0 & 0 & 0 & 1 & 3 & 2 \\ 0 & 0 & 0 & -1 & -3 & -2 \end{bmatrix}$$

$$\xrightarrow{\substack{\text{④}\times(-1)+\text{①} \\ \text{④}\times 1+\text{⑤}}} \begin{bmatrix} 1 & 0 & 1 & 0 & -2 & 3 \\ 0 & 1 & 3 & 0 & 1 & -1 \\ 0 & 0 & 0 & 0 & 0 & 0 \\ 0 & 0 & 0 & 1 & 3 & 2 \\ 0 & 0 & 0 & 0 & 0 & 0 \end{bmatrix} \xrightarrow{\text{④}\longleftrightarrow\text{③}} \begin{bmatrix} \mathbf{1} & \mathbf{0} & \mathbf{1} & \mathbf{0} & \mathbf{-2} & \mathbf{3} \\ \mathbf{0} & \mathbf{1} & \mathbf{3} & \mathbf{0} & \mathbf{1} & \mathbf{-1} \\ \mathbf{0} & \mathbf{0} & \mathbf{0} & \mathbf{1} & \mathbf{3} & \mathbf{2} \\ \mathbf{0} & \mathbf{0} & \mathbf{0} & \mathbf{0} & \mathbf{0} & \mathbf{0} \\ \mathbf{0} & \mathbf{0} & \mathbf{0} & \mathbf{0} & \mathbf{0} & \mathbf{0} \end{bmatrix}$$

これを列基本変形すると，**標準形は**

$$\begin{bmatrix} 1 & 0 & 1 & 0 & -2 & 3 \\ 0 & 1 & 3 & 0 & 1 & -1 \\ 0 & 0 & 0 & 1 & 3 & 2 \\ 0 & 0 & 0 & 0 & 0 & 0 \\ 0 & 0 & 0 & 0 & 0 & 0 \end{bmatrix}$$

$$\xrightarrow{\substack{\boxed{1}\times(-1)+\boxed{3} \\ \boxed{1}\times 2+\boxed{5} \\ \boxed{1}\times(-3)+\boxed{6}}} \begin{bmatrix} 1 & 0 & 0 & 0 & 0 & 0 \\ 0 & 1 & 3 & 0 & 1 & -1 \\ 0 & 0 & 0 & 1 & 3 & 2 \\ 0 & 0 & 0 & 0 & 0 & 0 \\ 0 & 0 & 0 & 0 & 0 & 0 \end{bmatrix} \xrightarrow{\substack{\boxed{2}\times(-3)+\boxed{3} \\ \boxed{2}\times(-1)+\boxed{5} \\ \boxed{2}\times 1+\boxed{6}}} \begin{bmatrix} 1 & 0 & 0 & 0 & 0 & 0 \\ 0 & 1 & 0 & 0 & 0 & 0 \\ 0 & 0 & 0 & 1 & 3 & 2 \\ 0 & 0 & 0 & 0 & 0 & 0 \\ 0 & 0 & 0 & 0 & 0 & 0 \end{bmatrix}$$

$$\xrightarrow{\substack{\boxed{4}\times(-3)+\boxed{5} \\ \boxed{4}\times(-2)+\boxed{6}}} \begin{bmatrix} 1 & 0 & 0 & 0 & 0 & 0 \\ 0 & 1 & 0 & 0 & 0 & 0 \\ 0 & 0 & 0 & 1 & 0 & 0 \\ 0 & 0 & 0 & 0 & 0 & 0 \\ 0 & 0 & 0 & 0 & 0 & 0 \end{bmatrix} \xrightarrow{\boxed{4}\longleftrightarrow\boxed{3}} \begin{bmatrix} \mathbf{1} & \mathbf{0} & \mathbf{0} & \mathbf{0} & \mathbf{0} & \mathbf{0} \\ \mathbf{0} & \mathbf{1} & \mathbf{0} & \mathbf{0} & \mathbf{0} & \mathbf{0} \\ \mathbf{0} & \mathbf{0} & \mathbf{1} & \mathbf{0} & \mathbf{0} & \mathbf{0} \\ \mathbf{0} & \mathbf{0} & \mathbf{0} & \mathbf{0} & \mathbf{0} & \mathbf{0} \\ \mathbf{0} & \mathbf{0} & \mathbf{0} & \mathbf{0} & \mathbf{0} & \mathbf{0} \end{bmatrix}$$

重要　例題018　行列 QAP が標準形になる行列 Q, P　★★☆

行列 $A=\begin{bmatrix} 1 & -1 & 2 & 1 & -1 \\ 2 & -1 & 1 & 2 & 0 \\ -1 & 1 & 2 & 3 & 1 \\ 0 & 1 & -1 & 2 & 2 \end{bmatrix}$ について，$QAP=\begin{bmatrix} 1 & 0 & 0 & 0 & 0 \\ 0 & 1 & 0 & 0 & 0 \\ 0 & 0 & 1 & 0 & 0 \\ 0 & 0 & 0 & 0 & 0 \end{bmatrix}$ となるような，4次正則行列 Q と，5次正則行列 P を求めよ。

指針　行列 A を簡約階段形に変形してから標準形に変形する。変形していく過程で，それぞれの基本操作に対応する基本行列を考える。行列 Q, P はそれらの基本行列の積として求めることができる。

解答　行列 A を簡約階段化すると，簡約階段形は

$$\begin{bmatrix} 1 & -1 & 2 & 1 & -1 \\ 2 & -1 & 1 & 2 & 0 \\ -1 & 1 & 2 & 3 & 1 \\ 0 & 1 & -1 & 2 & 2 \end{bmatrix}$$

$$\xrightarrow{①\times(-2)+②}\begin{bmatrix} 1 & -1 & 2 & 1 & -1 \\ 0 & 1 & -3 & 0 & 2 \\ -1 & 1 & 2 & 3 & 1 \\ 0 & 1 & -1 & 2 & 2 \end{bmatrix}\xrightarrow{①\times1+③}\begin{bmatrix} 1 & -1 & 2 & 1 & -1 \\ 0 & 1 & -3 & 0 & 2 \\ 0 & 0 & 4 & 4 & 0 \\ 0 & 1 & -1 & 2 & 2 \end{bmatrix}$$

$$\xrightarrow{②\times1+①}\begin{bmatrix} 1 & 0 & -1 & 1 & 1 \\ 0 & 1 & -3 & 0 & 2 \\ 0 & 0 & 4 & 4 & 0 \\ 0 & 1 & -1 & 2 & 2 \end{bmatrix}\xrightarrow{②\times(-1)+④}\begin{bmatrix} 1 & 0 & -1 & 1 & 1 \\ 0 & 1 & -3 & 0 & 2 \\ 0 & 0 & 4 & 4 & 0 \\ 0 & 0 & 2 & 2 & 0 \end{bmatrix}$$

$$\xrightarrow{③\times\frac{1}{4}}\begin{bmatrix} 1 & 0 & -1 & 1 & 1 \\ 0 & 1 & -3 & 0 & 2 \\ 0 & 0 & 1 & 1 & 0 \\ 0 & 0 & 2 & 2 & 0 \end{bmatrix}\xrightarrow{③\times1+①}\begin{bmatrix} 1 & 0 & 0 & 2 & 1 \\ 0 & 1 & -3 & 0 & 2 \\ 0 & 0 & 1 & 1 & 0 \\ 0 & 0 & 2 & 2 & 0 \end{bmatrix}$$

$$\xrightarrow{③\times3+②}\begin{bmatrix} 1 & 0 & 0 & 2 & 1 \\ 0 & 1 & 0 & 3 & 2 \\ 0 & 0 & 1 & 1 & 0 \\ 0 & 0 & 2 & 2 & 0 \end{bmatrix}\xrightarrow{③\times(-2)+④}\begin{bmatrix} 1 & 0 & 0 & 2 & 1 \\ 0 & 1 & 0 & 3 & 2 \\ 0 & 0 & 1 & 1 & 0 \\ 0 & 0 & 0 & 0 & 0 \end{bmatrix}$$

これらの基本操作は，基本行列 $P_{21}(-2)$, $P_{31}(1)$, $P_{12}(1)$, $P_{42}(-1)$, $P_3\left(\frac{1}{4}\right)$, $P_{13}(1)$, $P_{23}(3)$, $P_{43}(-2)$ をそれぞれ順に A に左から掛けることに対応しているから

$$\boldsymbol{Q}=P_{43}(-2)P_{23}(3)P_{13}(1)P_{3}\left(\frac{1}{4}\right)P_{42}(-1)P_{12}(1)P_{31}(1)P_{21}(-2)$$

$$=\frac{\mathbf{1}}{\mathbf{4}}\begin{bmatrix} \mathbf{-3} & \mathbf{4} & \mathbf{1} & \mathbf{0} \\ \mathbf{-5} & \mathbf{4} & \mathbf{3} & \mathbf{0} \\ \mathbf{1} & \mathbf{0} & \mathbf{1} & \mathbf{0} \\ \mathbf{6} & \mathbf{-4} & \mathbf{-2} & \mathbf{4} \end{bmatrix}$$

行列Aの簡約階段形を列基本変形すると，標準形は

$$\begin{bmatrix} 1 & 0 & 0 & 2 & 1 \\ 0 & 1 & 0 & 3 & 2 \\ 0 & 0 & 1 & 1 & 0 \\ 0 & 0 & 0 & 0 & 0 \end{bmatrix}$$

$$\underset{\longrightarrow}{\boxed{1}\times(-2)+\boxed{4}}\begin{bmatrix} 1 & 0 & 0 & 0 & 1 \\ 0 & 1 & 0 & 3 & 2 \\ 0 & 0 & 1 & 1 & 0 \\ 0 & 0 & 0 & 0 & 0 \end{bmatrix}\underset{\longrightarrow}{\boxed{1}\times(-1)+\boxed{5}}\begin{bmatrix} 1 & 0 & 0 & 0 & 0 \\ 0 & 1 & 0 & 3 & 2 \\ 0 & 0 & 1 & 1 & 0 \\ 0 & 0 & 0 & 0 & 0 \end{bmatrix}$$

$$\underset{\longrightarrow}{\boxed{2}\times(-3)+\boxed{4}}\begin{bmatrix} 1 & 0 & 0 & 0 & 0 \\ 0 & 1 & 0 & 0 & 2 \\ 0 & 0 & 1 & 1 & 0 \\ 0 & 0 & 0 & 0 & 0 \end{bmatrix}\underset{\longrightarrow}{\boxed{2}\times(-2)+\boxed{5}}\begin{bmatrix} 1 & 0 & 0 & 0 & 0 \\ 0 & 1 & 0 & 0 & 0 \\ 0 & 0 & 1 & 1 & 0 \\ 0 & 0 & 0 & 0 & 0 \end{bmatrix}\underset{\longrightarrow}{\boxed{3}\times(-1)+\boxed{4}}\begin{bmatrix} 1 & 0 & 0 & 0 & 0 \\ 0 & 1 & 0 & 0 & 0 \\ 0 & 0 & 1 & 0 & 0 \\ 0 & 0 & 0 & 0 & 0 \end{bmatrix}$$

これらの基本操作は，基本行列 $P_{14}(-2)$，$P_{15}(-1)$，$P_{24}(-3)$，$P_{25}(-2)$，$P_{34}(-1)$ をそれぞれ順にAに右から掛けることに対応しているから

$$\boldsymbol{P}=P_{14}(-2)P_{15}(-1)P_{24}(-3)P_{25}(-2)P_{34}(-1)=\begin{bmatrix} \mathbf{1} & \mathbf{0} & \mathbf{0} & \mathbf{-2} & \mathbf{-1} \\ \mathbf{0} & \mathbf{1} & \mathbf{0} & \mathbf{-3} & \mathbf{-2} \\ \mathbf{0} & \mathbf{0} & \mathbf{1} & \mathbf{-1} & \mathbf{0} \\ \mathbf{0} & \mathbf{0} & \mathbf{0} & \mathbf{1} & \mathbf{0} \\ \mathbf{0} & \mathbf{0} & \mathbf{0} & \mathbf{0} & \mathbf{1} \end{bmatrix}$$

重要 例題 019 行列の標準形と標準形にする行列 ★★☆

次の行列 A について，QAP が標準形になるような，正則行列 Q と P を求めよ。また，その標準形を求めよ。

(1) $A=\begin{bmatrix} 2 & 4 \\ 3 & 6 \end{bmatrix}$　　(2) $A=\begin{bmatrix} 1 & 2 & -1 & 3 \\ 2 & 4 & -3 & 5 \end{bmatrix}$　　(3) $A=\begin{bmatrix} 2 & -5 & 3 & 7 \\ 1 & -3 & 2 & 1 \\ 4 & -5 & 1 & 18 \end{bmatrix}$

指針 標準形は基本例題 044，重要例題 017 と同様にして求める。正則行列 Q，P は重要例題 018 と同様にして求める。

解答 (1) 行列 A を簡約階段化すると　$\begin{bmatrix} 2 & 4 \\ 3 & 6 \end{bmatrix} \xrightarrow{\textcircled{1}\times\frac{1}{2}} \begin{bmatrix} 1 & 2 \\ 3 & 6 \end{bmatrix} \xrightarrow{\textcircled{1}\times(-3)+\textcircled{2}} \begin{bmatrix} 1 & 2 \\ 0 & 0 \end{bmatrix}$

これらの基本操作は，基本行列 $P_1\left(\frac{1}{2}\right)$，$P_{21}(-3)$ をそれぞれ順に A に左から掛けることに対応しているから　　$\boldsymbol{Q}=P_{21}(-3)P_1\left(\frac{1}{2}\right)=\boldsymbol{\frac{1}{2}\begin{bmatrix} 1 & 0 \\ -3 & 2 \end{bmatrix}}$

行列 A の簡約階段形を列基本変形すると，**標準形は**　$\begin{bmatrix} 1 & 2 \\ 0 & 0 \end{bmatrix} \xrightarrow{\boxed{1}\times(-2)+\boxed{2}} \boldsymbol{\begin{bmatrix} 1 & 0 \\ 0 & 0 \end{bmatrix}}$

この基本操作は，基本行列 $P_{12}(-2)$ を A に右から掛けることに対応しているから

$$\boldsymbol{P}=P_{12}(-2)=\boldsymbol{\begin{bmatrix} 1 & -2 \\ 0 & 1 \end{bmatrix}}$$

(2) 行列 A を簡約階段化すると

$$\begin{bmatrix} 1 & 2 & -1 & 3 \\ 2 & 4 & -3 & 5 \end{bmatrix} \xrightarrow{\textcircled{1}\times(-2)+\textcircled{2}} \begin{bmatrix} 1 & 2 & -1 & 3 \\ 0 & 0 & -1 & -1 \end{bmatrix}$$

$$\xrightarrow{\textcircled{2}\times(-1)} \begin{bmatrix} 1 & 2 & -1 & 3 \\ 0 & 0 & 1 & 1 \end{bmatrix} \xrightarrow{\textcircled{2}\times1+\textcircled{1}} \begin{bmatrix} 1 & 2 & 0 & 4 \\ 0 & 0 & 1 & 1 \end{bmatrix}$$

これらの基本操作は，基本行列 $P_{21}(-2)$，$P_2(-1)$，$P_{12}(1)$ をそれぞれ順に A に左から掛けることに対応しているから

$$\boldsymbol{Q}=P_{12}(1)P_2(-1)P_{21}(-2)=\boldsymbol{\begin{bmatrix} 3 & -1 \\ 2 & -1 \end{bmatrix}}$$

行列 A の簡約階段形を列基本変形すると，**標準形は**

$$\begin{bmatrix} 1 & 2 & 0 & 4 \\ 0 & 0 & 1 & 1 \end{bmatrix} \xrightarrow{\boxed{1}\times(-2)+\boxed{2}} \begin{bmatrix} 1 & 0 & 0 & 4 \\ 0 & 0 & 1 & 1 \end{bmatrix} \xrightarrow{\boxed{1}\times(-4)+\boxed{4}} \begin{bmatrix} 1 & 0 & 0 & 0 \\ 0 & 0 & 1 & 1 \end{bmatrix}$$

$$\xrightarrow{\boxed{3}\times(-1)+\boxed{4}} \begin{bmatrix} 1 & 0 & 0 & 0 \\ 0 & 0 & 1 & 0 \end{bmatrix} \xrightarrow{\boxed{2}\leftrightarrow\boxed{3}} \boldsymbol{\begin{bmatrix} 1 & 0 & 0 & 0 \\ 0 & 1 & 0 & 0 \end{bmatrix}}$$

これらの基本操作は，基本行列 $P_{12}(-2)$，$P_{14}(-4)$，$P_{34}(-1)$，P_{23} をそれぞれ順に A に右から掛けることに対応しているから

$$\boldsymbol{P}=P_{12}(-2)P_{14}(-4)P_{34}(-1)P_{23}=\begin{bmatrix}\mathbf{1}&\mathbf{0}&\mathbf{-2}&\mathbf{-4}\\\mathbf{0}&\mathbf{0}&\mathbf{1}&\mathbf{0}\\\mathbf{0}&\mathbf{1}&\mathbf{0}&\mathbf{-1}\\\mathbf{0}&\mathbf{0}&\mathbf{0}&\mathbf{1}\end{bmatrix}$$

(3) 行列 A を簡約階段化すると

$$\begin{bmatrix}2&-5&3&7\\1&-3&2&1\\4&-5&1&18\end{bmatrix}\xrightarrow{\text{②}\leftrightarrow\text{①}}\begin{bmatrix}1&-3&2&1\\2&-5&3&7\\4&-5&1&18\end{bmatrix}\xrightarrow{\text{①}\times(-2)+\text{②}}\begin{bmatrix}1&-3&2&1\\0&1&-1&5\\4&-5&1&18\end{bmatrix}$$

$$\xrightarrow{\text{①}\times(-4)+\text{③}}\begin{bmatrix}1&-3&2&1\\0&1&-1&5\\0&7&-7&14\end{bmatrix}\xrightarrow{\text{②}\times 3+\text{①}}\begin{bmatrix}1&0&-1&16\\0&1&-1&5\\0&7&-7&14\end{bmatrix}$$

$$\xrightarrow{\text{②}\times(-7)+\text{③}}\begin{bmatrix}1&0&-1&16\\0&1&-1&5\\0&0&0&-21\end{bmatrix}\xrightarrow{\text{③}\times\left(-\frac{1}{21}\right)}\begin{bmatrix}1&0&-1&16\\0&1&-1&5\\0&0&0&1\end{bmatrix}$$

$$\xrightarrow{\text{③}\times(-16)+\text{①}}\begin{bmatrix}1&0&-1&0\\0&1&-1&5\\0&0&0&1\end{bmatrix}\xrightarrow{\text{③}\times(-5)+\text{②}}\begin{bmatrix}1&0&-1&0\\0&1&-1&0\\0&0&0&1\end{bmatrix}$$

これらの基本操作は，基本行列 P_{12}，$P_{21}(-2)$，$P_{31}(-4)$，$P_{12}(3)$，$P_{32}(-7)$，$P_3\left(-\frac{1}{21}\right)$，$P_{13}(-16)$，$P_{23}(-5)$ をそれぞれ順に A に左から掛けることに対応しているから $\boldsymbol{Q}=P_{23}(-5)P_{13}(-16)P_3\left(-\frac{1}{21}\right)P_{32}(-7)P_{12}(3)P_{31}(-4)P_{21}(-2)P_{12}$

$$=\frac{\mathbf{1}}{\mathbf{21}}\begin{bmatrix}\mathbf{-49}&\mathbf{55}&\mathbf{16}\\\mathbf{-14}&\mathbf{8}&\mathbf{5}\\\mathbf{7}&\mathbf{-10}&\mathbf{-1}\end{bmatrix}$$

行列 A の簡約階段形を列基本変形すると，**標準形は**

$$\begin{bmatrix}1&0&-1&0\\0&1&-1&0\\0&0&0&1\end{bmatrix}\xrightarrow{\boxed{1}\times 1+\boxed{3}}\begin{bmatrix}1&0&0&0\\0&1&-1&0\\0&0&0&1\end{bmatrix}$$

$$\xrightarrow{\boxed{2}\times 1+\boxed{3}}\begin{bmatrix}1&0&0&0\\0&1&0&0\\0&0&0&1\end{bmatrix}\xrightarrow{\boxed{4}\leftrightarrow\boxed{3}}\begin{bmatrix}\mathbf{1}&\mathbf{0}&\mathbf{0}&\mathbf{0}\\\mathbf{0}&\mathbf{1}&\mathbf{0}&\mathbf{0}\\\mathbf{0}&\mathbf{0}&\mathbf{1}&\mathbf{0}\end{bmatrix}$$

これらの基本操作は，基本行列 $P_{13}(1)$，$P_{23}(1)$，P_{43} をそれぞれ順に A に右から掛けることに対応しているから $\boldsymbol{P}=P_{13}(1)P_{23}(1)P_{43}=\begin{bmatrix}\mathbf{1}&\mathbf{0}&\mathbf{0}&\mathbf{1}\\\mathbf{0}&\mathbf{1}&\mathbf{0}&\mathbf{1}\\\mathbf{0}&\mathbf{0}&\mathbf{0}&\mathbf{1}\\\mathbf{0}&\mathbf{0}&\mathbf{1}&\mathbf{0}\end{bmatrix}$

重要 例題 020　行列を基本行列の積で表す　★★☆

次の行列を，基本行列の積の形で書け。

(1) $\begin{bmatrix} 2 & 3 \\ 3 & 4 \end{bmatrix}$　　(2) $\begin{bmatrix} 1 & 1 & -1 \\ -2 & 0 & 1 \\ 0 & 2 & 1 \end{bmatrix}$

(3) $\begin{bmatrix} 0 & 1 & 2 \\ 1 & -1 & 1 \\ 1 & 2 & 5 \end{bmatrix}$　　(4) $\begin{bmatrix} 1 & 1 & 1 & -1 \\ 1 & 1 & -1 & 1 \\ 1 & -1 & 1 & 1 \\ -1 & 1 & 1 & 1 \end{bmatrix}$

指針　それぞれ与えられた行列を標準形に変形する。「基本行列の積で書け」とあるから，下の正則行列の構造の定理と簡約階段形の定義から，**標準形はすべて単位行列になる** ことが推測できる。標準形を変形していく過程のそれぞれの基本操作に対応する基本行列を考える。更に，それらの基本行列の逆行列を考える。

定理　正則行列の構造

A を n 次正方行列とするとき，次の条件 (a)，(b)，(c) は同値である。

(a)　行列 A は正則行列である。　　(b)　$\mathrm{rank}\,A=n$

(c)　行列 A は有限個の基本行列の積に等しい。

解答　(1)　$A=\begin{bmatrix} 2 & 3 \\ 3 & 4 \end{bmatrix}$ とする。行列 A を簡約階段化して標準形にすると

$$\begin{bmatrix} 2 & 3 \\ 3 & 4 \end{bmatrix} \xrightarrow{①\times(-1)+②} \begin{bmatrix} 2 & 3 \\ 1 & 1 \end{bmatrix} \xrightarrow{②\longleftrightarrow①} \begin{bmatrix} 1 & 1 \\ 2 & 3 \end{bmatrix} \xrightarrow{①\times(-2)+②} \begin{bmatrix} 1 & 1 \\ 0 & 1 \end{bmatrix} \xrightarrow{②\times(-1)+①} \begin{bmatrix} 1 & 0 \\ 0 & 1 \end{bmatrix}$$

これらの行基本操作は，基本行列 $P_{21}(-1)$，P_{12}，$P_{21}(-2)$，$P_{12}(-1)$ をそれぞれ順に A に左から掛けることに対応しているから

$$P_{12}(-1)P_{21}(-2)P_{12}P_{21}(-1)A=E$$

よって

$$\begin{aligned} \boldsymbol{A}&=\{P_{12}(-1)P_{21}(-2)P_{12}P_{21}(-1)\}^{-1} \\ &=\{P_{21}(-1)\}^{-1}P_{12}{}^{-1}\{P_{21}(-2)\}^{-1}\{P_{12}(-1)\}^{-1} \\ &=P_{21}(1)P_{12}P_{21}(2)P_{12}(1)=\begin{bmatrix} \mathbf{1} & \mathbf{0} \\ \mathbf{1} & \mathbf{1} \end{bmatrix}\begin{bmatrix} \mathbf{0} & \mathbf{1} \\ \mathbf{1} & \mathbf{0} \end{bmatrix}\begin{bmatrix} \mathbf{1} & \mathbf{0} \\ \mathbf{2} & \mathbf{1} \end{bmatrix}\begin{bmatrix} \mathbf{1} & \mathbf{1} \\ \mathbf{0} & \mathbf{1} \end{bmatrix} \end{aligned}$$

(2)　$A=\begin{bmatrix} 1 & 1 & -1 \\ -2 & 0 & 1 \\ 0 & 2 & 1 \end{bmatrix}$ とする。行列 A を簡約階段化して標準形にすると

$$\begin{bmatrix} 1 & 1 & -1 \\ -2 & 0 & 1 \\ 0 & 2 & 1 \end{bmatrix} \xrightarrow{①\times2+②} \begin{bmatrix} 1 & 1 & -1 \\ 0 & 2 & -1 \\ 0 & 2 & 1 \end{bmatrix} \xrightarrow{②\times\frac{1}{2}} \begin{bmatrix} 1 & 1 & -1 \\ 0 & 1 & -\frac{1}{2} \\ 0 & 2 & 1 \end{bmatrix}$$

$$\xrightarrow{\text{②}\times(-1)+\text{①}}\begin{bmatrix}1&0&-\dfrac{1}{2}\\0&1&-\dfrac{1}{2}\\0&2&1\end{bmatrix}\xrightarrow{\text{②}\times(-2)+\text{③}}\begin{bmatrix}1&0&-\dfrac{1}{2}\\0&1&-\dfrac{1}{2}\\0&0&2\end{bmatrix}$$

$$\xrightarrow{\text{③}\times\frac{1}{2}}\begin{bmatrix}1&0&-\dfrac{1}{2}\\0&1&-\dfrac{1}{2}\\0&0&1\end{bmatrix}\xrightarrow{\text{③}\times\frac{1}{2}+\text{①}}\begin{bmatrix}1&0&0\\0&1&-\dfrac{1}{2}\\0&0&1\end{bmatrix}\xrightarrow{\text{③}\times\frac{1}{2}+\text{②}}\begin{bmatrix}1&0&0\\0&1&0\\0&0&1\end{bmatrix}$$

これらの行基本操作は，基本行列 $P_{21}(2)$，$P_2\left(\dfrac{1}{2}\right)$，$P_{12}(-1)$，$P_{32}(-2)$，$P_3\left(\dfrac{1}{2}\right)$，$P_{13}\left(\dfrac{1}{2}\right)$，$P_{23}\left(\dfrac{1}{2}\right)$ をそれぞれ順に A に左から掛けることに対応しているから

$$P_{23}\left(\frac{1}{2}\right)P_{13}\left(\frac{1}{2}\right)P_3\left(\frac{1}{2}\right)P_{32}(-2)P_{12}(-1)P_2\left(\frac{1}{2}\right)P_{21}(2)A=E$$

よって　$\boldsymbol{A}=\left\{P_{23}\left(\dfrac{1}{2}\right)P_{13}\left(\dfrac{1}{2}\right)P_3\left(\dfrac{1}{2}\right)P_{32}(-2)P_{12}(-1)P_2\left(\dfrac{1}{2}\right)P_{21}(2)\right\}^{-1}$

$$=\{P_{21}(2)\}^{-1}\left\{P_2\left(\frac{1}{2}\right)\right\}^{-1}\{P_{12}(-1)\}^{-1}\{P_{32}(-2)\}^{-1}\left\{P_3\left(\frac{1}{2}\right)\right\}^{-1}\left\{P_{13}\left(\frac{1}{2}\right)\right\}^{-1}\left\{P_{23}\left(\frac{1}{2}\right)\right\}^{-1}$$

$$=P_{21}(-2)P_2(2)P_{12}(1)P_{32}(2)P_3(2)P_{13}\left(-\frac{1}{2}\right)P_{23}\left(-\frac{1}{2}\right)$$

$$=\begin{bmatrix}\mathbf{1}&\mathbf{0}&\mathbf{0}\\\mathbf{-2}&\mathbf{1}&\mathbf{0}\\\mathbf{0}&\mathbf{0}&\mathbf{1}\end{bmatrix}\begin{bmatrix}\mathbf{1}&\mathbf{0}&\mathbf{0}\\\mathbf{0}&\mathbf{2}&\mathbf{0}\\\mathbf{0}&\mathbf{0}&\mathbf{1}\end{bmatrix}\begin{bmatrix}\mathbf{1}&\mathbf{1}&\mathbf{0}\\\mathbf{0}&\mathbf{1}&\mathbf{0}\\\mathbf{0}&\mathbf{0}&\mathbf{1}\end{bmatrix}\begin{bmatrix}\mathbf{1}&\mathbf{0}&\mathbf{0}\\\mathbf{0}&\mathbf{1}&\mathbf{0}\\\mathbf{0}&\mathbf{2}&\mathbf{1}\end{bmatrix}\begin{bmatrix}\mathbf{1}&\mathbf{0}&\mathbf{0}\\\mathbf{0}&\mathbf{1}&\mathbf{0}\\\mathbf{0}&\mathbf{0}&\mathbf{2}\end{bmatrix}\begin{bmatrix}\mathbf{1}&\mathbf{0}&-\dfrac{\mathbf{1}}{\mathbf{2}}\\\mathbf{0}&\mathbf{1}&\mathbf{0}\\\mathbf{0}&\mathbf{0}&\mathbf{1}\end{bmatrix}\begin{bmatrix}\mathbf{1}&\mathbf{0}&\mathbf{0}\\\mathbf{0}&\mathbf{1}&-\dfrac{\mathbf{1}}{\mathbf{2}}\\\mathbf{0}&\mathbf{0}&\mathbf{1}\end{bmatrix}$$

(3)　$A=\begin{bmatrix}0&1&2\\1&-1&1\\1&2&5\end{bmatrix}$ とする。

行列 A を簡約階段化して標準形にすると

$$\begin{bmatrix}0&1&2\\1&-1&1\\1&2&5\end{bmatrix}\xrightarrow{\text{②}\longleftrightarrow\text{①}}\begin{bmatrix}1&-1&1\\0&1&2\\1&2&5\end{bmatrix}\xrightarrow{\text{①}\times(-1)+\text{③}}\begin{bmatrix}1&-1&1\\0&1&2\\0&3&4\end{bmatrix}$$

$$\xrightarrow{\text{②}\times1+\text{①}}\begin{bmatrix}1&0&3\\0&1&2\\0&3&4\end{bmatrix}\xrightarrow{\text{②}\times(-3)+\text{③}}\begin{bmatrix}1&0&3\\0&1&2\\0&0&-2\end{bmatrix}$$

$$\xrightarrow{\text{③}\times\left(-\frac{1}{2}\right)}\begin{bmatrix}1&0&3\\0&1&2\\0&0&1\end{bmatrix}\xrightarrow{\text{③}\times(-3)+\text{①}}\begin{bmatrix}1&0&0\\0&1&2\\0&0&1\end{bmatrix}\xrightarrow{\text{③}\times(-2)+\text{②}}\begin{bmatrix}1&0&0\\0&1&0\\0&0&1\end{bmatrix}$$

これらの行基本操作は，基本行列 P_{12}，$P_{31}(-1)$，$P_{12}(1)$，$P_{32}(-3)$，$P_3\left(-\dfrac{1}{2}\right)$，$P_{13}(-3)$，$P_{23}(-2)$ をそれぞれ順にAに左から掛けることに対応しているから

$$P_{23}(-2)P_{13}(-3)P_3\left(-\frac{1}{2}\right)P_{32}(-3)P_{12}(1)P_{31}(-1)P_{12}A=E$$

よって

$$\begin{aligned}
A&=\left\{P_{23}(-2)P_{13}(-3)P_3\left(-\frac{1}{2}\right)P_{32}(-3)P_{12}(1)P_{31}(-1)P_{12}\right\}^{-1}\\
&=P_{12}{}^{-1}\{P_{31}(-1)\}^{-1}\{P_{12}(1)\}^{-1}\{P_{32}(-3)\}^{-1}\left\{P_3\left(-\frac{1}{2}\right)\right\}^{-1}\{P_{13}(-3)\}^{-1}\{P_{23}(-2)\}^{-1}\\
&=P_{12}P_{31}(1)P_{12}(-1)P_{32}(3)P_3(-2)P_{13}(3)P_{23}(2)\\
&=\begin{bmatrix}0&1&0\\1&0&0\\0&0&1\end{bmatrix}\begin{bmatrix}1&0&0\\0&1&0\\1&0&1\end{bmatrix}\begin{bmatrix}1&-1&0\\0&1&0\\0&0&1\end{bmatrix}\begin{bmatrix}1&0&0\\0&1&0\\0&3&1\end{bmatrix}\begin{bmatrix}1&0&0\\0&1&0\\0&0&-2\end{bmatrix}\begin{bmatrix}1&0&3\\0&1&0\\0&0&1\end{bmatrix}\begin{bmatrix}1&0&0\\0&1&2\\0&0&1\end{bmatrix}
\end{aligned}$$

(4)　$A=\begin{bmatrix}1&1&1&-1\\1&1&-1&1\\1&-1&1&1\\-1&1&1&1\end{bmatrix}$とする。

行列Aを簡約階段化して標準形にすると

$$\begin{bmatrix}1&1&1&-1\\1&1&-1&1\\1&-1&1&1\\-1&1&1&1\end{bmatrix}$$

$$\xrightarrow{\text{①}\times(-1)+\text{②}}\begin{bmatrix}1&1&1&-1\\0&0&-2&2\\1&-1&1&1\\-1&1&1&1\end{bmatrix}\xrightarrow{\text{①}\times(-1)+\text{③}}\begin{bmatrix}1&1&1&-1\\0&0&-2&2\\0&-2&0&2\\-1&1&1&1\end{bmatrix}$$

$$\xrightarrow{\text{①}\times1+\text{④}}\begin{bmatrix}1&1&1&-1\\0&0&-2&2\\0&-2&0&2\\0&2&2&0\end{bmatrix}\xrightarrow{\text{③}\times\left(-\frac{1}{2}\right)}\begin{bmatrix}1&1&1&-1\\0&0&-2&2\\0&1&0&-1\\0&2&2&0\end{bmatrix}$$

$$\xrightarrow{\text{③}\leftrightarrow\text{②}}\begin{bmatrix}1&1&1&-1\\0&1&0&-1\\0&0&-2&2\\0&2&2&0\end{bmatrix}\xrightarrow{\text{②}\times(-1)+\text{①}}\begin{bmatrix}1&0&1&0\\0&1&0&-1\\0&0&-2&2\\0&2&2&0\end{bmatrix}$$

$$\xrightarrow{\text{②}\times(-2)+\text{④}}\begin{bmatrix}1&0&1&0\\0&1&0&-1\\0&0&-2&2\\0&0&2&2\end{bmatrix}\xrightarrow{\text{③}\times\left(-\frac{1}{2}\right)}\begin{bmatrix}1&0&1&0\\0&1&0&-1\\0&0&1&-1\\0&0&2&2\end{bmatrix}$$

$$\xrightarrow{\text{③}\times(-1)+\text{①}}\begin{bmatrix}1&0&0&1\\0&1&0&-1\\0&0&1&-1\\0&0&2&2\end{bmatrix}\xrightarrow{\text{③}\times(-2)+\text{④}}\begin{bmatrix}1&0&0&1\\0&1&0&-1\\0&0&1&-1\\0&0&0&4\end{bmatrix}$$

$$\xrightarrow{\text{④}\times\frac{1}{4}}\begin{bmatrix}1&0&0&1\\0&1&0&-1\\0&0&1&-1\\0&0&0&1\end{bmatrix}\xrightarrow{\text{④}\times(-1)+\text{①}}\begin{bmatrix}1&0&0&0\\0&1&0&-1\\0&0&1&-1\\0&0&0&1\end{bmatrix}$$

$$\xrightarrow{\text{④}\times1+\text{②}}\begin{bmatrix}1&0&0&0\\0&1&0&0\\0&0&1&-1\\0&0&0&1\end{bmatrix}\xrightarrow{\text{④}\times1+\text{③}}\begin{bmatrix}1&0&0&0\\0&1&0&0\\0&0&1&0\\0&0&0&1\end{bmatrix}$$

これらの行基本操作は，基本行列 $P_{21}(-1)$，$P_{31}(-1)$，$P_{41}(1)$，$P_3\left(-\dfrac{1}{2}\right)$，$P_{23}$，$P_{12}(-1)$，$P_{42}(-2)$，$P_3\left(-\dfrac{1}{2}\right)$，$P_{13}(-1)$，$P_{43}(-2)$，$P_4\left(\dfrac{1}{4}\right)$，$P_{14}(-1)$，$P_{24}(1)$，$P_{34}(1)$ をそれぞれ順に A に左から掛けることに対応しているから

$$P_{34}(1)P_{24}(1)P_{14}(-1)P_4\left(\frac{1}{4}\right)P_{43}(-2)P_{13}(-1)P_3\left(-\frac{1}{2}\right)P_{42}(-2)P_{12}(-1)P_{23}P_3\left(-\frac{1}{2}\right)P_{41}(1)P_{31}(-1)P_{21}(-1)A$$
$$=E$$

よって

$$\begin{aligned}\boldsymbol{A}&=\Big\{P_{34}(1)P_{24}(1)P_{14}(-1)P_4\left(\frac{1}{4}\right)P_{43}(-2)P_{13}(-1)P_3\left(-\frac{1}{2}\right)\\&\qquad\times P_{42}(-2)P_{12}(-1)P_{23}P_3\left(-\frac{1}{2}\right)P_{41}(1)P_{31}(-1)P_{21}(-1)\Big\}^{-1}\\&=\{P_{21}(-1)\}^{-1}\{P_{31}(-1)\}^{-1}\{P_{41}(1)\}^{-1}\left\{P_3\left(-\frac{1}{2}\right)\right\}^{-1}P_{23}{}^{-1}\{P_{12}(-1)\}^{-1}\{P_{42}(-2)\}^{-1}\\&\qquad\times\left\{P_3\left(-\frac{1}{2}\right)\right\}^{-1}\{P_{13}(-1)\}^{-1}\{P_{43}(-2)\}^{-1}\left\{P_4\left(\frac{1}{4}\right)\right\}^{-1}\{P_{14}(-1)\}^{-1}\{P_{24}(1)\}^{-1}\{P_{34}(1)\}^{-1}\\&=P_{21}(1)P_{31}(1)P_{41}(-1)P_3(-2)P_{23}P_{12}(1)P_{42}(2)P_3(-2)P_{13}(1)P_{43}(2)P_4(4)P_{14}(1)P_{24}(-1)P_{34}(-1)\\&=\begin{bmatrix}1&0&0&0\\1&1&0&0\\0&0&1&0\\0&0&0&1\end{bmatrix}\begin{bmatrix}1&0&0&0\\0&1&0&0\\1&0&1&0\\0&0&0&1\end{bmatrix}\begin{bmatrix}1&0&0&0\\0&1&0&0\\0&0&1&0\\-1&0&0&1\end{bmatrix}\begin{bmatrix}1&0&0&0\\0&1&0&0\\0&0&-2&0\\0&0&0&1\end{bmatrix}\begin{bmatrix}1&0&0&0\\0&0&1&0\\0&1&0&0\\0&0&0&1\end{bmatrix}\\&\qquad\times\begin{bmatrix}1&1&0&0\\0&1&0&0\\0&0&1&0\\0&0&0&1\end{bmatrix}\begin{bmatrix}1&0&0&0\\0&1&0&0\\0&0&1&0\\0&2&0&1\end{bmatrix}\begin{bmatrix}1&0&0&0\\0&1&0&0\\0&0&-2&0\\0&0&0&1\end{bmatrix}\begin{bmatrix}1&0&1&0\\0&1&0&0\\0&0&1&0\\0&0&0&1\end{bmatrix}\begin{bmatrix}1&0&0&0\\0&1&0&0\\0&0&1&0\\0&0&2&1\end{bmatrix}\\&\qquad\times\begin{bmatrix}1&0&0&0\\0&1&0&0\\0&0&1&0\\0&0&0&4\end{bmatrix}\begin{bmatrix}1&0&0&1\\0&1&0&0\\0&0&1&0\\0&0&0&1\end{bmatrix}\begin{bmatrix}1&0&0&0\\0&1&0&-1\\0&0&1&0\\0&0&0&1\end{bmatrix}\begin{bmatrix}1&0&0&0\\0&1&0&0\\0&0&1&-1\\0&0&0&1\end{bmatrix}\end{aligned}$$

重要 例題 021　3 次行列の正則判定と逆行列 ②　★★☆

次の行列が正則かどうか調べ，正則である場合は，逆行列を求めよ。

(1) $\begin{bmatrix} -2 & -3 & 2 \\ 1 & 3 & -3 \\ 0 & 3 & -3 \end{bmatrix}$　　(2) $\begin{bmatrix} 1 & -2 & 0 \\ -2 & 1 & -2 \\ 0 & -2 & 1 \end{bmatrix}$

(3) $\begin{bmatrix} 2 & -1 & 4 \\ 1 & 3 & -1 \\ 1 & 1 & 1 \end{bmatrix}$　　(4) $\begin{bmatrix} 1 & -1 & 2 \\ -2 & 1 & -1 \\ -1 & -1 & 4 \end{bmatrix}$

指針　基本例題 051 と同様にして考える。

CHART　**行列 A の逆行列の求め方**
行列 $[\,A\mid E\,]$ を簡約階段化する

解答　(1) $A=\begin{bmatrix} -2 & -3 & 2 \\ 1 & 3 & -3 \\ 0 & 3 & -3 \end{bmatrix}$ とする。

3×6 行列 $[\,A\mid E\,]$ を簡約階段化すると

$$\left[\begin{array}{ccc|ccc} -2 & -3 & 2 & 1 & 0 & 0 \\ 1 & 3 & -3 & 0 & 1 & 0 \\ 0 & 3 & -3 & 0 & 0 & 1 \end{array}\right]$$

$$\xrightarrow{②\leftrightarrow①} \left[\begin{array}{ccc|ccc} 1 & 3 & -3 & 0 & 1 & 0 \\ -2 & -3 & 2 & 1 & 0 & 0 \\ 0 & 3 & -3 & 0 & 0 & 1 \end{array}\right] \xrightarrow{①\times 2+②} \left[\begin{array}{ccc|ccc} 1 & 3 & -3 & 0 & 1 & 0 \\ 0 & 3 & -4 & 1 & 2 & 0 \\ 0 & 3 & -3 & 0 & 0 & 1 \end{array}\right]$$

$$\xrightarrow{②\times\frac{1}{3}} \left[\begin{array}{ccc|ccc} 1 & 3 & -3 & 0 & 1 & 0 \\ 0 & 1 & -\frac{4}{3} & \frac{1}{3} & \frac{2}{3} & 0 \\ 0 & 3 & -3 & 0 & 0 & 1 \end{array}\right] \xrightarrow[②\times(-3)+③]{②\times(-3)+①} \left[\begin{array}{ccc|ccc} 1 & 0 & 1 & -1 & -1 & 0 \\ 0 & 1 & -\frac{4}{3} & \frac{1}{3} & \frac{2}{3} & 0 \\ 0 & 0 & 1 & -1 & -2 & 1 \end{array}\right]$$

$$\xrightarrow[③\times\frac{4}{3}+②]{③\times(-1)+①} \left[\begin{array}{ccc|ccc} 1 & 0 & 0 & 0 & 1 & -1 \\ 0 & 1 & 0 & -1 & -2 & \frac{4}{3} \\ 0 & 0 & 1 & -1 & -2 & 1 \end{array}\right]$$

最後に得られた行列の左ブロックは行列 A の簡約階段形である。

よって，$\operatorname{rank} A=3$ であるから，行列 A は **正則である。**

◀正則行列の構造の定理より（81 ページ）。

したがって　　$\boldsymbol{A^{-1}=\frac{1}{3}\begin{bmatrix} 0 & 3 & -3 \\ -3 & -6 & 4 \\ -3 & -6 & 3 \end{bmatrix}}$

(2)　$A=\begin{bmatrix} 1 & -2 & 0 \\ -2 & 1 & -2 \\ 0 & -2 & 1 \end{bmatrix}$ とする。

3×6 行列 $[\,A\mid E\,]$ を簡約階段化すると

$$\left[\begin{array}{ccc|ccc} 1 & -2 & 0 & 1 & 0 & 0 \\ -2 & 1 & -2 & 0 & 1 & 0 \\ 0 & -2 & 1 & 0 & 0 & 1 \end{array}\right]$$

$$\xrightarrow{①\times 2+②} \left[\begin{array}{ccc|ccc} 1 & -2 & 0 & 1 & 0 & 0 \\ 0 & -3 & -2 & 2 & 1 & 0 \\ 0 & -2 & 1 & 0 & 0 & 1 \end{array}\right] \xrightarrow{②\times\left(-\frac{1}{3}\right)} \left[\begin{array}{ccc|ccc} 1 & -2 & 0 & 1 & 0 & 0 \\ 0 & 1 & \frac{2}{3} & -\frac{2}{3} & -\frac{1}{3} & 0 \\ 0 & -2 & 1 & 0 & 0 & 1 \end{array}\right]$$

$$\xrightarrow[②\times 2+③]{②\times 2+①} \left[\begin{array}{ccc|ccc} 1 & 0 & \frac{4}{3} & -\frac{1}{3} & -\frac{2}{3} & 0 \\ 0 & 1 & \frac{2}{3} & -\frac{2}{3} & -\frac{1}{3} & 0 \\ 0 & 0 & \frac{7}{3} & -\frac{4}{3} & -\frac{2}{3} & 1 \end{array}\right] \xrightarrow{③\times\frac{3}{7}} \left[\begin{array}{ccc|ccc} 1 & 0 & \frac{4}{3} & -\frac{1}{3} & -\frac{2}{3} & 0 \\ 0 & 1 & \frac{2}{3} & -\frac{2}{3} & -\frac{1}{3} & 0 \\ 0 & 0 & 1 & -\frac{4}{7} & -\frac{2}{7} & \frac{3}{7} \end{array}\right]$$

$$\xrightarrow[③\times\left(-\frac{2}{3}\right)+②]{③\times\left(-\frac{4}{3}\right)+①} \left[\begin{array}{ccc|ccc} 1 & 0 & 0 & \frac{3}{7} & -\frac{2}{7} & -\frac{4}{7} \\ 0 & 1 & 0 & -\frac{2}{7} & -\frac{1}{7} & -\frac{2}{7} \\ 0 & 0 & 1 & -\frac{4}{7} & -\frac{2}{7} & \frac{3}{7} \end{array}\right]$$

最後に得られた行列の左ブロックは行列Aの簡約階段形である。

よって，$\operatorname{rank} A=3$ であるから，行列Aは **正則である。**

◀正則行列の構造の定理より（81ページ）。

したがって　$\boldsymbol{A^{-1}=\frac{1}{7}\begin{bmatrix} 3 & -2 & -4 \\ -2 & -1 & -2 \\ -4 & -2 & 3 \end{bmatrix}}$

(3)　$A=\begin{bmatrix} 2 & -1 & 4 \\ 1 & 3 & -1 \\ 1 & 1 & 1 \end{bmatrix}$ とする。

3×6 行列 $[\,A\mid E\,]$ を簡約階段化すると

$$\left[\begin{array}{ccc|ccc} 2 & -1 & 4 & 1 & 0 & 0 \\ 1 & 3 & -1 & 0 & 1 & 0 \\ 1 & 1 & 1 & 0 & 0 & 1 \end{array}\right]$$

$$\xrightarrow{③\leftrightarrow①} \left[\begin{array}{ccc|ccc} 1 & 1 & 1 & 0 & 0 & 1 \\ 1 & 3 & -1 & 0 & 1 & 0 \\ 2 & -1 & 4 & 1 & 0 & 0 \end{array}\right] \xrightarrow[①\times(-2)+③]{①\times(-1)+②} \left[\begin{array}{ccc|ccc} 1 & 1 & 1 & 0 & 0 & 1 \\ 0 & 2 & -2 & 0 & 1 & -1 \\ 0 & -3 & 2 & 1 & 0 & -2 \end{array}\right]$$

$$\xrightarrow{\text{②}\times\frac{1}{2}}\left[\begin{array}{ccc|ccc}1 & 1 & 1 & 0 & 0 & 1\\ 0 & 1 & -1 & 0 & \frac{1}{2} & -\frac{1}{2}\\ 0 & -3 & 2 & 1 & 0 & -2\end{array}\right]\xrightarrow[\text{②}\times3+\text{③}]{\text{②}\times(-1)+\text{①}}\left[\begin{array}{ccc|ccc}1 & 0 & 2 & 0 & -\frac{1}{2} & \frac{3}{2}\\ 0 & 1 & -1 & 0 & \frac{1}{2} & -\frac{1}{2}\\ 0 & 0 & -1 & 1 & \frac{3}{2} & -\frac{7}{2}\end{array}\right]$$

$$\xrightarrow{\text{③}\times(-1)}\left[\begin{array}{ccc|ccc}1 & 0 & 2 & 0 & -\frac{1}{2} & \frac{3}{2}\\ 0 & 1 & -1 & 0 & \frac{1}{2} & -\frac{1}{2}\\ 0 & 0 & 1 & -1 & -\frac{3}{2} & \frac{7}{2}\end{array}\right]\xrightarrow[\text{③}\times1+\text{③}]{\text{③}\times(-2)+\text{①}}\left[\begin{array}{ccc|ccc}1 & 0 & 0 & 2 & \frac{5}{2} & -\frac{11}{2}\\ 0 & 1 & 0 & -1 & -1 & 3\\ 0 & 0 & 1 & -1 & -\frac{3}{2} & \frac{7}{2}\end{array}\right]$$

最後に得られた行列の左ブロックは行列Aの簡約階段形である。

よって，$\operatorname{rank} A=3$ であるから，行列 A は **正則である。**

◀正則行列の構造の定理より (81 ページ)。

したがって　　$\boldsymbol{A^{-1}=\frac{1}{2}\begin{bmatrix}4 & 5 & -11\\ -2 & -2 & 6\\ -2 & -3 & 7\end{bmatrix}}$

(4)　$A=\begin{bmatrix}1 & -1 & 2\\ -2 & 1 & -1\\ -1 & -1 & 4\end{bmatrix}$ とする。

3×6 行列 $[\,A\mid E\,]$ を簡約階段化すると

$$\left[\begin{array}{ccc|ccc}1 & -1 & 2 & 1 & 0 & 0\\ -2 & 1 & -1 & 0 & 1 & 0\\ -1 & -1 & 4 & 0 & 0 & 1\end{array}\right]$$

$$\xrightarrow[\text{①}\times1+\text{③}]{\text{①}\times2+\text{②}}\left[\begin{array}{ccc|ccc}1 & -1 & 2 & 1 & 0 & 0\\ 0 & -1 & 3 & 2 & 1 & 0\\ 0 & -2 & 6 & 1 & 0 & 1\end{array}\right]\xrightarrow{\text{②}\times(-1)}\left[\begin{array}{ccc|ccc}1 & -1 & 2 & 1 & 0 & 0\\ 0 & 1 & -3 & -2 & -1 & 0\\ 0 & -2 & 6 & 1 & 0 & 1\end{array}\right]$$

$$\xrightarrow[\text{②}\times2+\text{③}]{\text{②}\times1+\text{①}}\left[\begin{array}{ccc|ccc}1 & 0 & -1 & -1 & -1 & 0\\ 0 & 1 & -3 & -2 & -1 & 0\\ 0 & 0 & 0 & -3 & -2 & 1\end{array}\right]\xrightarrow{\text{③}\times\left(-\frac{1}{3}\right)}\left[\begin{array}{ccc|ccc}1 & 0 & -1 & -1 & -1 & 0\\ 0 & 1 & -3 & -2 & -1 & 0\\ 0 & 0 & 0 & 1 & \frac{2}{3} & -\frac{1}{3}\end{array}\right]$$

$$\xrightarrow[\text{③}\times2+\text{②}]{\text{③}\times1+\text{①}}\left[\begin{array}{ccc|ccc}1 & 0 & -1 & 0 & -\frac{1}{3} & -\frac{1}{3}\\ 0 & 1 & -3 & 0 & \frac{1}{3} & -\frac{2}{3}\\ 0 & 0 & 0 & 1 & \frac{2}{3} & -\frac{1}{3}\end{array}\right]$$

最後に得られた行列の左ブロックは行列Aの簡約階段形である。

よって，$\operatorname{rank} A=2$ であるから，行列Aは **正則でない。**

◀正則行列の構造の定理より (81 ページ)。

重要 例題 022　4次行列の逆行列 ①　★★☆

次の行列の逆行列を求めよ。

(1) $\begin{bmatrix} 1 & 2 & 3 & 2 \\ 2 & 4 & 6 & 3 \\ 3 & 6 & 8 & 4 \\ 2 & 3 & 4 & 2 \end{bmatrix}$　　(2) $\begin{bmatrix} 1 & 0 & 0 & 0 \\ a & 1 & 0 & 0 \\ b & a & 1 & 0 \\ c & b & a & 1 \end{bmatrix}$　(a, b, c は定数)

指針 基本例題 051 と同様にして求める。

CHART　行列Aの逆行列の求め方
行列 $[\,A\mid E\,]$ を簡約階段化する

解答 (1) $\left[\begin{array}{cccc|cccc} 1 & 2 & 3 & 2 & 1 & 0 & 0 & 0 \\ 2 & 4 & 6 & 3 & 0 & 1 & 0 & 0 \\ 3 & 6 & 8 & 4 & 0 & 0 & 1 & 0 \\ 2 & 3 & 4 & 2 & 0 & 0 & 0 & 1 \end{array}\right]$ を簡約階段化すると

$$\left[\begin{array}{cccc|cccc} 1 & 2 & 3 & 2 & 1 & 0 & 0 & 0 \\ 2 & 4 & 6 & 3 & 0 & 1 & 0 & 0 \\ 3 & 6 & 8 & 4 & 0 & 0 & 1 & 0 \\ 2 & 3 & 4 & 2 & 0 & 0 & 0 & 1 \end{array}\right]$$

$$\xrightarrow{\substack{\text{①}\times(-2)+\text{②} \\ \text{①}\times(-3)+\text{③} \\ \text{①}\times(-2)+\text{④}}} \left[\begin{array}{cccc|cccc} 1 & 2 & 3 & 2 & 1 & 0 & 0 & 0 \\ 0 & 0 & 0 & -1 & -2 & 1 & 0 & 0 \\ 0 & 0 & -1 & -2 & -3 & 0 & 1 & 0 \\ 0 & -1 & -2 & -2 & -2 & 0 & 0 & 1 \end{array}\right]$$

$$\xrightarrow{\substack{\text{②}\times(-1) \\ \text{③}\times(-1) \\ \text{④}\times(-1)}} \left[\begin{array}{cccc|cccc} 1 & 2 & 3 & 2 & 1 & 0 & 0 & 0 \\ 0 & 0 & 0 & 1 & 2 & -1 & 0 & 0 \\ 0 & 0 & 1 & 2 & 3 & 0 & -1 & 0 \\ 0 & 1 & 2 & 2 & 2 & 0 & 0 & -1 \end{array}\right]$$

$$\xrightarrow{\text{④}\longleftrightarrow\text{②}} \left[\begin{array}{cccc|cccc} 1 & 2 & 3 & 2 & 1 & 0 & 0 & 0 \\ 0 & 1 & 2 & 2 & 2 & 0 & 0 & -1 \\ 0 & 0 & 1 & 2 & 3 & 0 & -1 & 0 \\ 0 & 0 & 0 & 1 & 2 & -1 & 0 & 0 \end{array}\right]$$

$$\xrightarrow{\substack{\text{④}\times(-2)+\text{①} \\ \text{④}\times(-2)+\text{②} \\ \text{④}\times(-2)+\text{③}}} \left[\begin{array}{cccc|cccc} 1 & 2 & 3 & 0 & -3 & 2 & 0 & 0 \\ 0 & 1 & 2 & 0 & -2 & 2 & 0 & -1 \\ 0 & 0 & 1 & 0 & -1 & 2 & -1 & 0 \\ 0 & 0 & 0 & 1 & 2 & -1 & 0 & 0 \end{array}\right]$$

$$\xrightarrow{\substack{③\times(-3)+①\\ ③\times(-2)+②}} \left[\begin{array}{cccc|cccc} 1 & 2 & 0 & 0 & 0 & -4 & 3 & 0 \\ 0 & 1 & 0 & 0 & 0 & -2 & 2 & -1 \\ 0 & 0 & 1 & 0 & -1 & 2 & -1 & 0 \\ 0 & 0 & 0 & 1 & 2 & -1 & 0 & 0 \end{array}\right]$$

$$\xrightarrow{②\times(-2)+①} \left[\begin{array}{cccc|cccc} 1 & 0 & 0 & 0 & 0 & 0 & -1 & 2 \\ 0 & 1 & 0 & 0 & 0 & -2 & 2 & -1 \\ 0 & 0 & 1 & 0 & -1 & 2 & -1 & 0 \\ 0 & 0 & 0 & 1 & 2 & -1 & 0 & 0 \end{array}\right]$$

よって，求める逆行列は $\begin{bmatrix} \mathbf{0} & \mathbf{0} & \mathbf{-1} & \mathbf{2} \\ \mathbf{0} & \mathbf{-2} & \mathbf{2} & \mathbf{-1} \\ \mathbf{-1} & \mathbf{2} & \mathbf{-1} & \mathbf{0} \\ \mathbf{2} & \mathbf{-1} & \mathbf{0} & \mathbf{0} \end{bmatrix}$

(2) $\left[\begin{array}{cccc|cccc} 1 & 0 & 0 & 0 & 1 & 0 & 0 & 0 \\ a & 1 & 0 & 0 & 0 & 1 & 0 & 0 \\ b & a & 1 & 0 & 0 & 0 & 1 & 0 \\ c & b & a & 1 & 0 & 0 & 0 & 1 \end{array}\right]$ を簡約階段化すると

$$\left[\begin{array}{cccc|cccc} 1 & 0 & 0 & 0 & 1 & 0 & 0 & 0 \\ a & 1 & 0 & 0 & 0 & 1 & 0 & 0 \\ b & a & 1 & 0 & 0 & 0 & 1 & 0 \\ c & b & a & 1 & 0 & 0 & 0 & 1 \end{array}\right]$$

$$\xrightarrow{\substack{①\times(-a)+②\\ ②\times(-b)+③\\ ③\times(-c)+④}} \left[\begin{array}{cccc|cccc} 1 & 0 & 0 & 0 & 1 & 0 & 0 & 0 \\ 0 & 1 & 0 & 0 & -a & 1 & 0 & 0 \\ 0 & a & 1 & 0 & -b & 0 & 1 & 0 \\ 0 & b & a & 1 & -c & 0 & 0 & 1 \end{array}\right]$$

$$\xrightarrow{\substack{②\times(-a)+③\\ ②\times(-b)+④}} \left[\begin{array}{cccc|cccc} 1 & 0 & 0 & 0 & 1 & 0 & 0 & 0 \\ 0 & 1 & 0 & 0 & -a & 1 & 0 & 0 \\ 0 & 0 & 1 & 0 & a^2-b & -a & 1 & 0 \\ 0 & 0 & a & 1 & ab-c & -b & 0 & 1 \end{array}\right]$$

$$\xrightarrow{③\times(-a)+④} \left[\begin{array}{cccc|cccc} 1 & 0 & 0 & 0 & 1 & 0 & 0 & 0 \\ 0 & 1 & 0 & 0 & -a & 1 & 0 & 0 \\ 0 & 0 & 1 & 0 & a^2-b & -a & 1 & 0 \\ 0 & 0 & 0 & 1 & -a^3+2ab-c & a^2-b & -a & 1 \end{array}\right]$$

よって，求める逆行列は $\begin{bmatrix} \mathbf{1} & \mathbf{0} & \mathbf{0} & \mathbf{0} \\ \boldsymbol{-a} & \mathbf{1} & \mathbf{0} & \mathbf{0} \\ \boldsymbol{a^2-b} & \boldsymbol{-a} & \mathbf{1} & \mathbf{0} \\ \boldsymbol{-a^3+2ab-c} & \boldsymbol{a^2-b} & \boldsymbol{-a} & \mathbf{1} \end{bmatrix}$

重要例題 023　4 次行列の逆行列 ②　★★☆

次の行列 $\begin{bmatrix} 1 & a & b & c \\ a & a^2+1 & ab & ca \\ b & ab & b^2+1 & bc \\ c & ca & bc & c^2+1 \end{bmatrix}$ の逆行列を求めよ。

指針　重要例題 022 と同様にして求める。

CHART　**行列 A の逆行列の求め方**
行列 $[\,A \mid E\,]$ を簡約階段化する

解答　$\left[\begin{array}{cccc|cccc} 1 & a & b & c & 1 & 0 & 0 & 0 \\ a & a^2+1 & ab & ca & 0 & 1 & 0 & 0 \\ b & ab & b^2+1 & bc & 0 & 0 & 1 & 0 \\ c & ca & bc & c^2+1 & 0 & 0 & 0 & 1 \end{array}\right]$ を簡約階段化すると

$$\left[\begin{array}{cccc|cccc} 1 & a & b & c & 1 & 0 & 0 & 0 \\ a & a^2+1 & ab & ca & 0 & 1 & 0 & 0 \\ b & ab & b^2+1 & bc & 0 & 0 & 1 & 0 \\ c & ca & bc & c^2+1 & 0 & 0 & 0 & 1 \end{array}\right]$$

$$\begin{array}{c} ①\times(-a)+② \\ ①\times(-b)+③ \\ ①\times(-c)+④ \\ \longrightarrow \end{array} \left[\begin{array}{cccc|cccc} 1 & a & b & c & 1 & 0 & 0 & 0 \\ 0 & 1 & 0 & 0 & -a & 1 & 0 & 0 \\ 0 & 0 & 1 & 0 & -b & 0 & 1 & 0 \\ 0 & 0 & 0 & 1 & -c & 0 & 0 & 1 \end{array}\right]$$

$$\begin{array}{c} ②\times(-a)+① \\ \longrightarrow \end{array} \left[\begin{array}{cccc|cccc} 1 & 0 & b & c & a^2+1 & -a & 0 & 0 \\ 0 & 1 & 0 & 0 & -a & 1 & 0 & 0 \\ 0 & 0 & 1 & 0 & -b & 0 & 1 & 0 \\ 0 & 0 & 0 & 1 & -c & 0 & 0 & 1 \end{array}\right]$$

$$\begin{array}{c} ③\times(-b)+① \\ \longrightarrow \end{array} \left[\begin{array}{cccc|cccc} 1 & 0 & 0 & c & a^2+b^2+1 & -a & -b & 0 \\ 0 & 1 & 0 & 0 & -a & 1 & 0 & 0 \\ 0 & 0 & 1 & 0 & -b & 0 & 1 & 0 \\ 0 & 0 & 0 & 1 & -c & 0 & 0 & 1 \end{array}\right]$$

$$\begin{array}{c} ④\times(-c)+① \\ \longrightarrow \end{array} \left[\begin{array}{cccc|cccc} 1 & 0 & 0 & 0 & a^2+b^2+c^2+1 & -a & -b & -c \\ 0 & 1 & 0 & 0 & -a & 1 & 0 & 0 \\ 0 & 0 & 1 & 0 & -b & 0 & 1 & 0 \\ 0 & 0 & 0 & 1 & -c & 0 & 0 & 1 \end{array}\right]$$

よって，求める逆行列は　$\boldsymbol{\begin{bmatrix} a^2+b^2+c^2+1 & -a & -b & -c \\ -a & 1 & 0 & 0 \\ -b & 0 & 1 & 0 \\ -c & 0 & 0 & 1 \end{bmatrix}}$

重要 例題 024 ブロック基本行列 ★★☆

$l_1+l_2+\cdots\cdots+l_k=m$ として，m 次正方行列の行と列を，それぞれ k 個に分割し，$(i,\ j)$ ブロックが $l_i\times l_j$ 行列になるようにする。

$$Q=\begin{bmatrix} Q_{11} & Q_{12} & \cdots & Q_{1j} & \cdots & Q_{1k} \\ Q_{21} & Q_{22} & \cdots & Q_{2j} & \cdots & Q_{2k} \\ \vdots & \vdots & & \vdots & & \vdots \\ Q_{i1} & Q_{i2} & \cdots & Q_{ij} & \cdots & Q_{ik} \\ \vdots & \vdots & & \vdots & & \vdots \\ Q_{k1} & Q_{k2} & \cdots & Q_{kj} & \cdots & Q_{kk} \end{bmatrix} \quad (Q_{ij}\text{ は }l_i\times l_j\text{ 行列})$$

また，$m\times n$ 行列の最初の l_1 行を第1行ブロック，次の l_2 行を第2行ブロックなどとして，その行全体を第1行ブロックから第 k 行ブロックまでの行ブロックに分解する。

$$A=\begin{bmatrix} A_1 \\ A_2 \\ \vdots \\ A_i \\ \vdots \\ A_k \end{bmatrix} \quad (A_i\text{ は }l_i\times n\text{ 行列})$$

(1)　$l_i=l_j$ のとき，$\widetilde{P}_{ij}$ を次で定義する（以下，特に何も書かれていないブロックは，すべて零行列であるとする)。

$$\widetilde{P}_{ij}=\begin{bmatrix} E_{l_1} & & & & & \\ & \ddots & & & & \\ & & O_{l_i} & \cdots & E_{l_i} & & \\ & & \vdots & & \vdots & & \\ & & E_{l_j} & \cdots & O_{l_j} & & \\ & & & & & \ddots & \\ & & & & & & E_{l_k} \end{bmatrix} \begin{array}{l} \\ \\ \leftarrow\text{第 }i\text{ 行ブロック} \\ \\ \leftarrow\text{第 }j\text{ 行ブロック} \\ \\ \\ \end{array}$$

$\widetilde{P}_{ij}$ を左から A に掛けることは，A の第 i 行ブロックと第 j 行ブロックが入れ替わることであることを示せ。

(2)　l_i 次正則行列 C に対して，$\widetilde{P}_i(C)$ を次で定義する。

$$\widetilde{P}_i(C)=\begin{bmatrix} E_{l_1} & & & & \\ & \ddots & & & \\ & & C & & \\ & & & \ddots & \\ & & & & E_{l_k}\end{bmatrix}\begin{matrix} \\ \\ \leftarrow \text{第 } i \text{ 行ブロック} \\ \\ \\ \end{matrix}$$

$\widetilde{P}_i(C)$ を左から A に掛けることは，A の第 i 行ブロック A_i に C を左から掛けて，CA_i におき換えることであることを示せ。

(3)　$l_i=l_j$ のとき，l_j 次正方行列 D に対して，$\widetilde{P}_{ij}(D)$ を次で定義する。

$$\widetilde{P}_{ij}(D)=\begin{bmatrix} E_{l_1} & & & & & & \\ & \ddots & & & & & \\ & & E_{l_i} & \cdots & D & & \\ & & & \ddots & \vdots & & \\ & & & & E_{l_j} & & \\ & & & & & \ddots & \\ & & & & & & E_{l_k}\end{bmatrix}\begin{matrix} \\ \\ \leftarrow \text{第 } i \text{ 行ブロック} \\ \\ \leftarrow \text{第 } j \text{ 行ブロック} \\ \\ \\ \end{matrix}$$

$\widetilde{P}_{ij}(D)$ を左から A に掛けることは，A の第 j 行ブロック A_j に，左から D を掛けて，第 i 行ブロックに足すことであることを示せ。

(4)　$\widetilde{P}_{ij}$，$\widetilde{P}_i(C)$，$\widetilde{P}_{ij}(D)$ の逆行列は，それぞれ，$\widetilde{P}_{ij}$，$\widetilde{P}_i(C^{-1})$，$\widetilde{P}_{ij}(-D)$ で与えられることを示せ。

(5)　$\widetilde{P}_{ij}$，$\widetilde{P}_i(C)$，$\widetilde{P}_{ij}(D)$ を，それぞれ $n\times m$ 行列 B に右から掛けることで，B はどのように変化するか答えよ。

指針　基本行列の定義については 67 ページを参照。また，問題文中で定義されたブロック行列の計算は，行列の計算と同様に行うことができる。

解答　(1)

$$\widetilde{P}_{ij}A=\begin{bmatrix} E_{l_1} & & & & & & \\ & \ddots & & & & & \\ & & O_{l_i} & \cdots & E_{l_i} & & \\ & & \vdots & & \vdots & & \\ & & E_{l_j} & \cdots & O_{l_j} & & \\ & & & & & \ddots & \\ & & & & & & E_{l_k}\end{bmatrix}\begin{bmatrix} A_1 \\ \vdots \\ A_i \\ \vdots \\ A_j \\ \vdots \\ A_k \end{bmatrix}\begin{matrix} \\ \\ \leftarrow \text{第 } i \text{ 行ブロック} \\ \\ \leftarrow \text{第 } j \text{ 行ブロック} \\ \\ \\ \end{matrix}$$

$$
=\begin{bmatrix} A_1 \\ \hdashline A_2 \\ \hdashline \vdots \\ \hdashline A_j \\ \hdashline \vdots \\ \hdashline A_i \\ \hdashline \vdots \\ \hdashline A_k \end{bmatrix}
\begin{matrix} \\ \\ \\ \leftarrow \text{第 } i \text{ 行ブロック} \\ \\ \leftarrow \text{第 } j \text{ 行ブロック} \\ \\ \\ \end{matrix}
$$

よって，題意は示された。 ■

(2)

$$
\widetilde{P}_i(C)A=\begin{bmatrix} A_1 \\ \hdashline A_2 \\ \hdashline \vdots \\ \hdashline CA_i \\ \hdashline \vdots \\ \hdashline A_k \end{bmatrix}
\begin{matrix} \\ \\ \\ \leftarrow \text{第 } i \text{ 行ブロック} \\ \\ \\ \end{matrix}
$$

よって，題意は示された。 ■

(3)

$$
\widetilde{P}_{ij}(D)A=\begin{bmatrix} A_1 \\ \hdashline A_2 \\ \hdashline \vdots \\ \hdashline A_i+DA_j \\ \hdashline \vdots \\ \hdashline A_k \end{bmatrix}
\begin{matrix} \\ \\ \\ \leftarrow \text{第 } i \text{ 行ブロック} \\ \\ \\ \end{matrix}
$$

よって，題意は示された。 ■

(4) $\widetilde{P}_{ij}{}^2=E$

$\widetilde{P}_i(C)\widetilde{P}_i(C^{-1})=E$，$\widetilde{P}_i(C^{-1})\widetilde{P}_i(C)=E$

$\widetilde{P}_{ij}(D)\widetilde{P}_{ij}(-D)=E$，$\widetilde{P}_{ij}(-D)\widetilde{P}_{ij}(D)=E$

よって，題意は示された。 ■

(5) $n\times m$ 行列 B に対し，$l_1+l_2+\cdots\cdots+l_k=m$ として，行列 B の最初の l_1 列を第 1 列ブロック，次の l_2 列を第 2 列ブロックなどとして，その列全体を第 1 列ブロックから第 k 列ブロックまでの列ブロックに分解する。

$\widetilde{P}_{ij}$ を行列 B に右から掛けることで，**行列 B の第 i 列ブロックと第 j 列ブロックが入れ替わる。**

$\widetilde{P}_i(C)$ を行列 B に右から掛けることで，**行列 B の第 i 列ブロックを B_i として B_i に C を右から掛けて，B_iC におき換わる。**

$\widetilde{P}_{ij}(D)$ を右から行列 B に掛けることで，**行列 B の第 i 列ブロックを B_i として B_i に右から D を掛けて，第 j 列ブロックに足される。**

重要 例題 025　区分けされた行列の階数 ①　★★☆

A, B を n 次正方行列とするとき, $\mathrm{rank}\begin{bmatrix} A & AB \\ O & B \end{bmatrix}=\mathrm{rank}\,A+\mathrm{rank}\,B$ を示せ。

指針 $\begin{bmatrix} A & AB \\ O & B \end{bmatrix}$ を簡約階段化する。

解答 A, B がそれぞれ n 次正則行列 P, Q により簡約階段形 PA, QB に変形されるとする。

このとき　$\begin{bmatrix} P & O \\ O & Q \end{bmatrix}\begin{bmatrix} A & AB \\ O & B \end{bmatrix}=\begin{bmatrix} PA & PAB \\ O & QB \end{bmatrix}$

PA は簡約階段形であるから, PA の $(\mathrm{rank}\,A+1)$ 行目から n 行目までの成分はすべて 0 である。

同様に, PAB の $(\mathrm{rank}\,A+1)$ 行目から n 行目までの成分はすべて 0 である。

よって, 行列 $\begin{bmatrix} PA & PAB \\ O & QB \end{bmatrix}$ の $(\mathrm{rank}\,A+1)$ 行目から n 行目までのブロックと $n+1$ 行目から $2n$ 行目までのブロックを入れ替える行基本変形と, 更に必要であれば適当な列基本変形により, 行列 $\begin{bmatrix} PA & PAB \\ O & QB \end{bmatrix}$ は標準形となる。

したがって　$\mathrm{rank}\begin{bmatrix} A & AB \\ O & B \end{bmatrix}=\mathrm{rank}\,A+\mathrm{rank}\,B$ ■

重要 例題 026　区分けされた行列の階数 ②　★★☆

A, B を n 次正方行列とするとき, 次の行列の階数を, $\mathrm{rank}\,A$, $\mathrm{rank}\,B$, $\mathrm{rank}\,BA$ などを用いて表せ。

(1) $\begin{bmatrix} A & A+B \\ O & B \end{bmatrix}$　(2) $\begin{bmatrix} E & A \\ O & B \end{bmatrix}$　(3) $\begin{bmatrix} A & E \\ O & B \end{bmatrix}$

指針 正則行列を左右から掛けて, 階数がわかる形に変形する。

解答 与えられた行列を P とおく。

(1) $\begin{bmatrix} E & -E \\ O & E \end{bmatrix}\begin{bmatrix} A & A+B \\ O & B \end{bmatrix}\begin{bmatrix} E & -E \\ O & E \end{bmatrix}=\begin{bmatrix} A & O \\ O & B \end{bmatrix}$

よって　$\mathrm{rank}\,P=\boldsymbol{\mathrm{rank}\,A+\mathrm{rank}\,B}$

(2) $\begin{bmatrix} E & A \\ O & B \end{bmatrix}\begin{bmatrix} E & -A \\ O & E \end{bmatrix}=\begin{bmatrix} E & O \\ O & B \end{bmatrix}$

よって　$\mathrm{rank}\,P=\boldsymbol{n+\mathrm{rank}\,B}$

(3) $\begin{bmatrix} E & O \\ -B & E \end{bmatrix}\begin{bmatrix} A & E \\ O & B \end{bmatrix}\begin{bmatrix} O & E \\ E & -A \end{bmatrix}=\begin{bmatrix} E & O \\ O & -BA \end{bmatrix}$

よって　$\mathrm{rank}\,P=\boldsymbol{n+\mathrm{rank}\,BA}$

重要　例題 027　行列の階数に関する不等式の証明　★★★

行列 A，B の階数に関する，次の不等式を証明せよ。

$$\mathrm{rank}\,AB \leqq \mathrm{rank}\,A,\quad \mathrm{rank}\,AB \leqq \mathrm{rank}\,B$$

指針　1 番目の不等式を証明するためには，行列 A，AB が簡約階段化されると A，AB の階数の関係がどうなるかを考える。2 番目の不等式は，1 番目の不等式を利用して，転置行列を考えることにより証明する。

行列 P，Q に対し，${}^t(PQ)={}^tQ\,{}^tP$，$\mathrm{rank}\,P=\mathrm{rank}\,{}^tP$ であることを利用。

CHART　**転置行列の性質**　$\boldsymbol{{}^t(PQ)={}^tQ\,{}^tP}$，$\boldsymbol{\mathrm{rank}\,P=\mathrm{rank}\,{}^tP}$

解答　行列 A を $m\times n$ 行列とし，$\mathrm{rank}\,A=r$ とする。

行列 A が正則行列 P により簡約階段形 PA に変形されるとすると，PA の $r+1$ 行目から m 行目までの成分はすべて 0 である。

このとき，PAB も $r+1$ 行目から m 行目までの成分はすべて 0 である。

よって，必要であれば更に PAB を行基本変形して，AB の簡約階段形を考えることにより　　$\mathrm{rank}\,AB \leqq r$

ゆえに　　$\mathrm{rank}\,AB \leqq \mathrm{rank}\,A$　■

次に，得られた不等式 $\mathrm{rank}\,AB \leqq \mathrm{rank}\,A$ において A を ${}^tB$ とし，B を ${}^tA$ とすると上で示したことから

$$\mathrm{rank}\,{}^tB\,{}^tA \leqq \mathrm{rank}\,{}^tB \quad \cdots\cdots ①$$

ここで　　${}^t(AB)={}^tB\,{}^tA$　……②

更に，正則行列 S，T に対し，SBT が行列 B の標準形であるとすると，

${}^t(SBT)={}^tT\,{}^tB\,{}^tS$ より，${}^t(SBT)$ は行列 ${}^tB$ の標準形であり，これらの対角成分に並ぶ 1 の個数は等しいから

$$\mathrm{rank}\,B=\mathrm{rank}\,{}^tB \quad \cdots\cdots ③$$

同様にして　　$\mathrm{rank}\,AB=\mathrm{rank}\,{}^t(AB)$　……④

①，②，③，④ により　　$\mathrm{rank}\,AB \leqq \mathrm{rank}\,B$　■

研究　$\mathrm{rank}\,A=\mathrm{rank}\,{}^tA$，$\mathrm{rank}\,B=\mathrm{rank}\,{}^tB$，$\mathrm{rank}\,AB=\mathrm{rank}\,{}^t(AB)$，${}^t(AB)={}^tB\,{}^tA$ であることから，不等式 $\mathrm{rank}\,AB \leqq \mathrm{rank}\,B$ は不等式 $\mathrm{rank}\,AB \leqq \mathrm{rank}\,A$ と同値である。よって，上で 1 番目の不等式を証明すれば 2 番目の不等式も証明したことになる。

重要 例題 028　行列の階数に関する等式の証明　★★★

行列 A について，次を証明せよ。

(1) 正則行列 P，Q について，$\operatorname{rank} A=\operatorname{rank} PA=\operatorname{rank} AQ$

(2) $\operatorname{rank} A=\operatorname{rank} {}^tA$

指針 (1)，(2) ともに，基本例題 044 で扱った行列の標準形の定理と，81 ページにまとめた正則行列の構造の定理を用いて示す。または，重要例題 027 を用いて示すこともできる。

解答 (1) 行列 A を $m\times n$ 行列とし，$r=\operatorname{rank} A$ とする。

このとき，ある m 次基本行列の有限個の積である行列 T と，n 次基本行列の有限個の積である行列 S が存在して，

$TAS=\begin{bmatrix} E_r & 0 \\ 0 & 0 \end{bmatrix}$ となる。

◀基本例題 044 の 指針 で扱った定理より。

ここで，E_r は r 次単位行列であり，$\begin{bmatrix} E_r & 0 \\ 0 & 0 \end{bmatrix}$ は行列 A の標準形である。

よって　$TP^{-1}(PA)S=\begin{bmatrix} E_r & 0 \\ 0 & 0 \end{bmatrix}$

正則行列 P^{-1} は有限個の基本行列の積に等しい。

◀81 ページで扱った正則行列の構造の定理より。

ゆえに，TP^{-1} も有限個の基本行列の積に等しい。

したがって　$\operatorname{rank} PA=r$

同様に　$T(AQ)Q^{-1}S=\begin{bmatrix} E_r & 0 \\ 0 & 0 \end{bmatrix}$

正則行列 Q^{-1} は有限個の基本行列の積に等しい。

ゆえに，$Q^{-1}S$ も有限個の基本行列の積に等しい。

したがって　$\operatorname{rank} AQ=r$

以上から　$\operatorname{rank} A=\operatorname{rank} PA=\operatorname{rank} AQ$ ■

(2) (1) と同様に，行列 A を $m\times n$ 行列とし，$r=\operatorname{rank} A$ とする。また，行列 A の標準形を $\begin{bmatrix} E_r & 0 \\ 0 & 0 \end{bmatrix}$ とすると，ある m 次基本行列の有限個の積である行列 T と，n 次基本行列の有限個の積である行列 S が存在して，$TAS=\begin{bmatrix} E_r & 0 \\ 0 & 0 \end{bmatrix}$ となる。

◀基本例題 044 で扱った行列の標準形の定理より。

このとき　${}^t(TAS)=\begin{bmatrix} E_r & 0 \\ 0 & 0 \end{bmatrix}$

${}^t(TAS)={}^tS\,{}^tA\,{}^tT$ であるから

$${}^tS\,{}^tA\,{}^tT=\begin{bmatrix} E_r & 0 \\ 0 & 0 \end{bmatrix}$$

${}^tS$, ${}^tT$ はともに正則行列であるから，有限個の基本行列の積に等しい。

◀81 ページで扱った正則行列の構造の定理より。

したがって　　$\mathrm{rank}\,A=\mathrm{rank}\,{}^tA$ ■

別解　(1) は，重要例題 027 を用いて次のように示すこともできる。

$$\mathrm{rank}\,PA \leqq \mathrm{rank}\,A$$

また，$A=P^{-1}PA$ であるから

$$\mathrm{rank}\,A=\mathrm{rank}\,P^{-1}(PA) \leqq \mathrm{rank}\,PA$$

よって　　$\mathrm{rank}\,A=\mathrm{rank}\,PA$

同様に　　$\mathrm{rank}\,AQ \leqq \mathrm{rank}\,A$

また，$A=AQQ^{-1}$ であるから

$$\mathrm{rank}\,A=\mathrm{rank}(AQ)Q^{-1} \leqq \mathrm{rank}\,AQ$$

よって　　$\mathrm{rank}\,A=\mathrm{rank}\,AQ$

したがって，正則行列 P, Q について

$$\mathrm{rank}\,A=\mathrm{rank}\,PA=\mathrm{rank}\,AQ$$ ■

重要 例題 029 行基本変形と行ベクトルの関係 ② ★★★

$\boldsymbol{a}_i$ ($i=1, 2, \cdots\cdots, m$) を行ベクトルとする $m\times n$ 行列Aについて，次が同値であることを示せ。

[1]　$\mathrm{rank}\,A<m$

[2]　$c_1\boldsymbol{a}_1+c_2\boldsymbol{a}_2+\cdots\cdots+c_m\boldsymbol{a}_m=\boldsymbol{0}$ かつ $(c_1, c_2, \cdots\cdots, c_m)\neq(0, 0, \cdots\cdots, 0)$ である定数 $c_1, c_2, \cdots\cdots, c_m$ が存在する。

指針 行基本変形により，行ベクトルがどのようになるかを考える。なお，証明には，基本例題 047 で証明した次の結果を利用する。
「$\boldsymbol{a}_i$ ($i=1, 2, \cdots\cdots, m$) を行ベクトルとする $m\times n$ 行列Aを行基本変形して，行列Bが得られたとする。このとき，Bの行ベクトルは，$(c_1, c_2, \cdots\cdots, c_m)\neq(0, 0, \cdots\cdots, 0)$ である定数 $c_1, c_2, \cdots\cdots, c_m$ によって，$c_1\boldsymbol{a}_1+c_2\boldsymbol{a}_2+\cdots\cdots+c_m\boldsymbol{a}_m$ の形に書ける。」

解答 [1] ⟹ [2] を示す。

行列Aの簡約階段形をBとする。

$\mathrm{rank}\,A<m$ であるから，行列Bのm行目の成分はすべて0である。

よって，行列Bのm行目の行ベクトルを $\boldsymbol{b}_m$ とすると　$\boldsymbol{b}_m=\boldsymbol{0}$

ゆえに，$c_1\boldsymbol{a}_1+c_2\boldsymbol{a}_2+\cdots\cdots+c_m\boldsymbol{a}_m=\boldsymbol{0}$ かつ　　◀基本例題 047 の結果を用いる。

$(c_1, c_2, \cdots\cdots, c_m)\neq(0, 0, \cdots\cdots, 0)$ である定数 $c_1, c_2, \cdots\cdots, c_m$ が存在する。

[2] ⟹ [1] を示す。

$c_1\boldsymbol{a}_1+c_2\boldsymbol{a}_2+\cdots\cdots+c_m\boldsymbol{a}_m=\boldsymbol{0}$ かつ $(c_1, c_2, \cdots\cdots, c_m)\neq(0, 0, \cdots\cdots, 0)$ である定数 $c_1, c_2, \cdots\cdots, c_m$ が存在するとする。

このとき，$c_l\neq0$ である l のうち，最大のものを k とする。

行列Aのk行目の行ベクトル $\boldsymbol{a}_k$ を c_k 倍し，他の行ベクトル $\boldsymbol{a}_i$ ($1\leqq i\leqq k-1$, $k+1\leqq i\leqq m$) を c_i 倍して行列Aのk行目の行ベクトルに足すという行基本操作により，行列Aのk行目の行ベクトルは $c_1\boldsymbol{a}_1+c_2\boldsymbol{a}_2+\cdots\cdots+c_m\boldsymbol{a}_m=\boldsymbol{0}$ となる。

更に，このk行目の行ベクトルとm行目の行ベクトルを入れ替えるという行基本操作により，m行目の成分がすべて0である行列に変形できる。

すなわち，$P=P_{km}P_{k1}(c_1)\cdots\cdots P_{k\,k-1}(c_{k-1})P_k(c_k)$ とすると，行列 PA のm行目の成分はすべて0になる。

これを更に行基本変形することで行列 PA は簡約階段形となるから

$$\mathrm{rank}\,A<m$$

以上から，題意は示された。 ■

第 4 章

4

行列式

1 置換

2 行列式

3 行列式の計算

4 行列式の展開

例題一覧

例題番号	レベル	例題タイトル	教科書との対応
		1 置換	
基本 052	1	置換 ①	練習 1
基本 053	1	置換の合成	練習 2
基本 054	2	置換に関する指数法則の証明	練習 3
基本 055	1	合成置換の逆置換	練習 4
基本 056	1	置換の符号	練習 5
基本 057	2	巡回置換の等式の証明	練習 6
		2 行列式	
基本 058	1	2 次行列の行列式	練習 1
基本 059	1	3 次行列の行列式	練習 2
基本 060	1	多重線形性と交代性	練習 3
基本 061	1	転置行列の行列式	練習 4
基本 062	1	置換と行列式	練習 5
		3 行列式の計算	
基本 063	1	還元定理の証明	練習 1
基本 064	1	上三角行列・下三角行列の行列式	練習 2
基本 065	1	基本変形と行列式 ①	練習 3
基本 066	1	基本変形と行列式 ②	練習 4
基本 067	1	基本変形と行列式 ③	練習 5
		4 行列式の展開	
基本 068	1	行列の小行列式	練習 1
基本 069	1	小行列式と余因子	練習 2
基本 070	1	行列式の余因子展開 ①	練習 3
基本 071	1	行列式の余因子展開 ②	練習 4
基本 072	1	行列式の余因子展開 ③	練習 5
基本 073	1	連立 1 次方程式の解法（クラメールの公式）	練習 6

例題番号	レベル	例題タイトル	教科書との対応
		第 4 章の内容チェックテスト	
		演 習 編	
重要 030	2	巡回置換の性質	章末 1
重要 031	1	置換 ②	章末 2
重要 032	1	行列式の計算 ①	章末 3
重要 033	2	行列式の計算 ②	章末 4
重要 034	2	行列式の計算 ③	章末 5
重要 035	3	行列式の計算 ④	
重要 036	2	行列式の計算 ⑤	
重要 037	2	ブロック基本行列の行列式	章末 6
重要 038	2	行列式の性質	章末 7
重要 039	1	行列式の多重線形性 ①	
重要 040	1	行列式の多重線形性 ②	
重要 041	1	還元定理の証明	章末 8
重要 042	2	ファン・デル・モンドの行列式	章末 9
重要 043	3	置換行列の性質	章末 10
重要 044	2	連立 1 次方程式の解の存在と行列式の関係	
重要 045	2	逆行列の各成分が整数となるための必要十分条件	
重要 046	3	行列の階数と小行列式	

1 置　換

◈**置換**

n を自然数とするとき，n 個の文字の **置換** とは，n 個の文字（例えば n 個の数字 1，2，……，n）を入れ替えて，これらの文字からなる順列を，他の順列におき換えることである。

例えば，「1を3に，2を5に，3を2に，4を4に，5を1に」おき換えることは，5個の文字1，2，3，4，5を（重複なく）入れ替える操作であるから置換であり，例えば，12345という順列を35241という順列に置換する。

この置換を，例えば σ という記号を用いて $\sigma:\begin{cases}1\longmapsto 3\\ 2\longmapsto 5\\ 3\longmapsto 2\\ 4\longmapsto 4\\ 5\longmapsto 1\end{cases}$ と書いたり $\sigma=\begin{pmatrix}1&2&3&4&5\\3&5&2&4&1\end{pmatrix}$

と書く。なお，行列と区別するため，置換を表す括弧は（　）を使っている。

更に，置換 σ を写像と考えて σ によって $i\longmapsto j$ になるとき $\boldsymbol{j=\sigma(i)}$ と表し，「i が j に **写る**」という。上の置換 σ については $\sigma(1)=3$，$\sigma(2)=5$，$\sigma(3)\doteq 2$，$\sigma(4)=4$，$\sigma(5)=1$ となる。

基本　例題 052　置換 ①　★☆☆

次の置換によって，括弧内の順列が置換された順列を答えよ。

(1) $\begin{pmatrix}1&2&3&4\\3&2&4&1\end{pmatrix}$ (1324)　(2) $\begin{pmatrix}1&2&3&4&5\\2&3&5&1&4\end{pmatrix}$ (35124)

(3) $\begin{pmatrix}1&2&3&4&5&6\\5&3&4&6&2&1\end{pmatrix}$ (632514)　(4) $\begin{pmatrix}1&2&3&4&5&6&7\\2&5&1&7&4&3&6\end{pmatrix}$ (3426571)

指針 上で定義した，置換の定義に従って求める。与えられた各設問の，左側の2段の括弧は置換を表し，右側の括弧の中が，もとの順列を表す。

解答 (1) $1\longmapsto 3$，$3\longmapsto 4$，$2\longmapsto 2$，$4\longmapsto 1$

と置換されるから，求める順列は　**3421**

(2) $3\longmapsto 5$，$5\longmapsto 4$，$1\longmapsto 2$，$2\longmapsto 3$，$4\longmapsto 1$

と置換されるから，求める順列は　**54231**

(3) $6\longmapsto 1$，$3\longmapsto 4$，$2\longmapsto 3$，$5\longmapsto 2$，$1\longmapsto 5$，$4\longmapsto 6$

と置換されるから，求める順列は　**143256**

(4) $3\longmapsto 1$，$4\longmapsto 7$，$2\longmapsto 5$，$6\longmapsto 3$，$5\longmapsto 4$，$7\longmapsto 6$，$1\longmapsto 2$

と置換されるから，求める順列は　**1753462**

基本 例題 053 置換の合成 ★☆☆

次の σ と τ に対して，合成 $\tau\sigma$ を求めよ。

(1) $\sigma=\begin{pmatrix}1&2&3&4\\3&2&4&1\end{pmatrix}$, $\tau=\begin{pmatrix}1&2&3&4\\2&4&3&1\end{pmatrix}$ (2) $\sigma=\tau=\begin{pmatrix}1&2&3&4&5\\2&3&5&1&4\end{pmatrix}$

(3) $\sigma=\begin{pmatrix}1&2&3&4&5&6\\5&3&4&6&2&1\end{pmatrix}$, $\tau=\begin{pmatrix}1&2&3&4&5&6\\2&1&4&3&6&5\end{pmatrix}$

指針 σ, τ を n 個の文字 1, 2, ……, n の置換とする。置換 σ を施した後に，続けて置換 τ を施すことで得られる置換を，σ と τ の **合成** といい，$\tau\sigma$ で表す。また，置換の合成については，結合法則が成り立ち，n 個の文字 1, 2, ……, n の置換 σ, τ, ρ について，$(\sigma\tau)\rho=\sigma(\tau\rho)$ となる。なお，$\tau\sigma$ は「σ を施してから τ を施す」という置換であり，$\sigma\tau$ は「τ を施してから σ を施す」置換であるため，一般にこれらは異なった置換である。

解答 (1)
$1\overset{\sigma}{\longmapsto}3$　$1\overset{\tau}{\longmapsto}2$
$2\overset{\sigma}{\longmapsto}2$　$2\overset{\tau}{\longmapsto}4$
$3\overset{\sigma}{\longmapsto}4$　$3\overset{\tau}{\longmapsto}3$
$4\overset{\sigma}{\longmapsto}1$　$4\overset{\tau}{\longmapsto}1$

であるから，σ の後に τ を続けて施すと

$1\overset{\sigma}{\longmapsto}3\overset{\tau}{\longmapsto}3$
$2\overset{\sigma}{\longmapsto}2\overset{\tau}{\longmapsto}4$
$3\overset{\sigma}{\longmapsto}4\overset{\tau}{\longmapsto}1$
$4\overset{\sigma}{\longmapsto}1\overset{\tau}{\longmapsto}2$

よって　$\boldsymbol{\tau\sigma=\begin{pmatrix}1&2&3&4\\3&4&1&2\end{pmatrix}}$

(2)
$1\overset{\sigma}{\longmapsto}2$　$1\overset{\tau}{\longmapsto}2$
$2\overset{\sigma}{\longmapsto}3$　$2\overset{\tau}{\longmapsto}3$
$3\overset{\sigma}{\longmapsto}5$　$3\overset{\tau}{\longmapsto}5$
$4\overset{\sigma}{\longmapsto}1$　$4\overset{\tau}{\longmapsto}1$
$5\overset{\sigma}{\longmapsto}4$　$5\overset{\tau}{\longmapsto}4$

であるから，σ の後に τ を続けて施すと

$1\overset{\sigma}{\longmapsto}2\overset{\tau}{\longmapsto}3$
$2\overset{\sigma}{\longmapsto}3\overset{\tau}{\longmapsto}5$
$3\overset{\sigma}{\longmapsto}5\overset{\tau}{\longmapsto}4$
$4\overset{\sigma}{\longmapsto}1\overset{\tau}{\longmapsto}2$
$5\overset{\sigma}{\longmapsto}4\overset{\tau}{\longmapsto}1$

よって　$\boldsymbol{\tau\sigma=\begin{pmatrix}1&2&3&4&5\\3&5&4&2&1\end{pmatrix}}$

(3)
$1\overset{\sigma}{\longmapsto}5$　$1\overset{\tau}{\longmapsto}2$
$2\overset{\sigma}{\longmapsto}3$　$2\overset{\tau}{\longmapsto}1$
$3\overset{\sigma}{\longmapsto}4$　$3\overset{\tau}{\longmapsto}4$
$4\overset{\sigma}{\longmapsto}6$　$4\overset{\tau}{\longmapsto}3$
$5\overset{\sigma}{\longmapsto}2$　$5\overset{\tau}{\longmapsto}6$
$6\overset{\sigma}{\longmapsto}1$　$6\overset{\tau}{\longmapsto}5$

であるから，σ の後に τ を続けて施すと

$1\overset{\sigma}{\longmapsto}5\overset{\tau}{\longmapsto}6$
$2\overset{\sigma}{\longmapsto}3\overset{\tau}{\longmapsto}4$
$3\overset{\sigma}{\longmapsto}4\overset{\tau}{\longmapsto}3$
$4\overset{\sigma}{\longmapsto}6\overset{\tau}{\longmapsto}5$
$5\overset{\sigma}{\longmapsto}2\overset{\tau}{\longmapsto}1$
$6\overset{\sigma}{\longmapsto}1\overset{\tau}{\longmapsto}2$

よって　$\boldsymbol{\tau\sigma=\begin{pmatrix}1&2&3&4&5&6\\6&4&3&5&1&2\end{pmatrix}}$

基本　例題 054　置換に関する指数法則の証明　★★☆

σ を任意の置換とするとき，任意の整数 k，l に対して，$\sigma^{k+l}=\sigma^k\sigma^l$ が成り立つことを証明せよ。

指針

置換 σ に対して，$\sigma^2=\sigma\sigma$，$\sigma^3=\sigma\sigma\sigma$ などと書く。一般に，自然数 k に対して $\sigma^k=\overbrace{\sigma\ \cdots\cdots\ \sigma}^{k\text{個}}$ と書く。ただし，この例題では k，l は **任意の整数** であるから，k，l は **0 や負の整数** の場合も考えなくてはならない。よって，$\boldsymbol{\sigma^0}$ や $\boldsymbol{\sigma^{-1}}$ などがどういう置換を表すかを，まず定義しておこう。

定義　単位置換と逆置換

文字 i $(i=1,\ 2,\ \cdots\cdots,\ n)$ を i 自身に写す置換を e とすると，$e=\begin{pmatrix}1 & 2 & \cdots\cdots & n\\ 1 & 2 & \cdots\cdots & n\end{pmatrix}$ であり，これを **単位置換** という。

また，便宜的に $\sigma^0=e$ とする。

任意の置換 σ に対して，ある置換 τ が存在して，$\sigma\tau=\tau\sigma=e$ となり，この置換 τ はただ 1 つに定まる。実際，置換 σ は順列 12 …… n を順列 $\sigma(1)\sigma(2)$ …… $\sigma(n)$ に置換するから，置換 τ としては，逆に順列 $\sigma(1)\sigma(2)$ …… $\sigma(n)$ を順列 12 …… n に置換するものをとればよい。この置換 τ を置換 σ の **逆置換** といい，σ^{-1} で表す。これを踏まえて，自然数 k に対して $\sigma^{-k}=\overbrace{\sigma^{-1}\ \cdots\cdots\ \sigma^{-1}}^{k\text{個}}$ と書く。

この定義に従って，k，l の値を場合分けして証明する。

解答　$\sigma^{k+l}=\sigma^k\sigma^l$　……①　とする。

[1]　$k\geqq 0$，$l\geqq 0$ のとき

①は明らかに成り立つ。

[2]　$k<0$，$l<0$ のとき

[1] により　$\sigma^{k+l}=(\sigma^{-1})^{-(k+l)}=(\sigma^{-1})^{-k-l}=(\sigma^{-1})^{-k}(\sigma^{-1})^{-l}=\sigma^k\sigma^l$

したがって，①が成り立つ。

[3]　$k\geqq 0$，$l<0$ のとき

[a]　$k+l\geqq 0$ のとき

[1] により　$\sigma^k=\sigma^{k+l}\sigma^{-l}$

両辺に右から $(\sigma^{-l})^{-1}$ を施すと　$\sigma^{k+l}=\sigma^k(\sigma^{-l})^{-1}=\sigma^k\sigma^l$

したがって，①が成り立つ。

[b]　$k+l<0$ のとき

[1] により　$\sigma^{-l}=\sigma^{-(k+l)}\sigma^k$

両辺に右から $(\sigma^{-l})^{-1}$ を施し，左から $\{\sigma^{-(k+l)}\}^{-1}$ を施すと

$$\{\sigma^{-(k+l)}\}^{-1}=\sigma^k(\sigma^{-l})^{-1}$$

ここで　$\{\sigma^{-(k+l)}\}^{-1}=\sigma^{k+l}$，$\sigma^k(\sigma^{-l})^{-1}=\sigma^k\sigma^l$

したがって，①が成り立つ。

[4]　$k<0$，$l\geqq 0$ のとき

[a]　$k+l\geqq 0$ のとき

[1] により　　$\sigma^{l}=\sigma^{-k}\sigma^{k+l}$

両辺に左から $(\sigma^{-k})^{-1}$ を施すと　　$\sigma^{k+l}=(\sigma^{-k})^{-1}\sigma^{l}=\sigma^{k}\sigma^{l}$

したがって，① が成り立つ。

[b]　$k+l<0$ のとき

[1] により　　$\sigma^{-k}=\sigma^{l}\sigma^{-(k+l)}$

両辺に左から $(\sigma^{-k})^{-1}$ を施し，右から $\{\sigma^{-(k+l)}\}^{-1}$ を施すと

$$\{\sigma^{-(k+l)}\}^{-1}=(\sigma^{-k})^{-1}\sigma^{l}$$

ここで　　$\{\sigma^{-(k+l)}\}^{-1}=\sigma^{k+l}$，$(\sigma^{-k})^{-1}\sigma^{l}=\sigma^{k}\sigma^{l}$

したがって，① が成り立つ。

以上から，① が成り立つ。■

基本 例題 055 合成置換の逆置換　★☆☆

1，2，……，n の置換 σ，τ について，合成 $\tau\sigma$ の逆置換は $\sigma^{-1}\tau^{-1}$ で与えられることを示せ。

指針　逆置換の定義に従って証明する。逆置換の定義は基本例題 054 を参照。
すなわち $\tau\sigma(\sigma^{-1}\tau^{-1})=(\sigma^{-1}\tau^{-1})\tau\sigma=e$ であることを示す。

解答　$\tau\sigma(\sigma^{-1}\tau^{-1})=\tau(\sigma\sigma^{-1})\tau^{-1}=\tau e\tau^{-1}=\tau\tau^{-1}=e$

$(\sigma^{-1}\tau^{-1})\tau\sigma=\sigma^{-1}(\tau^{-1}\tau)\sigma=\sigma^{-1}e\sigma=\sigma^{-1}\sigma=e$

よって，合成 $\tau\sigma$ の逆置換は $\sigma^{-1}\tau^{-1}$ で与えられる。■

参考　基本例題 053 の指針で述べたように，一般に置換 σ と τ の合成 $\sigma\tau$ と $\tau\sigma$ は等しくない。例えば $\sigma=\begin{pmatrix}1&2&3\\2&1&3\end{pmatrix}$，$\tau=\begin{pmatrix}1&2&3\\2&3&1\end{pmatrix}$ とすると $\sigma\tau=\begin{pmatrix}1&2&3\\1&3&2\end{pmatrix}$，$\tau\sigma=\begin{pmatrix}1&2&3\\3&2&1\end{pmatrix}$ となり $\sigma\tau\neq\tau\sigma$ である。これは，逆置換 σ^{-1}，τ^{-1} についても同様で，一般に，合成 $\sigma^{-1}\tau^{-1}$ と合成 $\tau^{-1}\sigma^{-1}$ は等しくない。

※以下の内容は，「数研講座シリーズ　大学教養　線形代数」の 102，103 ページの要約である。

◆置換の符号，転倒数

n 個の変数 x_1，x_2，……，x_n による多項式 $D(x_1,\ x_2,\ \cdots\cdots,\ x_n)$ を，次で定義する。

$$D(x_1,\ x_2,\ \cdots\cdots,\ x_n)=(x_1-x_2)\times(x_1-x_3)\times\cdots\cdots\times(x_1-x_n)$$
$$\times(x_2-x_3)\times\cdots\cdots\times(x_2-x_n)\times\cdots\cdots\times(x_{n-1}-x_n)$$

すなわち，$D(x_1,\ x_2,\ \cdots\cdots,\ x_n)$ は，n 個の変数 x_1，x_2，……，x_n から 2 個 x_i，x_j $(i \neq j)$ をとり，番号の小さいものから番号の大きいものを引いた式，すなわち，$i<j$ ならば x_i-x_j，$i>j$ ならば x_j-x_i を考え，それらすべてを掛けて得られた式である。

よって，$D(x_1,\ x_2,\ \cdots\cdots,\ x_n)$ は，$\begin{pmatrix} n \\ 2 \end{pmatrix}=\dfrac{n(n-1)}{2}$ 個の x_i-x_j $(i<j)$ の形の式の積になっている。

この n 変数多項式 $D(x_1,\ x_2,\ \cdots\cdots,\ x_n)$ を，n 変数の **差積** という。

σ を n 個の文字 1，2，……，n の置換とする。このとき，変数 x_1，x_2，……，x_n の番号を置換 σ で置換して，n 個の変数 x_1，x_2，……，x_n による多項式 $D(x_{\sigma(1)},\ x_{\sigma(2)},\ \cdots\cdots,\ x_{\sigma(n)})$ を考える。これもまた，n 個の変数 x_1，x_2，……，x_n の中の 2 個 x_i，x_j について，x_i-x_j または x_j-x_i の形の式の積になっている。

よって，特に，$D(x_{\sigma(1)},\ x_{\sigma(2)},\ \cdots\cdots,\ x_{\sigma(n)})$ はもとの $D(x_1,\ x_2,\ \cdots\cdots,\ x_n)$ に等しいか，またはそれと符号だけが異なり，次のようになる。

$$D(x_{\sigma(1)},\ x_{\sigma(2)},\ \cdots\cdots,\ x_{\sigma(n)})=\pm D(x_1,\ x_2,\ \cdots\cdots,\ x_n)$$

定義　置換の符号

n 個の文字 1，2，……，n の置換 σ に対し

$$\mathrm{sgn}(\sigma)=\frac{D(x_{\sigma(1)},\ x_{\sigma(2)},\ \cdots\cdots,\ x_{\sigma(n)})}{D(x_1,\ x_2,\ \cdots\cdots,\ x_n)}$$

を置換 σ の **符号** という。

$i<j$ かつ $\sigma(i)>\sigma(j)$ である組 $(i,\ j)$ の個数が偶数であるとき，$D(x_{\sigma(1)},\ x_{\sigma(2)},\ \cdots\cdots,\ x_{\sigma(n)})$ と $D(x_1,\ x_2,\ \cdots\cdots,\ x_n)$ は一致し，奇数であるとき，符号が逆になる。

このような組 $(i,\ j)$ の個数を，置換 σ の **転倒数** という。

すなわち，置換 σ の転倒数とは，集合

$$\{(i,\ j)\mid i=1,\ 2,\ \cdots\cdots,\ n,\ j=1,\ 2,\ \cdots\cdots,\ n,\ i<j,\ \sigma(i)>\sigma(j)\}$$

の要素の個数である。

以上から，置換 σ の符号 $\mathrm{sgn}(\sigma)$ は，1 または -1 のどちらかであり，次が成り立つ。

$\mathrm{sgn}(\sigma)=1$　$\Longleftrightarrow$ 置換 σ の転倒数が偶数

$\mathrm{sgn}(\sigma)=-1$ $\Longleftrightarrow$ 置換 σ の転倒数が奇数

基本 例題 056 置換の符号 ★☆☆

次の置換の符号を求めよ。

(1) $\begin{pmatrix}1&2&3&4\\2&4&3&1\end{pmatrix}$　(2) $\begin{pmatrix}1&2&3&4&5\\2&3&5&1&4\end{pmatrix}$　(3) $\begin{pmatrix}1&2&3&4&5&6\\2&1&4&3&6&5\end{pmatrix}$

指針 置換の符号の定義は118ページで示した通りである。ここでは，数字1～4，1～5，1～6の置換について考えるから，異なる数字 i，j に対し，それぞれ置換 σ によって $\sigma(i)$，$\sigma(j)$ となるとき，$i<j$ かつ $\sigma(i)>\sigma(j)$ となる組 $(i,\ j)$ の個数，すなわち **転倒数** をまず求める。
与えられた置換を121ページで定義する **互換** の積に分解して求めてもよい。

解答 (1) 順列2431に注目すると

[1] 1番左の2より右にある数の中で2より小さいものの個数は
1個

[2] 左から2番目の4より右にある数の中で4より小さいものの個数は
2個

[3] 左から3番目の3より右にある数の中で3より小さいものの個数は
1個

よって，転倒数は　$1+2+1=4$

これは偶数であるから　$\mathrm{sgn}\begin{pmatrix}1&2&3&4\\2&4&3&1\end{pmatrix}=\mathbf{1}$

(2) 順列23514に注目すると

[1] 1番左の2より右にある数の中で2より小さいものの個数は
1個

[2] 左から2番目の3より右にある数の中で3より小さいものの個数は
1個

[3] 左から3番目の5より右にある数の中で5より小さいものの個数は
2個

[4] 左から4番目の1より右にある数の中で1より小さいものの個数は
0個

よって，転倒数は　$1+1+2+0=4$

これは偶数であるから　$\mathrm{sgn}\begin{pmatrix}1&2&3&4&5\\2&3&5&1&4\end{pmatrix}=\mathbf{1}$

(3)　順列 214365 に注目すると

[1]　1番左の2より右にある数の中で2より小さいものの個数は

1個

[2]　左から2番目の1より右にある数の中で1より小さいものの個数は

0個

[3]　左から3番目の4より右にある数の中で4より小さいものの個数は

1個

[4]　左から4番目の3より右にある数の中で3より小さいものの個数は

0個

[5]　左から5番目の6より右にある数の中で6より小さいものの個数は

1個

よって，転倒数は　　$1+0+1+0+1=3$

これは奇数であるから　　$\mathrm{sgn}\begin{pmatrix}1 & 2 & 3 & 4 & 5 & 6\\ 2 & 1 & 4 & 3 & 6 & 5\end{pmatrix}=\mathbf{-1}$

別解　147ページの重要例題031で証明するが，置換を互換の積に分解できる。これを用いて求めてもよい。なお，121ページで示している通り，互換は奇置換であり，互換を，**偶数個合成したものは偶置換，奇数個合成したものは奇置換** である。

(1)　$\begin{pmatrix}1 & 2 & 3 & 4\\ 2 & 4 & 3 & 1\end{pmatrix}=\begin{pmatrix}1 & 2 & 3 & 4\\ 2 & 1 & 3 & 4\end{pmatrix}\begin{pmatrix}1 & 2 & 3 & 4\\ 1 & 4 & 3 & 2\end{pmatrix}$

よって，偶置換であるから　　$\mathrm{sgn}\begin{pmatrix}1 & 2 & 3 & 4\\ 2 & 4 & 3 & 1\end{pmatrix}=\mathbf{1}$

(2)　$\begin{pmatrix}1 & 2 & 3 & 4 & 5\\ 2 & 3 & 5 & 1 & 4\end{pmatrix}$

$=\begin{pmatrix}1 & 2 & 3 & 4 & 5\\ 1 & 3 & 2 & 4 & 5\end{pmatrix}\begin{pmatrix}1 & 2 & 3 & 4 & 5\\ 1 & 2 & 5 & 4 & 3\end{pmatrix}\begin{pmatrix}1 & 2 & 3 & 4 & 5\\ 5 & 2 & 3 & 4 & 1\end{pmatrix}\begin{pmatrix}1 & 2 & 3 & 4 & 5\\ 1 & 2 & 3 & 5 & 4\end{pmatrix}$

よって，偶置換であるから　　$\mathrm{sgn}\begin{pmatrix}1 & 2 & 3 & 4 & 5\\ 2 & 3 & 5 & 1 & 4\end{pmatrix}=\mathbf{1}$

(3)　$\begin{pmatrix}1 & 2 & 3 & 4 & 5 & 6\\ 2 & 1 & 4 & 3 & 6 & 5\end{pmatrix}$

$=\begin{pmatrix}1 & 2 & 3 & 4 & 5 & 6\\ 2 & 1 & 3 & 4 & 5 & 6\end{pmatrix}\begin{pmatrix}1 & 2 & 3 & 4 & 5 & 6\\ 1 & 2 & 4 & 3 & 5 & 6\end{pmatrix}\begin{pmatrix}1 & 2 & 3 & 4 & 5 & 6\\ 1 & 2 & 3 & 4 & 6 & 5\end{pmatrix}$

よって，奇置換であるから　　$\mathrm{sgn}\begin{pmatrix}1 & 2 & 3 & 4 & 5 & 6\\ 2 & 1 & 4 & 3 & 6 & 5\end{pmatrix}=\mathbf{-1}$

補足　互換の積による置換の分解は，上で示したもの以外にもある。例えば，(1)は

$\begin{pmatrix}1 & 2 & 3 & 4\\ 2 & 4 & 3 & 1\end{pmatrix}=\begin{pmatrix}1 & 2 & 3 & 4\\ 1 & 4 & 3 & 2\end{pmatrix}\begin{pmatrix}1 & 2 & 3 & 4\\ 4 & 2 & 3 & 1\end{pmatrix}$ と分解してもよい。

◈偶置換と奇置換

詳しくは「数研講座シリーズ　大学教養　線形代数」(以下,「線形代数テキスト」と示す) の 104～106 ページを参照。

置換の合成と符号の関係について, 次の定理が成り立つ (証明は上記線形代数テキストの 104 ページを参照)。

定理　合成公式

n 個の文字 1, 2, ……, n の置換 σ, τ に対し, $\mathrm{sgn}(\sigma\tau)=\mathrm{sgn}(\sigma)\mathrm{sgn}(\tau)$ が成り立つ。

また, 上の定理から, 次の 系 が得られる。

系　n 個の文字 1, 2, ……, n の置換 σ に対し, $\mathrm{sgn}(\sigma)=\mathrm{sgn}(\sigma^{-1})$ が成り立つ。

符号が 1 である置換を **偶置換**, 符号が -1 である置換を **奇置換** という。上の定理により, 偶置換と偶置換の合成は偶置換であり, 偶置換と奇置換の合成は奇置換であり, 奇置換と奇置換の合成は偶置換である。

$i<j$ ($i=1, 2, \cdots\cdots, n$, $j=1, 2, \cdots\cdots, n$) について, i と j だけを入れ替えて, 他は何もしないという置換, すなわち順列を

$$1\cdots\cdots(i-1)i(i+1)\cdots\cdots(j-1)j(j+1)\cdots\cdots n \longmapsto 1\cdots\cdots(i-1)j(i+1)\cdots\cdots(j-1)i(j+1)\cdots\cdots n$$

とする置換を **互換** という。

i と j を入れ替えるだけの互換は, $(i\quad j)$ と書かれることが多い。

i と j の入れ替えを 2 回続けると, 順列はもとに戻るから, 次が成り立つ。

$$(i\quad j)^2=e \quad \text{(単位置換)}$$

互換の転倒数を計算するために, 順列 $1\cdots\cdots(i-1)j(i+1)\cdots\cdots(j-1)i(j+1)\cdots\cdots n$ (左から i 番目が j で, j 番目が i) に注目すると,

[1]　左から i 番目の j により右にある数の中で j より小さいものの個数は $j-i$ 個 (下の陰影部)。

$$1\cdots\cdots(i-1)j(i+1)\cdots\cdots(j-1)i(j+1)\cdots\cdots n$$

[2]　左から i 番目の j と j 番目の i の間にある, 左から $i+k$ 番目 ($k=1, 2, \cdots\cdots, j-i-1$) の $i+k$ により右にある数の中で $i+k$ より小さいのは, 左から j 番目の i のみの 1 個。

$$1\cdots\cdots(i-1)j(i+1)\cdots\cdots(i+k)\cdots\cdots(j-1)i(j+1)\cdots\cdots n$$

[3]　他に転倒している箇所はない。

よって, 互換の転倒数は, $(j-i)+\overbrace{1+\cdots\cdots+1}^{j-i-1\text{ 個}}=2(j-i)-1$ で奇数である。

したがって, 任意の互換は奇置換である。

偶置換と奇置換の個数について, 次の定理が成り立つ (証明は線形代数テキストの 106 ページを参照)。

定理　偶置換と奇置換

n を 2 以上の自然数とする。

[1]　n 個の文字の置換の個数は $n!$ 個である。

[2]　偶置換全体の個数は奇置換全体の個数に等しく, $\dfrac{n!}{2}$ 個である。

基本　例題 057　巡回置換の等式の証明　★★☆

$(i_1\ \ i_2\ \ \cdots\cdots\ \ i_l)$ は長さ l の巡回置換（下の指針参照）を表す。このとき，次の等式が成り立つことを証明せよ。

$$(i_1\ \ i_2\ \ \cdots\cdots\ \ i_k)=(i_1\ \ i_k)(i_1\ \ i_{k-1})\cdots\cdots(i_1\ \ i_2)$$

指針　n 個の文字 1，2，……，n の中から，相異なる k 個 $(k\leqq n)$ i_1，i_2，……，i_k をとり，次のような置換 σ を考える。

$$\sigma(i_1)=i_2,\ \sigma(i_2)=i_3,\ \cdots\cdots,\ \sigma(i_{k-1})=i_k,\ \sigma(i_k)=i_1$$

更に，σ は i_1，i_2，……，i_k の他の文字を動かさない（それ自身に写す）とする。このような置換は i_1 を i_2 に，i_2 を i_3 に，……，i_k を i_1 に置換し，i_1，i_2，……，i_k を巡回的に置換することから，長さ k の **巡回置換** といい，$\sigma=(i_1\ \ i_2\ \ \cdots\cdots\ \ i_k)$ と書く。$k=2$ のとき，長さ 2 の巡回置換とは，121 ページで定義した互換のことである。この問題では，i_1，i_2，……，i_k の各々について，左右の置換によって写る先が同じであることを示せばよい。

解答　左辺の巡回置換 $(i_1\ \ i_2\ \ \cdots\cdots\ \ i_k)$ により，i_1，i_2，……，i_k はそれぞれ i_2，i_3，……，i_k，i_1 に写る。

右辺の置換 $(i_1\ \ i_k)(i_1\ \ i_{k-1})\cdots\cdots(i_1\ \ i_2)$ の末尾の互換 $(i_1\ \ i_2)$ により，i_1 は i_2 に写る。
また，他の互換は i_2 の移動に影響を及ぼさない。
よって，右辺の置換 $(i_1\ \ i_k)(i_1\ \ i_{k-1})\cdots\cdots(i_1\ \ i_2)$ により i_1 は i_2 に写る。

次に，右辺の置換 $(i_1\ \ i_k)(i_1\ \ i_{k-1})\cdots\cdots(i_1\ \ i_2)$ の末尾の互換 $(i_1\ \ i_2)$ により，i_2 は i_1 に写る。その i_1 は末尾から 2 番目の互換 $(i_1\ \ i_3)$ により i_3 に写る。
また，他の互換は i_3 の移動に影響を及ぼさない。
よって，右辺の置換 $(i_1\ \ i_k)(i_1\ \ i_{k-1})\cdots\cdots(i_1\ \ i_2)$ により，i_2 は i_3 に写る。

同様にして，$l=2,\ 3,\ \cdots\cdots,\ k-1$ に対し，右辺の置換
$(i_1\ \ i_k)(i_1\ \ i_{k-1})\cdots\cdots(i_1\ \ i_2)$ の互換 $(i_1\ \ i_l)$ により，i_l は i_1 に写る。
その i_1 は右辺の置換 $(i_1\ \ i_k)(i_1\ \ i_{k-1})\cdots\cdots(i_1\ \ i_2)$ の互換 $(i_1\ \ i_{l+1})$ により，i_{l+1} に写る。
また，他の互換は i_{l+1} の移動に影響を及ぼさない。
よって，右辺の置換 $(i_1\ \ i_k)(i_1\ \ i_{k-1})\cdots\cdots(i_1\ \ i_2)$ により，i_l は i_{l+1} に写る。
最後に，i_k は先頭の互換 $(i_1\ \ i_k)$ により i_1 に写る。
また，他の互換は i_k の移動に影響を及ぼさない。
以上から　$(i_1\ \ i_2\ \ \cdots\cdots\ \ i_k)=(i_1\ \ i_k)(i_1\ \ i_{k-1})\cdots\cdots(i_1\ \ i_2)$ ■

検討　$(i_1\ \ i_2\ \ \cdots\cdots\ \ i_k\ \ i_{k+1})=(i_1\ \ i_{k+1})(i_1\ \ i_2\ \ \cdots\cdots\ \ i_k)$ を示して，数学的帰納法で証明してもよい。

2 行列式

基本 例題 058 2次行列の行列式 ★☆☆

次の行列の行列式（下の指針参照）を求めよ。

(1) $\begin{bmatrix} 1 & 2 \\ 3 & 4 \end{bmatrix}$　　(2) $\begin{bmatrix} 0 & 1 \\ 1 & 0 \end{bmatrix}$　　(3) $\begin{bmatrix} \cos\theta & -\sin\theta \\ \sin\theta & \cos\theta \end{bmatrix}$

指針 n 次正方行列の行列式の定義は次で与えられる。この定義に従って求める。

定義　行列式

A を n 次正方行列とし，$A=[a_{ij}]$ と表すものとする。このとき，

$\sum_{\sigma}\mathrm{sgn}(\sigma)a_{1\sigma(1)}a_{2\sigma(2)}\cdots\cdots a_{n\sigma(n)}$ ……(＊) で定まる数を，行列 A の **行列式** といい，

$\det(A)$，$|A|$，$|a_{ij}|$ など，det（ディターミナントと読む）や｜　｜の記号を用いて表す。

ここで，(＊) の和における σ は，n 個の文字 1，2，……，n の置換全体を動く。

$n=2$ の場合の $A=\begin{bmatrix} a_{11} & a_{12} \\ a_{21} & a_{22} \end{bmatrix}$ の行列式は，$\boldsymbol{|A|=a_{11}a_{22}-a_{12}a_{21}}$ である。

解答

(1) 求める行列式は　$1\cdot4-2\cdot3=\boldsymbol{-2}$

(2) 求める行列式は　$0\cdot0-1\cdot1=\boldsymbol{-1}$

(3) 求める行列式は　$\cos\theta\cdot\cos\theta-(-\sin\theta)\cdot\sin\theta=\cos^2\theta+\sin^2\theta=\boldsymbol{1}$

基本 例題 059 3次行列の行列式 ★☆☆

次の行列の行列式を求めよ。

(1) $\begin{bmatrix} 1 & 2 & 3 \\ 4 & 5 & 6 \\ 7 & 8 & 9 \end{bmatrix}$　　(2) $\begin{bmatrix} 1 & u & v \\ 0 & a & b \\ 0 & c & d \end{bmatrix}$　　(3) $\begin{bmatrix} \sin\theta\cos\varphi & r\cos\theta\cos\varphi & -r\sin\theta\sin\varphi \\ \sin\theta\sin\varphi & r\cos\theta\sin\varphi & r\sin\theta\cos\varphi \\ \cos\theta & -r\sin\theta & 0 \end{bmatrix}$

指針 基本例題 058 で扱った行列式の定義に従って求める。3次行列 $A=[a_{ij}]$ の行列式 $|A|$ は

$$\boldsymbol{|A|=a_{11}a_{22}a_{33}+a_{12}a_{23}a_{31}+a_{13}a_{21}a_{32}-a_{11}a_{23}a_{32}-a_{13}a_{22}a_{31}-a_{12}a_{21}a_{33}}$$

(3) の行列は，3次元極座標のヤコビ行列と呼ばれている。

解答

(1) $1\cdot5\cdot9+2\cdot6\cdot7+3\cdot4\cdot8-1\cdot6\cdot8-3\cdot5\cdot7-2\cdot4\cdot9=45+84+96-48-105-72=\boldsymbol{0}$

(2) $1\cdot a\cdot d+u\cdot b\cdot0+v\cdot0\cdot c-1\cdot b\cdot c-v\cdot a\cdot0-u\cdot0\cdot d=\boldsymbol{ad-bc}$

(3) $(\sin\theta\cos\varphi)\cdot(r\cos\theta\sin\varphi)\cdot0+(r\cos\theta\cos\varphi)\cdot(r\sin\theta\cos\varphi)\cdot\cos\theta$

$\quad+(-r\sin\theta\sin\varphi)\cdot(\sin\theta\sin\varphi)\cdot(-r\sin\theta)$

$\quad-(\sin\theta\cos\varphi)\cdot(r\sin\theta\cos\varphi)\cdot(-r\sin\theta)$

$\quad-(-r\sin\theta\sin\varphi)\cdot(r\cos\theta\sin\varphi)\cdot\cos\theta-(r\cos\theta\cos\varphi)\cdot(\sin\theta\sin\varphi)\cdot0$

$=r^2\sin\theta\cos^2\theta(\cos^2\varphi+\sin^2\varphi)+r^2\sin^3\theta(\sin^2\varphi+\cos^2\varphi)$

$=r^2\sin\theta(\cos^2\theta+\sin^2\theta)=\boldsymbol{r^2\sin\theta}$

※以下の内容は，「数研講座シリーズ　大学教養　線形代数」の 110〜112 ページの要約である。

◈多重線形性と交代性

行列式の定義式は，$n!$ 個の項をもつ式であり，項の数は n が大きくなると急速に多くなる。例えば，$n=4$ のときでも，その定義式は複雑である。そこで系統的で実際的な計算方法のために，行列式の基本性質についてまとめる。

以下，A を n 次正方行列とし，$A=[a_{ij}]$ の i 行目 $(i=1,\ 2,\ \cdots\cdots,\ n)$ の行ベクトルを $\boldsymbol{a}_i=[\,a_{i1}\ \ a_{i2}\ \ \cdots\ \ a_{in}\,]$ で表す。

すなわち　$A=\begin{bmatrix} a_{11} & a_{12} & \cdots & a_{1n} \\ a_{21} & a_{22} & \cdots & a_{2n} \\ & \cdots & \cdots & \\ a_{n1} & a_{n2} & \cdots & a_{nn} \end{bmatrix}=\begin{bmatrix} \boldsymbol{a}_1 \\ \boldsymbol{a}_2 \\ \vdots \\ \boldsymbol{a}_n \end{bmatrix}$

行列式の基本性質として，(行に関する) 多重線形性と (行に関する) 交代性が成り立つ。

定理　**行多重線形性**　※線形代数テキスト 110 ページ，定理 2-1

行列 A の 1 つの行 $\boldsymbol{a}_i$ が，$\boldsymbol{a}_i=k\boldsymbol{b}+l\boldsymbol{c}$ (k，l は定数で，$\boldsymbol{b}=[\,b_1\ \ b_2\ \ \cdots\ \ b_n\,]$，$\boldsymbol{c}=[\,c_1\ \ c_2\ \ \cdots\ \ c_n\,]$) の形のとき

$$\det\begin{bmatrix} \boldsymbol{a}_1 \\ \vdots \\ k\boldsymbol{b}+l\boldsymbol{c} \\ \vdots \\ \boldsymbol{a}_n \end{bmatrix}=k\cdot\det\begin{bmatrix} \boldsymbol{a}_1 \\ \vdots \\ \boldsymbol{b} \\ \vdots \\ \boldsymbol{a}_n \end{bmatrix}+l\cdot\det\begin{bmatrix} \boldsymbol{a}_1 \\ \vdots \\ \boldsymbol{c} \\ \vdots \\ \boldsymbol{a}_n \end{bmatrix} \leftarrow i\text{ 行目}$$

すなわち

$$\det\begin{bmatrix} a_{11} & a_{12} & \cdots & a_{1n} \\ & \cdots & \cdots & \\ kb_1+lc_1 & kb_2+lc_2 & \cdots & kb_n+lc_n \\ & \cdots & \cdots & \\ a_{n1} & a_{n2} & \cdots & a_{nn} \end{bmatrix} \leftarrow i\text{ 行目}$$

$$=k\cdot\det\begin{bmatrix} a_{11} & a_{12} & \cdots & a_{1n} \\ & \cdots & \cdots & \\ b_1 & b_2 & \cdots & b_n \\ & \cdots & \cdots & \\ a_{n1} & a_{n2} & \cdots & a_{nn} \end{bmatrix}+l\cdot\det\begin{bmatrix} a_{11} & a_{12} & \cdots & a_{1n} \\ & \cdots & \cdots & \\ c_1 & c_2 & \cdots & c_n \\ & \cdots & \cdots & \\ a_{n1} & a_{n2} & \cdots & a_{nn} \end{bmatrix} \leftarrow i\text{ 行目}$$

定理　**行交代性**　※線形代数テキスト 111 ページ，定理 2-2

行列 A の i 行目と j 行目 $(i\neq j)$ を入れ替えた行列の行列式について，次が成り立つ。

$$\det\begin{bmatrix} \boldsymbol{a}_1 \\ \vdots \\ \boldsymbol{a}_j \\ \vdots \\ \boldsymbol{a}_i \\ \vdots \\ \boldsymbol{a}_n \end{bmatrix}=\det\begin{bmatrix} a_{11} & a_{12} & \cdots & a_{1n} \\ & \cdots & \cdots & \\ a_{j1} & a_{j2} & \cdots & a_{jn} \\ & \cdots & \cdots & \\ a_{i1} & a_{i2} & \cdots & a_{in} \\ & \cdots & \cdots & \\ a_{n1} & a_{n2} & \cdots & a_{nn} \end{bmatrix}=-\det\begin{bmatrix} a_{11} & a_{12} & \cdots & a_{1n} \\ & \cdots & \cdots & \\ a_{i1} & a_{i2} & \cdots & a_{in} \\ & \cdots & \cdots & \\ a_{j1} & a_{j2} & \cdots & a_{jn} \\ & \cdots & \cdots & \\ a_{n1} & a_{n2} & \cdots & a_{nn} \end{bmatrix}=-\det\begin{bmatrix} \boldsymbol{a}_1 \\ \vdots \\ \boldsymbol{a}_i \\ \vdots \\ \boldsymbol{a}_j \\ \vdots \\ \boldsymbol{a}_n \end{bmatrix}$$

行多重線形性の 証明

行列Aのi行目を行ベクトル$[\,b_1\quad b_2\quad \cdots\quad b_n\,]$に取り替えた行列を$B$, 行列$A$の$i$行目を行ベクトル$[\,c_1\quad c_2\quad \cdots\quad c_n\,]$に取り替えた行列を$C$とする。求める行列式は, 次で与えられる。

$$\sum_{\sigma}\mathrm{sgn}(\sigma)\cdot a_{1\sigma(1)}\cdot\cdots\cdots\cdot\{kb_{\sigma(i)}+lc_{\sigma(i)}\}\cdot\cdots\cdots\cdot a_{n\sigma(n)}$$

ここで, σはn個の文字 1, 2, ……, nの置換全体を動き, $a_{1\sigma(1)}$から数えてi番目が$kb_{\sigma(i)}+lc_{\sigma(i)}$である。これを計算すると

$$\begin{aligned}(\text{与式})&=\sum_{\sigma}\mathrm{sgn}(\sigma)\{ka_{1\sigma(1)}\cdot\cdots\cdots\cdot b_{\sigma(i)}\cdot\cdots\cdots\cdot a_{n\sigma(n)}+la_{1\sigma(1)}\cdot\cdots\cdots\cdot c_{\sigma(i)}\cdot\cdots\cdots\cdot a_{n\sigma(n)}\}\\&=k\sum_{\sigma}\mathrm{sgn}(\sigma)a_{1\sigma(1)}\cdot\cdots\cdots\cdot b_{\sigma(i)}\cdot\cdots\cdots\cdot a_{n\sigma(n)}+l\sum_{\sigma}\mathrm{sgn}(\sigma)a_{1\sigma(1)}\cdot\cdots\cdots\cdot c_{\sigma(i)}\cdot\cdots\cdots\cdot a_{n\sigma(n)}\\&=k\cdot\det(B)+l\cdot\det(C)\end{aligned}$$ ■

次に, 行交代性を証明するために, iとjを入れ替える互換を$\tau=(i\quad j)$, 行列Aのi行目とj行目を入れ替えて得られる行列をBとする。すなわち, $B=\begin{bmatrix}\boldsymbol{a}_{\tau(1)}\\ \boldsymbol{a}_{\tau(2)}\\ \vdots\\ \boldsymbol{a}_{\tau(n)}\end{bmatrix}$である。

互換の符号は -1 であるから, 行交代性の定理は, 次のより一般的な定理から得られる。

定理　行交代性　※線形代数テキスト 112 ページ, 定理 2-3

$A=\begin{bmatrix}\boldsymbol{a}_1\\ \boldsymbol{a}_2\\ \vdots\\ \boldsymbol{a}_n\end{bmatrix}$, $B=\begin{bmatrix}\boldsymbol{a}_{\tau(1)}\\ \boldsymbol{a}_{\tau(2)}\\ \vdots\\ \boldsymbol{a}_{\tau(n)}\end{bmatrix}$とするとき　$\det(B)=\mathrm{sgn}(\tau)\cdot\det(A)$

証明　$$\det(B)=\sum_{\sigma}\mathrm{sgn}(\sigma)a_{\tau(1)\sigma(1)}a_{\tau(2)\sigma(2)}\cdot\cdots\cdots\cdot a_{\tau(n)\sigma(n)}$$

任意の$i=1,\ 2,\ \cdots\cdots,\ n$について$\sigma(i)=\sigma\tau^{-1}(\tau(i))$であるから

$$a_{\tau(1)\sigma(1)}a_{\tau(2)\sigma(2)}\cdot\cdots\cdots\cdot a_{\tau(n)\sigma(n)}=a_{\tau(1)\sigma\tau^{-1}(\tau(1))}a_{\tau(2)\sigma\tau^{-1}(\tau(2))}\cdot\cdots\cdots\cdot a_{\tau(n)\sigma\tau^{-1}(\tau(n))}$$

最後の積の順序を入れ替えることにより

$$a_{\tau(1)\sigma\tau^{-1}(\tau(1))}a_{\tau(2)\sigma\tau^{-1}(\tau(2))}\cdot\cdots\cdots\cdot a_{\tau(n)\sigma\tau^{-1}(\tau(n))}=a_{1\sigma\tau^{-1}(1)}a_{2\sigma\tau^{-1}(2)}\cdot\cdots\cdots\cdot a_{n\sigma\tau^{-1}(n)}$$

σがn個の文字 1, 2, ……, nの置換全体を動くとき, $\sigma\tau^{-1}$もn個の文字 1, 2, ……, nの置換全体を動く。よって, $\rho=\sigma\tau^{-1}$とおいて, ρをn個の文字 1, 2, ……, nの置換全体を動かすと, $\sigma=\rho\tau$であるから

$$\det(B)=\sum_{\rho}\mathrm{sgn}(\rho\tau)a_{1\rho(1)}a_{2\rho(2)}\cdot\cdots\cdots\cdot a_{n\rho(n)}$$

121 ページで扱った置換の合成公式の定理より

$$\begin{aligned}\det(B)&=\sum_{\rho}\mathrm{sgn}(\rho)\mathrm{sgn}(\tau)a_{1\rho(1)}a_{2\rho(2)}\cdot\cdots\cdots\cdot a_{n\rho(n)}=\mathrm{sgn}(\tau)\sum_{\rho}\mathrm{sgn}(\rho)a_{1\rho(1)}a_{2\rho(2)}\cdot\cdots\cdots\cdot a_{n\rho(n)}\\&=\mathrm{sgn}(\tau)\cdot\det(A)\end{aligned}$$

よって, 定理は証明された。 ■

基本 例題 060 多重線形性と交代性 ★☆☆

n 次正方行列 A と定数 c について，$\det(cA)=c^n\cdot\det(A)$ であることを示せ。

指針 124 ページで扱った次の行多重線形性の定理を繰り返し用いて示す。

定理 行多重線形性

行列 A の 1 つの行 $\boldsymbol{a}_i$ が，$\boldsymbol{a}_i=k\boldsymbol{b}+l\boldsymbol{c}$（$k$，$l$ は定数で，$\boldsymbol{b}=[\,b_1 \ \ b_2 \ \ \cdots \ \ b_n\,]$，$\boldsymbol{c}=[\,c_1 \ \ c_2 \ \ \cdots \ \ c_n\,]$）の形のとき

$$\det\begin{bmatrix}\boldsymbol{a}_1\\ \vdots\\ k\boldsymbol{b}+l\boldsymbol{c}\\ \vdots\\ \boldsymbol{a}_n\end{bmatrix}=k\cdot\det\begin{bmatrix}\boldsymbol{a}_1\\ \vdots\\ \boldsymbol{b}\\ \vdots\\ \boldsymbol{a}_n\end{bmatrix}+l\cdot\det\begin{bmatrix}\boldsymbol{a}_1\\ \vdots\\ \boldsymbol{c}\\ \vdots\\ \boldsymbol{a}_n\end{bmatrix}\leftarrow i \text{ 行目}$$

解答 n 次正方行列 A の i 行目（$i=1$，2，……，n）の行ベクトルを $\boldsymbol{a}_i$ とすると

$$A=\begin{bmatrix}\boldsymbol{a}_1\\ \boldsymbol{a}_2\\ \boldsymbol{a}_3\\ \vdots\\ \boldsymbol{a}_n\end{bmatrix} \qquad \text{よって} \qquad cA=\begin{bmatrix}c\boldsymbol{a}_1\\ c\boldsymbol{a}_2\\ c\boldsymbol{a}_3\\ \vdots\\ c\boldsymbol{a}_n\end{bmatrix}$$

このとき，行多重線形性により

$$\det(cA)=c\cdot\det\begin{bmatrix}\boldsymbol{a}_1\\ c\boldsymbol{a}_2\\ c\boldsymbol{a}_3\\ \vdots\\ c\boldsymbol{a}_n\end{bmatrix}=c^2\cdot\det\begin{bmatrix}\boldsymbol{a}_1\\ \boldsymbol{a}_2\\ c\boldsymbol{a}_3\\ \vdots\\ c\boldsymbol{a}_n\end{bmatrix}$$

同様にして　$\det(cA)=c^n\cdot\det\begin{bmatrix}\boldsymbol{a}_1\\ \boldsymbol{a}_2\\ \boldsymbol{a}_3\\ \vdots\\ \boldsymbol{a}_n\end{bmatrix}=c^n\cdot\det(A)$ ■

研究 行多重線形性の定理と行交代性の定理から，行列式に関する次の 系 が得られる。

系 n 次正方行列 A について，その i 行目（$i=1$，2，……，n）の行ベクトルを $\boldsymbol{a}_i$ とする。

[1] 1 つの行の成分がすべて 0 であるとき，
すなわち，ある整数 i が存在して $\boldsymbol{a}_i=\boldsymbol{0}$（零ベクトル）となるとき　$\det(A)=0$

[2] 2 つの行 $\boldsymbol{a}_i$，$\boldsymbol{a}_j$（$i\neq j$）について，$\boldsymbol{a}_i=c\cdot\boldsymbol{a}_j$（$c$ は定数）ならば　$\det(A)=0$

基本 例題 061 転置行列の行列式 ★☆☆

次の 2 つの 定理 を証明せよ。

定理 列多重線形性

A を n 次正方行列とし，行列 A の 1 つの列 $\boldsymbol{a}_i$ が，$\boldsymbol{a}_i=k\boldsymbol{b}+l\boldsymbol{c}$

$\left(k,\ l\text{ は定数で，}\boldsymbol{b}=\begin{bmatrix} b_1 \\ b_2 \\ \vdots \\ b_n \end{bmatrix},\ \boldsymbol{c}=\begin{bmatrix} c_1 \\ c_2 \\ \vdots \\ c_n \end{bmatrix}\right)$ の形のとき

$$\det[\,\boldsymbol{a}_1 \ \cdots \ \overset{i\text{列目}}{k\boldsymbol{b}+l\boldsymbol{c}} \ \cdots \ \boldsymbol{a}_n\,]$$

$$=k\cdot\det[\,\boldsymbol{a}_1 \ \cdots \ \overset{i\text{列目}}{\boldsymbol{b}} \ \cdots \ \boldsymbol{a}_n\,]+l\cdot\det[\,\boldsymbol{a}_1 \ \cdots \ \overset{i\text{列目}}{\boldsymbol{c}} \ \cdots \ \boldsymbol{a}_n\,]$$

すなわち

$$\det\begin{bmatrix} a_{11} & \cdots & \overset{i\text{列目}}{kb_1+lc_1} & \cdots & a_{1n} \\ a_{21} & \cdots & kb_2+lc_2 & \cdots & a_{2n} \\ & \cdots & \vdots & \cdots & \\ a_{n1} & \cdots & kb_n+lc_n & \cdots & a_{nn} \end{bmatrix}$$

$$=k\cdot\det\begin{bmatrix} a_{11} & \cdots & \overset{i\text{列目}}{b_1} & \cdots & a_{1n} \\ a_{21} & \cdots & b_2 & \cdots & a_{2n} \\ & \cdots & \vdots & \cdots & \\ a_{n1} & \cdots & b_n & \cdots & a_{nn} \end{bmatrix}+l\cdot\det\begin{bmatrix} a_{11} & \cdots & \overset{i\text{列目}}{c_1} & \cdots & a_{1n} \\ a_{21} & \cdots & c_2 & \cdots & a_{2n} \\ & \cdots & \vdots & \cdots & \\ a_{n1} & \cdots & c_n & \cdots & a_{nn} \end{bmatrix}$$

定理 列交代性

n 次正方行列 $A=[\,\boldsymbol{a}_1 \ \ \boldsymbol{a}_2 \ \ \cdots \ \ \boldsymbol{a}_n\,]$ と，n 個の文字 1，2，……，n の置換 τ について，次が成り立つ。

$$\det[\,\boldsymbol{a}_{\tau(1)} \ \ \boldsymbol{a}_{\tau(2)} \ \ \cdots \ \ \boldsymbol{a}_{\tau(n)}\,]=\mathrm{sgn}(\tau)\cdot\det[\,\boldsymbol{a}_1 \ \ \boldsymbol{a}_2 \ \ \cdots \ \ \boldsymbol{a}_n\,]$$

特に，行列 A の i 列目と j 列目 $(i\neq j)$ を入れ替えた行列の行列式について，次が成り立つ。

$$\det[\,\boldsymbol{a}_1 \cdots \overset{i\text{列目}}{\boldsymbol{a}_j} \cdots \overset{j\text{列目}}{\boldsymbol{a}_i} \cdots \boldsymbol{a}_n\,]=-\det[\,\boldsymbol{a}_1 \cdots \overset{i\text{列目}}{\boldsymbol{a}_i} \cdots \overset{j\text{列目}}{\boldsymbol{a}_j} \cdots \boldsymbol{a}_n\,]$$

すなわち

$$\det\begin{bmatrix} \cdots & \overset{i\text{列目}}{a_{1j}} & \cdots & \overset{j\text{列目}}{a_{1i}} & \cdots \\ \cdots & a_{2j} & \cdots & a_{2i} & \cdots \\ \cdots & \vdots & \cdots & \vdots & \cdots \\ \cdots & a_{nj} & \cdots & a_{ni} & \cdots \end{bmatrix} = -\det\begin{bmatrix} \cdots & \overset{i\text{列目}}{a_{1i}} & \cdots & \overset{j\text{列目}}{a_{1j}} & \cdots \\ \cdots & a_{2i} & \cdots & a_{2j} & \cdots \\ \cdots & \vdots & \cdots & \vdots & \cdots \\ \cdots & a_{ni} & \cdots & a_{nj} & \cdots \end{bmatrix}$$

指針　次の定理と行多重線形性の定理と，行交代性の定理を用いて示す。

定理　**転置行列の行列式**　※証明は，線形代数テキストの114ページを参照。
Aをn次正方行列とするとき，$\det({}^tA)=\det(A)$ が成り立つ。

解答　[1]　**定理**　**列多重線形性**　について

$$\det[\,\boldsymbol{a}_1\ \cdots\ \overset{i\text{列目}}{k\boldsymbol{b}+l\boldsymbol{c}}\ \cdots\ \boldsymbol{a}_n\,]$$

$$=\det\begin{bmatrix} {}^t\boldsymbol{a}_1 \\ \vdots \\ k{}^t\boldsymbol{b}+l{}^t\boldsymbol{c} \\ \vdots \\ {}^t\boldsymbol{a}_n \end{bmatrix} = k\cdot\det\begin{bmatrix} {}^t\boldsymbol{a}_1 \\ \vdots \\ {}^t\boldsymbol{b} \\ \vdots \\ {}^t\boldsymbol{a}_n \end{bmatrix} + l\cdot\det\begin{bmatrix} {}^t\boldsymbol{a}_1 \\ \vdots \\ {}^t\boldsymbol{c} \\ \vdots \\ {}^t\boldsymbol{a}_n \end{bmatrix} \leftarrow i\text{行目}$$

$$=k\cdot\det[\,\boldsymbol{a}_1\ \cdots\ \overset{i\text{列目}}{\boldsymbol{b}}\ \cdots\ \boldsymbol{a}_n\,]+l\cdot\det[\,\boldsymbol{a}_1\ \cdots\ \overset{i\text{列目}}{\boldsymbol{c}}\ \cdots\ \boldsymbol{a}_n\,]$$

[2]　**定理**　**列交代性**　について

$$\det[\,\boldsymbol{a}_{\tau(1)}\ \ \boldsymbol{a}_{\tau(2)}\ \ \cdots\ \ \boldsymbol{a}_{\tau(n)}\,]$$

$$=\det\begin{bmatrix} {}^t\boldsymbol{a}_{\tau(1)} \\ {}^t\boldsymbol{a}_{\tau(2)} \\ \vdots \\ {}^t\boldsymbol{a}_{\tau(n)} \end{bmatrix} = \mathrm{sgn}(\tau)\cdot\det\begin{bmatrix} {}^t\boldsymbol{a}_1 \\ {}^t\boldsymbol{a}_2 \\ \vdots \\ {}^t\boldsymbol{a}_n \end{bmatrix} = \mathrm{sgn}(\tau)\cdot\det[\,\boldsymbol{a}_1\ \ \boldsymbol{a}_2\ \ \cdots\ \ \boldsymbol{a}_n\,]$$

特に，行列Aのi列目とj列目 $(i\neq j)$ を入れ替えた行列の行列式について

$$\det[\,\boldsymbol{a}_1\ \cdots\ \overset{i\text{列目}}{\boldsymbol{a}_j}\ \cdots\ \overset{j\text{列目}}{\boldsymbol{a}_i}\ \cdots\ \boldsymbol{a}_n\,]=\det\begin{bmatrix} {}^t\boldsymbol{a}_1 \\ \vdots \\ {}^t\boldsymbol{a}_j \\ \vdots \\ {}^t\boldsymbol{a}_i \\ \vdots \\ {}^t\boldsymbol{a}_n \end{bmatrix} = -\det\begin{bmatrix} {}^t\boldsymbol{a}_1 \\ \vdots \\ {}^t\boldsymbol{a}_i \\ \vdots \\ {}^t\boldsymbol{a}_j \\ \vdots \\ {}^t\boldsymbol{a}_n \end{bmatrix} \begin{matrix} \\ \\ \leftarrow i\text{行目} \\ \\ \leftarrow j\text{行目} \\ \\ \\ \end{matrix}$$

$$=-\det[\,\boldsymbol{a}_1\ \cdots\ \overset{i\text{列目}}{\boldsymbol{a}_i}\ \cdots\ \overset{j\text{列目}}{\boldsymbol{a}_j}\ \cdots\ \boldsymbol{a}_n\,]$$ ■

基本 例題 062 置換と行列式 ★☆☆

n 次正方行列 A の i 列目 ($i=1,\ 2,\ \cdots\cdots,\ n$) の列ベクトルを $\boldsymbol{a}_i$ とする。このとき，次を示せ。

(1) 1つの列の成分がすべて0であるとき，すなわち，$\boldsymbol{a}_i=\boldsymbol{0}$ (零ベクトル) となる i が存在しているとき，$\det(A)=0$ である。

(2) 2つの列 $\boldsymbol{a}_i$，$\boldsymbol{a}_j$ ($i\neq j$) について，$\boldsymbol{a}_i=c\cdot\boldsymbol{a}_j$ (c は定数) ならば，$\det(A)=0$ である。

指針 (1) 任意の置換 σ について

$$a_{1\sigma(1)}a_{2\sigma(2)}\cdots\cdots\cdot a_{n\sigma(n)}=0$$

となることを用いる。

(2) 基本例題 061 で示した，列多重線形性の定理と，列交代性の定理を用いて示す。

解答 (1) $\boldsymbol{a}_i=\boldsymbol{0}$ であるから，すべての $j=1,\ 2,\ \cdots\cdots,\ n$ について　$a_{ji}=0$

ゆえに，任意の置換 σ について　$a_{1\sigma(1)}a_{2\sigma(2)}\cdots\cdots a_{n\sigma(n)}=0$

よって行列式の定義により　$\det(A)=0$ ■

(2) [1] $c=0$ のとき

(1)により　$\det(A)=0$

[2] $c\neq 0$ のとき

$$\det(A)=\det[\cdots\ \overset{i\text{列目}}{\boldsymbol{a}_i}\ \cdots\ \overset{j\text{列目}}{\boldsymbol{a}_j}\ \cdots]=\det[\cdots\ \overset{i\text{列目}}{c\boldsymbol{a}_j}\ \cdots\ \overset{j\text{列目}}{\boldsymbol{a}_j}\ \cdots]$$

$$=c\cdot\det[\cdots\ \overset{i\text{列目}}{\boldsymbol{a}_j}\ \cdots\ \overset{j\text{列目}}{\boldsymbol{a}_j}\ \cdots]$$

i 列目と j 列目を入れ替えて　$\det(A)=-c\cdot\det[\cdots\ \overset{i\text{列目}}{\boldsymbol{a}_j}\ \cdots\ \overset{j\text{列目}}{\boldsymbol{a}_j}\ \cdots]$

$c\neq 0$ であるから　$\det[\cdots\ \boldsymbol{a}_j\ \cdots\ \boldsymbol{a}_j\ \cdots]=0$

よって　$\det(A)=0$ ■

研究 (1)は，基本例題 070 で扱う余因子展開の定理を用いて示すこともできる。

◈行列式の計算

次の定理は，n 次正方行列の行列式の計算を，$n-1$ 次正方行列の行列式の計算に還元する（すなわち，行列の次数を下げる）ための方法を与える。

定理　還元定理

A を n 次正方行列とする。

[1]　下の左の図のように，行列 A において，1 列目の (1, 1) 成分の下がすべて 0 であるとする。このとき，行列 A の 2 行目および 2 列目以降でできる $n-1$ 次正方ブロック（下の左の図の陰影部）を A' とすると，$\det(A)=a_{11}\cdot\det(A')$ が成り立つ。

[2]　下の右の図のように，行列 A において，1 行目の (1, 1) 成分の右がすべて 0 であるとする。このとき，行列 A の 2 行目および 2 列目以降でできる $n-1$ 次正方ブロック（下の右の図の陰影部）を A' とすると，$\det(A)=a_{11}\cdot\det(A')$ が成り立つ。

$$A=\begin{bmatrix} a_{11} & * & \cdots & * \\ 0 & & & \\ \vdots & & A' & \\ 0 & & & \end{bmatrix} \qquad A=\begin{bmatrix} a_{11} & 0 & \cdots & 0 \\ * & & & \\ \vdots & & A' & \\ * & & & \end{bmatrix}$$

[2] の証明は次の通りである。

証明　σ が n 個の文字 1，2，……，n の置換全体を動くとすると

$$\det(A)=\sum_{\sigma}\mathrm{sgn}(\sigma)a_{1\sigma(1)}a_{2\sigma(2)}\cdots\cdots a_{n\sigma(n)}$$

仮定から，$\sigma(1)\neq1$ ならば $a_{1\sigma(1)}=0$ であるから，σ は n 個の文字 1，2，……，n の置換全体の中で 1 を固定する（$\sigma(1)=1$）もののみを動くとしてよい。

このような σ は，$n-1$ 個の文字 2，3，……，n を置換する。また，σ を 1，2，……，n の置換とみた場合の転倒数と，2，3，……，n の置換とみた場合の転倒数は同じである。よって，σ を 1，2，……，n の置換とみた場合の符号と，2，3，……，n の置換とみた場合の符号は同じである。1，2，……，n の置換全体のうち 1 を固定する置換全体は，2，3，……，n の置換全体と一致するから，次が成り立つ。

$$\det(A)=\sum_{\sigma'}\mathrm{sgn}(\sigma')a_{11}a_{2\sigma'(2)}\cdots\cdots a_{n\sigma'(n)}=a_{11}\sum_{\sigma'}\mathrm{sgn}(\sigma')a_{2\sigma'(2)}\cdots\cdots a_{n\sigma'(n)}$$

ここで，σ' は 2，3，……，n の置換全体を動く。最後の σ' についての和は，行列 A の 2 行目および 2 列目以降でできる $n-1$ 次正方ブロック A' の行列式に他ならない。

よって　　$\det(A)=a_{11}\cdot\det(A')$　■

3 行列式の計算

基本 例題 063 還元定理の証明 ★☆☆

基本例題 061 の指針で扱った転置行列の行列式についての定理と，130 ページの還元定理の [1] を用いて，還元定理の [2] を証明せよ。

指針 **転置行列の行列式についての定理**

A を n 次正方行列とするとき，$\det({}^tA)=\det(A)$ が成り立つ。

解答 $\det({}^tA)=a_{11}\cdot\det({}^tA')$ ◀130 ページの還元定理 [1] より。

ここで $\det({}^tA)=\det(A)$，$\det({}^tA')=\det(A')$

よって $\det(A)=a_{11}\cdot\det(A')$ ■

基本 例題 064 上三角行列・下三角行列の行列式 ★☆☆

n 次の上三角行列 $A=[a_{ij}]$ について，$\det({}^tAA)$ を求めよ。

指針 次の定理は重要である。この定理と還元定理から得られる 系 を用いて求める。

定理 **行列式の積公式** ※証明は，線形代数テキストの 116，117 ページを参照。

A，B を n 次正方行列とするとき，$\det(AB)=\det(A)\det(B)$ が成り立つ。

系 **上三角行列・下三角行列の行列式**

[1] $A=[a_{ij}]$ を n 次の上三角行列，すなわち $i>j$ ならば $a_{ij}=0$ であるような n 次正方行列とする。このとき，行列 A の行列式は，行列 A の対角成分の積であり，$\det(A)=a_{11}a_{22}\cdot\cdots\cdots\cdot a_{nn}$ が成り立つ。

[2] $A=[a_{ij}]$ を n 次の下三角行列，すなわち $i<j$ ならば $a_{ij}=0$ であるような n 次正方行列とする。このとき，行列 A の行列式は，行列 A の対角成分の積であり，$\det(A)=a_{11}a_{22}\cdot\cdots\cdots\cdot a_{nn}$ が成り立つ。

解答 行列 A は上三角行列であるから

$$\det(A)=a_{11}a_{22}\cdot\cdots\cdots\cdot a_{nn}$$

また $\det({}^tA)=\det(A)$

よって $\det({}^tAA)=\det({}^tA)\det(A)=\{\det(A)\}^2$

$$=(a_{11}a_{22}\cdot\cdots\cdots\cdot a_{nn})^2=\boldsymbol{a}_{11}{}^2\boldsymbol{a}_{22}{}^2\cdot\cdots\cdots\cdot\boldsymbol{a}_{nn}{}^2$$

研究 A が n 次の下三角行列でも，$\det({}^tAA)$ の値は，上と同じになる。なお，指針で扱った定理から次の 系 が得られる。

系 **逆行列の行列式** ※証明は，線形代数テキストの 118 ページを参照。

A が n 次の正則行列ならば $\det(A)\neq 0$

また，このとき，行列 A の逆行列 A^{-1} について，$\det(A^{-1})=\dfrac{1}{\det(A)}$ が成り立つ。

基本 例題 065 基本変形と行列式 ①　★☆☆

次の 定理 の (2) を証明せよ。

定理　基本操作と行列式

(1)　n 次正方行列 A に対する行基本操作について，次が成り立つ。

[1]　i 行目と j 行目を入れ替える（ⓘ $\longleftrightarrow$ ⓙ，$i \neq j$）と，行列式は -1 倍される。

[2]　i 行目を c 倍する（ⓘ$\times c$，$c \neq 0$）と，行列式は c 倍される。

[3]　j 行目の c 倍を i 行目に足す（ⓙ$\times c+$ⓘ，c は定数，$i \neq j$）と，行列式は変わらない。

(2)　n 次正方行列 A に対する列基本操作について，次が成り立つ。

[1]　i 列目と j 列目を入れ替える（$\boxed{i} \longleftrightarrow \boxed{j}$，$i \neq j$）と，行列式は -1 倍される。

[2]　i 列目を c 倍する（$\boxed{i}\times c$，$c \neq 0$）と，行列式は c 倍される。

[3]　j 列目の c 倍を i 列目に足す（$\boxed{j}\times c+\boxed{i}$，$c$ は定数，$i \neq j$）と，行列式は変わらない。

指針　(1) の証明は，線形代数テキストの 122 ページを参照。その証明をまねる。第 3 章で扱った基本行列について，次の定理が成り立つ。

定理　基本行列の行列式

[1]　$\det(P_{ij})=-1$　$(i \neq j)$

[2]　$\det(P_i(c))=c$　$(c \neq 0)$

[3]　$\det(P_{ij}(a))=1$　（a は定数，$i \neq j$）

基本例題 064 の指針で扱った，次の行列式の積公式の定理を用いて証明する。

定理　行列式の積公式

A，B を n 次正方行列とするとき，$\det(AB)=\det(A)\det(B)$ が成り立つ。

解答　[1] について

行列 A の i 列目と j 列目を入れ替えた行列は　AP_{ij}

$\det(P_{ij})=-1$ であるから　$\det(AP_{ij})=\det(A)\det(P_{ij})=-\det(A)$

[2] について

行列 A の i 列目を c 倍した行列は　$AP_i(c)$

$\det(P_i(c))=c$ であるから　$\det(AP_i(c))=\det(A)\det(P_i(c))=c\cdot\det(A)$

[3] について

行列 A の j 列目の c 倍を i 列目に足した行列は　$AP_{ij}(c)$

$\det(P_{ij}(c))=1$ であるから　$\det(AP_{ij}(c))=\det(A)\det(P_{ij}(c))=\det(A)$

以上から，定理の (2) は成り立つ。 ■

基本 例題 066 基本変形と行列式 ② ★☆☆

行および列に関する多重線形性と交代性を用いて，次の **定理** を証明せよ。

定理 基本操作と行列式

(1) n 次正方行列 A に対する行基本操作について，次が成り立つ。

[1] i 行目と j 行目を入れ替える（ⓘ $\longleftrightarrow$ ⓙ，$i \neq j$）と，行列式は -1 倍される。

[2] i 行目を c 倍する（ⓘ $\times c$，$c \neq 0$）と，行列式は c 倍される。

[3] j 行目の c 倍を i 行目に足す（ⓙ $\times c +$ ⓘ，c は定数，$i \neq j$）と，行列式は変わらない。

(2) n 次正方行列 A に対する列基本操作について，次が成り立つ。

[1] i 列目と j 列目を入れ替える（$\boxed{i} \longleftrightarrow \boxed{j}$，$i \neq j$）と，行列式は -1 倍される。

[2] i 列目を c 倍する（$\boxed{i} \times c$，$c \neq 0$）と，行列式は c 倍される。

[3] j 列目の c 倍を i 列目に足す（$\boxed{j} \times c + \boxed{i}$，$c$ は定数，$i \neq j$）と，行列式は変わらない。

指針 行および列に関する多重線形性の定理と交代性を用いて証明する。

解答 (1) [1] について

行交代性から
$$\det\begin{bmatrix} \boldsymbol{a}_1 \\ \vdots \\ \boldsymbol{a}_j \\ \vdots \\ \boldsymbol{a}_i \\ \vdots \\ \boldsymbol{a}_n \end{bmatrix} = -\det\begin{bmatrix} \boldsymbol{a}_1 \\ \vdots \\ \boldsymbol{a}_i \\ \vdots \\ \boldsymbol{a}_j \\ \vdots \\ \boldsymbol{a}_n \end{bmatrix} \begin{matrix} \\ \\ \leftarrow i \text{ 行目} \\ \\ \leftarrow j \text{ 行目} \\ \\ \\ \end{matrix}$$

[2] について

行多重線形性から
$$\det\begin{bmatrix} \boldsymbol{a}_1 \\ \vdots \\ c\boldsymbol{a}_i \\ \vdots \\ \boldsymbol{a}_n \end{bmatrix} = c \cdot \det\begin{bmatrix} \boldsymbol{a}_1 \\ \vdots \\ \boldsymbol{a}_i \\ \vdots \\ \boldsymbol{a}_n \end{bmatrix} \begin{matrix} \\ \\ \leftarrow i \text{ 行目} \\ \\ \\ \end{matrix}$$

[3] について

行多重線形性から

$$\det\begin{bmatrix} \boldsymbol{a}_1 \\ \vdots \\ \boldsymbol{a}_i + c\boldsymbol{a}_j \\ \vdots \\ \boldsymbol{a}_j \\ \vdots \\ \boldsymbol{a}_n \end{bmatrix} = \det\begin{bmatrix} \boldsymbol{a}_1 \\ \vdots \\ \boldsymbol{a}_i \\ \vdots \\ \boldsymbol{a}_j \\ \vdots \\ \boldsymbol{a}_n \end{bmatrix} + c\cdot\det\begin{bmatrix} \boldsymbol{a}_1 \\ \vdots \\ \boldsymbol{a}_j \\ \vdots \\ \boldsymbol{a}_j \\ \vdots \\ \boldsymbol{a}_n \end{bmatrix} = \det\begin{bmatrix} \boldsymbol{a}_1 \\ \vdots \\ \boldsymbol{a}_i \\ \vdots \\ \boldsymbol{a}_j \\ \vdots \\ \boldsymbol{a}_n \end{bmatrix} \begin{matrix} \\ \\ \leftarrow i\text{ 行目} \\ \\ \leftarrow j\text{ 行目} \\ \\ \\ \end{matrix}$$

(2) [1] について

列交代性から

$$\det[\,\boldsymbol{a}_1 \ \cdots \ \underset{}{\overset{i\text{ 列目}}{\boldsymbol{a}_j}} \ \cdots \ \overset{j\text{ 列目}}{\boldsymbol{a}_i} \ \cdots \ \boldsymbol{a}_n\,] = -\det[\,\boldsymbol{a}_1 \ \cdots \ \overset{i\text{ 列目}}{\boldsymbol{a}_i} \ \cdots \ \overset{j\text{ 列目}}{\boldsymbol{a}_j} \ \cdots \ \boldsymbol{a}_n\,]$$

[2] について

列多重線形性から

$$\det[\,\boldsymbol{a}_1 \ \cdots \ \overset{i\text{ 列目}}{c\boldsymbol{a}_i} \ \cdots \ \boldsymbol{a}_n\,] = c\cdot\det[\,\boldsymbol{a}_1 \ \cdots \ \overset{j\text{ 列目}}{\boldsymbol{a}_i} \ \cdots \ \boldsymbol{a}_n\,]$$

[3] について

列多重線形性から

$$\begin{aligned} &\det[\,\boldsymbol{a}_1 \ \cdots \ \overset{i\text{ 列目}}{\boldsymbol{a}_i + c\boldsymbol{a}_j} \ \cdots \ \overset{j\text{ 列目}}{\boldsymbol{a}_j} \ \cdots \ \boldsymbol{a}_n\,] \\ &= \det[\,\boldsymbol{a}_1 \ \cdots \ \overset{i\text{ 列目}}{\boldsymbol{a}_i} \ \cdots \ \overset{j\text{ 列目}}{\boldsymbol{a}_j} \ \cdots \ \boldsymbol{a}_n\,] + c\cdot\det[\,\boldsymbol{a}_1 \ \cdots \ \overset{i\text{ 列目}}{\boldsymbol{a}_j} \ \cdots \ \overset{j\text{ 列目}}{\boldsymbol{a}_j} \ \cdots \ \boldsymbol{a}_n\,] \\ &= \det[\,\boldsymbol{a}_1 \ \cdots \ \overset{i\text{ 列目}}{\boldsymbol{a}_i} \ \cdots \ \overset{j\text{ 列目}}{\boldsymbol{a}_j} \ \cdots \ \boldsymbol{a}_n\,] \end{aligned}$$

以上から，定理が成り立つ。 ■

基本 例題 067 基本変形と行列式 ③ ★☆☆

次の行列式を計算せよ。

(1) $\begin{vmatrix} 1 & 2 & 4 \\ 3 & 9 & 27 \\ -1 & 1 & -1 \end{vmatrix}$　　(2) $\begin{vmatrix} 1 & 0 & 1 & 0 \\ 2 & 1 & 2 & 1 \\ 3 & 2 & 4 & 2 \\ 4 & 3 & 6 & 4 \end{vmatrix}$　　(3) $\begin{vmatrix} 2 & 3 & 0 & 1 \\ 0 & 1 & 5 & 0 \\ 1 & 0 & 0 & 4 \\ 0 & 7 & 2 & 0 \end{vmatrix}$

指針 基本例題 066 で示した基本操作と行列式の定理と，130 ページで扱った還元定理を用いて計算する。

解答 (1)

$$\begin{vmatrix} 1 & 2 & 4 \\ 3 & 9 & 27 \\ -1 & 1 & -1 \end{vmatrix} \overset{\substack{\text{①}\times(-3)+\text{②} \\ \text{①}\times 1+\text{③}}}{=} \begin{vmatrix} 1 & 2 & 4 \\ 0 & 3 & 15 \\ 0 & 3 & 3 \end{vmatrix} \overset{\text{還元定理}}{=} \begin{vmatrix} 3 & 15 \\ 3 & 3 \end{vmatrix} = 3\cdot 3-15\cdot 3=\mathbf{-36}$$

(2)

$$\begin{vmatrix} 1 & 0 & 1 & 0 \\ 2 & 1 & 2 & 1 \\ 3 & 2 & 4 & 2 \\ 4 & 3 & 6 & 4 \end{vmatrix} \overset{\boxed{1}\times(-1)+\boxed{3}}{=} \begin{vmatrix} 1 & 0 & 0 & 0 \\ 2 & 1 & 0 & 1 \\ 3 & 2 & 1 & 2 \\ 4 & 3 & 2 & 4 \end{vmatrix} \overset{\text{還元定理}}{=} \begin{vmatrix} 1 & 0 & 1 \\ 2 & 1 & 2 \\ 3 & 2 & 4 \end{vmatrix}$$

$$\overset{\boxed{1}\times(-1)+\boxed{3}}{=} \begin{vmatrix} 1 & 0 & 0 \\ 2 & 1 & 0 \\ 3 & 2 & 1 \end{vmatrix} \overset{\text{還元定理}}{=} \begin{vmatrix} 1 & 0 \\ 2 & 1 \end{vmatrix} = 1\cdot 1-0\cdot 2=\mathbf{1}$$

(3)

$$\begin{vmatrix} 2 & 3 & 0 & 1 \\ 0 & 1 & 5 & 0 \\ 1 & 0 & 0 & 4 \\ 0 & 7 & 2 & 0 \end{vmatrix} \overset{\substack{\text{①}\leftrightarrow\text{③} \\ \text{②}\leftrightarrow\text{④}}}{=} \begin{vmatrix} 1 & 0 & 0 & 4 \\ 0 & 7 & 2 & 0 \\ 2 & 3 & 0 & 1 \\ 0 & 1 & 5 & 0 \end{vmatrix} \overset{\text{①}\times(-2)+\text{③}}{=} \begin{vmatrix} 1 & 0 & 0 & 4 \\ 0 & 7 & 2 & 0 \\ 0 & 3 & 0 & -7 \\ 0 & 1 & 5 & 0 \end{vmatrix}$$

$$\overset{\text{還元定理}}{=} \begin{vmatrix} 7 & 2 & 0 \\ 3 & 0 & -7 \\ 1 & 5 & 0 \end{vmatrix} \overset{\substack{\text{①}\leftrightarrow\text{③} \\ \text{②}\times(-1)}}{=} \begin{vmatrix} 1 & 5 & 0 \\ -3 & 0 & 7 \\ 7 & 2 & 0 \end{vmatrix}$$

$$\overset{\boxed{1}\times(-5)+\boxed{2}}{=} \begin{vmatrix} 1 & 0 & 0 \\ -3 & 15 & 7 \\ 7 & -33 & 0 \end{vmatrix} \overset{\text{還元定理}}{=} \begin{vmatrix} 15 & 7 \\ -33 & 0 \end{vmatrix} = 15\cdot 0-7\cdot(-33)$$

$$=\mathbf{231}$$

4　行列式の展開

基本 例題 068　行列の小行列式　★☆☆

次の行列と $(i,\ j)$ について，$(i,\ j)$ 小行列式（下の指針参照）を計算せよ。

(1) $\begin{bmatrix} 1 & 2 & 4 \\ 3 & 9 & 27 \\ -1 & 1 & -1 \end{bmatrix}$，$(2,\ 1)$　　(2) $\begin{bmatrix} 1 & 0 & 1 & 0 \\ 2 & 1 & 2 & 1 \\ 3 & 2 & 4 & 2 \\ 4 & 3 & 6 & 4 \end{bmatrix}$，$(2,\ 2)$

(3) $\begin{bmatrix} 2 & 3 & 0 & 1 \\ 0 & 1 & 5 & 0 \\ 1 & 0 & 0 & 4 \\ 0 & 7 & 2 & 0 \end{bmatrix}$，$(4,\ 3)$

指針　A を n 次正方行列とし，行列 A の，i 行目と j 列目をとり去ってできた $n-1$ 次正方行列の行列式を，行列 A の $(i,\ j)$ **小行列式** という。行列 A の $(i,\ j)$ 小行列式を m_{ij} とすると，次の図のようになる。

解答　(1)　$(2,\ 1)$ 小行列は $\begin{bmatrix} 2 & 4 \\ 1 & -1 \end{bmatrix}$ である。

よって　$\begin{vmatrix} 2 & 4 \\ 1 & -1 \end{vmatrix} = 2\cdot(-1)-4\cdot 1 = \mathbf{-6}$

(2)　$(2,\ 2)$ 小行列は $\begin{bmatrix} 1 & 1 & 0 \\ 3 & 4 & 2 \\ 4 & 6 & 4 \end{bmatrix}$ である。

よって　$\begin{vmatrix} 1 & 1 & 0 \\ 3 & 4 & 2 \\ 4 & 6 & 4 \end{vmatrix} \overset{\boxed{1}\times(-1)+\boxed{2}}{=} \begin{vmatrix} 1 & 0 & 0 \\ 3 & 1 & 2 \\ 4 & 2 & 4 \end{vmatrix} \overset{\text{還元定理}}{=} \begin{vmatrix} 1 & 2 \\ 2 & 4 \end{vmatrix} = 1\cdot 4-2\cdot 2 = \mathbf{0}$

(3)　$(4,\ 3)$ 小行列は $\begin{bmatrix} 2 & 3 & 1 \\ 0 & 1 & 0 \\ 1 & 0 & 4 \end{bmatrix}$ である。

よって　$\begin{vmatrix} 2 & 3 & 1 \\ 0 & 1 & 0 \\ 1 & 0 & 4 \end{vmatrix} \overset{\substack{① \leftrightarrow ③ \\ ②\times(-1)}}{=} \begin{vmatrix} 1 & 0 & 4 \\ 0 & -1 & 0 \\ 2 & 3 & 1 \end{vmatrix} \overset{①\times(-2)+③}{=} \begin{vmatrix} 1 & 0 & 4 \\ 0 & -1 & 0 \\ 0 & 3 & -7 \end{vmatrix} \overset{\text{還元定理}}{=} \begin{vmatrix} -1 & 0 \\ 3 & -7 \end{vmatrix}$

$= (-1)\cdot(-7)-0\cdot 3 = \mathbf{7}$

基本 例題 069 小行列式と余因子 ★☆☆

次のそれぞれの行列と $(i,\ j)$ について，$(i,\ j)$ 余因子を計算せよ。

(1) $\begin{bmatrix} 1 & 2 & 4 \\ 3 & 9 & 27 \\ -1 & 1 & -1 \end{bmatrix}$，$(2,\ 1)$　　(2) $\begin{bmatrix} 1 & 0 & 1 & 0 \\ 2 & 1 & 2 & 1 \\ 3 & 2 & 4 & 2 \\ 4 & 3 & 6 & 4 \end{bmatrix}$，$(2,\ 2)$

(3) $\begin{bmatrix} 2 & 3 & 0 & 1 \\ 0 & 1 & 5 & 0 \\ 1 & 0 & 0 & 4 \\ 0 & 7 & 2 & 0 \end{bmatrix}$，$(4,\ 3)$

指針 設定は，基本例題 068 とまったく同じである。$(i,\ j)$ 小行列式を用いて，$(i,\ j)$ 余因子を次で定義する。ここでは，3 次の行列式の計算は，下の 参考 で示した **サラスの方法** を使った。

定義 余因子
A を n 次正方行列とし，行列 A の $(i,\ j)$ 小行列式を m_{ij} とするとき，$\tilde{a}_{ij}=(-1)^{i+j}m_{ij}$ を，行列 A の $(i,\ j)$ **余因子** という。

解答 (1) $(2,\ 1)$ 小行列は $\begin{bmatrix} 2 & 4 \\ 1 & -1 \end{bmatrix}$ であり，行列式は $\begin{vmatrix} 2 & 4 \\ 1 & -1 \end{vmatrix}=2\cdot(-1)-4\cdot1=-6$

よって，$(2,\ 1)$ 余因子は　$(-1)^{2+1}\cdot(-6)=\mathbf{6}$

(2) $(2,\ 2)$ 小行列は $\begin{bmatrix} 1 & 1 & 0 \\ 3 & 4 & 2 \\ 4 & 6 & 4 \end{bmatrix}$ である。これを P とおくと

$$|P|=1\cdot4\cdot4+4\cdot1\cdot2+6\cdot3\cdot0-0\cdot4\cdot4-6\cdot2\cdot1-3\cdot1\cdot4=0$$

よって，$(2,\ 2)$ 余因子は　$(-1)^{2+2}\cdot0=\mathbf{0}$

(3) $(4,\ 3)$ 小行列は $\begin{bmatrix} 2 & 3 & 1 \\ 0 & 1 & 0 \\ 1 & 0 & 4 \end{bmatrix}$ である。これを Q とおくと

$$|Q|=2\cdot1\cdot4+1\cdot3\cdot0+0\cdot0\cdot1-1\cdot1\cdot1-0\cdot0\cdot2-0\cdot3\cdot4=7$$

よって，$(4,\ 3)$ 余因子は　$(-1)^{4+3}\cdot7=\mathbf{-7}$

参考 3 次行列の行列式の計算は，以下の **サラスの方法** が便利である。
図の赤線で示したような，「左上から右下」の方向の並び

$$a_{11}a_{22}a_{33},\quad a_{31}a_{12}a_{23},\quad a_{32}a_{21}a_{13}$$

に対しては符号＋を，図の灰色の線で示したような，「右上から左下」の方向の並び

$$a_{13}a_{22}a_{31},\quad a_{32}a_{23}a_{11},\quad a_{33}a_{12}a_{21}$$

に対しては符号－を，それぞれ付けて足す。

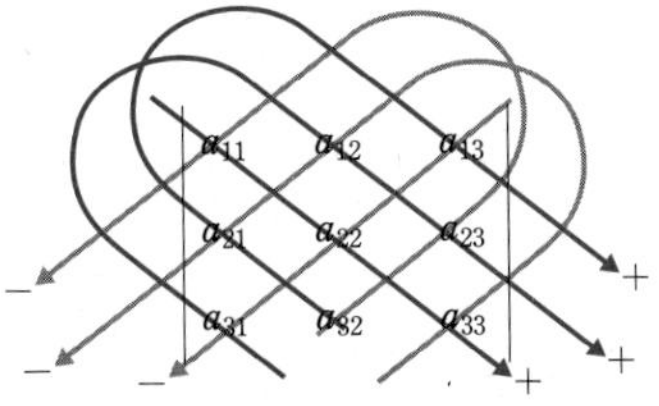

図　サラスの方法

基本 例題 070 行列式の余因子展開 ① ★☆☆

次の **定理** の (2) を証明せよ。

定理　余因子展開

n 次正方行列 $A=[a_{ij}]$ の $(i,\ j)$ 余因子を $\tilde{a}_{ij}$ で表すとする。このとき，次が成り立つ。

(1)　$\det(A)=a_{i1}\tilde{a}_{i1}+a_{i2}\tilde{a}_{i2}+\cdots\cdots+a_{in}\tilde{a}_{in}$　(i 行目における余因子展開)

(2)　$\det(A)=a_{1j}\tilde{a}_{1j}+a_{2j}\tilde{a}_{2j}+\cdots\cdots+a_{nj}\tilde{a}_{nj}$　(j 列目における余因子展開)

指針　(1) の証明は，線形代数テキストの 125〜127 ページを参照。その証明をまねる。
基本例題 061 で示した列多重線形性の定理，列交代性の定理と，行交代性の定理，更に 130 ページで扱った還元定理を用いて証明する。この定理も，還元定理と同様に，n 次正方行列の行列式の計算を $n-1$ 次正方行列の行列式の計算に還元する。

解答　j 列目の列ベクトルは，

$$\begin{bmatrix} a_{1j} \\ a_{2j} \\ a_{3j} \\ \vdots \\ \\ a_{nj} \end{bmatrix}=\begin{bmatrix} a_{1j} \\ 0 \\ 0 \\ \vdots \\ 0 \\ 0 \end{bmatrix}+\begin{bmatrix} 0 \\ a_{2j} \\ 0 \\ \vdots \\ 0 \\ 0 \end{bmatrix}+\cdots\cdots+\begin{bmatrix} 0 \\ 0 \\ 0 \\ \vdots \\ 0 \\ a_{nj} \end{bmatrix}$$

のように分解できる。

よって，列多重線形性から　$\det(A)=\sum_{i=1}^{n} D_i$　……①

ただし

$$D_i=\begin{vmatrix} a_{11} & \cdots & a_{1\,j-1} & 0 & a_{1\,j+1} & \cdots & a_{1n} \\ \vdots & & \vdots & \vdots & \vdots & & \vdots \\ a_{i-1\,1} & \cdots & a_{i-1\,j-1} & 0 & a_{i-1\,j+1} & \cdots & a_{i-1\,n} \\ * & \cdots & * & a_{ij} & * & \cdots & * \\ a_{i+1\,1} & \cdots & a_{i+1\,j-1} & 0 & a_{i+1\,j+1} & \cdots & a_{i+1\,n} \\ \vdots & & \vdots & \vdots & \vdots & & \vdots \\ a_{n1} & \cdots & a_{n\,j-1} & 0 & a_{n\,j+1} & \cdots & a_{nn} \end{vmatrix}$$

ここで，次のように，順番に列を入れ替える。

[1]　j 列目と $j-1$ 列目を入れ替える。

[2]　$j-1$ 列目と $j-2$ 列目を入れ替える。

⋮

[$j-1$]　2 列目と 1 列目を入れ替える。

よって，列交代性から

$$D_i=(-1)^{j-1}\cdot\begin{vmatrix} 0 & a_{11} & \cdots & a_{1\,j-1} & a_{1\,j+1} & \cdots & a_{1n} \\ \vdots & \vdots & & \vdots & \vdots & & \vdots \\ 0 & a_{i-1\,1} & \cdots & a_{i-1\,j-1} & a_{i-1\,j+1} & \cdots & a_{i-1\,n} \\ a_{ij} & * & \cdots & * & * & \cdots & * \\ 0 & a_{i+1\,1} & \cdots & a_{i+1\,j-1} & a_{i+1\,j+1} & \cdots & a_{i+1\,n} \\ \vdots & \vdots & & \vdots & \vdots & & \vdots \\ 0 & a_{n1} & \cdots & a_{n\,j-1} & a_{n\,j+1} & \cdots & a_{nn} \end{vmatrix}$$

また，次のように順番に行を入れ替える。

[1]　i 行目と $i-1$ 行目を入れ替える。

[2]　$i-1$ 行目と $i-2$ 行目を入れ替える。

⋮

[$i-1$]　2 行目と 1 行目を入れ替える。

よって，行交代性から

$$D_i=(-1)^{i-1}\cdot(-1)^{j-1}\cdot\begin{vmatrix} a_{ij} & * & \cdots & * & * & \cdots & * \\ 0 & a_{11} & \cdots & a_{1\,j-1} & a_{1\,j+1} & \cdots & a_{1n} \\ \vdots & \vdots & & \vdots & \vdots & & \vdots \\ 0 & a_{i-1\,1} & \cdots & a_{i-1\,j-1} & a_{i-1\,j+1} & \cdots & a_{i-1\,n} \\ 0 & a_{i+1\,1} & \cdots & a_{i+1\,j-1} & a_{i+1\,j+1} & \cdots & a_{i+1\,n} \\ \vdots & \vdots & & \vdots & \vdots & & \vdots \\ 0 & a_{n1} & \cdots & a_{n\,j-1} & a_{n\,j+1} & \cdots & a_{nn} \end{vmatrix}$$

ここで，$m_{ij}=\begin{vmatrix} a_{11} & \cdots & a_{1\,j-1} & a_{1\,j+1} & \cdots & a_{1n} \\ \vdots & & \vdots & \vdots & & \vdots \\ a_{i-1\,1} & \cdots & a_{i-1\,j-1} & a_{i-1\,j+1} & \cdots & a_{i-1\,n} \\ a_{i+1\,1} & \cdots & a_{i+1\,j-1} & a_{i+1\,j+1} & \cdots & a_{i+1\,n} \\ \vdots & & \vdots & \vdots & & \vdots \\ a_{n1} & \cdots & a_{n\,j-1} & a_{n\,j+1} & \cdots & a_{nn} \end{vmatrix}$ とすると

$$D_i=(-1)^{i+j}a_{ij}m_{ij}=a_{ij}\tilde{a}_{ij} \quad \cdots\cdots ②$$

② を ① に代入して　$\det(A)=\sum_{i=1}^{n}a_{ij}\tilde{a}_{ij}=a_{1j}\tilde{a}_{1j}+a_{2j}\tilde{a}_{2j}+\cdots\cdots+a_{nj}\tilde{a}_{nj}$ ■

基本 例題 071　行列式の余因子展開 ②　★☆☆

行列式 $\begin{vmatrix} 2 & 1 & 3 & 1 \\ 5 & 0 & 2 & 4 \\ 1 & 3 & 2 & -1 \\ 6 & 2 & 0 & 3 \end{vmatrix}$ を，2列目で余因子展開することで求めよ。

指針　基本例題 070 で証明した，次の余因子展開の定理(2)を用いて求める。

定理　余因子展開

n 次正方行列 $A=[a_{ij}]$ の $(i,\ j)$ 余因子を $\tilde{a}_{ij}$ で表すとする。このとき，次が成り立つ。

(1)　$\det(A)=a_{i1}\tilde{a}_{i1}+a_{i2}\tilde{a}_{i2}+\cdots\cdots+a_{in}\tilde{a}_{in}$　(i 行目における余因子展開)

(2)　$\det(A)=a_{1j}\tilde{a}_{1j}+a_{2j}\tilde{a}_{2j}+\cdots\cdots+a_{nj}\tilde{a}_{nj}$　(j 列目における余因子展開)

解答

$$\begin{vmatrix} 2 & 1 & 3 & 1 \\ 5 & 0 & 2 & 4 \\ 1 & 3 & 2 & -1 \\ 6 & 2 & 0 & 3 \end{vmatrix}$$

$$=1\cdot(-1)^{1+2}\cdot\begin{vmatrix} 5 & 2 & 4 \\ 1 & 2 & -1 \\ 6 & 0 & 3 \end{vmatrix}+3\cdot(-1)^{3+2}\cdot\begin{vmatrix} 2 & 3 & 1 \\ 5 & 2 & 4 \\ 6 & 0 & 3 \end{vmatrix}+2\cdot(-1)^{4+2}\cdot\begin{vmatrix} 2 & 3 & 1 \\ 5 & 2 & 4 \\ 1 & 2 & -1 \end{vmatrix}$$

ここで

$$\begin{vmatrix} 5 & 2 & 4 \\ 1 & 2 & -1 \\ 6 & 0 & 3 \end{vmatrix} \overset{\substack{①\leftrightarrow②\\ ③\times(-1)}}{=} \begin{vmatrix} 1 & 2 & -1 \\ 5 & 2 & 4 \\ -6 & 0 & -3 \end{vmatrix} \overset{\substack{①\times(-5)+②\\ ①\times6+③}}{=} \begin{vmatrix} 1 & 2 & -1 \\ 0 & -8 & 9 \\ 0 & 12 & -9 \end{vmatrix} \overset{\text{還元定理}}{=} \begin{vmatrix} -8 & 9 \\ 12 & -9 \end{vmatrix}=-36$$

$$\begin{vmatrix} 2 & 3 & 1 \\ 5 & 2 & 4 \\ 6 & 0 & 3 \end{vmatrix} \overset{\substack{\boxed{1}\leftrightarrow\boxed{3}\\ \boxed{2}\times(-1)}}{=} \begin{vmatrix} 1 & -3 & 2 \\ 4 & -2 & 5 \\ 3 & 0 & 6 \end{vmatrix} \overset{\substack{①\times(-4)+②\\ ①\times(-3)+③}}{=} \begin{vmatrix} 1 & -3 & 2 \\ 0 & 10 & -3 \\ 0 & 9 & 0 \end{vmatrix} \overset{\text{還元定理}}{=} \begin{vmatrix} 10 & -3 \\ 9 & 0 \end{vmatrix}=27$$

$$\begin{vmatrix} 2 & 3 & 1 \\ 5 & 2 & 4 \\ 1 & 2 & -1 \end{vmatrix} \overset{\substack{①\leftrightarrow③\\ ②\times(-1)}}{=} \begin{vmatrix} 1 & 2 & -1 \\ -5 & -2 & -4 \\ 2 & 3 & 1 \end{vmatrix} \overset{\substack{①\times5+②\\ ①\times(-2)+③}}{=} \begin{vmatrix} 1 & 2 & -1 \\ 0 & 8 & -9 \\ 0 & -1 & 3 \end{vmatrix} \overset{\text{還元定理}}{=} \begin{vmatrix} 8 & -9 \\ -1 & 3 \end{vmatrix}=15$$

よって　$\begin{vmatrix} 2 & 1 & 3 & 1 \\ 5 & 0 & 2 & 4 \\ 1 & 3 & 2 & -1 \\ 6 & 2 & 0 & 3 \end{vmatrix}=(-1)\cdot(-36)+(-3)\cdot27+2\cdot15=\mathbf{-15}$

基本 例題 072 行列式の余因子展開 ③ ★☆☆

次の 定理 の (2) を証明せよ。

定理 余因子展開（一般形）

n 次正方行列 $A=[a_{ij}]$ の $(i,\ j)$ 余因子を $\tilde{a}_{ij}$ で表すとする。
このとき，次が成り立つ。

(1) $a_{i1}\tilde{a}_{k1}+a_{i2}\tilde{a}_{k2}+\cdots\cdots+a_{in}\tilde{a}_{kn}=\begin{cases}\det(A) & (k=i \text{ のとき})\\ 0 & (k\neq i \text{ のとき})\end{cases}$

(2) $a_{1j}\tilde{a}_{1k}+a_{2j}\tilde{a}_{2k}+\cdots\cdots+a_{nj}\tilde{a}_{nk}=\begin{cases}\det(A) & (k=j \text{ のとき})\\ 0 & (k\neq j \text{ のとき})\end{cases}$

指針 (1) の証明は，線形代数テキストの 128 ページを参照。その証明をまねる。
基本例題 062 で示した事実を用いる。また，$k=j$ の場合は基本例題 070 で証明済みである。

解答 $k=j$ のときは成り立つ。 ◀基本例題 070 より。

$k\neq j$ のとき，行列 A の k 列目を，行列 A の j 列目でおき換えた行列を B とすると

$$B=\begin{bmatrix} a_{11} & \cdots & a_{1j} & \cdots & a_{1j} & \cdots & a_{1n}\\ a_{21} & \cdots & a_{2j} & \cdots & a_{2j} & \cdots & a_{2n}\\ \vdots & & \vdots & & \vdots & & \vdots\\ a_{n1} & \cdots & a_{nj} & \cdots & a_{nj} & \cdots & a_{nn}\end{bmatrix}$$

（j 列目，k 列目）

行列 B の $(i,\ k)$ 小行列式は，行列 A の $(i,\ k)$ 小行列式に一致するから，行列 B の $(i,\ k)$ 余因子は $\tilde{a}_{ik}$ に等しい。

よって，行列 B の行列式を k 列目で余因子展開すると

$$\det(B)=a_{1j}\tilde{a}_{1k}+a_{2j}\tilde{a}_{2k}+\cdots\cdots+a_{nj}\tilde{a}_{nk}$$

また，行列 B は j 列目と k 列目が一致するから　$\det(B)=0$ ◀基本例題 062 から。

よって　$a_{1j}\tilde{a}_{1k}+a_{2j}\tilde{a}_{2k}+\cdots\cdots+a_{nj}\tilde{a}_{nk}=0$

したがって，定理の (2) は成り立つ。 ■

◈余因子行列

A を n 次正方行列とするとき，行列 A に対して，その $(i,\ j)$ 余因子 $\tilde{a}_{ij}$ を，その $(j,\ i)$ 成分とする n 次正方行列を，行列 A の **余因子行列** という。すなわち，行列 A の余因子行列とは，n 次正方行列 $\tilde{A}$ で，その $(i,\ j)$ 成分が $\tilde{a}_{ji}$ で与えられるものである（$(i,\ j)$ 成分が $\tilde{a}_{ij}$ ではないことに注意する）。

したがって，$A=\begin{bmatrix} a_{11} & a_{12} & \cdots & a_{1n} \\ a_{21} & a_{22} & \cdots & a_{2n} \\ \vdots & \vdots & & \vdots \\ a_{n1} & a_{n2} & \cdots & a_{nn} \end{bmatrix}$ の余因子行列は　$\tilde{A}=\begin{bmatrix} \tilde{a}_{11} & \tilde{a}_{21} & \cdots & \tilde{a}_{n1} \\ \tilde{a}_{12} & \tilde{a}_{22} & \cdots & \tilde{a}_{n2} \\ \vdots & \vdots & & \vdots \\ \tilde{a}_{1n} & \tilde{a}_{2n} & \cdots & \tilde{a}_{nn} \end{bmatrix}$

基本例題 072 の定理（一般形の余因子展開）の (1) の式は，A と $\tilde{A}$ の積 $A\tilde{A}$ の $(i,\ k)$ 成分を計算している式である。

同様に，基本例題 072 の定理の (2) の式は，$\tilde{A}$ と A の積 $\tilde{A}A$ の $(k,\ j)$ 成分を計算している式である。

以上より，次の定理が成り立つ。

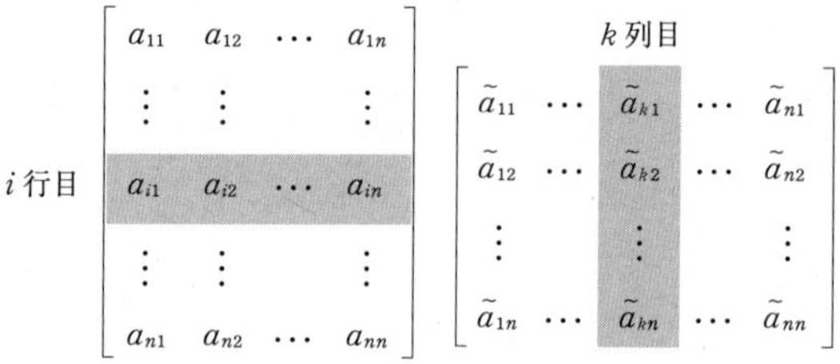

図　$A\tilde{A}$ の $(i,\ k)$ 成分の計算

定理　余因子展開（行列形）

A を n 次正方行列とし，行列 A の余因子行列を $\tilde{A}$ とすると

$$A\tilde{A}=\tilde{A}A=\begin{bmatrix} \det(A) & & & \text{\Large 0} \\ & \det(A) & & \\ \text{\Large 0} & & \ddots & \\ & & & \det(A) \end{bmatrix}(=\det(A)E)$$

基本例題 062 の 研究 で扱った 系 より，A が正則ならば，$\det(A)\neq 0$ である。このとき，

$B=\dfrac{1}{\det(A)}\tilde{A}$ とおくと，上の定理から　$AB=BA=E$

これは $B=\dfrac{1}{\det(A)}\tilde{A}$ が A の逆行列であることを示している。

よって，次の 系 が導かれた。

系　逆行列の明示公式

A を n 次正則行列とするとき，行列 A の逆行列 A^{-1} は，次で与えられる。

$$A^{-1}=\frac{1}{\det(A)}\tilde{A}\quad(\tilde{A}\ \text{は行列}\ A\ \text{の余因子行列})$$

基本 例題073 連立1次方程式の解法（クラメールの公式） ★☆☆

次の連立1次方程式を，クラメールの公式（下の指針参照）を用いて解け。

(1) $\begin{cases} 2x-3y=1 \\ 3x+4y=2 \end{cases}$　　(2) $\begin{cases} 2x-2y+3z=7 \\ 3x+2y-4z=-5 \\ 4x-3y+2z=4 \end{cases}$

指針 次の定理を用いて解く。

定理 クラメールの公式

n 個の未知数についての，n 個の方程式からなる，連立1次方程式 $A\boldsymbol{x}=\boldsymbol{b}$，$A=[a_{ij}]$，

$$\boldsymbol{x}=\begin{bmatrix} x_1 \\ x_2 \\ \vdots \\ x_n \end{bmatrix},\quad \boldsymbol{b}=\begin{bmatrix} b_1 \\ b_2 \\ \vdots \\ b_n \end{bmatrix} \quad \cdots\cdots (*)$$

において，係数行列 A が n 次の正則行列であるとする。

このとき，$(*)$ の唯一の解は

$$x=\begin{bmatrix} x_1 \\ x_2 \\ \vdots \\ x_n \end{bmatrix},\quad x_i=\frac{\det[\,\boldsymbol{a}_1 \ \cdots \ \boldsymbol{a}_{i-1} \ \boldsymbol{b} \ \boldsymbol{a}_{i+1} \ \cdots \ \boldsymbol{a}_n\,]}{\det(A)} \quad (i=1,\ 2,\ \cdots\cdots,\ n)$$

で与えられる。

ここで，$\boldsymbol{a}_i$ は行列 A の i 番目の列ベクトルを表し，$[\,\boldsymbol{a}_1 \ \cdots \ \boldsymbol{a}_{i-1} \ \boldsymbol{b} \ \boldsymbol{a}_{i+1} \ \cdots \ \boldsymbol{a}_n\,]$ は，行列 A の i 列目を $\boldsymbol{b}$ にとり替えて得られる n 次正方行列を表す。

解答 (1) $x=\dfrac{\begin{vmatrix} 1 & -3 \\ 2 & 4 \end{vmatrix}}{\begin{vmatrix} 2 & -3 \\ 3 & 4 \end{vmatrix}}$，$y=\dfrac{\begin{vmatrix} 2 & 1 \\ 3 & 2 \end{vmatrix}}{\begin{vmatrix} 2 & -3 \\ 3 & 4 \end{vmatrix}}$

ここで

$\begin{vmatrix} 2 & -3 \\ 3 & 4 \end{vmatrix}=2\cdot4-(-3)\cdot3=17$，$\begin{vmatrix} 1 & -3 \\ 2 & 4 \end{vmatrix}=1\cdot4-(-3)\cdot2=10$，$\begin{vmatrix} 2 & 1 \\ 3 & 2 \end{vmatrix}=2\cdot2-1\cdot3=1$

よって　$\boldsymbol{x=\dfrac{10}{17}}$，$\boldsymbol{y=\dfrac{1}{17}}$

(2)　$x=\dfrac{\begin{vmatrix} 7 & -2 & 3 \\ -5 & 2 & -4 \\ 4 & -3 & 2 \end{vmatrix}}{\begin{vmatrix} 2 & -2 & 3 \\ 3 & 2 & -4 \\ 4 & -3 & 2 \end{vmatrix}}$, $y=\dfrac{\begin{vmatrix} 2 & 7 & 3 \\ 3 & -5 & -4 \\ 4 & 4 & 2 \end{vmatrix}}{\begin{vmatrix} 2 & -2 & 3 \\ 3 & 2 & -4 \\ 4 & -3 & 2 \end{vmatrix}}$, $z=\dfrac{\begin{vmatrix} 2 & -2 & 7 \\ 3 & 2 & -5 \\ 4 & -3 & 4 \end{vmatrix}}{\begin{vmatrix} 2 & -2 & 3 \\ 3 & 2 & -4 \\ 4 & -3 & 2 \end{vmatrix}}$

ここで

$$\begin{vmatrix} 2 & -2 & 3 \\ 3 & 2 & -4 \\ 4 & -3 & 2 \end{vmatrix}=2\cdot(-1)^{1+1}\cdot\begin{vmatrix} 2 & -4 \\ -3 & 2 \end{vmatrix}+(-2)\cdot(-1)^{1+2}\cdot\begin{vmatrix} 3 & -4 \\ 4 & 2 \end{vmatrix}$$

$$+3\cdot(-1)^{1+3}\cdot\begin{vmatrix} 3 & 2 \\ 4 & -3 \end{vmatrix}$$

$$=2\cdot(-8)+2\cdot22+3\cdot(-17)=-23$$

$$\begin{vmatrix} 7 & -2 & 3 \\ -5 & 2 & -4 \\ 4 & -3 & 2 \end{vmatrix}=7\cdot(-1)^{1+1}\cdot\begin{vmatrix} 2 & -4 \\ -3 & 2 \end{vmatrix}+(-2)\cdot(-1)^{1+2}\cdot\begin{vmatrix} -5 & -4 \\ 4 & 2 \end{vmatrix}$$

$$+3\cdot(-1)^{1+3}\cdot\begin{vmatrix} -5 & 2 \\ 4 & -3 \end{vmatrix}$$

$$=7\cdot(-8)+2\cdot6+3\cdot7=-23$$

$$\begin{vmatrix} 2 & 7 & 3 \\ 3 & -5 & -4 \\ 4 & 4 & 2 \end{vmatrix}=2\cdot(-1)^{1+1}\cdot\begin{vmatrix} -5 & -4 \\ 4 & 2 \end{vmatrix}+7\cdot(-1)^{1+2}\cdot\begin{vmatrix} 3 & -4 \\ 4 & 2 \end{vmatrix}$$

$$+3\cdot(-1)^{1+3}\cdot\begin{vmatrix} 3 & -5 \\ 4 & 4 \end{vmatrix}$$

$$=2\cdot6+(-7)\cdot22+3\cdot32=-46$$

$$\begin{vmatrix} 2 & -2 & 7 \\ 3 & 2 & -5 \\ 4 & -3 & 4 \end{vmatrix}=2\cdot(-1)^{1+1}\cdot\begin{vmatrix} 2 & -5 \\ -3 & 4 \end{vmatrix}+(-2)\cdot(-1)^{1+2}\cdot\begin{vmatrix} 3 & -5 \\ 4 & 4 \end{vmatrix}$$

$$+7\cdot(-1)^{1+3}\cdot\begin{vmatrix} 3 & 2 \\ 4 & -3 \end{vmatrix}$$

$$=2\cdot(-7)+2\cdot32+7\cdot(-17)=-69$$

よって　　$\boldsymbol{x}=\dfrac{-23}{-23}=\mathbf{1}$, $\boldsymbol{y}=\dfrac{-46}{-23}=\mathbf{2}$, $\boldsymbol{z}=\dfrac{-69}{-23}=\mathbf{3}$

注意　上の計算において，いずれも1行目で余因子展開を行っている。

第4章の内容チェックテスト

次の(ア), (イ)などの問いに答えよ。また, □ に当てはまる適当な式や値, 用語を答えよ。

(1)　3個の文字1, 2, 3の置換の個数は ア□, そのうち奇置換の個数は イ□ である。また, 3個の文字1, 2, 3の偶置換をすべて書き出すと, 転倒数が ウ□ であるものが エ□, 転倒数が オ□ であるものが カ□ となる。ただし, ウ□<オ□ とする。

(2)　n 個の文字1, 2, ……, n の置換 σ, τ について, $\mathrm{sgn}(\sigma\tau)=$ ア□ が成り立つ。
また, σ と σ^{-1} について, $\mathrm{sgn}(\sigma)=$ イ□ が成り立つ。
更に, σ が長さ k $(1\leqq k\leqq n)$ の巡回置換のとき, $\mathrm{sgn}(\sigma)=$ ウ□ が成り立つ。

(3)　次の行列の行列式を求めよ。

(ア) $\begin{bmatrix} \cos\alpha & -\sin\alpha \\ \sin\beta & \cos\beta \end{bmatrix}$　　(イ) $\begin{bmatrix} 3 & -1 \\ 5 & -3 \end{bmatrix}\begin{bmatrix} -2 & -5 \\ 4 & 9 \end{bmatrix}\begin{bmatrix} 1 & 2 \\ 3 & 4 \end{bmatrix}\begin{bmatrix} 3 & -1 \\ 4 & -2 \end{bmatrix}$

(ウ) $\begin{bmatrix} a & b & 0 \\ 0 & c & d \\ e & 0 & f \end{bmatrix}$　　(エ) $\begin{bmatrix} 1 & 4 & 3 \\ 2 & 5 & 2 \\ 3 & 6 & 1 \end{bmatrix}$

(4)　次の行列と $(i,\ j)$ について, $(i,\ j)$ 小行列式を計算せよ。

(ア) $\begin{bmatrix} 4 & -3 & -5 \\ -2 & 1 & 3 \\ -1 & -1 & 1 \end{bmatrix}(1,\ 2)$　　(イ) $\begin{bmatrix} x & y & z \\ x^2 & y^2 & z^2 \\ 1 & 2 & 3 \end{bmatrix}(2,\ 2)$

(ウ) $\begin{bmatrix} -2 & 0 & 3 & 1 \\ -5 & -3 & 0 & -1 \\ 4 & 2 & -1 & 3 \\ 1 & 0 & 3 & 7 \end{bmatrix}(3,\ 2)$　　(エ) $\begin{bmatrix} -1 & 1 & \sin\theta & \tan\theta \\ \cos\theta & 0 & \tan\theta & -\sin\theta \\ \sin\theta & 1 & 2 & \cos\theta \\ -2 & \tan\theta & \sin\theta & \cos\theta \end{bmatrix}(4,\ 3)$

(5)　行列 $A=\begin{bmatrix} 1 & 2 & 0 & 3 \\ 2 & -1 & 3 & 1 \\ 0 & -2 & 1 & -3 \\ -1 & 3 & 2 & 0 \end{bmatrix}$ の行列式 $\det(A)$ を, 1行目で余因子展開すると

$\det(A)=\det$ ア□ − イ□ $\det$ ウ□ − エ□ $\det$ オ□

であるから, $\det(A)=$ カ□ と求められる。

(6)　クラメールの公式を使って, 次の連立1次方程式を解け。

(ア) $\begin{cases} 2x+7y=5 \\ 3x-2y=-7 \end{cases}$　　(イ) $\begin{cases} 2x+3y+z=5 \\ 5x+2y+3z=7 \\ 3x+5y+10z=8 \end{cases}$　　(ウ) $\begin{cases} 2x-3y-z=0 \\ 5x-3z=-3 \\ 4y-5z=-4 \end{cases}$

重要　例題 030　巡回置換の性質　★★☆

2つの巡回置換 $\sigma=(i_1\ \ i_2\ \ \cdots\cdots\ \ i_k)$ と $\tau=(j_1\ \ j_2\ \ \cdots\cdots\ \ j_l)$ について，σ に現れる文字 i_1，i_2，……，i_k と τ に現れる文字 j_1，j_2，……，j_l の中に共通の文字がないとき，これらの巡回置換は **互いに素** であるという。任意の置換は，どの2つも互いに素であるような，有限個の巡回置換の積

$$(i_{11}\ \ i_{12}\ \ \cdots\cdots\ \ i_{1k_1})(i_{21}\ \ i_{22}\ \ \cdots\cdots\ \ i_{2k_2})\cdots\cdots(i_{r1}\ \ i_{r2}\ \ \cdots\cdots\ \ i_{rk_r})$$

の形に書けることを示せ。

指針　例えば，$\rho=\begin{pmatrix}1&2&3&4&5\\5&3&2&1&4\end{pmatrix}$ とすると

$$1\overset{\rho}{\longmapsto}5\overset{\rho}{\longmapsto}4\overset{\rho}{\longmapsto}1,\ \ 2\overset{\rho}{\longmapsto}3\overset{\rho}{\longmapsto}2$$

よって，$\rho=(1\ \ 5\ \ 4)(2\ \ 3)$ となり，確かに題意は正しいことがわかる。そこで，ρ を n 個の文字 1，2，……，n の任意の置換として，$\rho=\begin{pmatrix}1&2&\cdots\cdots&n\\\rho(1)&\rho(2)&\cdots\cdots&\rho(n)\end{pmatrix}$ とし，場合に分けて，しらみつぶしに考えればよい。

解答　ρ を n 個の文字 1，2，……，n の任意の置換として

$$\rho=\begin{pmatrix}1&2&\cdots\cdots&n\\\rho(1)&\rho(2)&\cdots\cdots&\rho(n)\end{pmatrix}$$

とする。このとき，$i_{11}=1$ として

$$\rho(i_{11})\neq i_{11}\ \text{ならば，}\ \rho(i_{11})=i_{12}$$
$$\rho(i_{12})\neq i_{12}\ \text{ならば，}\ \rho(i_{12})=i_{13}$$

とする。

以下も同様にすることで，文字列 i_{11}，i_{12}，i_{13}，…… を構成する。

このとき，ある k_1 $(1\leqq k_1\leqq n)$ が存在して，$\rho(i_{1k_1})=i_{11}$ となる。

[1]　$k_1=n$ のとき　　置換 ρ は巡回置換 $\rho=(i_{11}\ \ i_{12}\ \ \cdots\cdots\ \ i_{1k_1})$ である。

[2]　$k_1\neq n$ のとき

k_1 個の文字 i_{11}，i_{12}，……，i_{1k_1} 以外の文字の1つをとり，それを i_{21} として，同様に文字列 i_{21}，i_{22}，……，i_{2k_2} を構成する。

[a]　$k_1+k_2=n$ のとき

$$\rho=(i_{11}\ \ i_{12}\ \ \cdots\cdots\ \ i_{1k_1})(i_{21}\ \ i_{22}\ \ \cdots\cdots\ \ i_{2k_2})$$

[b]　$k_1+k_2\neq n$ のとき

k_1+k_2 個の文字 i_{11}，i_{12}，……，i_{1k_1}，i_{21}，i_{22}，……，i_{2k_2} 以外の文字の1つをとり，それを i_{31} として，同様に文字列 i_{31}，i_{32}，……，i_{3k_3} を構成する。

以下，同様に有限回の操作を繰り返して，題意は示される。■

重要 例題 031　置換 ②　★☆☆

任意の置換は，互換の積の形に書けることを示せ。

指針　左ページの重要例題 030 と基本例題 057 で証明した下の性質を用いて示す。
長さ l の巡回置換 $(i_1 \quad i_2 \quad \cdots\cdots \quad i_l)$ に対し，次の等式が成り立つ。

$$(i_1 \quad i_2 \quad \cdots\cdots \quad i_k)=(i_1 \quad i_k)(i_1 \quad i_{k-1})\cdots\cdots(i_1 \quad i_2)$$

解答　σ を任意の置換とする。
任意の置換は巡回置換の積の形で書けるから，ある巡回置換 τ_1，τ_2，……，τ_m が存在して

$$\sigma=\tau_1\tau_2 \cdots\cdots \tau_m$$

◀重要例題 030 より。

と書ける。
巡回置換は互換の積の形で書けるから，巡回置換 τ_k $(1 \leqq k \leqq m)$ に対し，ある互換 ρ_{k_1}，ρ_{k_2}，……，ρ_{k_l} が存在して

$$\tau_k=\rho_{k_1}\rho_{k_2} \cdots\cdots \rho_{k_l}$$

◀基本例題 057 より。

と書ける。
よって，題意は示された。■

検討　上で示したことを，置換 $\begin{pmatrix} 1 & 2 & 3 \\ 2 & 3 & 1 \end{pmatrix}$，$\begin{pmatrix} 1 & 2 & 3 & 4 \\ 3 & 4 & 2 & 1 \end{pmatrix}$，$\begin{pmatrix} 1 & 2 & 3 & 4 & 5 \\ 2 & 4 & 1 & 5 & 3 \end{pmatrix}$ で試してみると

$$\begin{pmatrix} 1 & 2 & 3 \\ 2 & 3 & 1 \end{pmatrix}=\begin{pmatrix} 1 & 2 & 3 \\ 3 & 2 & 1 \end{pmatrix}\begin{pmatrix} 1 & 2 & 3 \\ 2 & 1 & 3 \end{pmatrix}$$

$$\begin{pmatrix} 1 & 2 & 3 & 4 \\ 3 & 4 & 2 & 1 \end{pmatrix}=\begin{pmatrix} 1 & 2 & 3 & 4 \\ 1 & 2 & 4 & 3 \end{pmatrix}\begin{pmatrix} 1 & 2 & 3 & 4 \\ 1 & 3 & 2 & 4 \end{pmatrix}\begin{pmatrix} 1 & 2 & 3 & 4 \\ 4 & 2 & 3 & 1 \end{pmatrix}$$

$$\begin{pmatrix} 1 & 2 & 3 & 4 & 5 \\ 2 & 4 & 1 & 5 & 3 \end{pmatrix}=\begin{pmatrix} 1 & 2 & 3 & 4 & 5 \\ 1 & 2 & 4 & 3 & 5 \end{pmatrix}\begin{pmatrix} 1 & 2 & 3 & 4 & 5 \\ 2 & 1 & 3 & 4 & 5 \end{pmatrix}\begin{pmatrix} 1 & 2 & 3 & 4 & 5 \\ 1 & 2 & 3 & 5 & 4 \end{pmatrix}\begin{pmatrix} 1 & 2 & 3 & 4 & 5 \\ 1 & 3 & 2 & 4 & 5 \end{pmatrix}$$

となる。なお，互換の積は，上で示した以外にもある。

重要 例題 032 行列式の計算 ① ★☆☆

次の行列式を計算せよ。

(1) $\begin{vmatrix} 4-\lambda & 2 \\ 1 & 3-\lambda \end{vmatrix}$　　(2) $\begin{vmatrix} 1 & 5 & 2 \\ 4 & -3 & 6 \\ -1 & 2 & 1 \end{vmatrix}$

(3) $\begin{vmatrix} b^2+c^2 & ab & ca \\ ab & c^2+a^2 & bc \\ ca & bc & a^2+b^2 \end{vmatrix}$　　(4) $\begin{vmatrix} a & a & a-b & a+b \\ a & a & a+b & a-b \\ a-b & a+b & a & a \\ a+b & a-b & a & a \end{vmatrix}$

指針 (1)は，2次の行列式の定義通りに計算する。(2)，(4)は，基本変形してから計算する。(3)は，基本例題071と同様に，余因子展開により計算する。

解答 (1) $\begin{vmatrix} 4-\lambda & 2 \\ 1 & 3-\lambda \end{vmatrix}=(4-\lambda)(3-\lambda)-2\cdot1=\boldsymbol{\lambda^2-7\lambda+10}$

(2) $\begin{vmatrix} 1 & 5 & 2 \\ 4 & -3 & 6 \\ -1 & 2 & 1 \end{vmatrix}\overset{\substack{①\times(-4)+② \\ ①\times1+③}}{=}\begin{vmatrix} 1 & 5 & 2 \\ 0 & -23 & -2 \\ 0 & 7 & 3 \end{vmatrix}\overset{\text{還元定理}}{=}\begin{vmatrix} -23 & -2 \\ 7 & 3 \end{vmatrix}$

$=(-23)\cdot3-(-2)\cdot7$

$=\boldsymbol{-55}$

(3) $\begin{vmatrix} b^2+c^2 & ab & ca \\ ab & c^2+a^2 & bc \\ ca & bc & a^2+b^2 \end{vmatrix}$

$=(b^2+c^2)\cdot(-1)^{1+1}\cdot\begin{vmatrix} c^2+a^2 & bc \\ bc & a^2+b^2 \end{vmatrix}+ab\cdot(-1)^{2+1}\cdot\begin{vmatrix} ab & ca \\ bc & a^2+b^2 \end{vmatrix}$　◀1列目で余因子展開する。

$+ca\cdot(-1)^{3+1}\cdot\begin{vmatrix} ab & ca \\ c^2+a^2 & bc \end{vmatrix}$

$=(b^2+c^2)\{(c^2+a^2)(a^2+b^2)-b^2c^2\}-ab\{ab(a^2+b^2)-abc^2\}$

$+ca\{ab^2c-ca(c^2+a^2)\}$

$=\boldsymbol{4a^2b^2c^2}$

(4) $\begin{vmatrix} a & a & a-b & a+b \\ a & a & a+b & a-b \\ a-b & a+b & a & a \\ a+b & a-b & a & a \end{vmatrix}\overset{\substack{\boxed{2}\times1+\boxed{1} \\ \boxed{4}\times1+\boxed{3}}}{=}\begin{vmatrix} 2a & a & 2a & a+b \\ 2a & a & 2a & a-b \\ 2a & a+b & 2a & a \\ 2a & a-b & 2a & a \end{vmatrix}$

1列目と3列目が同じであるから，与えられた行列式の値は **0**

重要 例題 033 行列式の計算 ②　★★☆

次の $(n+1)$ 次正方行列の行列式を求めよ。

$$\begin{vmatrix} 1 & -1 & 0 & \cdots & 0 \\ 0 & 1 & -1 & \ddots & \vdots \\ \vdots & \ddots & \ddots & \ddots & 0 \\ 0 & \cdots & 0 & 1 & -1 \\ a_1 & \cdots & a_{n-1} & a_n & 1 \end{vmatrix}$$

指針 2 列目，3 列目，……，$n+1$ 列目を 1 列目に足すと，1 列目の 1 行目，2 行目，……，n 行目の成分が 0 になるから 1 列目で余因子展開する。

解答

$$\begin{vmatrix} 1 & -1 & 0 & \cdots & 0 \\ 0 & 1 & -1 & \ddots & \vdots \\ \vdots & \ddots & \ddots & \ddots & 0 \\ 0 & \cdots & 0 & 1 & -1 \\ a_1 & \cdots & a_{n-1} & a_n & 1 \end{vmatrix}$$

$$=\begin{vmatrix} 0 & -1 & 0 & \cdots & 0 \\ 0 & 1 & -1 & \ddots & \vdots \\ \vdots & \ddots & \ddots & \ddots & 0 \\ 0 & \cdots & 0 & 1 & -1 \\ 1+\sum_{m=1}^{n} a_m & \cdots & a_{n-1} & a_n & 1 \end{vmatrix}$$

$$=\left(1+\sum_{m=1}^{n} a_m\right)\cdot(-1)^{(n+1)+1}\cdot\begin{vmatrix} -1 & 0 & \cdots & \cdots & 0 \\ 1 & -1 & \ddots & & \vdots \\ 0 & \ddots & \ddots & \ddots & \vdots \\ \vdots & \ddots & \ddots & \ddots & 0 \\ 0 & \cdots & 0 & 1 & -1 \end{vmatrix}$$

◀ n 次下三角行列の行列式が現れる。

$$=\left(1+\sum_{m=1}^{n} a_m\right)\cdot(-1)^{n+2}\cdot(-1)^{n}$$

◀ $(-1)^{n+2}\cdot(-1)^{n}=\{(-1)^2\}^{n+1}=1$

$$=\mathbf{1}+\sum_{m=1}^{n} \boldsymbol{a}_m$$

重要 例題 034 行列式の計算 ③ ★★☆

n 次正方行列の行列式 $D_n=\begin{vmatrix} 2 & 1 & 0 & 0 & \cdots & 0 \\ 1 & 2 & 1 & 0 & \cdots & 0 \\ 0 & 1 & 2 & 1 & \ddots & \vdots \\ \vdots & \ddots & \ddots & \ddots & \ddots & 0 \\ 0 & \cdots & 0 & 1 & 2 & 1 \\ 0 & \cdots & 0 & 0 & 1 & 2 \end{vmatrix}$ について，次の問いに答えよ。

(1) $n \geqq 3$ のとき漸化式 $D_n=2D_{n-1}-D_{n-2}$ を示せ。

(2) D_n の値を求めよ。

指針 (1) 基本例題 071 と同様にして，余因子展開を用いて示す。$D_1=2$ であることに注意。
(2) (1)の漸化式を解く。

解答 (1) $D_1=2$，$D_2=\begin{vmatrix} 2 & 1 \\ 1 & 2 \end{vmatrix}=3$

$n \geqq 3$ のとき

$$D_n=2\cdot(-1)^{1+1}\cdot\begin{vmatrix} 2 & 1 & 0 & 0 & \cdots & 0 \\ 1 & 2 & 1 & 0 & \cdots & 0 \\ 0 & 1 & 2 & 1 & \ddots & \vdots \\ \vdots & \ddots & \ddots & \ddots & \ddots & 0 \\ 0 & \cdots & 0 & 1 & 2 & 1 \\ 0 & \cdots & 0 & 0 & 1 & 2 \end{vmatrix}+1\cdot(-1)^{1+2}\cdot\begin{vmatrix} 1 & 1 & 0 & 0 & \cdots & 0 \\ 0 & 2 & 1 & 0 & \cdots & 0 \\ 0 & 1 & \ddots & \ddots & \ddots & \vdots \\ \vdots & \ddots & \ddots & \ddots & \ddots & 0 \\ 0 & \cdots & 0 & 1 & 2 & 1 \\ 0 & \cdots & 0 & 0 & 1 & 2 \end{vmatrix}$$

◀ 1 行目で余因子展開すると $n-1$ 次の行列式となる。

$$=2D_{n-1}-D_{n-2}$$

◀ 2 項目の行列式は 1 列目で余因子展開する。

よって，$n \geqq 3$ に対して，漸化式 $D_n=2D_{n-1}-D_{n-2}$ が成り立つ。■

(2) $D_1=2$，$D_2=3$，また，(1)から $n \geqq 3$ のとき $D_n=2D_{n-1}-D_{n-2}$ となる。

$D_n=2D_{n-1}-D_{n-2}$ を変形すると

$$D_n-D_{n-1}=D_{n-1}-D_{n-2}$$

よって，数列 $\{D_n\}$ は，初項が $D_1=2$，公差が 1 の等差数列であるから

$\boldsymbol{D_n}=2+(n-1)=\boldsymbol{n+1}$　これは $n=1$，2 のときも成り立つ。

重要 例題 035 行列式の計算 ④ ★★★

次の行列式を計算せよ。

$$\begin{vmatrix} 1 & 2 & \cdots & n-1 & n \\ 2 & 3 & \cdots & n & 1 \\ \vdots & \vdots & ⋰ & \vdots & \vdots \\ n-1 & n & \cdots & n-3 & n-2 \\ n & 1 & \cdots & n-2 & n-1 \end{vmatrix}$$

指針 行列式の多重線形性，交代性，還元定理，余因子展開を用いて計算する。なお，特に断わりがない限り，n は自然数を表し，解答で用いている m，k は整数を表すものとする。

解答 $D=\begin{vmatrix} 1 & 2 & \cdots & n-1 & n \\ 2 & 3 & \cdots & n & 1 \\ \vdots & \vdots & ⋰ & \vdots & \vdots \\ n-1 & n & \cdots & n-3 & n-2 \\ n & 1 & \cdots & n-2 & n-1 \end{vmatrix}$ とする。

[1]　$n=1$ のとき　$D=1$

[2]　$n=2$ のとき　$D=\begin{vmatrix} 1 & 2 \\ 2 & 1 \end{vmatrix}=-3$

[3]　$n=3$ のとき

$$D=\begin{vmatrix} 1 & 2 & 3 \\ 2 & 3 & 1 \\ 3 & 1 & 2 \end{vmatrix} \overset{\substack{①\times(-2)+② \\ ①\times(-3)+③}}{=} \begin{vmatrix} 1 & 2 & 3 \\ 0 & -1 & -5 \\ 0 & -5 & -7 \end{vmatrix} \overset{\text{還元定理}}{=} \begin{vmatrix} -1 & -5 \\ -5 & -7 \end{vmatrix}=-18$$

[4]　$n \geqq 4$ のとき

$$D=\begin{vmatrix} \sum_{k=1}^{n} k & 2 & \cdots & n-1 & n \\ \sum_{k=1}^{n} k & 3 & \cdots & n & 1 \\ \vdots & \vdots & ⋰ & \vdots & \vdots \\ \sum_{k=1}^{n} k & n & \cdots & n-3 & n-2 \\ \sum_{k=1}^{n} k & 1 & \cdots & n-2 & n-1 \end{vmatrix}$$

◀ 2 列目，……，n 列目を 1 列目に足した。

$$=\frac{1}{2}n(n+1)\cdot\begin{vmatrix} 1 & 2 & \cdots & n-1 & n \\ 1 & 3 & \cdots & n & 1 \\ \vdots & \vdots & ⋰ & \vdots & \vdots \\ 1 & n & \cdots & n-3 & n-2 \\ 1 & 1 & \cdots & n-2 & n-1 \end{vmatrix}$$

①×(−1)+②
⋮
①×(−1)+ⓝ

$$
=\frac{1}{2}n(n+1)\cdot\begin{vmatrix} 1 & 2 & \cdots & n-2 & n-1 & n \\ 0 & 1 & \cdots & 1 & 1 & -(n-1) \\ 0 & 2 & \cdots & 2 & -(n-2) & -(n-2) \\ \vdots & \vdots & \iddots & \iddots & & \vdots \\ 0 & n-2 & -2 & \cdots & \cdots & -2 \\ 0 & -1 & -1 & \cdots & \cdots & -1 \end{vmatrix}
$$

還元定理

$$
=\frac{1}{2}n(n+1)\cdot\begin{vmatrix} 1 & \cdots & 1 & 1 & -(n-1) \\ 2 & \cdots & 2 & -(n-2) & -(n-2) \\ \vdots & \iddots & \iddots & & \vdots \\ n-2 & -2 & \cdots & \cdots & -2 \\ -1 & -1 & \cdots & \cdots & -1 \end{vmatrix}
$$

◀ $n-1$ 次の行列式。

①×(−2)+②
⋮
①×{−(n−2)}+(n−2)
①×1+(n−1)

$$
=\frac{1}{2}n(n+1)\cdot\begin{vmatrix} 1 & \cdots & 1 & 1 & -(n-1) \\ 0 & \cdots & 0 & -n & n \\ \vdots & \iddots & \iddots & \vdots & \vdots \\ 0 & -n & \cdots & -n & n(n-3) \\ 0 & 0 & \cdots & 0 & -n \end{vmatrix}
$$

還元定理

$$
=\frac{1}{2}n(n+1)\cdot\begin{vmatrix} 0 & \cdots & 0 & -n & n \\ \vdots & \iddots & \iddots & \vdots & 2n \\ 0 & \iddots & & \vdots & \vdots \\ -n & \cdots & \cdots & -n & n(n-3) \\ 0 & \cdots & \cdots & 0 & -n \end{vmatrix}
$$

◀ $n-2$ 次の行列式。

$$
=\frac{1}{2}n(n+1)\cdot(-n)^{n-2}\cdot\begin{vmatrix} 0 & \cdots & 0 & 1 & -1 \\ \vdots & \iddots & \iddots & \vdots & -2 \\ 0 & \iddots & & \vdots & \vdots \\ 1 & \cdots & \cdots & 1 & -(n-3) \\ 0 & \cdots & \cdots & 0 & 1 \end{vmatrix}
$$

◀ $n-2$ 行目で余因子展開する。

$$
=\frac{1}{2}\cdot(-1)^{n-2}n^{n-1}(n+1)\cdot 1\cdot(-1)^{\{(n-2)+(n-2)\}}\cdot\begin{vmatrix} 0 & \cdots & 0 & 1 \\ \vdots & \iddots & \iddots & \vdots \\ 0 & \iddots & & \vdots \\ 1 & \cdots & \cdots & 1 \end{vmatrix}
$$

◀ $n-3$ 次の行列式。

$$
=\frac{1}{2}\cdot(-1)^{n-2}n^{n-1}(n+1)\cdot\begin{vmatrix} 0 & \cdots & 0 & 1 \\ \vdots & \iddots & \iddots & \vdots \\ 0 & \iddots & & \vdots \\ 1 & \cdots & \cdots & 1 \end{vmatrix}
$$

◀ $(-1)^{\{(n-2)+(n-2)\}}=\{(-1)^2\}^{n-2}=1$

[a]　$n-3=2k\ (k\geqq 1)$ のとき

$$\begin{vmatrix} 0 & \cdots & 0 & 1 \\ \vdots & \iddots & \iddots & \vdots \\ 0 & \iddots & & \vdots \\ 1 & \cdots & \cdots & 1 \end{vmatrix} \overset{\substack{\textcircled{1}\longleftrightarrow\textcircled{2k} \\ \vdots \\ \textcircled{k}\longleftrightarrow\textcircled{k+1}}}{=} (-1)^k\cdot\begin{vmatrix} 1 & \cdots & \cdots & 1 \\ 0 & \ddots & & \vdots \\ \vdots & \ddots & \ddots & \vdots \\ 0 & \cdots & 0 & 1 \end{vmatrix}=(-1)^k$$

よって　　$D=\dfrac{1}{2}\cdot(-1)^{n-2+k}n^{n-1}(n+1)$

n は5以上の奇数であるから，更に場合分けをして

[α]　$n=4m+1\ (m\geqq 1)$ のとき　　$(-1)^{n-2+k}=1$

したがって　　$D=\dfrac{1}{2}n^{n-1}(n+1)$

[β]　$n=4m+3\ (m\geqq 1)$ のとき　　$(-1)^{n-2+k}=-1$

したがって　　$D=-\dfrac{1}{2}n^{n-1}(n+1)$

[b]　$n-3=2k+1\ (k\geqq 0)$ のとき

$$\begin{vmatrix} 0 & \cdots & 0 & 1 \\ \vdots & \iddots & \iddots & \vdots \\ 0 & \iddots & & \vdots \\ 1 & \cdots & \cdots & 1 \end{vmatrix} \overset{\substack{\textcircled{1}\longleftrightarrow\textcircled{2k+1} \\ \vdots \\ \textcircled{k}\longleftrightarrow\textcircled{k+2}}}{=} (-1)^k\cdot\begin{vmatrix} 1 & \cdots & \cdots & 1 \\ 0 & \ddots & & \vdots \\ \vdots & \ddots & \ddots & \vdots \\ 0 & \cdots & 0 & 1 \end{vmatrix}=(-1)^k$$

n は4以上の偶数であるから，更に場合分けをして

[α]　$n=4m\ (m\geqq 1)$ のとき　　$(-1)^{n-2+k}=1$

したがって　　$D=\dfrac{1}{2}n^{n-1}(n+1)$

[β]　$n=4m+2\ (m\geqq 1)$ のとき　　$(-1)^{n-2+k}=-1$

したがって　　$D=-\dfrac{1}{2}n^{n-1}(n+1)$

[1] は [a] の [α] の場合において，$n=1$ とすると成り立つ。

[2] は [b] の [β] の場合において，$n=2$ とすると成り立つ。

[3] は [a] の [β] の場合において，$n=3$ とすると成り立つ。

以上から，求める行列式は，m を自然数として

$$\boldsymbol{n=4m,\ 4m-3\ \text{のとき}\quad \frac{1}{2}n^{n-1}(n+1)}$$

$$\boldsymbol{n=4m-2,\ 4m-1\ \text{のとき}\quad -\frac{1}{2}n^{n-1}(n+1)}$$

重要 例題 036 行列式の計算 ⑤ ★★☆

n 次正方行列の行列式 $\begin{vmatrix} x^2+1 & x & 0 & \cdots & 0 & 0 & 0 \\ x & x^2+1 & x & & \vdots & 0 & 0 \\ 0 & x & \vdots & & \vdots & \vdots & 0 \\ \vdots & \vdots & \vdots & & \vdots & \vdots & \vdots \\ 0 & \vdots & \vdots & & \vdots & x & 0 \\ 0 & 0 & & & x & x^2+1 & x \\ 0 & 0 & 0 & \cdots & 0 & x & x^2+1 \end{vmatrix}$ を $D_n(x)$ とおく。

(1) $n \geqq 3$ のとき漸化式 $D_n(x)=(x^2+1)D_{n-1}(x)-x^2D_{n-2}(x)$ を示せ。

(2) $D_n(x)$ を求めよ。

指針 (1) 基本例題 071 と同様にして，余因子展開を用いて示す。$D_1=x^2+1$ に注意する。
(2) (1) の漸化式を解く。

解答 (1) $D_1(x)=x^2+1$，$D_2(x)=\begin{vmatrix} x^2+1 & x \\ x & x^2+1 \end{vmatrix}=x^4+x^2+1$

$n \geqq 3$ のとき

$$D_n(x)=(x^2+1)\cdot(-1)^{1+1}\cdot D_{n-1}(x)+x\cdot(-1)^{1+2}\cdot xD_{n-2}(x)$$
$$=(x^2+1)D_{n-1}(x)-x^2D_{n-2}(x)$$

◀ 1 行目で余因子展開した。

以上から，漸化式 $D_n(x)=(x^2+1)D_{n-1}(x)-x^2D_{n-2}(x)$ が成り立つ。■

(2) $D_1(x)=x^2+1$，$D_2(x)=x^4+x^2+1$，また，(1) から $n \geqq 3$ のとき，
$D_n(x)=(x^2+1)D_{n-1}(x)-x^2D_{n-2}(x)$ となる。
ここで，$D_n(x)=(x^2+1)D_{n-1}(x)-x^2D_{n-2}(x)$ を変形すると

$$D_n(x)-D_{n-1}(x)=x^2\{D_{n-1}(x)-D_{n-2}(x)\}$$

よって，数列 $\{D_n(x)-D_{n-1}(x)\}$ は，初項が $D_2(x)-D_1(x)$，公比が x^2 の等比数列であるから，$D_2(x)-D_1(x)=x^4+x^2+1-(x^2+1)=x^4$ より

$$D_n(x)-D_{n-1}(x)=(x^2)^{n-2}x^4=x^{2n}$$

よって　$\displaystyle\sum_{k=2}^{n}\{D_k(x)-D_{k-1}(x)\}=\sum_{k=2}^{n}x^{2k}$

左辺は $D_n(x)-D_1(x)$ となるから

$$\boldsymbol{D_n(x)}=D_1(x)+\sum_{k=2}^{n}x^{2k}\boldsymbol{=\sum_{k=0}^{n}x^{2k}}$$

補足 $(x^2-1)D_n(x)=x^{2n+2}-1$ から $\boldsymbol{D_n(x)=\sum_{k=1}^{n+1}x^{2(k-1)}}$ と求めてもよい。なお重要例題 034 は本問の $x=1$ の場合である。

重要 例題 037 ブロック基本行列の行列式 ★★☆

重要例題 024 のブロック基本行列の行列式について，次の等式を示せ。

(1)　$\det(\widetilde{P}_{ij})=(-1)^{l_i}$　　(2)　$\det(\widetilde{P}_i(C))=\det(C)$

(3)　$\det(\widetilde{P}_{ij}(D))=1$

指針　(1) は行交代性定理，(3) は行多重線形性定理を用いて示す。
(2) は基本例題 058 で扱った行列式の定義に従って示す。

解答　(1)　$x=l_1+l_2+\cdots\cdots+l_{i-1}$，$y=l_1+l_2+\cdots\cdots+l_{j-1}$ とする。

行列 $\widetilde{P}_{ij}$ に対し，次のように行の入れ替えを l_i 回行う。

[1]　$x+1$ 行目と $y+1$ 行目を入れ替える。

[2]　$x+2$ 行目と $y+2$ 行目を入れ替える。

⋮

[l_i]　$x+l_i$ 行目と $y+l_i$ 行目を入れ替える。

この行基本操作により行列 $\widetilde{P}_{ij}$ は単位行列となる。

よって　　$\det(\widetilde{P}_{ij})=(-1)^{l_i}$ ■

(2)　$x=l_1+l_2+\cdots\cdots+l_{i-1}$ とする。

行列 $\widetilde{P}_i(C)$ の $(s,\ t)$ 成分を p_{st} で表すと

$$\det(\widetilde{P}_i(C))=\sum_{\sigma}\mathrm{sgn}(\sigma)p_{1\sigma(1)}p_{2\sigma(2)}\cdots\cdots p_{n\sigma(n)}$$

$\widetilde{P}_i(C)$ の定義から，$k\leqq x$，$x+l_i+1\leqq k$ を満たす整数 k に対し，$\sigma(k)\neq k$ ならば，$p_{1\sigma(1)}p_{2\sigma(2)}\cdots\cdots p_{n\sigma(n)}=0$ となる。

ゆえに，右辺の和は

$$\begin{pmatrix} 1 & \cdots\cdots & x & x+1 & x+2 & \cdots\cdots & x+l_i & x+l_i+1 & \cdots\cdots & n \\ 1 & \cdots\cdots & x & r_{x+1} & r_{x+2} & \cdots\cdots & r_{x+l_i} & x+l_i+1 & \cdots\cdots & n \end{pmatrix}$$

という形の置換に関してのみ考えればよい。

この形の置換は l_i 個の文字の置換

$$\begin{pmatrix} x+1 & x+2 & \cdots\cdots & x+l_i \\ r_{x+1} & r_{x+2} & \cdots\cdots & r_{x+l_i} \end{pmatrix}$$

と同一視され，この形の置換に関しての和は行列 C の行列式に一致する。

よって　　$\det(\widetilde{P}_i(C))=\det(C)$ ■

(3) $x=l_1+l_2+\cdots\cdots+l_{i-1}$, $y=l_1+l_2+\cdots\cdots+l_{j-1}$ とする。

$$D=\begin{bmatrix} d_{11} & d_{12} & \cdots & d_{1l_j} \\ d_{21} & d_{22} & \cdots & d_{2l_j} \\ \vdots & \vdots & & \vdots \\ d_{l_i1} & d_{l_i2} & \cdots & d_{l_il_j} \end{bmatrix}$$ と表す。

行列 $\widetilde{P}_{ij}(D)$ に対し，次のように行基本操作を l_i 回行う。

[1]　$y+1$ 行目の $-d_{11}$ 倍，$y+2$ 行目の $-d_{12}$ 倍，……，$y+l_i$ 行目の $-d_{1l_j}$ 倍をそれぞれ $x+1$ 行目に足す。

[2]　$y+1$ 行目の $-d_{21}$ 倍，$y+2$ 行目の $-d_{22}$ 倍，……，$y+l_i$ 行目の $-d_{2l_j}$ 倍をそれぞれ $x+2$ 行目に足す。

⋮

[l_i]　$y+1$ 行目の $-d_{l_i1}$ 倍，$y+2$ 行目の $-d_{l_i2}$ 倍，……，$y+l_i$ 行目の $-d_{l_il_j}$ 倍をそれぞれ $x+l_i$ 行目に足す。

この行基本操作により行列 $\widetilde{P}_{ij}(D)$ は単位行列となる。

よって　　$\det(\widetilde{P}_{ij}(D))=1$ ■

重要 例題 038 行列式の性質 ★★☆

次の等式を証明せよ。ただし，A は m 次正方行列，D は n 次正方行列とし，E は単位行列，O は零行列を表す。

(1) $\det\begin{bmatrix} E & B \\ O & D \end{bmatrix}=\det(D)$　　(2) $\det\begin{bmatrix} A & B \\ O & E \end{bmatrix}=\det(A)$

(3) $\det\begin{bmatrix} A & B \\ O & D \end{bmatrix}=\det(A)\det(D)$

指針 基本例題 058 で扱った行列式の定義に従って示す。
(1) 例えば，E が m 次の単位行列なら，B は $m\times n$ 行列，O は $n\times m$ 零行列である。

解答 (1) 行列 $\begin{bmatrix} E & B \\ O & D \end{bmatrix}$ の $(i,\ j)$ 成分を p_{ij} とすると

$$\det\begin{bmatrix} E & B \\ O & D \end{bmatrix}=\sum_{\sigma}\mathrm{sgn}(\sigma)p_{1\sigma(1)}p_{2\sigma(2)}\cdots\cdots p_{(m+n)\sigma(m+n)}$$

$1\leqq k\leqq m$ を満たす整数 k に対し，$\sigma(k)\neq k$ ならば，$p_{1\sigma(1)}p_{2\sigma(2)}\cdots\cdots p_{(m+n)\sigma(m+n)}=0$ となる。

ゆえに，右辺の和は $\begin{pmatrix} 1 & \cdots\cdots & m & m+1 & m+2 & \cdots\cdots & m+n \\ 1 & \cdots\cdots & m & s_{m+1} & s_{m+2} & \cdots\cdots & s_{m+n} \end{pmatrix}$ という形の置換に関してのみ考えればよい。

この形の置換は n 個の文字の置換 $\begin{pmatrix} m+1 & m+2 & \cdots\cdots & m+n \\ s_{m+1} & s_{m+2} & \cdots\cdots & s_{m+n} \end{pmatrix}$ と同一視され，この形の置換に関しての和は行列 D の行列式に一致する。

よって　$\det\begin{bmatrix} E & B \\ O & D \end{bmatrix}=\det(D)$ ■

(2) 行列 $\begin{bmatrix} A & B \\ O & E \end{bmatrix}$ の $(i,\ j)$ 成分を q_{ij} とすると

$$\det\begin{bmatrix} A & B \\ O & E \end{bmatrix}=\sum_{\sigma}\mathrm{sgn}(\sigma)q_{1\sigma(1)}q_{2\sigma(2)}\cdots\cdots q_{(m+n)\sigma(m+n)}$$

$m+1\leqq k\leqq m+n$ を満たす整数 k に対し，$\sigma(k)\neq k$ ならば，
$q_{1\sigma(1)}q_{2\sigma(2)}\cdots\cdots q_{(m+n)\sigma(m+n)}=0$ となる。

ゆえに，右辺の和は $\begin{pmatrix} 1 & \cdots\cdots & m & m+1 & m+2 & \cdots\cdots & m+n \\ t_1 & \cdots\cdots & t_m & m+1 & m+2 & \cdots\cdots & m+n \end{pmatrix}$ という形の置換に関してのみ考えればよい。

この形の置換は m 個の文字の置換 $\begin{pmatrix} 1 & 2 & \cdots\cdots & m \\ t_1 & t_2 & \cdots\cdots & t_m \end{pmatrix}$ と同一視され，この形の置換に関しての和は行列 A の行列式に一致する。

よって　　$\det\begin{bmatrix} A & B \\ O & E \end{bmatrix}=\det(A)$ ■

(3)　行列 $\begin{bmatrix} A & B \\ O & D \end{bmatrix}$ の $(i,\ j)$ 成分を r_{ij} とすると

$$\det\begin{bmatrix} A & B \\ O & D \end{bmatrix}=\sum_{\sigma}\mathrm{sgn}(\sigma)r_{1\sigma(1)}r_{2\sigma(2)}\cdots\cdots r_{(m+n)\sigma(m+n)}$$

$m+1 \leqq k \leqq m+n$ を満たす整数 k に対し，$1 \leqq \sigma(k) \leqq m$ ならば，

$r_{1\sigma(1)}r_{2\sigma(2)}\cdots\cdots r_{(m+n)\sigma(m+n)}=0$ となる。

よって，$1 \leqq k \leqq m$ ならば $1 \leqq \sigma(k) \leqq m$，$m+1 \leqq k \leqq m+n$ ならば

$m+1 \leqq \sigma(k) \leqq m+n$ となる置換に関してのみ考えればよいから，右辺の和は

$\begin{pmatrix} 1 & 2 & \cdots\cdots & m \\ u_1 & u_2 & \cdots\cdots & u_m \end{pmatrix}$ と $\begin{pmatrix} m+1 & m+2 & \cdots\cdots & m+n \\ v_{m+1} & v_{m+2} & \cdots\cdots & v_{m+n} \end{pmatrix}$ という形の置換に分解して

考えればよい。

$\sigma_1=\begin{pmatrix} 1 & 2 & \cdots\cdots & m \\ u_1 & u_2 & \cdots\cdots & u_m \end{pmatrix}$，$\sigma_2=\begin{pmatrix} m+1 & m+2 & \cdots\cdots & m+n \\ v_{m+1} & v_{m+2} & \cdots\cdots & v_{m+n} \end{pmatrix}$ とすると

$$\det\begin{bmatrix} A & B \\ O & D \end{bmatrix}$$

$$=\sum_{\sigma_2}\mathrm{sgn}(\sigma_2)\left\{\sum_{\sigma_1}\mathrm{sgn}(\sigma_1)r_{1\sigma_1(1)}r_{2\sigma_1(2)}\cdots\cdots r_{m\sigma_1(m)}\right\}r_{(m+1)\sigma_2(m+1)}r_{(m+2)\sigma_2(m+2)}\cdots\cdots r_{(m+n)\sigma_2(m+n)}$$

$$=\left\{\sum_{\sigma_1}\mathrm{sgn}(\sigma_1)r_{1\sigma_1(1)}r_{2\sigma_1(2)}\cdots\cdots r_{m\sigma_1(m)}\right\}\cdot\left\{\sum_{\sigma_2}\mathrm{sgn}(\sigma_2)r_{(m+1)\sigma_2(m+1)}r_{(m+2)\sigma_2(m+2)}\cdots\cdots r_{(m+n)\sigma_2(m+n)}\right\}$$

$$=\det(A)\det(D)$$ ■

補足　(1) は還元定理により直ちに示される。(2) は行交代性定理と列交代性定理により，

$\det\begin{bmatrix} A & B \\ O & E \end{bmatrix}=\det\begin{bmatrix} E & O \\ B & A \end{bmatrix}$ と変形できるから，(1) と同様にして還元定理により示される。

重要 例題 039 行列式の多重線形性 ①　★☆☆

A, B を n 次正方行列とするとき，次の等式を示せ。

$$\det\begin{bmatrix} A & B \\ B & A \end{bmatrix}=\det(A+B)\det(A-B)$$

指針 行多重線形性の定理と基本例題 061 で証明した列多重線形性の定理を用いて示す。更に，重要例題 038 (3) を利用する。

解答

$$\det\begin{bmatrix} A & B \\ B & A \end{bmatrix}=\det\begin{bmatrix} A+B & B \\ A+B & A \end{bmatrix}$$

◀列多重線形性の定理より。

$$=\det\begin{bmatrix} A+B & B \\ O & A-B \end{bmatrix}$$

◀行多重線形性の定理より。

$$=\det(A+B)\det(A-B) \quad ■$$

◀重要例題 038 (3) より。

重要 例題 040 行列式の多重線形性 ②　★☆☆

A を n 次正則行列，B を n 次正方行列とするとき，次の等式を示せ。

$$\det\begin{bmatrix} A & B \\ C & D \end{bmatrix}=\det(A)\det(D-CA^{-1}B)$$

指針 行多重線形性の定理を用いて示す。更に，重要例題 038 (3) を利用する。

解答

$$\det\begin{bmatrix} A & B \\ C & D \end{bmatrix}=\det\begin{bmatrix} A & B \\ C-CA^{-1}A & D-CA^{-1}B \end{bmatrix}$$

◀行多重線形性の定理より。

$$=\det\begin{bmatrix} A & B \\ O & D-CA^{-1}B \end{bmatrix}$$

$$=\det(A)\det(D-CA^{-1}B) \quad ■$$

◀重要例題 038 (3) より。

重要　例題 041　還元定理の証明　★☆☆

次の一般化された還元定理を証明せよ。

n 次正方行列 A が，次のどちらかの形になっているとする。

$$\begin{bmatrix} a_{11} & \cdots & a_{1\,j-1} & * & a_{1\,j+1} & \cdots & a_{1\,n} \\ \vdots & & \vdots & \vdots & \vdots & & \vdots \\ a_{i-1\,1} & \cdots & a_{i-1\,j-1} & * & a_{i-1\,j+1} & \cdots & a_{i-1\,n} \\ 0 & \cdots & 0 & a_{i\,j} & 0 & \cdots & 0 \\ a_{i+1\,1} & \cdots & a_{i+1\,j-1} & * & a_{i+1\,j+1} & \cdots & a_{i+1\,n} \\ \vdots & & \vdots & \vdots & \vdots & & \vdots \\ a_{n\,1} & \cdots & a_{n\,j-1} & * & a_{n\,j+1} & \cdots & a_{n\,n} \end{bmatrix}$$

$$\begin{bmatrix} a_{11} & \cdots & a_{1\,j-1} & 0 & a_{1\,j+1} & \cdots & a_{1\,n} \\ \vdots & & \vdots & \vdots & \vdots & & \vdots \\ a_{i-1\,1} & \cdots & a_{i-1\,j-1} & 0 & a_{i-1\,j+1} & \cdots & a_{i-1\,n} \\ * & \cdots & * & a_{i\,j} & * & \cdots & * \\ a_{i+1\,1} & \cdots & a_{i+1\,j-1} & 0 & a_{i+1\,j+1} & \cdots & a_{i+1\,n} \\ \vdots & & \vdots & \vdots & \vdots & & \vdots \\ a_{n\,1} & \cdots & a_{n\,j-1} & 0 & a_{n\,j+1} & \cdots & a_{n\,n} \end{bmatrix}$$

このとき，$\det(A)=a_{ij}\tilde{a}_{ij}$ が成り立つ。ここで，$\tilde{a}_{ij}$ は A の $(i,\ j)$ 余因子を表す。

指針　行交代性定理と列交代性定理を用いて示す。

解答　次のように行を入れ替える。

[1]　i 行目と $i-1$ 行目を入れ替える。

[2]　$i-1$ 行目と $i-2$ 行目を入れ替える。

$$\vdots$$

[$i-1$]　2 行目と 1 行目を入れ替える。

更に，次のように列を入れ替える。

[1]　j 列目と $j-1$ 列目を入れ替える。

[2]　$j-1$ 列目と $j-2$ 列目を入れ替える。

$$\vdots$$

[$j-1$]　2 列目と 1 列目を入れ替える。

行列 A の $(i,\ j)$ 小行列式を m_{ij} とすると，$\tilde{a}_{ij}=(-1)^{i+j}m_{ij}$ であるから，還元定理により

$$\det(A)=a_{ij}(-1)^{\{(i-1)+(j-1)\}}m_{ij}=a_{ij}(-1)^{i+j}m_{ij}=a_{ij}\tilde{a}_{ij} \quad ■$$

重要 例題042 ファン・デル・モンドの行列式 ★★☆

次の等式を証明せよ。ただし，$D(x_1,\ x_2,\ \cdots\cdots,\ x_n)$ は n 変数の差積である。

$$\begin{vmatrix} 1 & 1 & 1 & \cdots & 1 \\ x_1 & x_2 & x_3 & \cdots & x_n \\ {x_1}^2 & {x_2}^2 & {x_3}^2 & \cdots & {x_n}^2 \\ \vdots & \vdots & \vdots & & \vdots \\ {x_1}^{n-1} & {x_2}^{n-1} & {x_3}^{n-1} & \cdots & {x_n}^{n-1} \end{vmatrix} = (-1)^{\frac{n(n-1)}{2}} D(x_1,\ x_2,\ \cdots\cdots,\ x_n)$$

指針 数学的帰納法を用いて証明する。ただし，差積を考えているため，$n \geqq 2$ であることに注意する。なお，差積については，118ページのまとめを参照。

解答

$$\begin{vmatrix} 1 & 1 & 1 & \cdots & 1 \\ x_1 & x_2 & x_3 & \cdots & x_n \\ {x_1}^2 & {x_2}^2 & {x_3}^2 & \cdots & {x_n}^2 \\ \vdots & \vdots & \vdots & & \vdots \\ {x_1}^{n-1} & {x_2}^{n-1} & {x_3}^{n-1} & \cdots & {x_n}^{n-1} \end{vmatrix} = (-1)^{\frac{n(n-1)}{2}} D(x_1,\ x_2,\ \cdots\cdots,\ x_n) \quad \cdots\cdots ①$$

とする。

[1]　$n=2$ のとき

$$(\text{左辺}) = \begin{vmatrix} 1 & 1 \\ x_1 & x_2 \end{vmatrix} = x_2 - x_1$$

$$(\text{右辺}) = (-1)^{\frac{2(2-1)}{2}} D(x_1,\ x_2) = -(x_1 - x_2) = x_2 - x_1$$

よって，① は成り立つ。

[2]　$n=k$ のとき，① が成り立つと仮定すると

$$\begin{vmatrix} 1 & 1 & 1 & \cdots & 1 \\ x_1 & x_2 & x_3 & \cdots & x_k \\ {x_1}^2 & {x_2}^2 & {x_3}^2 & \cdots & {x_k}^2 \\ \vdots & \vdots & \vdots & & \vdots \\ {x_1}^{k-1} & {x_2}^{k-1} & {x_3}^{k-1} & \cdots & {x_k}^{k-1} \end{vmatrix} = (-1)^{\frac{k(k-1)}{2}} D(x_1,\ x_2,\ \cdots\cdots,\ x_k) \quad \cdots\cdots ②$$

$n=k+1$ のときを考えると，② から

$$\begin{vmatrix} 1 & 1 & 1 & \cdots & 1 \\ x_1 & x_2 & x_3 & \cdots & x_{k+1} \\ {x_1}^2 & {x_2}^2 & {x_3}^2 & \cdots & {x_{k+1}}^2 \\ \vdots & \vdots & \vdots & & \vdots \\ {x_1}^k & {x_2}^k & {x_3}^k & \cdots & {x_{k+1}}^k \end{vmatrix}$$

ⓚ$\times(-x_1)+$(k+1)
(k−1)$\times(-x_1)+$ⓚ
⋮
①$\times(-x_1)+$②

$$= \begin{vmatrix} 1 & 1 & 1 & \cdots & 1 \\ 0 & x_2-x_1 & x_3-x_1 & \cdots & x_{k+1}-x_1 \\ 0 & x_2(x_2-x_1) & x_3(x_3-x_1) & \cdots & x_{k+1}(x_{k+1}-x_1) \\ \vdots & \vdots & \vdots & & \vdots \\ 0 & {x_2}^{k-1}(x_2-x_1) & {x_3}^{k-1}(x_3-x_1) & \cdots & {x_{k+1}}^{k-1}(x_{k+1}-x_1) \end{vmatrix}$$

還元定理

$$= \begin{vmatrix} x_2-x_1 & x_3-x_1 & \cdots & x_{k+1}-x_1 \\ x_2(x_2-x_1) & x_3(x_3-x_1) & \cdots & x_{k+1}(x_{k+1}-x_1) \\ \vdots & \vdots & & \vdots \\ {x_2}^{k-1}(x_2-x_1) & {x_3}^{k-1}(x_3-x_1) & \cdots & {x_{k+1}}^{k-1}(x_{k+1}-x_1) \end{vmatrix}$$

$$=(x_2-x_1)(x_3-x_1)\cdots\cdots(x_{k+1}-x_1)\begin{vmatrix} 1 & 1 & \cdots & 1 \\ x_2 & x_3 & \cdots & x_{k+1} \\ \vdots & \vdots & & \vdots \\ {x_2}^{k-1} & {x_3}^{k-1} & \cdots & {x_{k+1}}^{k-1} \end{vmatrix}$$

$$=(x_2-x_1)(x_3-x_1)\cdots\cdots(x_{k+1}-x_1)\cdot(-1)^{\frac{k(k-1)}{2}}D(x_2,\ x_3,\ \cdots\cdots,\ x_{k+1})$$

◀帰納法の仮定より。

$$=(-1)^{\frac{k(k-1)}{2}+k}D(x_1,\ x_2,\ \cdots\cdots,\ x_{k+1})=(-1)^{\frac{(k+1)k}{2}}D(x_1,\ x_2,\ \cdots\cdots,\ x_{k+1})$$

よって，$n=k+1$ のときも ① は成り立つ。

[1]，[2] から，$n\geqq 2$ であるすべての自然数 n について ① は成り立つ。

重要 例題 043 置換行列の性質 ★★★

σ を n 個の文字 1，2，……，n の置換として，$E(\sigma)=[\,\boldsymbol{e}_{\sigma(1)}\ \ \boldsymbol{e}_{\sigma(2)}\ \ \cdots\ \ \boldsymbol{e}_{\sigma(n)}\,]$ という形の行列を，n 次の **置換行列** という。ただし，$\{\boldsymbol{e}_1,\ \boldsymbol{e}_2,\ \cdots\cdots,\ \boldsymbol{e}_n\}$ は K^n の標準基底とする。次を示せ。

(1)　$\det(E(\sigma))=\mathrm{sgn}(\sigma)$

(2)　n 個の文字 1，2，……，n の置換 σ，τ について　　$E(\sigma\tau)=E(\sigma)E(\tau)$

(3)　$\{E(\sigma)\}^{-1}=E(\sigma^{-1})$

(4)　$m\times n$ 行列 $A=[\,\boldsymbol{v}_1\ \ \boldsymbol{v}_2\ \ \cdots\ \ \boldsymbol{v}_n\,]$（$\boldsymbol{v}_1$，$\boldsymbol{v}_2$，……，$\boldsymbol{v}_n$ は m 次列ベクトル）について　　$AE(\sigma)=[\,\boldsymbol{v}_{\sigma(1)}\ \ \boldsymbol{v}_{\sigma(2)}\ \ \cdots\ \ \boldsymbol{v}_{\sigma(n)}\,]$
（すなわち，$E(\sigma)$ を右から掛けると，列が置換される）

指針 (1) は重要例題 031 を用いて示す。その際，互換 $(\,i\ \ j\,)$ に対する置換行列は，基本行列 P_{ij} であることに注意する。(3) は (2) を利用する。

注意 標準基底については，第 5 章の 197 ページを参照するとよい。

解答 (1)　任意の置換はいくつかの互換の積の形に表される。　◀重要例題 031 より。

置換 σ が k 個の互換 σ_1，σ_2，……，σ_k の積の形として，$\sigma=\sigma_1\sigma_2\cdots\cdots\sigma_k$ と表されるとする。

[1]　k が偶数のとき　　$\mathrm{sgn}(\sigma)=1$　　[2]　k が奇数のとき　　$\mathrm{sgn}(\sigma)=-1$

よって，$\mathrm{sgn}(\sigma)=(-1)^k$ であるから，$\det(E(\sigma))=(-1)^k$　…… ① を示せばよい。

① を k に関する数学的帰納法で示す。

[a]　$k=1$ のとき，置換 σ は互換であるから，ある自然数 i，j が存在して，
$\sigma=(\,i\ \ j\,)$ $(1\leqq i<j\leqq n)$ と書ける。

このとき　$E(\sigma)=[\,\boldsymbol{e}_1\ \cdots\ \boldsymbol{e}_{i-1}\ \ \boldsymbol{e}_j\ \ \boldsymbol{e}_{i+1}\ \cdots\ \boldsymbol{e}_{j-1}\ \ \boldsymbol{e}_i\ \ \boldsymbol{e}_{j+1}\ \cdots\ \boldsymbol{e}_n\,]$（$\boldsymbol{e}_j$ は i 列目，$\boldsymbol{e}_i$ は j 列目）

$=P_{ij}$　◀67 ページより。

よって　　$\det(E(\sigma))=\det(P_{ij})=-1$　◀基本例題 065 の指針より。

ゆえに，$k=1$ のとき ① は成り立つ。

[b]　$k=m$ のとき，① が成り立つ，すなわち $\det(E(\sigma))=(-1)^m$ と仮定して，
$k=m+1$ のときを考える。

$\sigma=\sigma_1\sigma_2\cdots\cdots\sigma_m\sigma_{m+1}$ において，$\tau=\sigma_1\sigma_2\cdots\cdots\sigma_m$ とすると　　$\sigma=\tau\sigma_{m+1}$

σ_{m+1} は互換であるから，ある自然数 i，j が存在して，

$\sigma_{m+1}=(\,i\ \ j\,)$ $(1\leqq i<j\leqq n)$ と書ける。

任意の自然数 l $(1\leqq l\leqq n)$ に対し，次が成り立つ。

$$\sigma(l)=\begin{cases}\tau(l) & (l\neq i,\ j\ \text{のとき})\\ \tau(j) & (l=i\ \text{のとき})\\ \tau(i) & (l=j\ \text{のとき})\end{cases}$$

よって，$E(\sigma)$ は $E(\tau)=[\,\boldsymbol{e}_{\tau(1)}\quad \boldsymbol{e}_{\tau(2)}\quad \cdots\quad \boldsymbol{e}_{\tau(n)}\,]$ の i 列目と j 列目を入れ替えたものである。

ゆえに　$\det(E(\sigma))=-\det(E(\tau))$

◀基本例題 065 より。

また，仮定により　$\det(E(\tau))=(-1)^m$

よって　$\det(E(\sigma))=-(-1)^m=(-1)^{m+1}$

ゆえに，$k=m+1$ のときも ① は成り立つ。

したがって，すべての自然数 k について，① は成り立つ。

以上から，題意は示された。 ■

(2)　(1) と同様に，置換 τ が p 個の互換 τ_1, τ_2, ……, τ_p の積の形として，$\tau=\tau_1\tau_2$ …… τ_p と表されるとする。

このとき，$E(\sigma\tau)=E(\sigma)E(\tau)$ …… ② を p に関する数学的帰納法で示す。

[a]　$p=1$ のとき

置換 τ は互換であるから，ある自然数 i, j が存在して，$\tau=(i\quad j)$ $(1\leqq i<j\leqq n)$ と書ける。

任意の自然数 l $(1\leqq l\leqq n)$ に対し，次が成り立つ。

$$\sigma\tau(l)=\begin{cases}\sigma(l) & (l\neq i,\ j \text{ のとき})\\ \sigma(j) & (l=i \text{ のとき})\\ \sigma(i) & (l=j \text{ のとき})\end{cases}$$

よって，$E(\sigma\tau)$ は $E(\sigma)=[\,\boldsymbol{e}_{\sigma(1)}\quad \boldsymbol{e}_{\sigma(2)}\quad \cdots\quad \boldsymbol{e}_{\sigma(n)}\,]$ の i 列目と j 列目を入れ替えたものである。

ゆえに　$E(\sigma\tau)=E(\sigma)P_{ij}$

また，$\tau=(i\quad j)$ であるから　$E(\tau)=P_{ij}$

よって，$p=1$ のとき ② は成り立つ。

[b]　$p=m$ のとき，② が成り立つと仮定して，$p=m+1$ のときを考える。

$\tau=\tau_1\tau_2$ …… $\tau_m\tau_{m+1}$ において，$\tau'=\tau_1\tau_2$ …… τ_m とすると　$\tau=\tau'\tau_{m+1}$

τ_{m+1} は互換であるから，ある自然数 i, j が存在して，

$\tau_{m+1}=(i\quad j)$ $(1\leqq i<j\leqq n)$ と書ける。

[a] により　$E(\sigma\tau)=E(\sigma\tau')E(\tau_{m+1})$, $E(\tau)=E(\tau')E(\tau_{m+1})$ …… ③

また，仮定により　$E(\sigma\tau')=E(\sigma)E(\tau')$ …… ④

③, ④ により　$E(\sigma\tau)=E(\sigma)E(\tau)$

よって，$p=m+1$ のとき ② は成り立つ。

したがって，すべての自然数 p について，② は成り立つ。

以上から，題意は示された。

(3)　(2) の等式において，$\tau=\sigma^{-1}$ とすると　$E=E(\sigma)E(\sigma^{-1})$

よって　$\{E(\sigma)\}^{-1}=E(\sigma^{-1})$ ■

(4)　置換行列 $E(\sigma)$ の第 i $(1\leqq i\leqq n)$ 列は $\boldsymbol{e}_{\sigma(i)}$ であるから

$$AE(\sigma)=[\,\boldsymbol{v}_{\sigma(1)}\quad \boldsymbol{v}_{\sigma(2)}\quad \cdots\quad \boldsymbol{v}_{\sigma(n)}\,]$$ ■

重要 例題 044　連立1次方程式の解の存在と行列式の関係　★★☆

n 次正方行列 A について，同次連立1次方程式 $A\boldsymbol{x}=\boldsymbol{0}$ が非自明な解をもつための必要十分条件は，$\det(A)=0$ であることを示せ。

指針　同次連立1次方程式 $A\boldsymbol{x}=\boldsymbol{0}$ が非自明な解をもつならば，$\det(A)=0$ であることと，$\det(A)=0$ であるならば，同次連立1次方程式 $A\boldsymbol{x}=\boldsymbol{0}$ が非自明な解をもつことをそれぞれ示す。その際，次の定理を用いる。

定理　**正則行列の特徴付け**　※証明は，線形代数テキストの130ページを参照。
A を n 次正方行列とするとき，次の条件は同値である。
[1]　A は正則行列である。
[2]　$\mathrm{rank}\,A=n$
[3]　$\det(A)\neq 0$

解答　[1]　同次連立1次方程式 $A\boldsymbol{x}=\boldsymbol{0}$ が非自明な解をもつならば，$\det(A)=0$ であることを示す。

$\det(A)\neq 0$ ならば，行列 A は正則であり，逆行列 A^{-1} が存在する。

◀指針の定理より。

$A\boldsymbol{x}=\boldsymbol{0}$ の両辺に左から A^{-1} を掛けると

$$\boldsymbol{x}=\boldsymbol{0}$$

よって，同次連立1次方程式 $A\boldsymbol{x}=\boldsymbol{0}$ は自明な解しかもたない。

◀対偶が真である。

したがって，同次連立1次方程式 $A\boldsymbol{x}=\boldsymbol{0}$ が非自明な解をもつならば，$\det(A)=0$ である。

[2]　$\det(A)=0$ であるならば，同次連立1次方程式 $A\boldsymbol{x}=\boldsymbol{0}$ が非自明な解をもつことを示す。

$\det(A)=0$ とすると

◀指針の定理より。

$$\mathrm{rank}\,A<n$$

よって，同次連立1次方程式 $A\boldsymbol{x}=\boldsymbol{0}$ は非自明な解をもつ。

◀基本例題037で扱った定理より。

以上から，題意は示された。■

重要 例題 045　逆行列の各成分が整数となるための必要十分条件　★★☆

整数を成分とする n 次正方行列 A について，行列 A が整数を成分とする逆行列をもつための必要十分条件は，$\det(A)=\pm1$ であることを示せ。

指針 行列 A が整数を成分とする逆行列をもつならば，$\det(A)=\pm1$ であることと，$\det(A)=\pm1$ であるならば，行列 A が整数を成分とする逆行列をもつことをそれぞれ示す。

解答 [1]　行列 A が整数を成分とする逆行列をもつならば，$\det(A)=\pm1$ であることを示す。

行列 A が整数を成分とする逆行列 A^{-1} をもつと仮定する。

このとき，$AA^{-1}=E$ より　　$\det(AA^{-1})=\det(E)$

また　　$\det(AA^{-1})=\det(A)\det(A^{-1})$，$\det(E)=1$

よって　　$\det(A)\det(A^{-1})=1$

ここで，$\det(A)$ と $\det(A^{-1})$ は整数であるから　　$\det(A)=\pm1$

[2]　$\det(A)=\pm1$ であるならば，行列 A が整数を成分とする逆行列をもつことを示す。

$\det(A)=\pm1$ とすると，$\det(A)\neq0$ より行列 A は正則であるから，行列 A の逆行列 A^{-1} が存在する。

また，行列 A の余因子行列を $\widetilde{A}$ とすると，行列 A の各成分は整数であるから，$\widetilde{A}$ の各成分も整数である。

$A^{-1}=\dfrac{1}{\det(A)}\widetilde{A}$ であるから，行列 A の逆行列 A^{-1} の各成分は整数である。

以上から，題意は示された。 ■

重要 例題 046　行列の階数と小行列式　★★★

一般に，$m\times n$ 行列 A と，$1\leqq i_1<i_2<\cdots\cdots<i_k\leqq m$ と $1\leqq j_1<j_2<\cdots\cdots<j_k\leqq n$ に対し，

$$\begin{vmatrix} a_{i_1j_1} & a_{i_1j_2} & \cdots & a_{i_1j_k} \\ a_{i_2j_1} & a_{i_2j_2} & \cdots & a_{i_2j_k} \\ \vdots & \vdots & & \vdots \\ a_{i_kj_1} & a_{i_kj_2} & \cdots & a_{i_kj_k} \end{vmatrix}$$

の形の行列式を，行列 A の k 次の小行列式という。行列 A の階数が r 以上であるための必要十分条件は，0 でない r 次の小行列式が存在することであることを示せ。

指針　行列 A の階数が r 以上であるならば，0 でない r 次の小行列式が存在することと，0 でない r 次の小行列式が存在するならば，行列 A の階数が r 以上であることをそれぞれ示す。

解答　行列 A の 0 でない小行列式の次数のうち，最大の次数を s_1 とする。

[1]　行列 A の階数が r 以上であるならば，0 でない r 次の小行列式が存在することを示す。

行列 A に対して，列基本操作または行基本操作を 1 回行い，行列 B が得られたとする。

行列 B の 0 でない小行列式の次数のうち，最大の次数を s_2 とする。

[a]　行列 A のある列または行に 0 でない数を掛けて行列 B が得られるとき　$s_1=s_2$

[b]　行列 A のある列または行を入れ替えて行列 B が得られるとき　$s_1=s_2$

[c]　行列 A のある列または行に他の列または行の定数倍を加えて行列 B が得られるときも $s_1=s_2$ となることを示す。

行列 A の 0 でない s_1 次の小行列式が存在するから，そのうちの 1 つを $\varDelta$ とする。

$\varDelta$ が行列 A の $k_1,\ k_2,\ \cdots\cdots,\ k_{s_1}$ 行と $l_1,\ l_2,\ \cdots\cdots,\ l_{s_2}$ 列で作られているとする。

また，行列 A の j 列目の a 倍を i 列目に足して行列 B が得られるとし，行列 B の $k_1,\ k_2,\ \cdots\cdots,\ k_{s_1}$ 行と $l_1,\ l_2,\ \cdots\cdots,\ l_{s_2}$ 列で作られている小行列式を $\varDelta'$ とする。

(ア)　i 列目が $\varDelta$ に含まれていないとき　$\varDelta'=\varDelta\neq 0$

よって　$s_1\leqq s_2$

(イ)　i 列目，j 列目がともに $\varDelta$ に含まれているとき　$\varDelta'=\varDelta\neq 0$

よって　$s_1\leqq s_2$

(ウ)　i 列目が $\varDelta$ に含まれ，j 列目が $\varDelta$ に含まれていないとき

$\varDelta$ において，行列 A の i 列目の $k_1,\ k_2,\ \cdots\cdots,\ k_{s_1}$ 行の成分を取り出した列ベクトルを，行列 A の j 列目の $k_1,\ k_2,\ \cdots\cdots,\ k_{s_1}$ 行の成分を取り出した列ベクトルでおき換えたものを $\varDelta''$ とすると　$\varDelta'=\varDelta+a\varDelta''$

[α]　$\varDelta'\neq 0$ のとき　$s_1\leqq s_2$

[β]　$\varDelta'=0$ のとき　$\varDelta=-a\varDelta''$

$\varDelta \neq 0$ であるから　　$\varDelta'' \neq 0$

$\varDelta''$ は行列 B の小行列式であるから　　$s_1 \leqq s_2$

(ア), (イ), (ウ) により，行列 A の j 列目の a 倍を i 列目に足して行列 B が得られるとき，$s_1 \leqq s_2$ となる。

同様に，行列 A の j 行目の a 倍を i 行目を足して行列 B が得られるときも $s_1 \leqq s_2$ となる。

よって，行列 A のある列または行に他の列または行の定数倍を加えて行列 B が得られるとき，$s_1 \leqq s_2$ となる。

同様に，行列 B に列基本操作または行基本操作を行って行列 A が得られるから，$s_1 \geqq s_2$ となる。

ゆえに，行列 A のある列または行に他の列または行の定数倍を加えて行列 B が得られるときも $s_1 = s_2$　……（∗）となる。

ここで，$t = \mathrm{rank}\, A \geqq r$ とするとき，行列 A に対して，行基本操作と列基本操作を行うと $\begin{bmatrix} E_t & 0 \\ 0 & 0 \end{bmatrix}$ (E_t は t 次の単位行列）という形になる。

$C = \begin{bmatrix} E_t & 0 \\ 0 & 0 \end{bmatrix}$ とし，行列 C の 0 でない小行列式のうち最大のものの次数を s_3 とすると　　$s_3 = t$

また，（∗）を繰り返し用いることにより　　$s_1 = s_3$

よって　　$s_1 \geqq r$

このとき，行列 A の r 次の小行列式がすべて 0 になると仮定すると，次数が r より大きい小行列式もすべて 0 になる。

ところが，$t \geqq r$ であるから矛盾である。

したがって，行列 A の階数が r 以上であるならば，0 でない r 次の小行列式が存在する。

[2]　0 でない r 次の小行列式が存在するならば，行列 A の階数が r 以上であることを示す。

0 でない r 次の小行列式が存在するならば，$s_1 \geqq r$ となる。

[1] と同様にして，$t = s_3$，$s_1 = s_3$ より　　$t = s_1$

よって　　$t \geqq r$

以上から，題意は示された。■

5

第5章 ベクトル空間

例題一覧

例題番号	レベル	例題タイトル	教科書との対応
		1 ベクトル空間と部分空間	
基本 074	1	部分空間の性質の証明	練習 1
基本 075	1	ベクトル空間である証明	練習 2
基本 076	1	R^3 の部分空間の判定とその理由	練習 3
基本 077	1	R^3 の部分空間の判定	
基本 078	1	漸化式の集合が R^N の部分空間の証明	練習 4
基本 079	1	連続関数・数列全体の部分空間	練習 5
基本 080	1	部分空間の和と共通部分	練習 6
基本 081	2	部分空間の和が部分空間である証明	練習 7
基本 082	1	部分空間の和が直和の判定	練習 8
基本 083	2	R^3 の直和分解	練習 9
基本 084	2	部分空間の和が直和の証明	練習 10
		2 1次独立と1次従属	
基本 085	1	ベクトルの組が R^2 を生成する・しないの証明	練習 1
基本 086	1	生成系部分空間の性質 ①	練習 2
基本 087	2	生成系部分空間の性質 ②	練習 3
基本 088	2	生成系部分空間の一致の証明	
基本 089	1	1次従属とベクトルの平行が同値の証明	練習 4
基本 090	1	1次独立か1次従属かの判定	練習 5
基本 091	1	1次独立であることの証明	練習 6
基本 092	1	1次従属となる条件	練習 7
基本 093	1	1次独立となる条件	
基本 094	2	関数のベクトル空間と1次独立	練習 8
基本 095	2	ベクトルの差で表された組の1次独立性	練習 9
基本 096	2	ベクトルの1次結合と1次独立性	練習 10
		3 基底と次元	
基本 097	2	R^2 の生成系から基底の構成	練習 1
基本 098	1	次元の特徴付けの定理の証明	練習 2
基本 099	2	生成系の証明と基底の構成	練習 3
基本 100	3	直和分解であるための必要十分条件	練習 4
基本 101	1	空間内の直線の方程式	練習 5
基本 102	1	空間内の平面の方程式	練習 6
		第5章の内容チェックテスト	
		演　習　編	
重要 047	1	多項式全体のベクトル空間と部分空間	章末 1
重要 048	1	微分可能な関数全体の部分空間	章末 2
重要 049	2	C^{n-1} 級関数とウロンスキー行列式	章末 3
重要 050	2	1次独立であるための必要十分条件	章末 4
重要 051	2	$\{1,\ i\}$ が C の基底であることの証明	章末 5
重要 052	2	基底であるための必要十分条件	章末 6
重要 053	2	1次従属の証明と非自明な1次関係	
重要 054	2	基底の構成と非自明な1次関係 ①	章末 7
重要 055	2	基底の構成と非自明な1次関係 ②	
重要 056	3	基底の和が直和であるための必要十分条件	

1　ベクトル空間と部分空間

ベクトル空間の概念については，「数研講座シリーズ　大学教養　線形代数」の136～143ページに詳しく丁寧に説明している。抽象的なベクトル空間の議論に慣れるために，まず最初にそちらを参照されたい。以下は，その内容の要約である。

◈スカラーとベクトル

線形代数学では，**スカラー** と **ベクトル** という，2種類の量を扱う。スカラーとは，基本的には実数や複素数などの定数のことであり，ベクトルを定数倍（**スカラー倍**）するときなどに使われる。また，ベクトルとは，状況に応じて，有向線分であったり，関数であったり，数列であったり，さまざまなものでモデル化できる「何か」であって，ただの記号であると思ってよい。なお，高校数学では，$\vec{a}$，$\vec{b}$，$\vec{c}$，…… のように表したが，本書では $\boldsymbol{a}$，$\boldsymbol{b}$，$\boldsymbol{c}$，…… のように太字で表す。

これらベクトルが集まってできた **ベクトル空間** を導入する前に，まず，スカラー（定数）として，どのような範囲の数を考えるかを決めなければならない。

大学初年度の線形代数学で用いられるスカラーは，主に実数や複素数などの，普通の意味での数である。実数をスカラーとするベクトル空間を **実ベクトル空間** といい，複素数をスカラーとするベクトル空間を **複素ベクトル空間** という。

より一般的に，実数全体や複素数全体のように，足し算と引き算，および掛け算があって，0でない要素で割り算ができるような体系を，数学では「体」というが，一般の体Kの要素をスカラーとして，「体K上のベクトル空間」を考えることもできる。実数全体（実数体）や複素数全体（複素数体）は体をなすが，さまざまな体がある。

そこで以後，体Kを1つ固定して，Kの要素をスカラーとするベクトル空間について議論するが，その際，Kは実数体（記号：$\mathbb{R}$）や複素数体（記号：$\mathbb{C}$）のどれかであると思ってよい。したがって，aがKの要素である，すなわち「$a \in K$」とは，$K=\mathbb{R}$ のときはaが実数であることを，$K=\mathbb{C}$ であるときはaが複素数であることを，それぞれ意味している。

第4章まででは，すべての行列は実数を成分とするものとして扱ってきた。実は，行列の成分が複素数であるとしても，第4章までのすべての議論が成り立つ。

次に，ベクトル空間の例として，以下の ①〜③ を挙げておく。

①列ベクトル

n を自然数とする。K の要素を成分にする，n 次の列ベクトル（$n\times1$ 行列）

$$\boldsymbol{v}={}^t[\,a_1 \quad a_2 \quad \cdots \quad a_n\,]=\begin{bmatrix} a_1 \\ a_2 \\ \vdots \\ a_n \end{bmatrix}$$ を考える。

ここで，a_1，a_2，……，a_n は K の要素である（$a_1\in K$，$a_2\in K$，……，$a_n\in K$）。このような n 次の列ベクトル全体の集合を K^n で表すと，K^n はベクトル空間であり，n 次元数ベクトル空間という。

$K=\mathrm{R}$ のとき，$n=1$，2，3 のときの数ベクトル空間 R^n は，それぞれ直線，平面，空間という幾何的な見方ができる。

例えば，R^2 の要素は実数を成分とする 2 次の列ベクトル $\begin{bmatrix} x \\ y \end{bmatrix}$ であり，それは 2 つの実数の組であるから，座標平面の点 $(x,\ y)$ と同一視できる。よって，R上の 2 次元ベクトル空間 R^2 は，座標平面とみなすことができる。

同じように，R上の 3 次元ベクトル空間 R^3 は座標空間と同一視できる。

②数列

K の要素（実数または複素数）からなる数列 $\{a_n\}$ の空間を考える。そのような数列をすべて考え，それら全体のなす集合を K^{N} と書くことにする。K^{N} も K^n と同様の構造をもつベクトル空間である。

なお，Nは自然数の集合を表す記号である。「K^{N}」という記号は「自然数で番号付けられた K の数列の全体」を表している。

③関数

実数R上の関数 $f(x)$ の空間を考える。すなわち，そのような関数全体のなす集合を $F(\mathrm{R})$ と書くことにする。$F(\mathrm{R})$ も ①，② と同様の構造をもつベクトル空間である。

◈ベクトル空間

列ベクトル，数列，関数の例を述べたが，それらの全体は共通の構造をもっている。そして，この構造をもっているということが，K 上のベクトル空間という概念の意味である。

ベクトル空間の定義は，次ページの，基本例題 074 の指針のように定義される。

基本 例題 074 部分空間の性質の証明 ★☆☆

V を K 上のベクトル空間（下の指針参照）とする。V の部分集合 W について，次の条件が満たされるとき，W は V の **部分空間である** という。

(S1)　$\mathbf{0} \in W$

(S2)　$\boldsymbol{v} \in W$，$\boldsymbol{w} \in W$ ならば $\boldsymbol{v}+\boldsymbol{w} \in W$

(S3)　$\boldsymbol{v} \in W$ で $c \in K$ ならば $c\boldsymbol{v} \in W$

条件 (S2) かつ条件 (S3) は，次の条件 (S4) と同値であることを示せ。

(S4)　$\boldsymbol{v} \in W$，$\boldsymbol{w} \in W$ で $a \in K$，$b \in K$ ならば $a\boldsymbol{v}+b\boldsymbol{w} \in W$

指針 ベクトル空間は，次のように定義される。

定義 ベクトル空間

集合 V に，次のような構造が定まっているとする。

[1]　V の任意の2つの要素 $\boldsymbol{v}$，$\boldsymbol{w}$ に対して，**和** と呼ばれる第3の要素 $\boldsymbol{v}+\boldsymbol{w}$ が，V の中に定まっている。

[2]　V の任意の要素 $\boldsymbol{v}$ と，K の任意の要素 c に対して，**スカラー倍** と呼ばれる第3の要素 $c\boldsymbol{v}$ が，V の中に定まっている。

[3]　これらの演算（和とスカラー倍）について，次の演算規則 [a]～[h] が満たされている。

[a]　$(\boldsymbol{u}+\boldsymbol{v})+\boldsymbol{w}=\boldsymbol{u}+(\boldsymbol{v}+\boldsymbol{w})$　（和に関する結合律）

[b]　任意の $\boldsymbol{v}$ に対し，$\boldsymbol{v}+\mathbf{0}=\mathbf{0}+\boldsymbol{v}=\boldsymbol{v}$ となる $\mathbf{0}$ が存在する　（零元の存在）

[c]　$\boldsymbol{v}$ に対し，$\boldsymbol{v}+\boldsymbol{w}=\boldsymbol{w}+\boldsymbol{v}=\mathbf{0}$ となる $\boldsymbol{w}$ が存在する　（和に関する逆元の存在）

[d]　$\boldsymbol{v}+\boldsymbol{w}=\boldsymbol{w}+\boldsymbol{v}$　（和に関する交換律）

[e]　$a(b\boldsymbol{v})=(ab)\boldsymbol{v}$　（スカラー倍に関する結合律）

[f]　$(a+b)\boldsymbol{v}=a\boldsymbol{v}+b\boldsymbol{v}$　（分配法則）

[g]　$a(\boldsymbol{v}+\boldsymbol{w})=a\boldsymbol{v}+a\boldsymbol{w}$　（分配法則）

[h]　$1\cdot\boldsymbol{v}=\boldsymbol{v}$

ここで，[b]，[c] における $\mathbf{0}$ は **零ベクトル** であり，$\mathbf{0}={}^t[0\ \ 0\ \ \cdots\ \ 0]$ で与えられる。また，[c] における $\boldsymbol{w}$ は，$\boldsymbol{v}={}^t[a_1\ \ a_2\ \ \cdots\ \ a_n]$ に対し，
$\boldsymbol{w}=-\boldsymbol{v}=-{}^t[a_1\ \ a_2\ \ \cdots\ \ a_n]$ で与えられる。

このとき，V を K 上の **ベクトル空間** という。

定義に従って「(S2) かつ (S3) $\Longrightarrow$ (S4)」と「(S4) $\Longrightarrow$ (S2) かつ (S3)」をそれぞれ示す。

解答 (S2) かつ (S3) を仮定し，$\boldsymbol{v} \in W$，$\boldsymbol{w} \in W$ で $a \in K$，$b \in K$ とする。

(S3) により　　$a\boldsymbol{v} \in W$，$b\boldsymbol{w} \in W$

(S2) により　　$a\boldsymbol{v}+b\boldsymbol{w} \in W$

よって，(S4) が成り立つ。

(S4) を仮定し，$\boldsymbol{v} \in W$，$\boldsymbol{w} \in W$ とする。

$a=b=1$ とすると，$\boldsymbol{v}+\boldsymbol{w} \in W$ となり，(S2) が成り立つ。

$c \in K$ として，$a=c$，$b=0$ とすると，$c\boldsymbol{v} \in W$ となり，(S3) が成り立つ。

したがって，条件 (S2) かつ条件 (S3) は，条件 (S4) と同値である。■

基本 例題 075 ベクトル空間である証明 ★☆☆

K上のベクトル空間Vの部分空間Wは，Vにおける和とスカラー倍を，そのままWにおける和とスカラー倍とみなすことによって，W単独でK上のベクトル空間になっていることを示せ。

指針 部分空間の定義は次で与えられる。

定義 部分空間

VをK上のベクトル空間とする。Vの部分集合Wについて，次の条件が満たされるとき，WはVの **部分空間である** という。

[1] $\boldsymbol{0}\in W$　　[2] $\boldsymbol{v}\in W$，$\boldsymbol{w}\in W$ ならば　$\boldsymbol{v}+\boldsymbol{w}\in W$

[3] $\boldsymbol{v}\in W$ で $c\in K$ ならば　$c\boldsymbol{v}\in W$

Wが，基本例題074で扱ったベクトル空間の定義を満たしていることを確かめる。

解答 [1] Wはベクトル空間Vの部分空間であるから，$\boldsymbol{v}\in W$，$\boldsymbol{w}\in W$ に対し　$\boldsymbol{v}+\boldsymbol{w}\in W$

[2] Wはベクトル空間Vの部分空間であるから，$\boldsymbol{v}\in W$，$c\in K$ に対し　$c\boldsymbol{v}\in W$

[3] [a] Vはベクトル空間であることから，$\boldsymbol{u}\in W$，$\boldsymbol{v}\in W$，$\boldsymbol{w}\in W$ に対し

$$(\boldsymbol{u}+\boldsymbol{v})+\boldsymbol{w}=\boldsymbol{u}+(\boldsymbol{v}+\boldsymbol{w})$$

[b] Wはベクトル空間Vの部分空間であるから，Vの零元を$\boldsymbol{0}$とすると，$\boldsymbol{0}\in W$となり，$\boldsymbol{v}\in W$ に対して $\boldsymbol{v}+\boldsymbol{0}=\boldsymbol{0}+\boldsymbol{v}=\boldsymbol{v}$ が成り立つ。

[c] Vはベクトル空間であることから，$\boldsymbol{v}\in W$ に対し，$\boldsymbol{w}\in V$ が存在して

$$\boldsymbol{v}+\boldsymbol{w}=\boldsymbol{w}+\boldsymbol{v}=\boldsymbol{0}$$

また，この$\boldsymbol{w}$について，$\boldsymbol{w}=-\boldsymbol{v}=(-1)\cdot\boldsymbol{v}$ が成り立つから，[2]より $\boldsymbol{w}\in W$ である。

◀「数研講座シリーズ　大学教養　線形代数」の143ページ[2]を参照。

[d] Vはベクトル空間であることから，$\boldsymbol{v}\in W$，$\boldsymbol{w}\in W$ に対し

$$\boldsymbol{v}+\boldsymbol{w}=\boldsymbol{w}+\boldsymbol{v}$$

[e] Vはベクトル空間であることから，$\boldsymbol{v}\in W$，$a\in K$，$b\in K$ に対し

$$a(b\boldsymbol{v})=(ab)\boldsymbol{v}$$

[f] Vはベクトル空間であることから，$\boldsymbol{v}\in W$，$a\in K$，$b\in K$ に対し

$$(a+b)\boldsymbol{v}=a\boldsymbol{v}+b\boldsymbol{v}$$

[g] Vはベクトル空間であることから，$\boldsymbol{v}\in W$，$\boldsymbol{w}\in W$，$c\in K$ に対し

$$c(\boldsymbol{v}+\boldsymbol{w})=c\boldsymbol{v}+c\boldsymbol{w}$$

[h] Vはベクトル空間であることから，$\boldsymbol{v}\in W$ に対し　$1\cdot\boldsymbol{v}=\boldsymbol{v}$

よって，題意は示された。■

補足 指針で扱った定義の条件[2]は，Wに属するベクトルの和が，またWの中に収まっているという意味であり，「Wは和に関して閉じている」と表現する。また，条件[3]は，Wに属するベクトルの任意の定数倍が，またWの中に収まっているという意味であり，「Wはスカラー倍に関して閉じている」と表現する。したがって，部分空間とは，零ベクトルを含み，和とスカラー倍に関して閉じている，Vの部分集合のことである。

基本 例題 076　$\mathbb{R}^3$ の部分空間の判定とその理由　★☆☆

次の W は $\mathbb{R}^3$ の部分空間であるか調べ，部分空間である場合はそれを証明せよ。また，部分空間でない場合はその理由を述べよ。

(1)　$W=\{{}^t[x\ \ y\ \ z]\mid 3x-2y+4z=0\}$

(2)　$W=\{{}^t[x\ \ y\ \ z]\mid x+y+z\geqq 0\}$

(3)　$W=\{{}^t[x\ \ y\ \ z]\mid x+y+z$ は整数である$\}$

(4)　$W=\{{}^t[x\ \ y\ \ z]\mid 2x+3y-5z=0,\ y+7z=0\}$

指針　部分空間の定義は基本例題 075 を参照。部分空間である場合は，部分空間の定義を満たしていることを証明し，部分空間でない場合はその理由として反例を挙げればよい。

解答　(1)　**W は $\mathbb{R}^3$ の部分空間である。**

[1]　$\mathbf{0}={}^t[0\ \ 0\ \ 0]$ であるが，$3\cdot 0-2\cdot 0+4\cdot 0=0$ であるから　$\mathbf{0}\in W$

[2]　${}^t[x\ \ y\ \ z]\in W$，${}^t[x'\ \ y'\ \ z']\in W$ に対し，$3x-2y+4z=0$，$3x'-2y'+4z'=0$ が成り立っている。

${}^t[x\ \ y\ \ z]+{}^t[x'\ \ y'\ \ z']={}^t[x+x'\ \ y+y'\ \ z+z']$ であり

$$3(x+x')-2(y+y')+4(z+z')=(3x-2y+4z)+(3x'-2y'+4z')=0+0=0$$

よって　${}^t[x\ \ y\ \ z]+{}^t[x'\ \ y'\ \ z']\in W$

[3]　${}^t[x\ \ y\ \ z]\in W$ に対し，$3x-2y+4z=0$ が成り立っている。

$c\in\mathbb{R}$ とすると，$c\,{}^t[x\ \ y\ \ z]={}^t[cx\ \ cy\ \ cz]$ であるが

$$3\cdot cx-2\cdot cy+4\cdot cz=c(3x-2y+4z)=c\cdot 0=0$$

よって　$c\,{}^t[x\ \ y\ \ z]\in W$

以上から，W は $\mathbb{R}^3$ の部分空間である。■

別解　[2]，[3] をまとめて次のように示してもよい。

${}^t[x\ \ y\ \ z]\in W$，${}^t[x'\ \ y'\ \ z']\in W$ に対し，$3x-2y+4z=0$ と $3x'-2y'+4z'=0$ が成り立っている。

$a\in\mathbb{R}$，$b\in\mathbb{R}$ とすると，

$a\,{}^t[x\ \ y\ \ z]+b\,{}^t[x'\ \ y'\ \ z']={}^t[ax+bx'\ \ ay+by'\ \ az+bz']$ であり

$$3(ax+bx')-2(ay+by')+4(az+bz')$$
$$=a(3x-2y+4z)+b(3x'-2y'+4z')=a\cdot 0+b\cdot 0=0$$

よって　$a\,{}^t[x\ \ y\ \ z]+b\,{}^t[x'\ \ y'\ \ z']\in W$

(2)　**W は $\mathbb{R}^3$ の部分空間でない。**

(理由)　${}^t[1\ \ 1\ \ 1]\in W$ に対し，$(-1)\,{}^t[1\ \ 1\ \ 1]\notin W$ であり，スカラー倍に関して閉じていないから。

注意　「スカラー倍に関して閉じていない」とは，W に属するベクトルの任意の定数倍が，W の中に収まっていないという意味である。

(3) **W は $\mathbb{R}^3$ の部分空間でない。**

(理由) ${}^t[1\quad 0\quad 0]\in W$ に対し，$\frac{1}{2}{}^t[1\quad 0\quad 0]\notin W$ であり，スカラー倍に関して閉じていないから。

(4) **W は $\mathbb{R}^3$ の部分空間である。**

[1] $\mathbf{0}={}^t[0\quad 0\quad 0]$ であるが，$2\cdot 0+3\cdot 0-5\cdot 0=0$ かつ $0+7\cdot 0=0$ であるから

$$\mathbf{0}\in W$$

[2] ${}^t[x\quad y\quad z]\in W$，${}^t[x'\quad y'\quad z']\in W$ に対し，$2x+3y-5z=0$ かつ $y+7z=0$，$2x'+3y'-5z'=0$ かつ $y'+7z'=0$ が成り立っている。

${}^t[x\quad y\quad z]+{}^t[x'\quad y'\quad z']={}^t[x+x'\quad y+y'\quad z+z']$ であり

$$2(x+x')+3(y+y')-5(z+z')=(2x+3y-5z)+(2x'+3y'-5z')=0+0=0$$

かつ $(y+y')+7(z+z')=(y+7z)+(y'+7z')=0+0=0$

よって ${}^t[x\quad y\quad z]+{}^t[x'\quad y'\quad z']\in W$

[3] ${}^t[x\quad y\quad z]\in W$ に対し，$2x+3y-5z=0$ かつ $y+7z=0$ が成り立っている。

$c\in\mathbb{R}$ とすると，$c{}^t[x\quad y\quad z]={}^t[cx\quad cy\quad cz]$ であり

$$2\cdot cx+3\cdot cy-5\cdot cz=c(2x+3y-5z)=c\cdot 0=0$$

かつ $cy+7\cdot cz=c(y+7z)=c\cdot 0=0$

よって $c{}^t[x\quad y\quad z]\in W$

以上から，W は $\mathbb{R}^3$ の部分空間である。■

別解 [2]，[3] をまとめて次のように示してもよい。

${}^t[x\quad y\quad z]\in W$，${}^t[x'\quad y'\quad z']\in W$ に対し，$2x+3y-5z=0$ かつ $y+7z=0$，$2x'+3y'-5z'=0$ かつ $y'+7z'=0$ が成り立っている。

$a\in\mathbb{R}$，$b\in\mathbb{R}$ とすると，

$a{}^t[x\quad y\quad z]+b{}^t[x'\quad y'\quad z']={}^t[ax+bx'\quad ay+by'\quad az+bz']$ であるが

$$\begin{aligned}&2(ax+bx')+3(ay+by')-5(az+bz')\\&=a(2x+3y-5z)+b(2x'+3y'-5z')\\&=a\cdot 0+b\cdot 0=0\end{aligned}$$

かつ $(ay+by')+7(az+bz')=a(y+7z)+b(y'+7z')=a\cdot 0+b\cdot 0=0$

よって $a{}^t[x\quad y\quad z]+b{}^t[x'\quad y'\quad z']\in W$

基本 例題 077　R^3 の部分空間の判定　★☆☆

次の R^3 の部分集合は，R^3 の部分空間か判定せよ。

(1) $\left\{\begin{bmatrix} x_1 \\ x_2 \\ x_3 \end{bmatrix} \middle| \, x_1+x_2=x_3\right\}$　　(2) $\left\{\begin{bmatrix} x_1 \\ x_2 \\ x_3 \end{bmatrix} \middle| \, {x_1}^2+{x_2}^2={x_3}^2\right\}$

指針　基本例題 075 で示した，次の部分空間の定義に従って判定する。

定義　部分空間
V を K 上のベクトル空間とする。V の部分集合 W について，次の条件が満たされるとき，W は V の **部分空間である** という。
[1]　$\mathbf{0}\in W$
[2]　$\boldsymbol{v}\in W$，$\boldsymbol{w}\in W$ ならば　　$\boldsymbol{v}+\boldsymbol{w}\in W$
[3]　$\boldsymbol{v}\in W$ で $c\in K$ ならば　　$c\boldsymbol{v}\in W$

解答　(1)　$W_1=\left\{\begin{bmatrix} x_1 \\ x_2 \\ x_3 \end{bmatrix} \middle| \, x_1+x_2=x_3\right\}$ とする。

[1]　$\mathbf{0}=\begin{bmatrix} 0 \\ 0 \\ 0 \end{bmatrix}$ であるが，$0+0=0$ であるから　　$\mathbf{0}\in W_1$

[2]　$\begin{bmatrix} x_1 \\ x_2 \\ x_3 \end{bmatrix}\in W_1$，$\begin{bmatrix} x_1' \\ x_2' \\ x_3' \end{bmatrix}\in W_1$ に対し，$x_1+x_2=x_3$ と $x_1'+x_2'=x_3'$ が成り立っている。

$\begin{bmatrix} x_1 \\ x_2 \\ x_3 \end{bmatrix}+\begin{bmatrix} x_1' \\ x_2' \\ x_3' \end{bmatrix}=\begin{bmatrix} x_1+x_1' \\ x_2+x_2' \\ x_3+x_3' \end{bmatrix}$ であり

$$(x_1+x_1')+(x_2+x_2')=(x_1+x_2)+(x_1'+x_2')=x_3+x_3'$$

よって　　$\begin{bmatrix} x_1 \\ x_2 \\ x_3 \end{bmatrix}+\begin{bmatrix} x_1' \\ x_2' \\ x_3' \end{bmatrix}\in W_1$

[3] $\begin{bmatrix} x_1 \\ x_2 \\ x_3 \end{bmatrix} \in W_1$ に対し，$x_1+x_2=x_3$ が成り立っている。

$c \in \mathbb{R}$ とすると，$c\begin{bmatrix} x_1 \\ x_2 \\ x_3 \end{bmatrix}=\begin{bmatrix} cx_1 \\ cx_2 \\ cx_3 \end{bmatrix}$ であり

$$cx_1+cx_2=c(x_1+x_2)=cx_3$$

よって $\quad c\begin{bmatrix} x_1 \\ x_2 \\ x_3 \end{bmatrix} \in W_1$

以上から，W_1 は $\mathbb{R}^3$ の **部分空間である**。

(2) $W_2=\left\{ \begin{bmatrix} x_1 \\ x_2 \\ x_3 \end{bmatrix} \middle| \, {x_1}^2+{x_2}^2={x_3}^2 \right\}$ とする。

$\begin{bmatrix} 1 \\ 0 \\ 1 \end{bmatrix} \in W_2$, $\begin{bmatrix} 0 \\ 1 \\ 1 \end{bmatrix} \in W_2$ に対し，$\begin{bmatrix} 1 \\ 0 \\ 1 \end{bmatrix}+\begin{bmatrix} 0 \\ 1 \\ 1 \end{bmatrix}=\begin{bmatrix} 1 \\ 1 \\ 2 \end{bmatrix}$ であるが，$1^2+1^2 \neq 2^2$ より，

$\begin{bmatrix} 1 \\ 0 \\ 1 \end{bmatrix}+\begin{bmatrix} 0 \\ 1 \\ 1 \end{bmatrix} \notin W_2$ であり，和に関して閉じていない。

よって，W_2 は $\mathbb{R}^3$ の **部分空間でない**。

注意 「W は和に関して閉じていない」とは，W に属するベクトルの和が，W の中に収まっていないという意味である。

参考 **同次連立 1 次方程式の解の空間**

A を，K の要素を成分とする $m \times n$ 行列とする。このとき，同次連立 1 次方程式

$$A\boldsymbol{v}=\boldsymbol{0} \quad \cdots\cdots (*)$$

($\boldsymbol{v}={}^t[\,x_1 \quad x_2 \quad \cdots \quad x_n\,]$) の解全体は，$K^n$ の部分空間をなす。

証明は「数研講座シリーズ　大学教養　線形代数」の 146 ページを参照。

一般に，同次連立 1 次方程式の解全体がなす，数ベクトル空間の部分空間を，同次連立 1 次方程式の **解空間** という。

基本 例題 078 漸化式の集合が $\mathbb{R}^{\mathbb{N}}$ の部分空間の証明 ★☆☆

実数からなる数列 $\{a_n\}$ で，漸化式 $a_{n+2}+2a_{n+1}+3a_n=0$ をすべての自然数 n について満たすもの全体は，実数からなるすべての数列全体 $\mathbb{R}^{\mathbb{N}}$ の部分空間であることを示せ。

指針 基本例題 075 で扱った次の部分空間の定義を満たすことを示す。

定義 部分空間

V を K 上のベクトル空間とする。V の部分集合 W について，次の条件が満たされるとき，W は V の **部分空間である** という。

[1] $\boldsymbol{0}\in W$

[2] $\boldsymbol{v}\in W$，$\boldsymbol{w}\in W$ ならば　$\boldsymbol{v}+\boldsymbol{w}\in W$

[3] $\boldsymbol{v}\in W$ で $c\in K$ ならば　$c\boldsymbol{v}\in W$

解答 実数からなる数列 $\{a_n\}$ で，漸化式 $a_{n+2}+2a_{n+1}+3a_n=0$ をすべての自然数 n について満たすもの全体を W とする。

[1] $\boldsymbol{0}=\{0\}$ であるが，$0+2\cdot 0+3\cdot 0=0$ であるから　$\boldsymbol{0}\in W$

[2] $\{a_n\}\in W$，$\{a_n'\}\in W$ に対し，$a_{n+2}+2a_{n+1}+3a_n=0$ と $a_{n+2}'+2a_{n+1}'+3a_n'=0$ が成り立っている。

$$\begin{aligned}&(a_{n+2}+a_{n+2}')+2(a_{n+1}+a_{n+1}')+3(a_n+a_n')\\&=(a_{n+2}+2a_{n+1}+3a_n)+(a_{n+2}'+2a_{n+1}'+3a_n')\\&=0+0=0\end{aligned}$$

よって　$\{a_n\}+\{a_n'\}\in W$

[3] $\{a_n\}\in W$ に対し，$a_{n+2}+2a_{n+1}+3a_n=0$ が成り立っている。

$c\in\mathbb{R}$ とすると

$$\begin{aligned}&ca_{n+2}+2\cdot ca_{n+1}+3\cdot ca_n\\&=c(a_{n+2}+2a_{n+1}+3a_n)\\&=c\cdot 0=0\end{aligned}$$

よって　$c\{a_n\}\in W$

以上から，W は $\mathbb{R}^{\mathbb{N}}$ の部分空間である。■

注意 実数からなる数列について考えているから，$c\in\mathbb{R}$ としている。

別解 [2]，[3] をまとめて次のように示してもよい。

$\{a_n\}\in W$，$\{a_n'\}\in W$ に対し，$a_{n+2}+2a_{n+1}+3a_n=0$ と $a_{n+2}'+2a_{n+1}'+3a_n'=0$ が成り立っている。

$p\in\mathbb{R}$，$q\in\mathbb{R}$ とすると

$$\begin{aligned}&(pa_{n+2}+qa_{n+2}')+2(pa_{n+1}+qa_{n+1}')+3(pa_n+qa_n')\\&=p(a_{n+2}+2a_{n+1}+3a_n)+q(a_{n+2}'+2a_{n+1}'+3a_n')\\&=p\cdot 0+q\cdot 0=0\end{aligned}$$

よって　$p\{a_n\}+q\{a_n'\}\in W$

基本 例題 079 連続関数・数列全体の部分空間 ★☆☆

(1) $\mathbb{R}$ 上の連続関数全体 $C^0(\mathbb{R})$ は，$\mathbb{R}$ 上のすべての関数全体 $F(\mathbb{R})$ の部分空間であることを示せ。

(2) 実数からなる数列 $\{a_n\}$ で，実数の値に収束するもの全体は，実数からなるすべての数列全体 $\mathbb{R}^{\mathbb{N}}$ の部分空間であることを示せ。

指針 基本例題 075 で扱った部分空間の定義を満たすことを示す。

定義 **部分空間**

V を K 上のベクトル空間とする。V の部分集合 W について，次の条件が満たされるとき，W は V の **部分空間である** という。

[1] $\mathbf{0}\in W$

[2] $\boldsymbol{v}\in W$，$\boldsymbol{w}\in W$ ならば　　$\boldsymbol{v}+\boldsymbol{w}\in W$

[3] $\boldsymbol{v}\in W$ で $c\in K$ ならば　　$c\boldsymbol{v}\in W$

解答 (1) [1] 関数 $f(x)$ が，任意の $x\in\mathbb{R}$ に対して $f(x)=0$ となるとき，$f(x)$ は $\mathbb{R}$ 上連続であるから，これは $C^0(\mathbb{R})$ の零元である。

[2] $f(x)\in C^0(\mathbb{R})$，$g(x)\in C^0(\mathbb{R})$ に対し，連続関数の和は連続関数であるから

$$f(x)+g(x)\in C^0(\mathbb{R})$$

[3] $f(x)\in C^0(\mathbb{R})$，$c\in\mathbb{R}$ に対し，連続関数のスカラー倍は連続関数であるから

$$cf(x)\in C^0(\mathbb{R})$$

以上から，$C^0(\mathbb{R})$ は $F(\mathbb{R})$ の部分空間である。■

(2) 実数からなる数列 $\{a_n\}$ で，実数の値に収束するもの全体を W とする。

[1] $\mathbf{0}=\{0\}$ であるが，これは 0 に収束しているから，W の零元である。

[2] $\{a_n\}\in W$，$\{a_n'\}\in W$ とすると，$\{a_n\}$，$\{a_n'\}$ は実数からなる数列で，実数の値に収束する。

$n\longrightarrow\infty$ のとき $a_n\longrightarrow\alpha$，$a_n'\longrightarrow\alpha'$ とする。

$a_n+a_{n'}$ は実数であり，$n\longrightarrow\infty$ のとき $a_n+a_n'\longrightarrow\alpha+\alpha'$ となる。

よって　　$\{a_n\}+\{a_n'\}\in W$

[3] $\{a_n\}\in W$ とすると，$\{a_n\}$ は実数からなる数列で，実数の値に収束する。

$n\longrightarrow\infty$ のとき $a_n\longrightarrow\alpha$ とする。

$c\in\mathbb{R}$ とすると，ca_n は実数であり，$n\longrightarrow\infty$ のとき $ca_n\longrightarrow c\alpha$ となる。

よって　　$c\{a_n\}\in W$

以上から，W は $\mathbb{R}^{\mathbb{N}}$ の部分空間である。■

注意 基本例題 078 と同様に，実数からなる数列について考えているから，$c\in\mathbb{R}$ としている。

基本 例題 080　部分空間の和と共通部分　★☆☆

VをK上のベクトル空間とし，U，WをVの部分空間とする。次を示せ。

(1)　$U\cap W\subset U$，$U\cap W\subset W$　　　(2)　$U\subset U+W$，$W\subset U+W$

指針　VをK上のベクトル空間とし，Vの部分空間がいくつか与えられたとき，それらの共通部分は部分空間である。また，それらの和という部分空間を考えることができる。
部分空間の和と共通部分は以下のように定義される。

定義　部分空間の和と共通部分

VをK上のベクトル空間とし，U，WをVの部分空間とする。

[1]　部分空間 $U\cap W$ を，UとWの **共通部分** という。

[2]　部分空間 $\{\boldsymbol{u}+\boldsymbol{w}\mid\boldsymbol{u}\in U,\ \boldsymbol{w}\in W\}$ を，UとWの **和** といい，$U+W$ と書く。

定理　部分空間の和と共通部分の性質

VをK上のベクトル空間とし，U，WをVの部分空間とする。

[1]　共通部分 $U\cap W$ もVの部分空間である。

[2]　Uの要素とWの要素の和として表されるベクトルの全体 $\{\boldsymbol{v}+\boldsymbol{w}\mid\boldsymbol{u}\in U,\ \boldsymbol{w}\in W\}$ は，Vの部分空間である。

証明は，「数研講座シリーズ　大学教養　線形代数」の147ページを参照。

解答　(1)　$\boldsymbol{v}\in U\cap W$ とすると

$$\boldsymbol{v}\in U \quad かつ \quad \boldsymbol{v}\in W$$

よって，$U\cap W\subset U$，$U\cap W\subset W$ が成り立つ。■

(2)　WはVの部分空間であるから

$$\boldsymbol{0}\in W$$

ここで，任意の $\boldsymbol{u}\in U$ に対して，$\boldsymbol{u}=\boldsymbol{u}+\boldsymbol{0}$ と書けるから

$$\boldsymbol{u}\in U+W$$

よって，$U\subset U+W$ が成り立つ。

同様にして，$W\subset U+W$ も示される。■

基本 例題 081 部分空間の和が部分空間である証明 ★★☆

V を K 上のベクトル空間とし，任意の自然数 n について，W_1，W_2，……，W_n が V の部分空間であるとき，

$W_1+W_2+\cdots\cdots+W_n=\{\boldsymbol{w}_1+\boldsymbol{w}_2+\cdots\cdots+\boldsymbol{w}_n \mid \boldsymbol{w}_i\in W_i,\ i=1,\ 2,\ \cdots\cdots,\ n\}$ は V の部分空間であることを示せ。

指針 基本例題 080 と同様にして示す。2 つ以上の V の部分空間 W_1，W_2，……，W_n (n は任意の自然数) が与えられたとき，部分空間の和と共通部分が再び V の部分空間であることが示せる。

解答 $W=\{\boldsymbol{w}_1+\boldsymbol{w}_2+\cdots\cdots+\boldsymbol{w}_n \mid \boldsymbol{w}_1\in W_1,\ \boldsymbol{w}_2\in W_2,\ \cdots\cdots,\ \boldsymbol{w}_n\in W_n\}$ とおく。

[1] W_1，W_2，……，W_n は V の部分空間であるから

$$\boldsymbol{0}\in W_1,\ \boldsymbol{0}\in W_2,\ \cdots\cdots,\ \boldsymbol{0}\in W_n$$

よって $\boldsymbol{0}=\boldsymbol{0}+\boldsymbol{0}+\cdots\cdots+\boldsymbol{0}\in W$

[2] $\boldsymbol{w}\in W$，$\boldsymbol{w}'\in W$ とする。

$\boldsymbol{w}\in W$ であるから，ある $\boldsymbol{w}_i\in W_i$ $(i=1,\ 2,\ \cdots\cdots,\ n)$ を用いて，

$\boldsymbol{w}=\boldsymbol{w}_1+\boldsymbol{w}_2+\cdots\cdots+\boldsymbol{w}_n$ と書ける。

$\boldsymbol{w}'\in W$ であるから，ある $\boldsymbol{w}_i'\in W_i$ $(i=1,\ 2,\ \cdots\cdots,\ n)$ を用いて，

$\boldsymbol{w}'=\boldsymbol{w}_1'+\boldsymbol{w}_2'+\cdots\cdots+\boldsymbol{w}_n'$ と書ける。

このとき $\boldsymbol{w}+\boldsymbol{w}'=(\boldsymbol{w}_1+\boldsymbol{w}_1')+(\boldsymbol{w}_2+\boldsymbol{w}_2')+\cdots\cdots+(\boldsymbol{w}_n+\boldsymbol{w}_n')$

また，W_1，W_2，……，W_n は V の部分空間であるから

$$\boldsymbol{w}_i+\boldsymbol{w}_i'\in W_i \quad (i=1,\ 2,\ \cdots\cdots,\ n)$$

よって $\boldsymbol{w}+\boldsymbol{w}'\in W$

[3] $\boldsymbol{w}\in W$，$c\in K$ とする。

$\boldsymbol{w}\in W$ であるから，$\boldsymbol{w}_i\in W_i$ $(i=1,\ 2,\ \cdots\cdots,\ n)$ として，$\boldsymbol{w}=\boldsymbol{w}_1+\boldsymbol{w}_2+\cdots\cdots+\boldsymbol{w}_n$ と書ける。

このとき $c\boldsymbol{w}=c\boldsymbol{w}_1+c\boldsymbol{w}_2+\cdots\cdots+c\boldsymbol{w}_n$

また，W_1，W_2，……，W_n は V の部分空間であるから

$$c\boldsymbol{w}_i\in W_i \quad (i=1,\ 2,\ \cdots\cdots,\ n)$$

よって $c\boldsymbol{w}\in W$

以上から，題意は示された。■

補足 V を K 上のベクトル空間とし，任意の自然数 n について，W_1，W_2，……，W_n が V の部分空間であるとき，共通部分 $W_1\cap W_2\cap\cdots\cdots\cap W_n$ は V の部分空間である。

基本 例題 082 部分空間の和が直和の判定 ★☆☆

次のように定義された $\mathbb{R}^3$ の部分空間 U, W について，和 $U+W$ が直和であるかどうか判定せよ。

(1) $U=\{{}^t[x\ \ y\ \ z] \mid 2x+y+4z=0,\ x+2y-z=0\}$,
$W=\{{}^t[x\ \ y\ \ z] \mid -x+2y-6z=0\}$

(2) $U=\{{}^t[x\ \ y\ \ z] \mid x+z=0\}$, $W=\{{}^t[x\ \ y\ \ z] \mid 2x+y+6z=0\}$

(3) $U=\{{}^t[x\ \ y\ \ z] \mid x-y-z=0\}$,
$W=\{{}^t[x\ \ y\ \ z] \mid -x+2y+4z=0,\ 2x-y+z=0\}$

指針 部分空間の和について，次のような特別な場合の定義がある。

定義 直和
V を K 上のベクトル空間とし，U, W を V の部分空間とする。$U\cap W=\{\mathbf{0}\}$ の場合の U, W の和 $U+W$ を，U と W の **直和** といい，$U\oplus W$ と書く。

本問では，いずれも $U\cap W=\{\mathbf{0}\}$ であるかどうか判定すればよい。

解答 (1) $U\cap W=\{{}^t[x\ \ y\ \ z] \mid 2x+y+4z=0,\ x+2y-z=0,\ -x+2y-6z=0\}$ より，同次連立1次方程式 $\begin{cases} 2x+\ y+4z=0 \\ x+2y-\ z=0 \\ -x+2y-6z=0 \end{cases}$ を考える。

これを解くと，自明な解 ${}^t[x\ \ y\ \ z]=\mathbf{0}={}^t[0\ \ 0\ \ 0]$ しかない。

よって，$U\cap W=\{\mathbf{0}\}$ であるから，和 $U+W$ は **直和である。**

(2) $U\cap W=\{{}^t[x\ \ y\ \ z] \mid x+z=0,\ 2x+y+6z=0\}$ より，同次連立1次方程式 $\begin{cases} x\quad\ +z=0 \\ 2x+y+6z=0 \end{cases}$ を考える。

解の1つとして，${}^t[x\ \ y\ \ z]={}^t[1\ \ 4\ \ -1]$ が存在する。

よって，$U\cap W\neq\{\mathbf{0}\}$ であるから，和 $U+W$ は **直和でない。**

(3) $U\cap W=\{{}^t[x\ \ y\ \ z] \mid x-y-z=0,\ -x+2y+4z=0,\ 2x-y+z=0\}$ より，同次連立1次方程式 $\begin{cases} x-\ y-\ z=0 \\ -x+2y+4z=0 \\ 2x-\ y+\ z=0 \end{cases}$ を考える。

解の1つとして，${}^t[x\ \ y\ \ z]={}^t[-2\ \ -3\ \ 1]$ が存在する。

よって，$U\cap W\neq\{\mathbf{0}\}$ であるから，和 $U+W$ は **直和でない。**

基本 例題 083 $\mathbb{R}^3$ の直和分解 ★★☆

$\mathbb{R}^3$ の部分空間 W_1，W_2，W_3 を，次で定義する。

$$W_1=\left\{\begin{bmatrix} x \\ 0 \\ 0 \end{bmatrix} \middle| \, x\in\mathbb{R}\right\},\quad W_2=\left\{\begin{bmatrix} 0 \\ y \\ 0 \end{bmatrix} \middle| \, y\in\mathbb{R}\right\},\quad W_3=\left\{\begin{bmatrix} 0 \\ 0 \\ z \end{bmatrix} \middle| \, z\in\mathbb{R}\right\}$$

このとき，$\mathbb{R}^3$ は W_1，W_2，W_3 の直和に分解することを示せ。

指針 直和の定義は，基本例題 082 を参照。
部分空間の和が直和であるための条件は，ベクトルの和による表現方法が 1 通りしかないことと密接な関係がある。

定理 直和の条件
VをK上のベクトル空間とし，U，WをVの部分空間とする。このとき，次の [1]，[2] は同値である。
[1] 和 $U+W$ は直和である。すなわち　$U\cap W=\{\mathbf{0}\}$
[2] 和 $U+W$ の各要素は，$\boldsymbol{u}+\boldsymbol{w}$ $(\boldsymbol{u}\in U,\ \boldsymbol{w}\in W)$ の形に一意的に書ける。

証明は，「数研講座シリーズ　大学教養　線形代数」（定理 1-3）の 149 ページを参照。また，3 つ以上の部分空間の直和も，同様に考えられる。
ベクトル空間Vの部分空間 W_1，W_2，……，W_s について，各 $i=1,\ 2,\ \cdots\cdots,\ s$ に対して $W_i\cap(W_1+\cdots\cdots+W_{i-1}+W_{i+1}+\cdots\cdots+W_s)=\{\mathbf{0}\}$ であるとき，和 $W_1+W_2+\cdots\cdots+W_s$ は直和であるといい，$W_1\oplus W_2\oplus\cdots\cdots\oplus W_s$ と書く。
更に，$V=W_1\oplus W_2\oplus\cdots\cdots\oplus W_s$ ……（$*$）であるとき，ベクトル空間Vは，部分空間 W_1，W_2，……，W_s の **直和に分解される** といい，（$*$）を **直和分解** という。

解答 $\boldsymbol{e}_1=\begin{bmatrix} 1 \\ 0 \\ 0 \end{bmatrix}$，$\boldsymbol{e}_2=\begin{bmatrix} 0 \\ 1 \\ 0 \end{bmatrix}$，$\boldsymbol{e}_3=\begin{bmatrix} 0 \\ 0 \\ 1 \end{bmatrix}$ とすると，任意の $\boldsymbol{v}=\begin{bmatrix} x \\ y \\ z \end{bmatrix}\in\mathbb{R}^3$ は $\boldsymbol{v}=x\boldsymbol{e}_1+y\boldsymbol{e}_2+z\boldsymbol{e}_3$ と表されるから

$$\mathbb{R}^3=W_1+W_2+W_3$$

このとき，任意の $\boldsymbol{v}\in W_1\cap(W_2+W_3)$ に対し，$\boldsymbol{v}=x\boldsymbol{e}_1=y\boldsymbol{e}_2+z\boldsymbol{e}_3$ となる。

よって　$x\boldsymbol{e}_1-(y\boldsymbol{e}_2+z\boldsymbol{e}_3)=\mathbf{0}$

$x\boldsymbol{e}_1-(y\boldsymbol{e}_2+z\boldsymbol{e}_3)=\begin{bmatrix} x \\ -y \\ -z \end{bmatrix}$ であるから　$\begin{cases} x =0 \\ -y =0 \\ -z=0 \end{cases}$

ゆえに　$x=0,\ y=0,\ z=0$

したがって，$\boldsymbol{v}=\mathbf{0}$ であるから

$$W_1\cap(W_2+W_3)=\{\mathbf{0}\}$$

同様にして，$W_2\cap(W_3+W_1)=\{\mathbf{0}\}$，$W_3\cap(W_1+W_2)=\{\mathbf{0}\}$ も示される。

以上から，題意は示された。 ■

研究　3つ以上の部分空間の和が直和になるための条件として，次の定理が成り立つ（証明は「数研講座シリーズ　大学教養　線形代数」の151ページを参照）。

定理　直和の条件

VをK上のベクトル空間とし，W_1，W_2，……，W_s $(s \geqq 2)$ をベクトル空間Vの部分空間とする。このとき，次はすべて同値である。

[1]　$W_1+W_2+\cdots\cdots+W_s$ は直和である。

[2]　$i=2$，……，s について　　$(W_1+W_2+\cdots\cdots+W_{i-1})\cap W_i=\{\mathbf{0}\}$

[3]　$\boldsymbol{v}_i \in W_i$ $(i=1,\ 2,\ \cdots\cdots,\ s)$ が $\boldsymbol{v}_1+\boldsymbol{v}_2+\cdots\cdots+\boldsymbol{v}_s=\mathbf{0}$ を満たすならば，$\boldsymbol{v}_1=\boldsymbol{v}_2=\cdots\cdots=\boldsymbol{v}_s=\mathbf{0}$ である。

[4]　$W_1+W_2+\cdots\cdots+W_s$ の各要素は，$\boldsymbol{v}_1+\boldsymbol{v}_2+\cdots\cdots+\boldsymbol{v}_s$ $(\boldsymbol{v}_i \in W_i,\ i=1,\ 2,\ \cdots\cdots,\ s)$ の形に一意的に書ける。

基本　例題 084　部分空間の和が直和の証明　★★☆

VをK上のベクトル空間とするとき，Vの部分空間 W_1，W_2，……，W_s について，$W_1+W_2+\cdots\cdots+W_s$ が直和ならば，任意の $r \leqq s$ に対して，$W_1+W_2+\cdots\cdots+W_r$ も直和であることを示せ。

指針　直和の条件の定理をもとに，任意の $\boldsymbol{w} \in W_1+W_2+\cdots\cdots+W_r$ に対し，$\boldsymbol{w}_i \in W_i$ $(i=1,\ 2,\ \cdots\cdots,\ r)$ を用いて一意的に $\boldsymbol{w}=\boldsymbol{w}_1+\boldsymbol{w}_2+\cdots\cdots+\boldsymbol{w}_r$ と書けることを示す。

解答　$\boldsymbol{w} \in W_1+W_2+\cdots\cdots+W_r$ は $\boldsymbol{w}_i \in W_i$ $(i=1,\ 2,\ \cdots\cdots,\ r)$ として，

$\boldsymbol{w}=\boldsymbol{w}_1+\boldsymbol{w}_2+\cdots\cdots+\boldsymbol{w}_r$ と書ける。

この表現方法が一意的であることを示せばよい。

$\boldsymbol{w}_i' \in W_i$ $(i=1,\ 2,\ \cdots\cdots,\ r)$ として，$\boldsymbol{w}=\boldsymbol{w}_1'+\boldsymbol{w}_2'+\cdots\cdots+\boldsymbol{w}_r'$ と書けるとする。

このとき　　$\mathbf{0}=(\boldsymbol{w}_1-\boldsymbol{w}_1')+(\boldsymbol{w}_2-\boldsymbol{w}_2')+\cdots\cdots+(\boldsymbol{w}_r-\boldsymbol{w}_r')+\mathbf{0}+\cdots\cdots+\mathbf{0}$　……(＊)

ここで，$\boldsymbol{w}_i-\boldsymbol{w}_i' \in W_i$ $(i=1,\ 2,\ \cdots\cdots,\ r)$ であり，(＊)の右辺の末尾には $s-r$ 個の $\mathbf{0}$ が並んでいる。

(＊)は $\mathbf{0} \in W_1+W_2+\cdots\cdots+W_s$ の表現であるが，$W_1+W_2+\cdots\cdots+W_s$ は直和であるから　　$\boldsymbol{w}_i-\boldsymbol{w}_i'=\mathbf{0}$　$(i=1,\ 2,\ \cdots\cdots,\ r)$

すなわち　　$\boldsymbol{w}_i=\boldsymbol{w}_i'$　　$(i=1,\ 2,\ \cdots\cdots,\ r)$

よって，題意は示された。■

2　1次独立と1次従属

基本 例題 085　ベクトルの組が $\mathbb{R}^2$ を生成する・しないの証明　★☆☆

$\boldsymbol{v}=\begin{bmatrix}1\\0\end{bmatrix}$, $\boldsymbol{w}=\begin{bmatrix}1\\1\end{bmatrix}$ とする。

(1) $\{\boldsymbol{v},\ \boldsymbol{w}\}$ は $\mathbb{R}^2$ を生成することを示せ。

(2) $\{\boldsymbol{w}\}$ は $\mathbb{R}^2$ を生成しないことを示せ。

指針　V を K 上のベクトル空間とする。V のいくつかのベクトル $\boldsymbol{v}_1\in V$, $\boldsymbol{v}_2\in V$, ……, $\boldsymbol{v}_n\in V$ と，スカラー $a_1\in K$, $a_2\in K$, ……, $a_n\in K$ によって，$a_1\boldsymbol{v}_1+a_2\boldsymbol{v}_2+\cdots\cdots+a_n\boldsymbol{v}_n$ の形に書き表される式を，ベクトル $\boldsymbol{v}_1$, $\boldsymbol{v}_2$, ……, $\boldsymbol{v}_n$ の **1次結合** という。1次結合の計算について，次の定理が成り立つ。証明は，「数研講座シリーズ　大学教養　線形代数」(定理 2-1) の 152, 153 ページを参照。

定理　1次結合の計算
V を K 上のベクトル空間とし，$\boldsymbol{v}_1\in V$, $\boldsymbol{v}_2\in V$, ……, $\boldsymbol{v}_n\in V$ とする。

[1]　$\boldsymbol{0}$ (零ベクトル) は $\boldsymbol{v}_1$, $\boldsymbol{v}_2$, ……, $\boldsymbol{v}_n$ の1次結合で表される。

[2]　$\boldsymbol{v}_1$, $\boldsymbol{v}_2$, ……, $\boldsymbol{v}_n$ の1次結合が2つあるとき，その和も $\boldsymbol{v}_1$, $\boldsymbol{v}_2$, ……, $\boldsymbol{v}_n$ の1次結合である。

[3]　$\boldsymbol{v}_1$, $\boldsymbol{v}_2$, ……, $\boldsymbol{v}_n$ の1次結合をスカラー倍したものは，$\boldsymbol{v}_1$, $\boldsymbol{v}_2$, ……, $\boldsymbol{v}_n$ の1次結合である。

また，1次結合全体である部分空間は次のように定義される。

定義　生成された部分空間
V を K 上のベクトル空間とし，$\boldsymbol{v}_1\in V$, $\boldsymbol{v}_2\in V$, ……, $\boldsymbol{v}_n\in V$ とする。このとき，$\boldsymbol{v}_1$, $\boldsymbol{v}_2$, ……, $\boldsymbol{v}_n$ の1次結合の全体からなる V の部分空間を $\langle\boldsymbol{v}_1, \boldsymbol{v}_2, \cdots\cdots, \boldsymbol{v}_n\rangle$ と書き，$\boldsymbol{v}_1$, $\boldsymbol{v}_2$, ……, $\boldsymbol{v}_n$ で **生成された部分空間**，または $\boldsymbol{v}_1$, $\boldsymbol{v}_2$, ……, $\boldsymbol{v}_n$ で **張られた部分空間** という。またこのとき，ベクトルの組 $\{\boldsymbol{v}_1, \boldsymbol{v}_2, \cdots\cdots, \boldsymbol{v}_n\}$ は W を **生成する**，または W の **生成系である** という。

解答　(1)　$\mathbb{R}^2$ の任意のベクトル $\boldsymbol{x}=\begin{bmatrix}a\\b\end{bmatrix}$ について

$$\boldsymbol{x}=\begin{bmatrix}a\\b\end{bmatrix}=\begin{bmatrix}a-b\\0\end{bmatrix}+\begin{bmatrix}b\\b\end{bmatrix}=(a-b)\boldsymbol{v}+b\boldsymbol{w}$$

よって，$\mathbb{R}^2$ の任意のベクトルは $\boldsymbol{v}$, $\boldsymbol{w}$ の1次結合で表される。
ゆえに，$\{\boldsymbol{v},\ \boldsymbol{w}\}$ は $\mathbb{R}^2$ を生成する。■

(2)　$\boldsymbol{v}\in\mathbb{R}^2$ に対し　$\boldsymbol{v}\notin\langle\boldsymbol{w}\rangle$
ゆえに，$\{\boldsymbol{w}\}$ は $\mathbb{R}^2$ を生成しない。■

参考　指針で扱った定理から，次の系が成り立つ（証明は「数研講座シリーズ　大学教養　線形代数」の 153 ページを参照）。

系　V を K 上のベクトル空間とし，$\boldsymbol{v}_1 \in V$，$\boldsymbol{v}_2 \in V$，……，$\boldsymbol{v}_n \in V$ とする。このとき，$\boldsymbol{v}_1$，$\boldsymbol{v}_2$，……，$\boldsymbol{v}_n$ の 1 次結合の全体からなる V の部分集合は，V の部分空間である。

補足　V を K 上のベクトル空間，W を V の部分空間とし，W が V の有限個のベクトルからなる生成系をもつとき，W は **有限生成である** という。

基本　例題 086　生成系部分空間の性質 ①　★☆☆

V を K 上のベクトル空間とし，W をその部分空間とする。
$\boldsymbol{v}_1 \in W$，$\boldsymbol{v}_2 \in W$，……，$\boldsymbol{v}_n \in W$ ならば，$\langle \boldsymbol{v}_1,\ \boldsymbol{v}_2,\ \cdots\cdots,\ \boldsymbol{v}_n \rangle \subset W$ であることを示せ。

指針　$\langle \boldsymbol{v}_1,\ \boldsymbol{v}_2,\ \cdots\cdots,\ \boldsymbol{v}_n \rangle$ については，基本例題 085 の指針を参照。証明は，基本例題 075 で扱った部分空間の定義に従って示す。

解答　$\boldsymbol{v} \in \langle \boldsymbol{v}_1,\ \boldsymbol{v}_2,\ \cdots\cdots,\ \boldsymbol{v}_n \rangle$ は，$a_1 \in K$，$a_2 \in K$，……，$a_n \in K$ として，
$\boldsymbol{v} = a_1\boldsymbol{v}_1 + a_2\boldsymbol{v}_2 + \cdots\cdots + a_n\boldsymbol{v}_n$ と書ける。
W はベクトル空間 V の部分空間であり，$\boldsymbol{v}_i \in W$ $(i=1,\ 2,\ \cdots\cdots,\ n)$ であるから

$$a_i\boldsymbol{v}_i \in W \quad (i=1,\ 2,\ \cdots\cdots,\ n)$$

W はベクトル空間 V の部分空間であるから　　$\boldsymbol{v} \in W$
よって　　$\langle \boldsymbol{v}_1,\ \boldsymbol{v}_2,\ \cdots\cdots,\ \boldsymbol{v}_n \rangle \subset W$　■

基本 例題 087 生成系部分空間の性質 ② ★★☆

VをK上のベクトル空間とし，$\boldsymbol{v}_1$，$\boldsymbol{v}_2$，……，$\boldsymbol{v}_n$ および $\boldsymbol{w}_1$，$\boldsymbol{w}_2$，……，$\boldsymbol{w}_m$ をVのベクトルとする。このとき，次が成り立つことを示せ。

$$\langle \boldsymbol{v}_1, \boldsymbol{v}_2, \cdots\cdots, \boldsymbol{v}_n\rangle + \langle \boldsymbol{w}_1, \boldsymbol{w}_2, \cdots\cdots, \boldsymbol{w}_m\rangle = \langle \boldsymbol{v}_1, \boldsymbol{v}_2, \cdots\cdots, \boldsymbol{v}_n, \boldsymbol{w}_1, \boldsymbol{w}_2, \cdots\cdots, \boldsymbol{w}_m\rangle$$

指針 $\langle \boldsymbol{v}_1, \boldsymbol{v}_2, \cdots\cdots, \boldsymbol{v}_n\rangle + \langle \boldsymbol{w}_1, \boldsymbol{w}_2, \cdots\cdots, \boldsymbol{w}_m\rangle = \langle \boldsymbol{v}_1, \boldsymbol{v}_2, \cdots\cdots, \boldsymbol{v}_n, \boldsymbol{w}_1, \boldsymbol{w}_2, \cdots\cdots, \boldsymbol{w}_m\rangle$ すなわち
$\langle \boldsymbol{v}_1, \boldsymbol{v}_2, \cdots\cdots, \boldsymbol{v}_n\rangle + \langle \boldsymbol{w}_1, \boldsymbol{w}_2, \cdots\cdots, \boldsymbol{w}_m\rangle \subset \langle \boldsymbol{v}_1, \boldsymbol{v}_2, \cdots\cdots, \boldsymbol{v}_n, \boldsymbol{w}_1, \boldsymbol{w}_2, \cdots\cdots, \boldsymbol{w}_m\rangle$ かつ
$\langle \boldsymbol{v}_1, \boldsymbol{v}_2, \cdots\cdots, \boldsymbol{v}_n\rangle + \langle \boldsymbol{w}_1, \boldsymbol{w}_2, \cdots\cdots, \boldsymbol{w}_m\rangle \supset \langle \boldsymbol{v}_1, \boldsymbol{v}_2, \cdots\cdots, \boldsymbol{v}_n, \boldsymbol{w}_1, \boldsymbol{w}_2, \cdots\cdots, \boldsymbol{w}_m\rangle$ を示す。

CHART **集合A，Bの一致 $A=B \Longleftrightarrow A\subset B$，$B\subset A$**

解答 $\boldsymbol{v}\in\langle \boldsymbol{v}_1, \boldsymbol{v}_2, \cdots\cdots, \boldsymbol{v}_n\rangle$ は，ある $a_1\in K$，$a_2\in K$，……，$a_n\in K$ を用いて，
$\boldsymbol{v}=a_1\boldsymbol{v}_1+a_2\boldsymbol{v}_2+\cdots\cdots+a_n\boldsymbol{v}_n$ と書ける。
同様に，$\boldsymbol{w}\in\langle \boldsymbol{w}_1, \boldsymbol{w}_2, \cdots\cdots, \boldsymbol{w}_m\rangle$ は，ある $b_1\in K$，$b_2\in K$，……，$b_m\in K$ を用いて，
$\boldsymbol{w}=b_1\boldsymbol{w}_1+b_2\boldsymbol{w}_2+\cdots\cdots+b_m\boldsymbol{w}_m$ と書ける。
このとき　$\boldsymbol{v}+\boldsymbol{w}=a_1\boldsymbol{v}_1+a_2\boldsymbol{v}_2+\cdots\cdots+a_n\boldsymbol{v}_n+b_1\boldsymbol{w}_1+b_2\boldsymbol{w}_2+\cdots\cdots+b_m\boldsymbol{w}_m$
よって　$\boldsymbol{v}+\boldsymbol{w}\in\langle \boldsymbol{v}_1, \boldsymbol{v}_2, \cdots\cdots, \boldsymbol{v}_n, \boldsymbol{w}_1, \boldsymbol{w}_2, \cdots\cdots, \boldsymbol{w}_m\rangle$
ゆえに

$$\langle \boldsymbol{v}_1, \boldsymbol{v}_2, \cdots\cdots, \boldsymbol{v}_n\rangle + \langle \boldsymbol{w}_1, \boldsymbol{w}_2, \cdots\cdots, \boldsymbol{w}_m\rangle \subset \langle \boldsymbol{v}_1, \boldsymbol{v}_2, \cdots\cdots, \boldsymbol{v}_n, \boldsymbol{w}_1, \boldsymbol{w}_2, \cdots\cdots, \boldsymbol{w}_m\rangle$$

逆に，$\boldsymbol{u}\in\langle \boldsymbol{v}_1, \boldsymbol{v}_2, \cdots\cdots, \boldsymbol{v}_n, \boldsymbol{w}_1, \boldsymbol{w}_2, \cdots\cdots, \boldsymbol{w}_m\rangle$ は，ある $a_1\in K$，$a_2\in K$，……，$a_n\in K$，$b_1\in K$，$b_2\in K$，……，$b_m\in K$ を用いて，
$\boldsymbol{u}=a_1\boldsymbol{v}_1+a_2\boldsymbol{v}_2+\cdots\cdots+a_n\boldsymbol{v}_n+b_1\boldsymbol{w}_1+b_2\boldsymbol{w}_2+\cdots\cdots+b_m\boldsymbol{w}_m$ と書ける。
ここで，$\boldsymbol{v}=a_1\boldsymbol{v}_1+a_2\boldsymbol{v}_2+\cdots\cdots+a_n\boldsymbol{v}_n$，$\boldsymbol{w}=b_1\boldsymbol{w}_1+b_2\boldsymbol{w}_2+\cdots\cdots+b_m\boldsymbol{w}_m$ とすると，
$\boldsymbol{v}\in\langle \boldsymbol{v}_1, \boldsymbol{v}_2, \cdots\cdots, \boldsymbol{v}_n\rangle$，$\boldsymbol{w}\in\langle \boldsymbol{w}_1, \boldsymbol{w}_2, \cdots\cdots, \boldsymbol{w}_m\rangle$ であり，$\boldsymbol{u}=\boldsymbol{v}+\boldsymbol{w}$ となる。
よって　$\boldsymbol{u}\in\langle \boldsymbol{v}_1, \boldsymbol{v}_2, \cdots\cdots, \boldsymbol{v}_n\rangle + \langle \boldsymbol{w}_1, \boldsymbol{w}_2, \cdots\cdots, \boldsymbol{w}_m\rangle$
ゆえに

$$\langle \boldsymbol{v}_1, \boldsymbol{v}_2, \cdots\cdots, \boldsymbol{v}_n\rangle + \langle \boldsymbol{w}_1, \boldsymbol{w}_2, \cdots\cdots, \boldsymbol{w}_m\rangle \supset \langle \boldsymbol{v}_1, \boldsymbol{v}_2, \cdots\cdots, \boldsymbol{v}_n, \boldsymbol{w}_1, \boldsymbol{w}_2, \cdots\cdots, \boldsymbol{w}_m\rangle$$

以上から

$$\langle \boldsymbol{v}_1, \boldsymbol{v}_2, \cdots\cdots, \boldsymbol{v}_n\rangle + \langle \boldsymbol{w}_1, \boldsymbol{w}_2, \cdots\cdots, \boldsymbol{w}_m\rangle = \langle \boldsymbol{v}_1, \boldsymbol{v}_2, \cdots\cdots, \boldsymbol{v}_n, \boldsymbol{w}_1, \boldsymbol{w}_2, \cdots\cdots, \boldsymbol{w}_m\rangle$$ ■

基本 例題 088 生成系部分空間の一致の証明 ★★☆

$\mathbb{R}^3$ の中で，$\left\{\begin{bmatrix}2\\1\\-3\end{bmatrix}, \begin{bmatrix}4\\-1\\2\end{bmatrix}\right\}$ で生成される部分空間を W_1 とし，$\left\{\begin{bmatrix}8\\1\\-4\end{bmatrix}, \begin{bmatrix}14\\1\\-5\end{bmatrix}\right\}$ で生成される部分空間を W_2 とする。$W_1=W_2$ であることを示せ。

指針 ベクトル $\boldsymbol{u}$，$\boldsymbol{v}$ で生成される $\mathbb{R}^3$ 部分空間とは，**$\boldsymbol{u}$，$\boldsymbol{v}$ の1次結合の全体からなる $\mathbb{R}^3$ 部分空間**である。

よって，$W_1=\left\{s\begin{bmatrix}2\\1\\-3\end{bmatrix}+t\begin{bmatrix}4\\-1\\2\end{bmatrix} \middle| s\in\mathbb{R},\ t\in\mathbb{R}\right\}$ となる。W_2 も同様。

また，$W_1=W_2$ を示すには $W_2\subset W_1$ かつ $W_1\subset W_2$ であることを示す。ここで，まず $W_2\subset W_1$ を示すために，ベクトル $\begin{bmatrix}8\\1\\-4\end{bmatrix}$，$\begin{bmatrix}14\\1\\-5\end{bmatrix}$ をそれぞれ2つのベクトル $\begin{bmatrix}2\\1\\-3\end{bmatrix}$，$\begin{bmatrix}4\\-1\\2\end{bmatrix}$ の1次結合で表すことを考える。同様に，$W_1\subset W_2$ を示すために $\begin{bmatrix}2\\1\\-3\end{bmatrix}$，$\begin{bmatrix}4\\-1\\2\end{bmatrix}$ をそれぞれ2つのベクトル $\begin{bmatrix}8\\1\\-4\end{bmatrix}$，$\begin{bmatrix}14\\1\\-5\end{bmatrix}$ の1次結合で表すことを考える。

CHART **集合 A，B の一致**　$A=B \Leftrightarrow A\subset B,\ B\subset A$

解答 $x\begin{bmatrix}2\\1\\-3\end{bmatrix}+y\begin{bmatrix}4\\-1\\2\end{bmatrix}=\begin{bmatrix}8\\1\\-4\end{bmatrix}$ を満たす $x\in\mathbb{R}$，$y\in\mathbb{R}$ を求めると　$x=2,\ y=1$

よって　$\begin{bmatrix}8\\1\\-4\end{bmatrix}=2\begin{bmatrix}2\\1\\-3\end{bmatrix}+\begin{bmatrix}4\\-1\\2\end{bmatrix}$　…… ①

また，$z\begin{bmatrix}2\\1\\-3\end{bmatrix}+w\begin{bmatrix}4\\-1\\2\end{bmatrix}=\begin{bmatrix}14\\1\\-5\end{bmatrix}$ を満たす $z\in\mathbb{R}$，$w\in\mathbb{R}$ を求めると　$z=3,\ w=2$

よって　$\begin{bmatrix}14\\1\\-5\end{bmatrix}=3\begin{bmatrix}2\\1\\-3\end{bmatrix}+2\begin{bmatrix}4\\-1\\2\end{bmatrix}$　…… ②

逆に，①，② を $\begin{bmatrix} 2 \\ 1 \\ -3 \end{bmatrix}$，$\begin{bmatrix} 4 \\ -1 \\ 2 \end{bmatrix}$ について解いて

$$\begin{bmatrix} 2 \\ 1 \\ -3 \end{bmatrix}=2\begin{bmatrix} 8 \\ 1 \\ -4 \end{bmatrix}-\begin{bmatrix} 14 \\ 1 \\ -5 \end{bmatrix} \quad \cdots\cdots ③$$

$$\begin{bmatrix} 4 \\ -1 \\ 2 \end{bmatrix}=-3\begin{bmatrix} 8 \\ 1 \\ -4 \end{bmatrix}+2\begin{bmatrix} 14 \\ 1 \\ -5 \end{bmatrix} \quad \cdots\cdots ④$$

よって，$\boldsymbol{u}\in W_2$ とすると，ある $a\in\mathbb{R}$，$b\in\mathbb{R}$ が存在して，①，② から

$$\boldsymbol{u}=a\begin{bmatrix} 8 \\ 1 \\ -4 \end{bmatrix}+b\begin{bmatrix} 14 \\ 1 \\ -5 \end{bmatrix}=a\left\{2\begin{bmatrix} 2 \\ 1 \\ -3 \end{bmatrix}+\begin{bmatrix} 4 \\ -1 \\ 2 \end{bmatrix}\right\}+b\left\{3\begin{bmatrix} 2 \\ 1 \\ -3 \end{bmatrix}+2\begin{bmatrix} 4 \\ -1 \\ 2 \end{bmatrix}\right\}$$

$$=(2a+3b)\begin{bmatrix} 2 \\ 1 \\ -3 \end{bmatrix}+(a+2b)\begin{bmatrix} 4 \\ -1 \\ 2 \end{bmatrix}$$

$2a+3b\in\mathbb{R}$，$a+2b\in\mathbb{R}$ より，$\boldsymbol{u}\in W_1$ であるから　　$W_2\subset W_1$　$\cdots\cdots$ ⑤

次に，$\boldsymbol{v}\in W_1$ とすると，ある $p\in\mathbb{R}$，$q\in\mathbb{R}$ が存在して，③，④ から

$$\boldsymbol{v}=p\begin{bmatrix} 2 \\ 1 \\ -3 \end{bmatrix}+q\begin{bmatrix} 4 \\ -1 \\ 2 \end{bmatrix}=p\left\{2\begin{bmatrix} 8 \\ 1 \\ -4 \end{bmatrix}-\begin{bmatrix} 14 \\ 1 \\ -5 \end{bmatrix}\right\}+q\left\{-3\begin{bmatrix} 8 \\ 1 \\ -4 \end{bmatrix}+2\begin{bmatrix} 14 \\ 1 \\ -5 \end{bmatrix}\right\}$$

$$=(2p-3q)\begin{bmatrix} 8 \\ 1 \\ -4 \end{bmatrix}+(-p+2q)\begin{bmatrix} 14 \\ 1 \\ -5 \end{bmatrix}$$

$2p-3q\in\mathbb{R}$，$-p+2q\in\mathbb{R}$ より，$\boldsymbol{v}\in W_2$ であるから　　$W_1\subset W_2$　$\cdots\cdots$ ⑥

⑤，⑥ から　　$W_1=W_2$　■

基本 例題 089　1次従属とベクトルの平行が同値の証明　★☆☆

零ベクトルでない2つのベクトルの組 $\{\boldsymbol{v},\ \boldsymbol{w}\}$ がK上1次従属であるための必要十分条件は，それらが平行であること，すなわち，$\boldsymbol{w}=c\boldsymbol{v}$ となるスカラー $c\in K$ が存在することであることを証明せよ。

指針　VをK上のベクトル空間とする。$\boldsymbol{v}_1\in V$，$\boldsymbol{v}_2\in V$，……，$\boldsymbol{v}_n\in V$ の1次結合によって $a_1\boldsymbol{v}_1+a_2\boldsymbol{v}_2+\cdots\cdots+a_n\boldsymbol{v}_n=0$ ……(＊) という形に表される関係式を，$\boldsymbol{v}_1$，$\boldsymbol{v}_2$，……，$\boldsymbol{v}_n$ のK上の **1次関係**，または **1次関係式** という。ただし，ここで $a_1\in K$，$a_2\in K$，……，$a_n\in K$ である。

1次関係(＊)は，$a_1=a_2=\cdots\cdots=a_n=0$ ならば，**自明な** 1次関係といい，a_1，a_2，……，a_n のうち，少なくともどれか1つが0でないならば，**非自明な** 1次関係という。このとき，次が定義される。

定義　**1次独立・1次従属**

$\boldsymbol{v}_1\in V$，$\boldsymbol{v}_2\in V$，……，$\boldsymbol{v}_n\in V$ が非自明な1次関係をもたないとき，すなわち，
$a_1\boldsymbol{v}_1+a_2\boldsymbol{v}_2+\cdots\cdots+a_n\boldsymbol{v}_n=\boldsymbol{0}$ ならば $a_1=a_2=\cdots\cdots=a_n=0$ であるとき，
$\{\boldsymbol{v}_1,\ \boldsymbol{v}_2,\ \cdots\cdots,\ \boldsymbol{v}_n\}$ はK上 **1次独立である** という。
$\boldsymbol{v}_1\in V$，$\boldsymbol{v}_2\in V$，……，$\boldsymbol{v}_n\in V$ の非自明な1次関係が存在するとき，
$\{\boldsymbol{v}_1,\ \boldsymbol{v}_2,\ \cdots\cdots,\ \boldsymbol{v}_n\}$ はK上 **1次従属である** という。

必要性と十分性をそれぞれ示す。

解答　零ベクトルでない2つのベクトルの組 $\{\boldsymbol{v},\ \boldsymbol{w}\}$ が1次従属であるとする。
このとき，ある $(a,\ b)\neq(0,\ 0)$ が存在して，$a\boldsymbol{v}+b\boldsymbol{w}=\boldsymbol{0}$ が成り立つ。
ここで，$b=0$ であると仮定すると，$a\boldsymbol{v}=\boldsymbol{0}$ かつ $\boldsymbol{v}\neq\boldsymbol{0}$ より，$a=0$ となり矛盾である。
よって，$b\neq0$ であるから　　$\boldsymbol{w}=-\dfrac{a}{b}\boldsymbol{v}$
よって，$\boldsymbol{w}=c\boldsymbol{v}$ となるスカラー $c\in K$ が存在する。
逆に，$\boldsymbol{w}=c\boldsymbol{v}$ となるスカラー $c\in K$ が存在するとき，$c\boldsymbol{v}+(-1)\cdot\boldsymbol{w}=\boldsymbol{0}$ と書ける。
よって，零ベクトルでない2つのベクトルの組 $\{\boldsymbol{v},\ \boldsymbol{w}\}$ は1次従属である。
したがって，零ベクトルでない2つのベクトルの組 $\{\boldsymbol{v},\ \boldsymbol{w}\}$ が1次従属であるための必要十分条件は，それらが平行であること，すなわち

$\boldsymbol{w}=c\boldsymbol{v}$ となるスカラー $c\in K$ が存在すること

である。■

補足　1つのベクトル $\boldsymbol{v}$ だけからなるベクトルの組 $\{\boldsymbol{v}\}$ は，$\boldsymbol{v}\neq\boldsymbol{0}$ ならば，1次独立である。実際，$a\boldsymbol{v}=\boldsymbol{0}$ で $a\neq0$ ならば，両辺に $\dfrac{1}{a}$ を掛けて $\boldsymbol{v}=\boldsymbol{0}$ となり，矛盾である。

基本 例題 090 1次独立か1次従属かの判定 ★☆☆

次の $\mathbb{R}^2$ のベクトルの組が，$\mathbb{R}$上1次独立であるか1次従属であるか判定せよ。

(1) $\left\{\begin{bmatrix}0\\0\end{bmatrix}, \begin{bmatrix}1\\3\end{bmatrix}\right\}$　(2) $\left\{\begin{bmatrix}1\\-1\end{bmatrix}, \begin{bmatrix}1\\1\end{bmatrix}\right\}$　(3) $\left\{\begin{bmatrix}1\\2\end{bmatrix}, \begin{bmatrix}2\\1\end{bmatrix}, \begin{bmatrix}1\\1\end{bmatrix}\right\}$

指針 基本例題 089 で示した1次独立・1次従属の定義に従って，非自明な1次関係が存在するかどうか判定する。

解答 (1) $\boldsymbol{v}=\begin{bmatrix}0\\0\end{bmatrix}$，$\boldsymbol{w}=\begin{bmatrix}1\\3\end{bmatrix}$ とする。

このとき　$1\cdot\boldsymbol{v}+0\cdot\boldsymbol{w}=1\begin{bmatrix}0\\0\end{bmatrix}+0\begin{bmatrix}1\\3\end{bmatrix}=\begin{bmatrix}0\\0\end{bmatrix}$

すなわち，$1\cdot\boldsymbol{v}+0\cdot\boldsymbol{w}=0$ という非自明な$\mathbb{R}$上の1次関係が存在する。

よって，$\{\boldsymbol{v}, \boldsymbol{w}\}$ は **$\mathbb{R}$上1次従属である**。

(2) $\boldsymbol{v}=\begin{bmatrix}1\\-1\end{bmatrix}$，$\boldsymbol{w}=\begin{bmatrix}1\\1\end{bmatrix}$ として，1次関係 $a\boldsymbol{v}+b\boldsymbol{w}=\boldsymbol{0}$ $(a\in\mathbb{R},\ b\in\mathbb{R})$ を考える。

$a\boldsymbol{v}+b\boldsymbol{w}=a\begin{bmatrix}1\\-1\end{bmatrix}+b\begin{bmatrix}1\\1\end{bmatrix}=\begin{bmatrix}a+b\\-a+b\end{bmatrix}$ であるが，これが零ベクトルに等しいから，

$\begin{cases}a+b=0\\-a+b=0\end{cases}$ となる。

これを解いて　$a=b=0$

ゆえに，$a\boldsymbol{v}+b\boldsymbol{w}=\boldsymbol{0}$ ならば $a=b=0$ である。

すなわち，$\boldsymbol{v}$，$\boldsymbol{w}$ の$\mathbb{R}$上の1次関係は自明なものしかない。

よって，$\{\boldsymbol{v}, \boldsymbol{w}\}$ は **$\mathbb{R}$上1次独立である**。

(3) $\boldsymbol{v}=\begin{bmatrix}1\\2\end{bmatrix}$，$\boldsymbol{w}=\begin{bmatrix}2\\1\end{bmatrix}$，$\boldsymbol{x}=\begin{bmatrix}1\\1\end{bmatrix}$ とする。

このとき　$\boldsymbol{v}+\boldsymbol{w}-3\boldsymbol{x}=\begin{bmatrix}1\\2\end{bmatrix}+\begin{bmatrix}2\\1\end{bmatrix}-3\begin{bmatrix}1\\1\end{bmatrix}=\begin{bmatrix}0\\0\end{bmatrix}$

すなわち，$\boldsymbol{v}+\boldsymbol{w}-3\boldsymbol{x}=\boldsymbol{0}$ という非自明な$\mathbb{R}$上の1次関係が存在する。

よって，$\{\boldsymbol{v}, \boldsymbol{w}, \boldsymbol{x}\}$ は **$\mathbb{R}$上1次従属である**。

基本 例題 091　1 次独立であることの証明　★☆☆

$\mathbb{R}^3$ のベクトルの組 $\left\{\begin{bmatrix}1\\0\\1\end{bmatrix}, \begin{bmatrix}1\\-1\\0\end{bmatrix}, \begin{bmatrix}1\\1\\1\end{bmatrix}\right\}$ が R 上 1 次独立であることを示せ。

指針

$a_1 \in \mathbb{R}$, $a_2 \in \mathbb{R}$, $a_3 \in \mathbb{R}$ として，$a_1\begin{bmatrix}1\\0\\1\end{bmatrix}+a_2\begin{bmatrix}1\\-1\\0\end{bmatrix}+a_3\begin{bmatrix}1\\1\\1\end{bmatrix}=\begin{bmatrix}0\\0\\0\end{bmatrix}$ ……① を考え，連立 1 次方程式を解くことにより，① が自明な 1 次関係であることを示せばよいが，この考え方は次の定理に対応している。証明は，「数研講座シリーズ　大学教養　線形代数」(定理 2-2) の 157 ページを参照。

定理　数ベクトルの 1 次独立性

$\boldsymbol{v}_1 \in K^n$, $\boldsymbol{v}_2 \in K^n$, ……, $\boldsymbol{v}_r \in K^n$ に対し，$\boldsymbol{v}_j=\begin{bmatrix}a_{1j}\\a_{2j}\\\vdots\\a_{nj}\end{bmatrix}$ $(j=1,\ 2,\ \cdots\cdots,\ r)$ として，

$$A=[\,\boldsymbol{v}_1\quad \boldsymbol{v}_2\quad \cdots\quad \boldsymbol{v}_r\,]=\begin{bmatrix}a_{11} & a_{12} & \cdots & a_{1r}\\ a_{21} & a_{22} & \cdots & a_{2r}\\ \vdots & \vdots & & \vdots\\ a_{n1} & a_{n2} & \cdots & a_{nr}\end{bmatrix}$$ とする。

[1]　$\{\boldsymbol{v}_1,\ \boldsymbol{v}_2,\ \cdots\cdots,\ \boldsymbol{v}_r\}$ が 1 次独立であるための必要十分条件は，同次連立 1 次方程式 $A\boldsymbol{x}=\boldsymbol{0}_n$ (ただし，$\boldsymbol{x}=\begin{bmatrix}x_1\\x_2\\\vdots\\x_r\end{bmatrix}$ は未知数ベクトル) の解が自明な解 $\boldsymbol{x}=\boldsymbol{0}_r$ のみであることである。

[2]　$\{\boldsymbol{v}_1,\ \boldsymbol{v}_2,\ \cdots\cdots,\ \boldsymbol{v}_r\}$ が 1 次従属であるための必要十分条件は，同次連立 1 次方程式 $A\boldsymbol{x}=\boldsymbol{0}_n$ が非自明な解をもつことである。

更に，基本例題 037 の指針で扱った定理と，重要例題 044 の指針で扱った定理から，ベクトルの 1 次独立性と行列の階数との間に，次の 系 が成り立つ。

系　上の定理の状況下で，次が同値である。

[1]　$\{\boldsymbol{v}_1,\ \boldsymbol{v}_2,\ \cdots\cdots,\ \boldsymbol{v}_r\}$ が 1 次独立である。　[2]　$\operatorname{rank} A=r$

$r=n$ ならば，これらは更に次と同値である。

[3]　行列 A は正則である。　[4]　$\det(A)\neq 0$

本問ではこの 系 を用いればよい。

解答　$\boldsymbol{v}_1=\begin{bmatrix}1\\0\\1\end{bmatrix}$, $\boldsymbol{v}_2=\begin{bmatrix}1\\-1\\0\end{bmatrix}$, $\boldsymbol{v}_3=\begin{bmatrix}1\\1\\1\end{bmatrix}$ として，$A=[\boldsymbol{v}_1 \quad \boldsymbol{v}_2 \quad \boldsymbol{v}_3]$ とする。

行列 A を簡約階段化すると　$\begin{bmatrix}1&0&0\\0&1&0\\0&0&1\end{bmatrix}$

よって，$\mathrm{rank}\,A=3$ であるから，$\{\boldsymbol{v}_1, \boldsymbol{v}_2, \boldsymbol{v}_3\}$ は $\mathbb{R}$ 上1次独立である。 ■

◀系の条件[2]より。

注意　指針において，本来ならば「1次独立」でなく，「K上1次独立」というのが正確であるが，「K上」が明らかなときは，これを省略する。「K上1次従属」なども同様である。

注意　$\boldsymbol{0}_n$ は K^n の零ベクトル，$\boldsymbol{0}_r$ は K^r の零ベクトルを表す。

研究　$\boldsymbol{e}_1\in K^n$, $\boldsymbol{e}_2\in K^n$, ……, $\boldsymbol{e}_n\in K^n$ を，次で定義する。

$$\boldsymbol{e}_i=\begin{bmatrix}0\\ \vdots\\ 0\\ 1\\ 0\\ \vdots\\ 0\end{bmatrix}(\leftarrow i\text{ 番目})\quad (i=1,\ 2,\ \cdots\cdots,\ n)$$

すなわち，$\boldsymbol{e}_i$ とは上から i 番目の成分だけが1で，残りの成分はすべて0であるような列ベクトルである。このようなベクトルを，K^n の **基本ベクトル**，または **単位ベクトル** という。

任意の $\boldsymbol{x}={}^t[a_1 \quad a_2 \quad \cdots \quad \cdots \quad a_n]\in K^n$ に対し

$$\boldsymbol{x}=\begin{bmatrix}a_1\\a_2\\ \vdots\\ \vdots\\ a_n\end{bmatrix}=\begin{bmatrix}a_1\\0\\ \vdots\\ \vdots\\ 0\end{bmatrix}+\begin{bmatrix}0\\a_2\\0\\ \vdots\\ 0\end{bmatrix}+\cdots\cdots+\begin{bmatrix}0\\ \vdots\\ \vdots\\ 0\\ a_n\end{bmatrix}=a_1\boldsymbol{e}_1+a_2\boldsymbol{e}_2+\cdots\cdots+a_n\boldsymbol{e}_n$$

よって，K^n の任意のベクトルは $\boldsymbol{e}_1$, $\boldsymbol{e}_2$, ……, $\boldsymbol{e}_n$ の1次結合で表される。すなわち，基本ベクトルは K^n を生成する。

$$K^n=\langle \boldsymbol{e}_1,\ \boldsymbol{e}_2,\ \cdots\cdots,\ \boldsymbol{e}_n\rangle$$

特に，K^n は有限生成なベクトル空間である。

また，K^n の基本ベクトルの組 $\{\boldsymbol{e}_1, \boldsymbol{e}_2, \cdots\cdots, \boldsymbol{e}_n\}$ は1次独立である。

実際，$A=[\boldsymbol{e}_1 \quad \boldsymbol{e}_2 \quad \cdots \quad \boldsymbol{e}_n]$ とすると，$A=E$ であり，正則である。

基本 例題 092 1次従属となる条件 ★☆☆

$\mathbb{R}^3$ のベクトルの組 $\left\{\begin{bmatrix}1\\0\\2\end{bmatrix}, \begin{bmatrix}0\\1\\a\end{bmatrix}, \begin{bmatrix}2\\-1\\0\end{bmatrix}\right\}$ が R上1次従属となる a の値を求めよ。

指針 基本例題 091 と同様にして考えればよい。

解答 $\boldsymbol{v}_1=\begin{bmatrix}1\\0\\2\end{bmatrix}$, $\boldsymbol{v}_2=\begin{bmatrix}0\\1\\a\end{bmatrix}$, $\boldsymbol{v}_3=\begin{bmatrix}2\\-1\\0\end{bmatrix}$ として，$A=[\boldsymbol{v}_1\ \ \boldsymbol{v}_2\ \ \boldsymbol{v}_3]$ とする。

$\mathbb{R}^3$ のベクトルの組 $\{\boldsymbol{v}_1, \boldsymbol{v}_2, \boldsymbol{v}_3\}$ が1次従属であるための必要十分条件は，$\operatorname{rank}A \neq 3$ となることである。

行列 A を行基本変形すると $\begin{bmatrix}1&0&2\\0&1&-1\\0&0&a-4\end{bmatrix}$

$a=4$ のとき $\operatorname{rank}A=2$，$a\neq4$ のとき $\operatorname{rank}A=3$ であるから，求める a の値は **$a=4$**

基本 例題 093 1次独立となる条件 ★☆☆

$\mathbb{R}^3$ のベクトルの組 $\left\{\begin{bmatrix}a\\-1\\7\end{bmatrix}, \begin{bmatrix}3\\-1\\5\end{bmatrix}, \begin{bmatrix}-3\\0\\7\end{bmatrix}\right\}$ が R上1次独立となるための，実数 a の条件を求めよ。

指針 基本例題 091，092 と同様にして考える。

解答 $\boldsymbol{v}_1=\begin{bmatrix}a\\-1\\7\end{bmatrix}$, $\boldsymbol{v}_2=\begin{bmatrix}3\\-1\\5\end{bmatrix}$, $\boldsymbol{v}_3=\begin{bmatrix}-3\\0\\7\end{bmatrix}$ として，$A=[\boldsymbol{v}_1\ \ \boldsymbol{v}_2\ \ \boldsymbol{v}_3]$ とする。

$\mathbb{R}^3$ のベクトルの組 $\{\boldsymbol{v}_1, \boldsymbol{v}_2, \boldsymbol{v}_3\}$ が1次独立であるための必要十分条件は，$\operatorname{rank}A=3$ となることである。行列 A を行基本変形すると $\begin{bmatrix}1&0&\frac{7}{2}\\0&1&-\frac{7}{2}\\0&0&\frac{1}{2}(7a-15)\end{bmatrix}$

$a=\frac{15}{7}$ のとき $\operatorname{rank}A=2$，$a\neq\frac{15}{7}$ のとき $\operatorname{rank}A=3$ であるから，求める実数 a の条件は **$a\neq\frac{15}{7}$**

基本 例題 094　関数のベクトル空間と1次独立　★★☆

関数 $y=1$，$y=x$ および $y=x^2$ を，$F(\mathbb{R})$ のベクトルとみなすとき，$\{1,\ x,\ x^2\}$ は $\mathbb{R}$ 上1次独立であることを示せ。

指針　1と x と x^2 の $\mathbb{R}$ 上の1次関係が自明なものに限られることを示せばよい。

解答　$a\in\mathbb{R}$，$b\in\mathbb{R}$，$c\in\mathbb{R}$ として，1，x，x^2 の1次関係 $a\cdot 1+bx+cx^2=0$　……①を考える。

①に $x=0$，$x=1$，$x=-1$ を代入すると　　$a=0$，$a+b+c=0$，$a-b+c=0$

これらを連立して解くと　　$a=b=c=0$

よって，$\{1,\ x,\ x^2\}$ は $\mathbb{R}$ 上1次独立である。■

基本 例題 095　ベクトルの差で表された組の1次独立性　★★☆

V を K 上のベクトル空間とし，V のベクトルの組 $\{\boldsymbol{v}_1,\ \boldsymbol{v}_2,\ \cdots\cdots,\ \boldsymbol{v}_r\}$ $(r\geqq 2)$ が1次独立であるとする。このとき，$\{\boldsymbol{v}_1-\boldsymbol{v}_2,\ \boldsymbol{v}_2-\boldsymbol{v}_3,\ \cdots\cdots,\ \boldsymbol{v}_{r-1}-\boldsymbol{v}_r\}$ も1次独立であることを示せ。

指針　$\boldsymbol{v}_1-\boldsymbol{v}_2$，$\boldsymbol{v}_2-\boldsymbol{v}_3$，……，$\boldsymbol{v}_{r-1}-\boldsymbol{v}_r$ の1次関係が自明なものに限られることを示せばよい。

解答　$a_1\in\mathbb{R}$，$a_2\in\mathbb{R}$，……，$a_{r-1}\in\mathbb{R}$ として，$\boldsymbol{v}_1-\boldsymbol{v}_2$，$\boldsymbol{v}_2-\boldsymbol{v}_3$，……，$\boldsymbol{v}_{r-1}-\boldsymbol{v}_r$ の1次関係

$a_1(\boldsymbol{v}_1-\boldsymbol{v}_2)+a_2(\boldsymbol{v}_2-\boldsymbol{v}_3)+\cdots\cdots+a_{r-1}(\boldsymbol{v}_{r-1}-\boldsymbol{v}_r)=\boldsymbol{0}$　……①を考える。

このとき，$\boldsymbol{v}_1$，$\boldsymbol{v}_2$，……，$\boldsymbol{v}_r$ の1次関係

$a_1\boldsymbol{v}_1+(a_2-a_1)\boldsymbol{v}_2+\cdots\cdots+(a_{r-1}-a_{r-2})\boldsymbol{v}_{r-1}-a_{r-1}\boldsymbol{v}_r=\boldsymbol{0}$ が成り立つ。

$\{\boldsymbol{v}_1,\ \boldsymbol{v}_2,\ \cdots\cdots,\ \boldsymbol{v}_r\}$ が1次独立であるから

$$a_1=a_2-a_1=\cdots\cdots=a_{r-1}-a_{r-2}=-a_{r-1}=0$$

ゆえに　　$a_1=a_2=\cdots\cdots=a_{r-2}=a_{r-1}=0$

よって，$\boldsymbol{v}_1-\boldsymbol{v}_2$，$\boldsymbol{v}_2-\boldsymbol{v}_3$，……，$\boldsymbol{v}_{r-1}-\boldsymbol{v}_r$ の1次関係①は自明である。

したがって，$\{\boldsymbol{v}_1-\boldsymbol{v}_2,\ \boldsymbol{v}_2-\boldsymbol{v}_3,\ \cdots\cdots,\ \boldsymbol{v}_{r-1}-\boldsymbol{v}_r\}$ も1次独立である。■

基本 例題 096 ベクトルの1次結合と1次独立性 ★★☆

K 上のベクトル空間 V のベクトルの組 $\{\boldsymbol{v}_1,\ \boldsymbol{v}_2,\ \cdots\cdots,\ \boldsymbol{v}_n\}$ について，次を示せ。
V のベクトルが $\boldsymbol{v}_1,\ \boldsymbol{v}_2,\ \cdots\cdots,\ \boldsymbol{v}_n$ の1次結合で表されるならば，その表現は一意的であるとする。このとき，$\{\boldsymbol{v}_1,\ \boldsymbol{v}_2,\ \cdots\cdots,\ \boldsymbol{v}_n\}$ は1次独立である。

指針 1次独立の定義に従って示す (基本例題 089 を参照)。

解答 $a_1 \in K,\ a_2 \in K,\ \cdots\cdots,\ a_n \in K$ として，$\boldsymbol{v}_1,\ \boldsymbol{v}_2,\ \cdots\cdots,\ \boldsymbol{v}_n$ の1次関係
$a_1\boldsymbol{v}_1 + a_2\boldsymbol{v}_2 + \cdots\cdots + a_n\boldsymbol{v}_n = \boldsymbol{0}$ を考える。
零ベクトルの和は零ベクトルであるから　$0 \cdot \boldsymbol{v}_1 + 0 \cdot \boldsymbol{v}_2 + \cdots\cdots + 0 \cdot \boldsymbol{v}_n = \boldsymbol{0}$
V の零ベクトルが $\boldsymbol{v}_1,\ \boldsymbol{v}_2,\ \cdots\cdots,\ \boldsymbol{v}_n$ の1次結合で表されるならば，その表現は一意的であるから　$a_1 = a_2 = \cdots\cdots = a_n = 0$
したがって，$\{\boldsymbol{v}_1,\ \boldsymbol{v}_2,\ \cdots\cdots,\ \boldsymbol{v}_n\}$ は1次独立である。■

研究 逆である次の主張も成り立つ。
V を K 上のベクトル空間とする。また，V のベクトルの組 $\{\boldsymbol{v}_1,\ \boldsymbol{v}_2,\ \cdots\cdots,\ \boldsymbol{v}_n\}$ が，1次独立であるとし，$\boldsymbol{w} \in V$ が，$\boldsymbol{v}_1,\ \boldsymbol{v}_2,\ \cdots\cdots,\ \boldsymbol{v}_n$ の1次結合で書けるとする。
このとき，$\boldsymbol{w}$ を $\boldsymbol{v}_1,\ \boldsymbol{v}_2,\ \cdots\cdots,\ \boldsymbol{v}_n$ の1次結合で書く方法は1通りである。
すなわち，$\boldsymbol{w}$ が，$a_1 \in K,\ a_2 \in K,\ \cdots\cdots,\ a_n \in K,\ b_1 \in K,\ b_2 \in K,\ \cdots\cdots,\ b_n \in K$ として，
$\boldsymbol{w} = a_1\boldsymbol{v}_1 + a_2\boldsymbol{v}_2 + \cdots\cdots + a_n\boldsymbol{v}_n = b_1\boldsymbol{v}_1 + b_2\boldsymbol{v}_2 + \cdots\cdots + b_n\boldsymbol{v}_n$ のように，(みかけ上) 2通りに書けたとすると，その係数はすべて一致する。
すなわち　$a_1 = b_1,\ a_2 = b_2,\ \cdots\cdots,\ a_n = b_n$

研究 ベクトルが1次独立なベクトルの1次結合で書けることの判定に関して，次の **定理** が成り立つ (証明は「数研講座シリーズ　大学教養　線形代数」の 161 ページを参照)。

定理　**1次結合による表現可能性**
K 上のベクトル空間 V のベクトルの組 $\{\boldsymbol{v}_1,\ \boldsymbol{v}_2,\ \cdots\cdots,\ \boldsymbol{v}_n\}$ が，1次独立であるとし，$\boldsymbol{w} \in V$ とする。
[1]　$\{\boldsymbol{v}_1,\ \boldsymbol{v}_2,\ \cdots\cdots,\ \boldsymbol{v}_n,\ \boldsymbol{w}\}$ が1次従属ならば，$\boldsymbol{w}$ は $\boldsymbol{v}_1,\ \boldsymbol{v}_2,\ \cdots\cdots,\ \boldsymbol{v}_n$ の1次結合で表せる。
すなわち　$\boldsymbol{w} \in \langle \boldsymbol{v}_1,\ \boldsymbol{v}_2,\ \cdots\cdots,\ \boldsymbol{v}_n \rangle$
[2]　$\boldsymbol{w}$ が $\boldsymbol{v}_1,\ \boldsymbol{v}_2,\ \cdots\cdots,\ \boldsymbol{v}_n$ の1次結合で表せないならば，$\{\boldsymbol{v}_1,\ \boldsymbol{v}_2,\ \cdots\cdots,\ \boldsymbol{v}_n,\ \boldsymbol{w}\}$ は1次独立である。

3 基底と次元

3 の例題を解くための基本事項を簡単にまとめる。詳しくは「数研講座シリーズ　大学教養　線形代数」の 162〜169 ページを参照。以下は，その大変大まかな抜粋である。

◈基底と延長原理

基底の定義は次で与えられる。

定義　基底

VをK上のベクトル空間とし，$\boldsymbol{v}_1$，$\boldsymbol{v}_2$，……，$\boldsymbol{v}_n$ をVのベクトルとする。次の 2 つの条件が満たされるとき，ベクトルの組 $\{\boldsymbol{v}_1,\ \boldsymbol{v}_2,\ \cdots\cdots,\ \boldsymbol{v}_n\}$ はVの（K上の）**基底** であるという。

[1]　ベクトルの組 $\{\boldsymbol{v}_1,\ \boldsymbol{v}_2,\ \cdots\cdots,\ \boldsymbol{v}_n\}$ はVを生成する。すなわち　　$V=\langle\boldsymbol{v}_1,\ \boldsymbol{v}_2,\ \cdots\cdots,\ \boldsymbol{v}_n\rangle$

[2]　ベクトルの組 $\{\boldsymbol{v}_1,\ \boldsymbol{v}_2,\ \cdots\cdots,\ \boldsymbol{v}_n\}$ は 1 次独立である。

n 次元数ベクトル空間 K^n の基本ベクトルの組 $\{\boldsymbol{e}_1,\ \boldsymbol{e}_2,\ \cdots\cdots,\ \boldsymbol{e}_n\}$ は K^n を生成する。また，$\{\boldsymbol{e}_1,\ \boldsymbol{e}_2,\ \cdots\cdots,\ \boldsymbol{e}_n\}$ は 1 次独立である。よって，$\{\boldsymbol{e}_1,\ \boldsymbol{e}_2,\ \cdots\cdots,\ \boldsymbol{e}_n\}$ は K^n の基底である。これを，n 次元数ベクトル空間 K^n の **標準基底** という。基底の存在については，次の定理が成り立つ。

定理　基底の存在

有限生成ベクトル空間は基底をもつ。

更に，基底をなすベクトルの個数は，ベクトル空間に対して一意的である。

定理　基底に属するベクトルの個数の一意性

VをK上の有限生成ベクトル空間とし，Vが 2 通りの基底 $\{\boldsymbol{v}_1,\ \boldsymbol{v}_2,\ \cdots\cdots,\ \boldsymbol{v}_n\}$，$\{\boldsymbol{w}_1,\ \boldsymbol{w}_2,\ \cdots\cdots,\ \boldsymbol{w}_m\}$ をもつとする。このとき，$n=m$ である。すなわち，基底をなすベクトルの個数は，Vに対して一意的である。

ここで，基底をなすベクトルの個数は，次のように定義される。

定義　次元

VをK上の有限生成ベクトル空間とする。Vの基底をなすベクトルの個数を $\dim V$ と書き，VのK上の **次元** という。

n 次元ベクトル空間 K^n は標準基底 $\{\boldsymbol{e}_1,\ \boldsymbol{e}_2,\ \cdots\cdots,\ \boldsymbol{e}_n\}$ をもち，それをなすベクトルの個数は n 個であるから，$\dim K^n=n$ である。また，次の 補題 が成り立つ。証明は，「線形代数テキスト」（補題 3-1）の 164 ページを参照。

補題　延長原理

VをK上のベクトル空間とし，$\{\boldsymbol{v}_1,\ \boldsymbol{v}_2,\ \cdots\cdots,\ \boldsymbol{v}_k\}$ をVのベクトルからなる，1 次独立なベクトルの組とする。このとき，$\{\boldsymbol{v}_1,\ \boldsymbol{v}_2,\ \cdots\cdots,\ \boldsymbol{v}_k\}$ がVを生成しないならば（すなわち，$V\neq\langle\boldsymbol{v}_1,\ \boldsymbol{v}_2,\ \cdots\cdots,\ \boldsymbol{v}_k\rangle$ ならば），$\langle\boldsymbol{v}_1,\ \boldsymbol{v}_2,\ \cdots\cdots,\ \boldsymbol{v}_k\rangle$ に属さない，Vの任意のベクトル $\boldsymbol{v}_{k+1}$ に対し，$\{\boldsymbol{v}_1,\ \boldsymbol{v}_2,\ \cdots\cdots,\ \boldsymbol{v}_k,\ \boldsymbol{v}_{k+1}\}$ は 1 次独立である。

これを用いて次の定理が得られる。

定理　**基底の存在** (改良版)

VをK上の有限生成ベクトル空間とし，Vのベクトルの組 $\{\boldsymbol{v}_1,\ \boldsymbol{v}_2,\ \cdots\cdots,\ \boldsymbol{v}_r\}$ がVを生成するとする。このとき，生成系 $\{\boldsymbol{v}_1,\ \boldsymbol{v}_2,\ \cdots\cdots,\ \boldsymbol{v}_r\}$ の中から，ベクトルをいくつか選び出して，$\{\boldsymbol{v}_{i_1},\ \boldsymbol{v}_{i_2},\ \cdots\cdots,\ \boldsymbol{v}_{i_n}\}$ $(1 \leqq i_1 < i_2 < \cdots\cdots < i_n \leqq r)$ をVの基底にすることができる。

証明　(証明の手順は図のフローチャートを参考のこと)

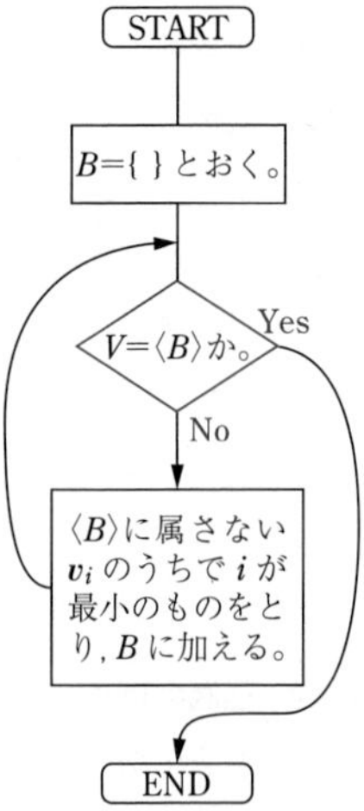

図　基底の構成

$G=\{\boldsymbol{v}_1,\ \boldsymbol{v}_2,\ \cdots\cdots,\ \boldsymbol{v}_r\}$ とする。Gのベクトルがすべて零ベクトルならば，Vは零ベクトル$\boldsymbol{0}$だけからなるベクトル空間であり，この場合は自明である。そこで，Gの中に零でないベクトルがある場合を考える。

[0]　$\boldsymbol{v}_i \neq \boldsymbol{0}$ となる最小の i を i_1 とし，$B=\{\boldsymbol{v}_{i_1}\}$ とする。Bは1次独立である (基本例題089の **補足** を参照)。$V=\langle B\rangle$ ならば，BはVの基底である (ここで証明は終了する)。

[1]　$V \neq \langle B\rangle$ ならば，i_1 番目以降の $\boldsymbol{v}_i$ のうち，$\langle B\rangle$ に属さないものが存在する (さもないと，すべての $\boldsymbol{v}_i$ $(i=1,\ 2,\ \cdots\cdots,\ r)$ が $\langle B\rangle$ に属すことから，$V=\langle \boldsymbol{v}_1,\ \boldsymbol{v}_2,\ \cdots\cdots,\ \boldsymbol{v}_r\rangle=\langle B\rangle$ となり矛盾である)。$\langle B\rangle$ に属さない $\boldsymbol{v}_i$ $(i>i_1)$ のうちから，i が最小のものをとり，これを $\boldsymbol{v}_{i_2}$ とする。Bに $\boldsymbol{v}_{i_2}$ を加え，これを改めてBとする。延長原理から，Bは1次独立である。$V=\langle B\rangle$ ならば，BはVの基底である (ここで証明は終了する)。

[2]　$V \neq \langle B\rangle$ ならば，i_2 番目以降の $\boldsymbol{v}_i$ のうち，$\langle B\rangle$ に属さないものが存在する (さもないと，すべての $\boldsymbol{v}_i$ $(i=1,\ 2,\ \cdots\cdots,\ r)$ が $\langle \boldsymbol{v}_{i_1},\ \boldsymbol{v}_{i_2}\rangle$ に属すことから，$V=\langle \boldsymbol{v}_1,\ \boldsymbol{v}_2,\ \cdots\cdots,\ \boldsymbol{v}_r\rangle=\langle B\rangle$ となり矛盾である)。$\langle B\rangle$ に属さない $\boldsymbol{v}_i$ $(i>i_2)$ のうちから，i が最小のものをとり，これを $\boldsymbol{v}_{i_3}$ とする。Bに $\boldsymbol{v}_{i_3}$ を加え，これを改めてBとする。延長原理から，Bは1次独立である。$V=\langle B\rangle$ ならば，BはVの基底である (ここで証明は終了する)。

以上を，繰り返す。そのkステップ目 $(k=1,\ 2,\ \cdots\cdots)$ は，次の通りである。

[k]　$V \neq \langle B\rangle$ ならば，i_k 番目以降の $\boldsymbol{v}_i$ のうち，$\langle B\rangle$ に属さないものが存在する (さもないと，すべての $\boldsymbol{v}_i$ $(i=1,\ 2,\ \cdots\cdots,\ r)$ が $\langle \boldsymbol{v}_{i_1},\ \boldsymbol{v}_{i_2},\ \cdots\cdots,\ \boldsymbol{v}_k\rangle$ に属すことから，$V=\langle \boldsymbol{v}_1,\ \boldsymbol{v}_2,\ \cdots\cdots,\ \boldsymbol{v}_r\rangle=\langle B\rangle$ となり矛盾である)。$\langle B\rangle$ に属さない $\boldsymbol{v}_i$ $(i>i_k)$ のうちから，i が最小のものをとり，これを $\boldsymbol{v}_{i_{k+1}}$ とする。Bに $\boldsymbol{v}_{i_{k+1}}$ を加え，これを改めてBとする。延長原理から，Bは1次独立である。$V=\langle B\rangle$ ならば，BはVの基底である (ここで証明は終了する)。

仮定より，Vは $\{\boldsymbol{v}_1,\ \boldsymbol{v}_2,\ \cdots\cdots,\ \boldsymbol{v}_r\}$ で生成されるから，以上の手順は，何回目かのステップで終了し，そのとき得られていた $B=\{\boldsymbol{v}_{i_1},\ \boldsymbol{v}_{i_2},\ \cdots\cdots,\ \boldsymbol{v}_{i_n}\}$ がVの基底である。■

基底の存在の定理は，基底の存在 (改良版) の定理により，証明される。

また，基底に属するベクトルの個数の一意性の定理は，次の **補題** を用いて証明される。証明は，「数研講座シリーズ　大学教養　線形代数」(補題3-2) の168，169ページを参照。

補題　差し替え原理

VをK上のベクトル空間とする。Vのベクトルの組 $\{\boldsymbol{v}_1,\ \boldsymbol{v}_2,\ \cdots\cdots,\ \boldsymbol{v}_n\}$ と $\{\boldsymbol{w}_1,\ \boldsymbol{w}_2,\ \cdots\cdots,\ \boldsymbol{w}_m\}$ が，それぞれ1次独立であり，かつそれらが生成するVの部分空間が一致するとする。すなわち

$$\langle \boldsymbol{v}_1,\ \boldsymbol{v}_2,\ \cdots\cdots,\ \boldsymbol{v}_n\rangle=\langle \boldsymbol{w}_1,\ \boldsymbol{w}_2,\ \cdots\cdots,\ \boldsymbol{w}_m\rangle$$

このとき，任意の $\boldsymbol{v}_i$ $(1\leqq i\leqq n)$ に対し，ある $\boldsymbol{w}_j$ $(1\leqq j\leqq m)$ が存在して，次が成り立つ。

[1]　$\boldsymbol{v}_i$ を $\boldsymbol{w}_j$ に差し替えた $\{\boldsymbol{v}_1,\ \cdots\cdots,\ \boldsymbol{v}_{i-1},\ \boldsymbol{w}_j,\ \boldsymbol{v}_{i+1},\ \cdots\cdots,\ \boldsymbol{v}_n\}$ も1次独立である。

[2]　$\boldsymbol{v}_i$ を $\boldsymbol{w}_j$ に差し替えた $\{\boldsymbol{v}_1,\ \cdots\cdots,\ \boldsymbol{v}_{i-1},\ \boldsymbol{w}_j,\ \boldsymbol{v}_{i+1},\ \cdots\cdots,\ \boldsymbol{v}_n\}$ も，$\{\boldsymbol{v}_1,\ \boldsymbol{v}_2,\ \cdots\cdots,\ \boldsymbol{v}_n\}$ や $\{\boldsymbol{w}_1,\ \boldsymbol{w}_2,\ \cdots\cdots,\ \boldsymbol{w}_m\}$ と同じ部分空間を生成する。すなわち

$$\begin{aligned}\langle \boldsymbol{v}_1,\ \boldsymbol{v}_2,\ \cdots\cdots,\ \boldsymbol{v}_n\rangle&=\langle \boldsymbol{w}_1,\ \boldsymbol{w}_2,\ \cdots\cdots,\ \boldsymbol{w}_m\rangle\\&=\langle \boldsymbol{v}_1,\ \cdots\cdots,\ \boldsymbol{v}_{i-1},\ \boldsymbol{w}_j,\ \boldsymbol{v}_{i+1},\ \cdots\cdots,\ \boldsymbol{v}_n\rangle\end{aligned}$$

基本 例題 097　$\mathbb{R}^2$ の生成系から基底の構成　★★☆

前ページの基底の存在（改良版）の 定理 の 証明 のアルゴリズムを用いて，次の生成系Gから，$\mathbb{R}^2$ の基底を構成せよ。

$$G=\left\{\boldsymbol{v}_1=\begin{bmatrix}0\\0\end{bmatrix},\ \boldsymbol{v}_2=\begin{bmatrix}1\\0\end{bmatrix},\ \boldsymbol{v}_3=\begin{bmatrix}-3\\0\end{bmatrix},\ \boldsymbol{v}_4=\begin{bmatrix}1\\2\end{bmatrix},\ \boldsymbol{v}_5=\begin{bmatrix}0\\2\end{bmatrix}\right\}$$

指針　前ページの基底の存在（改良版）の定理の 証明 のアルゴリズムに従えばよい。

解答　[0]　$\boldsymbol{v}_1=\boldsymbol{0}$，$\boldsymbol{v}_2\neq\boldsymbol{0}$ であるから，$B=\{\boldsymbol{v}_2\}$ とする。

[1]　[0] で定めたBに対し，$\mathbb{R}^2\neq\langle B\rangle$ である。

このとき，$\boldsymbol{v}_3=-3\boldsymbol{v}_2$ より　$\boldsymbol{v}_3\in\langle B\rangle$

また，$\boldsymbol{v}_4\notin\langle B\rangle$ であるから改めて $B=\{\boldsymbol{v}_2,\ \boldsymbol{v}_4\}$ とすると，延長原理によりBは1次独立である。

$\dim\mathbb{R}^2=2$ であるから，Bは $\mathbb{R}^2$ の基底である。

以上から，$\mathbb{R}^2$ の基底は $\{\boldsymbol{v}_2,\ \boldsymbol{v}_4\}$ で構成される。

補足　本問で行ったことは，5つのベクトルから，1次独立な2つのベクトルを選び出すことである。

◈次元の性質について

詳しくは「数研講座シリーズ　大学教養　線形代数」の 170～173 ページを参照。以下は，その説明の要約である。

有限の次元をもつ（すなわち，有限個のベクトルからなる基底をもつ）ベクトル空間を，**有限次元ベクトル空間** という。基底の存在（改良版）の定理により，有限生成（すなわち，有限個のベクトルで生成される）ベクトル空間は基底をもつから，有限次元である。

よって，ベクトル空間が有限次元であることと，有限生成であることは同値である。このとき，有限次元ベクトル空間の次元について，次の定理が成り立つ。

定理　基底の延長

V を K 上の有限次元ベクトル空間とし，W をその部分空間とする。

$\{\boldsymbol{v}_1,\ \boldsymbol{v}_2,\ \cdots\cdots,\ \boldsymbol{v}_k\}$ が W の基底であるとき，これにいくつかの $\boldsymbol{v}_{k+1} \in V$，$\boldsymbol{v}_{k+2} \in V$，……，$\boldsymbol{v}_n \in V$ を追加して $\{\boldsymbol{v}_1,\ \boldsymbol{v}_2,\ \cdots\cdots,\ \boldsymbol{v}_k,\ \boldsymbol{v}_{k+1},\ \boldsymbol{v}_{k+2},\ \cdots\cdots,\ \boldsymbol{v}_n\}$ を V の基底にすることができる。

上の定理から次の定理が得られる。

定理　次元の特徴付け

V を K 上の有限次元ベクトル空間とし，その次元を n とする。

(1)　V のベクトルの組 $\{\boldsymbol{w}_1,\ \boldsymbol{w}_2,\ \cdots\cdots,\ \boldsymbol{w}_m\}$ が 1 次独立ならば，$n \geqq m$ である。
　すなわち，V の次元は，1 次独立な V のベクトルの個数の最大値である。

(2)　V のベクトルの組 $\{\boldsymbol{w}_1,\ \boldsymbol{w}_2,\ \cdots\cdots,\ \boldsymbol{w}_m\}$ が V を生成するならば，$n \leqq m$ である。
　すなわち，V の次元は，V の生成系のベクトルの個数の最小値である。

次元の特徴付けの定理により，基底と次元の性質に関して，いくつかの 系 や定理が得られる。

系　V を K 上の有限次元ベクトル空間とし，その次元を n とする。
また，$\{\boldsymbol{v}_1,\ \boldsymbol{v}_2,\ \cdots\cdots,\ \boldsymbol{v}_n\}$ を V の n 個のベクトルの組とする。
このとき，次はすべて同値である。

[1]　$\{\boldsymbol{v}_1,\ \boldsymbol{v}_2,\ \cdots\cdots,\ \boldsymbol{v}_n\}$ は 1 次独立である。
[2]　$\{\boldsymbol{v}_1,\ \boldsymbol{v}_2,\ \cdots\cdots,\ \boldsymbol{v}_n\}$ は V を生成する。
[3]　$\{\boldsymbol{v}_1,\ \boldsymbol{v}_2,\ \cdots\cdots,\ \boldsymbol{v}_n\}$ は V の基底である。

系　$\{\boldsymbol{v}_1,\ \boldsymbol{v}_2,\ \cdots\cdots,\ \boldsymbol{v}_n\}$ を K^n の n 個のベクトルの組とし，$A = [\,\boldsymbol{v}_1\ \ \boldsymbol{v}_2\ \ \cdots\ \ \boldsymbol{v}_n\,]$ とする。
このとき，次はすべて同値である。

[1]　$\{\boldsymbol{v}_1,\ \boldsymbol{v}_2,\ \cdots\cdots,\ \boldsymbol{v}_n\}$ は 1 次独立である。
[2]　$\{\boldsymbol{v}_1,\ \boldsymbol{v}_2,\ \cdots\cdots,\ \boldsymbol{v}_n\}$ は K^n を生成する。
[3]　$\{\boldsymbol{v}_1,\ \boldsymbol{v}_2,\ \cdots\cdots,\ \boldsymbol{v}_n\}$ は K^n の基底である。
[4]　行列 A は正則である。

基底の延長の定理では，部分空間 W が有限次元である（基底をもつ）ことを仮定した。
実は次の定理が示すように，有限次元ベクトル空間の部分空間は，有限次元である。

定理　部分空間の有限次元性

V を K 上の有限次元ベクトル空間とし，W をその部分空間とする。
このとき，W も有限次元ベクトル空間である。

基底の延長の定理，次元の特徴付けの定理，部分空間の有限次元性の定理により，次の定理が得られる。

定理　次元の大小

V を K 上のベクトル空間とし，W，U をその部分空間で $U \subset W$ であるものとする。また，W は有限次元であるとする。このとき，次が成り立つ。

[1]　U も有限次元であり，$\dim U \leqq \dim W$ となる。

[2]　$U=W$ であるための必要十分条件は，$\dim U = \dim W$ であることである。

基本 例題 098 次元の特徴付けの定理の証明 ★☆☆

基本例題 091 で扱った数ベクトルの 1 次独立性の **定理** の **系** と基本例題 031 で扱った行列の階数の性質の **定理** を用いて，V が n 次元数ベクトル空間 $V=K^n$ の場合に，200 ページの次元の特徴付けの定理 (1) の別証明を与えよ。

指針 問題文の指定の通りに示す。それぞれの主張は下の補足を参照。

解答 V のベクトルの組 $\{\boldsymbol{w}_1,\ \boldsymbol{w}_2,\ \cdots\cdots,\ \boldsymbol{w}_m\}$ が 1 次独立であるとする。

このとき，$A=[\,\boldsymbol{w}_1 \quad \boldsymbol{w}_2 \quad \cdots \quad \boldsymbol{w}_m\,]$ とすると

$$\operatorname{rank} A=m$$

◀基本例題 091 で扱った系より。

また　$\operatorname{rank} A \leqq \min\{m,\ n\}$

◀基本例題 031 で扱った定理より。

$n \geqq \min\{m,\ n\}$ であるから　$n \geqq m$ ■

補足 **定理** **数ベクトルの 1 次独立性**

$\boldsymbol{v}_1 \in K^n,\ \boldsymbol{v}_2 \in K^n,\ \cdots\cdots,\ \boldsymbol{v}_r \in K^n$ に対し，$\boldsymbol{v}_j=\begin{bmatrix} a_{1j} \\ a_{2j} \\ \vdots \\ a_{nj} \end{bmatrix}$ $(j=1,\ 2,\ \cdots\cdots,\ r)$ として，

$$A=[\,\boldsymbol{v}_1 \quad \boldsymbol{v}_2 \quad \cdots \quad \boldsymbol{v}_r\,]=\begin{bmatrix} a_{11} & a_{12} & \cdots & a_{1r} \\ a_{21} & a_{22} & \cdots & a_{2r} \\ \vdots & \vdots & & \vdots \\ a_{n1} & a_{n2} & \cdots & a_{nr} \end{bmatrix}$$ とする。

[1]　$\{\boldsymbol{v}_1,\ \boldsymbol{v}_2,\ \cdots\cdots,\ \boldsymbol{v}_r\}$ が 1 次独立であるための必要十分条件は，同次連立 1 次方程式 $A\boldsymbol{x}=\boldsymbol{0}_n$ (ただし，$\boldsymbol{x}=\begin{bmatrix} x_1 \\ x_2 \\ \vdots \\ x_r \end{bmatrix}$ は未知数ベクトル) の解が自明な解 $\boldsymbol{x}=\boldsymbol{0}_r$ のみであることである。

[2]　$\{\boldsymbol{v}_1,\ \boldsymbol{v}_2,\ \cdots\cdots,\ \boldsymbol{v}_r\}$ が 1 次従属であるための必要十分条件は，同次連立 1 次方程式 $A\boldsymbol{x}=\boldsymbol{0}_n$ が非自明な解をもつことである。

系

[1]　$\{\boldsymbol{v}_1,\ \boldsymbol{v}_2,\ \cdots\cdots,\ \boldsymbol{v}_r\}$ が 1 次独立である。

[2]　$\operatorname{rank} A=r$

$r=n$ ならば，これらは更に次と同値である。

[3]　行列 A は正則である。

[4]　$\det(A) \neq 0$

定理 **階数の性質**

$m \times n$ 行列 A について，不等式 $\operatorname{rank} A \leqq \min\{m,\ n\}$ が成り立つ。

数ベクトルの 1 次独立性の定理，階数の性質の定理の証明は，それぞれ「数研講座シリーズ 大学教養　線形代数」(第 5 章と第 2 章　定理 2-2) の 157，59 ページを参照。

基本 例題 099 生成系の証明と基底の構成 ★★☆

$\mathbb{R}^3$ のベクトルの組 $\left\{ \boldsymbol{v}_1=\begin{bmatrix}1\\0\\0\end{bmatrix},\ \boldsymbol{v}_2=\begin{bmatrix}1\\2\\2\end{bmatrix},\ \boldsymbol{v}_3=\begin{bmatrix}-1\\-1\\-1\end{bmatrix},\ \boldsymbol{v}_4=\begin{bmatrix}0\\1\\1\end{bmatrix},\ \boldsymbol{v}_5=\begin{bmatrix}1\\0\\1\end{bmatrix} \right\}$ は $\mathbb{R}^3$ を生成することを示せ。また，ここからいくつかのベクトルを取り出して，$\mathbb{R}^3$ の基底を構成せよ。

指針 VをK上のベクトル空間とし，$\{\boldsymbol{v}_1,\ \boldsymbol{v}_2,\ \cdots\cdots,\ \boldsymbol{v}_r\}$ をVのベクトルの組とする。また，$\{\boldsymbol{v}_1,\ \boldsymbol{v}_2,\ \cdots\cdots,\ \boldsymbol{v}_r\}$ で生成されるVの部分空間をWとする。Wの次元を計算するには，198 ページに示した手順によって，Wの生成系 $\{\boldsymbol{v}_1,\ \boldsymbol{v}_2,\ \cdots\cdots,\ \boldsymbol{v}_r\}$ の中から 1 次独立なベクトルの組を，それがWを生成するようにとればよく，次の **補題** を用いて考える（証明は，「数研講座シリーズ　大学教養　線形代数」の 174 ページを参照)。

補題 PをKの要素を成分にもつn次正則行列とする。

[1] $\boldsymbol{v}_1\in K^n,\ \boldsymbol{v}_2\in K^n,\ \cdots\cdots,\ \boldsymbol{v}_r\in K^n$ の，K上の 1 次関係 $a_1\boldsymbol{v}_1+a_2\boldsymbol{v}_2+\cdots\cdots+a_r\boldsymbol{v}_r=\boldsymbol{0}$ $(a_1\in K,\ a_2\in K,\ \cdots\cdots,\ a_r\in K)$ が成り立つための必要十分条件は，$P\boldsymbol{v}_1,\ P\boldsymbol{v}_2,\ \cdots\cdots,\ P\boldsymbol{v}_r$ の，K上の 1 次関係 $a_1P\boldsymbol{v}_1+a_2P\boldsymbol{v}_2+\cdots\cdots+a_rP\boldsymbol{v}_r=\boldsymbol{0}$ が成り立つことである。

[2] $\{\boldsymbol{v}_1,\ \boldsymbol{v}_2,\ \cdots\cdots,\ \boldsymbol{v}_r\}$ が 1 次独立であるための必要十分条件は，$\{P\boldsymbol{v}_1,\ P\boldsymbol{v}_2,\ \cdots\cdots,\ P\boldsymbol{v}_r\}$ が 1 次独立であることである。

解答 $A=[\,\boldsymbol{v}_1\ \ \boldsymbol{v}_2\ \ \boldsymbol{v}_3\ \ \boldsymbol{v}_4\ \ \boldsymbol{v}_5\,]$ とする。

行列Aを簡約階段化すると $\begin{bmatrix}1&0&-\frac{1}{2}&-\frac{1}{2}&0\\0&1&-\frac{1}{2}&\frac{1}{2}&0\\0&0&0&0&1\end{bmatrix}$

よって，ある 3 次正則行列Pが存在して，

$$PA=[\,P\boldsymbol{v}_1\ \ P\boldsymbol{v}_2\ \ P\boldsymbol{v}_3\ \ P\boldsymbol{v}_4\ \ P\boldsymbol{v}_5\,]=\begin{bmatrix}1&0&-\frac{1}{2}&-\frac{1}{2}&0\\0&1&-\frac{1}{2}&\frac{1}{2}&0\\0&0&0&0&1\end{bmatrix}\ \text{となる。}$$

ゆえに，$\{P\boldsymbol{v}_1,\ P\boldsymbol{v}_2,\ P\boldsymbol{v}_5\}$ は 1 次独立であり，次の関係式が成り立つ。

$$P\boldsymbol{v}_3=\begin{bmatrix}-\frac{1}{2}\\-\frac{1}{2}\\0\end{bmatrix}=-\frac{1}{2}\begin{bmatrix}1\\0\\0\end{bmatrix}-\frac{1}{2}\begin{bmatrix}0\\1\\0\end{bmatrix}=-\frac{1}{2}P\boldsymbol{v}_1-\frac{1}{2}P\boldsymbol{v}_2\quad\cdots\cdots①$$

$$Pv_4=\begin{bmatrix}-\frac{1}{2}\\ \frac{1}{2}\\ 0\end{bmatrix}=-\frac{1}{2}\begin{bmatrix}1\\0\\0\end{bmatrix}+\frac{1}{2}\begin{bmatrix}0\\1\\0\end{bmatrix}=-\frac{1}{2}Pv_1+\frac{1}{2}Pv_2 \quad \cdots\cdots ②$$

行列 P は正則であるから，$\{\boldsymbol{v}_1,\ \boldsymbol{v}_2,\ \boldsymbol{v}_5\}$ は 1 次独立であり，関係式 ①，② の両辺に左から P^{-1} を掛けて，$\boldsymbol{v}_3=-\frac{1}{2}\boldsymbol{v}_1-\frac{1}{2}\boldsymbol{v}_2$，$\boldsymbol{v}_4=-\frac{1}{2}\boldsymbol{v}_1+\frac{1}{2}\boldsymbol{v}_2$ が成り立つ。

したがって，$\boldsymbol{v}_3$，$\boldsymbol{v}_4$ は $\boldsymbol{v}_1$，$\boldsymbol{v}_2$，$\boldsymbol{v}_5$ の 1 次結合で表されるから，$\mathbb{R}^3$ のベクトルの組 $\{\boldsymbol{v}_1,\ \boldsymbol{v}_2,\ \boldsymbol{v}_3,\ \boldsymbol{v}_4,\ \boldsymbol{v}_5\}$ は $\mathbb{R}^3$ を生成する。■

また，$\mathbb{R}^3$ の基底として，$\{\boldsymbol{v}_1,\ \boldsymbol{v}_2,\ \boldsymbol{v}_5\}$ がとれる。

参考　本書 197 ページで扱った延長原理と198 ページで扱った基底の存在 (改良版) の定理を用いて，次のように基底を構成することもできる (詳しくは「数研講座シリーズ　大学教養　線形代数」の 164～167 ページを参照)。

[0]　$\boldsymbol{v}_1\neq\boldsymbol{0}$ であるから，$B=\{\boldsymbol{v}_1\}$ とする。

[1]　[0] で定めた B に対し，$\mathbb{R}^3\neq\langle B\rangle$ である。

このとき，$\boldsymbol{v}_2\notin\langle B\rangle$ であるから改めて $B=\{\boldsymbol{v}_1,\ \boldsymbol{v}_2\}$ とする。

[2]　[1] で定めた B に対し，$\mathbb{R}^3\neq\langle B\rangle$ である。

このとき，$\boldsymbol{v}_3=-\frac{1}{2}\boldsymbol{v}_1-\frac{1}{2}\boldsymbol{v}_2$，$\boldsymbol{v}_4=-\frac{1}{2}\boldsymbol{v}_1+\frac{1}{2}\boldsymbol{v}_2$ より

$$\boldsymbol{v}_3\in\langle B\rangle,\ \boldsymbol{v}_4\in\langle B\rangle$$

また，$\boldsymbol{v}_5\notin\langle B\rangle$ であるから改めて $B=\{\boldsymbol{v}_1,\ \boldsymbol{v}_2,\ \boldsymbol{v}_5\}$ とすると，延長原理により B は 1 次独立である。

$\dim\mathbb{R}^3=3$ であるから，B は $\mathbb{R}^3$ の基底である。

以上から，$\mathbb{R}^3$ の基底は $\{\boldsymbol{v}_1,\ \boldsymbol{v}_2,\ \boldsymbol{v}_5\}$ で構成される。

研究　部分空間の次元の計算について，次の定理が成り立つ。証明は，「数研講座シリーズ　大学教養　線形代数」の 176，177 ページを参照。

定理　次元の計算

W を，K^n のベクトルの組 $\{\boldsymbol{v}_1,\ \boldsymbol{v}_2,\ \cdots\cdots,\ \boldsymbol{v}_r\}$ が生成する，K^n の部分空間とする。$A=[\,\boldsymbol{v}_1\ \ \boldsymbol{v}_2\ \ \cdots\ \ \boldsymbol{v}_r\,]$ として，行列 A の簡約階段形の，主番号 (段が落ちる列の番号) を c_1，c_2，$\cdots\cdots$，c_s とするとき，$\{\boldsymbol{v}_{c_1},\ \boldsymbol{v}_{c_2},\ \cdots\cdots,\ \boldsymbol{v}_{c_s}\}$ は W の基底である。特に，$\dim W=\operatorname{rank}A$ が成り立つ。

補足　上の定理の最後の等式から，次の 系 が得られる。

系　行列の階数と次元

K の要素を成分とする $m\times n$ の行列 A の階数 $\operatorname{rank}A$ は，行列 A の列ベクトルで生成される K^m の部分空間の次元に等しい。

◈次元公式について

詳しくは,「数研講座シリーズ　大学教養　線形代数」の 178～182 ページを参照。以下は，その内容の要約である。

定理　次元公式

V を K 上のベクトル空間とし，W_1，W_2 をその有限次元部分空間とする。このとき，W_1 と W_2 の和 W_1+W_2 と共通部分 $W_1 \cap W_2$ も有限次元であり，等式
$\dim(W_1+W_2)=\dim W_1+\dim W_2-\dim W_1 \cap W_2$ が成り立つ。

上の定理により，次の系が得られる。

系　直和と次元

V を K 上のベクトル空間とし，W_1，W_2，……，W_s をその有限次元部分空間とする。このとき，次の不等式が成り立つ。

$$\dim(W_1+W_2+\cdots\cdots+W_s) \leqq \dim W_1+\dim W_2+\cdots\cdots+\dim W_s$$

また，$W_1+W_2+\cdots\cdots+W_s$ が直和であるための必要十分条件は，上の不等式において等号が成り立つことである。

上の系において，$V=W_1+W_2+\cdots\cdots+W_s$ となる場合を考えると，次の系が得られる。

系　直和分解と次元

V を K 上の有限次元ベクトル空間，W_1，W_2，……，W_s をその部分空間とし，
$V=W_1+W_2+\cdots\cdots+W_s$ とする。このとき，V が W_1，W_2，……，W_s の直和に分解される，すなわち $V=W_1 \oplus W_2 \oplus \cdots\cdots \oplus W_s$ となるための必要十分条件は次の等式が成り立つことである。

$$\dim V=\dim W_1+\dim W_2+\cdots\cdots+\dim W_s$$

◈幾何的ベクトルの演算

幾何的ベクトル $\vec{u}$ と $\vec{v}$ の和は，平面ベクトルの場合と同様に，それらの始点を合わせたときにできる平行四辺形の，始点からのびる対角線によって表される矢線で定義される（図)。

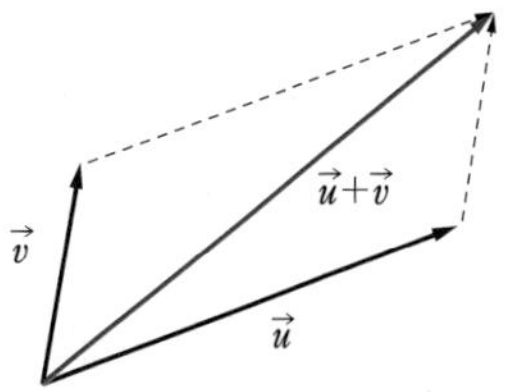

図　ベクトルの和

また，幾何的ベクトル $\vec{v}$ の実数倍 $a\vec{v}$ ($a \in \mathrm{R}$) は，$\vec{v}$ と同じ方向をもち，長さが a 倍されたもの（a が負のときは，逆向きで長さを $|a|$ 倍したもの）として定義される。

こうして定義された和とスカラー倍の概念によって，R^n の中の幾何的ベクトル全体は，R 上のベクトル空間をなす。

基本 例題 100 直和分解であるための必要十分条件 ★★★

V を K 上の有限次元ベクトル空間，W_1，W_2，……，W_s をその部分空間とする。また，各 W_i の基底 $\{\boldsymbol{w}_{i1}, \boldsymbol{w}_{i2}, \cdots\cdots, \boldsymbol{w}_{id_i}\}$ $(d_i = \dim W_i)$ が与えられているとする。このとき，次が同値であることを示せ。

(a)　V は W_1，W_2，……，W_s の直和に分解する。

(b)　$\{\boldsymbol{w}_{11}, \cdots\cdots, \boldsymbol{w}_{1d_1}, \boldsymbol{w}_{21}, \cdots\cdots, \boldsymbol{w}_{2d_2}, \cdots\cdots, \boldsymbol{w}_{s1}, \cdots\cdots, \boldsymbol{w}_{sd_s}\}$ は V の基底である。

指針　(a)⟹(b) と，(b)⟹(a) をそれぞれ示す。直和分解については基本例題 083 にある直和の条件に関する定理を，基底の定義は 197 ページのまとめを参照するとよい。

解答　[1]　(a)⟹(b) を示す。

$x_{11}\in K$，$x_{12}\in K$，……，$x_{1d_1}\in K$，$x_{21}\in K$，$x_{22}\in K$，……，$x_{2d_2}\in K$，……，$x_{s1}\in K$，$x_{s2}\in K$，……，$x_{sd_s}\in K$ として

$$x_{11}\boldsymbol{w}_{11}+x_{12}\boldsymbol{w}_{12}+\cdots\cdots+x_{1d_1}\boldsymbol{w}_{1d_1}+x_{21}\boldsymbol{w}_{21}+x_{22}\boldsymbol{w}_{22}+\cdots\cdots+x_{2d_2}\boldsymbol{w}_{2d_2}$$
$$+\cdots\cdots+x_{s1}\boldsymbol{w}_{s1}+x_{s2}\boldsymbol{w}_{s2}+\cdots\cdots+x_{sd_s}\boldsymbol{w}_{sd_s}=\boldsymbol{0}$$

とする。

$$\boldsymbol{w}_1=x_{11}\boldsymbol{w}_{11}+x_{12}\boldsymbol{w}_{12}+\cdots\cdots+x_{1d_1}\boldsymbol{w}_{1d_1},$$
$$\boldsymbol{w}_2=x_{21}\boldsymbol{w}_{21}+x_{22}\boldsymbol{w}_{22}+\cdots\cdots+x_{2d_2}\boldsymbol{w}_{2d_2},$$
$$\vdots$$
$$\boldsymbol{w}_s=x_{s1}\boldsymbol{w}_{s1}+x_{s2}\boldsymbol{w}_{s2}+\cdots\cdots+x_{sd_s}\boldsymbol{w}_{sd_s}$$

とおくと，$\boldsymbol{w}_i\in W_i$ $(i=1, 2, \cdots\cdots, s)$ であり，$\boldsymbol{w}_1+\boldsymbol{w}_2+\cdots\cdots+\boldsymbol{w}_s=\boldsymbol{0}$ となる。

V は W_1，W_2，……，W_s の直和に分解されるから

$$\boldsymbol{w}_i=\boldsymbol{0}\quad (i=1, 2, \cdots\cdots, s)$$

$\{\boldsymbol{w}_{i1}, \boldsymbol{w}_{i2}\cdots\cdots, \boldsymbol{w}_{id_i}\}$ は W_i の基底であるから

$$x_{i1}=x_{i2}=\cdots\cdots=x_{id_i}=0$$

よって，$\{\boldsymbol{w}_{11}, \boldsymbol{w}_{12}, \cdots\cdots, \boldsymbol{w}_{1d_1}, \boldsymbol{w}_{21}, \boldsymbol{w}_{22}, \cdots\cdots, \boldsymbol{w}_{2d_2}, \cdots\cdots, \boldsymbol{w}_{s1}, \boldsymbol{w}_{s2}, \cdots\cdots, \boldsymbol{w}_{sd_s}\}$ は K 上1次独立である。

また，V は W_1，W_2，……，W_s の直和に分解されるから，任意の $\boldsymbol{v}\in V$ は，$\boldsymbol{w}_i\in W_i$ $(i=1, 2, \cdots\cdots, s)$ を用いて，$\boldsymbol{v}=\boldsymbol{w}_1+\boldsymbol{w}_2+\cdots\cdots+\boldsymbol{w}_s$ と書ける。

更に，$\{\boldsymbol{w}_{i1}, \boldsymbol{w}_{i2}, \cdots\cdots, \boldsymbol{w}_{id_i}\}$ は W_i の基底であるから，

$\boldsymbol{w}_i=x_{i1}\boldsymbol{w}_{i1}+x_{i2}\boldsymbol{w}_{i2}+\cdots\cdots+x_{id_i}\boldsymbol{w}_{id_i}$ と書ける。

よって

$$\boldsymbol{v}=x_{11}\boldsymbol{w}_{11}+x_{12}\boldsymbol{w}_{12}+\cdots\cdots+x_{1d_1}\boldsymbol{w}_{1d_1}+x_{21}\boldsymbol{w}_{21}+x_{22}\boldsymbol{w}_{22}+\cdots\cdots+x_{2d_2}\boldsymbol{w}_{2d_2}$$
$$+\cdots\cdots+x_{s1}\boldsymbol{w}_{s1}+x_{s2}\boldsymbol{w}_{s2}+\cdots\cdots+x_{sd_s}\boldsymbol{w}_{sd_s}$$

したがって，$\{\boldsymbol{w}_{11},\ \cdots\cdots,\ \boldsymbol{w}_{1d_1},\ \boldsymbol{w}_{21},\ \cdots\cdots,\ \boldsymbol{w}_{2d_2},\ \cdots\cdots,\ \boldsymbol{w}_{s1},\ \cdots\cdots,\ \boldsymbol{w}_{sd_s}\}$ は V の基底である。

[2] (b)⟹(a) を示す。

$\{\boldsymbol{w}_{11},\ \cdots\cdots,\ \boldsymbol{w}_{1d_1},\ \boldsymbol{w}_{21},\ \cdots\cdots,\ \boldsymbol{w}_{2d_2},\ \boldsymbol{w}_{s1},\ \cdots\cdots,\ \boldsymbol{w}_{sd_s}\}$ が V の基底であるとすると，

任意の $\boldsymbol{v}\in V$ は，$x_{11}\in K$，$x_{12}\in K$，……，$x_{1d_1}\in K$，

$x_{21}\in K$，$x_{22}\in K$，……，$x_{2d_2}\in K$，……，$x_{s1}\in K$，$x_{s2}\in K$，……，$x_{sd_s}\in K$ として

$$\boldsymbol{v}=x_{11}\boldsymbol{w}_{11}+x_{12}\boldsymbol{w}_{12}+\cdots\cdots+x_{1d_1}\boldsymbol{w}_{1d_1}+x_{21}\boldsymbol{w}_{21}+x_{22}\boldsymbol{w}_{22}+\cdots\cdots+x_{2d_2}\boldsymbol{w}_{2d_2}$$
$$+\cdots\cdots+x_{s1}\boldsymbol{w}_{s1}+x_{s2}\boldsymbol{w}_{s2}+\cdots\cdots+x_{sd_s}\boldsymbol{w}_{sd_s}$$

と書ける。

$$\boldsymbol{w}_1=x_{11}\boldsymbol{w}_{11}+x_{12}\boldsymbol{w}_{12}+\cdots\cdots+x_{1d_1}\boldsymbol{w}_{1d_1},$$
$$\boldsymbol{w}_2=x_{21}\boldsymbol{w}_{21}+x_{22}\boldsymbol{w}_{22}+\cdots\cdots+x_{2d_2}\boldsymbol{w}_{2d_2},$$
$$\vdots$$
$$\boldsymbol{w}_s=x_{s1}\boldsymbol{w}_{s1}+x_{s2}\boldsymbol{w}_{s2}+\cdots\cdots+x_{sd_s}\boldsymbol{w}_{sd_s}$$

とおくと，$\boldsymbol{w}_i\in W_i\ (i=1,\ 2,\ \cdots\cdots,\ s)$ であり，$\boldsymbol{v}=\boldsymbol{w}_1+\boldsymbol{w}_2+\cdots\cdots+\boldsymbol{w}_s$ となる。

よって　　$V=W_1+W_2+\cdots\cdots+W_s$

このとき，任意の $\boldsymbol{v}\in W_1\cap(W_2+\cdots\cdots+W_s)$ に対し

$$\boldsymbol{v}=x_{11}\boldsymbol{w}_{11}+x_{12}\boldsymbol{w}_{12}+\cdots\cdots+x_{1d_1}\boldsymbol{w}_{1d_1}$$
$$=x_{21}\boldsymbol{w}_{21}+x_{22}\boldsymbol{w}_{22}+\cdots\cdots+x_{2d_2}\boldsymbol{w}_{2d_2}+\cdots\cdots+x_{s1}\boldsymbol{w}_{s1}+x_{s2}\boldsymbol{w}_{s2}+\cdots\cdots+x_{sd_s}\boldsymbol{w}_{sd_s}$$

となる。

よって

$$x_{11}\boldsymbol{w}_{11}+x_{12}\boldsymbol{w}_{12}+\cdots\cdots+x_{1d_1}\boldsymbol{w}_{1d_1}$$
$$-(x_{21}\boldsymbol{w}_{21}+x_{22}\boldsymbol{w}_{22}+\cdots\cdots+x_{2d_2}\boldsymbol{w}_{2d_2}+\cdots\cdots+x_{s1}\boldsymbol{w}_{s1}+x_{s2}\boldsymbol{w}_{s2}+\cdots\cdots+x_{sd_s}\boldsymbol{w}_{sd_s})=\boldsymbol{0}$$

$\{\boldsymbol{w}_{11},\ \cdots\cdots,\ \boldsymbol{w}_{1d_1},\ \boldsymbol{w}_{21},\ \cdots\cdots,\ \boldsymbol{w}_{2d_2},\ \cdots\cdots,\ \boldsymbol{w}_{s1},\ \cdots\cdots,\ \boldsymbol{w}_{sd_s}\}$ は V の基底であるから

$$x_{11}=x_{12}=\cdots\cdots=x_{1d_1}=x_{21}=x_{22}=\cdots\cdots=x_{2d_2}=\cdots\cdots=x_{s1}=x_{s2}=\cdots\cdots=x_{sd_s}=0$$

ゆえに，$\boldsymbol{v}=\boldsymbol{0}$ であるから　　$W_1\cap(W_2+\cdots\cdots+W_s)=\{\boldsymbol{0}\}$

同様にして，$i=2$，……，s に対し，

$W_i\cap(W_1+\cdots\cdots+W_{i-1}+W_{i+1}+\cdots\cdots+W_s)=\{\boldsymbol{0}\}$ が成り立つ。

したがって，V は W_1，W_2，……，W_s の直和に分解される。

以上から，題意は示された。■

基本 例題 101 空間内の直線の方程式 ★☆☆

(1) 空間内の点 (1, 3, 2) を通り，方向ベクトル (1, 1, 1) をもつ直線の方程式を求めよ。また，この直線が点 (3, 5, 4) を通るかどうか判定せよ。

(2) 空間内の点 (1, −1, 2) と点 (2, 4, 5) を通る直線の方程式を求めよ。

指針

空間の零でないベクトル $\vec{v}=\begin{bmatrix} a_1 \\ a_2 \\ a_3 \end{bmatrix}$ と，もう1つのベクトル $\vec{w}=\begin{bmatrix} b_1 \\ b_2 \\ b_3 \end{bmatrix}$ が与えられたとき，点 $(b_1,\ b_2,\ b_3)$ を通り，$\vec{v}$ を方向ベクトルとする直線 ℓ が定まる。直線 ℓ の方程式は，媒介変数(パラメータ) t を用いて，次で与えられる。

$$\vec{x}=\vec{w}+t\vec{v},\ \vec{x}=\begin{bmatrix} x \\ y \\ z \end{bmatrix}\quad (t\in\mathbb{R})\quad \cdots\cdots ①$$

① から，媒介変数 t を消去すると，直線の方程式が得られる。例えば，$a_1\neq 0$ かつ $a_2\neq 0$ かつ $a_3\neq 0$ ならば，① から t を消去して，直線の方程式として，$\dfrac{x-b_1}{a_1}=\dfrac{y-b_2}{a_2}=\dfrac{z-b_3}{a_3}$ が得られる。

解答 Oを原点，直線上の点 $(x,\ y,\ z)$ をP，t を実数とする。

(1) 点 (1, 3, 2) をA，$\vec{v}=\begin{bmatrix} 1 \\ 1 \\ 1 \end{bmatrix}$ とすると，$\overrightarrow{\mathrm{OP}}=\overrightarrow{\mathrm{OA}}+t\vec{v}$ であるから

$$\begin{bmatrix} x \\ y \\ z \end{bmatrix}=\begin{bmatrix} 1 \\ 3 \\ 2 \end{bmatrix}+t\begin{bmatrix} 1 \\ 1 \\ 1 \end{bmatrix}$$

よって　　$\boldsymbol{x=1+t,\ y=3+t,\ z=2+t\quad (t\in\mathbb{R})}$

または，t を消去して　　$\boldsymbol{x-1=y-3=z-2}$

更に，$t=2$ のとき，$x=3$，$y=5$，$z=4$ であるから，この直線は **点 (3, 5, 4) を通る。**

(2) 点 (1, −1, 2) をA，点 (2, 4, 5) をBとする。

$\overrightarrow{\mathrm{AB}}=\begin{bmatrix} 1 \\ 5 \\ 3 \end{bmatrix}$ であるから，$\overrightarrow{\mathrm{OP}}=\overrightarrow{\mathrm{OA}}+t\overrightarrow{\mathrm{AB}}$ より　$\begin{bmatrix} x \\ y \\ z \end{bmatrix}=\begin{bmatrix} 1 \\ -1 \\ 2 \end{bmatrix}+t\begin{bmatrix} 1 \\ 5 \\ 3 \end{bmatrix}$

よって　　$\boldsymbol{x=1+t,\ y=-1+5t,\ z=2+3t\quad (t\in\mathbb{R})}$

または，t を消去して　　$\boldsymbol{x-1=\dfrac{y+1}{5}=\dfrac{z-2}{3}}$

基本 例題 102 空間内の平面の方程式 ★☆☆

空間内の 3 点 A(1, −2, 3), B(−2, 0, 1), C(3, 2, −5) を通る平面の方程式を求めよ。

指針 空間の互いに平行でない 2 つのベクトル $\vec{v}=\begin{bmatrix} a_1 \\ a_2 \\ a_3 \end{bmatrix}$, $\vec{w}=\begin{bmatrix} b_1 \\ b_2 \\ b_3 \end{bmatrix}$ が与えられると, $\{\vec{v},\ \vec{w}\}$ は $\mathbb{R}^3$ の 2 次元部分空間, すなわち, 原点を通る平面を生成する。その平面を W, $(c_1,\ c_2,\ c_3)$ を $\mathbb{R}^3$ の点とする。点 $(c_1,\ c_2,\ c_3)$ を通り, 平面 W に平行な平面を H とすると, 平面 H の方程式は, 媒介変数 s, t を用いて次で与えられる。

$$平面\ H : \vec{x}=\vec{u}+s\vec{v}+t\vec{w},\ \vec{x}=\begin{bmatrix} x \\ y \\ z \end{bmatrix}\quad (s\in\mathbb{R},\ t\in\mathbb{R})\ \cdots\cdots ①$$

① から, 媒介変数 s, t を消去すると, 空間内の平面の方程式が得られる。今の場合, 次のようになる。

$$\alpha(x-c_1)+\beta(y-c_2)+\gamma(z-c_3)=0$$

ただし　$\alpha=a_2b_3-a_3b_2,\ \beta=a_3b_1-a_1b_3,\ \gamma=a_1b_2-a_2b_1$

$\vec{n}=\begin{bmatrix} \alpha \\ \beta \\ \gamma \end{bmatrix}$ とすると, $\vec{n}$ を, 平面 H の **法線ベクトル** という。また, ベクトル $\vec{n}$ は, **ベクトル積** $\vec{v}\times\vec{w}$ である (第 7 章で扱う)。

解答 $\overrightarrow{\mathrm{AB}}=\begin{bmatrix} -3 \\ 2 \\ -2 \end{bmatrix}$, $\overrightarrow{\mathrm{AC}}=\begin{bmatrix} 2 \\ 4 \\ -8 \end{bmatrix}$

$2\cdot(-8)-(-2)\cdot4=-8,\ (-2)\cdot2-(-3)\cdot(-8)=-28,\ (-3)\cdot4-2\cdot2=-16$

よって, 求める平面の方程式は　$-8(x-1)-28\{y-(-2)\}-16(z-3)=0$

すなわち　$\boldsymbol{2x+7y+4z=0}$

研究 指針で出てきた $\vec{n}$ と $\vec{v}$, および $\vec{n}$ と $\vec{w}$ はそれぞれ垂直である。

第5章の内容チェックテスト

次の(ア)，(イ)などの問いに答えよ。また，□に当てはまる適当な式や値，用語，証明を答えよ。

(1) 次の W は座標空間 $\mathbb{R}^3$ の部分空間であるか。部分空間であるならば，結果の□には○を答え，理由の□には，簡単な証明を示し，部分空間でなければ，結果の□には×を答え，理由の□には反例を1つ示せ。

(ア) $W=\{{}^t[x\ \ y\ \ z] \mid ax+by+cz=0\,;\ a,\ b,\ c\in\mathbb{R}\}$ 結果□，理由□

(イ) $W=\{{}^t[x\ \ y\ \ z] \mid x+2y+3z<0\}$ 結果□，理由□

(ウ) $W=\{{}^t[x\ \ y\ \ z] \mid x+2y+3z$ は有理数である$\}$ 結果□，理由□

(エ) $W=\{{}^t[x\ \ y\ \ z] \mid x+2y+3z=0,\ x-2y=0\}$ 結果□，理由□

(2) 次のように定義された $\mathbb{R}^3$ の部分空間 U，W について，和 $U+W$ が，直和なら○，直和でなければ×を答えよ。

(ア) $U=\{{}^t[x\ \ y\ \ z] \mid 3x-2y+z=0\}$，$W=\{{}^t[x\ \ y\ \ z] \mid 6x-5y+4z=0\}$

(イ) $U=\{{}^t[x\ \ y\ \ z] \mid x+2y=0,\ y+2z=0\}$，$W=\{{}^t[x\ \ y\ \ z] \mid 2x+z=0\}$

(ウ) $U=\{{}^t[x\ \ y\ \ z] \mid x+2y+3z=0,\ 4x+5y+6z=0\}$，
$W=\{{}^t[x\ \ y\ \ z] \mid 7x+8y+9z=0\}$

(3) $\mathbb{R}^3$ のベクトルの組 $\left\{\begin{bmatrix}1\\0\\1\end{bmatrix},\ \begin{bmatrix}1\\a\\0\end{bmatrix},\ \begin{bmatrix}1\\1\\1\end{bmatrix}\right\}$ は，$\mathbb{R}$ 上1次 ア□ である。

また，$\mathbb{R}^3$ のベクトルの組 $\left\{\begin{bmatrix}1\\0\\a\end{bmatrix},\ \begin{bmatrix}1\\-1\\0\end{bmatrix},\ \begin{bmatrix}1\\a\\2\end{bmatrix}\right\}$ が，$\mathbb{R}$ 上1次従属であるときの a の値は イ□ である。

(4) $\mathbb{R}^4$ のベクトル $\boldsymbol{v}_1=\begin{bmatrix}1\\2\\-1\\0\end{bmatrix}$，$\boldsymbol{v}_2=\begin{bmatrix}-1\\-1\\1\\1\end{bmatrix}$，$\boldsymbol{v}_3=\begin{bmatrix}2\\1\\2\\-1\end{bmatrix}$，$\boldsymbol{v}_4=\begin{bmatrix}1\\2\\3\\2\end{bmatrix}$，$\boldsymbol{v}_5=\begin{bmatrix}-1\\0\\1\\2\end{bmatrix}$ を考える。

このとき，行列 $A=[\boldsymbol{v}_1\ \ \boldsymbol{v}_2\ \ \boldsymbol{v}_3\ \ \boldsymbol{v}_4\ \ \boldsymbol{v}_5]$ の簡約階段化は ア□ である。

よって，$\{\boldsymbol{v}_1,\ \boldsymbol{v}_2,\ \boldsymbol{v}_3,\ \boldsymbol{v}_4,\ \boldsymbol{v}_5\}$ で生成される $\mathbb{R}^4$ の部分空間の基底は イ□ である。

(5) 空間において，直線 $\dfrac{x-3}{2}=\dfrac{2-y}{3}=-z$ に平行で，点 $\mathrm{A}(1,\ -2,\ 3)$ を通る直線の方向ベクトルの1つは ア□ であるから，方程式は イ□ と求められる。

また，空間内の4点 $(3,\ 4,\ 5)$，$(4,\ 5,\ p)$，$(1,\ 2,\ p)$，$(1,\ 1,\ 1)$ が同じ平面 H 上にあるとすると，$p=$ ウ□ であり，平面 H の方程式は エ□ である。

重要 例題 047 多項式全体のベクトル空間と部分空間 ★☆☆

実数を係数とする，変数 x の多項式全体を $\mathbb{R}[x]$ と書くことにする。

(1) $\mathbb{R}[x]$ は多項式の和と実数倍によって，$\mathbb{R}$ 上のベクトル空間になることを示せ。

(2) n を自然数として，$\mathbb{R}[x]_n$ で，次数が高々 n の多項式全体を表すとする。$\mathbb{R}[x]_n$ は $\mathbb{R}[x]$ の部分空間であることを示せ。

(3) $\mathbb{R}[x]_n$ の次元を求めよ。

指針 (1) ベクトル空間の定義は基本例題 074 の指針を参照。
(2) 基本例題 078，079 と同様に示す。

解答 (1) [1] $f(x)\in\mathbb{R}[x]$，$g(x)\in\mathbb{R}[x]$ に対し，$f(x)+g(x)$ は変数 x の多項式であるから　$f(x)+g(x)\in\mathbb{R}[x]$

[2] $f(x)\in\mathbb{R}[x]$，$c\in\mathbb{R}$ に対し，$cf(x)$ は変数 x の多項式であるから

$$cf(x)\in\mathbb{R}[x]$$

[3] 多項式の和とスカラー倍に関して

[a] $f(x)\in\mathbb{R}[x]$，$g(x)\in\mathbb{R}[x]$，$h(x)\in\mathbb{R}[x]$ に対し

$$\{f(x)+g(x)\}+h(x)=f(x)+\{g(x)+h(x)\}$$

[b] $f(x)\in\mathbb{R}[x]$ に対し　$f(x)+0=0+f(x)=f(x)$

[c] $f(x)\in\mathbb{R}[x]$ に対し　$f(x)+\{-f(x)\}=\{-f(x)\}+f(x)=0$

[d] $f(x)\in\mathbb{R}[x]$，$g(x)\in\mathbb{R}[x]$ に対し　$f(x)+g(x)=g(x)+f(x)$

[e] $f(x)\in\mathbb{R}[x]$，$a\in\mathbb{R}$，$b\in\mathbb{R}$ に対し　$a\{bf(x)\}=(ab)f(x)$

[f] $f(x)\in\mathbb{R}[x]$，$a\in\mathbb{R}$，$b\in\mathbb{R}$ に対し　$(a+b)f(x)=af(x)+bf(x)$

[g] $f(x)\in\mathbb{R}[x]$，$g(x)\in\mathbb{R}[x]$，$c\in\mathbb{R}$ に対し

$$c\{f(x)+g(x)\}=cf(x)+cg(x)$$

[h] $f(x)\in\mathbb{R}[x]$ に対し　$1\cdot f(x)=f(x)$

以上から，$\mathbb{R}[x]$ は多項式の和と実数倍によって，$\mathbb{R}$ 上のベクトル空間になる。■

(2) [1] 多項式 0 は $\mathbb{R}[x]_n$ の零元である。

[2] $f(x)\in\mathbb{R}[x]_n$，$g(x)\in\mathbb{R}[x]_n$ に対し，次数が高々 n の多項式の和は次数が高々 n の多項式であるから，$f(x)+g(x)$ は次数が高々 n の多項式である。

よって　$f(x)+g(x)\in\mathbb{R}[x]_n$

[3] $f(x)\in\mathbb{R}[x]_n$，$c\in\mathbb{R}$ に対し，次数が高々 n の多項式のスカラー倍は次数が高々 n の多項式であるから，$cf(x)$ は次数が高々 n の多項式である。

よって　$cf(x) \in \mathrm{R}[x]_n$

以上から，$\mathrm{R}[x]_n$ は $\mathrm{R}[x]$ の部分空間になる。■

(3)　明らかに $\{1,\ x,\ x^2,\ \cdots\cdots,\ x^n\}$ は $\mathrm{R}[x]_n$ を生成する。

また，$a_0 \in \mathrm{R}$，$a_1 \in \mathrm{R}$，$a_2 \in \mathrm{R}$，……，$a_n \in \mathrm{R}$ に対し，多項式として

$a_0 + a_1x + a_2x^2 + \cdots\cdots + a_nx^n = 0$ とすると

$$a_0 = a_1 = a_2 = \cdots\cdots = a_n = 0$$

よって，$\{1,\ x,\ x^2,\ \cdots\cdots,\ x^n\}$ は $\mathrm{R}[x]_n$ の基底であるから，$\mathrm{R}[x]_n$ の次元は

$$\boldsymbol{n+1}$$

重要　例題 048　微分可能な関数全体の部分空間　★☆☆

R 上のすべての関数全体 $F(\mathrm{R})$ の中で，微分可能な関数全体のなす部分集合は，部分空間であることを示せ。

指針　基本例題 078，079 と同様に，部分空間の定義を満たすことを示す。

解答　微分可能な関数全体のなす部分集合を W とする。

[1]　関数 $f(x)$ が，任意の $x \in \mathrm{R}$ に対し $f(x)=0$ となるとき，微分可能な関数であるから，これは W の零元である。

[2]　$f(x) \in W$，$g(x) \in W$ に対し，微分可能な関数の和は微分可能な関数であるから，$f(x)+g(x)$ は微分可能な関数である。

よって　$f(x)+g(x) \in W$

[3]　$f(x) \in W$，$c \in \mathrm{R}$ に対し，微分可能な関数のスカラー倍は微分可能な関数であるから，$cf(x)$ は微分可能な関数である。

よって　$cf(x) \in W$

以上から，W は R 上のすべての関数全体 $F(\mathrm{R})$ の中で部分空間である。■

重要 例題 049　C^{n-1} 級関数とウロンスキー行列式　★★☆

$\mathbb{R}$ 上の $n-1$ 回微分可能な関数 $f_1(x)$, $f_2(x)$, ……, $f_n(x)$ について

$$W(f_1,\ f_2,\ \cdots\cdots,\ f_n)(x)=\det\begin{bmatrix} f_1(x) & f_2(x) & \cdots & f_n(x) \\ f_1{}'(x) & f_2{}'(x) & \cdots & f_n{}'(x) \\ \vdots & \vdots & & \vdots \\ f_1{}^{(n-1)}(x) & f_2{}^{(n-1)}(x) & \cdots & f_n{}^{(n-1)}(x) \end{bmatrix}$$

とする。

ただし，$f^{(k)}(x)$ は関数 $f(x)$ の k 階導関数を表す。$W(f_1,\ f_2,\ \cdots\cdots,\ f_n)(x)$ が恒等的に 0 でないならば，$\{f_1(x),\ f_2(x),\ \cdots\cdots,\ f_n(x)\}$ は，$\mathbb{R}$ 上の関数のなすベクトル空間 $F(\mathbb{R})$ のベクトルの集合として，$\mathbb{R}$ 上 1 次独立であることを示せ。

指針　直接示すのは難しいから，**背理法** を利用する。具体的には，
「$\{f_1(x),\ f_2(x),\ \cdots\cdots,\ f_n(x)\}$ **が** $\mathbb{R}$ **上で 1 次独立でない**」として矛盾を導く。

解答　$\{f_1(x),\ f_2(x),\ \cdots\cdots,\ f_n(x)\}$ が $\mathbb{R}$ 上で 1 次独立でないと仮定する。

このとき，$a_1\in\mathbb{R}$, $a_2\in\mathbb{R}$, ……, $a_n\in\mathbb{R}$ が $(a_1,\ a_2,\ \cdots\cdots,\ a_n)\neq(0,\ 0,\ \cdots\cdots,\ 0)$ を満たして，$a_1f_1(x)+a_2f_2(x)+\cdots\cdots+a_nf_n(x)=0$ となる。

ここで，$a_1\neq 0$ として一般性は失われない。

$b_i=-\dfrac{a_i}{a_1}$ $(i=2,\ \cdots\cdots,\ n)$ とすると　　$f_1(x)=b_2f_2(x)+\cdots\cdots+b_nf_n(x)$

このとき　　$f_1{}'(x)=b_2f_2{}'(x)+\cdots\cdots+b_nf_n{}'(x)$

$$\vdots$$

$$f_1{}^{(n-1)}(x)=b_2f_2{}^{(n-1)}(x)+\cdots\cdots+b_nf_n{}^{(n-1)}(x)$$

よって

$$W(f_1,\ f_2,\ \cdots\cdots,\ f_n)(x)$$

$$=\det\begin{bmatrix} f_1(x) & f_2(x) & \cdots & f_n(x) \\ f_1{}'(x) & f_2{}'(x) & \cdots & f_n{}'(x) \\ \vdots & \vdots & & \vdots \\ f_1{}^{(n-1)}(x) & f_2{}^{(n-1)}(x) & \cdots & f_n{}^{(n-1)}(x) \end{bmatrix}$$

$$=\begin{vmatrix} b_2f_2(x)+\cdots\cdots+b_nf_n(x) & f_2(x) & \cdots & f_n(x) \\ b_2f_2{}'(x)+\cdots\cdots+b_nf_n{}'(x) & f_2{}'(x) & \cdots & f_n{}'(x) \\ \vdots & \vdots & & \vdots \\ b_2f_2{}^{(n-1)}(x)+\cdots\cdots+b_nf_n{}^{(n-1)}(x) & f_2{}^{(n-1)}(x) & \cdots & f_n{}^{(n-1)}(x) \end{vmatrix}$$

$$
= b_2 \begin{vmatrix} f_2(x) & f_2(x) & \cdots & f_n(x) \\ f_2{}'(x) & f_2{}'(x) & \cdots & f_n{}'(x) \\ \vdots & \vdots & & \vdots \\ f_2{}^{(n-1)}(x) & f_2{}^{(n-1)}(x) & \cdots & f_n{}^{(n-1)}(x) \end{vmatrix}
$$

$$
+ \cdots\cdots + b_n \begin{vmatrix} f_n(x) & f_2(x) & \cdots & f_n(x) \\ f_n{}'(x) & f_2{}'(x) & \cdots & f_n{}'(x) \\ \vdots & \vdots & & \vdots \\ f_n{}^{(n-1)}(x) & f_2{}^{(n-1)}(x) & \cdots & f_n{}^{(n-1)}(x) \end{vmatrix}
$$

◀行列式の行多重線形性より。

以上のように，同じ列がそれぞれの行列式に現れるから，これらの行列式はすべて0である。

◀基本例題062より。

よって，恒等的に $W(f_1,\ f_2,\ \cdots\cdots,\ f_n)(x)=0$ となり，これは矛盾である。

したがって，$\{f_1(x),\ f_2(x),\ \cdots\cdots,\ f_n(x)\}$ は$\mathbb{R}$上で1次独立である。■

参考　問題文の題名に示したとおり，変数 x の $n-1$ 回微分可能な n 個の関数を用いて与えられた問題文中の行列式を **ウロンスキー行列式** という。微分方程式の解の独立性を調べるためにこの行列式を用いる。

重要 例題 050　1 次独立であるための必要十分条件　★★☆

K 上のベクトル空間 V のベクトル $\boldsymbol{v}_1$, $\boldsymbol{v}_2$, ……, $\boldsymbol{v}_n$ について，
各 $\boldsymbol{v}_i$ $(i=1, 2, \cdots\cdots, n)$ が生成する V の部分空間 $\langle \boldsymbol{v}_i \rangle$ を考える。
このとき，次が同値であることを示せ。
(a)　$\{\boldsymbol{v}_1, \boldsymbol{v}_2, \cdots\cdots, \boldsymbol{v}_n\}$ は 1 次独立である。
(b)　$\boldsymbol{v}_i \neq \boldsymbol{0}$ $(i=1, 2, \cdots\cdots, n)$ であり，かつ $\langle \boldsymbol{v}_1 \rangle + \langle \boldsymbol{v}_2 \rangle + \cdots\cdots + \langle \boldsymbol{v}_n \rangle$ は直和である。

指針　(a)$\Longrightarrow$(b) と，(b)$\Longrightarrow$(a) をそれぞれ示す。1 次独立については基本例題 089 にある 1 次独立・1 次従属の定義を，直和については基本例題 082 にある直和の定義を参照するとよい。

解答　[1]　(a)$\Longrightarrow$(b) を示す。

$\{\boldsymbol{v}_1, \boldsymbol{v}_2, \cdots\cdots, \boldsymbol{v}_n\}$ が 1 次独立であるとする。
このとき，$\boldsymbol{v}_i=\boldsymbol{0}$ $(i=1, 2, \cdots\cdots, n)$ であると仮定すると，$x_i \neq 0$ $(x_i \in K)$ により，$x_i \boldsymbol{v}_i=\boldsymbol{0}$ となるから，$\{\boldsymbol{v}_1, \boldsymbol{v}_2, \cdots\cdots, \boldsymbol{v}_n\}$ が 1 次従属であることになり，これは矛盾である。
よって　　$\boldsymbol{v}_i \neq \boldsymbol{0}$　$(i=1, 2, \cdots\cdots, n)$
また，$\boldsymbol{v} \in \langle \boldsymbol{v}_1 \rangle \cap (\langle \boldsymbol{v}_2 \rangle + \cdots\cdots + \langle \boldsymbol{v}_n \rangle)$ とすると，ある $a_1 \in K$, $a_2 \in K$, ……, $a_n \in K$ が存在して，$\boldsymbol{v}=a_1\boldsymbol{v}_1=a_2\boldsymbol{v}_2+\cdots\cdots+a_n\boldsymbol{v}_n$ となる。
よって　　$a_1\boldsymbol{v}_1-(a_2\boldsymbol{v}_2+\cdots\cdots+a_n\boldsymbol{v}_n)=\boldsymbol{0}$
$\{\boldsymbol{v}_1, \boldsymbol{v}_2, \cdots\cdots, \boldsymbol{v}_n\}$ は 1 次独立であるから　　$a_1=a_2=\cdots\cdots=a_n=0$
ゆえに，$\boldsymbol{v}=\boldsymbol{0}$ であるから　　$\langle \boldsymbol{v}_1 \rangle \cap (\langle \boldsymbol{v}_2 \rangle + \cdots\cdots + \langle \boldsymbol{v}_n \rangle)=\{\boldsymbol{0}\}$
同様にして，$i=2$, ……, n に対し，
$\langle \boldsymbol{v}_i \rangle \cap (\langle \boldsymbol{v}_1 \rangle + \cdots\cdots + \langle \boldsymbol{v}_{i-1} \rangle + \langle \boldsymbol{v}_{i+1} \rangle + \cdots\cdots + \langle \boldsymbol{v}_n \rangle)=\{\boldsymbol{0}\}$ が成り立つ。
したがって，$\langle \boldsymbol{v}_1 \rangle + \langle \boldsymbol{v}_2 \rangle + \cdots\cdots + \langle \boldsymbol{v}_n \rangle$ は直和である。

[2]　(b)$\Longrightarrow$(a) を示す。

$\boldsymbol{v}_i \neq \boldsymbol{0}$ $(i=1, 2, \cdots\cdots, n)$ であり，かつ $\langle \boldsymbol{v}_1 \rangle + \langle \boldsymbol{v}_2 \rangle + \cdots\cdots + \langle \boldsymbol{v}_n \rangle$ が直和であるとする。
また，$x_i \in K$ $(i=1, 2, \cdots\cdots, n)$ として，$x_1\boldsymbol{v}_1+x_2\boldsymbol{v}_2+\cdots\cdots+x_n\boldsymbol{v}_n=\boldsymbol{0}$ と書けるとする。
$\langle \boldsymbol{v}_1 \rangle + \langle \boldsymbol{v}_2 \rangle + \cdots\cdots + \langle \boldsymbol{v}_n \rangle$ は直和であるから　　$x_i\boldsymbol{v}_i=\boldsymbol{0}$　$(i=1, 2, \cdots\cdots, n)$
$\boldsymbol{v}_i \neq \boldsymbol{0}$ $(i=1, 2, \cdots\cdots, n)$ であるから　　$x_i=0$　$(i=1, 2, \cdots\cdots, n)$
したがって，$\{\boldsymbol{v}_1, \boldsymbol{v}_2, \cdots\cdots, \boldsymbol{v}_n\}$ は 1 次独立である。

以上から，題意は示された。 ■

重要 例題 051　{1, i} がℂの基底であることの証明　★★☆

複素数全体の集合ℂを，複素数どうしの和と，実数倍によって，ℝ上のベクトル空間とみなす。このとき，{1, i} (i は虚数単位) は基底を与えることを示せ。

指針　ℂが {1, i} で生成され，かつ，{1, i} が1次独立であることを次の定義に従って示せばよい。

定義　**1次独立・1次従属**

$\boldsymbol{v}_1 \in V$，$\boldsymbol{v}_2 \in V$，……，$\boldsymbol{v}_n \in V$ が非自明な1次関係をもたないとき，すなわち，
$a_1\boldsymbol{v}_1 + a_2\boldsymbol{v}_2 + \cdots\cdots + a_n\boldsymbol{v}_n = \boldsymbol{0}$ ならば $a_1 = a_2 = \cdots\cdots = a_n = 0$ であるとき，
$\{\boldsymbol{v}_1, \boldsymbol{v}_2, \cdots\cdots, \boldsymbol{v}_n\}$ は K 上 **1次独立である** という。
$\boldsymbol{v}_1 \in V$，$\boldsymbol{v}_2 \in V$，……，$\boldsymbol{v}_n \in V$ の非自明な1次関係が存在するとき，
$\{\boldsymbol{v}_1, \boldsymbol{v}_2, \cdots\cdots, \boldsymbol{v}_n\}$ は K 上 **1次従属である** という。

解答　任意の複素数は，実数 a，b を用いて $a+bi$ と書けるから，ℂはℝ上のベクトル空間として，{1, i} で生成される。
また，1次関係 $a+bi=0$ を仮定すると，$(a+bi)(a-bi)=0$ より　　$a^2+b^2=0$
a，b は実数であるから　　$a=b=0$
よって，{1, i} は1次独立である。
以上から，題意は示された。■

別解　1次関係 $a+bi=0$ を仮定した後，次のように $a=b=0$ を示してもよい。
$a+bi=0$ より　　$a=-bi$
$b \neq 0$ であると仮定すると，左辺は実数であり，右辺は虚数となり，これは矛盾である。
したがって，$b \neq 0$ としたのは誤りで　　$b=0$
このとき　　$a=0$

重要 例題 052 基底であるための必要十分条件 ★★☆

P を K の要素を成分にもつ n 次正則行列とする。

(1) K^n のベクトルの組 $\{\boldsymbol{v}_1,\ \boldsymbol{v}_2,\ \cdots\cdots,\ \boldsymbol{v}_r\}$ が K^n を生成するための必要十分条件は，$\{P\boldsymbol{v}_1,\ P\boldsymbol{v}_2,\ \cdots\cdots,\ P\boldsymbol{v}_r\}$ が K^n を生成することであることを示せ。

(2) K^n のベクトルの組 $\{\boldsymbol{v}_1,\ \boldsymbol{v}_2,\ \cdots\cdots,\ \boldsymbol{v}_r\}$ が K^n の基底であるための必要十分条件は，$\{P\boldsymbol{v}_1,\ P\boldsymbol{v}_2,\ \cdots\cdots,\ P\boldsymbol{v}_r\}$ が K^n の基底であることを示せ。

指針 (1) 必要性と十分性をそれぞれ示す。

(2) (1)と基本例題 099 の指針で扱った次の **補題** を用いて示す。証明は，「数研講座シリーズ 大学教養 線形代数」の 174 ページを参照。

補題 P を K の要素を成分にもつ n 次正則行列とする。

[1] $\boldsymbol{v}_1\in K^n$，$\boldsymbol{v}_2\in K^n$，……，$\boldsymbol{v}_r\in K^n$ の，K 上の1次関係 $a_1\boldsymbol{v}_1+a_2\boldsymbol{v}_2+\cdots\cdots+a_r\boldsymbol{v}_r=\boldsymbol{0}$ $(a_1\in K,\ a_2\in K,\ \cdots\cdots,\ a_r\in K)$ が成り立つための必要十分条件は，$P\boldsymbol{v}_1$，$P\boldsymbol{v}_2$，……，$P\boldsymbol{v}_r$ の，K 上の1次関係 $a_1P\boldsymbol{v}_1+a_2P\boldsymbol{v}_2+\cdots\cdots+a_rP\boldsymbol{v}_r=\boldsymbol{0}$ が成り立つことである。

[2] $\{\boldsymbol{v}_1,\ \boldsymbol{v}_2,\ \cdots\cdots,\ \boldsymbol{v}_r\}$ が1次独立であるための必要十分条件は，$\{P\boldsymbol{v}_1,\ P\boldsymbol{v}_2,\ \cdots\cdots,\ P\boldsymbol{v}_r\}$ が1次独立であることである。

解答 (1) $\{\boldsymbol{v}_1,\ \boldsymbol{v}_2,\ \cdots\cdots,\ \boldsymbol{v}_r\}$ が K^n を生成するとする。

$\boldsymbol{w}\in K^n$ は，ある $a_1\in K$，$a_2\in K$，……，$a_r\in K$ を用いて，
$P^{-1}\boldsymbol{w}=a_1\boldsymbol{v}_1+a_2\boldsymbol{v}_2+\cdots\cdots+a_r\boldsymbol{v}_r$ と書ける。

両辺に左から行列 P を掛けると

$$\boldsymbol{w}=a_1P\boldsymbol{v}_1+a_2P\boldsymbol{v}_2+\cdots\cdots+a_rP\boldsymbol{v}_r$$

よって，$\boldsymbol{w}\in K^n$ は $\{P\boldsymbol{v}_1,\ P\boldsymbol{v}_2,\ \cdots\cdots,\ P\boldsymbol{v}_r\}$ の1次結合で書ける。

したがって，$\{P\boldsymbol{v}_1,\ P\boldsymbol{v}_2,\ \cdots\cdots,\ P\boldsymbol{v}_r\}$ は K^n を生成する。

逆は，P の逆行列 P^{-1} を用いて同様に示される。

以上から，題意は示された。 ■

(2) $\{\boldsymbol{v}_1,\ \boldsymbol{v}_2,\ \cdots\cdots,\ \boldsymbol{v}_r\}$ が1次独立であるための必要十分条件は，$\{P\boldsymbol{v}_1,\ P\boldsymbol{v}_2,\ \cdots\cdots,\ P\boldsymbol{v}_r\}$ が1次独立であることである。

◀指針の **補題** より。

よって，(1)と合わせて題意は示された。 ■

重要 例題 053　1次従属の証明と非自明な1次関係　★★☆

$\mathbb{R}^3$ のベクトル $\boldsymbol{v}_1=\begin{bmatrix}1\\-1\\0\end{bmatrix}$, $\boldsymbol{v}_2=\begin{bmatrix}-1\\2\\3\end{bmatrix}$, $\boldsymbol{v}_3=\begin{bmatrix}1\\1\\6\end{bmatrix}$ について，$\{\boldsymbol{v}_1, \boldsymbol{v}_2, \boldsymbol{v}_3\}$ は1次従属であることを示し，$\boldsymbol{v}_1$, $\boldsymbol{v}_2$, $\boldsymbol{v}_3$ の非自明な1次関係を1つ求めよ。

指針　基本例題 091，基本例題 099 と同様にして考える。

解答　$A=\begin{bmatrix}1&-1&1\\-1&2&1\\0&3&6\end{bmatrix}$ とする。

行列 A を簡約階段化すると　$\begin{bmatrix}1&0&3\\0&1&2\\0&0&0\end{bmatrix}$

よって，$\operatorname{rank}A=2$ であるから，$\mathbb{R}^3$ のベクトル $\{\boldsymbol{v}_1, \boldsymbol{v}_2, \boldsymbol{v}_3\}$ は1次従属である。■

また，ある3次正則行列 P が存在して，$PA=[\,P\boldsymbol{v}_1\quad P\boldsymbol{v}_2\quad P\boldsymbol{v}_3\,]=\begin{bmatrix}1&0&3\\0&1&2\\0&0&0\end{bmatrix}$ となる。

ゆえに，次の関係式が成り立つ。

$$P\boldsymbol{v}_3=\begin{bmatrix}3\\2\\0\end{bmatrix}=3\begin{bmatrix}1\\0\\0\end{bmatrix}+2\begin{bmatrix}0\\1\\0\end{bmatrix}=3P\boldsymbol{v}_1+2P\boldsymbol{v}_2 \quad \cdots\cdots ①$$

行列 P は正則であるから，関係式①の両辺に左から P^{-1} を掛けて，$\boldsymbol{v}_3=3\boldsymbol{v}_1+2\boldsymbol{v}_2$ が成り立つ。

したがって，$\boldsymbol{v}_1$, $\boldsymbol{v}_2$, $\boldsymbol{v}_3$ の非自明な1次関係 $3\boldsymbol{v}_1+2\boldsymbol{v}_2-\boldsymbol{v}_3=\boldsymbol{0}$ が得られる。

別解　$a_1\in\mathbb{R}$, $a_2\in\mathbb{R}$, $a_3\in\mathbb{R}$ に対し，$a_1\boldsymbol{v}_1+a_2\boldsymbol{v}_2+a_3\boldsymbol{v}_3=\boldsymbol{0}$ を考えて，連立1次方程式

$\begin{bmatrix}1&-1&1\\-1&2&1\\0&3&6\end{bmatrix}\begin{bmatrix}a_1\\a_2\\a_3\end{bmatrix}=\begin{bmatrix}0\\0\\0\end{bmatrix}$ を解く。

$\begin{bmatrix}1&-1&1\\-1&2&1\\0&3&6\end{bmatrix}\longrightarrow\begin{bmatrix}1&0&3\\0&1&2\\0&0&0\end{bmatrix}$ と簡約階段化できるから，$\begin{cases}a_1\quad+3a_3=0\\ \quad a_2+2a_3=0\end{cases}$ の解の1つとして，$(a_1, a_2, a_3)=(3, 2, -1)$ が存在する。

よって，$3\boldsymbol{v}_1+2\boldsymbol{v}_2-\boldsymbol{v}_3=\boldsymbol{0}$ という非自明な1次関係が存在するから，$\mathbb{R}^3$ のベクトル $\{\boldsymbol{v}_1, \boldsymbol{v}_2, \boldsymbol{v}_3\}$ は1次従属である。■

重要 例題 054 基底の構成と非自明な 1 次関係 ① ★★☆

$\mathbb{R}^3$ のベクトル $\boldsymbol{v}_1=\begin{bmatrix}1\\2\\0\end{bmatrix}$, $\boldsymbol{v}_2=\begin{bmatrix}-2\\1\\4\end{bmatrix}$, $\boldsymbol{v}_3=\begin{bmatrix}-1\\3\\4\end{bmatrix}$, $\boldsymbol{v}_4=\begin{bmatrix}0\\2\\2\end{bmatrix}$ を考える。

(1) $\{\boldsymbol{v}_1, \boldsymbol{v}_2, \boldsymbol{v}_3, \boldsymbol{v}_4\}$ からいくつかベクトルを選んで，$\mathbb{R}^3$ の基底を構成せよ。

(2) $\{\boldsymbol{v}_1, \boldsymbol{v}_2, \boldsymbol{v}_3, \boldsymbol{v}_4\}$ の非自明な 1 次関係を 1 つ求めよ。

指針 (1) 基本例題 099 と同様にして構成される。
(2) (1) を用いて求める。

解答 (1) $A=[\,\boldsymbol{v}_1\ \ \boldsymbol{v}_2\ \ \boldsymbol{v}_3\ \ \boldsymbol{v}_4\,]$ とする。

行列 A を簡約階段化すると $\begin{bmatrix}1&0&1&0\\0&1&1&0\\0&0&0&1\end{bmatrix}$

よって，ある 3 次正則行列 P が存在して，

$PA=[\,P\boldsymbol{v}_1\ \ P\boldsymbol{v}_2\ \ P\boldsymbol{v}_3\ \ P\boldsymbol{v}_4\,]=\begin{bmatrix}1&0&1&0\\0&1&1&0\\0&0&0&1\end{bmatrix}$ となる。

ゆえに，$\{P\boldsymbol{v}_1, P\boldsymbol{v}_2, P\boldsymbol{v}_4\}$ は 1 次独立であり，次の関係式が成り立つ。

$$P\boldsymbol{v}_3=\begin{bmatrix}1\\1\\0\end{bmatrix}=\begin{bmatrix}1\\0\\0\end{bmatrix}+\begin{bmatrix}0\\1\\0\end{bmatrix}=P\boldsymbol{v}_1+P\boldsymbol{v}_2 \quad \cdots\cdots ①$$

行列 P は正則であるから，$\{\boldsymbol{v}_1, \boldsymbol{v}_2, \boldsymbol{v}_4\}$ は 1 次独立であり，関係式 ① の両辺に左から P^{-1} を掛けて，$\boldsymbol{v}_3=\boldsymbol{v}_1+\boldsymbol{v}_2$ が成り立つ。

したがって，$\boldsymbol{v}_3$ は $\boldsymbol{v}_1$, $\boldsymbol{v}_2$ の 1 次結合で表されるから，$\{\boldsymbol{v}_1, \boldsymbol{v}_2, \boldsymbol{v}_4\}$ は $\mathbb{R}^3$ の基底である。

(2) (1) により　$\boldsymbol{v}_1+\boldsymbol{v}_2-\boldsymbol{v}_3=\boldsymbol{0}$

ゆえに，$1\cdot\boldsymbol{v}_1+1\cdot\boldsymbol{v}_2+(-1)\cdot\boldsymbol{v}_3+0\cdot\boldsymbol{v}_4=\boldsymbol{0}$ という非自明な 1 次関係が存在する。

参考 (1) において，本書 197 ページで扱った延長原理と 198 ページで扱った基底の存在の定理を用いて，$\mathbb{R}^3$ の基底を次のように構成することもできる（詳しくは「数研講座シリーズ　大学教養 線形代数」の 164～167 ページを参照)。

[0]　$\boldsymbol{v}_1\neq\boldsymbol{0}$ であるから，$B=\{\boldsymbol{v}_1\}$ とする。

[1]　[0] で定めた B に対し，$\mathbb{R}^3\neq\langle B\rangle$ である。
このとき，$\boldsymbol{v}_2\notin\langle B\rangle$ であるから改めて $B=\{\boldsymbol{v}_1, \boldsymbol{v}_2\}$ とする。

[2]　[1] で定めた B に対し，$\mathbb{R}^3\neq\langle B\rangle$ である。
このとき，$\boldsymbol{v}_3=\boldsymbol{v}_1+\boldsymbol{v}_2$ より　$\boldsymbol{v}_3\in\langle B\rangle$
また，$\boldsymbol{v}_4\notin\langle B\rangle$ であるから改めて $B=\{\boldsymbol{v}_1, \boldsymbol{v}_2, \boldsymbol{v}_4\}$ とすると，延長原理により B は 1 次独立である。
$\dim\mathbb{R}^3=3$ であるから，B は $\mathbb{R}^3$ の基底である。

以上から，$\mathbb{R}^3$ の基底は $\{\boldsymbol{v}_1, \boldsymbol{v}_2, \boldsymbol{v}_4\}$ で構成される。

重要 例題 055　基底の構成と非自明な1次関係 ②　★★☆

$\mathbb{R}^4$ のベクトル $\boldsymbol{v}_1=\begin{bmatrix}1\\1\\3\\0\end{bmatrix}$, $\boldsymbol{v}_2=\begin{bmatrix}1\\2\\0\\-1\end{bmatrix}$, $\boldsymbol{v}_3=\begin{bmatrix}1\\3\\-3\\-2\end{bmatrix}$, $\boldsymbol{v}_4=\begin{bmatrix}-2\\-4\\1\\-1\end{bmatrix}$, $\boldsymbol{v}_5=\begin{bmatrix}-1\\-4\\7\\0\end{bmatrix}$,

$\boldsymbol{v}_6=\begin{bmatrix}-1\\-3\\4\\-2\end{bmatrix}$ を考える。

(1)　$\{\boldsymbol{v}_1,\ \boldsymbol{v}_2,\ \boldsymbol{v}_3,\ \boldsymbol{v}_4,\ \boldsymbol{v}_5,\ \boldsymbol{v}_6\}$ からいくつかベクトルを選んで，$\mathbb{R}^4$ の基底を構成せよ。

(2)　$\{\boldsymbol{v}_1,\ \boldsymbol{v}_2,\ \boldsymbol{v}_3,\ \boldsymbol{v}_4,\ \boldsymbol{v}_5,\ \boldsymbol{v}_6\}$ の非自明な1次関係を1つ求めよ。

指針　基本例題 099，重要例題 054 と同様にして考える。

解答　(1)　$A=\begin{bmatrix}1&1&1&-2&-1&-1\\1&2&3&-4&-4&-3\\3&0&-3&1&7&4\\0&-1&-2&-1&0&-2\end{bmatrix}$ とする。

行列 A を簡約階段化すると　$\begin{bmatrix}1&0&-1&0&2&0\\0&1&2&0&-1&0\\0&0&0&1&1&0\\0&0&0&0&0&1\end{bmatrix}$

よって，ある4次正則行列 P が存在して，

$$PA=[\,P\boldsymbol{v}_1\quad P\boldsymbol{v}_2\quad P\boldsymbol{v}_3\quad P\boldsymbol{v}_4\quad P\boldsymbol{v}_5\quad P\boldsymbol{v}_6\,]=\begin{bmatrix}1&0&-1&0&2&0\\0&1&2&0&-1&0\\0&0&0&1&1&0\\0&0&0&0&0&1\end{bmatrix}$$ となる。

ゆえに，$\{P\boldsymbol{v}_1,\ P\boldsymbol{v}_2,\ P\boldsymbol{v}_4,\ P\boldsymbol{v}_6\}$ は1次独立であり，次の関係式が成り立つ。

$$P\boldsymbol{v}_3=\begin{bmatrix}-1\\2\\0\\0\end{bmatrix}=-\begin{bmatrix}1\\0\\0\\0\end{bmatrix}+2\begin{bmatrix}0\\1\\0\\0\end{bmatrix}=-P\boldsymbol{v}_1+2P\boldsymbol{v}_2 \quad\cdots\cdots ①$$

$$P\boldsymbol{v}_5=\begin{bmatrix}2\\-1\\1\\0\end{bmatrix}=2\begin{bmatrix}1\\0\\0\\0\end{bmatrix}-\begin{bmatrix}0\\1\\0\\0\end{bmatrix}+\begin{bmatrix}0\\0\\1\\0\end{bmatrix}=2P\boldsymbol{v}_1-P\boldsymbol{v}_2+P\boldsymbol{v}_4 \quad\cdots\cdots ②$$

行列Pは正則であるから，$\{\boldsymbol{v}_1,\ \boldsymbol{v}_2,\ \boldsymbol{v}_4,\ \boldsymbol{v}_6\}$ は1次独立であり，関係式①，②の両辺に左から P^{-1} を掛けて，$\boldsymbol{v}_3=-\boldsymbol{v}_1+2\boldsymbol{v}_2$，$\boldsymbol{v}_5=2\boldsymbol{v}_1-\boldsymbol{v}_2+\boldsymbol{v}_4$ が成り立つ。

したがって，$\boldsymbol{v}_3$，$\boldsymbol{v}_5$ は $\boldsymbol{v}_1$，$\boldsymbol{v}_2$，$\boldsymbol{v}_4$，$\boldsymbol{v}_6$ の1次結合で表されるから，

$\{\boldsymbol{v}_1,\ \boldsymbol{v}_2,\ \boldsymbol{v}_4,\ \boldsymbol{v}_6\}$ は $\mathbb{R}^4$ の基底である。

(2) (1)により　　$(-1)\cdot\boldsymbol{v}_1+2\boldsymbol{v}_2+(-1)\cdot\boldsymbol{v}_3+0\cdot\boldsymbol{v}_4+0\cdot\boldsymbol{v}_5=\boldsymbol{0}$

または　　$2\boldsymbol{v}_1+(-1)\cdot\boldsymbol{v}_2+0\cdot\boldsymbol{v}_3+1\cdot\boldsymbol{v}_4+(-1)\cdot\boldsymbol{v}_5+0\cdot\boldsymbol{v}_6=\boldsymbol{0}$

参考　(1)において，本書197ページで扱った延長原理（下を参照）と198ページで扱った基底の存在（改良版）の定理を用いて，$\mathbb{R}^4$ の基底を次のように構成することもできる（詳しくは「数研講座シリーズ　大学教養　線形代数」の164～167ページを参照）。

[0]　$\boldsymbol{v}_1\neq\boldsymbol{0}$ であるから，$B=\{\boldsymbol{v}_1\}$ とする。

[1]　[0]で定めたBに対し，$\mathbb{R}^4\neq\langle B\rangle$ である。
このとき，$\boldsymbol{v}_2\notin\langle B\rangle$ であるから改めて $B=\{\boldsymbol{v}_1,\ \boldsymbol{v}_2\}$ とする。

[2]　[1]で定めたBに対し，$\mathbb{R}^4\neq\langle B\rangle$ である。
このとき，$\boldsymbol{v}_3=-\boldsymbol{v}_1+2\boldsymbol{v}_2$ より　　$\boldsymbol{v}_3\in\langle B\rangle$
また，$\boldsymbol{v}_4\notin\langle B\rangle$ であるから改めて $B=\{\boldsymbol{v}_1,\ \boldsymbol{v}_2,\ \boldsymbol{v}_4\}$ とすると，延長原理によりBは1次独立である。

[3]　[2]で定めたBに対し，$\mathbb{R}^4\neq\langle B\rangle$ である。
このとき，$\boldsymbol{v}_5=2\boldsymbol{v}_1-\boldsymbol{v}_2+\boldsymbol{v}_4$ より　　$\boldsymbol{v}_5\in\langle B\rangle$
また，$\boldsymbol{v}_6\notin\langle B\rangle$ であるから改めて $B=\{\boldsymbol{v}_1,\ \boldsymbol{v}_2,\ \boldsymbol{v}_4,\ \boldsymbol{v}_6\}$ とすると，延長原理によりBは1次独立である。
$\dim\mathbb{R}^4=4$ であるから，Bは $\mathbb{R}^4$ の基底である。

以上から，$\mathbb{R}^4$ の基底は $\{\boldsymbol{v}_1,\ \boldsymbol{v}_2,\ \boldsymbol{v}_4,\ \boldsymbol{v}_6\}$ で構成される。

補題　**延長原理**

VをK上のベクトル空間とし，$\{\boldsymbol{v}_1,\ \boldsymbol{v}_2,\ \cdots\cdots,\ \boldsymbol{v}_k\}$ をVのベクトルからなる，1次独立なベクトルの組とする。このとき，$\{\boldsymbol{v}_1,\ \boldsymbol{v}_2,\ \cdots\cdots,\ \boldsymbol{v}_k\}$ がVを生成しないならば（すなわち，$V\neq\langle\boldsymbol{v}_1,\ \boldsymbol{v}_2,\ \cdots\cdots,\ \boldsymbol{v}_k\rangle$ ならば），$\langle\boldsymbol{v}_1,\ \boldsymbol{v}_2,\ \cdots\cdots,\ \boldsymbol{v}_k\rangle$ に属さない，Vの任意のベクトル $\boldsymbol{v}_{k+1}$ に対し，$\{\boldsymbol{v}_1,\ \boldsymbol{v}_2,\ \cdots\cdots,\ \boldsymbol{v}_k,\ \boldsymbol{v}_{k+1}\}$ は1次独立である。

重要 例題 056 基底の和が直和であるための必要十分条件 ★★★

U, W を K 上の有限次元ベクトル空間 V の部分空間とし，U の基底 $\{\boldsymbol{u}_1, \boldsymbol{u}_2, \cdots\cdots, \boldsymbol{u}_r\}$ と W の基底 $\{\boldsymbol{w}_1, \boldsymbol{w}_2, \cdots\cdots, \boldsymbol{w}_s\}$ が与えられているとする。
このとき，$U+W$ が直和であるための必要十分条件は，
$\{\boldsymbol{u}_1, \boldsymbol{u}_2, \cdots\cdots, \boldsymbol{u}_r, \boldsymbol{w}_1, \boldsymbol{w}_2, \cdots\cdots, \boldsymbol{w}_s\}$ が $U+W$ の基底になっていることであることを示せ。

指針 必要性と十分性をそれぞれ示す。なお，直和の条件は，次の定理を参照。証明は，「数研講座シリーズ　大学教養　線形代数」(定理 1-3) の 149 ページを参照。

定理　直和の条件

V を K 上のベクトル空間とし，U, W を V の部分空間とする。このとき，次の [1], [2] は同値である。

[1]　和 $U+W$ は直和である。すなわち　　$U \cap W=\{\boldsymbol{0}\}$

[2]　和 $U+W$ の各要素は，$\boldsymbol{u}+\boldsymbol{w}$ ($\boldsymbol{u} \in U$, $\boldsymbol{w} \in W$) の形に一意的に書ける。

解答 $U+W$ が直和であるとすると，任意の $\boldsymbol{v} \in V+W$ は，$\boldsymbol{v}=\boldsymbol{u}+\boldsymbol{w}$, $\boldsymbol{u} \in U$, $\boldsymbol{w} \in W$ と一意的に書ける。

$\boldsymbol{u} \in U$, $\boldsymbol{w} \in W$ は，ある $x_1 \in K$, $x_2 \in K$, $\cdots\cdots$, $x_r \in K$, $y_1 \in K$, $y_2 \in K$, $\cdots\cdots$, $y_s \in K$ を用いて，$\boldsymbol{u}=x_1\boldsymbol{u}_1+x_2\boldsymbol{u}_2+\cdots\cdots+x_r\boldsymbol{u}_r$, $\boldsymbol{w}=y_1\boldsymbol{w}_1+y_2\boldsymbol{w}_2+\cdots\cdots+y_s\boldsymbol{w}_s$ と書けるから，
$\boldsymbol{v}=x_1\boldsymbol{u}_1+x_2\boldsymbol{u}_2+\cdots\cdots+x_r\boldsymbol{u}_r+y_1\boldsymbol{w}_1+y_2\boldsymbol{w}_2+\cdots\cdots+y_s\boldsymbol{w}_s$ となる。

また，$x_1\boldsymbol{u}_1+x_2\boldsymbol{u}_2+\cdots\cdots+x_r\boldsymbol{u}_r+y_1\boldsymbol{w}_1+y_2\boldsymbol{w}_2+\cdots\cdots+y_s\boldsymbol{w}_s=\boldsymbol{0}$ とする。

$\boldsymbol{u}=x_1\boldsymbol{u}_1+x_2\boldsymbol{u}_2+\cdots\cdots+x_r\boldsymbol{u}_r$, $\boldsymbol{w}=y_1\boldsymbol{w}_1+y_2\boldsymbol{w}_2+\cdots\cdots+y_s\boldsymbol{w}_s$ とおくと，$\boldsymbol{u}+\boldsymbol{w}=\boldsymbol{0}$ となる。

$U+W$ は直和であるから　　$\boldsymbol{u}=\boldsymbol{0}$, $\boldsymbol{w}=\boldsymbol{0}$

$\{\boldsymbol{u}_1, \boldsymbol{u}_2, \cdots\cdots, \boldsymbol{u}_r\}$ は U の基底であるから　　$x_1=x_2=\cdots\cdots=x_r=0$

$\{\boldsymbol{w}_1, \boldsymbol{w}_2, \cdots\cdots, \boldsymbol{w}_s\}$ は W の基底であるから　　$y_1=y_2=\cdots\cdots=y_s=0$

よって，$\{\boldsymbol{u}_1, \boldsymbol{u}_2, \cdots\cdots, \boldsymbol{u}_r, \boldsymbol{w}_1, \boldsymbol{w}_2, \cdots\cdots, \boldsymbol{w}_s\}$ は K 上 1 次独立である。

したがって，$\{\boldsymbol{u}_1, \boldsymbol{u}_2, \cdots\cdots, \boldsymbol{u}_r, \boldsymbol{w}_1, \boldsymbol{w}_2, \cdots\cdots, \boldsymbol{w}_s\}$ は $U+W$ の基底になっている。

逆に，$\{\boldsymbol{u}_1, \boldsymbol{u}_2, \cdots\cdots, \boldsymbol{u}_r, \boldsymbol{w}_1, \boldsymbol{w}_2, \cdots\cdots, \boldsymbol{w}_s\}$ が $U+W$ の基底になっているとする。
$\boldsymbol{v} \in U \cap W$ とすると，ある $x_1 \in K$, $x_2 \in K$, $\cdots\cdots$, $x_r \in K$, $y_1 \in K$, $y_2 \in K$, $\cdots\cdots$, $y_s \in K$ が存在して，$\boldsymbol{v}=x_1\boldsymbol{u}_1+x_2\boldsymbol{u}_2+\cdots\cdots+x_r\boldsymbol{u}_r=y_1\boldsymbol{w}_1+y_2\boldsymbol{w}_2+\cdots\cdots+y_s\boldsymbol{w}_s$ となる。

よって　　$x_1\boldsymbol{u}_1+x_2\boldsymbol{u}_2+\cdots\cdots+x_r\boldsymbol{u}_r-y_1\boldsymbol{w}_1-y_2\boldsymbol{w}_2-\cdots\cdots-y_s\boldsymbol{w}_s=\boldsymbol{0}$

$\{\boldsymbol{u}_1, \boldsymbol{u}_2, \cdots\cdots, \boldsymbol{u}_r, \boldsymbol{w}_1, \boldsymbol{w}_2, \cdots\cdots, \boldsymbol{w}_s\}$ が $U+W$ の基底であるから

$$x_1=x_2=\cdots\cdots=x_r=-y_1=-y_2=\cdots\cdots=-y_s=0$$

ゆえに，$x_1=x_2=\cdots\cdots=x_r=y_1=y_2=\cdots\cdots=y_s=0$ であるから　　$\boldsymbol{v}=\boldsymbol{0}$

したがって，$U \cap W=\{\boldsymbol{0}\}$ であるから，$U+W$ は直和である。

以上から，題意は示された。 ■

第 6 章

6 線形写像

1 線形写像
2 線形写像の基本性質
3 線形写像の行列表現

例題一覧

例題番号	レベル	例題タイトル	教科書との対応
		1 線形写像	
基本 103	1	恒等写像の性質	練習 1
基本 104	2	単射性のいい換え	練習 2
基本 105	2	全射性のいい換え	練習 3
基本 106	1	逆写像の性質	練習 4
基本 107	1	R 上の線形写像であるかどうかの判定	練習 5
基本 108	1	R^2 上の線形写像であるかどうかの判定	練習 6
基本 109	1	R 上のベクトル空間の導関数と線形写像	練習 7
基本 110	2	線形性の判定条件	練習 8
基本 111	1	線形写像を決める行列	練習 9
基本 112	1	零写像の性質	練習 10
基本 113	1	行列写像とその逆写像を表す行列	練習 11
基本 114	2	行列写像が同型写像を与えることの証明	練習 12
基本 115	2	数列の部分空間と同型写像	練習 13
		2 線形写像の基本性質	
基本 116	1	零写像の特徴付け	練習 1
基本 117	2	行列写像の基底と階数	練習 2
基本 118	2	線形写像の核の基底と次元	練習 3
基本 119	1	線形写像の次元がとり得る値	練習 4
基本 120	2	線形写像と連立 1 次方程式の関係	練習 5
		3 線形写像の行列表現	
基本 121	1	導関数をとる線形写像の表現行列 ①	練習 1
基本 122	2	線形写像の表現行列	練習 2
基本 123	2	零写像，恒等写像と表現行列	練習 3
基本 124	1	導関数をとる線形写像の表現行列	練習 4
基本 125	1	基底変換の行列 ①	練習 5
基本 126	2	基底変換と線形写像の表現行列 ①	練習 6
基本 127	2	基底変換と線形写像の表現行列 ②	練習 7
		第 6 章の内容チェックテスト	
		演習編	
重要 057	2	線形写像による，基底を与えることの特徴付け	章末 1
重要 058	2	行列を成分にもつ行列の階数	
重要 059	2	行列の階数と列ベクトルに関する同値関係	
重要 060	2	行列写像の像と核の基底，階数 ①	章末 2
重要 061	2	行列写像の像と核の基底，階数 ②	
重要 062	2	導関数をとる線形写像の表現行列 ③	章末 3
重要 063	2	線形写像の表現行列 ②	章末 4
重要 064	2	基底変換の行列 ②	章末 5
重要 065	2	基底変換と線形写像の表現行列 ③	章末 6
重要 066	2	基底変換と線形写像の表現行列 ④	
重要 067	3	基底変換と線形写像の表現行列 ⑤	
重要 068	1	線形写像の定数倍の和が線形写像	章末 7
重要 069	2	置換行列の成分の性質	章末 8
重要 070	3	対角成分が 0 の上三角行列のべき零性	章末 9

1　線形写像

◈写像

詳しくは，「数研講座シリーズ　大学教養　線形代数」の 191 ページ，192 ページを参照。以下は，その要約である。

2つの集合 X, Y において，Xのどの要素にも，Yの要素が1つずつ対応しているとき，この対応を集合Xから集合Yへの **写像** といい，fなどの記号を用いて

$$f : X \longrightarrow Y$$

と書く。特に，集合XからX自身への写像をX上の **変換** という。

$f : X \longrightarrow Y$ を写像とする。ここで，Xは写像fの **定義域** といい，Yは写像fの **終域** という。また，$x \in X$ であるとき，$f(x)$ をxの **像** という。xが定義域Xを動くときの，その像の全体 $\{f(x) \mid x \in X\}$ を，写像fの **値域** という。写像fの値域は，終域Yの部分集合である。

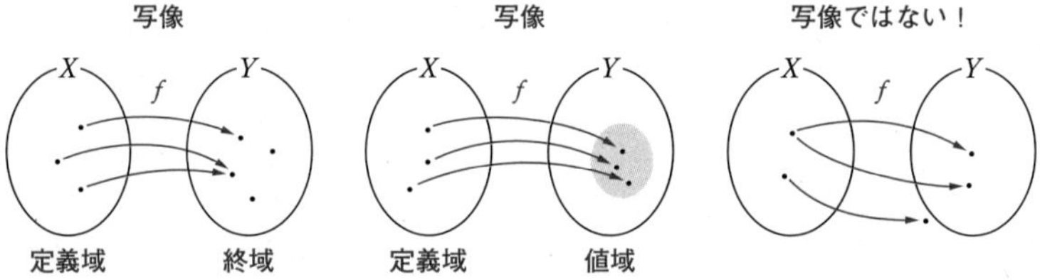

注意　関数とは，写像の特別な例である。例えば，実数全体で定義された（実数値をとる）関数とは，写像 $f : \mathbb{R} \longrightarrow \mathbb{R}$ のことである。

集合Xから集合Yへの2つの写像

$$f : X \longrightarrow Y,\ g : X \longrightarrow Y$$

が与えられたとき，それらが（写像として）**等しい** とは，Xのすべての要素について，その像が等しいことである。すなわち，任意の $x \in X$ について，$f(x)=g(x)$ となることである。写像fと写像gが等しいことを，$f=g$ と書く。

$f : X \longrightarrow Y$ を写像とする。集合Sを $S \subset X$ とするとき，xがSを動くときの，その像の全体 $\{f(x) \mid x \in S\}$ を，写像fによるSの **像** といい，$f(S)=\{f(x) \mid x \in S\}$ と書く。これらもまた，写像fの終域Yの部分集合である。例えば，$f(S)$ とは写像fの値域のことである。

集合Tを $T \subset Y$ とするとき，$\{x \in X \mid f(x) \in T\}$ を，写像fによるTの **逆像** といい，$f^{-1}(T)=\{x \in X \mid f(x) \in T\}$ と書く。

注意　逆像の記号 $f^{-1}(T)$ における f^{-1} は，逆関数や，後に出てくる逆写像の記号と同じであるが，逆像 $f^{-1}(T)$ の意味は，逆写像 f^{-1} という写像が存在して，それによるTの像という意味ではない。一般に，写像fには逆写像 f^{-1} が存在するとは限らない。$y \in Y$ を定めたとき，それに対応する $x \in X$ が必ず1つ定まるとは限らないからである。

基本 例題 103 恒等写像の性質 ★☆☆

写像 $f: X \longrightarrow Y$ について，次を示せ。

(1) $f \circ \mathrm{id}_X = f$ (2) $\mathrm{id}_Y \circ f = f$

指針 **恒等写像と合成**

Xを集合とし，$x \in X$ とするとき，次のような写像が定まる。

$$X \longrightarrow X, \quad x \longmapsto x$$

これを **恒等写像** という。Xの恒等写像を id_X (または簡単に id) と書く。

次に，写像 $f: X \longrightarrow Y$ と写像 $g: Y \longrightarrow Z$ が与えられたとき，すなわち，一方の終域が他方の定義域に一致しているとき，**合成** $g \circ f: X \longrightarrow Z$ という写像が，$(g \circ f)(x) = g(f(x))$ によって定義できる。すなわち，合成写像 $g \circ f$ とは，まず，写像 f でXの要素をYの要素に写し，それに続けて，写像 g でそれをZの要素に写すという写像である。

(1), (2) ともに，恒等写像の定義と写像の合成の定義に従って $f \circ \mathrm{id}_X$，$\mathrm{id}_Y \circ f$ をそれぞれ計算して示す。

解答 (1) 任意の $x \in X$ に対して

$$\mathrm{id}_X(x) = x$$

であるから $(f \circ \mathrm{id}_X)(x) = f(\mathrm{id}_X(x)) = f(x)$

よって $f \circ \mathrm{id}_X = f$ ■

(2) 任意の $x \in X$ に対して，$f(x) = y \in Y$ とすると

$$\mathrm{id}_Y(y) = y$$

であるから $(\mathrm{id}_Y \circ f)(x) = \mathrm{id}_Y(f(x)) = \mathrm{id}_Y(y) = y = f(x)$

よって $\mathrm{id}_Y \circ f = f$ ■

参考 恒等写像は，恒等変換と呼ばれることもある。なお恒等写像の記号 **id** は，恒等写像の英訳 identity mapping の最初の 2 文字をとったものである。

基本 例題 104　単射性のいい換え　★★☆

写像 f により $y\in Y$ に写される X の要素全体の集合を $f^{-1}(\{y\})$ で表し，**逆像 $f^{-1}(\{y\})$** という。このとき，写像 $f:X\longrightarrow Y$ が単射であるための必要十分条件は，任意の $y\in Y$ に対して，逆像 $f^{-1}(\{y\})$ が空集合であるか，1 点だけからなる集合になっていることであることを示せ。

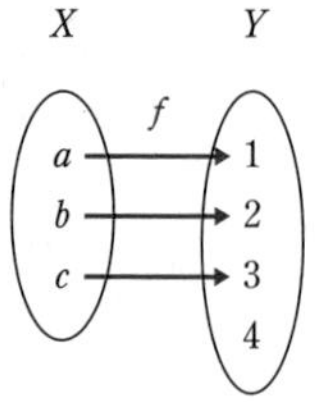

指針　写像 $f:X\longrightarrow Y$ が次の条件を満たすとき，写像 f は **単射**，あるいは **1 対 1 の写像である** という。
ここで示すべきことは
　任意の $x\in X$，$x'\in X$ に対し，$x\neq x'$ ならば $f(x)\neq f(x')$ となる
ことである。すなわち，写像 f が単射であるとは，X の相異なる要素の像が，必ず相異なっているということ，更にいい換えると，同じ Y の要素に複数の X の要素が写されることはないということである。よって，上の条件は，次のようにも書ける（上の条件の対偶である）。
　任意の $x\in X$，$x'\in X$ に対し，$f(x)=f(x')$ ならば $x=x'$ である
なお，逆像 $f^{-1}(\{y\})$ の $\{y\}$ は，Y の部分集合である。

解答　写像 f が単射であるとする。
このとき，任意の $y\in Y$ について，$y\notin f(X)$ または $y\in f(X)$ となる。
[1]　$y\notin f(X)$ のとき，$y=f(x)$ となる $x\in X$ は存在しない。
　よって，逆像 $f^{-1}(\{y\})$ は空集合である。
[2]　$y\in f(X)$ のとき，$x\in X$ が存在して，$y=f(x)$　…… ① となる。
　また，任意に $x'\in f^{-1}(\{y\})$ とると，$y=f(x')$　…… ② となる。
　①，② により　　$f(x)=f(x')$
　写像 f は単射であるから　　$x=x'$
　ゆえに，$f^{-1}(\{y\})=\{x\}$ となるから，逆像 $f^{-1}(\{y\})$ は 1 点だけからなる集合である。

逆に，任意の $y\in Y$ に対して，逆像 $f^{-1}(\{y\})$ が空集合，または 1 点だけからなる集合であるとする。
このとき，$x\in X$，$x'\in X$ に対し，$f(x)=f(x')$ とする。
$y=f(x)$ とおくと，$x\in f^{-1}(\{y\})$ より　　$f^{-1}(\{y\})\neq\varnothing$
このとき，$y=f(x)=f(x')$ より　　$x\in f^{-1}(\{y\})$，$x'\in f^{-1}(\{y\})$
逆像 $f^{-1}(\{y\})$ は 1 点だけからなる集合であることと合わせて　　$x=x'$
ゆえに，写像 f は単射である。
したがって，題意は示された。■

基本 例題 105 全射性のいい換え ★★☆

写像 $f:X\longrightarrow Y$ が全射であるための必要十分条件は，任意の $y\in Y$ に対して，逆像 $f^{-1}(\{y\})$ が空集合ではないことであることを示せ。

指針 逆像 $f^{-1}(\{y\})$ については，基本例題 104 の問題文を参照。

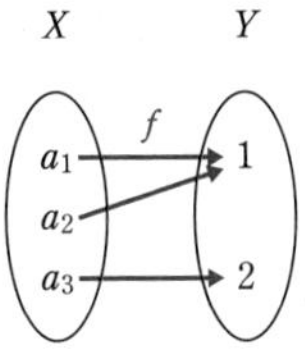

写像 $f:X\longrightarrow Y$ が次の条件を満たすとき，写像 f は **全射**，あるいは **上への写像である** という。

ここで示すべきことは，

任意の $y\in Y$ に対し，ある $x\in X$ が（少なくとも 1 つ）存在して，
$y=f(x)$ となる

ことである。すなわち，写像 f が全射であるとは，Y のどんな要素も，X の何らかの要素の像となっているということ，更にいい換えると，写像 f の値域と終域が一致すること $(f(X)=Y)$ である。

224 ページで扱った逆像の定義を利用する。

解答 写像 f が全射であるとする。

このとき，任意の $y\in Y$ に対し，ある $x\in X$ が存在して，$y=f(x)$ となる。

よって，$x\in f^{-1}(\{y\})$ となるから

$$f^{-1}(\{y\})\neq\varnothing$$

逆に，任意の $y\in Y$ に対して，$f^{-1}(\{y\})\neq\varnothing$ とする。

このとき，任意の $y\in Y$ に対し，ある $x\in f^{-1}(\{y\})$ が存在し，$y=f(x)$ となる。

ゆえに，写像 f は全射である。

したがって，題意は示された。 ■

補足 写像 f が単射かつ全射であるとき，写像 f は **全単射である** という。

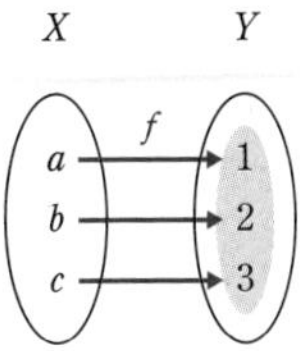

単射・全射・全単射の例を考えてみよう。

[1] $X=\mathbb{R}$，$Y=\mathbb{R}$ として，$f:X\longrightarrow Y$ を $f(x)=e^x$ で定義すると，f は単射であるが全射でない。

[2] $X=\{x\mid 0\leqq x\leqq\pi,\ x\in\mathbb{R}\}$，$Y=\{y\mid 0\leqq y\leqq 1,\ y\in\mathbb{R}\}$ として，$g:X\longrightarrow Y$ を $g(x)=\sin x$ で定義すると，g は全射であるが単射でない。

[3] $X=\{x\mid 0<x,\ x\in\mathbb{R}\}$，$Y=\{y\mid y\in\mathbb{R}\}$ として，$h:X\longrightarrow Y$ を $h(x)=\log x$ で定義すると，h は X から Y への全単射である。

基本 例題 106 逆写像の性質 ★☆☆

写像 $g:Y\longrightarrow X$ が写像 $f:X\longrightarrow Y$ の逆写像であるとき，f は g の逆写像であることを示せ。

指針 写像に対して，その逆写像は次のように定義される。この逆写像の定義に従って示す。

定義　逆写像

$f:X\longrightarrow Y$ と $g:Y\longrightarrow X$ を写像とする。次の条件が満たされるとき，写像 g は写像 f の **逆写像である** という。

$$g\circ f=\mathrm{id}_X \quad \text{かつ} \quad f\circ g=\mathrm{id}_Y$$

解答 写像 g は写像 f の逆写像であるから　$g\circ f=\mathrm{id}_X$　かつ　$f\circ g=\mathrm{id}_Y$

よって，写像 f は写像 g の逆写像である。■

参考 写像に対して，逆写像は常に存在するとは限らないが，存在するならば，常に一意的である。

実際，$g:Y\longrightarrow X$ と，$h:Y\longrightarrow X$ が，ともに $f:X\longrightarrow Y$ の逆写像であるとすると，任意の $y\in Y$ に対し　$h(y)=(\mathrm{id}_X\circ h)(y)=((g\circ f)\circ h)(y)=(g\circ(f\circ h))(y)=(g\circ\mathrm{id}_Y)(y)=g(y)$

よって　$g=h$

ゆえに，写像 $f:X\longrightarrow Y$ の逆写像が存在するならば唯一であるから，それを $f^{-1}:Y\longrightarrow X$ と書く。また，逆写像の存在条件として，次の定理が成り立つ。

定理　逆写像の存在条件

写像 $f:X\longrightarrow Y$ が逆写像をもつための必要十分条件は，写像 f が全単射であることである。

証明 $f:X\longrightarrow Y$ が全単射であるとする。

このとき，任意の $y\in Y$ に対して，$f(x)=y$ となる $x\in X$ は，少なくとも 1 つ存在し，更に 1 つしか存在しない。

よって，y に対してこのような x を対応させることにより，写像 $g:Y\longrightarrow X$ を定めることができる。

このとき，$f(x)=y$ と $g(y)=x$ が同値であるから，g は f の逆写像である。

逆に，f が逆写像 $g:Y\longrightarrow X$ をもつとする。

このとき，任意の $x,\ x'\in X$ について，$f(x)=f(x')$ とすると，$g\circ f=\mathrm{id}_X$ であるから

$$x'=\mathrm{id}_X(x')=g(f(x'))=g(f(x))=\mathrm{id}_X(x)=x$$

となり，$x=x'$ が導かれる。

すなわち，f は単射である。

また，任意の $y\in Y$ について，$x=g(y)$ とすると，$f\circ g=\mathrm{id}_Y$ であるから

$$f(x)=f(g(y))=\mathrm{id}_Y(y)=y$$

よって，f は全射である。■

基本 例題 107 $\mathbb{R}$ 上の線形写像であるかどうかの判定 ★☆☆

以下で与えられる写像 $f:\mathbb{R}\longrightarrow\mathbb{R}$ が，$\mathbb{R}$ 上の線形写像であるかどうか判定せよ。

(1) $f(x)=-3x$　　(2) $f(x)=x+1$

(3) $f(x)=x^2$　　(4) $f(x)=2^x$

指針 写像に対して，線形写像は次のように定義される。

定義 線形写像

V と W を K 上のベクトル空間とし，$f:V\longrightarrow W$ を写像とする。次の 2 つの条件が満たされるとき，写像 f は K 上の **線形写像** という。

[1] 任意の $\boldsymbol{v}_1\in V$，$\boldsymbol{v}_2\in V$ に対し　$f(\boldsymbol{v}_1+\boldsymbol{v}_2)=f(\boldsymbol{v}_1)+f(\boldsymbol{v}_2)$

[2] 任意の $\boldsymbol{v}\in V$ および任意の $a\in K$ に対し　$f(a\boldsymbol{v})=af(\boldsymbol{v})$

なお，定義域のベクトル空間と終域のベクトル空間が等しい線形写像，すなわち，$f:V\longrightarrow V$ という形の線形写像を，V の K 上の **線形変換**，あるいは **1 次変換** という。

上の [1]，[2] を満たすかどうかを，それぞれ (1)～(4) で調べればよい。
また，上の [2] より，f が線形写像ならば $f(0)=0$ であるから，その対偶により，$f(0)\neq 0$ ならば f は線形写像でない。これを用いて線形写像でないと判定してもよい。

解答 (1) $x_1\in\mathbb{R}$，$x_2\in\mathbb{R}$ に対し

$$f(x_1+x_2)=-3(x_1+x_2)=-3x_1-3x_2=f(x_1)+f(x_2)$$

また，$x\in\mathbb{R}$ と $a\in\mathbb{R}$ に対し

$$f(ax)=-3ax=a(-3x)=af(x)$$

よって，写像 f は **線形写像である。**

(2) $f(2\cdot 1)=f(2)=2+1=3$，$2f(1)=2\cdot(1+1)=4$

よって，$f(2\cdot 1)\neq 2f(1)$ であるから，写像 f は **線形写像でない。**

(3) $f(1+1)=f(2)=2^2=4$，$f(1)+f(1)=1^2+1^2=2$

よって，$f(1+1)\neq f(1)+f(1)$ であるから，写像 f は **線形写像でない。**

(4) $f(1+2)=f(3)=2^3=8$，$f(1)+f(2)=2^1+2^2=6$

よって，$f(1+2)\neq f(1)+f(2)$ であるから，写像 f は **線形写像でない。**

別解 (2) $f(0)=1\neq 0$ より，写像 f は線形写像でない。

(4) $f(0)=1\neq 0$ より，写像 f は線形写像でない。

参考 基本例題 110 では，本問の **指針** で示した線形写像の定義の条件 [1]，[2] が次の条件と同値であることを示す。
「任意の $\boldsymbol{v}_1\in V$，$\boldsymbol{v}_2\in V$ および任意の $a_1\in K$，$a_2\in K$ に対し
$f(a_1\boldsymbol{v}_1+a_2\boldsymbol{v}_2)=a_1f(\boldsymbol{v}_1)+a_2f(\boldsymbol{v}_2)$」

基本 例題 108　R^2 上の線形写像であるかどうかの判定　★☆☆

以下で与えられる写像 $f:\mathrm{R}^2 \longrightarrow \mathrm{R}^2$ が，R 上の線形写像であるかどうか判定せよ。

(1) $f\left(\begin{bmatrix} x \\ y \end{bmatrix}\right)=\begin{bmatrix} x+2y \\ y \end{bmatrix}$　　(2) $f\left(\begin{bmatrix} x \\ y \end{bmatrix}\right)=\begin{bmatrix} 2x+1 \\ 2x \end{bmatrix}$

(3) $f\left(\begin{bmatrix} x \\ y \end{bmatrix}\right)=\begin{bmatrix} 1 \\ x \end{bmatrix}$　　(4) $f\left(\begin{bmatrix} x \\ y \end{bmatrix}\right)=\begin{bmatrix} 0 \\ y \end{bmatrix}$

指針　基本例題 107 と同様にして，線形写像の定義の 2 つの条件を満たすかどうか調べればよい。

解答　(1)　$\boldsymbol{v}_1=\begin{bmatrix} x_1 \\ y_1 \end{bmatrix}$，$\boldsymbol{v}_2=\begin{bmatrix} x_2 \\ y_2 \end{bmatrix}$ に対し

$$f(\boldsymbol{v}_1+\boldsymbol{v}_2)=f\left(\begin{bmatrix} x_1+x_2 \\ y_1+y_2 \end{bmatrix}\right)=\begin{bmatrix} (x_1+x_2)+2(y_1+y_2) \\ y_1+y_2 \end{bmatrix}$$
$$=\begin{bmatrix} (x_1+2y_1)+(x_2+2y_2) \\ y_1+y_2 \end{bmatrix}=\begin{bmatrix} x_1+2y_1 \\ y_1 \end{bmatrix}+\begin{bmatrix} x_2+2y_2 \\ y_2 \end{bmatrix}=f(\boldsymbol{v}_1)+f(\boldsymbol{v}_2)$$

また，$\boldsymbol{v}=\begin{bmatrix} x \\ y \end{bmatrix}$ と $a\in\mathrm{R}$ に対し

$$f(a\boldsymbol{v})=f\left(\begin{bmatrix} ax \\ ay \end{bmatrix}\right)=\begin{bmatrix} ax+2ay \\ ay \end{bmatrix}=a\begin{bmatrix} x+2y \\ y \end{bmatrix}=af(\boldsymbol{v})$$

よって，写像 f は **線形写像である。**

(2)　$2f\left(\begin{bmatrix} 1 \\ 0 \end{bmatrix}\right)=2\begin{bmatrix} 3 \\ 0 \end{bmatrix}=\begin{bmatrix} 6 \\ 0 \end{bmatrix}$，$f\left(2\begin{bmatrix} 1 \\ 0 \end{bmatrix}\right)=f\left(\begin{bmatrix} 2 \\ 0 \end{bmatrix}\right)=\begin{bmatrix} 5 \\ 0 \end{bmatrix}$

よって，$2f\left(\begin{bmatrix} 1 \\ 0 \end{bmatrix}\right)\neq f\left(2\begin{bmatrix} 1 \\ 0 \end{bmatrix}\right)$ であるから，写像 f は **線形写像でない。**

(3)　$2f\left(\begin{bmatrix} 0 \\ 1 \end{bmatrix}\right)=2\begin{bmatrix} 1 \\ 0 \end{bmatrix}=\begin{bmatrix} 2 \\ 0 \end{bmatrix}$，$f\left(2\begin{bmatrix} 0 \\ 1 \end{bmatrix}\right)=f\left(\begin{bmatrix} 0 \\ 2 \end{bmatrix}\right)=\begin{bmatrix} 1 \\ 0 \end{bmatrix}$

よって，$2f\left(\begin{bmatrix} 0 \\ 1 \end{bmatrix}\right)\neq f\left(2\begin{bmatrix} 0 \\ 1 \end{bmatrix}\right)$ であるから，写像 f は **線形写像でない。**

(4)　$\boldsymbol{v}_1=\begin{bmatrix} x_1 \\ y_1 \end{bmatrix}$，$\boldsymbol{v}_2=\begin{bmatrix} x_2 \\ y_2 \end{bmatrix}$ に対し

$$f(\boldsymbol{v}_1+\boldsymbol{v}_2)=f\left(\begin{bmatrix} x_1+x_2 \\ y_1+y_2 \end{bmatrix}\right)=\begin{bmatrix} 0 \\ y_1+y_2 \end{bmatrix}=\begin{bmatrix} 0 \\ y_1 \end{bmatrix}+\begin{bmatrix} 0 \\ y_2 \end{bmatrix}=f(\boldsymbol{v}_1)+f(\boldsymbol{v}_2)$$

また，$\boldsymbol{v}=\begin{bmatrix} x \\ y \end{bmatrix}$ と $a\in\mathrm{R}$ に対し

$$f(a\boldsymbol{v})=f\left(\begin{bmatrix} ax \\ ay \end{bmatrix}\right)=\begin{bmatrix} 0 \\ ay \end{bmatrix}=a\begin{bmatrix} 0 \\ y \end{bmatrix}=af(\boldsymbol{v})$$

よって，写像 f は **線形写像である。**

基本 例題 109 ℝ上のベクトル空間の導関数と線形写像 ★☆☆

n を自然数として，変数 x についての，n 次以下の多項式
$f(x)=a_nx^n+a_{n-1}x^{n-1}+\cdots\cdots+a_1x+a_0$ ($a_0\in\mathbb{R}$，$a_1\in\mathbb{R}$，……，$a_n\in\mathbb{R}$) 全体がなすℝ上のベクトル空間を W_n とする。x についての導関数をとることによって，ℝ上の線形写像 $\dfrac{d}{dx}:W_n\longrightarrow W_{n-1}$ が得られることを示せ。

指針 基本例題 107，108 と同様に，下の線形写像の定義の条件を満たすことを示す。
また，ここでは導関数の性質も利用する。
関数 $f(x)$，$g(x)$ は微分可能で k を定数とすると，$\{f(x)+g(x)\}'=f'(x)+g'(x)$，$\{kf(x)\}'=kf'(x)$ が成り立つ。

定義 **線形写像**
V と W を K 上のベクトル空間とし，$f:V\longrightarrow W$ を写像とする。次の 2 つの条件が満たされるとき，写像 f は K 上の **線形写像** という。
[1] 任意の $\boldsymbol{v}_1\in V$，$\boldsymbol{v}_2\in V$ に対し　$f(\boldsymbol{v}_1+\boldsymbol{v}_2)=f(\boldsymbol{v}_1)+f(\boldsymbol{v}_2)$
[2] 任意の $\boldsymbol{v}\in V$ および任意の $a\in K$ に対し　$f(a\boldsymbol{v})=af(\boldsymbol{v})$

解答 $f(x)=a_nx^n+a_{n-1}x^{n-1}+\cdots\cdots+a_1x+a_0$ ($a_0\in\mathbb{R}$，$a_1\in\mathbb{R}$，……，$a_n\in\mathbb{R}$) に対して，
$\dfrac{d}{dx}f(x)=na_nx^{n-1}+(n-1)a_{n-1}x^{n-2}+\cdots\cdots+a_1\in W_{n-1}$ であるから，導関数を対応させることによって，写像 $\dfrac{d}{dx}:W_n\longrightarrow W_{n-1}$ が得られる。

$f(x)\in W_n$，$g(x)\in W_n$ に対し，導関数の性質から

$$\frac{d}{dx}\{f(x)+g(x)\}=\frac{d}{dx}f(x)+\frac{d}{dx}g(x)$$

また，$f(x)\in W_n$ と $a\in\mathbb{R}$ に対し

$$\frac{d}{dx}\{af(x)\}=a\frac{d}{dx}f(x)$$

よって，写像 $\dfrac{d}{dx}:W_n\longrightarrow W_{n-1}$ はℝ上の線形写像である。 ■

基本 例題 110 線形性の判定条件 ★★☆

線形写像の条件

[α]　任意の $\boldsymbol{v}_1 \in V$, $\boldsymbol{v}_2 \in V$ および任意の $a_1 \in K$, $a_2 \in K$ について

$$f(a_1\boldsymbol{v}_1 + a_2\boldsymbol{v}_2) = a_1 f(\boldsymbol{v}_1) + a_2 f(\boldsymbol{v}_2)$$

[β]　任意の $\boldsymbol{v}_1 \in V$, $\boldsymbol{v}_2 \in V$, ……, $\boldsymbol{v}_r \in V$ および

任意の $a_1 \in K$, $a_2 \in K$, ……, $a_r \in K$ について

$$f(a_1\boldsymbol{v}_1 + a_2\boldsymbol{v}_2 + \cdots\cdots + a_r\boldsymbol{v}_r) = a_1 f(\boldsymbol{v}_1) + a_2 f(\boldsymbol{v}_2) + \cdots\cdots + a_r f(\boldsymbol{v}_r)$$

が同値であることを示せ。

指針　条件 [β] から直ちに条件 [α] が示される。条件 [α] から条件 [β] を示す際は，$a_1 \sim a_r$, $\boldsymbol{v}_1 \sim \boldsymbol{v}_r$ の添字は，1 から r までの自然数であることに着目して数学的帰納法を利用する。

CHART　**自然数に関する証明　数学的帰納法が有効**

解答　条件 [β] が成り立つとき，$r=2$ とすれば条件 [α] は成り立つ。

逆に，条件 [α] が成り立つとき，条件 [β] が成り立つことを数学的帰納法で示す。

[1]　$r=1$ のとき

条件 [β] は成り立つ。

[2]　$r=k$ のとき，条件 [β] が成り立つと仮定すると

$$f(a_1\boldsymbol{v}_1 + a_2\boldsymbol{v}_2 + \cdots\cdots + a_k\boldsymbol{v}_k) = a_1 f(\boldsymbol{v}_1) + a_2 f(\boldsymbol{v}_2) + \cdots\cdots + a_k f(\boldsymbol{v}_k) \quad \cdots\cdots ①$$

$r=k+1$ のときを考えると，任意の $\boldsymbol{v}_1 \in V$, $\boldsymbol{v}_2 \in V$, ……, $\boldsymbol{v}_r \in V$ および任意の $a_1 \in K$, $a_2 \in K$, ……, $a_r \in K$ について ① から

$$f((a_1\boldsymbol{v}_1 + a_2\boldsymbol{v}_2 + \cdots\cdots + a_k\boldsymbol{v}_k) + a_{k+1}\boldsymbol{v}_{k+1})$$

$$= f(a_1\boldsymbol{v}_1 + a_2\boldsymbol{v}_2 + \cdots\cdots + a_k\boldsymbol{v}_k) + a_{k+1} f(\boldsymbol{v}_{k+1})$$

◀[α] より。

$$= a_1 f(\boldsymbol{v}_1) + a_2 f(\boldsymbol{v}_2) + \cdots\cdots + a_k f(\boldsymbol{v}_k) + a_{k+1} f(\boldsymbol{v}_{k+1})$$

◀帰納法の仮定 ① より。

よって，$r=k+1$ のときも条件 [β] は成り立つ。

[1], [2] から，すべての自然数 r について条件 [β] は成り立つ。

したがって，題意は示された。■

研究　条件 [α], [β] は基本例題 107 の **指針** で扱った線形写像の **定義** の 2 つの条件と同値である。

基本 例題 111 線形写像を決める行列 ★☆☆

以下で与えられる写像 $f:\mathbb{R}^2 \longrightarrow \mathbb{R}^2$ の中で線形写像になっているものについて，それが f_A と等しくなるような，2 次正方行列 A を求めよ。

(1) $f\left(\begin{bmatrix} x \\ y \end{bmatrix}\right)=\begin{bmatrix} x+2y \\ y \end{bmatrix}$　(2) $f\left(\begin{bmatrix} x \\ y \end{bmatrix}\right)=\begin{bmatrix} 2x+1 \\ 2x \end{bmatrix}$

(3) $f\left(\begin{bmatrix} x \\ y \end{bmatrix}\right)=\begin{bmatrix} 1 \\ x \end{bmatrix}$　(4) $f\left(\begin{bmatrix} x \\ y \end{bmatrix}\right)=\begin{bmatrix} 0 \\ y \end{bmatrix}$

指針 **行列写像とその線形性**

A を，K の要素を成分にもつ $m\times n$ 行列とし，$A=[a_{ij}]=\begin{bmatrix} a_{11} & a_{12} & \cdots & a_{1n} \\ a_{21} & a_{22} & \cdots & a_{2n} \\ \vdots & \vdots & & \vdots \\ a_{m1} & a_{m2} & \cdots & a_{mn} \end{bmatrix}$ とする。

n 次元数ベクトル空間 K^n から，m 次元数ベクトル空間 K^m への写像 $f_A: K^n \longrightarrow K^m$ を，$f_A(\boldsymbol{v})=A\boldsymbol{v}$ で定義する。

すなわち，写像 f_A とは，n 次の列ベクトル $\boldsymbol{v}={}^t[\,x_1 \ \ x_2 \ \ \cdots \ \ x_n\,]$ に，行列 A を掛け算して得られる m 次の列ベクトル $A\boldsymbol{v}$ を対応させる写像であり，次のようになる。

$$f_A\left(\begin{bmatrix} x_1 \\ x_2 \\ \vdots \\ x_n \end{bmatrix}\right)=\begin{bmatrix} a_{11} & a_{12} & \cdots & a_{1n} \\ a_{21} & a_{22} & \cdots & a_{2n} \\ \vdots & \vdots & & \vdots \\ a_{m1} & a_{m2} & \cdots & a_{mn} \end{bmatrix}\begin{bmatrix} x_1 \\ x_2 \\ \vdots \\ x_n \end{bmatrix}=\begin{bmatrix} a_{11}x_1+a_{12}x_2+\cdots\cdots+a_{1n}x_n \\ a_{21}x_1+a_{22}x_2+\cdots\cdots+a_{2n}x_n \\ \vdots \\ a_{m1}x_1+a_{m2}x_2+\cdots\cdots+a_{mn}x_n \end{bmatrix}$$

このように定義された写像 $f_A: K^n \longrightarrow K^m$ を **行列写像** という。行列写像は，K 上の線形写像である。

$A=\begin{bmatrix} a & b \\ c & d \end{bmatrix}$ とすると，$f\left(\begin{bmatrix} 1 \\ 0 \end{bmatrix}\right)=f_A\left(\begin{bmatrix} 1 \\ 0 \end{bmatrix}\right)=\begin{bmatrix} a \\ c \end{bmatrix}$，$f\left(\begin{bmatrix} 0 \\ 1 \end{bmatrix}\right)=f_A\left(\begin{bmatrix} 0 \\ 1 \end{bmatrix}\right)=\begin{bmatrix} b \\ d \end{bmatrix}$ となる。これにより，求める行列 A をみつける。

解答 $\mathbb{R}$ 上の線形写像であるものは，(1)，(4) である。　◀基本例題 108 より。

(1) 写像 $f:\mathbb{R}^2 \longrightarrow \mathbb{R}^2$ は，$A=\begin{bmatrix} 1 & 2 \\ 0 & 1 \end{bmatrix}$ による写像 f_A に等しい。

実際　$f_A\left(\begin{bmatrix} x \\ y \end{bmatrix}\right)=\begin{bmatrix} 1 & 2 \\ 0 & 1 \end{bmatrix}\begin{bmatrix} x \\ y \end{bmatrix}=\begin{bmatrix} x+2y \\ y \end{bmatrix}=f\left(\begin{bmatrix} x \\ y \end{bmatrix}\right)$

よって　$\boldsymbol{A=\begin{bmatrix} 1 & 2 \\ 0 & 1 \end{bmatrix}}$

(4) 写像 $f:\mathbb{R}^2 \longrightarrow \mathbb{R}^2$ は，$A=\begin{bmatrix} 0 & 0 \\ 0 & 1 \end{bmatrix}$ による写像 f_A に等しい。

実際　$f_A\left(\begin{bmatrix} x \\ y \end{bmatrix}\right)=\begin{bmatrix} 0 & 0 \\ 0 & 1 \end{bmatrix}\begin{bmatrix} x \\ y \end{bmatrix}=\begin{bmatrix} 0 \\ y \end{bmatrix}=f\left(\begin{bmatrix} x \\ y \end{bmatrix}\right)$

よって　$\boldsymbol{A=\begin{bmatrix} 0 & 0 \\ 0 & 1 \end{bmatrix}}$

基本 例題 112　零写像の性質　★☆☆

V, W を K 上のベクトル空間とし，写像 $f: V \longrightarrow W$ を，任意の $\boldsymbol{v} \in V$ に対して，$f(\boldsymbol{v}) = \boldsymbol{0}_W$ となる写像とする。写像 f は K 上の線形写像であることを示せ。

指針　次の線形写像の定義に従って示す。

定義　線形写像

V と W を K 上のベクトル空間とし，$f: V \longrightarrow W$ を写像とする。次の 2 つの条件が満たされるとき，写像 f は K 上の **線形写像** という。

[1]　任意の $\boldsymbol{v}_1 \in V$, $\boldsymbol{v}_2 \in V$ に対し　$f(\boldsymbol{v}_1 + \boldsymbol{v}_2) = f(\boldsymbol{v}_1) + f(\boldsymbol{v}_2)$

[2]　任意の $\boldsymbol{v} \in V$ および任意の $a \in K$ に対し　$f(a\boldsymbol{v}) = af(\boldsymbol{v})$

定義域のベクトル空間と終域のベクトル空間が等しい線形写像，すなわち，$f: V \longrightarrow V$ という形の線形写像を，V の K 上の **線形変換**，あるいは **1 次変換** という。

上の [1]，[2] を満たすかどうか調べればよい。

解答　任意の $\boldsymbol{v}_1 \in V$, $\boldsymbol{v}_2 \in V$ に対し

$$f(\boldsymbol{v}_1 + \boldsymbol{v}_2) = \boldsymbol{0}_W$$

◀写像 f の定義より。

$$f(\boldsymbol{v}_1) + f(\boldsymbol{v}_2) = \boldsymbol{0}_W + \boldsymbol{0}_W$$

◀写像 f の定義より。

$$= \boldsymbol{0}_W$$

◀$\boldsymbol{0}_W$ の性質より。

ゆえに　$f(\boldsymbol{v}_1 + \boldsymbol{v}_2) = f(\boldsymbol{v}_1) + f(\boldsymbol{v}_2)$

また，$\boldsymbol{v} \in V$ と $a \in K$ に対し

$$f(a\boldsymbol{v}) = \boldsymbol{0}_W$$

◀写像 f の定義より。

$$af(\boldsymbol{v}) = a\boldsymbol{0}_W$$

◀写像 f の定義より。

$$= \boldsymbol{0}_W$$

◀$\boldsymbol{0}_W$ の性質より。

ゆえに　$f(a\boldsymbol{v}) = af(\boldsymbol{v})$

よって，写像 f は線形写像である。■

補足　本問の写像 f のように，すべてのベクトルを $\boldsymbol{0}$ に写す線形写像を **零写像** といい，しばしば，単に数字の 0 で書かれる。すなわち，零写像 $0: V \longrightarrow W$ とは，任意の $\boldsymbol{v} \in V$ に対し，$0(\boldsymbol{v}) = \boldsymbol{0}$ であるものとして定義される線形写像である。

基本 例題 113 行列写像とその逆写像を表す行列 ★☆☆

$\mathbb{R}^2$ から $\mathbb{R}^2$ への線形写像 $f\left(\begin{bmatrix} x \\ y \end{bmatrix}\right)=\begin{bmatrix} x-y \\ x+y \end{bmatrix}$ を考える。

(1) $f=f_A$ となる 2 次正方行列 A を求めよ。

(2) $g\left(\begin{bmatrix} u \\ v \end{bmatrix}\right)=\dfrac{1}{2}\begin{bmatrix} u+v \\ -u+v \end{bmatrix}$ は f の逆写像であることを示せ。

(3) $g=f_B$ となる 2 次正方行列 B を求めよ。また，B は A の逆行列であることを示せ。

指針 (1) 基本例題 111 と同様にして解く。

(2) 次の定理を利用する。詳しくは，「数研講座シリーズ　大学教養　線形代数」の 199 ページ，200 ページを参照。

定理 合成と逆写像の線形性

[1] V，W，U を K 上のベクトル空間とし，$f: V \longrightarrow W$ と $g: W \longrightarrow U$ を線形写像とする。このとき，合成 $g\circ f: V \longrightarrow U$ は線形写像である。

[2] V，W を K 上のベクトル空間とし，$f: V \longrightarrow W$ を線形写像とする。線形写像 f が逆写像 $f^{-1}: W \longrightarrow V$ をもつならば，f^{-1} も線形写像である。

(3) (2) の結果から B を求め，$BA=AB=E$ であることを示す。

CHART　命題の証明　結論からお迎えにいく

解答 (1) $\boldsymbol{A=\begin{bmatrix} 1 & -1 \\ 1 & 1 \end{bmatrix}}$

(2) $(g\circ f)\left(\begin{bmatrix} x \\ y \end{bmatrix}\right)=g\left(f\left(\begin{bmatrix} x \\ y \end{bmatrix}\right)\right)=\dfrac{1}{2}\begin{bmatrix} (x-y)+(x+y) \\ -(x-y)+(x+y) \end{bmatrix}=\begin{bmatrix} x \\ y \end{bmatrix}$

$$(f\circ g)\left(\begin{bmatrix} u \\ v \end{bmatrix}\right)=f\left(g\left(\begin{bmatrix} u \\ v \end{bmatrix}\right)\right)=\begin{bmatrix} \frac{1}{2}(u+v)-\frac{1}{2}(-u+v) \\ \frac{1}{2}(u+v)+\frac{1}{2}(-u+v) \end{bmatrix}=\begin{bmatrix} u \\ v \end{bmatrix}$$

よって，$g\left(\begin{bmatrix} u \\ v \end{bmatrix}\right)=\dfrac{1}{2}\begin{bmatrix} u+v \\ -u+v \end{bmatrix}$ は線形写像 f の逆写像である。 ■

(3) $\boldsymbol{B=\dfrac{1}{2}\begin{bmatrix} 1 & 1 \\ -1 & 1 \end{bmatrix}}$ とすると，$g=f_B$ である。

実際　$f_B\left(\begin{bmatrix} u \\ v \end{bmatrix}\right)=\dfrac{1}{2}\begin{bmatrix} 1 & 1 \\ -1 & 1 \end{bmatrix}\begin{bmatrix} u \\ v \end{bmatrix}=\dfrac{1}{2}\begin{bmatrix} u+v \\ -u+v \end{bmatrix}=g\left(\begin{bmatrix} u \\ v \end{bmatrix}\right)$

また　$BA=\dfrac{1}{2}\begin{bmatrix} 1 & 1 \\ -1 & 1 \end{bmatrix}\begin{bmatrix} 1 & -1 \\ 1 & 1 \end{bmatrix}=\begin{bmatrix} 1 & 0 \\ 0 & 1 \end{bmatrix}=E$,

$AB=\dfrac{1}{2}\begin{bmatrix} 1 & -1 \\ 1 & 1 \end{bmatrix}\begin{bmatrix} 1 & 1 \\ -1 & 1 \end{bmatrix}=\begin{bmatrix} 1 & 0 \\ 0 & 1 \end{bmatrix}=E$

よって，行列 B は行列 A の逆行列である。 ■

基本 例題 114　行列写像が同型写像を与えることの証明　★★☆

$\mathbb{R}^3$ の部分空間 $W=\left\{\begin{bmatrix} x \\ y \\ z \end{bmatrix} \middle| \, x+y+z=0\right\}$ を考え，3×2 行列 $A=\begin{bmatrix} 1 & 0 \\ 0 & 1 \\ -1 & -1 \end{bmatrix}$ で決まる線形写像 $f_A : \mathbb{R}^2 \longrightarrow \mathbb{R}^3$ を考える。f_A は $\mathbb{R}^2$ から W への同型写像を与えることを示せ。

指針　写像について，同型写像は次のように定義される。

定義　同型写像

V，W を K 上のベクトル空間とし，$f : V \longrightarrow W$ を K 上の線形写像とする。線形写像 f が全単射であるとき，線形写像 f を K 上の **同型写像** という。線形写像 f が同型写像であることを，$f : V \xrightarrow{\sim} W$ と書く。

また，このとき，ベクトル空間 V とベクトル空間 W は **K 上同型である** という。ベクトル空間 V とベクトル空間 W が同型であることを，$V \cong W$ と書く。

上の定義に従い，単射性と全射性をそれぞれ示す。基本例題 105 の **補足** で扱ったとおり，写像 f が単射かつ全射であるとき，写像 f は全単射であるという。

解答　$f_A\left(\begin{bmatrix} x \\ y \end{bmatrix}\right)=\begin{bmatrix} 1 & 0 \\ 0 & 1 \\ -1 & -1 \end{bmatrix}\begin{bmatrix} x \\ y \end{bmatrix}=\begin{bmatrix} x \\ y \\ -x-y \end{bmatrix}$ である。

ゆえに，任意の $\begin{bmatrix} x \\ y \end{bmatrix} \in \mathbb{R}^2$ について，$\begin{bmatrix} x \\ y \\ -x-y \end{bmatrix} \in W$ である。　◀ $x+y+(-x-y)=0$

よって，f_A の値域は W に含まれる。

$\begin{bmatrix} x \\ y \end{bmatrix} \in \mathbb{R}^2$，$\begin{bmatrix} x' \\ y' \end{bmatrix} \in \mathbb{R}^2$ に対し，$f_A\left(\begin{bmatrix} x \\ y \end{bmatrix}\right)=f_A\left(\begin{bmatrix} x' \\ y' \end{bmatrix}\right)$ とする。

このとき，$\begin{bmatrix} x \\ y \\ -x-y \end{bmatrix}=\begin{bmatrix} x' \\ y' \\ -x'-y' \end{bmatrix}$ であるから

$$x=x' \quad \text{かつ} \quad y=y'$$

よって　$\begin{bmatrix} x \\ y \end{bmatrix}=\begin{bmatrix} x' \\ y' \end{bmatrix}$

ゆえに，写像 f_A は単射である。　◀基本例題 104 を参照。

W の任意の要素は，$\begin{bmatrix} x \\ y \end{bmatrix} \in \mathbb{R}^2$ によって $\begin{bmatrix} x \\ y \\ -x-y \end{bmatrix}$ と書ける

から，写像 f_A は全射である。　◀基本例題 105 を参照。

したがって，写像 f_A は全単射である。

以上から，題意は示された。■

基本 例題 115 数列の部分空間と同型写像 ★★☆

数列全体のなすベクトル空間 $\mathbb{R}^{\mathbb{N}}=\{\{a_n\} \mid a_n\in\mathbb{R}\}$ の部分空間 Wを，3 項間漸化式 $a_{n+2}=a_{n+1}+a_n$ を満たす数列全体

$$W=\{\{a_n\} \mid すべての自然数\ n\ について\ a_{n+2}=a_{n+1}+a_n\}$$

として定義する。線形写像 $f: W\longrightarrow\mathbb{R}^2$ を $f(\{a_n\})=\begin{bmatrix} a_1 \\ a_2 \end{bmatrix}$ で定める。

$f: W\longrightarrow\mathbb{R}^2$ は同型写像であることを示せ。

指針 $a_1=a_2=1$ であるとき，この漸化式で表される数列はフィボナッチ数列を定める。
この問題で与えられた写像fは，フィボナッチ数列と同じ漸化式を満たす数列 $\{a_n\}$ に対し，その初項 a_1 と第 2 項 a_2 を対応させるものである。隣接 3 項間漸化式を満たす数列は，初項と第 2 項によって定められることを思い出せばよい。
単射性と全射性をそれぞれ示す。

解答 $\{a_n\}\in W$，$\{b_n\}\in W$ とし，$f(\{a_n\})=f(\{b_n\})$ とする。
このとき，2 つの数列 $\{a_n\}$，$\{b_n\}$ に対し，$a_1=b_1$ かつ $a_2=b_2$ が成り立つから，すべての自然数nについて $a_n=b_n$ となる。
よって　　$\{a_n\}=\{b_n\}$
ゆえに，写像fは単射である。

任意の $\begin{bmatrix} \alpha \\ \beta \end{bmatrix}\in\mathbb{R}^2$ に対し，$a_1=\alpha$，$a_2=\beta$ とする。

このとき，3 項間漸化式 $a_{n+2}=a_{n+1}+a_n$ で定まる数列 $\{a_n\}$ を構成すると，この数列 $\{a_n\}$ に対し，$f(\{a_n\})=\begin{bmatrix} a_1 \\ a_2 \end{bmatrix}=\begin{bmatrix} \alpha \\ \beta \end{bmatrix}$ となる。

ゆえに，写像fは全射である。
したがって，写像fは全単射である。
以上から，題意は示された。 ■

注意 第 2 節で扱う，「有限次元ベクトル空間において，全射性と単射性が同値である」という事実は，この問題で安直に使ってはいけない。一般的に，数列のなすベクトル空間は無限次元となるため，有限次元ベクトル空間に関する定理が成り立たないからである。

補足 単射性については重要例題 057 の指針で扱う定理を用いて示すこともできる。

2　線形写像の基本性質

◈線形写像と行列

概念としての線形写像は，行列と密接に関連しており，行列に関するさまざまな性質や概念の多くは，線形写像の性質や概念が背景にある。実際，行列の性質としてより，線形写像の性質や概念として理解する方が，より本質的であることも多い。そして，線形写像という背景を踏まえて行列を理解することで，行列やその計算について，より本質的で見通しのよい視界を得ることができる。

◈線形写像の決定

V，W を K 上のベクトル空間とし，V のベクトルの組 $\{\boldsymbol{v}_1,\ \boldsymbol{v}_2,\ \cdots\cdots,\ \boldsymbol{v}_n\}$ が，V の基底であるとする。このとき，K 上の線形写像 $f : V \longrightarrow W$ に対し，$\boldsymbol{v}_1$，$\boldsymbol{v}_2$，……，$\boldsymbol{v}_n$ の f による像により，W のベクトルの組 $\{f(\boldsymbol{v}_1),\ f(\boldsymbol{v}_2),\ \cdots\cdots,\ f(\boldsymbol{v}_n)\}$ が決まる。
逆に，W の n 個のベクトルの組が与えられると，次のように，線形写像 $f : V \longrightarrow W$ がただ 1 つ決まる（詳しくは「数研講座シリーズ　大学教養　線形代数」の 204 ページ～206 ページを参照。以下は，その要約である）。

定理　線形写像の決定

V，W を K 上のベクトル空間とし，$\{\boldsymbol{v}_1,\ \boldsymbol{v}_2,\ \cdots\cdots,\ \boldsymbol{v}_n\}$ を V の基底とする。このとき，W の任意の n 個のベクトルの組 $\{\boldsymbol{w}_1,\ \boldsymbol{w}_2,\ \cdots\cdots,\ \boldsymbol{w}_n\}$ に対し，K 上の線形写像 $f : V \longrightarrow W$ で

$$\boldsymbol{w}_j = f(\boldsymbol{v}_j) \quad (j=1,\ 2,\ \cdots\cdots,\ n)$$

を満たすもの，すなわち，各 $\boldsymbol{v}_j$ を与えられた $\boldsymbol{w}_j$ に写すものが，ただ 1 つだけ存在する。

この定理より，次のことがわかる。
V を K 上の n 次元ベクトル空間，$\{\boldsymbol{v}_1,\ \boldsymbol{v}_2,\ \cdots\cdots,\ \boldsymbol{v}_n\}$ を V の基底とし，W を K 上の任意のベクトル空間とするとき，V から W への K 上の線形写像 $f : V \longrightarrow W$ を与えることは，W の n 個のベクトルの組を与えることと同値である。具体的には，W の n 個のベクトルの組 $\{\boldsymbol{w}_1,\ \boldsymbol{w}_2,\ \cdots\cdots,\ \boldsymbol{w}_n\}$ を与えれば，V の基底の要素 $\boldsymbol{v}_i$ $(i=1,\ 2,\ \cdots\cdots,\ n)$ を $\boldsymbol{w}_i$ に写すことで，V から W への線形写像が 1 つだけ決まる。すなわち，線形写像は基底の行き先を指定することで一意的に決定されるということである。
例えば，V を K 上の任意のベクトル空間とするとき，1 次元の数ベクトル空間 K から V への線形写像 $K \longrightarrow V$ は，$1 \in K$ の行き先として V のベクトルを（任意に）1 つ指定することで決まる。実際，任意の $\boldsymbol{v} \in V$ に対し，$a \in K$ を $a\boldsymbol{v} \in V$ に写す写像を考えれば，それは線形写像であり，1 を $\boldsymbol{v}$ に写す。すなわち，線形写像 $K \longrightarrow V$ を与えることと，V のベクトルを 1 つ与えることは，同じことである。

基本 例題 116 零写像の特徴付け ★☆☆

V, W を K 上のベクトル空間とし，$\{\boldsymbol{v}_1,\ \boldsymbol{v}_2,\ \cdots\cdots,\ \boldsymbol{v}_n\}$ を V の基底とする。線形写像 $f: V \longrightarrow W$ が，すべての $\boldsymbol{v}_i$ $(i=1,\ 2,\ \cdots\cdots,\ n)$ を W の零ベクトル $\boldsymbol{0}_W$ に写すなら，f は零写像であることを示せ。

指針 零写像とは，すべてのベクトルを $\boldsymbol{0}$（零ベクトル）に写す線形写像のことである。
よって，ここでは

任意の $\boldsymbol{v} \in V$ に対して，$f(\boldsymbol{v})=\boldsymbol{0}_W$ である

ことを示す。
まず，任意の $\boldsymbol{v} \in V$ は，$\boldsymbol{v}_i \in V$ と $a_i \in K$ $(i=1,\ 2,\ \cdots\cdots,\ n)$ に対し，$\boldsymbol{v}=\sum_{i=1}^{n} a_i \boldsymbol{v}_i$ と表されることから始める。

CHART　0 の性質　0 は，何を掛けてもいくつ足しても 0

解答 任意の $\boldsymbol{v} \in V$ は，V の基底 $\{\boldsymbol{v}_1,\ \boldsymbol{v}_2,\ \cdots\cdots,\ \boldsymbol{v}_n\}$ と，$a_1 \in K$, $a_2 \in K$，……，$a_n \in K$ を用いて

$$\boldsymbol{v}=a_1\boldsymbol{v}_1+a_2\boldsymbol{v}_2+\cdots\cdots+a_n\boldsymbol{v}_n$$

と書ける。
仮定から

$$\begin{aligned} f(\boldsymbol{v}) &= a_1 f(\boldsymbol{v}_1)+a_2 f(\boldsymbol{v}_2)+\cdots\cdots a_n f(\boldsymbol{v}_n) \\ &= a_1\boldsymbol{0}_W+a_2\boldsymbol{0}_W+\cdots\cdots+a_n\boldsymbol{0}_W \\ &= \boldsymbol{0}_W+\boldsymbol{0}_W+\cdots\cdots+\boldsymbol{0}_W \\ &= \boldsymbol{0}_W \end{aligned}$$

◀線形写像の定義より。
◀写像 f の定義より。
◀$\boldsymbol{0}_W$ の性質より。
◀$\boldsymbol{0}_W$ の性質より。

よって，写像 f は任意の $\boldsymbol{v} \in V$ を $\boldsymbol{0}_W$ に写す。
したがって，写像 f は零写像である。 ■

◈線形写像の決定と像・階数

詳しくは，「数研講座シリーズ　大学教養　線形代数」の 207〜209 ページを参照。以下は，その要約である。

A を $m\times n$ 行列とするとき，行列 A によって決まる，n 次元数ベクトル空間 K^n から，m 次元数ベクトル空間 K^m への線形写像 $f_A : K^n \longrightarrow K^m$ は，K^n の標準基底 $\{\boldsymbol{e}_1,\ \boldsymbol{e}_2,\ \cdots\cdots,\ \boldsymbol{e}_n\}$ に属するベクトル $\boldsymbol{e}_j$ $(1\leqq j\leqq n)$ を，行列 A の第 j 列ベクトルに写す線形写像として決定される線形写像である。実際，$A=[a_{ij}]$ とすると，

上から j 番目の
成分のみが 1
↓

$$f_A(\boldsymbol{e}_j)=A\boldsymbol{e}_j=\begin{bmatrix} a_{11} & a_{12} & \cdots & a_{1n} \\ a_{21} & a_{22} & \cdots & a_{2n} \\ \vdots & \vdots & & \vdots \\ a_{m1} & a_{m2} & \cdots & a_{mn} \end{bmatrix}\begin{bmatrix} 0 \\ \vdots \\ 0 \\ 1 \\ 0 \\ \vdots \\ 0 \end{bmatrix}=\begin{bmatrix} a_{1j} \\ a_{2j} \\ \vdots \\ a_{mj} \end{bmatrix}$$

は，行列 A の第 j 列ベクトルである。

このことから，数ベクトル空間の間の線形写像を，すべて決定することができる。

定理　数ベクトル空間の間の線形写像

数ベクトル空間 K^n から，数ベクトル空間 K^m への，任意の K 上の線形写像 $f : K^n \longrightarrow K^m$ に対し，$f=f_A$ となる $m\times n$ 行列 A が一意的に存在する。すなわち，数ベクトル空間から数ベクトル空間への線形写像は，行列から決まるものに限られる。

ベクトル空間の部分空間と線形写像に関して，次の 定理 が成り立つ。

定理　部分空間と線形写像

$V,\ W$ を K 上のベクトル空間とし，$f : V \longrightarrow W$ を K 上の線形写像とする。

[1]　V' を V の部分空間とするとき，f による V' の像 $f(V')=\{f(\boldsymbol{v})\mid \boldsymbol{v}\in V'\}$ は W の部分空間である。

[2]　W' を W の部分空間とするとき，f による W' の逆像 $f^{-1}(W')=\{\boldsymbol{v}\in V\mid f(\boldsymbol{v})\in W'\}$ は V の部分空間である。

また，ベクトル空間の部分空間の像に関して，次の 定理 が成り立つ。

定理　部分空間の像

$V,\ W$ を K 上のベクトル空間とし，$f : V \longrightarrow W$ を K 上の線形写像とする。また，V' を V の部分空間とし，V のベクトルの組 $\{\boldsymbol{v}_1,\ \boldsymbol{v}_2,\ \cdots\cdots,\ \boldsymbol{v}_r\}$ が V' を生成するとする。このとき，$f(V')$ は W のベクトルの組 $\{f(\boldsymbol{v}_1),\ f(\boldsymbol{v}_2),\ \cdots\cdots,\ f(\boldsymbol{v}_r)\}$ で生成される。

特に，V' が有限次元ならば，$f(V')$ も有限次元であり，$\dim V' \geqq \dim f(V')$ である。

基本 例題 117 行列写像の像の基底と階数 ★★☆

行列 $A=\begin{bmatrix} 2 & 3 & 2 & 3 & 0 \\ 4 & 9 & 0 & 5 & -2 \\ -1 & -3 & 1 & -1 & 1 \\ 1 & 0 & 3 & 2 & 1 \end{bmatrix}$ から決まる線形写像 $f_A:\mathbb{R}^5 \longrightarrow \mathbb{R}^4$ の像

$f_A(\mathbb{R}^5)$ の基底を 1 組求めよ。また，f_A の階数を求めよ。

指針 基本例題 099 の **研究** で扱った定理を利用して求める（詳しくは，「数研講座シリーズ　大学教養　線形代数」の 176，177 ページを参照）。また，線形写像の階数は次のように定義される。

定義　線形写像の階数

V，W を K 上の有限次元ベクトル空間とし，$f:V \longrightarrow W$ を K 上の線形写像とする。このとき，W の部分空間 $f(V)$（f の値域）の次元を，線形写像 f の **階数** といい，$\mathrm{rank}\, f=\dim f(V)$ と書く。

このとき，次の **定理** が成り立つ。詳しくは，「数研講座シリーズ　大学教養　線形代数」の 209 ページ，210 ページを参照。

定理　線形写像の階数

K の要素を成分にもつ $m\times n$ 行列 A で決まる線形写像 $f_A:K^n \longrightarrow K^m$ の階数は，行列 A の階数に一致する。すなわち，$\mathrm{rank}\, f_A=\mathrm{rank}\, A$ となる。

解答 線形写像 f_A の像 $f_A(\mathbb{R}^5)$ は，行列 A の列ベクトルで生成される，$\mathbb{R}^4$ の部分空間である。

行列 A の簡約階段形は $\begin{bmatrix} 1 & 0 & 3 & 2 & 1 \\ 0 & 1 & -\frac{4}{3} & -\frac{1}{3} & -\frac{2}{3} \\ 0 & 0 & 0 & 0 & 0 \\ 0 & 0 & 0 & 0 & 0 \end{bmatrix}$

◀下の **補足** を参照。

よって，$f_A(\mathbb{R}^5)$ は行列 A の第 1，第 2 列の列ベクトルの組

$\left\{\begin{bmatrix} 2 \\ 4 \\ -1 \\ 1 \end{bmatrix}, \begin{bmatrix} 3 \\ 9 \\ -3 \\ 0 \end{bmatrix}\right\}$ を基底にもつ。また　$\mathrm{rank}\, f_A=\mathrm{rank}\, A=\mathbf{2}$

◀基本例題 099 の **研究** で扱った定理より。

補足

$$A \xrightarrow{\text{④}\leftrightarrow\text{①}} \begin{bmatrix} 1 & 0 & 3 & 2 & 1 \\ 4 & 9 & 0 & 5 & -2 \\ -1 & -3 & 1 & -1 & 1 \\ 2 & 3 & 2 & 3 & 0 \end{bmatrix} \xrightarrow[\text{①}\times(-2)+\text{④}]{\text{①}\times(-4)+\text{②},\ \text{①}\times1+\text{③}} \begin{bmatrix} 1 & 0 & 3 & 2 & 1 \\ 0 & 9 & -12 & -3 & -6 \\ 0 & -3 & 4 & 1 & 2 \\ 0 & 3 & -4 & -1 & -2 \end{bmatrix} \xrightarrow[\text{③}\times1+\text{④}]{\text{②}\times\frac{1}{3}} \begin{bmatrix} 1 & 0 & 3 & 2 & 1 \\ 0 & 3 & -4 & -1 & -2 \\ 0 & -3 & 4 & 1 & 2 \\ 0 & 0 & 0 & 0 & 0 \end{bmatrix}$$

$$\xrightarrow{\text{②}\times1+\text{③}} \begin{bmatrix} 1 & 0 & 3 & 2 & 1 \\ 0 & 3 & -4 & -1 & -2 \\ 0 & 0 & 0 & 0 & 0 \\ 0 & 0 & 0 & 0 & 0 \end{bmatrix}$$

となり，最後に 2 行目を $\frac{1}{3}$ 倍して上の簡約階段形が求められる。

基本 例題 118　線形写像の核の基底と次元　★★☆

行列 $A=\begin{bmatrix} 2 & 3 & 2 & 3 & 0 \\ 4 & 9 & 0 & 5 & -2 \\ -1 & -3 & 1 & -1 & 1 \\ 1 & 0 & 3 & 2 & 1 \end{bmatrix}$ から決まる線形写像 $f_A:\mathbb{R}^5 \longrightarrow \mathbb{R}^4$ の核 $\mathrm{Ker}(f_A)$ の基底を 1 組求めよ。また，その次元を求めよ。

指針　与えられた行列 A は，前の基本例題 117 の行列 A と同じである。
V，W を K 上の有限次元ベクトル空間とし，$f:V \longrightarrow W$ を K 上の線形写像とする。線形写像 $f:V \longrightarrow W$ に対し，W の任意の部分空間の逆像は，V の部分空間である。特に，0 だけからなる W の部分空間 $\{\mathbf{0}\}$ の逆像は次のように定義される。

定義　線形写像の核
V，W を K 上の有限次元ベクトル空間とし，$f:V \longrightarrow W$ を K 上の線形写像とする。0 だけからなる W の部分空間 $\{\mathbf{0}\}$ の逆像 $f^{-1}(\mathbf{0})$ を，線形写像 f の **核** といい，$\mathbf{Ker}(f)$ と書く。すなわち　$\mathrm{Ker}(f)=\{\boldsymbol{v}\in V \mid f(\boldsymbol{v})=\mathbf{0}\}$

また，基底の次元は，基底をなすベクトルの個数である。

解答　行列 A の簡約階段形は

$$\begin{bmatrix} 1 & 0 & 3 & 2 & 1 \\ 0 & 1 & -\frac{4}{3} & -\frac{1}{3} & -\frac{2}{3} \\ 0 & 0 & 0 & 0 & 0 \\ 0 & 0 & 0 & 0 & 0 \end{bmatrix}$$

◀基本例題 117 より。

よって，同次連立 1 次方程式 $A\boldsymbol{x}=\mathbf{0}$，ただし，$\boldsymbol{x}=\begin{bmatrix} x \\ y \\ z \\ u \\ v \end{bmatrix}$ を解くと，$z=3a_1$，$u=3a_2$，$v=3a_3$ を任意定数として

$$\begin{bmatrix} x \\ y \\ z \\ u \\ v \end{bmatrix}=a_1\begin{bmatrix} -9 \\ 4 \\ 3 \\ 0 \\ 0 \end{bmatrix}+a_2\begin{bmatrix} -6 \\ 1 \\ 0 \\ 3 \\ 0 \end{bmatrix}+a_3\begin{bmatrix} -3 \\ 2 \\ 0 \\ 0 \\ 3 \end{bmatrix}$$

◀右ページの 補足 を参照。

ここで，$\boldsymbol{u}_1=\begin{bmatrix} -9 \\ 4 \\ 3 \\ 0 \\ 0 \end{bmatrix}$，$\boldsymbol{u}_2=\begin{bmatrix} -6 \\ 1 \\ 0 \\ 3 \\ 0 \end{bmatrix}$，$\boldsymbol{u}_3=\begin{bmatrix} -3 \\ 2 \\ 0 \\ 0 \\ 3 \end{bmatrix}$ とおく。

同次連立 1 次方程式 $A\boldsymbol{x}=\mathbf{0}$ の一般解は，$\boldsymbol{u}_1$，$\boldsymbol{u}_2$，$\boldsymbol{u}_3$ の 1 次結合で与えられるから，$\mathrm{Ker}(f_A)$ は $\{\boldsymbol{u}_1,\ \boldsymbol{u}_2,\ \boldsymbol{u}_3\}$ で生成されている。

また，$\{\boldsymbol{u}_1,\ \boldsymbol{u}_2,\ \boldsymbol{u}_3\}$ は1次独立である。

実際，$c_1\boldsymbol{u}_1+c_2\boldsymbol{u}_2+c_3\boldsymbol{u}_3=c_1\begin{bmatrix}-9\\4\\3\\0\\0\end{bmatrix}+c_2\begin{bmatrix}-6\\1\\0\\3\\0\end{bmatrix}+c_3\begin{bmatrix}-3\\2\\0\\0\\3\end{bmatrix}=\boldsymbol{0}$ とすると，上から3番目の成分に注目して $c_1=0$，上から4番目の成分に注目して $c_2=0$，上から5番目の成分に注目して $c_3=0$ となる。

したがって，$\mathrm{Ker}(f_A)$ の基底の1組として $\{\boldsymbol{u}_1,\ \boldsymbol{u}_2,\ \boldsymbol{u}_3\}$，

すなわち $\left\{\begin{bmatrix}\mathbf{-9}\\\mathbf{4}\\\mathbf{3}\\\mathbf{0}\\\mathbf{0}\end{bmatrix},\ \begin{bmatrix}\mathbf{-6}\\\mathbf{1}\\\mathbf{0}\\\mathbf{3}\\\mathbf{0}\end{bmatrix},\ \begin{bmatrix}\mathbf{-3}\\\mathbf{2}\\\mathbf{0}\\\mathbf{0}\\\mathbf{3}\end{bmatrix}\right\}$ がとれる。

また，その次元は　**3**

補足 $\begin{bmatrix}1 & 0 & 3 & 2 & 1\\ 0 & 1 & -\frac{4}{3} & -\frac{1}{3} & -\frac{2}{3}\\ 0 & 0 & 0 & 0 & 0\\ 0 & 0 & 0 & 0 & 0\end{bmatrix}\begin{bmatrix}x\\y\\z\\u\\v\end{bmatrix}=\begin{bmatrix}0\\0\\0\\0\\0\end{bmatrix}$ から

$$x+3z+2u+v=0,\quad y-\frac{4}{3}z-\frac{1}{3}u-\frac{2}{3}v=0$$

よって，$z=3a_1$，$u=3a_2$，$v=3a_3$ とすると

$$x=-9a_1-6a_2-3a_3,\quad y=4a_1+a_2+2a_3$$

◈線形写像と連立 1 次方程式

詳しくは「数研講座シリーズ　大学教養　線形代数」の 214，215 ページを参照。以下は，その要約である。数ベクトル空間の場合に限れば，線形写像の概念は，連立 1 次方程式と密接な関係にある。

定理　連立 1 次方程式の解の存在と自由度

連立 1 次方程式 $A\boldsymbol{x}=\boldsymbol{b}$ ……（＊）を考える。ここで，A は $m\times n$ 行列であり，$\boldsymbol{x}$ は n 個の変数からなる変数ベクトル，$\boldsymbol{b}$ は m 個の定数からなる定数項ベクトルである。

[1]　連立 1 次方程式（＊）が解をもつための必要十分条件は，$\boldsymbol{b}$ が f_A の値域 $f_A(K^n)$ に属していること，すなわち $\boldsymbol{b}\in f_A(K^n)$ ……（†）である。

[2]　等式（†）が成り立つとき，任意の（＊）の解 $\boldsymbol{x}=\boldsymbol{v}_0$ $(\boldsymbol{v}_0\in K^n)$ に対し，一般解は $\boldsymbol{x}=\boldsymbol{v}_0+\boldsymbol{v}$，$\boldsymbol{v}\in\mathrm{Ker}(f_A)$ の形である。特に，連立 1 次方程式（＊）の解の自由度は，$\dim\mathrm{Ker}(f_A)$ である。

◈線形写像と次元

詳しくは「数研講座シリーズ　大学教養　線形代数」の 215～217 ページを参照。以下は，その要約である。線形写像と 1 次独立性について，次の 定理 が成り立つ。

定理　線形写像と 1 次独立性

V，W を K 上のベクトル空間とし，$f: V\longrightarrow W$ を K 上の線形写像とする。また，$\{\boldsymbol{v}_1,\ \boldsymbol{v}_2,\ \cdots\cdots,\ \boldsymbol{v}_r\}$ を，V のベクトルの組とする。

[1]　W のベクトルの組 $\{f(\boldsymbol{v}_1),\ f(\boldsymbol{v}_2),\ \cdots\cdots,\ f(\boldsymbol{v}_r)\}$ が 1 次独立ならば，$\{\boldsymbol{v}_1,\ \boldsymbol{v}_2,\ \cdots\cdots,\ \boldsymbol{v}_r\}$ は 1 次独立である。

[2]　線形写像 f が単射であるとき，[1] の逆が成り立つ。すなわち，$\{\boldsymbol{v}_1,\ \boldsymbol{v}_2,\ \cdots\cdots,\ \boldsymbol{v}_r\}$ が 1 次独立ならば，$\{f(\boldsymbol{v}_1),\ f(\boldsymbol{v}_2),\ \cdots\cdots,\ f(\boldsymbol{v}_r)\}$ は 1 次独立である。

上の定理から次の 系 が得られる。

系　同型写像と次元

V，W を K 上の有限次元ベクトル空間とし，$f: V\longrightarrow W$ を K 上の同型写像とする。また，$\{\boldsymbol{v}_1,\ \boldsymbol{v}_2,\ \cdots\cdots,\ \boldsymbol{v}_n\}$ を V のベクトルの組とする。このとき，$\{\boldsymbol{v}_1,\ \boldsymbol{v}_2,\ \cdots\cdots,\ \boldsymbol{v}_n\}$ が V の基底であるための必要十分条件は，W のベクトルの組 $\{f(\boldsymbol{v}_1),\ f(\boldsymbol{v}_2),\ \cdots\cdots,\ f(\boldsymbol{v}_n)\}$ が W の基底であることである。特に，$\dim V=\dim W$ である。

基本　例題 119　線形写像の次元がとり得る値　★☆☆

K 上の 7 次元ベクトル空間 V から 3 次元ベクトル空間への線形写像 $f: V\longrightarrow W$ について，$\dim\mathrm{Ker}(f)$ がとりうる値をすべて求めよ。

指針　次の 定理 を利用する。詳しくは，「数研講座シリーズ　大学教養　線形代数」の 217，218 ページを参照。

定理　線形写像と次元

V，W を K 上の有限次元ベクトル空間とし，$f: V\longrightarrow W$ を K 上の線形写像とする。このとき，等式 $\dim V=\mathrm{rank}\,f+\dim\mathrm{Ker}(f)$ が成り立つ。

解答　A を 3×7 行列とし，行列 A によって決まる線形写像を f_A とする。更に，$f=f_A$ とする。$\mathrm{rank}\, f$ がとりうる値は　**0, 1, 2, 3**

また　$\dim \mathrm{Ker}(f)=\dim V-\mathrm{rank}\, f$

$\dim V=7$ であるから，$\dim \mathrm{Ker}(f)$ のとりうる値は　**4, 5, 6, 7**

補足　実際に，解答で得られた値をとりうる例が存在することは次のように確かめることができる。

$V=\mathbb{R}^7$，$W=\mathbb{R}^3$ とする。$A=\begin{bmatrix}1&0&0&0&0&0&0\\0&1&0&0&0&0&0\\0&0&1&0&0&0&0\end{bmatrix}$ として，行列 A によって決まる線形写像を $f_A: V\longrightarrow W$ とし，$f=f_A$ とすると，$\mathrm{rank}\, f=3$ であるから

$$\dim \mathrm{Ker}(f)=\dim V-\mathrm{rank}\, f=7-3=4$$

$V=\mathbb{R}^7$，$W=\mathbb{R}^3$ とする。$A=\begin{bmatrix}1&0&0&0&0&0&0\\0&1&0&0&0&0&0\\0&0&0&0&0&0&0\end{bmatrix}$ として，行列 A によって決まる線形写像を $f_A: V\longrightarrow W$ とし，$f=f_A$ とすると，$\mathrm{rank}\, f=2$ であるから

$$\dim \mathrm{Ker}(f)=\dim V-\mathrm{rank}\, f=7-2=5$$

$V=\mathbb{R}^7$，$W=\mathbb{R}^3$ とする。$A=\begin{bmatrix}1&0&0&0&0&0&0\\0&0&0&0&0&0&0\\0&0&0&0&0&0&0\end{bmatrix}$ として，行列 A によって決まる線形写像を $f_A: V\longrightarrow W$ とし，$f=f_A$ とすると，$\mathrm{rank}\, f=1$ であるから

$$\dim \mathrm{Ker}(f)=\dim V-\mathrm{rank}\, f=7-1=6$$

$V=\mathbb{R}^7$，$W=\mathbb{R}^3$ とする。$A=O$ とすると，$\mathrm{rank}\, f=0$ であるから

$$\dim \mathrm{Ker}(f)=\dim V-\mathrm{rank}\, f=7-0=7$$

研究　指針 で扱った定理から，次の 2 つの 系 が得られる（詳しくは「数研講座シリーズ　大学教養 線形代数」の 218，219 ページを参照）。

系　V，W を K 上の有限次元ベクトル空間とし，$f: V\longrightarrow W$ を K 上の線形写像とする。

[1]　f が単射ならば，$\dim V\leqq \dim W$ が成り立つ。

[2]　f が全射ならば，$\dim V\geqq \dim W$ が成り立つ。

系　V，W を K 上の有限次元ベクトル空間とし，$f: V\longrightarrow W$ を K 上の線形写像とする。また，$\dim V=\dim W$ とする。このとき，次はすべて同値である。

[1]　f は単射である。

[2]　f は全射である。

[3]　f は全単射（すなわち，同型写像）である。

基本 例題 120　線形写像と連立 1 次方程式の関係　★★☆

次の事実を，基本例題 119 で扱った 定理 などを用いて証明せよ。
$m<n$ のとき，n 個の未知数をもち m 個の方程式からなる同次連立 1 次方程式は，非自明な解をもつ。

指針 同次連立 1 次方程式において，方程式の解は係数行列によって決まる線形写像の核の要素であり，非自明な解は係数行列によって決まる線形写像の核のうち $\mathbf{0}$ でない要素である。

解答 $A=\begin{bmatrix} a_{11} & a_{12} & \cdots & a_{1n} \\ a_{21} & a_{22} & \cdots & a_{2n} \\ \vdots & \vdots & & \vdots \\ a_{m1} & a_{m2} & \cdots & a_{mn} \end{bmatrix}$，$\boldsymbol{x}=\begin{bmatrix} x_1 \\ x_2 \\ \vdots \\ x_n \end{bmatrix}$ として，同次連立 1 次方程式 $A\boldsymbol{x}=\mathbf{0}_m$ を考える。

$m\times n$ 行列 A によって決まる，線形写像を $f_A: K^n \longrightarrow K^m$ とすると，線形写像 f_A の値域が K^m であるから

$$\operatorname{rank} f_A \leqq \dim K^m = m$$

$m<n$ であるから

$$\dim \operatorname{Ker}(f_A)=\dim K^n-\operatorname{rank} f_A \geqq n-m>0$$

◀基本例題 119 で扱った 定理 より。

よって　$\operatorname{Ker}(f_A)\neq\{\mathbf{0}_n\}$

ゆえに，ある $\boldsymbol{x}_0\in K^n$ が存在して，$\boldsymbol{x}_0\in\operatorname{Ker}(f_A)$ かつ $\boldsymbol{x}_0\neq\mathbf{0}_n$ が成り立つ。

したがって，題意は示された。■

補足 **ベクトル空間と次元**

線形代数学において，同型なベクトル空間は，構造上 **同じもの** とみなされる。有限次元ベクトル空間においては，同型であるとは，次元が等しいことと同値である。すなわち，次元の等しいベクトル空間は，構造上 **同じもの** とみなされる（詳しくは「数研講座シリーズ　大学教養　線形代数」の 220 ページを参照）。

定理 **ベクトル空間と次元**

V，W を K 上の有限次元ベクトル空間とするとき，V，W が同型である ($V\cong W$) ための必要十分条件は，その次元が一致すること，すなわち，$\dim V=\dim W$ であることである。

この定理が意味することは，線形代数学の立場では，次元の同じベクトル空間は，同型であるという意味で，**同じもの** とみなされる。

3 線形写像の行列表現

◈線形写像の行列による表現

詳しくは,「数研講座シリーズ　大学教養　線形代数」の 221～223 ページを参照。以下は,その要約である。

V, W を K 上の有限次元ベクトル空間とし, $\dim V=n$, $\dim W=m$ とする。V の基底を $\{\boldsymbol{v}_1, \boldsymbol{v}_2, \cdots\cdots, \boldsymbol{v}_n\}$ と W の基底を $\{\boldsymbol{w}_1, \boldsymbol{w}_2, \cdots\cdots, \boldsymbol{w}_m\}$ とする。

$f: V \longrightarrow W$ を K 上の線形写像とするとき,各 $\boldsymbol{v}_j$ $(j=1, 2, \cdots\cdots, n)$ の像 $f(\boldsymbol{v}_j)$ は W のベクトルであるから, $\boldsymbol{w}_1$, $\boldsymbol{w}_2$, ……, $\boldsymbol{w}_m$ の 1 次結合

$$f(\boldsymbol{v}_j)=a_{1j}\boldsymbol{w}_1+a_{2j}\boldsymbol{w}_2+\cdots\cdots+a_{mj}\boldsymbol{w}_m \quad (a_{1j}, a_{2j}, \cdots\cdots, a_{mj}\in K) \quad \cdots\cdots (*)$$

の形に,一意的に書くことができる。このとき,係数に現れた mn 個の数 a_{ij} $(i=1, 2, \cdots\cdots, m, j=1, 2, \cdots\cdots, n)$ によって, $m\times n$ 行列がただ 1 つ決まるから,それを $A=[a_{ij}]$ とする。

線形写像 f と行列 $A=[a_{ij}]$ の関係は,次の形式的な式で表現できる。

$$[\, f(\boldsymbol{v}_1) \quad f(\boldsymbol{v}_2) \quad \cdots \quad f(\boldsymbol{v}_n) \,]=[\, \boldsymbol{w}_1 \quad \boldsymbol{w}_2 \quad \cdots \quad \boldsymbol{w}_m \,]\begin{bmatrix} a_{11} & a_{12} & \cdots & a_{1n} \\ a_{21} & a_{22} & \cdots & a_{2n} \\ \vdots & \vdots & & \vdots \\ a_{m1} & a_{m2} & \cdots & a_{mn} \end{bmatrix} \quad \cdots\cdots (**)$$

実際,$(*)$ は,$(**)$ において,次の陰影部に注目して,通常のように行列の積の計算をして得られる。

$$[\, f(\boldsymbol{v}_1) \ \cdots \ f(\boldsymbol{v}_j) \ \cdots \ f(\boldsymbol{v}_n) \,]=[\, \boldsymbol{w}_1 \quad \boldsymbol{w}_2 \quad \cdots \quad \boldsymbol{w}_m \,]\begin{bmatrix} a_{11} & \cdots & a_{1j} & \cdots & a_{1n} \\ a_{21} & \cdots & a_{2j} & \cdots & a_{2n} \\ \vdots & & \vdots & & \vdots \\ a_{m1} & \cdots & a_{mj} & \cdots & a_{mn} \end{bmatrix}$$

（j 列目）

$(**)$ に現れる $[\, f(\boldsymbol{v}_1) \quad f(\boldsymbol{v}_2) \quad \cdots \quad f(\boldsymbol{v}_n) \,]$ や $[\, \boldsymbol{w}_1 \quad \boldsymbol{w}_2 \quad \cdots \quad \boldsymbol{w}_m \,]$ は, W や V のベクトルを,行ベクトルの形に並べたもので,さしあたり形式的なものである。この形式に従って,行列の積を実行すると,当初の $(*)$ が得られる。すなわち,$(**)$ は $(*)$ を形式的に行列形に書いたものである。

上の行列 A (すなわち,$(**)$ で決まる $m\times n$ 行列 $A=[a_{ij}]$) を,線形写像 $f: V \longrightarrow W$ の, V の基底 $\{\boldsymbol{v}_1, \boldsymbol{v}_2, \cdots\cdots, \boldsymbol{v}_n\}$ と W の基底 $\{\boldsymbol{w}_1, \boldsymbol{w}_2, \cdots\cdots, \boldsymbol{w}_m\}$ に関する **表現行列** という。表現行列について,次の 定理 が成り立つ。

定理　線形写像の表現行列

V, W を K 上のベクトル空間とし, V の基底を $\{\boldsymbol{v}_1, \boldsymbol{v}_2, \cdots\cdots, \boldsymbol{v}_n\}$, W の基底を $\{\boldsymbol{w}_1, \boldsymbol{w}_2, \cdots\cdots, \boldsymbol{w}_m\}$ として,それぞれの基底を固定する。

[1]　線形写像 $f: V \longrightarrow W$ に対し,その V の基底 $\{\boldsymbol{v}_1, \boldsymbol{v}_2, \cdots\cdots, \boldsymbol{v}_n\}$ と W の基底 $\{\boldsymbol{w}_1, \boldsymbol{w}_2, \cdots\cdots, \boldsymbol{w}_m\}$ に関する表現行列は一意的に決まる。

[2]　A を任意の $m\times n$ 行列とするとき,線形写像 $f: V \longrightarrow W$ で,その V の基底 $\{\boldsymbol{v}_1, \boldsymbol{v}_2, \cdots\cdots, \boldsymbol{v}_n\}$ と W の基底 $\{\boldsymbol{w}_1, \boldsymbol{w}_2, \cdots\cdots, \boldsymbol{w}_m\}$ に関する表現行列が行列 A に一致するものが存在する。

基本 例題 121 導関数をとる線形写像の表現行列 ①　★☆☆

x を変数とする n 次以下の多項式全体がなす，$\mathbb{R}$ 上のベクトル空間 W_n を考え，導関数をとるという $\mathbb{R}$ 上の線形写像 $\dfrac{d}{dx}: W_n \longrightarrow W_{n-1}$ を考える。W_3 の基底 $\{1,\ x,\ x^2,\ x^3\}$ と，W_2 の基底 $\{1,\ x,\ x^2\}$ に関する $\dfrac{d}{dx}: W_3 \longrightarrow W_2$ の表現行列を求めよ。

指針　表現行列については，247 ページを参照。
また，そこで示されている線形写像の表現行列の定理を用いて求める。

解答　$\dfrac{d}{dx}1=0,\ \dfrac{d}{dx}x=1,\ \dfrac{d}{dx}x^2=2x,\ \dfrac{d}{dx}x^3=3x^2$ であるから

$$\begin{bmatrix} \dfrac{d}{dx}1 & \dfrac{d}{dx}x & \dfrac{d}{dx}x^2 & \dfrac{d}{dx}x^3 \end{bmatrix}=\begin{bmatrix} 1 & x & x^2 \end{bmatrix}\begin{bmatrix} 0 & 1 & 0 & 0 \\ 0 & 0 & 2 & 0 \\ 0 & 0 & 0 & 3 \end{bmatrix}$$

よって，求める表現行列は　$\begin{bmatrix} \mathbf{0} & \mathbf{1} & \mathbf{0} & \mathbf{0} \\ \mathbf{0} & \mathbf{0} & \mathbf{2} & \mathbf{0} \\ \mathbf{0} & \mathbf{0} & \mathbf{0} & \mathbf{3} \end{bmatrix}$

別解　$f: W_3 \longrightarrow W_2$ を与えられた $\mathbb{R}$ 上の線形写像，$\varphi: W_3 \longrightarrow \mathbb{R}^4$ を W_3 の基底 $\{1,\ x,\ x^2,\ x^3\}$ によって決まる $\mathbb{R}$ 上の同型写像，$\phi: W_2 \longrightarrow \mathbb{R}^3$ を W_2 の基底 $\{1,\ x,\ x^2\}$ によって決まる $\mathbb{R}$ 上の同型写像とする。

また，求める表現行列を A とし，行列 A によって決まる線形写像を $f_A: \mathbb{R}^4 \longrightarrow \mathbb{R}^3$ とする。

このとき，図式をかくと右の図のようになる。

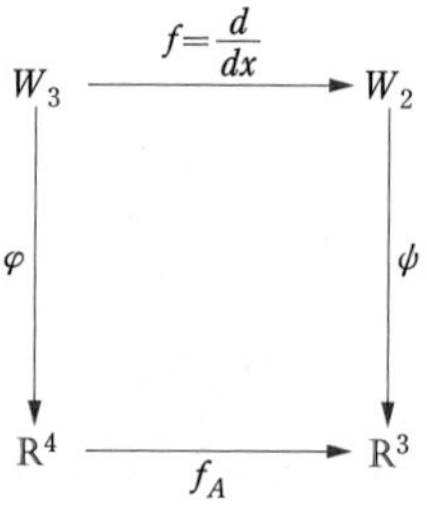

よって　　$f_A=\phi\circ f\circ\varphi^{-1}$

$\boldsymbol{v}=\begin{bmatrix} a_0 \\ a_1 \\ a_2 \\ a_3 \end{bmatrix}\in\mathbb{R}^4$ に対し　　$\varphi^{-1}(\boldsymbol{v})=a_0+a_1x+a_2x^2+a_3x^3$

ゆえに　　$f(\varphi^{-1}(\boldsymbol{v}))=a_1+2a_2x+3a_3x^2$

したがって　　$f_A(\boldsymbol{v})=\phi(f(\varphi^{-1}(\boldsymbol{v})))=\begin{bmatrix} a_1 \\ 2a_2 \\ 3a_3 \end{bmatrix}=\begin{bmatrix} 0 & 1 & 0 & 0 \\ 0 & 0 & 2 & 0 \\ 0 & 0 & 0 & 3 \end{bmatrix}\begin{bmatrix} a_0 \\ a_1 \\ a_2 \\ a_3 \end{bmatrix}$

以上から，求める表現行列は　$\begin{bmatrix} \mathbf{0} & \mathbf{1} & \mathbf{0} & \mathbf{0} \\ \mathbf{0} & \mathbf{0} & \mathbf{2} & \mathbf{0} \\ \mathbf{0} & \mathbf{0} & \mathbf{0} & \mathbf{3} \end{bmatrix}$

基本 例題 122 線形写像の表現行列 ★★☆

V を $\{\boldsymbol{v}_1, \boldsymbol{v}_2, \boldsymbol{v}_3, \boldsymbol{v}_4, \boldsymbol{v}_5\}$ を基底にもつ K 上のベクトル空間とし，W を $\{\boldsymbol{w}_1, \boldsymbol{w}_2\}$ を基底にもつ K 上のベクトル空間とする。K 上の線形写像 $f: V \longrightarrow W$ を，次で定義する。

$$f(\boldsymbol{v}_1)=\boldsymbol{w}_1+5\boldsymbol{w}_2,\quad f(\boldsymbol{v}_2)=\boldsymbol{w}_1+\boldsymbol{w}_2,\quad f(\boldsymbol{v}_3)=3\boldsymbol{w}_1+7\boldsymbol{w}_2,$$
$$f(\boldsymbol{v}_4)=2\boldsymbol{w}_1+6\boldsymbol{w}_2,\quad f(\boldsymbol{v}_5)=\boldsymbol{w}_1+\boldsymbol{w}_2$$

線形写像 f の，V の基底 $\{\boldsymbol{v}_1, \boldsymbol{v}_2, \boldsymbol{v}_3, \boldsymbol{v}_4, \boldsymbol{v}_5\}$ と W の基底 $\{\boldsymbol{w}_1, \boldsymbol{w}_2\}$ に関する表現行列を求めよ。

指針 基本例題 121 と同様にして考える。

解答

$$[\,f(\boldsymbol{v}_1)\quad f(\boldsymbol{v}_2)\quad f(\boldsymbol{v}_3)\quad f(\boldsymbol{v}_4)\quad f(\boldsymbol{v}_5)\,]=[\,\boldsymbol{w}_1\quad \boldsymbol{w}_2\,]\begin{bmatrix}1&1&3&2&1\\5&1&7&6&1\end{bmatrix}$$

よって，求める表現行列は $\begin{bmatrix}\mathbf{1}&\mathbf{1}&\mathbf{3}&\mathbf{2}&\mathbf{1}\\\mathbf{5}&\mathbf{1}&\mathbf{7}&\mathbf{6}&\mathbf{1}\end{bmatrix}$

別解 $\varphi: V \longrightarrow K^5$ を V の基底 $\{\boldsymbol{v}_1, \boldsymbol{v}_2, \boldsymbol{v}_3, \boldsymbol{v}_4, \boldsymbol{v}_5\}$ によって決まる K 上の同型写像，$\phi: W \longrightarrow K^2$ を W の基底 $\{\boldsymbol{w}_1, \boldsymbol{w}_2\}$ によって決まる K 上の同型写像とする。また，求める表現行列を A とし，行列 A によって決まる線形写像を $f_A: K^5 \longrightarrow K^2$ とする。

このとき，図式をかくと右の図のようになる。

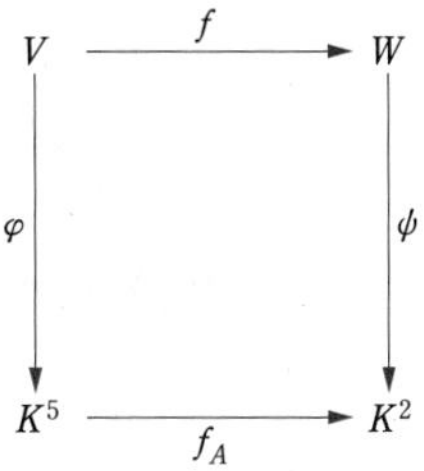

よって $f_A=\phi\circ f\circ\varphi^{-1}$

$$\boldsymbol{v}=\begin{bmatrix}a_1\\a_2\\a_3\\a_4\\a_5\end{bmatrix}\in K^5 \text{ に対し}\quad \varphi^{-1}(\boldsymbol{v})=a_1\boldsymbol{v}_1+a_2\boldsymbol{v}_2+a_3\boldsymbol{v}_3+a_4\boldsymbol{v}_4+a_5\boldsymbol{v}_5$$

ゆえに

$$\begin{aligned}f(\varphi^{-1}(\boldsymbol{v}))&=a_1f(\boldsymbol{v}_1)+a_2f(\boldsymbol{v}_2)+a_3f(\boldsymbol{v}_3)+a_4f(\boldsymbol{v}_4)+a_5f(\boldsymbol{v}_5)\\&=a_1(\boldsymbol{w}_1+5\boldsymbol{w}_2)+a_2(\boldsymbol{w}_1+\boldsymbol{w}_2)+a_3(3\boldsymbol{w}_1+7\boldsymbol{w}_2)+a_4(2\boldsymbol{w}_1+6\boldsymbol{w}_2)+a_5(\boldsymbol{w}_1+\boldsymbol{w}_2)\\&=(a_1+a_2+3a_3+2a_4+a_5)\boldsymbol{w}_1+(5a_1+a_2+7a_3+6a_4+a_5)\boldsymbol{w}_2\end{aligned}$$

したがって

$$\begin{aligned}f_A(\boldsymbol{v})&=\phi(f(\varphi^{-1}(\boldsymbol{v})))\\&=\begin{bmatrix}a_1+a_2+3a_3+2a_4+a_5\\5a_1+a_2+7a_3+6a_4+a_5\end{bmatrix}=\begin{bmatrix}1&1&3&2&1\\5&1&7&6&1\end{bmatrix}\begin{bmatrix}a_1\\a_2\\a_3\\a_4\\a_5\end{bmatrix}\end{aligned}$$

以上から，求める表現行列は $\begin{bmatrix}\mathbf{1}&\mathbf{1}&\mathbf{3}&\mathbf{2}&\mathbf{1}\\\mathbf{5}&\mathbf{1}&\mathbf{7}&\mathbf{6}&\mathbf{1}\end{bmatrix}$

基本　例題 123　零写像，恒等写像と表現行列　★★☆

次を示せ。

(1)　零写像 $0: K^n \longrightarrow K^m$ の，K^n の標準基底と K^m の標準基底に関する表現行列は，零行列 O である。

(2)　恒等写像 $\mathrm{id}: K^n \longrightarrow K^n$ の，定義域および終域どちらについても K^n の標準基底に関する表現行列は，単位行列 E である。

指針　(1)　零写像は，すべてのベクトルを $\mathbf{0}$ に写す線形写像である。また，標準基底の定義は次の通りである。

n 次元数ベクトル空間 K^n の基本ベクトルの組 $\{\boldsymbol{e}_1, \boldsymbol{e}_2, \cdots\cdots, \boldsymbol{e}_n\}$ は K^n を生成する。また，$\{\boldsymbol{e}_1, \boldsymbol{e}_2, \cdots\cdots, \boldsymbol{e}_n\}$ は 1 次独立である。よって，$\{\boldsymbol{e}_1, \boldsymbol{e}_2, \cdots\cdots, \boldsymbol{e}_n\}$ は K^n の基底である。これを，n 次元数ベクトル空間 K^n の **標準基底** という。

(2)　恒等写像の定義は次の通りである。

X を集合とし，$x \in X$ とするとき，次のような写像が定まる。

$$X \longrightarrow X,\ x \longmapsto x$$

これを **恒等写像** という。X の恒等写像を id_X（または簡単に id）と書く。

解答　(1)　K^n の標準基底を $\{\boldsymbol{e}_1, \boldsymbol{e}_2, \cdots\cdots, \boldsymbol{e}_n\}$，$K^m$ の標準基底を $\{\boldsymbol{e}'_1, \boldsymbol{e}'_2, \cdots\cdots, \boldsymbol{e}'_m\}$ とする。

$0(\boldsymbol{e}_1)=\mathbf{0},\ 0(\boldsymbol{e}_2)=\mathbf{0},\ \cdots\cdots,\ 0(\boldsymbol{e}_n)=\mathbf{0}$ であるから

$$[\,0(\boldsymbol{e}_1)\ \ 0(\boldsymbol{e}_2)\ \ \cdots\ \ 0(\boldsymbol{e}_n)\,]=[\,\boldsymbol{e}'_1\ \ \boldsymbol{e}'_2\ \ \cdots\ \ \boldsymbol{e}'_m\,]O$$

よって，零写像 $0: K^n \longrightarrow K^m$ の，K^n の標準基底と K^m の標準基底に関する表現行列は，零行列 O である。■

(2)　K^n の標準基底を $\{\boldsymbol{e}_1, \boldsymbol{e}_2, \cdots\cdots, \boldsymbol{e}_n\}$ とする。

$\mathrm{id}(\boldsymbol{e}_1)=\boldsymbol{e}_1,\ \mathrm{id}(\boldsymbol{e}_2)=\boldsymbol{e}_2,\ \cdots\cdots,\ \mathrm{id}(\boldsymbol{e}_n)=\boldsymbol{e}_n$ であるから

$$[\,\mathrm{id}(\boldsymbol{e}_1)\ \ \mathrm{id}(\boldsymbol{e}_2)\ \ \cdots\ \ \mathrm{id}(\boldsymbol{e}_n)\,]=[\,\boldsymbol{e}_1\ \ \boldsymbol{e}_2\ \ \cdots\ \ \boldsymbol{e}_n\,]E$$

よって，恒等写像 $\mathrm{id}: K^n \longrightarrow K^n$ の，定義域および終域どちらについても K^n の標準基底に関する表現行列は，単位行列 E である。■

補足　(1)　K^n と K^m のどの基底に対してもこの事実は成り立つ。

(2)　定義域と終域の基底として同じものをとれば，標準基底でなくてもこの事実は成り立つ。

基本 例題 124 導関数をとる線形写像の表現行列 ★☆☆

x を変数とする n 次以下の多項式全体がなす，$\mathbb{R}$ 上のベクトル空間 W_n を考え，2 階導関数をとるという $\mathbb{R}$ 上の線形写像 $\dfrac{d^2}{dx^2}: W_n \longrightarrow W_{n-2}$ を考える。W_3 の基底 $\{1, x, x^2, x^3\}$ と，W_1 の基底 $\{1, x\}$ に関する $\dfrac{d^2}{dx^2}: W_3 \longrightarrow W_1$ の表現行列を求めよ。

指針 基本例題 121，122 と同様にして，線形写像の表現行列の定理を用いて求める。

解答 $\dfrac{d^2}{dx^2}1=0$，$\dfrac{d^2}{dx^2}x=0$，$\dfrac{d^2}{dx^2}x^2=2$，$\dfrac{d^2}{dx^2}x^3=6x$ であるから

$$\begin{bmatrix} \dfrac{d^2}{dx^2}1 & \dfrac{d^2}{dx^2}x & \dfrac{d^2}{dx^2}x^2 & \dfrac{d^2}{dx^2}x^3 \end{bmatrix} = \begin{bmatrix} 1 & x \end{bmatrix} \begin{bmatrix} 0 & 0 & 2 & 0 \\ 0 & 0 & 0 & 6 \end{bmatrix}$$

よって，求める表現行列は $\begin{bmatrix} \mathbf{0} & \mathbf{0} & \mathbf{2} & \mathbf{0} \\ \mathbf{0} & \mathbf{0} & \mathbf{0} & \mathbf{6} \end{bmatrix}$

補足 線形写像の合成と表現行列の関係について，次の **定理** が成り立つ。詳しくは，「数研講座シリーズ　大学教養　線形代数」の 225，226 ページを参照。

定理　合成と表現行列

V，W，U を K 上の有限次元ベクトル空間とし，$f: V \longrightarrow W$，$g: W \longrightarrow U$ を K 上の線形写像とすると，合成によって，K 上の線形写像 $g \circ f: V \longrightarrow U$ が得られる。
$\dim V=n$，$\dim W=m$，$\dim U=l$ とし，V，W，U の基底をそれぞれ $\{\boldsymbol{v}_1, \boldsymbol{v}_2, \cdots\cdots, \boldsymbol{v}_n\}$，$\{\boldsymbol{w}_1, \boldsymbol{w}_2, \cdots\cdots, \boldsymbol{w}_m\}$，$\{\boldsymbol{u}_1, \boldsymbol{u}_2, \cdots\cdots, \boldsymbol{u}_l\}$ とする。また，V の基底 $\{\boldsymbol{v}_1, \boldsymbol{v}_2, \cdots\cdots, \boldsymbol{v}_n\}$ と W の基底 $\{\boldsymbol{w}_1, \boldsymbol{w}_2, \cdots\cdots, \boldsymbol{w}_m\}$ に関する線形写像 f の表現行列を A，W の基底 $\{\boldsymbol{w}_1, \boldsymbol{w}_2, \cdots\cdots, \boldsymbol{w}_m\}$ と U の基底 $\{\boldsymbol{u}_1, \boldsymbol{u}_2, \cdots\cdots, \boldsymbol{u}_l\}$ に関する線形写像 g の表現行列を B とする（行列 A は $m \times n$ 行列であり，行列 B は $l \times m$ 行列である）。このとき，V の基底 $\{\boldsymbol{v}_1, \boldsymbol{v}_2, \cdots\cdots, \boldsymbol{v}_n\}$ と U の基底 $\{\boldsymbol{u}_1, \boldsymbol{u}_2, \cdots\cdots, \boldsymbol{u}_l\}$ に関する $g \circ f$ の表現行列は，行列の積 BA で与えられる。

参考 線形写像が同型であることの必要十分条件は，線形写像の表現行列が正則であることである（詳しくは，「数研講座シリーズ　大学教養　線形代数」の 227，228 ページを参照）。

定理　同型写像の表現行列

V，W を K 上のベクトル空間，$\dim V=\dim W=n$ として，$f: V \longrightarrow W$ を，K 上の線形写像とする。また，V，W の基底をそれぞれ $\{\boldsymbol{v}_1, \boldsymbol{v}_2, \cdots\cdots, \boldsymbol{v}_n\}$，$\{\boldsymbol{w}_1, \boldsymbol{w}_2, \cdots\cdots, \boldsymbol{w}_n\}$ とし，V の基底 $\{\boldsymbol{v}_1, \boldsymbol{v}_2, \cdots\cdots, \boldsymbol{v}_n\}$ と W の基底 $\{\boldsymbol{w}_1, \boldsymbol{w}_2, \cdots\cdots, \boldsymbol{w}_n\}$ に関する線形写像 f の表現行列を A とする（A は n 次正方行列である）。f が同型写像であるための必要十分条件は，A が正則行列であることである。また，このとき，行列 A の逆行列 A^{-1} は，W の基底 $\{\boldsymbol{w}_1, \boldsymbol{w}_2, \cdots\cdots, \boldsymbol{w}_n\}$ と V の基底 $\{\boldsymbol{v}_1, \boldsymbol{v}_2, \cdots\cdots, \boldsymbol{v}_n\}$ に関する $f^{-1}: W \longrightarrow V$ の表現行列である。

◈1次変換の表現行列

詳しくは，「数研講座シリーズ　大学教養　線形代数」の228，229ページを参照。以下は，その要約である。

VをK上のベクトル空間とし，$\{\boldsymbol{v}_1,\ \boldsymbol{v}_2,\ \cdots\cdots,\ \boldsymbol{v}_n\}$ をその基底とする。$\varphi : V \longrightarrow V$ をVの1次変換とするとき，Vの1次変換φの，定義域Vの基底も終域Vの基底も $\{\boldsymbol{v}_1,\ \boldsymbol{v}_2,\ \cdots\cdots,\ \boldsymbol{v}_n\}$ で考えた場合の表現行列を，Vの1次変換φの，基底 $\{\boldsymbol{v}_1,\ \boldsymbol{v}_2,\ \cdots\cdots,\ \boldsymbol{v}_n\}$ に関する **表現行列** という。一般の線形写像について247ページで扱った定理，基本例題124の 補足 と 参考 で扱った定理を，それぞれ1次変換の場合に適用することで，次の定理が得られる。

定理　1次変換の表現行列

VをK上のベクトル空間とし，Vの基底を $\{\boldsymbol{v}_1,\ \boldsymbol{v}_2,\ \cdots\cdots,\ \boldsymbol{v}_n\}$ として固定する。

[1]　Vの1次変換 $\varphi : V \longrightarrow V$ に対し，基底 $\{\boldsymbol{v}_1,\ \boldsymbol{v}_2,\ \cdots\cdots,\ \boldsymbol{v}_n\}$ に関する表現行列をAとすると，Aは一意的に決まる。

[2]　任意のn次正方行列Aに対し，Vの1次変換 $\varphi : V \longrightarrow V$ で，その基底 $\{\boldsymbol{v}_1,\ \boldsymbol{v}_2,\ \cdots\cdots,\ \boldsymbol{v}_n\}$ に関する表現行列がAに一致するものが存在する。

定理　1次変換の合成と表現行列

VをK上のベクトル空間とし，Vの基底を $\{\boldsymbol{v}_1,\ \boldsymbol{v}_2,\ \cdots\cdots,\ \boldsymbol{v}_n\}$ として固定する。

Vの1次変換 $\varphi : V \longrightarrow V$ の，基底 $\{\boldsymbol{v}_1,\ \boldsymbol{v}_2,\ \cdots\cdots,\ \boldsymbol{v}_n\}$ に関する表現行列をAとし，Vの1次変換 $\psi : V \longrightarrow V$ の，基底 $\{\boldsymbol{v}_1,\ \boldsymbol{v}_2,\ \cdots\cdots,\ \boldsymbol{v}_n\}$ に関する表現行列をBとする。このとき，合成 $\psi\circ\varphi : V \longrightarrow V$ の，基底 $\{\boldsymbol{v}_1,\ \boldsymbol{v}_2,\ \cdots\cdots,\ \boldsymbol{v}_n\}$ に関する表現行列は BA である。

1次変換 $\varphi : V \longrightarrow V$ で，逆変換 $\varphi^{-1} : V \longrightarrow V$ をもつものを，V上の **可逆な1次変換**，あるいは，**自己同型** という。基本例題119の 研究 で扱った2つ目の 系 より，1次変換 $\varphi : V \longrightarrow V$ が可逆であることは，1次変換φが単射であることと同値であり，また1次変換φが全射であることとも同値である。

定理　可逆な1次変換の表現行列

VをK上のベクトル空間とし，Vの基底を $\{\boldsymbol{v}_1,\ \boldsymbol{v}_2,\ \cdots\cdots,\ \boldsymbol{v}_n\}$ として固定する。

1次変換 $\varphi : V \longrightarrow V$ の，基底 $\{\boldsymbol{v}_1,\ \boldsymbol{v}_2,\ \cdots\cdots,\ \boldsymbol{v}_n\}$ に関する表現行列をAとする。1次変換φが可逆であるための必要十分条件は，Aが正則行列であることである。またこのとき，逆変換φ^{-1}の，基底 $\{\boldsymbol{v}_1,\ \boldsymbol{v}_2,\ \cdots\cdots,\ \boldsymbol{v}_n\}$ に関する表現行列は，行列Aの逆行列 A^{-1} である。

◈基底の変換

詳しくは，「数研講座シリーズ　大学教養　線形代数」の229，230ページを参照。以下は，その要約である。

VをK上のベクトル空間とし，Vの2つの基底を $\{\boldsymbol{v}_1,\ \boldsymbol{v}_2,\ \cdots\cdots,\ \boldsymbol{v}_n\}$ と $\{\boldsymbol{v}_1',\ \boldsymbol{v}_2',\ \cdots\cdots,\ \boldsymbol{v}_n'\}$ とする。このとき，各 $\boldsymbol{v}_i$ $(i=1,\ 2,\ \cdots\cdots,\ n)$ を $\boldsymbol{v}_i'$ に写すことで，Vの1次変換

$$\varphi : V \longrightarrow V,\quad \varphi(\boldsymbol{v}_i)=\boldsymbol{v}_i' \quad (i=1,\ 2,\ \cdots\cdots,\ n)$$

が決まる（238ページで扱った定理参照）。

$\{\boldsymbol{v}_1',\ \boldsymbol{v}_2',\ \cdots\cdots,\ \boldsymbol{v}_n'\}$ はVを生成するから，$\varphi(V)$ はVに一致する。すなわち，φは全射である。したがって，基本例題119の 研究 で扱った2つ目の 系 より，φは可逆な1次変換である。1次変換φの，基底 $\{\boldsymbol{v}_1,\ \boldsymbol{v}_2,\ \cdots\cdots,\ \boldsymbol{v}_n\}$ に関する表現行列をPとすると，上で扱った3つ目の定理より，Pはn次正則行列であり，次が成り立つ。

$$[\,\boldsymbol{v}_1' \quad \boldsymbol{v}_2' \quad \cdots \quad \boldsymbol{v}_n'\,]=[\,\boldsymbol{v}_1 \quad \boldsymbol{v}_2 \quad \cdots \quad \boldsymbol{v}_n\,]P$$

すなわち，$P=[p_{ij}]$ とすると，次が成り立つ。

$$\boldsymbol{v}_j'=p_{1j}\boldsymbol{v}_1+p_{2j}\boldsymbol{v}_2+\cdots\cdots+p_{nj}\boldsymbol{v}_n \quad (j=1,\ 2,\ \cdots\cdots,\ n)$$

この n 次正則行列 P を，V の基底 $\{\boldsymbol{v}_1,\ \boldsymbol{v}_2,\ \cdots\cdots,\ \boldsymbol{v}_n\}$ から基底 $\{\boldsymbol{v}_1',\ \boldsymbol{v}_2',\ \cdots\cdots,\ \boldsymbol{v}_n'\}$ への **変換行列** という。

基本 例題 125 基底の変換行列 ① ★☆☆

R^3 の基底 $\left\{\boldsymbol{v}_1=\begin{bmatrix}1\\1\\0\end{bmatrix},\ \boldsymbol{v}_2=\begin{bmatrix}1\\1\\1\end{bmatrix},\ \boldsymbol{v}_3=\begin{bmatrix}0\\1\\1\end{bmatrix}\right\}$ から，基底

$\left\{\boldsymbol{v}_1'=\begin{bmatrix}1\\2\\1\end{bmatrix},\ \boldsymbol{v}_2'=\begin{bmatrix}2\\3\\2\end{bmatrix},\ \boldsymbol{v}_3'=\begin{bmatrix}1\\1\\2\end{bmatrix}\right\}$ への変換行列 P を求めよ。

指針 変換行列については，252 ページのまとめ（基底の変換）を参照。
これに従って，$[\,\boldsymbol{v}_1'\ \ \boldsymbol{v}_2'\ \ \boldsymbol{v}_3'\,]=[\,\boldsymbol{v}_1\ \ \boldsymbol{v}_2\ \ \boldsymbol{v}_3\,]P$ となる 3 次正方行列 P を求めればよい。

解答 $A=[\,\boldsymbol{v}_1'\ \ \boldsymbol{v}_2'\ \ \boldsymbol{v}_3'\,]=\begin{bmatrix}1&2&1\\2&3&1\\1&2&2\end{bmatrix}$，$B=[\,\boldsymbol{v}_1\ \ \boldsymbol{v}_2\ \ \boldsymbol{v}_3\,]=\begin{bmatrix}1&1&0\\1&1&1\\0&1&1\end{bmatrix}$ とすると

$$A=BP$$

$B^{-1}=\begin{bmatrix}0&1&-1\\1&-1&1\\-1&1&0\end{bmatrix}$ であるから　◀下の 補足 参照。

$$P=B^{-1}A=\begin{bmatrix}0&1&-1\\1&-1&1\\-1&1&0\end{bmatrix}\begin{bmatrix}1&2&1\\2&3&1\\1&2&2\end{bmatrix}=\begin{bmatrix}\mathbf{1}&\mathbf{1}&\mathbf{-1}\\\mathbf{0}&\mathbf{1}&\mathbf{2}\\\mathbf{1}&\mathbf{1}&\mathbf{0}\end{bmatrix}$$

補足 $$[\,B\mid E\,]=\left[\begin{array}{ccc|ccc}1&1&0&1&0&0\\1&1&1&0&1&0\\0&1&1&0&0&1\end{array}\right]\xrightarrow{①\times(-1)+②}\left[\begin{array}{ccc|ccc}1&1&0&1&0&0\\0&0&1&-1&1&0\\0&1&1&0&0&1\end{array}\right]$$

$$\xrightarrow{③\leftrightarrow②}\left[\begin{array}{ccc|ccc}1&1&0&1&0&0\\0&1&1&0&0&1\\0&0&1&-1&1&0\end{array}\right]\xrightarrow{③\times(-1)+②}\left[\begin{array}{ccc|ccc}1&1&0&1&0&0\\0&1&0&1&-1&1\\0&0&1&-1&1&0\end{array}\right]$$

$$\xrightarrow{②\times(-1)+①}\left[\begin{array}{ccc|ccc}1&0&0&0&1&-1\\0&1&0&1&-1&1\\0&0&1&-1&1&0\end{array}\right]=[\,E\mid B^{-1}\,]$$

補足 $\varphi:\mathrm{R}^3\longrightarrow\mathrm{R}^3$ を R^3 の基底 $\{\boldsymbol{v}_1,\ \boldsymbol{v}_2,\ \boldsymbol{v}_3\}$ によって決まる R 上の同型写像，$\psi:\mathrm{R}^3\longrightarrow\mathrm{R}^3$ を R^3 の基底 $\{\boldsymbol{v}_1',\ \boldsymbol{v}_2',\ \boldsymbol{v}_3'\}$ によって決まる R 上の同型写像とする。求める変換行列を P とし，行列 P によって定まる線形写像を $f_P:\mathrm{R}^3\longrightarrow\mathrm{R}^3$ とする。このとき，図式をかくと右の図のようになる。

よって　　$f_P=\varphi\circ\psi^{-1}$

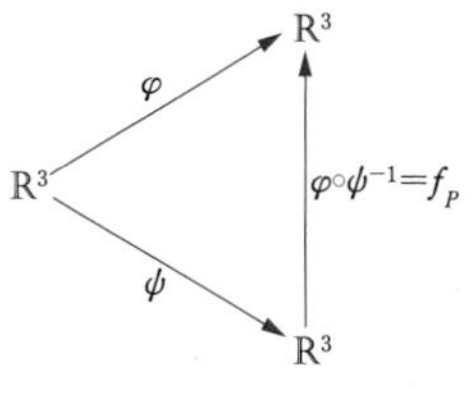

基本 例題 126 基底変換と線形写像の表現行列 ① ★★☆

Vを $\{\boldsymbol{v}_1,\ \boldsymbol{v}_2,\ \boldsymbol{v}_3,\ \boldsymbol{v}_4,\ \boldsymbol{v}_5\}$ を基底にもつK上のベクトル空間とし，Wを $\{\boldsymbol{w}_1,\ \boldsymbol{w}_2\}$ を基底にもつK上のベクトル空間とする。K上の線形写像 $f: V \longrightarrow W$ を，次で定義する。

$$f(\boldsymbol{v}_1)=\boldsymbol{w}_1+5\boldsymbol{w}_2 \quad f(\boldsymbol{v}_2)=\boldsymbol{w}_1+\boldsymbol{w}_2 \quad f(\boldsymbol{v}_3)=3\boldsymbol{w}_1+7\boldsymbol{w}_2,$$
$$f(\boldsymbol{v}_4)=2\boldsymbol{w}_1+6\boldsymbol{w}_2 \quad f(\boldsymbol{v}_5)=\boldsymbol{w}_1+\boldsymbol{w}_2$$

Vの基底を入れ替えて，新しい基底 $\{\boldsymbol{v}_2,\ \boldsymbol{v}_3,\ \boldsymbol{v}_1,\ \boldsymbol{v}_5,\ \boldsymbol{v}_4\}$ を考える。また，Wの基底 $\{\boldsymbol{w}_1',\ \boldsymbol{w}_2'\}$ を $\boldsymbol{w}_1'=\boldsymbol{w}_1+5\boldsymbol{w}_2$，$\boldsymbol{w}_2'=\boldsymbol{w}_1+\boldsymbol{w}_2$ で定める。線形写像fの，Vの基底 $\{\boldsymbol{v}_2,\ \boldsymbol{v}_3,\ \boldsymbol{v}_1,\ \boldsymbol{v}_5,\ \boldsymbol{v}_4\}$ とWの基底 $\{\boldsymbol{w}_1',\ \boldsymbol{w}_2'\}$ に関する表現行列を求めよ。

指針　与えられたベクトル空間 V，Wの基底を入れ替えて新しい基底を考えることから，新しい基底への変換行列を求める。これと表現行列の関係を導き出すため，次の **定理** を利用して求める。詳しくは，「数研講座シリーズ　大学教養　線形代数」の 231，232 ページを参照。

定理　基底変換と表現行列

V，WをK上のベクトル空間とし，$f: V \longrightarrow W$ をK上の線形写像とする。Vの 2 つの基底を $\{\boldsymbol{v}_1,\ \boldsymbol{v}_2,\ \cdots\cdots,\ \boldsymbol{v}_n\}$，$\{\boldsymbol{v}_1',\ \boldsymbol{v}_2',\ \cdots\cdots,\ \boldsymbol{v}_n'\}$ とし，Wの 2 つの基底を $\{\boldsymbol{w}_1,\ \boldsymbol{w}_2,\ \cdots\cdots,\ \boldsymbol{w}_m\}$，$\{\boldsymbol{w}_1',\ \boldsymbol{w}_2',\ \cdots\cdots,\ \boldsymbol{w}_m'\}$ とする。また，線形写像 $f: V \longrightarrow W$ の，Vの基底 $\{\boldsymbol{v}_1,\ \boldsymbol{v}_2,\ \cdots\cdots,\ \boldsymbol{v}_n\}$ とWの基底 $\{\boldsymbol{w}_1,\ \boldsymbol{w}_2,\ \cdots\cdots,\ \boldsymbol{w}_m\}$ に関する表現行列をA，Vの基底 $\{\boldsymbol{v}_1',\ \boldsymbol{v}_2',\ \cdots\cdots,\ \boldsymbol{v}_n'\}$ とWの基底 $\{\boldsymbol{w}_1',\ \boldsymbol{w}_2',\ \cdots\cdots,\ \boldsymbol{w}_m'\}$ に関する表現行列を A' とする。更に，Vの基底 $\{\boldsymbol{v}_1,\ \boldsymbol{v}_2,\ \cdots\cdots,\ \boldsymbol{v}_n\}$ から $\{\boldsymbol{v}_1',\ \boldsymbol{v}_2',\ \cdots\cdots,\ \boldsymbol{v}_n'\}$ への変換行列をPとし，Wの基底 $\{\boldsymbol{w}_1,\ \boldsymbol{w}_2,\ \cdots\cdots,\ \boldsymbol{w}_m\}$ から $\{\boldsymbol{w}_1',\ \boldsymbol{w}_2',\ \cdots\cdots,\ \boldsymbol{w}_m'\}$ への変換行列をQとする。このとき，$A'=Q^{-1}AP$ が成り立つ。

解答　線形写像fの，Vの基底 $\{\boldsymbol{v}_1,\ \boldsymbol{v}_2,\ \boldsymbol{v}_3,\ \boldsymbol{v}_4,\ \boldsymbol{v}_5\}$ とWの基底 $\{\boldsymbol{w}_1,\ \boldsymbol{w}_2\}$ に関する表現行列をAとすると　$A=\begin{bmatrix} 1 & 1 & 3 & 2 & 1 \\ 5 & 1 & 7 & 6 & 1 \end{bmatrix}$

◀基本例題 122 より。

また，Vの基底 $\{\boldsymbol{v}_1,\ \boldsymbol{v}_2,\ \boldsymbol{v}_3,\ \boldsymbol{v}_4,\ \boldsymbol{v}_5\}$ から，新しい基底 $\{\boldsymbol{v}_2,\ \boldsymbol{v}_3,\ \boldsymbol{v}_1,\ \boldsymbol{v}_5,\ \boldsymbol{v}_4\}$ への変換行列をPとすると，$[\boldsymbol{v}_2\ \ \boldsymbol{v}_3\ \ \boldsymbol{v}_1\ \ \boldsymbol{v}_5\ \ \boldsymbol{v}_4]=[\boldsymbol{v}_1\ \ \boldsymbol{v}_2\ \ \boldsymbol{v}_3\ \ \boldsymbol{v}_4\ \ \boldsymbol{v}_5]P$ であり

$$P=\begin{bmatrix} 0 & 0 & 1 & 0 & 0 \\ 1 & 0 & 0 & 0 & 0 \\ 0 & 1 & 0 & 0 & 0 \\ 0 & 0 & 0 & 0 & 1 \\ 0 & 0 & 0 & 1 & 0 \end{bmatrix}$$

更に，Wの基底 $\{\boldsymbol{w}_1,\ \boldsymbol{w}_2\}$ から，新しい基底 $\{\boldsymbol{w}_1',\ \boldsymbol{w}_2'\}$ への変換行列をQとすると，

$[\boldsymbol{w}_1'\ \ \boldsymbol{w}_2']=[\boldsymbol{w}_1\ \ \boldsymbol{w}_2]Q$ であり　$Q=\begin{bmatrix} 1 & 1 \\ 5 & 1 \end{bmatrix}$

このとき $\quad [\,f(\boldsymbol{v}_2)\ \ f(\boldsymbol{v}_3)\ \ f(\boldsymbol{v}_1)\ \ f(\boldsymbol{v}_5)\ \ f(\boldsymbol{v}_4)\,]$

$$=[\,f(\boldsymbol{v}_1)\ \ f(\boldsymbol{v}_2)\ \ f(\boldsymbol{v}_3)\ \ f(\boldsymbol{v}_4)\ \ f(\boldsymbol{v}_5)\,]P$$

$$=[\,\boldsymbol{w}_1\ \ \boldsymbol{w}_2\,]AP=[\,\boldsymbol{w}_1'\ \ \boldsymbol{w}_2'\,]Q^{-1}AP$$

よって，求める表現行列は

$$Q^{-1}AP=-\frac{1}{4}\begin{bmatrix}1 & -1\\ -5 & 1\end{bmatrix}\begin{bmatrix}1 & 1 & 3 & 2 & 1\\ 5 & 1 & 7 & 6 & 1\end{bmatrix}\begin{bmatrix}0 & 0 & 1 & 0 & 0\\ 1 & 0 & 0 & 0 & 0\\ 0 & 1 & 0 & 0 & 0\\ 0 & 0 & 0 & 0 & 1\\ 0 & 0 & 0 & 1 & 0\end{bmatrix}$$

$$=\begin{bmatrix}\mathbf{0} & \mathbf{1} & \mathbf{1} & \mathbf{0} & \mathbf{1}\\ \mathbf{1} & \mathbf{2} & \mathbf{0} & \mathbf{1} & \mathbf{1}\end{bmatrix}$$

補足 $\varphi : V \longrightarrow K^5$ を V の基底 $\{\boldsymbol{v}_1,\ \boldsymbol{v}_2,\ \boldsymbol{v}_3,\ \boldsymbol{v}_4,\ \boldsymbol{v}_5\}$ によって決まる K 上の同型写像，$\varphi' : V \longrightarrow K^5$ を V の基底 $\{\boldsymbol{v}_2,\ \boldsymbol{v}_3,\ \boldsymbol{v}_1,\ \boldsymbol{v}_5,\ \boldsymbol{v}_4\}$ によって決まる K 上の同型写像，$\psi : W \longrightarrow K^2$ を W の基底 $\{\boldsymbol{w}_1,\ \boldsymbol{w}_2\}$ によって決まる K 上の同型写像，$\psi' : W \longrightarrow K^2$ を W の基底 $\{\boldsymbol{w}_1',\ \boldsymbol{w}_2'\}$ によって決まる K 上の同型写像とする。

また，解答中の行列 A によって決まる線形写像を $f_A : K^5 \longrightarrow K^2$，行列 P によって決まる線形写像を $f_P : K^5 \longrightarrow K^5$，行列 Q^{-1} によって決まる線形写像を $f_{Q^{-1}} : K^2 \longrightarrow K^2$ とする。更に，求める表現行列を B とし，行列 B によって決まる線形写像を $f_B : K^5 \longrightarrow K^2$ とする。このとき，図式をかくと右の図のようになる。

よって $\quad B=Q^{-1}AP$

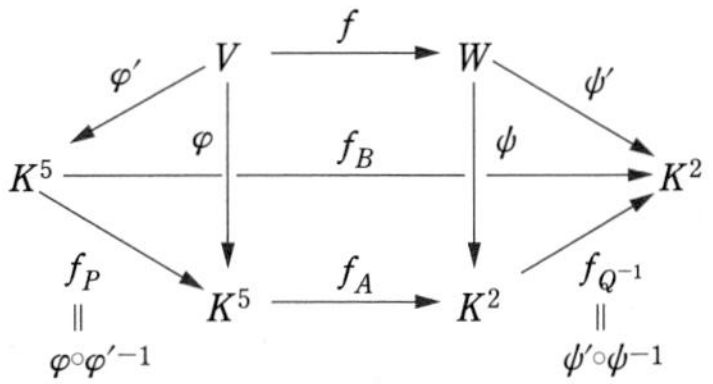

基本 例題 127 基底変換と線形写像の表現行列 ②　★★☆

(1)　2 次正方行列 $A=\begin{bmatrix} 5 & 2 \\ 2 & 1 \end{bmatrix}$ で決まる，R^2 の 1 次変換 $\varphi_A : \mathrm{R}^2 \longrightarrow \mathrm{R}^2$ の，R^2 の基底 $\left\{\boldsymbol{w}_1=\begin{bmatrix} 7 \\ 8 \end{bmatrix},\ \boldsymbol{w}_2=\begin{bmatrix} 8 \\ 9 \end{bmatrix}\right\}$ に関する表現行列を求めよ。

(2)　3 次正方行列 $A=\begin{bmatrix} 6 & -4 & 1 \\ 3 & 1 & 2 \\ 3 & 7 & 5 \end{bmatrix}$ で決まる，R^3 の 1 次変換 $\varphi_A : \mathrm{R}^3 \longrightarrow \mathrm{R}^3$ の，R^3 の基底 $\left\{\boldsymbol{w}_1=\begin{bmatrix} 1 \\ 2 \\ 3 \end{bmatrix},\ \boldsymbol{w}_2=\begin{bmatrix} 2 \\ 4 \\ 5 \end{bmatrix},\ \boldsymbol{w}_3=\begin{bmatrix} 3 \\ 5 \\ 6 \end{bmatrix}\right\}$ に関する表現行列を求めよ。

指針　1 次変換の表現行列を考える場合，基本例題 126 の **指針** で扱った定理から次の 系 が得られる（詳しくは，「数研講座シリーズ　大学教養　線形代数」の 233，234 ページを参照）。これを用いて求める。

系　**基底変換と表現行列**（1 次変換の場合）
V を K 上のベクトル空間とし，V の 2 つの基底を $\{\boldsymbol{v}_1, \boldsymbol{v}_2, \cdots\cdots, \boldsymbol{v}_n\}$，$\{\boldsymbol{v}_1', \boldsymbol{v}_2', \cdots\cdots, \boldsymbol{v}_n'\}$ とする。また，1 次変換 $\varphi : V \longrightarrow V$ の，V の基底 $\{\boldsymbol{v}_1, \boldsymbol{v}_2, \cdots\cdots, \boldsymbol{v}_n\}$ に関する表現行列を A とし，V の基底 $\{\boldsymbol{v}_1', \boldsymbol{v}_2', \cdots\cdots, \boldsymbol{v}_n'\}$ に関する表現行列を A' とする。更に，基底 $\{\boldsymbol{v}_1, \boldsymbol{v}_2, \cdots\cdots, \boldsymbol{v}_n\}$ から基底 $\{\boldsymbol{v}_1', \boldsymbol{v}_2', \cdots\cdots, \boldsymbol{v}_n'\}$ への変換行列を P とする。このとき，$A'=P^{-1}AP$ が成り立つ。

解答　(1)　R^2 の標準基底 $\left\{\begin{bmatrix} 1 \\ 0 \end{bmatrix}, \begin{bmatrix} 0 \\ 1 \end{bmatrix}\right\}$ から R^2 の基底 $\left\{\boldsymbol{w}_1=\begin{bmatrix} 7 \\ 8 \end{bmatrix},\ \boldsymbol{w}_2=\begin{bmatrix} 8 \\ 9 \end{bmatrix}\right\}$ への変換行列を P とすると　$P=\begin{bmatrix} 7 & 8 \\ 8 & 9 \end{bmatrix}$

$P^{-1}=\begin{bmatrix} -9 & 8 \\ 8 & -7 \end{bmatrix}$ であるから，求める表現行列は

$$P^{-1}AP=\begin{bmatrix} -9 & 8 \\ 8 & -7 \end{bmatrix}\begin{bmatrix} 5 & 2 \\ 2 & 1 \end{bmatrix}\begin{bmatrix} 7 & 8 \\ 8 & 9 \end{bmatrix}=\begin{bmatrix} \mathbf{-283} & \mathbf{-322} \\ \mathbf{254} & \mathbf{289} \end{bmatrix}$$

(2)　R^3 の標準基底 $\left\{\begin{bmatrix} 1 \\ 0 \\ 0 \end{bmatrix}, \begin{bmatrix} 0 \\ 1 \\ 0 \end{bmatrix}, \begin{bmatrix} 0 \\ 0 \\ 1 \end{bmatrix}\right\}$ から R^3 の基底

$\left\{\boldsymbol{w}_1=\begin{bmatrix} 1 \\ 2 \\ 3 \end{bmatrix},\ \boldsymbol{w}_2=\begin{bmatrix} 2 \\ 4 \\ 5 \end{bmatrix},\ \boldsymbol{w}_3=\begin{bmatrix} 3 \\ 5 \\ 6 \end{bmatrix}\right\}$ への変換行列を P とすると

$$P=\begin{bmatrix} 1 & 2 & 3 \\ 2 & 4 & 5 \\ 3 & 5 & 6 \end{bmatrix}$$

$P^{-1}=\begin{bmatrix} 1 & -3 & 2 \\ -3 & 3 & -1 \\ 2 & -1 & 0 \end{bmatrix}$ であるから，R^3 の基底 $\left\{\boldsymbol{w}_1=\begin{bmatrix} 1 \\ 2 \\ 3 \end{bmatrix},\ \boldsymbol{w}_2=\begin{bmatrix} 2 \\ 4 \\ 5 \end{bmatrix},\ \boldsymbol{w}_3=\begin{bmatrix} 3 \\ 5 \\ 6 \end{bmatrix}\right\}$

に関する表現行列は

$$P^{-1}AP=\begin{bmatrix} 1 & -3 & 2 \\ -3 & 3 & -1 \\ 2 & -1 & 0 \end{bmatrix}\begin{bmatrix} 6 & -4 & 1 \\ 3 & 1 & 2 \\ 3 & 7 & 5 \end{bmatrix}\begin{bmatrix} 1 & 2 & 3 \\ 2 & 4 & 5 \\ 3 & 5 & 6 \end{bmatrix}$$

$$=\begin{bmatrix} \mathbf{32} & \mathbf{59} & \mathbf{74} \\ \mathbf{-2} & \mathbf{-2} & \mathbf{-8} \\ \mathbf{-9} & \mathbf{-18} & \mathbf{-18} \end{bmatrix}$$

補足 (1) において，$\psi : \mathrm{R}^2 \longrightarrow \mathrm{R}^2$ を基底 $\{\boldsymbol{w}_1,\ \boldsymbol{w}_2\}$ によって決まる R 上の同型写像とする。
また，行列 P によって決まる線形写像を $f_P : \mathrm{R}^2 \longrightarrow \mathrm{R}^2$，行列 P^{-1} によって決まる線形写像を $f_{P^{-1}} : \mathrm{R}^2 \longrightarrow \mathrm{R}^2$ とする。更に，求める表現行列を B とし，行列 B によって決まる線形写像を $f_B : \mathrm{R}^2 \longrightarrow \mathrm{R}^2$ とする。
このとき，図式をかくと右の図のようになる。
よって　　$B=P^{-1}AP$

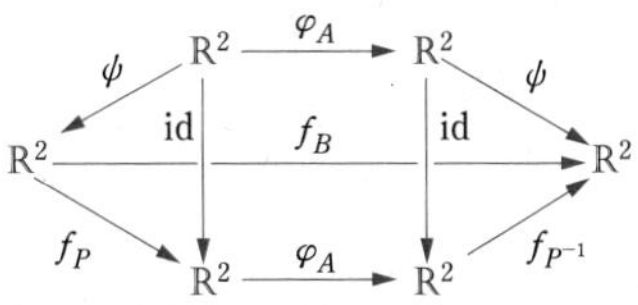

(2) において，$\psi : \mathrm{R}^3 \longrightarrow \mathrm{R}^3$ を基底 $\{\boldsymbol{w}_1,\ \boldsymbol{w}_2,\ \boldsymbol{w}_3\}$ によって決まる R 上の同型写像とする。
また，行列 P によって決まる線形写像を $f_P : \mathrm{R}^3 \longrightarrow \mathrm{R}^3$，行列 P^{-1} によって決まる線形写像を $f_{P^{-1}} : \mathrm{R}^3 \longrightarrow \mathrm{R}^3$ とする。更に，求める表現行列を B とし，行列 B によって決まる線形写像を $f_B : \mathrm{R}^3 \longrightarrow \mathrm{R}^3$ とする。
このとき，図式をかくと右の図のようになる。
よって　　$B=P^{-1}AP$

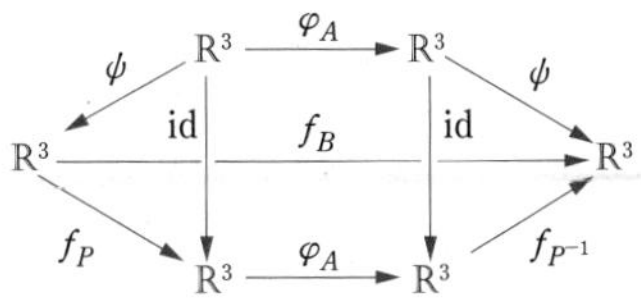

第 6 章の内容チェックテスト

次の(ア), (イ)などの問いに答えよ。また，□に当てはまる適当な式や値を答えよ。

(1) R^2 から R^2 への写像 $f\left(\begin{bmatrix} x \\ y \end{bmatrix}\right)=\begin{bmatrix} ax+b \\ cy+d \end{bmatrix}$ は，ア□のとき R 上の線形写像であり，イ□のとき R 上の線形写像ではない。

(2) R^2 から R^2 への線形写像 $f\left(\begin{bmatrix} x \\ y \end{bmatrix}\right)=\begin{bmatrix} ax+by \\ cx+dy \end{bmatrix}$ を考える。ただし，$ad-bc\neq 0$ とする。

(ア) $f=f_A$ となる 2 次正方行列 A を求めると $A=$□である。

(イ) $g\left(\begin{bmatrix} u \\ v \end{bmatrix}\right)=$□は，$f$ の逆写像である。

(ウ) $g=f_B$ となる 2 次正方行列 B を求めると $B=$□である。

(3) 行列 $A=\begin{bmatrix} 1 & 4 & 2 \\ -1 & -1 & 1 \\ 2 & 3 & -1 \end{bmatrix}$ について，次の問いに答えよ。

(ア) 行列 A の簡約階段形は□である。

(イ) 行列 A から決まる線形写像 $f_A:\mathrm{R}^3\longrightarrow\mathrm{R}^3$ の像 $f_A(\mathrm{R}^3)$ の基底の 1 組は□である。

(ウ) (イ)の f_A の核 $\mathrm{Ker}(f_A)$ の基底の 1 組は□である。

(エ) (ウ)で求めた基底の次元は□である。

(4) R^3 の基底 $\left\{\boldsymbol{v}_1=\begin{bmatrix} 2 \\ -3 \\ 0 \end{bmatrix},\ \boldsymbol{v}_2=\begin{bmatrix} -2 \\ 4 \\ 2 \end{bmatrix},\ \boldsymbol{v}_3=\begin{bmatrix} -1 \\ 3 \\ -1 \end{bmatrix}\right\}$ から，基底

$\left\{\boldsymbol{v}_1{}'=\begin{bmatrix} 0 \\ 3 \\ -2 \end{bmatrix},\ \boldsymbol{v}_2{}'=\begin{bmatrix} 1 \\ -2 \\ 0 \end{bmatrix},\ \boldsymbol{v}_3{}'=\begin{bmatrix} 1 \\ 0 \\ 2 \end{bmatrix}\right\}$ への変換行列 P は，行列 $A=$ア□に対して

$A=$イ□P を満たす行列であるから，$P=$ウ□と求められる。

(5) (ア) W を $\sinh x$ と $\cosh x$ で生成される $F(\mathrm{R})$ の部分空間とし，導関数をとるという R 上の線形写像 $\dfrac{d}{dx}:W\longrightarrow W$ の，定義域 W の基底 $\{\sinh x,\ \cosh x\}$ と終域 W の基底 $\{\sinh x,\ \cosh x\}$ に関する表現行列は□である。

(イ) 3 次正方行列 $A=\begin{bmatrix} 1 & 3 & 2 \\ -1 & -2 & -1 \\ 2 & 4 & 3 \end{bmatrix}$ で決まる，R^3 の 1 次変換 $\varphi_A:\mathrm{R}^3\longrightarrow\mathrm{R}^3$ の，R^3 の基底 $\left\{\boldsymbol{w}_1=\begin{bmatrix} 1 \\ 1 \\ -1 \end{bmatrix},\ \boldsymbol{w}_2=\begin{bmatrix} 1 \\ -1 \\ 2 \end{bmatrix},\ \boldsymbol{w}_3=\begin{bmatrix} 1 \\ 0 \\ 1 \end{bmatrix}\right\}$ に関する表現行列は□である。

重要 例題 057 線形写像による，基底を与えることの特徴付け ★★☆

V を K 上のベクトル空間とする。V の基底 $\{\boldsymbol{v}_1, \boldsymbol{v}_2, \cdots\cdots, \boldsymbol{v}_n\}$ に対して，同型写像 $f: K^n \longrightarrow V$ が，$f(\boldsymbol{e}_i)=\boldsymbol{v}_i$ $(i=1, 2, \cdots\cdots, n)$ で定まることを示せ（ただし，$\{\boldsymbol{e}_1, \boldsymbol{e}_2, \cdots\cdots, \boldsymbol{e}_n\}$ は K^n の標準基底とする）。また，逆に，同型写像
$f: K^n \longrightarrow V$ が与えられると，$\{f(\boldsymbol{e}_1), f(\boldsymbol{e}_2), \cdots\cdots, f(\boldsymbol{e}_n)\}$ が V の基底となることを示せ（これによって，V の基底を与えることと，$K^n \longrightarrow V$ の形の同型写像を与えることは同じことであることがわかる）。

指針 次の 2 つに着目する。
[1]　線形写像 f の単射性と $\{\boldsymbol{v}_1, \boldsymbol{v}_2, \cdots\cdots, \boldsymbol{v}_n\}$ の 1 次独立性が対応すること。
[2]　線形写像 f の全射性と $\{\boldsymbol{v}_1, \boldsymbol{v}_2, \cdots\cdots, \boldsymbol{v}_n\}$ が V を生成することが対応すること。
また，次の **定理** を利用して示す。詳しくは，「数研講座シリーズ　大学教養　線形代数」の 210，211 ページを参照。

定理　単射性と核
V，W を K 上のベクトル空間とし，$f: V \longrightarrow W$ を K 上の線形写像とする。線形写像 f が単射であるための必要十分条件は，$\mathrm{Ker}(f)=\{\boldsymbol{0}\}$ であることである。

解答 [1]　$f: K^n \longrightarrow V$ を，$f(\boldsymbol{e}_i)=\boldsymbol{v}_i$ $(i=1, 2, \cdots\cdots, n)$ で定めるとき，f が同型写像であることを示す。

$f(a_1\boldsymbol{e}_1+a_2\boldsymbol{e}_2+\cdots\cdots+a_n\boldsymbol{e}_n)=\boldsymbol{0}$ とする。
f の線形性と定義により

$$\begin{aligned} & f(a_1\boldsymbol{e}_1+a_2\boldsymbol{e}_2+\cdots\cdots+a_n\boldsymbol{e}_n) \\ &= a_1 f(\boldsymbol{e}_1)+a_2 f(\boldsymbol{e}_2)+\cdots\cdots+a_n f(\boldsymbol{e}_n) \\ &= a_1\boldsymbol{v}_1+a_2\boldsymbol{v}_2+\cdots\cdots+a_n\boldsymbol{v}_n \end{aligned}$$

よって　　$a_1\boldsymbol{v}_1+a_2\boldsymbol{v}_2+\cdots\cdots+a_n\boldsymbol{v}_n=\boldsymbol{0}$
$\{\boldsymbol{v}_1, \boldsymbol{v}_2, \cdots\cdots, \boldsymbol{v}_n\}$ は V の基底であるから

$$a_1=a_2=\cdots\cdots=a_n=0$$

ゆえに　　$a_1\boldsymbol{e}_1+a_2\boldsymbol{e}_2+\cdots\cdots+a_n\boldsymbol{e}_n=\boldsymbol{0}$
よって，$\mathrm{Ker}(f)=\{\boldsymbol{0}\}$ であるから，f は単射である。
任意の $\boldsymbol{v}\in V$ に対し，ある $a_1\in K$，$a_2\in K$，……，$a_n\in K$ が存在して，
$\boldsymbol{v}=a_1\boldsymbol{v}_1+a_2\boldsymbol{v}_2+\cdots\cdots+a_n\boldsymbol{v}_n$ となる。
このとき，$\boldsymbol{w}=a_1\boldsymbol{e}_1+a_2\boldsymbol{e}_2+\cdots\cdots+a_n\boldsymbol{e}_n$ とすると

$$\begin{aligned} f(\boldsymbol{w}) &= f(a_1\boldsymbol{e}_1+a_2\boldsymbol{e}_2+\cdots\cdots+a_n\boldsymbol{e}_n) \\ &= a_1 f(\boldsymbol{e}_1)+a_2 f(\boldsymbol{e}_2)+\cdots\cdots+a_n f(\boldsymbol{e}_n) \\ &= a_1\boldsymbol{v}_1+a_2\boldsymbol{v}_2+\cdots\cdots+a_n\boldsymbol{v}_n=\boldsymbol{v} \end{aligned}$$

ゆえに，f は全射である。
したがって，f は全単射であるから，同型写像である。

[2]　同型写像 $f: K^n \longrightarrow V$ が与えられると，$\{f(\boldsymbol{e}_1),\ f(\boldsymbol{e}_2),\ \cdots\cdots,\ f(\boldsymbol{e}_n)\}$ が V の基底となることを示す。

$a_1 f(\boldsymbol{e}_1) + a_2 f(\boldsymbol{e}_2) + \cdots\cdots + a_n f(\boldsymbol{e}_n) = \boldsymbol{0}$ とする。

f の線形性により

$$a_1 f(\boldsymbol{e}_1) + a_2 f(\boldsymbol{e}_2) + \cdots\cdots + a_n f(\boldsymbol{e}_n) = f(a_1 \boldsymbol{e}_1 + a_2 \boldsymbol{e}_2 + \cdots\cdots + a_n \boldsymbol{e}_n)$$

ここで，f は同型写像であるから，単射である。

よって　　$a_1 \boldsymbol{e}_1 + a_2 \boldsymbol{e}_2 + \cdots\cdots + a_n \boldsymbol{e}_n = \boldsymbol{0}$

$\{\boldsymbol{e}_1,\ \boldsymbol{e}_2,\ \cdots\cdots,\ \boldsymbol{e}_n\}$ は K^n の基底であるから

$$a_1 = a_2 = \cdots\cdots = a_n = 0$$

ゆえに，$\{f(\boldsymbol{e}_1),\ f(\boldsymbol{e}_2),\ \cdots\cdots,\ f(\boldsymbol{e}_n)\}$ は 1 次独立である。

また，f は同型写像であるから，全射である。

よって，任意の $\boldsymbol{v} \in V$ に対し，ある $\boldsymbol{w} \in K^n$ が存在して，$\boldsymbol{v} = f(\boldsymbol{w})$ となる。

ある $a_1 \in K,\ a_2 \in K,\ \cdots\cdots,\ a_n \in K$ が存在して，$\boldsymbol{w} = a_1 \boldsymbol{e}_1 + a_2 \boldsymbol{e}_2 + \cdots\cdots + a_n \boldsymbol{e}_n$ と書けるから

$$\begin{aligned} \boldsymbol{v} &= f(\boldsymbol{w}) \\ &= f(a_1 \boldsymbol{e}_1 + a_2 \boldsymbol{e}_2 + \cdots\cdots + a_n \boldsymbol{e}_n) \\ &= a_1 f(\boldsymbol{e}_1) + a_2 f(\boldsymbol{e}_2) + \cdots\cdots + a_n f(\boldsymbol{e}_n) \end{aligned}$$

ゆえに，V は $\{f(\boldsymbol{e}_1),\ f(\boldsymbol{e}_2),\ \cdots\cdots,\ f(\boldsymbol{e}_n)\}$ で生成される。

したがって，$\{f(\boldsymbol{e}_1),\ f(\boldsymbol{e}_2),\ \cdots\cdots,\ f(\boldsymbol{e}_n)\}$ は V の基底となる。

[1]，[2] から，題意は示された。 ■

補足　基本例題 119 の 補足 で扱った 2 つ目の 系 を用いて，より簡潔に示すことができる。

研究　同型写像 $f: K^n \longrightarrow V$ を定めることは，K^n に座標を定めることに対応している。座標系には次の 2 つの性質がある。

[1]　異なる点には，異なる座標が定まる。

[2]　すべての点に座標が定まる。

[1] は線形写像 f の単射性に対応し，[2] は線形写像 f の全射性に対応している。更に，K^n に座標を定めることは V の基底を定めることに対応しており，次が成り立つ。

[a]　$\{\boldsymbol{v}_1,\ \boldsymbol{v}_2,\ \cdots\cdots,\ \boldsymbol{v}_n\}$ の 1 次独立性が座標の一意性のいい換えであり，線形写像 f の単射性に対応する。

[b]　$\{\boldsymbol{v}_1,\ \boldsymbol{v}_2,\ \cdots\cdots,\ \boldsymbol{v}_n\}$ が V を生成することはすべての点に座標が定まることのいい換えであり，線形写像 f の全射性に対応する。

重要 例題 058 行列を成分にもつ行列の階数　★★☆

A，B を n 次正方行列とするとき，次の行列の階数を，$\mathrm{rank}\,A$，$\mathrm{rank}\,B$，$\mathrm{rank}\,BA$ などを用いて表せ。

(1) $\begin{bmatrix} A & A+B \\ O & B \end{bmatrix}$　　(2) $\begin{bmatrix} E & A \\ O & B \end{bmatrix}$　　(3) $\begin{bmatrix} A & E \\ O & B \end{bmatrix}$

指針 線形写像を導入するとよい。その際，基本例題 119 の **指針** で扱った線形写像と次元の定理を用いる。

解答 (1) 行列 A，B を K の要素を成分にもつ n 次正方行列とし，$C=\begin{bmatrix} A & A+B \\ O & B \end{bmatrix}$ とする。

また，行列 A，B，C から決まる線形写像をそれぞれ $f_A : K^n \longrightarrow K^n$，$f_B : K^n \longrightarrow K^n$，$f_C : K^{2n} \longrightarrow K^{2n}$ とする。

$\boldsymbol{x}\in K^n$，$\boldsymbol{y}\in K^n$ に対し，$\mathrm{Ker}(f_C)=\left\{\begin{bmatrix} \boldsymbol{x} \\ \boldsymbol{y} \end{bmatrix} \middle| \, C\begin{bmatrix} \boldsymbol{x} \\ \boldsymbol{y} \end{bmatrix}=\boldsymbol{0}\right\}$ であるとする。

$C\begin{bmatrix} \boldsymbol{x} \\ \boldsymbol{y} \end{bmatrix}=\begin{bmatrix} A\boldsymbol{x}+(A+B)\boldsymbol{y} \\ B\boldsymbol{y} \end{bmatrix}=\begin{bmatrix} A(\boldsymbol{x}+\boldsymbol{y})+B\boldsymbol{y} \\ B\boldsymbol{y} \end{bmatrix}$ であるから

$\boldsymbol{y}\in\mathrm{Ker}(f_B)$，$\boldsymbol{x}+\boldsymbol{y}\in\mathrm{Ker}(f_A)$

ここで，任意の $\boldsymbol{y}\in\mathrm{Ker}(f_B)$，$\boldsymbol{z}\in\mathrm{Ker}(f_A)$ に対し，$\boldsymbol{x}=\boldsymbol{z}-\boldsymbol{y}$ とおくと，任意の $\begin{bmatrix} \boldsymbol{x} \\ \boldsymbol{y} \end{bmatrix}\in\mathrm{Ker}(f_C)$ が得られる。

◀$\mathrm{Ker}(f_C)=\mathrm{Ker}(f_A)\oplus\mathrm{Ker}(f_B)$

よって　$\dim\mathrm{Ker}(f_C)=\dim\mathrm{Ker}(f_A)+\dim\mathrm{Ker}(f_B)$

ゆえに　$\mathrm{rank}\,C=\mathrm{rank}\,f_C$

$=2n-\dim\mathrm{Ker}(f_C)$

$=2n-\{\dim\mathrm{Ker}(f_A)+\dim\mathrm{Ker}(f_B)\}$

$=\{n-\dim\mathrm{Ker}(f_A)\}+\{n-\dim\mathrm{Ker}(f_B)\}$

$=\dim f_A(K^n)+\dim f_B(K^n)$

$=\mathrm{rank}\,f_A+\mathrm{rank}\,f_B=\mathbf{rank}\,\boldsymbol{A}+\mathbf{rank}\,\boldsymbol{B}$

(2) A，B を K の要素を成分にもつ n 次正方行列とし，$C=\begin{bmatrix} E & A \\ O & B \end{bmatrix}$ とする。

また，行列 B，C から決まる線形写像をそれぞれ $f_B : K^n \longrightarrow K^n$，$f_C : K^{2n} \longrightarrow K^{2n}$ とする。

$\boldsymbol{x}\in K^n$，$\boldsymbol{y}\in K^n$ に対し，$\mathrm{Ker}(f_C)=\left\{\begin{bmatrix} \boldsymbol{x} \\ \boldsymbol{y} \end{bmatrix} \middle| \, C\begin{bmatrix} \boldsymbol{x} \\ \boldsymbol{y} \end{bmatrix}=\boldsymbol{0}\right\}$ であるとする。

$C\begin{bmatrix} \boldsymbol{x} \\ \boldsymbol{y} \end{bmatrix}=\begin{bmatrix} \boldsymbol{x}+A\boldsymbol{y} \\ B\boldsymbol{y} \end{bmatrix}$ であるから　$\boldsymbol{y}\in\mathrm{Ker}(f_B)$

ここで，任意の $\boldsymbol{y} \in \mathrm{Ker}(f_B)$ に対し，$\boldsymbol{x} = -A\boldsymbol{y}$ とおくと，任意の $\begin{bmatrix} \boldsymbol{x} \\ \boldsymbol{y} \end{bmatrix} \in \mathrm{Ker}(f_C)$ が得られる。

よって　$\dim \mathrm{Ker}(f_C) = \dim \mathrm{Ker}(f_B)$

ゆえに

$$\begin{aligned} \mathrm{rank}\, C &= \mathrm{rank}\, f_C \\ &= 2n - \dim \mathrm{Ker}(f_C) \\ &= 2n - \dim \mathrm{Ker}(f_B) \\ &= 2n - \{n - \dim f_B(K^n)\} \\ &= n + \dim f_B(K^n) \\ &= n + \mathrm{rank}\, f_B = \boldsymbol{n + \mathrm{rank}\, B} \end{aligned}$$

(3)　A，B を K の要素を成分にもつ n 次正方行列とし，$C = \begin{bmatrix} A & E \\ O & B \end{bmatrix}$ とする。

また，行列 BA，C から決まる線形写像をそれぞれ $f_{BA} : K^n \longrightarrow K^n$，$f_C : K^{2n} \longrightarrow K^{2n}$ とする。

$\boldsymbol{x} \in K^n$，$\boldsymbol{y} \in K^n$ に対し，$\mathrm{Ker}(f_C) = \left\{ \begin{bmatrix} \boldsymbol{x} \\ \boldsymbol{y} \end{bmatrix} \,\middle|\, C \begin{bmatrix} \boldsymbol{x} \\ \boldsymbol{y} \end{bmatrix} = \boldsymbol{0} \right\}$ であるとする。

$C \begin{bmatrix} \boldsymbol{x} \\ \boldsymbol{y} \end{bmatrix} = \begin{bmatrix} A\boldsymbol{x} + \boldsymbol{y} \\ B\boldsymbol{y} \end{bmatrix}$ であるから　　$\boldsymbol{x} \in \mathrm{Ker}(f_{BA})$

ここで，任意の $\boldsymbol{x} \in \mathrm{Ker}(f_{BA})$ に対し，$\boldsymbol{y} = -A\boldsymbol{x}$ とおくと，任意の $\begin{bmatrix} \boldsymbol{x} \\ \boldsymbol{y} \end{bmatrix} \in \mathrm{Ker}(f_C)$ が得られる。

よって　$\dim \mathrm{Ker}(f_C) = \dim \mathrm{Ker}(f_{BA})$

ゆえに

$$\begin{aligned} \mathrm{rank}\, C &= \mathrm{rank}\, f_C \\ &= 2n - \dim \mathrm{Ker}(f_C) \\ &= 2n - \dim \mathrm{Ker}(f_{BA}) \\ &= n + \{n - \dim \mathrm{Ker}(f_{BA})\} \\ &= n + \dim f_{BA}(K^n) \\ &= n + \mathrm{rank}\, f_{BA} = \boldsymbol{n + \mathrm{rank}\, BA} \end{aligned}$$

重要 例題 059 行列の階数と列ベクトルに関する同値関係 ★★☆

行列 A について，次の同値を示せ。

$\operatorname{rank} A=1 \Longleftrightarrow A \neq O$ かつ行列 A の $\mathbf{0}$ でない列ベクトルは互いに平行

指針 「$\operatorname{rank} A=1 \Longrightarrow A \neq O$ かつ行列 A の $\mathbf{0}$ でない列ベクトルは互いに平行」と，「$A \neq O$ かつ行列 A の $\mathbf{0}$ でない列ベクトルは互いに平行 $\Longrightarrow \operatorname{rank} A=1$」をそれぞれ示す。

解答 行列 A を $m\times n$ として，$A=[\,\boldsymbol{a}_1\ \ \boldsymbol{a}_2\ \ \cdots\ \ \boldsymbol{a}_n\,]$ と表し，行列 A から決まる線形写像を $f_A : \mathrm{R}^n \longrightarrow \mathrm{R}^m$ とする。

$\operatorname{rank} A=1$ であるならば，$A \neq O$ であり　　$\dim f_A(\mathrm{R}^n)=1$　…… ①

K^n の標準基底を $\{\boldsymbol{e}_1,\ \boldsymbol{e}_2,\ \cdots\cdots,\ \boldsymbol{e}_n\}$ とすると，

$f_A(\boldsymbol{e}_1)=\boldsymbol{a}_1,\ f_A(\boldsymbol{e}_2)=\boldsymbol{a}_2,\ \cdots\cdots,\ f_A(\boldsymbol{e}_n)=\boldsymbol{a}_n$ となる。

$f_A(\mathrm{R}^n)$ は $\{\boldsymbol{a}_1,\ \boldsymbol{a}_2,\ \cdots\cdots,\ \boldsymbol{a}_n\}$ で生成される。

① により，$\{\boldsymbol{a}_1,\ \boldsymbol{a}_2,\ \cdots\cdots,\ \boldsymbol{a}_n\}$ の中には，$\mathbf{0}$ でない列ベクトルが少なくとも 1 つ存在する。

その 1 つを $\boldsymbol{a}_i\ (1 \leqq i \leqq n)$ とすると，他の $\mathbf{0}$ でない列ベクトルは $\boldsymbol{a}_i$ のスカラー倍である。

よって，$A \neq O$ であり，かつ行列 A の $\mathbf{0}$ でない列ベクトルは互いに平行である。

逆に，$A \neq O$ であり，かつ行列 A の $\mathbf{0}$ でない列ベクトルが互いに平行であるならば，ある $\mathbf{0}$ でない列ベクトル $\boldsymbol{a}_i\ (1 \leqq i \leqq n)$ が存在して，他の $\mathbf{0}$ でない列ベクトルは $\boldsymbol{a}_i$ のスカラー倍となる。

よって，$W=\langle \boldsymbol{a}_1,\ \boldsymbol{a}_2,\ \cdots\cdots,\ \boldsymbol{a}_n \rangle$ とすると　　$\dim W=1$

ゆえに　　$\operatorname{rank} A=\dim f_A(\mathrm{R}^n)=1$

したがって，題意は示された。■

別解 $\operatorname{rank} A=1$ ならば $A \neq O$ であり，かつ行列 A の $\mathbf{0}$ でない列ベクトルは互いに平行であることを，次のように示してもよい。

行列 A を $m\times n$ として，$A=[\,\boldsymbol{a}_1\ \ \boldsymbol{a}_2\ \ \cdots\ \ \boldsymbol{a}_n\,]$ とする。

$\operatorname{rank} A=1$ であるならば，$A \neq O$ であり，P を m 次正則行列，Q を n 次正則行列として，

$$A=P\begin{bmatrix} 1 & & & \text{\huge 0} \\ & 0 & & \\ & & \ddots & \\ \text{\huge 0} & & & 0 \end{bmatrix}Q \text{ と書ける。}$$

よって，$P=[p_{ij}]$，$Q=[q_{st}]$ とすると　　$A=\begin{bmatrix} p_{11}q_{11} & p_{11}q_{12} & \cdots & p_{11}q_{1n} \\ p_{21}q_{11} & p_{21}q_{12} & \cdots & p_{21}q_{1n} \\ \vdots & \vdots & & \vdots \\ p_{m1}q_{11} & p_{m1}q_{12} & \cdots & p_{m1}q_{1n} \end{bmatrix}$

ゆえに　　$\boldsymbol{a}_k=q_{1k}\begin{bmatrix} p_{11} \\ p_{21} \\ \vdots \\ p_{m1} \end{bmatrix}$　$(k=1,\ 2,\ \cdots\cdots,\ n)$

よって，$A \neq O$ であり，かつ行列 A の $\mathbf{0}$ でない列ベクトルは互いに平行である。

重要 例題 060 行列写像の像と核の基底，階数 ①　★★☆

次の行列Aから決まる線形写像 f_A の像および核の基底を，それぞれ 1 組求めよ。
また，f_A の階数を求めよ。

(1) $A=\begin{bmatrix} 1 & 1 & 0 & 1 \\ 2 & -1 & 3 & -1 \\ 3 & 1 & 2 & 1 \\ 4 & 3 & 1 & 1 \end{bmatrix}$　　(2) $A=\begin{bmatrix} 1 & 0 & 1 & 2 & 0 \\ 2 & -1 & 1 & 3 & 1 \\ 0 & 1 & 1 & 1 & 0 \\ -1 & 2 & 1 & 0 & 1 \end{bmatrix}$

(3) $A=\begin{bmatrix} 1 & 1 & 0 \\ 1 & 0 & 1 \\ 1 & 1 & 0 \\ 1 & 2 & -1 \end{bmatrix}$

指針 基本例題 117，118 と同様にして求めればよい。

CHART　行列Aの階数　まずAを簡約階段化

解答 (1) 線形写像 f_A の像 $f_A(\mathrm{R}^4)$ は，行列Aの列ベクトルで生成される，R^4 の部分空間である。

行列Aの簡約階段形は　$\begin{bmatrix} 1 & 0 & 1 & 0 \\ 0 & 1 & -1 & 0 \\ 0 & 0 & 0 & 1 \\ 0 & 0 & 0 & 0 \end{bmatrix}$

よって，$f_A(\mathrm{R}^4)$ は行列Aの第 1 列目，第 2 列目，第 4 列目の列ベクトルの組，すなわち $\left\{\begin{bmatrix} \mathbf{1} \\ \mathbf{2} \\ \mathbf{3} \\ \mathbf{4} \end{bmatrix}, \begin{bmatrix} \mathbf{1} \\ \mathbf{-1} \\ \mathbf{1} \\ \mathbf{3} \end{bmatrix}, \begin{bmatrix} \mathbf{1} \\ \mathbf{-1} \\ \mathbf{1} \\ \mathbf{1} \end{bmatrix}\right\}$ を基底にもつ。

同次連立 1 次方程式 $A\boldsymbol{x}=\mathbf{0}$ $(\boldsymbol{x}={}^t[\,x\quad y\quad z\quad w\,])$ を解くと，$z=a$ を任意定数として　$\begin{bmatrix} x \\ y \\ z \\ w \end{bmatrix}=a\begin{bmatrix} -1 \\ 1 \\ 1 \\ 0 \end{bmatrix}$

ここで，$\boldsymbol{u}=\begin{bmatrix} -1 \\ 1 \\ 1 \\ 0 \end{bmatrix}$ とおく。

同次連立 1 次方程式 $A\boldsymbol{x}=\mathbf{0}$ の一般解は，$\boldsymbol{u}$の 1 次結合で与えられるから，$\mathrm{Ker}(f_A)$ は $\{\boldsymbol{u}\}$ で生成されている。

したがって，$\mathrm{Ker}(f_A)$ の基底の1組として $\{\boldsymbol{u}\}$，すなわち $\left\{\begin{bmatrix} \mathbf{-1} \\ \mathbf{1} \\ \mathbf{1} \\ \mathbf{0} \end{bmatrix}\right\}$ がとれる。

更に　　$\mathrm{rank}\, f_A = \mathrm{rank}\, A = \mathbf{3}$

(2)　線形写像 f_A の像 $f_A(\mathrm{R}^5)$ は，行列 A の列ベクトルで生成される，R^4 の部分空間である。

行列 A の簡約階段形は　$\begin{bmatrix} 1 & 0 & 1 & 2 & 0 \\ 0 & 1 & 1 & 1 & 0 \\ 0 & 0 & 0 & 0 & 1 \\ 0 & 0 & 0 & 0 & 0 \end{bmatrix}$

よって，$f_A(\mathrm{R}^5)$ は行列 A の第1列目，第2列目，第5列目の列ベクトルの組，すなわち $\left\{\begin{bmatrix} \mathbf{1} \\ \mathbf{2} \\ \mathbf{0} \\ \mathbf{-1} \end{bmatrix}, \begin{bmatrix} \mathbf{0} \\ \mathbf{-1} \\ \mathbf{1} \\ \mathbf{2} \end{bmatrix}, \begin{bmatrix} \mathbf{0} \\ \mathbf{1} \\ \mathbf{0} \\ \mathbf{1} \end{bmatrix}\right\}$ を基底にもつ。

同次連立1次方程式 $A\boldsymbol{x} = \mathbf{0}$ ($\boldsymbol{x} = {}^t[\,x \quad y \quad z \quad u \quad v\,]$) を解くと，$z = a_1$，$u = a_2$ を任意定数として　$\begin{bmatrix} x \\ y \\ z \\ u \\ v \end{bmatrix} = a_1 \begin{bmatrix} -1 \\ -1 \\ 1 \\ 0 \\ 0 \end{bmatrix} + a_2 \begin{bmatrix} -2 \\ -1 \\ 0 \\ 1 \\ 0 \end{bmatrix}$

ここで，$\boldsymbol{u}_1 = \begin{bmatrix} -1 \\ -1 \\ 1 \\ 0 \\ 0 \end{bmatrix}$，$\boldsymbol{u}_2 = \begin{bmatrix} -2 \\ -1 \\ 0 \\ 1 \\ 0 \end{bmatrix}$ とおく。

同次連立1次方程式 $A\boldsymbol{x} = \mathbf{0}$ の一般解は，$\boldsymbol{u}_1$，$\boldsymbol{u}_2$ の1次結合で与えられるから，
$\mathrm{Ker}(f_A)$ は $\{\boldsymbol{u}_1, \boldsymbol{u}_2\}$ で生成されている。
また，$\{\boldsymbol{u}_1, \boldsymbol{u}_2\}$ は1次独立である。

実際，$c_1\boldsymbol{u}_1 + c_2\boldsymbol{u}_2 = c_1 \begin{bmatrix} -1 \\ -1 \\ 1 \\ 0 \\ 0 \end{bmatrix} + c_2 \begin{bmatrix} -2 \\ -1 \\ 0 \\ 1 \\ 0 \end{bmatrix} = \mathbf{0}$ とすると，上から3番目の成分に注目して $c_1 = 0$，上から4番目の成分に注目して $c_2 = 0$ となる。

したがって，$\mathrm{Ker}(f_A)$ の基底の 1 組として $\{\boldsymbol{u}_1, \boldsymbol{u}_2\}$，すなわち $\left\{\begin{bmatrix} \mathbf{-1} \\ \mathbf{-1} \\ \mathbf{1} \\ \mathbf{0} \\ \mathbf{0} \end{bmatrix}, \begin{bmatrix} \mathbf{-2} \\ \mathbf{-1} \\ \mathbf{0} \\ \mathbf{1} \\ \mathbf{0} \end{bmatrix}\right\}$ が

とれる。

更に　$\mathrm{rank}\, f_A = \mathrm{rank}\, A = \mathbf{3}$

(3)　線形写像 f_A の像 $f_A(\mathrm{R}^3)$ は，行列 A の列ベクトルで生成される，R^4 の部分空間である。

行列 A の簡約階段形は　$\begin{bmatrix} 1 & 0 & 1 \\ 0 & 1 & -1 \\ 0 & 0 & 0 \\ 0 & 0 & 0 \end{bmatrix}$

よって，$f_A(\mathrm{R}^3)$ は行列 A の第 1 列目，第 2 列目の列ベクトルの組，すなわち

$\left\{\begin{bmatrix} \mathbf{1} \\ \mathbf{1} \\ \mathbf{1} \\ \mathbf{1} \end{bmatrix}, \begin{bmatrix} \mathbf{1} \\ \mathbf{0} \\ \mathbf{1} \\ \mathbf{2} \end{bmatrix}\right\}$ を基底にもつ。

同次連立 1 次方程式 $A\boldsymbol{x}=\mathbf{0}$ ($\boldsymbol{x}={}^t[x \quad y \quad z]$) を解くと，$z=a$ を任意定数として

$$\begin{bmatrix} x \\ y \\ z \end{bmatrix} = a\begin{bmatrix} -1 \\ 1 \\ 1 \end{bmatrix}$$

ここで，$\boldsymbol{u}=\begin{bmatrix} -1 \\ 1 \\ 1 \end{bmatrix}$ とおく。

同次連立 1 次方程式 $A\boldsymbol{x}=\mathbf{0}$ の一般解は，$\boldsymbol{u}$ の 1 次結合で与えられるから，$\mathrm{Ker}(f_A)$ は $\{\boldsymbol{u}\}$ で生成されている。

したがって，$\mathrm{Ker}(f_A)$ の基底の 1 組として $\{\boldsymbol{u}\}$，すなわち $\left\{\begin{bmatrix} \mathbf{-1} \\ \mathbf{1} \\ \mathbf{1} \end{bmatrix}\right\}$ がとれる。

更に　$\mathrm{rank}\, f_A = \mathrm{rank}\, A = \mathbf{2}$

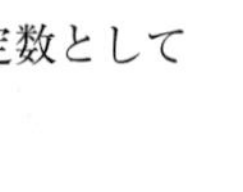

重要 例題 061 行列写像の像と核の基底，階数 ② ★★☆

次の行列 A から決まる線形写像 f_A の像および核の基底を，それぞれ 1 組求めよ。また，f_A の階数を求めよ。

(1) $A=\begin{bmatrix} 1 & 1 & 1 \\ 0 & -1 & -3 \\ -1 & 1 & 5 \\ 2 & 1 & -1 \end{bmatrix}$　　(2) $A=\begin{bmatrix} 1 & 2 & 1 & 1 \\ 0 & 1 & -1 & 3 \\ 3 & -2 & 3 & -5 \\ -2 & 1 & 0 & -1 \end{bmatrix}$

(3) $A=\begin{bmatrix} 1 & -3 & 3 & -7 \\ 3 & -9 & 1 & -5 \\ 2 & -6 & 1 & -4 \end{bmatrix}$　　(4) $A=\begin{bmatrix} 1 & 2 & 0 & 0 & 1 \\ 2 & 5 & -1 & -1 & 21 \\ -1 & -3 & 1 & 1 & -10 \\ 0 & -3 & 3 & 4 & 8 \end{bmatrix}$

指針 基本例題 117，118，重要例題 060 と同様にして求めればよい。

解答 (1) 線形写像 f_A の像 $f_A(\mathrm{R}^3)$ は，行列 A の列ベクトルで生成される，R^4 の部分空間である。

行列 A の簡約階段形は　$\begin{bmatrix} 1 & 0 & -2 \\ 0 & 1 & 3 \\ 0 & 0 & 0 \\ 0 & 0 & 0 \end{bmatrix}$

よって，$f_A(\mathrm{R}^3)$ は行列 A の第 1 列目，第 2 列目の列ベクトルの組，すなわち

$\left\{\begin{bmatrix} \mathbf{1} \\ \mathbf{0} \\ \mathbf{-1} \\ \mathbf{2} \end{bmatrix}, \begin{bmatrix} \mathbf{1} \\ \mathbf{-1} \\ \mathbf{1} \\ \mathbf{1} \end{bmatrix}\right\}$ を基底にもつ。

同次連立 1 次方程式 $A\boldsymbol{x}=\mathbf{0}$ ($\boldsymbol{x}={}^t[\,x\quad y\quad z\,]$) を解くと，$z=a$ を任意定数として

$$\begin{bmatrix} x \\ y \\ z \end{bmatrix}=a\begin{bmatrix} 2 \\ -3 \\ 1 \end{bmatrix}$$

ここで，$\boldsymbol{u}=\begin{bmatrix} 2 \\ -3 \\ 1 \end{bmatrix}$ とおく。

同次連立 1 次方程式 $A\boldsymbol{x}=\mathbf{0}$ の一般解は，$\boldsymbol{u}$ の 1 次結合で与えられるから，$\mathrm{Ker}(f_A)$ は $\{\boldsymbol{u}\}$ で生成されている。

したがって，$\mathrm{Ker}(f_A)$ の基底の 1 組として $\{\boldsymbol{u}\}$，すなわち $\left\{\begin{bmatrix} \mathbf{2} \\ \mathbf{-3} \\ \mathbf{1} \end{bmatrix}\right\}$ がとれる。

更に　　$\mathrm{rank}\, f_A=\mathrm{rank}\, A=\mathbf{2}$

(2) 線形写像 f_A の像 $f_A(\mathrm{R}^4)$ は，行列 A の列ベクトルで生成される，R^4 の部分空間である。

行列 A の簡約階段形は $\begin{bmatrix} 1 & 0 & 0 & 1 \\ 0 & 1 & 0 & 1 \\ 0 & 0 & 1 & -2 \\ 0 & 0 & 0 & 0 \end{bmatrix}$

よって，$f_A(\mathrm{R}^4)$ は行列 A の第 1 列目，第 2 列目，第 3 列目の列ベクトルの組，すなわち $\left\{\begin{bmatrix} \mathbf{1} \\ \mathbf{0} \\ \mathbf{3} \\ \mathbf{-2} \end{bmatrix}, \begin{bmatrix} \mathbf{2} \\ \mathbf{1} \\ \mathbf{-2} \\ \mathbf{1} \end{bmatrix}, \begin{bmatrix} \mathbf{1} \\ \mathbf{-1} \\ \mathbf{3} \\ \mathbf{0} \end{bmatrix}\right\}$ を基底にもつ。

同次連立 1 次方程式 $A\boldsymbol{x}=\mathbf{0}$ $(\boldsymbol{x}={}^t[x \quad y \quad z \quad w])$ を解くと，$w=a$ を任意定数として $\begin{bmatrix} x \\ y \\ z \\ w \end{bmatrix}=a\begin{bmatrix} -1 \\ -1 \\ 2 \\ 1 \end{bmatrix}$

ここで，$\boldsymbol{u}=\begin{bmatrix} -1 \\ -1 \\ 2 \\ 1 \end{bmatrix}$ とおく。

同次連立 1 次方程式 $A\boldsymbol{x}=\mathbf{0}$ の一般解は，$\boldsymbol{u}$ の 1 次結合で与えられるから，$\mathrm{Ker}(f_A)$ は $\{\boldsymbol{u}\}$ で生成されている。

したがって，$\mathrm{Ker}(f_A)$ の基底の 1 組として $\{\boldsymbol{u}\}$，すなわち $\left\{\begin{bmatrix} \mathbf{-1} \\ \mathbf{-1} \\ \mathbf{2} \\ \mathbf{1} \end{bmatrix}\right\}$ がとれる。

更に　$\mathrm{rank}\, f_A=\mathrm{rank}\, A=\mathbf{3}$

(3) 線形写像 f_A の像 $f_A(\mathrm{R}^4)$ は，行列 A の列ベクトルで生成される，R^3 の部分空間である。

行列 A の簡約階段形は $\begin{bmatrix} 1 & -3 & 0 & -1 \\ 0 & 0 & 1 & -2 \\ 0 & 0 & 0 & 0 \end{bmatrix}$

よって，$f_A(\mathrm{R}^4)$ は行列 A の第 1 列目，第 3 列目の列ベクトルの組，すなわち

$\left\{\begin{bmatrix} \mathbf{1} \\ \mathbf{3} \\ \mathbf{2} \end{bmatrix}, \begin{bmatrix} \mathbf{3} \\ \mathbf{1} \\ \mathbf{1} \end{bmatrix}\right\}$ を基底にもつ。

同次連立 1 次方程式 $A\boldsymbol{x}=\boldsymbol{0}$ ($\boldsymbol{x}={}^t[\,x \quad y \quad z \quad w\,]$) を解くと，$y=a_1$，$w=a_2$ を任意定数として $\begin{bmatrix} x \\ y \\ z \\ w \end{bmatrix}=a_1\begin{bmatrix} 3 \\ 1 \\ 0 \\ 0 \end{bmatrix}+a_2\begin{bmatrix} 1 \\ 0 \\ 2 \\ 1 \end{bmatrix}$

ここで，$\boldsymbol{u}_1=\begin{bmatrix} 3 \\ 1 \\ 0 \\ 0 \end{bmatrix}$，$\boldsymbol{u}_2=\begin{bmatrix} 1 \\ 0 \\ 2 \\ 1 \end{bmatrix}$ とおく。

同次連立 1 次方程式 $A\boldsymbol{x}=\boldsymbol{0}$ の一般解は，$\boldsymbol{u}_1$，$\boldsymbol{u}_2$ の 1 次結合で与えられるから，$\mathrm{Ker}(f_A)$ は $\{\boldsymbol{u}_1,\ \boldsymbol{u}_2\}$ で生成されている。

また，$\{\boldsymbol{u}_1,\ \boldsymbol{u}_2\}$ は 1 次独立である。

実際，$c_1\boldsymbol{u}_1+c_2\boldsymbol{u}_2=c_1\begin{bmatrix} 3 \\ 1 \\ 0 \\ 0 \end{bmatrix}+c_2\begin{bmatrix} 1 \\ 0 \\ 2 \\ 1 \end{bmatrix}=\boldsymbol{0}$ とすると上から 2 番目の成分に注目して $c_1=0$，上から 4 番目の成分に注目して $c_2=0$ となる。

したがって，$\mathrm{Ker}(f_A)$ の基底の 1 組として $\{\boldsymbol{u}_1,\ \boldsymbol{u}_2\}$，すなわち $\left\{\begin{bmatrix} \mathbf{3} \\ \mathbf{1} \\ \mathbf{0} \\ \mathbf{0} \end{bmatrix},\ \begin{bmatrix} \mathbf{1} \\ \mathbf{0} \\ \mathbf{2} \\ \mathbf{1} \end{bmatrix}\right\}$ がとれる。

更に　　$\mathrm{rank}\, f_A=\mathrm{rank}\, A=\mathbf{2}$

(4)　線形写像 f_A の像 $f_A(\mathbb{R}^5)$ は，行列 A の列ベクトルで生成される，$\mathbb{R}^4$ の部分空間である。

行列 A の簡約階段形は　$\begin{bmatrix} 1 & 0 & 2 & 0 & 0 \\ 0 & 1 & -1 & 0 & 0 \\ 0 & 0 & 0 & 1 & 0 \\ 0 & 0 & 0 & 0 & 1 \end{bmatrix}$

よって，$f_A(\mathbb{R}^5)$ は行列 A の第 1 列目，第 2 列目，第 4 列目，第 5 列目の列ベクトルの組，すなわち $\left\{\begin{bmatrix} \mathbf{1} \\ \mathbf{2} \\ \mathbf{-1} \\ \mathbf{0} \end{bmatrix},\ \begin{bmatrix} \mathbf{2} \\ \mathbf{5} \\ \mathbf{-3} \\ \mathbf{-3} \end{bmatrix},\ \begin{bmatrix} \mathbf{0} \\ \mathbf{-1} \\ \mathbf{1} \\ \mathbf{4} \end{bmatrix},\ \begin{bmatrix} \mathbf{1} \\ \mathbf{21} \\ \mathbf{-10} \\ \mathbf{8} \end{bmatrix}\right\}$ を基底にもつ。

同次連立 1 次方程式 $A\boldsymbol{x}=\boldsymbol{0}$ ($\boldsymbol{x}={}^t[\,x \quad y \quad z \quad u \quad v\,]$) を解くと，$z=a$ を任意定数

として　$\begin{bmatrix} x \\ y \\ z \\ u \\ v \end{bmatrix} = a \begin{bmatrix} -2 \\ 1 \\ 1 \\ 0 \\ 0 \end{bmatrix}$

ここで，$\boldsymbol{u} = \begin{bmatrix} -2 \\ 1 \\ 1 \\ 0 \\ 0 \end{bmatrix}$ とおく。

同次連立 1 次方程式 $A\boldsymbol{x}=\boldsymbol{0}$ の一般解は，$\boldsymbol{u}$ の 1 次結合で与えられるから，$\mathrm{Ker}(f_A)$ は $\{\boldsymbol{u}\}$ で生成されている。

したがって，$\mathrm{Ker}(f_A)$ の基底の 1 組として $\{\boldsymbol{u}\}$，すなわち $\left\{\begin{bmatrix} \mathbf{-2} \\ \mathbf{1} \\ \mathbf{1} \\ \mathbf{0} \\ \mathbf{0} \end{bmatrix}\right\}$ がとれる。

更に　　$\mathrm{rank}\, f_A = \mathrm{rank}\, A = \mathbf{4}$

重要　例題 062　導関数をとる線形写像の表現行列 ③　★★☆

x を変数とする n 次以下の多項式全体がなす，$\mathbb{R}$ 上のベクトル空間 W_n を考え，導関数をとるという $\mathbb{R}$ 上の線形写像 $\dfrac{d}{dx} : W_n \longrightarrow W_{n-1}$ を考える。W_n の基底 $\{1,\ x,\ x^2,\ \cdots\cdots,\ x^n\}$ と，W_{n-1} の基底 $\{1,\ x,\ x^2,\ \cdots\cdots,\ x^{n-1}\}$ に関する $\dfrac{d}{dx}$ の表現行列を求めよ。

指針　基本例題 121，122，124 と同様にして求める。

解答　$\dfrac{d}{dx}1=0,\ \dfrac{d}{dx}x=1,\ \dfrac{d}{dx}x^2=2x,\ \cdots\cdots,\ \dfrac{d}{dx}x^n=nx^{n-1}$ であるから

$$\left[\frac{d}{dx}1 \quad \frac{d}{dx}x \quad \frac{d}{dx}x^2 \quad \cdots \quad \frac{d}{dx}x^n\right]$$

$$=[1 \quad x \quad x^2 \quad \cdots \quad x^{n-1}] \begin{bmatrix} 0 & 1 & 0 & \cdots & \cdots & 0 \\ 0 & 0 & 2 & \ddots & & \vdots \\ \vdots & \vdots & \ddots & \ddots & \ddots & \vdots \\ \vdots & \vdots & & \ddots & n-1 & 0 \\ 0 & 0 & \cdots & \cdots & 0 & n \end{bmatrix}$$

よって，求める表現行列は　$\begin{bmatrix} \mathbf{0} & \mathbf{1} & \mathbf{0} & \cdots & \cdots & \mathbf{0} \\ \mathbf{0} & \mathbf{0} & \mathbf{2} & \ddots & & \vdots \\ \vdots & \vdots & \ddots & \ddots & \ddots & \vdots \\ \vdots & \vdots & & \ddots & \boldsymbol{n}\mathbf{-1} & \mathbf{0} \\ \mathbf{0} & \mathbf{0} & \cdots & \cdots & \mathbf{0} & \boldsymbol{n} \end{bmatrix}$

別解　$f : W_n \longrightarrow W_{n-1}$ を与えられた $\mathbb{R}$ 上の線形写像，$\varphi : W_n \longrightarrow \mathbb{R}^{n+1}$ を W_n の基底 $\{1,\ x,\ x^2,\ \cdots\cdots,\ x^n\}$ によって決まる $\mathbb{R}$ 上の同型写像，$\psi : W_{n-1} \longrightarrow \mathbb{R}^n$ を W_{n-1} の基底 $\{1,\ x,\ x^2,\ \cdots\cdots,\ x^{n-1}\}$ によって決まる $\mathbb{R}$ 上の同型写像とする。また，求める表現行列を A とし，行列 A によって決まる線形写像を $f_A : \mathbb{R}^{n+1} \longrightarrow \mathbb{R}^n$ とする。このとき，図式をかくと右の図のようになる。

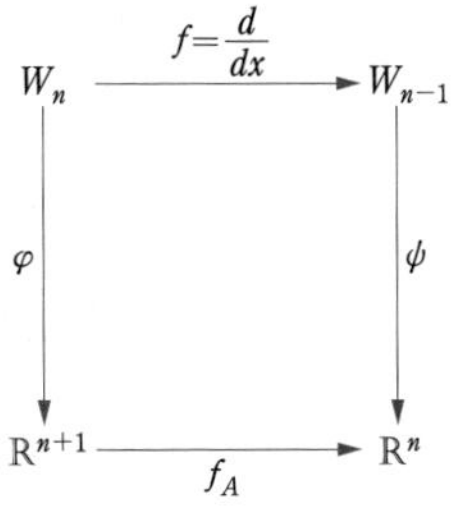

よって　$f_A = \psi \circ f \circ \varphi^{-1}$

$\boldsymbol{v} = \begin{bmatrix} a_0 \\ a_1 \\ a_2 \\ \vdots \\ a_n \end{bmatrix} \in \mathbb{R}^{n+1}$ に対し

$$\varphi^{-1}(\boldsymbol{v}) = a_0 + a_1 x + a_2 x^2 + \cdots\cdots + a_n x^n$$

ゆえに　$f(\varphi^{-1}(\boldsymbol{v})) = a_1 + 2a_2 x + \cdots\cdots + n a_n x^{n-1}$

したがって

$$f_A(\boldsymbol{v}) = \psi(f(\varphi^{-1}(\boldsymbol{v})))$$

$$= \begin{bmatrix} a_1 \\ 2a_2 \\ \vdots \\ na_n \end{bmatrix} = \begin{bmatrix} 0 & 1 & 0 & \cdots & \cdots & 0 \\ 0 & 0 & 2 & \ddots & & \vdots \\ \vdots & \vdots & \ddots & \ddots & \ddots & \vdots \\ \vdots & \vdots & & \ddots & n-1 & 0 \\ 0 & 0 & \cdots & \cdots & 0 & n \end{bmatrix} \begin{bmatrix} a_0 \\ a_1 \\ a_2 \\ \vdots \\ a_n \end{bmatrix}$$

以上から，求める表現行列は　$\begin{bmatrix} \mathbf{0} & \mathbf{1} & \mathbf{0} & \cdots & \cdots & \mathbf{0} \\ \mathbf{0} & \mathbf{0} & \mathbf{2} & \ddots & & \vdots \\ \vdots & \vdots & \ddots & \ddots & \ddots & \vdots \\ \vdots & \vdots & & \ddots & \boldsymbol{n}\mathbf{-1} & \mathbf{0} \\ \mathbf{0} & \mathbf{0} & \cdots & \cdots & \mathbf{0} & \boldsymbol{n} \end{bmatrix}$

重要　例題 063　線形写像の表現行列 ②　★★☆

Vを $\{\boldsymbol{v}_1,\ \boldsymbol{v}_2,\ \boldsymbol{v}_3,\ \boldsymbol{v}_4\}$ を基底にもつK上のベクトル空間とし，Wを $\{\boldsymbol{w}_1,\ \boldsymbol{w}_2,\ \boldsymbol{w}_3\}$ を基底にもつK上のベクトル空間とする。K上の線形写像 $f : V \longrightarrow W$ を，次で定義する。

$$f(\boldsymbol{v}_1)=\boldsymbol{w}_1+3\boldsymbol{w}_2+2\boldsymbol{w}_3 \qquad f(\boldsymbol{v}_2)=2\boldsymbol{w}_1+6\boldsymbol{w}_2+4\boldsymbol{w}_3$$

$$f(\boldsymbol{v}_3)=2\boldsymbol{w}_2+\boldsymbol{w}_3 \qquad f(\boldsymbol{v}_4)=2\boldsymbol{w}_1+4\boldsymbol{w}_2+3\boldsymbol{w}_3$$

線形写像fの，Vの基底 $\{\boldsymbol{v}_1,\ \boldsymbol{v}_2,\ \boldsymbol{v}_3,\ \boldsymbol{v}_4\}$ とWの基底 $\{\boldsymbol{w}_1,\ \boldsymbol{w}_2,\ \boldsymbol{w}_3\}$ に関する表現行列を求めよ。

指針　基本例題 121，122，124，重要例題 062 と同様にして求める。

解答

$$[\, f(\boldsymbol{v}_1) \quad f(\boldsymbol{v}_2) \quad f(\boldsymbol{v}_3) \quad f(\boldsymbol{v}_4)\,]=[\,\boldsymbol{w}_1 \quad \boldsymbol{w}_2 \quad \boldsymbol{w}_3\,]\begin{bmatrix}1&2&0&2\\3&6&2&4\\2&4&1&3\end{bmatrix}$$

よって，求める表現行列は　$\begin{bmatrix}\mathbf{1}&\mathbf{2}&\mathbf{0}&\mathbf{2}\\\mathbf{3}&\mathbf{6}&\mathbf{2}&\mathbf{4}\\\mathbf{2}&\mathbf{4}&\mathbf{1}&\mathbf{3}\end{bmatrix}$

別解　$\varphi : V \longrightarrow K^4$ をVの基底 $\{\boldsymbol{v}_1,\ \boldsymbol{v}_2,\ \boldsymbol{v}_3,\ \boldsymbol{v}_4\}$ によって決まるK上の同型写像，
$\psi : W \longrightarrow K^3$ をWの基底 $\{\boldsymbol{w}_1,\ \boldsymbol{w}_2,\ \boldsymbol{w}_3\}$ によって決まるK上の同型写像とする。また，求める表現行列をAとし，行列Aによって決まる線形写像を $f_A : K^4 \longrightarrow K^3$ とする。
このとき，図式的にかくと右の図のようになる。

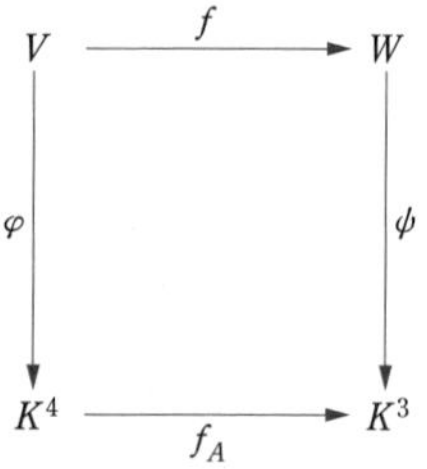

よって　$f_A=\psi\circ f\circ\varphi^{-1}$

$$\boldsymbol{v}=\begin{bmatrix}a_1\\a_2\\a_3\\a_4\end{bmatrix}\in K^4 \text{ に対し} \qquad \varphi^{-1}(\boldsymbol{v})=a_1\boldsymbol{v}_1+a_2\boldsymbol{v}_2+a_3\boldsymbol{v}_3+a_4\boldsymbol{v}_4$$

ゆえに

$$\begin{aligned}f(\varphi^{-1}(\boldsymbol{v}))&=a_1f(\boldsymbol{v}_1)+a_2f(\boldsymbol{v}_2)+a_3f(\boldsymbol{v}_3)+a_4f(\boldsymbol{v}_4)\\&=a_1(\boldsymbol{w}_1+3\boldsymbol{w}_2+2\boldsymbol{w}_3)+a_2(2\boldsymbol{w}_1+6\boldsymbol{w}_2+4\boldsymbol{w}_3)+a_3(2\boldsymbol{w}_2+\boldsymbol{w}_3)+a_4(2\boldsymbol{w}_1+4\boldsymbol{w}_2+3\boldsymbol{w}_3)\\&=(a_1+2a_2+2a_4)\boldsymbol{w}_1+(3a_1+6a_2+2a_3+4a_4)\boldsymbol{w}_2+(2a_1+4a_2+a_3+3a_4)\boldsymbol{w}_3\end{aligned}$$

したがって　$f_A(\boldsymbol{v})=\psi(f(\varphi^{-1}(\boldsymbol{v})))=\begin{bmatrix}a_1+2a_2+2a_4\\3a_1+6a_2+2a_3+4a_4\\2a_1+4a_2+a_3+3a_4\end{bmatrix}=\begin{bmatrix}1&2&0&2\\3&6&2&4\\2&4&1&3\end{bmatrix}\begin{bmatrix}a_1\\a_2\\a_3\\a_4\end{bmatrix}$

以上から，求める表現行列は　$\begin{bmatrix}\mathbf{1}&\mathbf{2}&\mathbf{0}&\mathbf{2}\\\mathbf{3}&\mathbf{6}&\mathbf{2}&\mathbf{4}\\\mathbf{2}&\mathbf{4}&\mathbf{1}&\mathbf{3}\end{bmatrix}$

重要 例題 064　基底変換の行列 ②　★★☆

(1)　R^3 の基底 $\left\{\boldsymbol{v}_1=\begin{bmatrix}2\\2\\1\end{bmatrix},\ \boldsymbol{v}_2=\begin{bmatrix}-1\\1\\0\end{bmatrix},\ \boldsymbol{v}_3=\begin{bmatrix}0\\-1\\-1\end{bmatrix}\right\}$ から，R^3 の標準基底への変換行列を求めよ。

(2)　R^3 の基底 $\left\{\boldsymbol{v}_1=\begin{bmatrix}2\\2\\1\end{bmatrix},\ \boldsymbol{v}_2=\begin{bmatrix}-1\\1\\0\end{bmatrix},\ \boldsymbol{v}_3=\begin{bmatrix}0\\-1\\-1\end{bmatrix}\right\}$ から，R^3 の基底 $\left\{\boldsymbol{v}_1'=\begin{bmatrix}-3\\3\\1\end{bmatrix},\ \boldsymbol{v}_2'=\begin{bmatrix}-6\\5\\3\end{bmatrix},\ \boldsymbol{v}_3'=\begin{bmatrix}2\\-2\\-1\end{bmatrix}\right\}$ への変換行列 P を求めよ。

指針　基本例題 125 と同様にして求める。

CHART　**標準基底への変換行列 P**
もとの基底からなる行列の逆行列を求める

解答　(1)　求める変換行列を P とし，$A=[\,\boldsymbol{v}_1\ \ \boldsymbol{v}_2\ \ \boldsymbol{v}_3\,]$ とすると　　$E=AP$

よって　　$P=A^{-1}=\boldsymbol{\dfrac{1}{3}}\begin{bmatrix}\boldsymbol{1}&\boldsymbol{1}&\boldsymbol{-1}\\\boldsymbol{-1}&\boldsymbol{2}&\boldsymbol{-2}\\\boldsymbol{1}&\boldsymbol{1}&\boldsymbol{-4}\end{bmatrix}$

(2)　$A=[\,\boldsymbol{v}_1'\ \ \boldsymbol{v}_2'\ \ \boldsymbol{v}_3'\,]$，$B=[\,\boldsymbol{v}_1\ \ \boldsymbol{v}_2\ \ \boldsymbol{v}_3\,]$ とすると　　$A=BP$

$B^{-1}=\dfrac{1}{3}\begin{bmatrix}1&1&-1\\-1&2&-2\\1&1&-4\end{bmatrix}$ であるから　　$P=B^{-1}A=\boldsymbol{\dfrac{1}{3}}\begin{bmatrix}\boldsymbol{-1}&\boldsymbol{-4}&\boldsymbol{1}\\\boldsymbol{7}&\boldsymbol{10}&\boldsymbol{-4}\\\boldsymbol{-4}&\boldsymbol{-13}&\boldsymbol{4}\end{bmatrix}$

補足　(1) において，$\psi:\mathrm{R}^3\longrightarrow\mathrm{R}^3$ を R^3 の基底 $\{\boldsymbol{e}_1,\ \boldsymbol{e}_2,\ \boldsymbol{e}_3\}$ によって決まる R 上の同型写像とする。求める変換行列を P とし，行列 P によって定まる線形写像を $f_P:\mathrm{R}^3\longrightarrow\mathrm{R}^3$ とする。このとき，図式をかくと右の図のようになる。

よって　　$f_P=\mathrm{id}\circ\psi^{-1}$

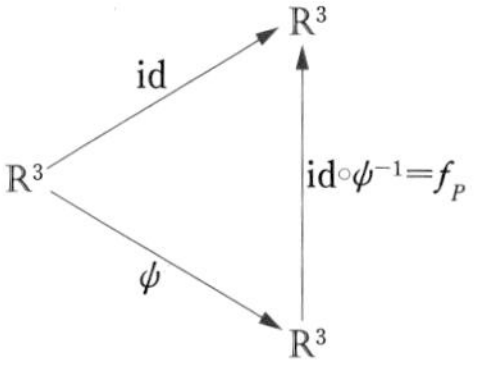

(2) において，$\varphi:\mathrm{R}^3\longrightarrow\mathrm{R}^3$ を R^3 の基底 $\{\boldsymbol{v}_1,\ \boldsymbol{v}_2,\ \boldsymbol{v}_3\}$ によって決まる R 上の同型写像，$\psi:\mathrm{R}^3\longrightarrow\mathrm{R}^3$ を R^3 の基底 $\{\boldsymbol{v}_1',\ \boldsymbol{v}_2',\ \boldsymbol{v}_3'\}$ によって決まる R 上の同型写像とする。求める変換行列を P とし，行列 P によって定まる線形写像を $f_P:\mathrm{R}^3\longrightarrow\mathrm{R}^3$ とする。このとき，図式をかくと右の図のようになる。

よって　　$f_P=\varphi\circ\psi^{-1}$

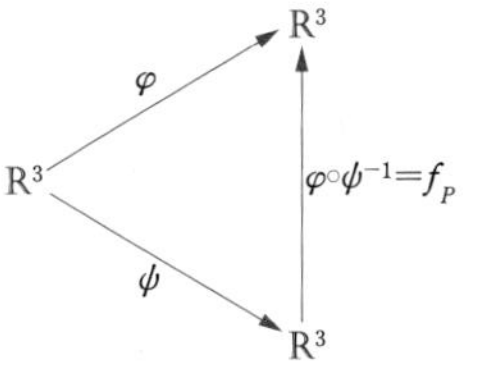

重要 例題 065　基底変換と線形写像の表現行列 ③　★★☆

行列 $A=\begin{bmatrix}13 & -8 & 4\\14 & -9 & 5\end{bmatrix}$ で決まる線形写像 $f_A: \mathbb{R}^3 \longrightarrow \mathbb{R}^2$ の，$\mathbb{R}^3$ の基底 $\left\{\begin{bmatrix}1\\2\\1\end{bmatrix}, \begin{bmatrix}1\\3\\3\end{bmatrix}, \begin{bmatrix}1\\4\\6\end{bmatrix}\right\}$ と $\mathbb{R}^2$ の基底 $\left\{\begin{bmatrix}1\\1\end{bmatrix}, \begin{bmatrix}1\\2\end{bmatrix}\right\}$ に関する表現行列を求めよ。

指針　基本例題 126 と同様にして求める。

解答　定義域 $\mathbb{R}^3$ の標準基底を $\{\boldsymbol{e}_1, \boldsymbol{e}_2, \boldsymbol{e}_3\}$ とし，終域 $\mathbb{R}^2$ の標準基底を $\{\boldsymbol{\varepsilon}_1, \boldsymbol{\varepsilon}_2\}$ とする。
このとき，$[\,f_A(\boldsymbol{e}_1)\quad f_A(\boldsymbol{e}_2)\quad f_A(\boldsymbol{e}_3)\,]=[\,\boldsymbol{\varepsilon}_1\quad \boldsymbol{\varepsilon}_2\,]A$ が成り立つ。

また，$P=\begin{bmatrix}1 & 1 & 1\\2 & 3 & 4\\1 & 3 & 6\end{bmatrix}$ とすると，行列 P は $\mathbb{R}^3$ の標準基底 $\{\boldsymbol{e}_1, \boldsymbol{e}_2, \boldsymbol{e}_3\}$ から基底 $\left\{\begin{bmatrix}1\\2\\1\end{bmatrix}, \begin{bmatrix}1\\3\\3\end{bmatrix}, \begin{bmatrix}1\\4\\6\end{bmatrix}\right\}$ への変換行列である。

更に，$Q=\begin{bmatrix}1 & 1\\1 & 2\end{bmatrix}$ とすると，行列 Q は $\mathbb{R}^2$ の標準基底 $\{\boldsymbol{\varepsilon}_1, \boldsymbol{\varepsilon}_2\}$ から基底 $\left\{\begin{bmatrix}1\\1\end{bmatrix}, \begin{bmatrix}1\\2\end{bmatrix}\right\}$ への変換行列である。よって

$$\begin{aligned}\left[\,f_A\left(\begin{bmatrix}1\\2\\1\end{bmatrix}\right)\quad f_A\left(\begin{bmatrix}1\\3\\3\end{bmatrix}\right)\quad f_A\left(\begin{bmatrix}1\\4\\6\end{bmatrix}\right)\right] &= [\,f_A(\boldsymbol{e}_1)\quad f_A(\boldsymbol{e}_2)\quad f_A(\boldsymbol{e}_3)\,]P\\ &= [\,\boldsymbol{\varepsilon}_1\quad \boldsymbol{\varepsilon}_2\,]AP\\ &= \begin{bmatrix}1 & 1\\1 & 2\end{bmatrix}Q^{-1}AP\end{aligned}$$

したがって，求める表現行列は

$$\begin{aligned}Q^{-1}AP &= \begin{bmatrix}2 & -1\\-1 & 1\end{bmatrix}\begin{bmatrix}13 & -8 & 4\\14 & -9 & 5\end{bmatrix}\begin{bmatrix}1 & 1 & 1\\2 & 3 & 4\\1 & 3 & 6\end{bmatrix}\\ &= \begin{bmatrix}12 & -7 & 3\\1 & -1 & 1\end{bmatrix}\begin{bmatrix}1 & 1 & 1\\2 & 3 & 4\\1 & 3 & 6\end{bmatrix}\\ &= \begin{bmatrix}\mathbf{1} & \mathbf{0} & \mathbf{2}\\\mathbf{0} & \mathbf{1} & \mathbf{3}\end{bmatrix}\end{aligned}$$

重要　例題 066　基底変換と線形写像の表現行列 ④　★★☆

線形写像 $f:\mathrm{R}^3 \longrightarrow \mathrm{R}^2$ を，$f\left(\begin{bmatrix} 2 \\ -1 \\ 7 \end{bmatrix}\right)=\begin{bmatrix} 3 \\ 2 \end{bmatrix}$，$f\left(\begin{bmatrix} 3 \\ -1 \\ 5 \end{bmatrix}\right)=\begin{bmatrix} 0 \\ -1 \end{bmatrix}$，

$f\left(\begin{bmatrix} -3 \\ 0 \\ 7 \end{bmatrix}\right)=\begin{bmatrix} 1 \\ 3 \end{bmatrix}$ で定義する。このとき，R^3 の標準基底と R^2 の基底

$\left\{\begin{bmatrix} 1 \\ 1 \end{bmatrix}, \begin{bmatrix} -1 \\ 1 \end{bmatrix}\right\}$ に関する線形写像 f の表現行列を求めよ。

指針　基本例題 126，重要例題 065 と同様にして求める。

解答　A を R の要素を成分にもつ 2×3 行列とする。

線形写像 f を，$\boldsymbol{v}\in\mathrm{R}^3$ に $A\boldsymbol{v}\in\mathrm{R}^2$ を対応させる写像であるとすると

$$A\begin{bmatrix} 2 & 3 & -3 \\ -1 & -1 & 0 \\ 7 & 5 & 7 \end{bmatrix}=\begin{bmatrix} 3 & 0 & 1 \\ 2 & -1 & 3 \end{bmatrix}$$

$B=\begin{bmatrix} 2 & 3 & -3 \\ -1 & -1 & 0 \\ 7 & 5 & 7 \end{bmatrix}$，$C=\begin{bmatrix} 3 & 0 & 1 \\ 2 & -1 & 3 \end{bmatrix}$ とすると，$B^{-1}=\begin{bmatrix} -7 & -36 & -3 \\ 7 & 35 & 3 \\ 2 & 11 & 1 \end{bmatrix}$ である

から　　$A=CB^{-1}=\begin{bmatrix} -19 & -97 & -8 \\ -15 & -74 & -6 \end{bmatrix}$

R^3 の標準基底を $\{\boldsymbol{e}_1, \boldsymbol{e}_2, \boldsymbol{e}_3\}$ とし，R^2 の標準基底を $\{\boldsymbol{\varepsilon}_1, \boldsymbol{\varepsilon}_2\}$ とする。

このとき，$[\,f(\boldsymbol{e}_1)\quad f(\boldsymbol{e}_2)\quad f(\boldsymbol{e}_3)\,]=[\,\boldsymbol{\varepsilon}_1\quad \boldsymbol{\varepsilon}_2\,]A$ が成り立つ。

$Q=\begin{bmatrix} 1 & -1 \\ 1 & 1 \end{bmatrix}$ とすると，行列 Q は R^2 の標準基底 $\{\boldsymbol{\varepsilon}_1, \boldsymbol{\varepsilon}_2\}$ から基底 $\left\{\begin{bmatrix} 1 \\ 1 \end{bmatrix}, \begin{bmatrix} -1 \\ 1 \end{bmatrix}\right\}$

への変換行列である。

よって　　$[\,f(\boldsymbol{e}_1)\quad f(\boldsymbol{e}_2)\quad f(\boldsymbol{e}_3)\,]=[\,\boldsymbol{\varepsilon}_1\quad \boldsymbol{\varepsilon}_2\,]A=\begin{bmatrix} 1 & -1 \\ 1 & 1 \end{bmatrix}Q^{-1}A$

したがって，求める表現行列は

$$Q^{-1}A=\frac{1}{2}\begin{bmatrix} 1 & 1 \\ -1 & 1 \end{bmatrix}\begin{bmatrix} -19 & -97 & -8 \\ -15 & -74 & -6 \end{bmatrix}=\boldsymbol{\frac{1}{2}\begin{bmatrix} -34 & -171 & -14 \\ 4 & 23 & 2 \end{bmatrix}}$$

重要 例題 067　基底変換と線形写像の表現行列 ⑤　★★★

V を $\{\boldsymbol{v}_1,\ \boldsymbol{v}_2,\ \boldsymbol{v}_3,\ \boldsymbol{v}_4,\ \boldsymbol{v}_5\}$ を基底にもつ K 上のベクトル空間とし，W を $\{\boldsymbol{w}_1,\ \boldsymbol{w}_2,\ \boldsymbol{w}_3,\ \boldsymbol{w}_4\}$ を基底にもつ K 上のベクトル空間とする。K 上の線形写像 $f: V \longrightarrow W$ を，次で定義する。

$$\begin{aligned}
f(\boldsymbol{v}_1) &= \quad\ \ -\boldsymbol{w}_2+\boldsymbol{w}_3+\boldsymbol{w}_4 \\
f(\boldsymbol{v}_2) &= \boldsymbol{w}_1-2\boldsymbol{w}_2+\boldsymbol{w}_3-\boldsymbol{w}_4 \\
f(\boldsymbol{v}_3) &= \boldsymbol{w}_1-5\boldsymbol{w}_2+4\boldsymbol{w}_3+2\boldsymbol{w}_4 \\
f(\boldsymbol{v}_4) &= \boldsymbol{w}_1-\boldsymbol{w}_2\qquad\ \ -2\boldsymbol{w}_4 \\
f(\boldsymbol{v}_5) &= 3\boldsymbol{w}_1-4\boldsymbol{w}_2+\boldsymbol{w}_3-5\boldsymbol{w}_4
\end{aligned}$$

(1) 線形写像 f の，V の基底 $\{\boldsymbol{v}_1,\ \boldsymbol{v}_2,\ \boldsymbol{v}_3,\ \boldsymbol{v}_4,\ \boldsymbol{v}_5\}$ と W の基底 $\{\boldsymbol{w}_1,\ \boldsymbol{w}_2,\ \boldsymbol{w}_3,\ \boldsymbol{w}_4\}$ に関する表現行列を求めよ。

(2) $f(V)$ の基底を 1 組求めよ。

(3) $\mathrm{Ker}(f)$ の基底を 1 組求めよ。

指針 (1) 基本例題 121，122，124，重要例題 062，063 と同様にして求める。
(2)，(3) 基本例題 117，118，重要例題 060，061 と同様にして求めればよい。

解答 (1) $\varphi: V \longrightarrow K^5$ を V の基底 $\{\boldsymbol{v}_1,\ \boldsymbol{v}_2,\ \boldsymbol{v}_3,\ \boldsymbol{v}_4,\ \boldsymbol{v}_5\}$ によって決まる K 上の同型写像，
$\psi: W \longrightarrow K^4$ を W の基底 $\{\boldsymbol{w}_1,\ \boldsymbol{w}_2,\ \boldsymbol{w}_3,\ \boldsymbol{w}_4\}$ によって決まる K 上の同型写像とする。
求める表現行列を A とし，行列 A によって決まる線形写像を $f_A: K^5 \longrightarrow K^4$ とする。
このとき，図式をかくと右の図のようになる。

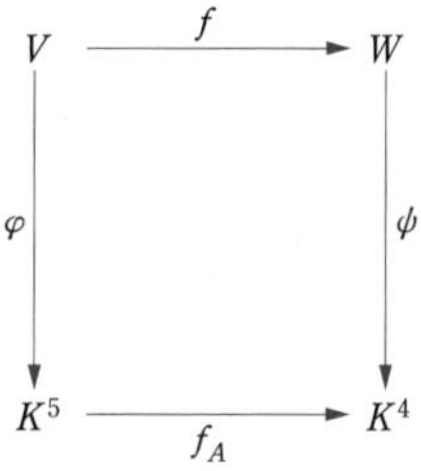

よって　$f_A=\psi\circ f\circ\varphi^{-1}$

$\boldsymbol{v}=\begin{bmatrix} a_1 \\ a_2 \\ a_3 \\ a_4 \\ a_5 \end{bmatrix}\in K^5$ に対し

$$\varphi^{-1}(\boldsymbol{v})=a_1\boldsymbol{v}_1+a_2\boldsymbol{v}_2+a_3\boldsymbol{v}_3+a_4\boldsymbol{v}_4+a_5\boldsymbol{v}_5$$

ゆえに

$$\begin{aligned}
f(\varphi^{-1}(\boldsymbol{v})) &= a_1f(\boldsymbol{v}_1)+a_2f(\boldsymbol{v}_2)+a_3f(\boldsymbol{v}_3)+a_4f(\boldsymbol{v}_4)+a_5f(\boldsymbol{v}_5) \\
&= a_1(-\boldsymbol{w}_2+\boldsymbol{w}_3+\boldsymbol{w}_4)+a_2(\boldsymbol{w}_1-2\boldsymbol{w}_2+\boldsymbol{w}_3-\boldsymbol{w}_4) \\
&\quad +a_3(\boldsymbol{w}_1-5\boldsymbol{w}_2+4\boldsymbol{w}_3+2\boldsymbol{w}_4)+a_4(\boldsymbol{w}_1-\boldsymbol{w}_2-2\boldsymbol{w}_4) \\
&\quad +a_5(3\boldsymbol{w}_1-4\boldsymbol{w}_2+\boldsymbol{w}_3-5\boldsymbol{w}_4) \\
&= (a_2+a_3+a_4+3a_5)\boldsymbol{w}_1+(-a_1-2a_2-5a_3-a_4-4a_5)\boldsymbol{w}_2 \\
&\quad +(a_1+a_2+4a_3+a_5)\boldsymbol{w}_3+(a_1-a_2+2a_3-2a_4-5a_5)\boldsymbol{w}_4
\end{aligned}$$

したがって

$$f_A(\boldsymbol{v})=\psi(f(\varphi^{-1}(\boldsymbol{v})))=\begin{bmatrix} a_2+a_3+a_4+3a_5 \\ -a_1-2a_2-5a_3-a_4-4a_5 \\ a_1+a_2+4a_3+a_5 \\ a_1-a_2+2a_3-2a_4-5a_5 \end{bmatrix}$$

$$=\begin{bmatrix} 0 & 1 & 1 & 1 & 3 \\ -1 & -2 & -5 & -1 & -4 \\ 1 & 1 & 4 & 0 & 1 \\ 1 & -1 & 2 & -2 & -5 \end{bmatrix}\begin{bmatrix} a_1 \\ a_2 \\ a_3 \\ a_4 \\ a_5 \end{bmatrix}$$

以上から，求める表現行列は $\begin{bmatrix} \mathbf{0} & \mathbf{1} & \mathbf{1} & \mathbf{1} & \mathbf{3} \\ \mathbf{-1} & \mathbf{-2} & \mathbf{-5} & \mathbf{-1} & \mathbf{-4} \\ \mathbf{1} & \mathbf{1} & \mathbf{4} & \mathbf{0} & \mathbf{1} \\ \mathbf{1} & \mathbf{-1} & \mathbf{2} & \mathbf{-2} & \mathbf{-5} \end{bmatrix}$

別解　$[\, f(\boldsymbol{v}_1) \quad f(\boldsymbol{v}_2) \quad f(\boldsymbol{v}_3) \quad f(\boldsymbol{v}_4) \quad f(\boldsymbol{v}_5)\,]$

$$=[\,\boldsymbol{w}_1 \quad \boldsymbol{w}_2 \quad \boldsymbol{w}_3 \quad \boldsymbol{w}_4\,]\begin{bmatrix} 0 & 1 & 1 & 1 & 3 \\ -1 & -2 & -5 & -1 & -4 \\ 1 & 1 & 4 & 0 & 1 \\ 1 & -1 & 2 & -2 & -5 \end{bmatrix}$$

よって，求める表現行列は $\begin{bmatrix} \mathbf{0} & \mathbf{1} & \mathbf{1} & \mathbf{1} & \mathbf{3} \\ \mathbf{-1} & \mathbf{-2} & \mathbf{-5} & \mathbf{-1} & \mathbf{-4} \\ \mathbf{1} & \mathbf{1} & \mathbf{4} & \mathbf{0} & \mathbf{1} \\ \mathbf{1} & \mathbf{-1} & \mathbf{2} & \mathbf{-2} & \mathbf{-5} \end{bmatrix}$

(2)　(1) で求めた $A=\begin{bmatrix} 0 & 1 & 1 & 1 & 3 \\ -1 & -2 & -5 & -1 & -4 \\ 1 & 1 & 4 & 0 & 1 \\ 1 & -1 & 2 & -2 & -5 \end{bmatrix}$ に対し，線形写像 f_A の像 $f_A(K^5)$ は行列 A の列ベクトルで生成される，K^4 の部分空間である。

行列 A の簡約階段形は $\begin{bmatrix} 1 & 0 & 3 & -1 & -2 \\ 0 & 1 & 1 & 1 & 3 \\ 0 & 0 & 0 & 0 & 0 \\ 0 & 0 & 0 & 0 & 0 \end{bmatrix}$

よって，$f_A(K^5)$ は行列 A の第 1 列目，第 2 列目の列ベクトルの組，すなわち

$\left\{\begin{bmatrix} 0 \\ -1 \\ 1 \\ 1 \end{bmatrix}, \begin{bmatrix} 1 \\ -2 \\ 1 \\ -1 \end{bmatrix}\right\}$ を基底にもつ。

$$\psi^{-1}\left(\begin{bmatrix} 0 \\ -1 \\ 1 \\ 1 \end{bmatrix}\right) = -\boldsymbol{w}_2 + \boldsymbol{w}_3 + \boldsymbol{w}_4,\quad \psi^{-1}\left(\begin{bmatrix} 1 \\ -2 \\ 1 \\ -1 \end{bmatrix}\right) = \boldsymbol{w}_1 - 2\boldsymbol{w}_2 + \boldsymbol{w}_3 - \boldsymbol{w}_4$$ であるから，

$f(V)$ は $\{-\boldsymbol{w}_2+\boldsymbol{w}_3+\boldsymbol{w}_4,\ \boldsymbol{w}_1-2\boldsymbol{w}_2+\boldsymbol{w}_3-\boldsymbol{w}_4\}$ を基底にもつ。

(3)　(1) で求めた表現行列 A に対し，同次連立 1 次方程式
$A\boldsymbol{x}=\boldsymbol{0}$ ($\boldsymbol{x}={}^t[\,x\quad y\quad z\quad u\quad v\,]$) を解くと，(2) より，$z=a_1$，$u=a_2$，$v=a_3$ を任意定数として

$$\begin{bmatrix} x \\ y \\ z \\ u \\ v \end{bmatrix} = a_1\begin{bmatrix} -3 \\ -1 \\ 1 \\ 0 \\ 0 \end{bmatrix} + a_2\begin{bmatrix} 1 \\ -1 \\ 0 \\ 1 \\ 0 \end{bmatrix} + a_3\begin{bmatrix} 2 \\ -3 \\ 0 \\ 0 \\ 1 \end{bmatrix}$$

よって，$\mathrm{Ker}(f_A)$ は $\left\{\begin{bmatrix} -3 \\ -1 \\ 1 \\ 0 \\ 0 \end{bmatrix}, \begin{bmatrix} 1 \\ -1 \\ 0 \\ 1 \\ 0 \end{bmatrix}, \begin{bmatrix} 2 \\ -3 \\ 0 \\ 0 \\ 1 \end{bmatrix}\right\}$ を基底にもつ。

$$\varphi^{-1}\left(\begin{bmatrix} -3 \\ -1 \\ 1 \\ 0 \\ 0 \end{bmatrix}\right) = -3\boldsymbol{v}_1 - \boldsymbol{v}_2 + \boldsymbol{v}_3,\quad \varphi^{-1}\left(\begin{bmatrix} 1 \\ -1 \\ 0 \\ 1 \\ 0 \end{bmatrix}\right) = \boldsymbol{v}_1 - \boldsymbol{v}_2 + \boldsymbol{v}_4,$$

$$\varphi^{-1}\left(\begin{bmatrix} 2 \\ -3 \\ 0 \\ 0 \\ 1 \end{bmatrix}\right) = 2\boldsymbol{v}_1 - 3\boldsymbol{v}_2 + \boldsymbol{v}_5$$ であるから，$\mathrm{Ker}(f)$ は

$\{-3\boldsymbol{v}_1-\boldsymbol{v}_2+\boldsymbol{v}_3,\ \boldsymbol{v}_1-\boldsymbol{v}_2+\boldsymbol{v}_4,\ 2\boldsymbol{v}_1-3\boldsymbol{v}_2+\boldsymbol{v}_5\}$ を基底にもつ。

重要 例題 068 線形写像の定数倍の和が線形写像 ★☆☆

2つのK上の線形写像 $f: V \longrightarrow W$，$g: V \longrightarrow W$ と $a \in K$，$b \in K$ に対して，写像 $af+bg: V \longrightarrow W$ を，$(af+bg)(\boldsymbol{v})=af(\boldsymbol{v})+bg(\boldsymbol{v})$ で定義する。$af+bg$ も，K上の線形写像であることを示せ。

指針 線形写像の定義に戻って証明する。

定義 線形写像

VとWをK上のベクトル空間とし，$f: V \longrightarrow W$ を写像とする。次の2つの条件が満たされるとき，写像fはK上の **線形写像** という。

[1] 任意の $\boldsymbol{v}_1 \in V$，$\boldsymbol{v}_2 \in V$ に対し　$f(\boldsymbol{v}_1+\boldsymbol{v}_2)=f(\boldsymbol{v}_1)+f(\boldsymbol{v}_2)$

[2] 任意の $\boldsymbol{v} \in V$ および任意の $a \in K$ に対し　$f(a\boldsymbol{v})=af(\boldsymbol{v})$

解答 $\boldsymbol{v}_1 \in V$，$\boldsymbol{v}_2 \in V$，$\boldsymbol{v} \in V$，$c \in K$ に対し，f，g は線形写像であるから

$$f(\boldsymbol{v}_1+\boldsymbol{v}_2)=f(\boldsymbol{v}_1)+f(\boldsymbol{v}_2),$$
$$g(\boldsymbol{v}_1+\boldsymbol{v}_2)=g(\boldsymbol{v}_1)+g(\boldsymbol{v}_2),$$
$$f(c\boldsymbol{v})=cf(\boldsymbol{v}),\ g(c\boldsymbol{v})=cg(\boldsymbol{v})$$

よって

$$(af+bg)(\boldsymbol{v}_1+\boldsymbol{v}_2)=af(\boldsymbol{v}_1+\boldsymbol{v}_2)+bg(\boldsymbol{v}_1+\boldsymbol{v}_2)$$
◀定義より。
$$=a\{f(\boldsymbol{v}_1)+f(\boldsymbol{v}_2)\}+b\{g(\boldsymbol{v}_1)+g(\boldsymbol{v}_2)\}$$
$$=(af+bg)(\boldsymbol{v}_1)+(af+bg)(\boldsymbol{v}_2)$$
◀定義より。
$$(af+bg)(c\boldsymbol{v})=af(c\boldsymbol{v})+bg(c\boldsymbol{v})$$
◀定義より。
$$=caf(\boldsymbol{v})+cbg(\boldsymbol{v})$$
$$=c(af+bg)(\boldsymbol{v})$$
◀定義より。

したがって，$af+bg$ も，K上の線形写像である。 ■

重要 例題 069　置換行列の成分の性質　★★☆

n 個の文字 1, 2, ……, n の置換 σ によって, $E(\sigma)=[\,\boldsymbol{e}_{\sigma(1)}\ \ \boldsymbol{e}_{\sigma(2)}\ \ \cdots\ \ \boldsymbol{e}_{\sigma(n)}\,]$ (ただし, $\{\boldsymbol{e}_1,\ \boldsymbol{e}_2,\ \cdots\cdots,\ \boldsymbol{e}_n\}$ は K^n の標準基底とする) で表された行列を n 次の置換行列という。このとき, 任意の n 次正方行列 $A=[a_{ij}]$ について, $\{E(\sigma)\}^{-1}AE(\sigma)=[b_{ij}]$ とする。すなわち, $\{E(\sigma)\}^{-1}AE(\sigma)$ の $(i,\ j)$ 成分を b_{ij} とするとき, $b_{ij}=a_{\sigma(i)\sigma(j)}$ であることを示せ。ただし, $\{E(\sigma)\}^{-1}=E(\sigma^{-1})$ であることを証明なしに用いてよい。

指針

$n=3$ のとき, $A=\begin{bmatrix} a_{11} & a_{12} & a_{13} \\ a_{21} & a_{22} & a_{23} \\ a_{31} & a_{32} & a_{33} \end{bmatrix}$ とする。例えば, $\sigma=\begin{pmatrix} 1 & 2 & 3 \\ 2 & 3 & 1 \end{pmatrix}$ とすると

$$E(\sigma)=[\,\boldsymbol{e}_{\sigma(1)}\ \ \boldsymbol{e}_{\sigma(2)}\ \ \boldsymbol{e}_{\sigma(3)}\,]=[\,\boldsymbol{e}_2\ \ \boldsymbol{e}_3\ \ \boldsymbol{e}_1\,]=\begin{bmatrix} 0 & 0 & 1 \\ 1 & 0 & 0 \\ 0 & 1 & 0 \end{bmatrix}$$

また, $\{E(\sigma)\}^{-1}=E(\sigma^{-1})$ であり, $\sigma^{-1}=\begin{pmatrix} 1 & 2 & 3 \\ 3 & 1 & 2 \end{pmatrix}$ であるから

$$\{E(\sigma)\}^{-1}=[\,\boldsymbol{e}_{\sigma^{-1}(1)}\ \ \boldsymbol{e}_{\sigma^{-1}(2)}\ \ \boldsymbol{e}_{\sigma^{-1}(3)}\,]=[\,\boldsymbol{e}_3\ \ \boldsymbol{e}_1\ \ \boldsymbol{e}_2\,]=\begin{bmatrix} 0 & 1 & 0 \\ 0 & 0 & 1 \\ 1 & 0 & 0 \end{bmatrix}$$

よって

$$\{E(\sigma)\}^{-1}AE(\sigma)=\begin{bmatrix} 0 & 1 & 0 \\ 0 & 0 & 1 \\ 1 & 0 & 0 \end{bmatrix}\begin{bmatrix} a_{11} & a_{12} & a_{13} \\ a_{21} & a_{22} & a_{23} \\ a_{31} & a_{32} & a_{33} \end{bmatrix}\begin{bmatrix} 0 & 0 & 1 \\ 1 & 0 & 0 \\ 0 & 1 & 0 \end{bmatrix}$$

$$=\begin{bmatrix} 0 & 1 & 0 \\ 0 & 0 & 1 \\ 1 & 0 & 0 \end{bmatrix}\begin{bmatrix} a_{12} & a_{13} & a_{11} \\ a_{22} & a_{23} & a_{21} \\ a_{32} & a_{33} & a_{31} \end{bmatrix}$$

$$=\begin{bmatrix} a_{22} & a_{23} & a_{21} \\ a_{32} & a_{33} & a_{31} \\ a_{12} & a_{13} & a_{11} \end{bmatrix}=\begin{bmatrix} a_{\sigma(1)\sigma(1)} & a_{\sigma(1)\sigma(2)} & a_{\sigma(1)\sigma(3)} \\ a_{\sigma(2)\sigma(1)} & a_{\sigma(2)\sigma(2)} & a_{\sigma(2)\sigma(3)} \\ a_{\sigma(3)\sigma(1)} & a_{\sigma(3)\sigma(2)} & a_{\sigma(3)\sigma(3)} \end{bmatrix}$$

まず, $AE(\sigma)$ の j 列目は, A の $\sigma(j)$ 列目となっている。
次に, $AE(\sigma)$ の i 行目が $\{E(\sigma)\}^{-1}AE(\sigma)$ の $\sigma^{-1}(i)$ 行目, すなわち, $\{E(\sigma)\}^{-1}AE(\sigma)$ の i 行目は, $AE(\sigma)$ の $\sigma(i)$ 行目となっている。
ゆえに, 確かに成り立っていることがわかる。
$\{E(\sigma)\}^{-1}=E(\sigma^{-1})$ の証明は, 第4章重要例題 043 を参照。

解答　$E=[\delta_{ij}]$, $\delta_{ij}=\begin{cases} 1 & (i=j) \\ 0 & (i\neq j) \end{cases}$ とすると, 置換行列 $E(\sigma)$ の $(i,\ j)$ 成分は $\delta_{i\sigma(j)}$ である。

置換行列 $E(\sigma)$ の第 i 列 $(1\leqq i\leqq n)$ は $\boldsymbol{e}_{\sigma(i)}$ であるから

$$AE(\sigma)=[\,\boldsymbol{v}_{\sigma(1)}\ \ \boldsymbol{v}_{\sigma(2)}\ \ \cdots\ \ \boldsymbol{v}_{\sigma(n)}\,]$$

よって, $\{E(\sigma)\}^{-1}=E(\sigma^{-1})$ と $\{E(\sigma)\}^{-1}AE(\sigma)=[b_{ij}]$ から

$$b_{ij}=\sum_{k=1}^{n}\delta_{i\sigma^{-1}(k)}\left\{\sum_{l=1}^{n}a_{kl}\delta_{l\sigma(j)}\right\}=\sum_{k=1}^{n}\delta_{i\sigma^{-1}(k)}a_{k\sigma(j)}=a_{\sigma(i)\sigma(j)}$$ ■

重要 例題 070 対角成分が 0 の上三角行列のべき零性 ★★★

n 次正方行列 A が，次の形であるとき，$A^n=O$（零行列）であることを示せ。

$$A=\begin{bmatrix} 0 & * & \cdots & \cdots & \cdots & * \\ & 0 & * & & \huge{*} & \vdots \\ & & 0 & * & & \vdots \\ & & & \ddots & \ddots & \vdots \\ & & & & 0 & * \\ & \huge{0} & & & & 0 \end{bmatrix}$$

指針　A は，上三角行列で対角成分がすべて 0 という正方行列である。
行列 A^m $(1\leqq m\leqq n)$ によって決まる線形写像を $f_{A^m}: K^n \longrightarrow K^n$ とし，K^n の標準基底を $\{\boldsymbol{e}_1,\ \boldsymbol{e}_2,\ \cdots\cdots,\ \boldsymbol{e}_{n-2},\ \boldsymbol{e}_{n-1},\ \boldsymbol{e}_n\}$ とする。線形写像 f_{A^m} の，K^n の標準基底 $\{\boldsymbol{e}_1,\ \boldsymbol{e}_2,\ \cdots\cdots,\ \boldsymbol{e}_{n-2},\ \boldsymbol{e}_{n-1},\ \boldsymbol{e}_n\}$ に関する表現行列は A^m であるから，線形写像 f_{A^n} が零写像であることを示せばよい。もしくは，次のように **小手調べ** を行った後，数学的帰納法を用いて示す。

$n=2$ のとき，$A=\begin{bmatrix} 0 & a_{12} \\ 0 & 0 \end{bmatrix}$ とすると　$A^2=O$

$n=3$ のとき，$A=\begin{bmatrix} 0 & a_{12} & a_{13} \\ 0 & 0 & a_{23} \\ 0 & 0 & 0 \end{bmatrix}$ とすると　$A^2=\begin{bmatrix} 0 & 0 & a_{12}a_{23} \\ 0 & 0 & 0 \\ 0 & 0 & 0 \end{bmatrix}$，$A^3=O$

成分に 0 が発生する要因は「積を考える際の A^k $(1\leqq k\leqq n-1)$ の行ベクトルと A 列ベクトルで，0 でない成分どうしが掛からないこと」である。例えば，A^2 の $(2,\ 3)$ 成分は次のようになる。

$$A^2=\begin{bmatrix} 0 & a_{12} & a_{13} \\ 0 & 0 & a_{23} \\ 0 & 0 & 0 \end{bmatrix}\begin{bmatrix} 0 & a_{12} & a_{13} \\ 0 & 0 & a_{23} \\ 0 & 0 & 0 \end{bmatrix}=\begin{bmatrix} 0 & 0 & a_{12}a_{13} \\ 0 & 0 & 0 \\ 0 & 0 & 0 \end{bmatrix}$$

この **小手調べ** により，行列 A のべき乗において，べき指数が大きくなると 0 でない成分が右上に追いやられていくことが予想される。
すなわち，A^k $(1\leqq k\leqq n)$ の $(i,\ j)$ 成分を $a_{ij}{}^{(k)}$ とすると，$j-i<k$ となる自然数 $i,\ j$ に対して，$a_{ij}{}^{(k)}=0$ となると予想される。
このことを数学的帰納法で示してから，$k=n$ を代入する。

CHART　**自然数 n に関する問題**
$n=2,\ 3,\ \cdots\cdots$ で調べて予想，数学的帰納法で示す

解答　$A=\begin{bmatrix} 0 & a_{12} & \cdots & \cdots & a_{1n} \\ & 0 & a_{23} & \cdots & a_{2n} \\ & & \ddots & \ddots & \vdots \\ & & & 0 & a_{n-1\,n} \\ \huge{0} & & & & 0 \end{bmatrix}$ と書くことにする。

行列 A^m $(1\leqq m\leqq n)$ によって決まる線形写像を $f_{A^m}: K^n \longrightarrow K^n$ とし，K^n の標準基底を $\{\boldsymbol{e}_1,\ \boldsymbol{e}_2,\ \cdots\cdots,\ \boldsymbol{e}_{n-2},\ \boldsymbol{e}_{n-1},\ \boldsymbol{e}_n\}$ とする。

このとき

$f_A(\boldsymbol{e}_1)=\boldsymbol{0}$, $f_A(\boldsymbol{e}_2)=a_{12}\boldsymbol{e}_1$,

……, $f_A(\boldsymbol{e}_n)=a_{1n}\boldsymbol{e}_1+a_{2n}\boldsymbol{e}_2+\cdots\cdots+a_{n-2\,n}\boldsymbol{e}_{n-2}+a_{n-1\,n}\boldsymbol{e}_{n-1}$ ……①

よって，任意の $\boldsymbol{v}\in K^n$ に対し，ある $b_1\in K$, $b_2\in K$, ……, $b_{n-2}\in K$, $b_{n-1}\in K$ が存在して，$f_A(\boldsymbol{v})=b_1\boldsymbol{e}_1+b_2\boldsymbol{e}_2+\cdots\cdots+b_{n-2}\boldsymbol{e}_{n-2}+b_{n-1}\boldsymbol{e}_{n-1}$ となる。

また，任意の $\boldsymbol{v}\in K^n$ に対し，$f_{A^{m+1}}(\boldsymbol{v})=f_A(f_{A^m}(\boldsymbol{v}))$ であるから，① により，ある $c_1\in K$, $c_2\in K$, ……, $c_{n-2}\in K$ が存在して，$f_{A^2}(\boldsymbol{v})=c_1\boldsymbol{e}_1+c_2\boldsymbol{e}_2+\cdots\cdots+c_{n-2}\boldsymbol{e}_{n-2}$ となる。

これを繰り返して，① により，$f_{A^n}(\boldsymbol{v})=\boldsymbol{0}$ となる。

線形写像 f_{A^n} の，K^n の標準基底 $\{\boldsymbol{e}_1, \boldsymbol{e}_2, \cdots\cdots, \boldsymbol{e}_{n-2}, \boldsymbol{e}_{n-1}, \boldsymbol{e}_n\}$ に関する表現行列は A^n であり，線形写像 f_{A^n} は零写像であるから　$A^n=O$ ■

別解　自然数 k に対し，A^k の $(i,\ j)$ 成分を $a_{ij}{}^{(k)}$ と書くことにする。このとき

「$j-i<k$ となるすべての自然数 i, j に対し，$a_{ij}{}^{(k)}=0$ となること」 ……①

を，自然数 k についての数学的帰納法で示す。

[1]　$k=1$ のとき

与えられた行列 A の形から，$j-i<1$ となる自然数 i, j に対して，$a_{ij}{}^{(1)}=0$ となるから，① は成り立つ。

[2]　$k\leqq l$ $(1\leqq l\leqq n-1)$ に対し，① が成り立つと仮定すると

「$j-i<l$ となるすべての自然数 i, j に対し，$a_{ij}{}^{(l)}=0$ となる」 ……②

$k=l+1$ の場合を考えると

$$a_{ij}{}^{(l+1)}=\sum_{m=1}^{n}a_{im}{}^{(l)}a_{mj}{}^{(1)}=\sum_{m=1}^{i+l-1}a_{im}{}^{(l)}a_{mj}{}^{(1)}+\sum_{m=i+l}^{n}a_{im}{}^{(l)}a_{mj}{}^{(1)}$$

[a]　$1\leqq m\leqq i+l-1$ のとき，$m-i\leqq l-1<l$ であるから，② により

$$a_{im}{}^{(l)}=0$$

[b]　$i+l\leqq m\leqq n$ のとき　$j-m\leqq j-i-l$

よって，$j-i<l+1$ のとき，$j-m<(l+1)-l=1$ であるから，② により

$$a_{mj}{}^{(1)}=0$$

ゆえに，$j-i<l+1$ となるすべての自然数 i, j に対し　$a_{ij}{}^{(l+1)}=0$

したがって，$k=l+1$ のときも ① は成り立つ。

[1], [2] から，$j-i<k$ となるすべての自然数 i, j に対し，$a_{ij}{}^{(k)}=0$ となる。

ここで，$k=n$ とおくと，$1\leqq i\leqq n$, $1\leqq j\leqq n$ となる自然数 i, j に対し，

$j-i\leqq n-1<n$ であるから　$a_{ij}{}^{(n)}=0$

よって　$A^n=O$ ■

補足　対角成分がすべて 0 の n 次の下三角行列 A についても $A^n=O$ となる。

第7章

内積

1 内積と計量ベクトル空間

2 直交変換とユニタリ変換

例題一覧

例題番号	レベル	例題タイトル	教科書との対応
		1 内積と計量ベクトル空間	
基本 128	1	R^n の標準内積の性質 ①	練習 1
基本 129	1	R^n の標準内積の性質 ②	練習 2
基本 130	1	R^n の標準内積の性質 ③	練習 3
基本 131	1	定積分で定義された内積の性質	練習 4
基本 132	1	C^n の標準内積の性質 ①	練習 5
基本 133	1	C^n の標準内積の性質 ②	練習 6
基本 134	1	C^n の標準内積の性質 ③	練習 7
基本 135	1	ベクトル $\boldsymbol{v}$, $\boldsymbol{w}$ のノルムとなす角	練習 8
基本 136	1	ベクトルの正規化	練習 9
基本 137	1	直交基底の証明と正規直交基底	練習 10
基本 138	1	グラム・シュミットの直交化 ①	練習 11
基本 139	1	正射影作用素の線形性の証明	練習 12
基本 140	1	部分空間への正射影	練習 13
基本 141	2	部分空間への正射影作用素の表現行列 ①	練習 14

例題番号	レベル	例題タイトル	教科書との対応
		2 直交変換とユニタリ変換	
基本 142	1	対称行列の性質	練習 1
基本 143	2	随伴行列の性質	練習 2
基本 144	1	エルミート行列の性質	練習 3
基本 145	1	エルミート行列の行列式	練習 4
基本 146	1	エルミート内積の性質	練習 5
基本 147	1	グラム行列の求め方	練習 6
基本 148	1	直交行列であることの証明	練習 7
基本 149	3	部分空間における折り返し変換の性質	練習 8
基本 150	1	ベクトル積（外積）の性質の証明 ①	練習 9
基本 151	1	ベクトル積（外積）の性質の証明 ②	練習 10
		第7章の内容チェックテスト	
		演 習 編	
重要 071	2	グラム・シュミットの直交化 ②	章末 1
重要 072	2	部分空間への正射影作用素の表現行列 ②	章末 2
重要 073	2	正射影作用素の性質に基づく証明	章末 3
重要 074	1	直交行列とユニタリ行列の性質	章末 4
重要 075	2	部分空間への正射影作用素の表現行列 ③	
重要 076	3	正射影作用素の具体的な表示方法	
重要 077	2	直交補空間の性質に関する証明	章末 5

1　内積と計量ベクトル空間

◈内積の定義

詳しくは,「数研講座シリーズ　大学教養　線形代数」の 240, 241 ページを参照。以下は, その要約である。

高校で学んだ平面のベクトルにおいては, 成分表示されたベクトル $\boldsymbol{v}=(a_1,\ a_2)$, $\boldsymbol{w}=(b_1,\ b_2)$ に対して, その内積を $\boldsymbol{v}\cdot\boldsymbol{w}=a_1b_1+a_2b_2$ として定義した。

ここで学習する一般のベクトル空間における内積の定義は, 以下の通りで, 次の 4 つの条件を満たしている。

定義　内積

Vを$\mathbb{R}$上のベクトル空間とする。任意の 2 つのベクトル $\boldsymbol{v}\in V$, $\boldsymbol{w}\in V$ に対し, $(\boldsymbol{v},\ \boldsymbol{w})\in\mathbb{R}$ が 1 つ決まり, 次の条件 (I1)～(I4) を満たすとする。このとき, $\mathbb{R}$上のベクトル空間V上に **内積** $(\cdot,\ \cdot)$ が 1 つ定義されたという。

(I1)　$(\boldsymbol{v},\ \boldsymbol{w})$ は第 1 成分について, $\mathbb{R}$上線形である。すなわち, 次が成り立つ。

　[1]　$(\boldsymbol{v}_1+\boldsymbol{v}_2,\ \boldsymbol{w})=(\boldsymbol{v}_1,\ \boldsymbol{w})+(\boldsymbol{v}_2,\ \boldsymbol{w})$

　[2]　$(k\boldsymbol{v},\ \boldsymbol{w})=k(\boldsymbol{v},\ \boldsymbol{w})$　$(k\in\mathbb{R})$

(I2)　$(\boldsymbol{v},\ \boldsymbol{w})$ は第 2 成分について, $\mathbb{R}$上線形である。すなわち, 次が成り立つ。

　[1]　$(\boldsymbol{v},\ \boldsymbol{w}_1+\boldsymbol{w}_2)=(\boldsymbol{v},\ \boldsymbol{w}_1)+(\boldsymbol{v},\ \boldsymbol{w}_2)$

　[2]　$(\boldsymbol{v},\ k\boldsymbol{w})=k(\boldsymbol{v},\ \boldsymbol{w})$　$(k\in\mathbb{R})$

(I3)　$(\boldsymbol{v},\ \boldsymbol{w})$ は対称である。すなわち, $(\boldsymbol{v},\ \boldsymbol{w})=(\boldsymbol{w},\ \boldsymbol{v})$ が成り立つ。

(I4)　任意の $\boldsymbol{v}\in V$ に対し, $(\boldsymbol{v},\ \boldsymbol{v})\geqq 0$ であり, $(\boldsymbol{v},\ \boldsymbol{v})=0$ となるのは, $\boldsymbol{v}=\boldsymbol{0}$ であるときに限る。

補足　2 つのベクトル $\boldsymbol{v}$, $\boldsymbol{w}$ の内積は, 上のように $(\boldsymbol{v},\ \boldsymbol{w})$ という記号で表されることが多いが, ベクトルとベクトルの「積」のような形の $\boldsymbol{v}\cdot\boldsymbol{w}$ で書かれることもある。

注意　内積の条件について, (I1) と (I2) は, (I3) のもとでは, どちらか 1 つで十分である。

補足　内積の条件 (I1), (I2) は, **双線形性** と呼ばれる性質である。

定義　$\mathbb{R}^n$ の標準内積

$\mathbb{R}$上の n 次元数ベクトル空間 $\mathbb{R}^n$ の 2 つのベクトル $\boldsymbol{v}=\begin{bmatrix} a_1 \\ a_2 \\ \vdots \\ a_n \end{bmatrix}$, $\boldsymbol{w}=\begin{bmatrix} b_1 \\ b_2 \\ \vdots \\ b_n \end{bmatrix}$ に対し,

$(\boldsymbol{v},\ \boldsymbol{w})={}^t\boldsymbol{w}\boldsymbol{v}=a_1b_1+a_2b_2+\cdots\cdots+a_nb_n$ と定義すると, これは $\mathbb{R}^n$ 上に内積を定める。この内積を, $\mathbb{R}^n$ の **標準内積** という。

基本 例題 128 R^n の標準内積の性質 ①　★☆☆

R^n の標準内積に関して，次の等式 (＊) を証明せよ。

$(a_1\boldsymbol{v}_1+a_2\boldsymbol{v}_2,\ b_1\boldsymbol{w}_1+b_2\boldsymbol{w}_2)$

$=a_1b_1(\boldsymbol{v}_1,\ \boldsymbol{w}_1)+a_1b_2(\boldsymbol{v}_1,\ \boldsymbol{w}_2)+a_2b_1(\boldsymbol{v}_2,\ \boldsymbol{w}_1)+a_2b_2(\boldsymbol{v}_2,\ \boldsymbol{w}_2)$ …… (＊)

指針 R^n の標準内積は，左のページを参照。
左ページの内積の定義の (I1)，(I2) を使って示す。

解答 $(a_1\boldsymbol{v}_1+a_2\boldsymbol{v}_2,\ b_1\boldsymbol{w}_1+b_2\boldsymbol{w}_2)$

$=(a_1\boldsymbol{v}_1,\ b_1\boldsymbol{w}_1+b_2\boldsymbol{w}_2)+(a_2\boldsymbol{v}_2,\ b_1\boldsymbol{w}_1+b_2\boldsymbol{w}_2)$　◀ (I1)[1] より。

$=a_1(\boldsymbol{v}_1,\ b_1\boldsymbol{w}_1+b_2\boldsymbol{w}_2)+a_2(\boldsymbol{v}_2,\ b_1\boldsymbol{w}_1+b_2\boldsymbol{w}_2)$　◀ (I1)[2] より。

$=a_1(\boldsymbol{v}_1,\ b_1\boldsymbol{w}_1)+a_1(\boldsymbol{v}_1,\ b_2\boldsymbol{w}_2)+a_2(\boldsymbol{v}_2,\ b_1\boldsymbol{w}_1)+a_2(\boldsymbol{v}_2,\ b_2\boldsymbol{w}_2)$　◀ (I2)[1] より。

$=a_1b_1(\boldsymbol{v}_1,\ \boldsymbol{w}_1)+a_1b_2(\boldsymbol{v}_1,\ \boldsymbol{w}_2)+a_2b_1(\boldsymbol{v}_2,\ \boldsymbol{w}_1)+a_2b_2(\boldsymbol{v}_2,\ \boldsymbol{w}_2)$　◀ (I2)[2] より。

よって，等式 (＊) は成り立つ。 ■

基本 例題 129 R^n の標準内積の性質 ②　★☆☆

R^n の標準内積に関して，$(\boldsymbol{0},\ \boldsymbol{w})=(\boldsymbol{v},\ \boldsymbol{0})=0$ を示せ。

指針 基本例題 128 と同様。
左のページの内積の定義の (I1)，(I2) を使って示す。

解答 $(\boldsymbol{0},\ \boldsymbol{w})=(0\cdot\boldsymbol{0},\ \boldsymbol{w})$

$=0(\boldsymbol{0},\ \boldsymbol{w})=0$　◀ (I1)[2] より。

$(\boldsymbol{v},\ \boldsymbol{0})=(\boldsymbol{v},\ 0\cdot\boldsymbol{0})$

$=0(\boldsymbol{v},\ \boldsymbol{0})=0$　◀ (I2)[2] より。

よって　$(\boldsymbol{0},\ \boldsymbol{w})=(\boldsymbol{v},\ \boldsymbol{0})=0$ ■

基本 例題 130　R^n の標準内積の性質 ③　★☆☆

R上の n 次元数ベクトル空間 R^n の2つのベクトル $\boldsymbol{v}=\begin{bmatrix} a_1 \\ a_2 \\ \vdots \\ a_n \end{bmatrix}$, $\boldsymbol{w}=\begin{bmatrix} b_1 \\ b_2 \\ \vdots \\ b_n \end{bmatrix}$ について,

$(\boldsymbol{v},\ \boldsymbol{w})={}^t\boldsymbol{w}\boldsymbol{v}=a_1b_1+a_2b_2+\cdots\cdots+a_nb_n$ と定義された R^n の標準内積が次の内積の条件 (I1)～(I4) を満たすことを示せ。

(I1)　$(\boldsymbol{v},\ \boldsymbol{w})$ は第1成分について, R上線形である。すなわち, 次が成り立つ。

[1]　$(\boldsymbol{v}_1+\boldsymbol{v}_2,\ \boldsymbol{w})=(\boldsymbol{v}_1,\ \boldsymbol{w})+(\boldsymbol{v}_2,\ \boldsymbol{w})$　　[2]　$(k\boldsymbol{v},\ \boldsymbol{w})=k(\boldsymbol{v},\ \boldsymbol{w})$　$(k\in\mathrm{R})$

(I2)　$(\boldsymbol{v},\ \boldsymbol{w})$ は第2成分について, R上線形である。すなわち, 次が成り立つ。

[1]　$(\boldsymbol{v},\ \boldsymbol{w}_1+\boldsymbol{w}_2)=(\boldsymbol{v},\ \boldsymbol{w}_1)+(\boldsymbol{v},\ \boldsymbol{w}_2)$　　[2]　$(\boldsymbol{v},\ k\boldsymbol{w})=k(\boldsymbol{v},\ \boldsymbol{w})$　$(k\in\mathrm{R})$

(I3)　$(\boldsymbol{v},\ \boldsymbol{w})$ は対称である。すなわち, $(\boldsymbol{v},\ \boldsymbol{w})=(\boldsymbol{w},\ \boldsymbol{v})$ が成り立つ。

(I4)　任意の $\boldsymbol{v}\in\mathrm{R}^n$ に対し $(\boldsymbol{v},\ \boldsymbol{v})\geqq 0$ であり, $(\boldsymbol{v},\ \boldsymbol{v})=0$ となるのは, $\boldsymbol{v}=\boldsymbol{0}$ であるときに限る。

指針　与えられた標準内積が, 内積の条件を満たすことを確かめる。

解答　$\boldsymbol{v}_1=\begin{bmatrix} p_1 \\ p_2 \\ \vdots \\ p_n \end{bmatrix}$, $\boldsymbol{v}_2=\begin{bmatrix} q_1 \\ q_2 \\ \vdots \\ q_n \end{bmatrix}$, $\boldsymbol{w}_1=\begin{bmatrix} r_1 \\ r_2 \\ \vdots \\ r_n \end{bmatrix}$, $\boldsymbol{w}_2=\begin{bmatrix} s_1 \\ s_2 \\ \vdots \\ s_n \end{bmatrix}$ とする。

(I1)　[1]

$$\begin{aligned}(\boldsymbol{v}_1+\boldsymbol{v}_2,\ \boldsymbol{w})&=(p_1+q_1)b_1+(p_2+q_2)b_2+\cdots\cdots+(p_n+q_n)b_n\\&=(p_1b_1+p_2b_2+\cdots\cdots+p_nb_n)+(q_1b_1+q_2b_2+\cdots\cdots+q_nb_n)\\&=(\boldsymbol{v}_1,\ \boldsymbol{w})+(\boldsymbol{v}_2,\ \boldsymbol{w})\end{aligned}$$

[2]

$$\begin{aligned}(k\boldsymbol{v},\ \boldsymbol{w})&=(ka_1)b_1+(ka_2)b_2+\cdots\cdots+(ka_n)b_n\\&=k(a_1b_1+a_2b_2+\cdots\cdots+a_nb_n)=k(\boldsymbol{v},\ \boldsymbol{w})\end{aligned}$$

(I2)　[1]

$$\begin{aligned}(\boldsymbol{v},\ \boldsymbol{w}_1+\boldsymbol{w}_2)&=a_1(r_1+s_1)+a_2(r_2+s_2)+\cdots\cdots+a_n(r_n+s_n)\\&=(a_1r_1+a_2r_2+\cdots\cdots+a_nr_n)+(a_1s_1+a_2s_2+\cdots\cdots+a_ns_n)\\&=(\boldsymbol{v},\ \boldsymbol{w}_1)+(\boldsymbol{v},\ \boldsymbol{w}_2)\end{aligned}$$

[2]

$$\begin{aligned}(\boldsymbol{v},\ k\boldsymbol{w})&=a_1(kb_1)+a_2(kb_2)+\cdots\cdots+a_n(kb_n)\\&=k(a_1b_1+a_2b_2+\cdots\cdots+a_nb_n)=k(\boldsymbol{v},\ \boldsymbol{w})\end{aligned}$$

(I3)　$(\boldsymbol{v},\ \boldsymbol{w})=a_1b_1+a_2b_2+\cdots\cdots+a_nb_n=b_1a_1+b_2a_2+\cdots\cdots+b_na_n=(\boldsymbol{w},\ \boldsymbol{v})$

(I4)　$(\boldsymbol{v},\ \boldsymbol{v})=a_1{}^2+a_2{}^2+\cdots\cdots+a_n{}^2\geqq 0$

また, $(\boldsymbol{v},\ \boldsymbol{v})=0$ となるのは, $a_1=a_2=\cdots\cdots=a_n=0$ すなわち $\boldsymbol{v}=\boldsymbol{0}$ であるときに限る。■

基本 例題 131 定積分で定義された内積の性質 ★☆☆

閉区間 $[a, b]$ 上の実数値をとる連続関数全体のなす，$\mathbb{R}$ 上のベクトル空間 $C^0([a, b])$ を考えるとき，$f \in C^0([a, b])$，$g \in C^0([a, b])$ に対して $(f, g)=\int_a^b f(x)g(x)dx$ と定義された $(\cdot, \cdot)$ は次の内積の条件 (I1)～(I4) を満たすことを示せ。

(I1) (f, g) は第1成分について，$\mathbb{R}$ 上線形である。すなわち，次が成り立つ。

[1] $(f_1+f_2, g)=(f_1, g)+(f_2, g)$

[2] $(kf, g)=k(f, g)$ $(k \in \mathbb{R})$

(I2) (f, g) は第2成分について，$\mathbb{R}$ 上線形である。すなわち，次が成り立つ。

[1] $(f, g_1+g_2)=(f, g_1)+(f, g_2)$

[2] $(f, kg)=k(f, g)$ $(k \in \mathbb{R})$

(I3) (f, g) は対称である。すなわち，$(f, g)=(g, f)$ が成り立つ。

(I4) 任意の $f \in C^0([a, b])$ に対し，$(f, f) \geqq 0$ であり，$(f, f)=0$ となるのは $f=0$ であるときに限る。

指針 ベクトルが連続関数で，内積が定積分で定義されているという高校数学では現れない設定であるが，基本例題 130 と同様にして，与えられた内積が，内積の条件を満たすことを示していく。

解答 $f_1 \in C^0([a, b])$，$f_2 \in C^0([a, b])$，$g_1 \in C^0([a, b])$，$g_2 \in C^0([a, b])$ とする。

(I1) [1] $(f_1+f_2, g)=\int_a^b \{f_1(x)+f_2(x)\}g(x)dx$

$$=\int_a^b f_1(x)g(x)dx+\int_a^b f_2(x)g(x)dx=(f_1, g)+(f_2, g)$$

[2] $(kf, g)=\int_a^b \{kf(x)\}g(x)dx=k\int_a^b f(x)g(x)dx=k(f, g)$

(I2) [1] $(f, g_1+g_2)=\int_a^b f(x)\{g_1(x)+g_2(x)\}dx$

$$=\int_a^b f(x)g_1(x)dx+\int_a^b f(x)g_2(x)dx=(f, g_1)+(f, g_2)$$

[2] $(f, kg)=\int_a^b f(x)\{kg(x)\}dx=k\int_a^b f(x)g(x)dx=k(f, g)$

(I3) $(f, g)=\int_a^b f(x)g(x)dx=\int_a^b g(x)f(x)dx=(g, f)$

(I4) $(f, f)=\int_a^b \{f(x)\}^2 dx \geqq 0$

また，$(f, f)=0$ となるのは，任意の $x \in [a, b]$ において $\{f(x)\}^2=0$ となるとき，すなわち $f=0$ であるときに限る。 ■

◈エルミート内積

詳しくは，「数研講座シリーズ　大学教養　線形代数」の 242，243 ページを参照。以下は，その要約である。

複素数体 $\mathbb{C}$ 上のベクトル空間上の内積は，次のように定義される。

定義　エルミート内積

V を $\mathbb{C}$ 上のベクトル空間とする。任意の $\boldsymbol{v}\in V$，$\boldsymbol{w}\in V$ に対し，$(\boldsymbol{v},\ \boldsymbol{w})\in\mathbb{C}$ が 1 つ決まり，次の条件 (H1)～(H4) を満たすとする。このとき，$\mathbb{C}$ 上のベクトル空間 V 上に **複素内積**，または **エルミート内積** $(\cdot,\ \cdot)$ が 1 つ定義されたという。

(H1)　$(\boldsymbol{v},\ \boldsymbol{w})$ は第 1 成分について，$\mathbb{C}$ 上線形である。すなわち，次が成り立つ。

[1]　$(\boldsymbol{v}_1+\boldsymbol{v}_2,\ \boldsymbol{w})=(\boldsymbol{v}_1,\ \boldsymbol{w})+(\boldsymbol{v}_2,\ \boldsymbol{w})$

[2]　$(k\boldsymbol{v},\ \boldsymbol{w})=k(\boldsymbol{v},\ \boldsymbol{w})$　$(k\in\mathbb{C})$

(H2)　次が成り立つ。

[1]　$(\boldsymbol{v},\ \boldsymbol{w}_1+\boldsymbol{w}_2)=(\boldsymbol{v},\ \boldsymbol{w}_1)+(\boldsymbol{v},\ \boldsymbol{w}_2)$

[2]　$(\boldsymbol{v},\ k\boldsymbol{w})=\overline{k}(\boldsymbol{v},\ \boldsymbol{w})$　$(k\in\mathbb{C})$

(H3)　$(\boldsymbol{v},\ \boldsymbol{w})=\overline{(\boldsymbol{w},\ \boldsymbol{v})}$ が成り立つ。

(H4)　任意の $\boldsymbol{v}\in V$ に対し，$(\boldsymbol{v},\ \boldsymbol{v})\geqq 0$ であり，$(\boldsymbol{v},\ \boldsymbol{v})=0$ となるのは，$\boldsymbol{v}=\boldsymbol{0}$ であるときに限る。

補足　$K=\mathbb{R}$ の場合の内積と同様に，2 つのベクトル $\boldsymbol{v}$，$\boldsymbol{w}$ のエルミート内積も，上のように $(\boldsymbol{v},\ \boldsymbol{w})$ という記号で表されることが多いが，ベクトルとベクトルの「積」のような形の $\boldsymbol{v}\cdot\boldsymbol{w}$ で書かれることもある。

注意　内積の条件について，(H1) と (H2) は，(H3) のもとでは，どちらか 1 つで十分である。

定義　$\mathbb{C}^n$ の標準内積

$\mathbb{C}$ 上の n 次元数ベクトル空間 $\mathbb{C}^n$ の 2 つのベクトル $\boldsymbol{v}=\begin{bmatrix} a_1 \\ a_2 \\ \vdots \\ a_n \end{bmatrix}$，$\boldsymbol{w}=\begin{bmatrix} b_1 \\ b_2 \\ \vdots \\ b_n \end{bmatrix}$ に対し，

$(\boldsymbol{v},\ \boldsymbol{w})={}^t\overline{\boldsymbol{w}}\boldsymbol{v}=a_1\overline{b_1}+a_2\overline{b_2}+\cdots\cdots+a_n\overline{b_n}$ と定義すると，これは $\mathbb{C}^n$ 上に内積を定める。このエルミート内積を，$\mathbb{C}^n$ の **標準内積** という。

基本 例題 132 $\mathbb{C}^n$ の標準内積の性質 ① ★☆☆

$\mathbb{C}^n$ の標準内積に関して，次の等式 (＊) を証明せよ。

$$(a_1\boldsymbol{v}_1+a_2\boldsymbol{v}_2,\ b_1\boldsymbol{w}_1+b_2\boldsymbol{w}_2)$$
$$=a_1\overline{b_1}(\boldsymbol{v}_1,\ \boldsymbol{w}_1)+a_1\overline{b_2}(\boldsymbol{v}_1,\ \boldsymbol{w}_2)+a_2\overline{b_1}(\boldsymbol{v}_2,\ \boldsymbol{w}_1)+a_2\overline{b_2}(\boldsymbol{v}_2,\ \boldsymbol{w}_2)\quad\cdots\cdots(*)$$

指針 $\mathbb{C}^n$ の標準内積は，左のページを参照。
左ページのエルミート内積の定義の (H1)，(H2) を使って示す。

解答 $(a_1\boldsymbol{v}_1+a_2\boldsymbol{v}_2,\ b_1\boldsymbol{w}_1+b_2\boldsymbol{w}_2)$

$=(a_1\boldsymbol{v}_1,\ b_1\boldsymbol{w}_1+b_2\boldsymbol{w}_2)+(a_2\boldsymbol{v}_2,\ b_1\boldsymbol{w}_1+b_2\boldsymbol{w}_2)$ ◀(H1)[1] より。

$=a_1(\boldsymbol{v}_1,\ b_1\boldsymbol{w}_1+b_2\boldsymbol{w}_2)+a_2(\boldsymbol{v}_2,\ b_1\boldsymbol{w}_1+b_2\boldsymbol{w}_2)$ ◀(H1)[2] より。

$=a_1(\boldsymbol{v}_1,\ b_1\boldsymbol{w}_1)+a_1(\boldsymbol{v}_1,\ b_2\boldsymbol{w}_2)+a_2(\boldsymbol{v}_2,\ b_1\boldsymbol{w}_1)+a_2(\boldsymbol{v}_2,\ b_2\boldsymbol{w}_2)$ ◀(H2)[1] より。

$=a_1\overline{b_1}(\boldsymbol{v}_1,\ \boldsymbol{w}_1)+a_1\overline{b_2}(\boldsymbol{v}_1,\ \boldsymbol{w}_2)+a_2\overline{b_1}(\boldsymbol{v}_2,\ \boldsymbol{w}_1)+a_2\overline{b_2}(\boldsymbol{v}_2,\ \boldsymbol{w}_2)$ ◀(H2)[2] より。

よって，等式 (＊) は成り立つ。 ■

基本 例題 133 $\mathbb{C}^n$ の標準内積の性質 ② ★☆☆

$\mathbb{C}^n$ の標準内積に関して，$(\boldsymbol{0},\ \boldsymbol{w})=(\boldsymbol{v},\ \boldsymbol{0})=0$ を示せ。

指針 基本例題 132 と同様。
左ページのエルミート内積の定義の (H1)，(H2) を使って示す。

解答 $(\boldsymbol{0},\ \boldsymbol{w})=(0\cdot\boldsymbol{0},\ \boldsymbol{w})$

$\quad=0(\boldsymbol{0},\ \boldsymbol{w})=0$ ◀(H1)[2] より。

$(\boldsymbol{v},\ \boldsymbol{0})=(\boldsymbol{v},\ 0\cdot\boldsymbol{0})$

$\quad=\overline{0}(\boldsymbol{v},\ \boldsymbol{0})$ ◀(H2)[2] より。

$\quad=0(\boldsymbol{v},\ \boldsymbol{0})=0$

よって　$(\boldsymbol{0},\ \boldsymbol{w})=(\boldsymbol{v},\ \boldsymbol{0})=0$ ■

基本 例題 134　$\mathbb{C}^n$ の標準内積の性質 ③　★☆☆

$\mathbb{C}$上の n 次元数ベクトル空間 $\mathbb{C}^n$ の2つのベクトル $\boldsymbol{v}=\begin{bmatrix} a_1 \\ a_2 \\ \vdots \\ a_n \end{bmatrix}$, $\boldsymbol{w}=\begin{bmatrix} b_1 \\ b_2 \\ \vdots \\ b_n \end{bmatrix}$ について，

$(\boldsymbol{v},\ \boldsymbol{w})={}^t\overline{\boldsymbol{w}}\boldsymbol{v}=a_1\overline{b_1}+a_2\overline{b_2}+\cdots\cdots+a_n\overline{b_n}$ と定義された $\mathbb{C}^n$ の標準内積が，次の内積の条件 (H1)～(H4) を満たすことを示せ。

(H1)　$(\boldsymbol{v},\ \boldsymbol{w})$ は第1成分について，$\mathbb{C}$上線形である。すなわち，次が成り立つ。

　[1]　$(\boldsymbol{v}_1+\boldsymbol{v}_2,\ \boldsymbol{w})=(\boldsymbol{v}_1,\ \boldsymbol{w})+(\boldsymbol{v}_2,\ \boldsymbol{w})$

　[2]　$(k\boldsymbol{v},\ \boldsymbol{w})=k(\boldsymbol{v},\ \boldsymbol{w})\quad(k\in\mathbb{C})$

(H2)　次が成り立つ。

　[1]　$(\boldsymbol{v},\ \boldsymbol{w}_1+\boldsymbol{w}_2)=(\boldsymbol{v},\ \boldsymbol{w}_1)+(\boldsymbol{v},\ \boldsymbol{w}_2)$

　[2]　$(\boldsymbol{v},\ k\boldsymbol{w})=\overline{k}(\boldsymbol{v},\ \boldsymbol{w})\quad(k\in\mathbb{C})$

(H3)　$(\boldsymbol{v},\ \boldsymbol{w})=\overline{(\boldsymbol{w},\ \boldsymbol{v})}$ が成り立つ。

(H4)　任意の $\boldsymbol{v}\in\mathbb{C}^n$ に対し $(\boldsymbol{v},\ \boldsymbol{v})\geqq 0$ であり，$(\boldsymbol{v},\ \boldsymbol{v})=0$ となるのは，$\boldsymbol{v}=\boldsymbol{0}$ であるときに限る。

指針　与えられた標準内積が，エルミート内積の条件を満たすことを確かめる。

解答　$\boldsymbol{v}_1=\begin{bmatrix} p_1 \\ p_2 \\ \vdots \\ p_n \end{bmatrix}$, $\boldsymbol{v}_2=\begin{bmatrix} q_1 \\ q_2 \\ \vdots \\ q_n \end{bmatrix}$, $\boldsymbol{w}_1=\begin{bmatrix} r_1 \\ r_2 \\ \vdots \\ r_n \end{bmatrix}$, $\boldsymbol{w}_2=\begin{bmatrix} s_1 \\ s_2 \\ \vdots \\ s_n \end{bmatrix}$ とする。

(H1)　[1]　$(\boldsymbol{v}_1+\boldsymbol{v}_2,\ \boldsymbol{w})$

$$=(p_1+q_1)\overline{b_1}+(p_2+q_2)\overline{b_2}+\cdots\cdots+(p_n+q_n)\overline{b_n}$$

$$=(p_1\overline{b_1}+p_2\overline{b_2}+\cdots\cdots+p_n\overline{b_n})+(q_1\overline{b_1}+q_2\overline{b_2}+\cdots\cdots+q_n\overline{b_n})$$

$$=(\boldsymbol{v}_1,\ \boldsymbol{w})+(\boldsymbol{v}_2,\ \boldsymbol{w})$$

[2]　$(k\boldsymbol{v},\ \boldsymbol{w})=(ka_1)\overline{b_1}+(ka_2)\overline{b_2}+\cdots\cdots+(ka_n)\overline{b_n}$

$$=k(a_1\overline{b_1}+a_2\overline{b_2}+\cdots\cdots+a_n\overline{b_n})=k(\boldsymbol{v},\ \boldsymbol{w})$$

(H2)　[1]　$(\boldsymbol{v},\ \boldsymbol{w}_1+\boldsymbol{w}_2)$

$$=a_1\overline{(r_1+s_1)}+a_2\overline{(r_2+s_2)}+\cdots\cdots+a_n\overline{(r_n+s_n)}$$

$$=a_1(\overline{r_1}+\overline{s_1})+a_2(\overline{r_2}+\overline{s_2})+\cdots\cdots+a_n(\overline{r_n}+\overline{s_n})$$

$$=(a_1\overline{r_1}+a_2\overline{r_2}+\cdots\cdots+a_n\overline{r_n})+(a_1\overline{s_1}+a_2\overline{s_2}+\cdots\cdots+a_n\overline{s_n})$$

$$=(\boldsymbol{v},\ \boldsymbol{w}_1)+(\boldsymbol{v},\ \boldsymbol{w}_2)$$

[2]　$(\boldsymbol{v},\ k\boldsymbol{w})=a_1\overline{(kb_1)}+a_2\overline{(kb_2)}+\cdots\cdots+a_n\overline{(kb_n)}$

$$=a_1(\overline{k}\,\overline{b_1})+a_2(\overline{k}\,\overline{b_2})+\cdots\cdots+a_n(\overline{k}\,\overline{b_n})$$

$$=\overline{k}(a_1\overline{b_1}+a_2\overline{b_2}+\cdots\cdots+a_n\overline{b_n})=\overline{k}(\boldsymbol{v},\ \boldsymbol{w})$$

(H3)　$(\boldsymbol{v},\ \boldsymbol{w})=a_1\overline{b_1}+a_2\overline{b_2}+\cdots\cdots+a_n\overline{b_n}$

$$=\overline{\overline{(a_1\overline{b_1}+a_2\overline{b_2}+\cdots\cdots+a_n\overline{b_n})}}$$

$$=\overline{(\overline{a_1\overline{\overline{b_1}}}+\overline{a_2\overline{\overline{b_2}}}+\cdots\cdots+\overline{a_n\overline{\overline{b_n}}})}$$

$$=\overline{(\overline{a_1}\,\overline{\overline{b_1}}+\overline{a_2}\,\overline{\overline{b_2}}+\cdots\cdots+\overline{a_n}\,\overline{\overline{b_n}})}$$

$$=\overline{(b_1\overline{a_1}+b_2\overline{a_2}+\cdots\cdots+b_n\overline{a_n})}=\overline{(\boldsymbol{w},\ \boldsymbol{v})}$$

(H4)　$(\boldsymbol{v},\ \boldsymbol{v})=a_1\overline{a_1}+a_2\overline{a_2}+\cdots\cdots+a_n\overline{a_n}=|a_1|^2+|a_2|^2+\cdots\cdots+|a_n|^2\geqq 0$

また，$(\boldsymbol{v},\ \boldsymbol{v})=0$ となるのは，$|a_1|=|a_2|=\cdots\cdots=|a_n|=0$ すなわち $\boldsymbol{v}=\boldsymbol{0}$ であるときに限る。 ■

基本 例題 135 ベクトル $\boldsymbol{v}$, $\boldsymbol{w}$ のノルムとなす角 ★☆☆

次のベクトル $\boldsymbol{v}$, $\boldsymbol{w}$ について，それぞれのベクトルの標準内積でのノルムを求めよ。また，$\boldsymbol{v}$, $\boldsymbol{w}$ のなす角を求めよ。

(1) $\boldsymbol{v}=\begin{bmatrix}2\\0\end{bmatrix}$, $\boldsymbol{w}=\begin{bmatrix}1\\1\end{bmatrix}$　　(2) $\boldsymbol{v}=\begin{bmatrix}-1\\1\\0\end{bmatrix}$, $\boldsymbol{w}=\begin{bmatrix}2\\-1\\1\end{bmatrix}$

(3) $\boldsymbol{v}=\begin{bmatrix}1\\1\\1\\1\end{bmatrix}$, $\boldsymbol{w}=\begin{bmatrix}0\\1\\1\\1\end{bmatrix}$

指針 VをK上のベクトル空間とし，Vの内積 $(\cdot,\ \cdot)$ が1つ与えられているとする。
このように，内積を1つ決めたベクトル空間を **内積空間**，あるいは **計量ベクトル空間** という。特に，$K=\mathbb{R}$ のとき，**実計量ベクトル空間** といい，$K=\mathbb{C}$ のとき，**複素計量ベクトル空間** という。計量ベクトル空間上では，ベクトルの大きさの概念を定義することができる。

定義 ベクトルのノルム
Vを計量ベクトル空間とし，$(\cdot,\ \cdot)$ をその内積とする。$\boldsymbol{v}\in V$ に対し $\|\boldsymbol{v}\|=\sqrt{(\boldsymbol{v},\ \boldsymbol{v})}$ とおいて，この値を$\boldsymbol{v}$の，この内積での$\boldsymbol{v}$の **大きさ**，あるいは，**ノルム** という。

ノルムは次の性質をもっている。詳しくは，「数研講座シリーズ　大学教養　線形代数」の244，245ページを参照。

定理 ノルムの性質
VをK上の計量ベクトル空間とし，$(\cdot,\ \cdot)$ をその内積とする。ベクトルのノルムについて，次が成立する。

[1] 任意の $\boldsymbol{v}\in V$ に対し $\|\boldsymbol{v}\|\geqq 0$ であり，$\|\boldsymbol{v}\|=0$ となるのは，$\boldsymbol{v}=\boldsymbol{0}$ であるときに限る。

[2] $\|a\boldsymbol{v}\|=|a|\|\boldsymbol{v}\|$　　$(a\in K)$

[3] $|(\boldsymbol{v},\ \boldsymbol{w})|\leqq\|\boldsymbol{v}\|\|\boldsymbol{w}\|$　　(Schwarz の不等式)

[4] $\|\boldsymbol{v}+\boldsymbol{w}\|\leqq\|\boldsymbol{v}\|+\|\boldsymbol{w}\|$　(三角不等式)

上の定理の [3] をもとにして，実計量ベクトル空間において，零ベクトルでない2つのベクトルのなす角を次のように定義する。

定義 ベクトルのなす角
Vを実計量ベクトル空間とするとき，零ベクトルでない $\boldsymbol{v}\in V$, $\boldsymbol{w}\in V$ に対し，次のように決まるθを，ベクトル$\boldsymbol{v}$とベクトル$\boldsymbol{w}$の **なす角** という。

$$\frac{(\boldsymbol{v},\ \boldsymbol{w})}{\|\boldsymbol{v}\|\|\boldsymbol{w}\|}=\cos\theta \quad (0\leqq\theta\leqq\pi)$$

以上の定義に従って解答する。

解答 (1) $\|\boldsymbol{v}\|=\sqrt{(\boldsymbol{v},\ \boldsymbol{v})}=\sqrt{2^2+0^2}=\boldsymbol{2}$,

$\|\boldsymbol{w}\|=\sqrt{(\boldsymbol{w},\ \boldsymbol{w})}=\sqrt{1^2+1^2}=\boldsymbol{\sqrt{2}}$

また　$(\boldsymbol{v},\ \boldsymbol{w})={}^t\boldsymbol{w}\boldsymbol{v}=2\cdot1+0\cdot1=2$

よって，ベクトル $\boldsymbol{v}$，$\boldsymbol{w}$ のなす角を θ とすると

$$\cos\theta=\frac{(\boldsymbol{v},\ \boldsymbol{w})}{\|\boldsymbol{v}\|\|\boldsymbol{w}\|}=\frac{2}{2\cdot\sqrt{2}}=\frac{1}{\sqrt{2}}$$

$0\leqq\theta\leqq\pi$ であるから　$\theta=\boldsymbol{\dfrac{\pi}{4}}$

(2) $\|\boldsymbol{v}\|=\sqrt{(\boldsymbol{v},\ \boldsymbol{v})}=\sqrt{(-1)^2+1^2+0^2}=\boldsymbol{\sqrt{2}}$,

$\|\boldsymbol{w}\|=\sqrt{(\boldsymbol{w},\ \boldsymbol{w})}=\sqrt{2^2+(-1)^2+1^2}=\boldsymbol{\sqrt{6}}$

また　$(\boldsymbol{v},\ \boldsymbol{w})={}^t\boldsymbol{w}\boldsymbol{v}=(-1)\cdot2+1\cdot(-1)+0\cdot1=-3$

よって，ベクトル $\boldsymbol{v}$，$\boldsymbol{w}$ のなす角を θ とすると

$$\cos\theta=\frac{(\boldsymbol{v},\ \boldsymbol{w})}{\|\boldsymbol{v}\|\|\boldsymbol{w}\|}=\frac{-3}{\sqrt{2}\cdot\sqrt{6}}=-\frac{\sqrt{3}}{2}$$

$0\leqq\theta\leqq\pi$ であるから　$\theta=\boldsymbol{\dfrac{5}{6}\pi}$

(3) $\|\boldsymbol{v}\|=\sqrt{(\boldsymbol{v},\ \boldsymbol{v})}=\sqrt{1^2+1^2+1^2+1^2}=\boldsymbol{2}$,

$\|\boldsymbol{w}\|=\sqrt{(\boldsymbol{w},\ \boldsymbol{w})}=\sqrt{0^2+1^2+1^2+1^2}=\boldsymbol{\sqrt{3}}$

また　$(\boldsymbol{v},\ \boldsymbol{w})={}^t\boldsymbol{w}\boldsymbol{v}=1\cdot0+1\cdot1+1\cdot1+1\cdot1=3$

よって，ベクトル $\boldsymbol{v}$，$\boldsymbol{w}$ のなす角を θ とすると

$$\cos\theta=\frac{(\boldsymbol{v},\ \boldsymbol{w})}{\|\boldsymbol{v}\|\|\boldsymbol{w}\|}=\frac{3}{2\cdot\sqrt{3}}=\frac{\sqrt{3}}{2}$$

$0\leqq\theta\leqq\pi$ であるから　$\theta=\boldsymbol{\dfrac{\pi}{6}}$

基本　例題 136　ベクトルの正規化　★☆☆

次のベクトルを正規化せよ。ただし，内積は標準内積を考えているものとする。

(1) $\begin{bmatrix} 1 \\ 3 \end{bmatrix}$　　(2) $\begin{bmatrix} 1 \\ -1 \\ 1 \end{bmatrix}$　　(3) $\begin{bmatrix} 1 \\ 3 \\ 2 \\ 2 \end{bmatrix}$　　(4) $\begin{bmatrix} 3 \\ 1 \\ 1 \\ -2 \\ 1 \end{bmatrix}$

指針　Vを計量ベクトル空間とし，$(\cdot,\ \cdot)$ をその内積とする。零ベクトルでない任意の $\boldsymbol{v}\in V$ に対し，そのノルム $\|\boldsymbol{v}\|$ は 0 でない実数であるから，これでベクトル $\boldsymbol{v}$ 自身を割って，新しいベクトル

$$\frac{\boldsymbol{v}}{\|\boldsymbol{v}\|} \quad \cdots\cdots (*)$$

を考えることができる。この新しいベクトルは，ベクトル $\boldsymbol{v}$ に平行で，そのノルムが 1 のベクトルである。このように，零ベクトルでない任意のベクトル $\boldsymbol{v}\in V$ に対し，それに平行でノルムが 1 であるベクトル $(*)$ を作ることを **正規化する** といい，ベクトル $(*)$ をベクトル $\boldsymbol{v}$ の **正規化されたベクトル** という。

解答　(1)　$\boldsymbol{v}=\begin{bmatrix} 1 \\ 3 \end{bmatrix}$ とすると

$$\|\boldsymbol{v}\|=\sqrt{(\boldsymbol{v},\ \boldsymbol{v})}=\sqrt{1^2+3^3}=\sqrt{10}$$

よって，ベクトル $\boldsymbol{v}$ を正規化すると

$$\frac{\boldsymbol{v}}{\|\boldsymbol{v}\|}=\frac{\mathbf{1}}{\sqrt{\mathbf{10}}}\begin{bmatrix} \mathbf{1} \\ \mathbf{3} \end{bmatrix}$$

(2)　$\boldsymbol{v}=\begin{bmatrix} 1 \\ -1 \\ 1 \end{bmatrix}$ とすると

$$\|\boldsymbol{v}\|=\sqrt{(\boldsymbol{v},\ \boldsymbol{v})}=\sqrt{1^2+(-1)^2+1^2}=\sqrt{3}$$

よって，ベクトル $\boldsymbol{v}$ を正規化すると

$$\frac{\boldsymbol{v}}{\|\boldsymbol{v}\|}=\frac{\mathbf{1}}{\sqrt{\mathbf{3}}}\begin{bmatrix} \mathbf{1} \\ \mathbf{-1} \\ \mathbf{1} \end{bmatrix}$$

(3)　$\boldsymbol{v}=\begin{bmatrix}1\\3\\2\\2\end{bmatrix}$ とすると

$$\|\boldsymbol{v}\|=\sqrt{(\boldsymbol{v},\ \boldsymbol{v})}=\sqrt{1^2+3^2+2^2+2^2}=3\sqrt{2}$$

よって，ベクトル $\boldsymbol{v}$ を正規化すると

$$\frac{\boldsymbol{v}}{\|\boldsymbol{v}\|}=\frac{\mathbf{1}}{\mathbf{3\sqrt{2}}}\begin{bmatrix}\mathbf{1}\\\mathbf{3}\\\mathbf{2}\\\mathbf{2}\end{bmatrix}$$

(4)　$\boldsymbol{v}=\begin{bmatrix}3\\1\\1\\-2\\1\end{bmatrix}$ とすると

$$\|\boldsymbol{v}\|=\sqrt{(\boldsymbol{v},\ \boldsymbol{v})}=\sqrt{3^2+1^2+1^2+(-2)^2+1^2}=4$$

よって，ベクトル $\boldsymbol{v}$ を正規化すると

$$\frac{\boldsymbol{v}}{\|\boldsymbol{v}\|}=\frac{\mathbf{1}}{\mathbf{4}}\begin{bmatrix}\mathbf{3}\\\mathbf{1}\\\mathbf{1}\\\mathbf{-2}\\\mathbf{1}\end{bmatrix}$$

基本 例題 137　直交基底の証明と正規直交基底　★☆☆

次のベクトルの組が，K^3 の（標準内積に関する）直交基底であることを示せ。
また，その各ベクトルを正規化し，正規直交基底にせよ。

$$\left\{\begin{bmatrix}1\\-1\\0\end{bmatrix},\ \begin{bmatrix}3\\3\\2\end{bmatrix},\ \begin{bmatrix}-1\\-1\\3\end{bmatrix}\right\}$$

指針　2 つのベクトルが直交することを，次のように定義する。

定義　ベクトルの直交
Vを計量ベクトル空間とする。$\boldsymbol{v}\in V$，$\boldsymbol{w}\in V$ に対し，$(\boldsymbol{v},\ \boldsymbol{w})=0$ が成り立つとき，ベクトル $\boldsymbol{v}$ とベクトル $\boldsymbol{w}$ は（内積 $(\cdot,\ \cdot)$ に関して）**直交する** という。

ベクトルの直交と 1 次独立性に関して，次の定理が成り立つ。詳しくは，「数研講座シリーズ 大学教養　線形代数」の 246，247 ページを参照。

定理　ベクトルの直交と 1 次独立
VをK上の計量ベクトル空間とする。Vの零ベクトルでないベクトルの組 $\{\boldsymbol{v}_1,\ \boldsymbol{v}_2,\ \cdots\cdots,\ \boldsymbol{v}_n\}$ が，対ごとに直交している，すなわち，$i\neq j$ について $(\boldsymbol{v}_i,\ \boldsymbol{v}_j)=0$ であるとする。このとき，$\{\boldsymbol{v}_1,\ \boldsymbol{v}_2,\ \cdots\cdots,\ \boldsymbol{v}_n\}$ は 1 次独立である。

更に，次の **定義** を紹介する。

定義　正規直交基底
Vを計量ベクトル空間とする。$\{\boldsymbol{v}_1,\ \boldsymbol{v}_2,\ \cdots\cdots,\ \boldsymbol{v}_n\}$ をVの基底とし，この基底が次の条件を満たすとき，**直交基底** という。
[1]　$\boldsymbol{v}_1$，$\boldsymbol{v}_2$，$\cdots\cdots$，$\boldsymbol{v}_n$ は対ごとに直交している。
　すなわち，$i\neq j$ ならば $(\boldsymbol{v}_i,\ \boldsymbol{v}_j)=0$ である $(i=1,\ 2,\ \cdots\cdots,\ n,\ j=1,\ 2,\ \cdots\cdots,\ n)$。
更に，直交基底が次の条件を満たすとき，**正規直交基底** という。
[2]　$\boldsymbol{v}_1$，$\boldsymbol{v}_2$，$\cdots\cdots$，$\boldsymbol{v}_n$ はすべてノルムが 1 のベクトルである。
　すなわち，$i=1,\ 2,\ \cdots\cdots,\ n$ について　$\|\boldsymbol{v}_i\|=1$

以上の定義・定理を使って，解答する。

解答　$\boldsymbol{v}_1=\begin{bmatrix}1\\-1\\0\end{bmatrix}$，$\boldsymbol{v}_2=\begin{bmatrix}3\\3\\2\end{bmatrix}$，$\boldsymbol{v}_3=\begin{bmatrix}-1\\-1\\3\end{bmatrix}$ とする。

$(\boldsymbol{v}_1,\ \boldsymbol{v}_2)=1\cdot 3+(-1)\cdot 3+0\cdot 2=0$

$(\boldsymbol{v}_2,\ \boldsymbol{v}_3)=3\cdot(-1)+3\cdot(-1)+2\cdot 3=0$

$(\boldsymbol{v}_3,\ \boldsymbol{v}_1)=(-1)\cdot 1+(-1)\cdot(-1)+3\cdot 0=0$　　◀ベクトルの直交を示す。

よって，$\boldsymbol{v}_1$，$\boldsymbol{v}_2$，$\boldsymbol{v}_3$ は対ごとに直交しているから，
$\{\boldsymbol{v}_1,\ \boldsymbol{v}_2,\ \boldsymbol{v}_3\}$ は 1 次独立である。　　◀指針の定理より。

$\dim K^3=3$ であることを合わせて，$\{\boldsymbol{v}_1,\ \boldsymbol{v}_2,\ \boldsymbol{v}_3\}$ は K^3 の基底である。

ゆえに，$\{\boldsymbol{v}_1,\ \boldsymbol{v}_2,\ \boldsymbol{v}_3\}$ は，K^3 の直交基底である。

また，各ベクトルを正規化して，正規直交基底

$$\left\{\frac{1}{\sqrt{2}}\begin{bmatrix}1\\-1\\0\end{bmatrix},\ \frac{1}{\sqrt{22}}\begin{bmatrix}3\\3\\2\end{bmatrix},\ \frac{1}{\sqrt{11}}\begin{bmatrix}-1\\-1\\3\end{bmatrix}\right\}$$ が得られる。

◀200 ページの系により。

◀$\dfrac{\boldsymbol{v}}{\|\boldsymbol{v}\|}$ 正規化する。

◈グラム・シュミットの直交化

詳しくは，「数研講座シリーズ　大学教養　線形代数」の 248～250 ページを参照。以下は，その要約である。

Vを計量ベクトル空間とし，Vの基底を $\{\boldsymbol{v}_1,\ \boldsymbol{v}_2,\ \cdots\cdots,\ \boldsymbol{v}_n\}$ とする。基底 $\{\boldsymbol{v}_1,\ \boldsymbol{v}_2,\ \cdots\cdots,\ \boldsymbol{v}_n\}$ から，正規直交基底を作るための手順について考えてみよう。

Vの直交基底を $\{\boldsymbol{v}_1',\ \boldsymbol{v}_2',\ \cdots\cdots,\ \boldsymbol{v}_n'\}$ とし，まずは，基底 $\{\boldsymbol{v}_1,\ \boldsymbol{v}_2,\ \cdots\cdots,\ \boldsymbol{v}_n\}$ から直交基底 $\{\boldsymbol{v}_1',\ \boldsymbol{v}_2',\ \cdots\cdots,\ \boldsymbol{v}_n'\}$ を構成する。

[1]　$\boldsymbol{v}_1'=\boldsymbol{v}_1$ とおく。

[2]　x_1 を未知定数として $\boldsymbol{v}_2'=\boldsymbol{v}_2-x_1\boldsymbol{v}_1'$ とおき，$\boldsymbol{v}_1'$ と $\boldsymbol{v}_2'$ が直交するように x_1 を定める。すなわち，x_1 についての方程式 $(\boldsymbol{v}_2',\ \boldsymbol{v}_1')=0$ を解く。

$(\boldsymbol{v}_2',\ \boldsymbol{v}_1')=(\boldsymbol{v}_2,\ \boldsymbol{v}_1')-x_1\|\boldsymbol{v}_1'\|^2$ より　　$x_1=\dfrac{(\boldsymbol{v}_2,\ \boldsymbol{v}_1')}{\|\boldsymbol{v}_1'\|^2}$

よって，$\boldsymbol{v}_2'=\boldsymbol{v}_2-\dfrac{(\boldsymbol{v}_2,\ \boldsymbol{v}_1')}{\|\boldsymbol{v}_1'\|^2}\boldsymbol{v}_1'$ とする。

[3]　x_1，x_2 を未知定数として $\boldsymbol{v}_3'=\boldsymbol{v}_3-x_1\boldsymbol{v}_1'-x_2\boldsymbol{v}_2'$ とおき，$\boldsymbol{v}_1'$，$\boldsymbol{v}_2'$，$\boldsymbol{v}_3'$ が対ごとに直交するように，x_1，x_2 を定める。すなわち，x_1，x_2 についての連立方程式

$$\begin{cases}(\boldsymbol{v}_3',\ \boldsymbol{v}_1')=0\\(\boldsymbol{v}_3',\ \boldsymbol{v}_2')=0\end{cases}$$

を解く。

既に $\boldsymbol{v}_1'$ と $\boldsymbol{v}_2'$ が直交しているから

$$(\boldsymbol{v}_3',\ \boldsymbol{v}_1')=(\boldsymbol{v}_3,\ \boldsymbol{v}_1')-x_1\|\boldsymbol{v}_1'\|^2,\ (\boldsymbol{v}_3',\ \boldsymbol{v}_2')=(\boldsymbol{v}_3,\ \boldsymbol{v}_2')-x_2\|\boldsymbol{v}_2'\|^2$$

ゆえに　　$x_1=\dfrac{(\boldsymbol{v}_3,\ \boldsymbol{v}_1')}{\|\boldsymbol{v}_1'\|^2}$，$x_2=\dfrac{(\boldsymbol{v}_3,\ \boldsymbol{v}_2')}{\|\boldsymbol{v}_2'\|^2}$

よって，$\boldsymbol{v}_3'=\boldsymbol{v}_3-\dfrac{(\boldsymbol{v}_3,\ \boldsymbol{v}_1')}{\|\boldsymbol{v}_1'\|^2}\boldsymbol{v}_1'-\dfrac{(\boldsymbol{v}_3,\ \boldsymbol{v}_2')}{\|\boldsymbol{v}_2'\|^2}\boldsymbol{v}_2'$ とする。

以上の手順を繰り返して，$\boldsymbol{v}_n'$ まで計算する。その k ステップ目 ($k=1,\ 2,\ \cdots\cdots,\ n$)，すなわち $\boldsymbol{v}_k'$ の決定は，次のようになされる。

[k]　$x_1,\ x_2,\ \cdots\cdots,\ x_{k-1}$ を未知定数として $\boldsymbol{v}_k'=\boldsymbol{v}_k-x_1\boldsymbol{v}_1'-x_2\boldsymbol{v}_2'-\cdots\cdots-x_{k-1}\boldsymbol{v}_{k-1}'$ とおき，$\boldsymbol{v}_1',\ \boldsymbol{v}_2',\ \cdots\cdots,\ \boldsymbol{v}_k'$ が対ごとに直交するように，$x_1,\ x_2,\ \cdots\cdots,\ x_{k-1}$ を定める。

すなわち，$x_1,\ x_2,\ \cdots\cdots,\ x_{k-1}$ についての連立方程式

$$\begin{cases}(\boldsymbol{v}_k',\ \boldsymbol{v}_1')=0\\(\boldsymbol{v}_k',\ \boldsymbol{v}_2')=0\\\quad\cdots\cdots\\(\boldsymbol{v}_k',\ \boldsymbol{v}_{k-1}')=0\end{cases}$$

を解く。

既に $\boldsymbol{v}_1',\ \boldsymbol{v}_2',\ \cdots\cdots,\ \boldsymbol{v}_{k-1}'$ が対ごとに直交しているから，$i=1,\ 2,\ \cdots\cdots,\ k-1$ に対し

$$(\boldsymbol{v}_k',\ \boldsymbol{v}_i')=(\boldsymbol{v}_k,\ \boldsymbol{v}_i')-x_i\|\boldsymbol{v}_i'\|^2$$

ゆえに　$x_i=\dfrac{(\boldsymbol{v}_k,\ \boldsymbol{v}_i')}{\|\boldsymbol{v}_i'\|^2}\quad(i=1,\ 2,\ \cdots\cdots,\ k-1)$

よって，$\boldsymbol{v}_k'=\boldsymbol{v}_k-\dfrac{(\boldsymbol{v}_k,\ \boldsymbol{v}_1')}{\|\boldsymbol{v}_1'\|^2}\boldsymbol{v}_1'-\dfrac{(\boldsymbol{v}_k,\ \boldsymbol{v}_2')}{\|\boldsymbol{v}_2'\|^2}\boldsymbol{v}_2'-\cdots\cdots-\dfrac{(\boldsymbol{v}_k,\ \boldsymbol{v}_{k-1}')}{\|\boldsymbol{v}_{k-1}'\|^2}\boldsymbol{v}_{k-1}'$ とする。

以上の手順を n ステップ目まで繰り返すことにより，直交基底 $\{\boldsymbol{v}_1',\ \boldsymbol{v}_2',\ \cdots\cdots,\ \boldsymbol{v}_n'\}$ が得られる。最後に，得られた直交基底の各ベクトルを正規化して，正規直交基底

$$\left\{\frac{\boldsymbol{v}_1'}{\|\boldsymbol{v}_1'\|},\ \frac{\boldsymbol{v}_2'}{\|\boldsymbol{v}_2'\|},\ \cdots\cdots,\ \frac{\boldsymbol{v}_n'}{\|\boldsymbol{v}_n'\|}\right\}$$

が得られる。

任意の基底から，直交基底および正規直交基底を構成するための，上記のアルゴリズムを **グラム・シュミットの直交化** という。グラム・シュミットの直交化によって，計量ベクトル空間上のいかなる基底から出発しても，正規直交基底を得ることができる。よって，次の定理が成り立つ。

定理　正規直交基底の存在

有限次元の計量ベクトル空間は，正規直交基底をもつ。

基本 例題 138 グラム・シュミットの直交化 ① ★☆☆

(1) $\left\{\boldsymbol{v}_1=\begin{bmatrix}1\\2\end{bmatrix},\ \boldsymbol{v}_2=\begin{bmatrix}1\\1\end{bmatrix}\right\}$ にグラム・シュミットの直交化を適用して，K^2 の（標準内積に関する）正規直交基底を構成せよ。

(2) $\left\{\boldsymbol{v}_1=\begin{bmatrix}1\\1\\-1\end{bmatrix},\ \boldsymbol{v}_2=\begin{bmatrix}0\\1\\2\end{bmatrix},\ \boldsymbol{v}_3=\begin{bmatrix}1\\2\\2\end{bmatrix}\right\}$ にグラム・シュミットの直交化を適用して，K^3 の（標準内積に関する）正規直交基底を構成せよ。

指針 297，298 ページで示したグラム・シュミットの直交化の手順により，正規直交化する。

解答 (1) [1] $\boldsymbol{v}_1{}'=\boldsymbol{v}_1$ とすると　$\boldsymbol{v}_1{}'=\begin{bmatrix}1\\2\end{bmatrix}$

[2] $\boldsymbol{v}_2{}'=\boldsymbol{v}_2-x_1\boldsymbol{v}_1{}'$ として，$(\boldsymbol{v}_2{}',\ \boldsymbol{v}_1{}')=0$ とすると　$3-5x_1=0$

よって　$x_1=\dfrac{3}{5}$

ゆえに　$\boldsymbol{v}_2{}'=\boldsymbol{v}_2-\dfrac{3}{5}\boldsymbol{v}_1{}'=\dfrac{1}{5}\begin{bmatrix}2\\-1\end{bmatrix}$

以上から，求める正規直交基底は　$\left\{\dfrac{\mathbf{1}}{\sqrt{\mathbf{5}}}\begin{bmatrix}\mathbf{1}\\\mathbf{2}\end{bmatrix},\ \dfrac{\mathbf{1}}{\sqrt{\mathbf{5}}}\begin{bmatrix}\mathbf{2}\\\mathbf{-1}\end{bmatrix}\right\}$

(2) [1] $\boldsymbol{v}_1{}'=\boldsymbol{v}_1$ とすると　$\boldsymbol{v}_1{}'=\begin{bmatrix}1\\1\\-1\end{bmatrix}$

[2] $\boldsymbol{v}_2{}'=\boldsymbol{v}_2-x_1\boldsymbol{v}_1{}'$ として，$(\boldsymbol{v}_2{}',\ \boldsymbol{v}_1{}')=0$ とすると　$-1-3x_1=0$

よって　$x_1=-\dfrac{1}{3}$

ゆえに　$\boldsymbol{v}_2{}'=\boldsymbol{v}_2-\left(-\dfrac{1}{3}\right)\boldsymbol{v}_1{}'=\dfrac{1}{3}\begin{bmatrix}1\\4\\5\end{bmatrix}$

[3] $\boldsymbol{v}_3{}'=\boldsymbol{v}_3-x_1\boldsymbol{v}_1{}'-x_2\boldsymbol{v}_2{}'$ として，$(\boldsymbol{v}_3{}',\ \boldsymbol{v}_1{}')=0$ および $(\boldsymbol{v}_3{}',\ \boldsymbol{v}_2{}')=0$ とすると

$$1-3x_1=0,\quad \frac{19}{3}-\frac{14}{3}x_2=0$$

よって　$x_1=\dfrac{1}{3},\ x_2=\dfrac{19}{14}$

ゆえに　$v_3'=v_3-x_1v_1'-x_2v_2'=v_3-\frac{1}{3}v_1'-\frac{19}{14}v_2'=\frac{1}{14}\begin{bmatrix}3\\-2\\1\end{bmatrix}$

以上から，求める正規直交基底は

$$\left\{\frac{1}{\sqrt{3}}\begin{bmatrix}1\\1\\-1\end{bmatrix},\ \frac{1}{\sqrt{42}}\begin{bmatrix}1\\4\\5\end{bmatrix},\ \frac{1}{\sqrt{14}}\begin{bmatrix}3\\-2\\1\end{bmatrix}\right\}$$

◈直交補空間と正射影

詳しくは「数研講座シリーズ　大学教養　線形代数」の 251～254 ページを参照。以下は，その要約である。

Vを内積 $(\cdot,\ \cdot)$ ($K=\mathbb{C}$ のときはエルミート内積) をもつ計量ベクトル空間とし，$S\subset V$ とする。このとき，任意のSのベクトルと直交するVのベクトル全体を考え，$S^\perp$ と書くことにする。

すなわち　　$S^\perp=\{\boldsymbol{v}\mid$ 任意の $\boldsymbol{w}\in S$ に対し $(\boldsymbol{v},\ \boldsymbol{w})=0\}$

このとき，どんな部分集合Sに対しても，$S^\perp$ はVの部分空間になる。

補題　**$S^\perp$ はVの部分空間である。**

また，$\boldsymbol{v}\in S^\perp$ ならば，Sのベクトルの任意の1次結合 $a_1\boldsymbol{w}_1+a_2\boldsymbol{w}_2+\cdots+a_s\boldsymbol{w}_s$ ($\boldsymbol{w}_1$，$\boldsymbol{w}_2$，……，$\boldsymbol{w}_s\in S$，$a_1\in K$，$a_2\in K$，……，$a_s\in K$) に対し

$$(\boldsymbol{v},\ a_1\boldsymbol{w}_1+a_2\boldsymbol{w}_2+\cdots\cdots+a_s\boldsymbol{w}_s)=\overline{a_1}(\boldsymbol{v},\ \boldsymbol{w}_1)+\overline{a_2}(\boldsymbol{v},\ \boldsymbol{w}_2)+\cdots\cdots+\overline{a_s}(\boldsymbol{v},\ \boldsymbol{w}_s)=0$$

である。

すなわち，$\boldsymbol{v}\in S^\perp$ はSのベクトルの，いかなる1次結合とも直交する。よって，WをSで生成されるVの部分空間とすると，$S^\perp=W^\perp$ が成り立つ。

定義　**直交補空間**

Vを計量ベクトル空間とし，WをVの部分空間とするとき，Wに対し，部分空間 $W^\perp$ をWの **直交補空間** という。

直交補空間について，次の定理が成り立つ。

定理　直交補空間による直和分解

Vを有限次元計量ベクトル空間とし，Wをその部分空間とする。このとき，VはWと $W^{\perp}$ の直和に分解される。すなわち，$V=W\oplus W^{\perp}$ となる。

証明　次の 2 つを証明すればよい。

[1]　$V=W+W^{\perp}$ である。すなわち，任意の $\boldsymbol{v}\in V$ は，$\boldsymbol{w}\in W$，$\boldsymbol{u}\in W^{\perp}$ として，$\boldsymbol{v}=\boldsymbol{w}+\boldsymbol{u}$ と書ける。

[2]　$W\cap W^{\perp}=\{\boldsymbol{0}\}$

[1] を示す。
そのために，$\{\boldsymbol{w}_1,\ \boldsymbol{w}_2,\ \cdots\cdots,\ \boldsymbol{w}_m\}$ $(m=\dim W)$ をWの正規直交基底とする。
任意の $\boldsymbol{v}\in V$ に対し，$a_i=(\boldsymbol{v},\ \boldsymbol{w}_i)$ $(i=1,\ 2,\ \cdots\cdots,\ m)$ として，
$\boldsymbol{w}=a_1\boldsymbol{w}_1+a_2\boldsymbol{w}_2+\cdots\cdots+a_m\boldsymbol{w}_m$，$\boldsymbol{u}=\boldsymbol{v}-\boldsymbol{w}$ とする。$(\boldsymbol{w}_j,\ \boldsymbol{w}_i)=\delta_{ji}$ であるから，すべての $i=1,\ 2,\ \cdots\cdots,\ m$ について次が成り立つ。

$$(\boldsymbol{u},\ \boldsymbol{w}_i)=(\boldsymbol{v},\ \boldsymbol{w}_i)-a_i=a_i-a_i=0$$

$\{\boldsymbol{w}_1,\ \boldsymbol{w}_2,\ \cdots\cdots,\ \boldsymbol{w}_m\}$ はWを生成するから　　$\boldsymbol{u}\in W^{\perp}$
また，$\boldsymbol{w}\in W$ であるから　　$\boldsymbol{v}=\boldsymbol{w}+\boldsymbol{u}\in W+W^{\perp}$

次に，[2] を示す。
$\boldsymbol{v}\in W\cap W^{\perp}$ として，$\boldsymbol{v}=\boldsymbol{0}$ であることを示せばよい。
$\|\boldsymbol{v}\|^2=(\boldsymbol{v},\ \boldsymbol{v})$ を計算すると，$\boldsymbol{v}\in W$ かつ $\boldsymbol{v}\in W^{\perp}$ であるから，$(\boldsymbol{v},\ \boldsymbol{v})=0$ となる。
よって，$\boldsymbol{v}=\boldsymbol{0}$ である。■

298 ページの定理より，Vを有限次元計量ベクトル空間とし，WをVの部分空間とすると，任意の $\boldsymbol{v}\in V$ は，次のように，Wに属するベクトルと，その直交補空間 $W^{\perp}$ に属するベクトルの和に，一意的に分解できる（基本例題 083 の **研究** で扱った定理参照）。

$$\boldsymbol{v}=\boldsymbol{w}+\boldsymbol{w}' \quad (\boldsymbol{w}\in W,\ \boldsymbol{w}'\in W^{\perp})$$

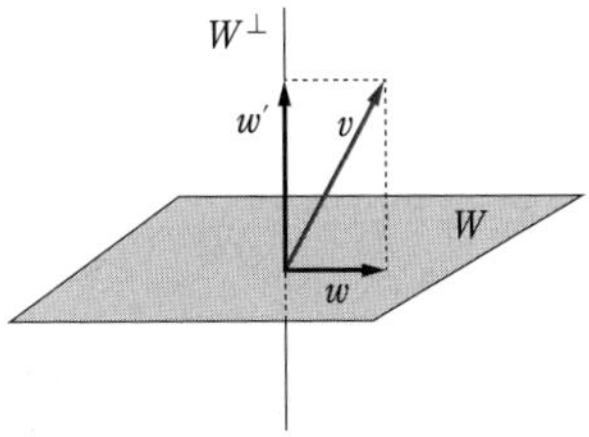

このとき，$\boldsymbol{w}$を，$\boldsymbol{v}$のWへの **正射影** という。
また，任意の $\boldsymbol{v}\in V$ に対し，そのWへの正射影$\boldsymbol{w}$を対応させることで，写像 $p_W : V \longrightarrow W$ $(\boldsymbol{v}\longmapsto p_W(\boldsymbol{v})=\boldsymbol{w})$ が定義される。
これを，Wへの **正射影作用素** という。

定理　正射影作用素の線形性

Vを有限次元計量ベクトル空間，Wをその部分空間とし，$p_W : V \longrightarrow W$ を，Wへの正射影作用素とする。このとき，$p_W : V \longrightarrow W$ はK上の線形写像である。

証明　線形写像の定義の条件を確かめる。

[1]　$\boldsymbol{v}_1 \in V$，$\boldsymbol{v}_2 \in V$ に対し，Vの直和分解 $V = W \oplus W^{\perp}$ に従って

$$\boldsymbol{v}_1 = \boldsymbol{w}_1 + \boldsymbol{w}_1',\ \boldsymbol{v}_2 = \boldsymbol{w}_2 + \boldsymbol{w}_2' \quad (\boldsymbol{w}_1 \in W,\ \boldsymbol{w}_2 \in W,\ \boldsymbol{w}_1' \in W^{\perp},\ \boldsymbol{w}_2' \in W^{\perp})$$

と，それぞれ一意的に分解する。

このとき，$p_W(\boldsymbol{v}_i) = \boldsymbol{w}_i$ $(i=1,\ 2)$ である。

$$\boldsymbol{v}_1 + \boldsymbol{v}_2 = (\boldsymbol{w}_1 + \boldsymbol{w}_2) + (\boldsymbol{w}_1' + \boldsymbol{w}_2')$$

であり，$\boldsymbol{w}_1 + \boldsymbol{w}_2 \in W$，$\boldsymbol{w}_1' + \boldsymbol{w}_2' \in W^{\perp}$ であるから，これが $\boldsymbol{v}_1 + \boldsymbol{v}_2$ の直和分解 $V = W \oplus W^{\perp}$ による（一意的な）分解である。

よって　　$p_W(\boldsymbol{v}_1 + \boldsymbol{v}_2) = \boldsymbol{w}_1 + \boldsymbol{w}_2 = p_W(\boldsymbol{v}_1) + p_W(\boldsymbol{v}_2)$

[2]　$\boldsymbol{v} \in V$ に対し，Vの直和分解 $V = W \oplus W^{\perp}$ に従って

$$\boldsymbol{v} = \boldsymbol{w} + \boldsymbol{w}' \quad (\boldsymbol{w} \in W,\ \boldsymbol{w}' \in W^{\perp})$$

と，一意的に分解する。

このとき，$p_W(\boldsymbol{v}) = \boldsymbol{w}$ である。

任意の $a \in K$ に対し，$a\boldsymbol{v} = a\boldsymbol{w} + a\boldsymbol{w}'$ であり，$a\boldsymbol{w} \in W$，$a\boldsymbol{w}' \in W^{\perp}$ であるから，これが $a\boldsymbol{v}$ の直和分解 $V = W \oplus W^{\perp}$ による（一意的な）分解である。

よって　　$p_W(a\boldsymbol{v}) = a\boldsymbol{w} = ap_W(\boldsymbol{v})$

したがって，正射影作用素 $p_W : V \longrightarrow W$ はK上の線形写像である。■

直交補空間による直和分解の定理の 証明 から，次のことがわかる。

Vを有限次元計量ベクトル空間，Wをその部分空間とし，$p_W : V \longrightarrow W$ を，Wへの正射影作用素とする。

このとき，$\{\boldsymbol{w}_1,\ \boldsymbol{w}_2,\ \cdots\cdots,\ \boldsymbol{w}_m\}$ をWの正規直交基底とすると，任意の $\boldsymbol{v} \in V$ に対し

$$p_W(\boldsymbol{v}) = (\boldsymbol{v},\ \boldsymbol{w}_1)\boldsymbol{w}_1 + (\boldsymbol{v},\ \boldsymbol{w}_2)\boldsymbol{w}_2 + \cdots\cdots + (\boldsymbol{v},\ \boldsymbol{w}_m)\boldsymbol{w}_m \quad \cdots\cdots (*)$$

となる。

基本 例題 139 正射影作用素の線形性の証明 ★☆☆

302 ページのまとめの (∗) を用いて，正射影作用素の線形性の 定理 の別証を与えよ。

指針 基本例題 112 で扱った線形写像の定義に従って証明する。この定義の [1]，[2] の条件を満たすことを調べればよい。

定義 線形写像

V と W を K 上のベクトル空間とし，$f:V\longrightarrow W$ を写像とする。次の 2 つの条件が満たされるとき，写像 f は K 上の **線形写像** という。

[1] 任意の $\boldsymbol{v}_1\in V$，$\boldsymbol{v}_2\in V$ に対し　$f(\boldsymbol{v}_1+\boldsymbol{v}_2)=f(\boldsymbol{v}_1)+f(\boldsymbol{v}_2)$

[2] 任意の $\boldsymbol{v}\in V$ および任意の $a\in K$ に対し　$f(a\boldsymbol{v})=af(\boldsymbol{v})$

定義域のベクトル空間と終域のベクトル空間が等しい線形写像，すなわち，$f:V\longrightarrow V$ という形の線形写像を，V の K 上の **線形変換**，あるいは **1 次変換** という。

解答 $\{\boldsymbol{w}_1,\ \boldsymbol{w}_2,\ \cdots\cdots,\ \boldsymbol{w}_m\}$ を W の正規直交基底とする。

$\boldsymbol{v}_1\in V$，$\boldsymbol{v}_2\in V$ に対し

$$\begin{aligned}p_W(\boldsymbol{v}_1+\boldsymbol{v}_2)&=\sum_{k=1}^{m}(\boldsymbol{v}_1+\boldsymbol{v}_2,\ \boldsymbol{w}_k)\boldsymbol{w}_k\\&=\sum_{k=1}^{m}\{(\boldsymbol{v}_1,\ \boldsymbol{w}_k)+(\boldsymbol{v}_2,\ \boldsymbol{w}_k)\}\boldsymbol{w}_k\\&=\sum_{k=1}^{m}\{(\boldsymbol{v}_1,\ \boldsymbol{w}_k)\boldsymbol{w}_k+(\boldsymbol{v}_2,\ \boldsymbol{w}_k)\boldsymbol{w}_k\}\\&=\sum_{k=1}^{m}(\boldsymbol{v}_1,\ \boldsymbol{w}_k)\boldsymbol{w}_k+\sum_{k=1}^{m}(\boldsymbol{v}_2,\ \boldsymbol{w}_k)\boldsymbol{w}_k=p_W(\boldsymbol{v}_1)+p_W(\boldsymbol{v}_2)\end{aligned}$$

また，$\boldsymbol{v}\in V$，$a\in K$ に対し

$$p_W(a\boldsymbol{v})=\sum_{k=1}^{m}(a\boldsymbol{v},\ \boldsymbol{w}_k)\boldsymbol{w}_k=\sum_{k=1}^{m}a(\boldsymbol{v},\ \boldsymbol{w}_k)\boldsymbol{w}_k=a\sum_{k=1}^{m}(\boldsymbol{v},\ \boldsymbol{w}_k)\boldsymbol{w}_k=ap_W(\boldsymbol{v})$$

よって，題意は証明された。 ■

基本　例題 140　部分空間への正射影　★☆☆

$\left\{\begin{bmatrix}1\\2\\2\end{bmatrix},\ \begin{bmatrix}1\\0\\1\end{bmatrix}\right\}$ で生成される K^3 の部分空間を W とするとき，$\boldsymbol{v}=\begin{bmatrix}3\\-1\\1\end{bmatrix}$ の，W への正射影を求めよ。ただし，K^3 の内積は標準内積を考えるものとする。

指針　302 ページのまとめの (∗) を利用して求める。

解答　$\boldsymbol{v}_1=\begin{bmatrix}1\\0\\1\end{bmatrix}$，$\boldsymbol{v}_2=\begin{bmatrix}1\\2\\2\end{bmatrix}$ として，$\{\boldsymbol{v}_1,\ \boldsymbol{v}_2\}$ にグラム・シュミットの直交化を適用する。

[1]　$\boldsymbol{v}_1'=\boldsymbol{v}_1$ とすると　　$\boldsymbol{v}_1'=\begin{bmatrix}1\\0\\1\end{bmatrix}$

[2]　$\boldsymbol{v}_2'=\boldsymbol{v}_2-x_1\boldsymbol{v}_1'$ として，$(\boldsymbol{v}_2',\ \boldsymbol{v}_1')=0$ とすると　　$3-2x_1=0$

よって　　$x_1=\dfrac{3}{2}$

ゆえに　　$\boldsymbol{v}_2'=\boldsymbol{v}_2-\dfrac{3}{2}\boldsymbol{v}_1'=\dfrac{1}{2}\begin{bmatrix}-1\\4\\1\end{bmatrix}$

したがって，W の正規直交基底は　　$\left\{\dfrac{1}{\sqrt{2}}\begin{bmatrix}1\\0\\1\end{bmatrix},\ \dfrac{1}{3\sqrt{2}}\begin{bmatrix}-1\\4\\1\end{bmatrix}\right\}$

$\boldsymbol{w}_1=\dfrac{1}{\sqrt{2}}\begin{bmatrix}1\\0\\1\end{bmatrix}$，$\boldsymbol{w}_2=\dfrac{1}{3\sqrt{2}}\begin{bmatrix}-1\\4\\1\end{bmatrix}$ とし，ベクトル $\boldsymbol{v}$ の，W への正射影を $p_W(\boldsymbol{v})$ とすると

$$p_W(\boldsymbol{v})=(\boldsymbol{v},\ \boldsymbol{w}_1)\boldsymbol{w}_1+(\boldsymbol{v},\ \boldsymbol{w}_2)\boldsymbol{w}_2=2\begin{bmatrix}1\\0\\1\end{bmatrix}-\frac{1}{3}\begin{bmatrix}-1\\4\\1\end{bmatrix}=\boldsymbol{\frac{1}{3}\begin{bmatrix}7\\-4\\5\end{bmatrix}}$$

基本 例題 141 部分空間への正射影作用素の表現行列 ① ★★☆

$\left\{\begin{bmatrix}1\\1\\0\end{bmatrix}, \begin{bmatrix}0\\1\\1\end{bmatrix}\right\}$ で生成される K^3 の部分空間を W とする。K^3 から W への正射影作用素を，K^3 の1次変換 $p_W : K^3 \longrightarrow K^3$ とみなすとき，その標準基底に関する表現行列を求めよ。

指針 まず，K^3 の部分空間 W の正規直交基底を求める。次に，K^3 の標準基底を $\{\boldsymbol{e}_1, \boldsymbol{e}_2, \boldsymbol{e}_3\}$ とし，基本例題 140 と同様にして，$p_W(\boldsymbol{e}_1)$，$p_W(\boldsymbol{e}_2)$，$p_W(\boldsymbol{e}_3)$ を求める。

解答 K^3 の標準基底を $\{\boldsymbol{e}_1, \boldsymbol{e}_2, \boldsymbol{e}_3\}$ とする。

$\boldsymbol{v}_1=\begin{bmatrix}1\\1\\0\end{bmatrix}$，$\boldsymbol{v}_2=\begin{bmatrix}0\\1\\1\end{bmatrix}$ として，$\{\boldsymbol{v}_1, \boldsymbol{v}_2\}$ にグラム・シュミットの直交化を適用する。

[1] $\boldsymbol{v}_1=\boldsymbol{v}_1'$ とすると $\quad \boldsymbol{v}_1'=\begin{bmatrix}1\\1\\0\end{bmatrix}$

[2] $\boldsymbol{v}_2'=\boldsymbol{v}_2-x_1\boldsymbol{v}_1'$ として，$(\boldsymbol{v}_2', \boldsymbol{v}_1')=0$ とすると $\quad 1-2x_1=0$

よって $\quad x_1=\dfrac{1}{2}$

ゆえに $\quad \boldsymbol{v}_2'=\boldsymbol{v}_2-\dfrac{1}{2}\boldsymbol{v}_1'=\dfrac{1}{2}\begin{bmatrix}-1\\1\\2\end{bmatrix}$

したがって，W の正規直交基底は $\quad \left\{\dfrac{1}{\sqrt{2}}\begin{bmatrix}1\\1\\0\end{bmatrix}, \dfrac{1}{\sqrt{6}}\begin{bmatrix}-1\\1\\2\end{bmatrix}\right\}$

$\boldsymbol{w}_1=\dfrac{1}{\sqrt{2}}\begin{bmatrix}1\\1\\0\end{bmatrix}$，$\boldsymbol{w}_2=\dfrac{1}{\sqrt{6}}\begin{bmatrix}-1\\1\\2\end{bmatrix}$ とし，ベクトル $\boldsymbol{v}$ の，W への正射影を $p_W(\boldsymbol{v})$ とすると

$$p_W(\boldsymbol{e}_1)=(\boldsymbol{e}_1, \boldsymbol{w}_1)\boldsymbol{w}_1+(\boldsymbol{e}_1, \boldsymbol{w}_2)\boldsymbol{w}_2=\frac{1}{2}\begin{bmatrix}1\\1\\0\end{bmatrix}-\frac{1}{6}\begin{bmatrix}-1\\1\\2\end{bmatrix}=\frac{1}{3}\begin{bmatrix}2\\1\\-1\end{bmatrix}$$

$$p_W(\boldsymbol{e}_2)=(\boldsymbol{e}_2, \boldsymbol{w}_1)\boldsymbol{w}_1+(\boldsymbol{e}_2, \boldsymbol{w}_2)\boldsymbol{w}_2=\frac{1}{2}\begin{bmatrix}1\\1\\0\end{bmatrix}+\frac{1}{6}\begin{bmatrix}-1\\1\\2\end{bmatrix}=\frac{1}{3}\begin{bmatrix}1\\2\\1\end{bmatrix}$$

$$p_W(\boldsymbol{e}_3)=(\boldsymbol{e}_3, \boldsymbol{w}_1)\boldsymbol{w}_1+(\boldsymbol{e}_3, \boldsymbol{w}_2)\boldsymbol{w}_2=0\cdot\begin{bmatrix}1\\1\\0\end{bmatrix}+\frac{1}{3}\begin{bmatrix}-1\\1\\2\end{bmatrix}=\frac{1}{3}\begin{bmatrix}-1\\1\\2\end{bmatrix}$$

ゆえに　$[\,p_W(\boldsymbol{e}_1)\quad p_W(\boldsymbol{e}_2)\quad p_W(\boldsymbol{e}_3)\,]=\dfrac{1}{3}\begin{bmatrix} 2 & 1 & -1 \\ 1 & 2 & 1 \\ -1 & 1 & 2 \end{bmatrix}$

$$=[\,\boldsymbol{e}_1\quad \boldsymbol{e}_2\quad \boldsymbol{e}_3\,]\frac{1}{3}\begin{bmatrix} 2 & 1 & -1 \\ 1 & 2 & 1 \\ -1 & 1 & 2 \end{bmatrix}$$

したがって，求める表現行列は　$\boldsymbol{\dfrac{1}{3}\begin{bmatrix} 2 & 1 & -1 \\ 1 & 2 & 1 \\ -1 & 1 & 2 \end{bmatrix}}$

別解　$\boldsymbol{v}=\begin{bmatrix} a_1 \\ a_2 \\ a_3 \end{bmatrix}\in K^3$ に対し

$$\begin{aligned} p_W(\boldsymbol{v}) &= (\boldsymbol{v},\ \boldsymbol{w}_1)\boldsymbol{w}_1+(\boldsymbol{v},\ \boldsymbol{w}_2)\boldsymbol{w}_2 \\ &= \frac{1}{2}(a_1+a_2)\begin{bmatrix} 1 \\ 1 \\ 0 \end{bmatrix}+\frac{1}{6}(-a_1+a_2+2a_3)\begin{bmatrix} -1 \\ 1 \\ 2 \end{bmatrix} \\ &= \frac{1}{3}\begin{bmatrix} 2a_1+a_2-a_3 \\ a_1+2a_2+a_3 \\ -a_1+a_2+2a_3 \end{bmatrix} \\ &= \frac{1}{3}\begin{bmatrix} 2 & 1 & -1 \\ 1 & 2 & 1 \\ -1 & 1 & 2 \end{bmatrix}\begin{bmatrix} a_1 \\ a_2 \\ a_3 \end{bmatrix} \\ &= \frac{1}{3}\begin{bmatrix} 2 & 1 & -1 \\ 1 & 2 & 1 \\ -1 & 1 & 2 \end{bmatrix}\boldsymbol{v} \end{aligned}$$

よって，求める表現行列は　$\boldsymbol{\dfrac{1}{3}\begin{bmatrix} 2 & 1 & -1 \\ 1 & 2 & 1 \\ -1 & 1 & 2 \end{bmatrix}}$

2 直交変換とユニタリ変換

基本 例題 142 対称行列の性質 ★☆☆

A, B を n 次の対称行列とする。
(1) $A+B$, kA $(k\in K)$ は対称行列であることを示せ。
(2) AB は対称行列になるか。

指針 A を K の要素を成分にもつ n 次正方行列として，${}^tA=A$ となるとき，行列 A を n 次の **対称行列** という。すなわち，$A=[a_{ij}]$ が対称行列であるとき，その $(i,\ j)$ 成分 a_{ij} と $(j,\ i)$ 成分 a_{ji} が等しい $(a_{ij}=a_{ji})$。

解答 (1) $A=[a_{ij}]$, $B=[b_{ij}]$ とすると，行列 A, B は対称行列であるから

$$a_{ij}=a_{ji},\quad b_{ij}=b_{ji}$$

このとき，$A+B=[c_{ij}]$ とすると　$c_{ij}=a_{ij}+b_{ij}=a_{ji}+b_{ji}=c_{ji}$

よって，${}^t(A+B)=A+B$ であるから，行列 $A+B$ は対称行列である。

また，$k\in K$ であるとき　$ka_{ij}=ka_{ji}$

よって，${}^t(kA)=kA$ であるから，行列 kA は対称行列である。■

(2) 必ずしも **対称行列にはならない**。

(理由) 例えば，$A=\begin{bmatrix}1 & 1\\ 1 & 1\end{bmatrix}$, $B=\begin{bmatrix}1 & 0\\ 0 & 2\end{bmatrix}$ とすると，行列 A, B は対称行列である。

このとき　$AB=\begin{bmatrix}1 & 1\\ 1 & 1\end{bmatrix}\begin{bmatrix}1 & 0\\ 0 & 2\end{bmatrix}=\begin{bmatrix}1 & 2\\ 1 & 2\end{bmatrix}$

よって，AB は対称行列でない。

補足 対称行列において，特に成分が実数であるものを **実対称行列** という。

基本 例題 143 随伴行列の性質 ★★☆

次を証明せよ。

(1)　A を複素行列とするとき，$(A^*)^*=A$ である。

(2)　A，B を複素 $m\times n$ 行列とするとき，$(A+B)^*=A^*+B^*$ である。

(3)　A を複素 $l\times m$ 行列，B を複素 $m\times n$ 行列とするとき，$(AB)^*=B^*A^*$ である。

(4)　A が n 次正則行列ならば，A^* も n 次正則行列であり，$(A^*)^{-1}=(A^{-1})^*$ である。

(5)　$\det(A^*)=\overline{\det(A)}$

指針　A を，複素数を成分にもつ行列とするとき，$A^*=\overline{{}^tA}$ として，これを行列 A の **随伴行列** という。すなわち，$A=[a_{ij}]$ とするとき，$A^*=[\overline{a_{ji}}]$ となる。

(1) は行列の転置をとる操作と，各成分の複素共役をとる操作の順序が交換可能であることを用いる。

(2)，(3) は成分を計算して証明する。

(4) は (3) を利用する。

(5) は次のように **小手調べする** とよい。行列 A が2次のとき，$A=\begin{bmatrix} a_{11} & a_{12} \\ a_{21} & a_{22} \end{bmatrix}$ とすると

$$\det(A^*)=\begin{vmatrix} \overline{a_{11}} & \overline{a_{21}} \\ \overline{a_{12}} & \overline{a_{22}} \end{vmatrix}=\overline{a_{11}}\,\overline{a_{22}}-\overline{a_{21}}\,\overline{a_{12}}$$

$$=\overline{a_{11}a_{22}}-\overline{a_{12}a_{21}}=\overline{a_{11}a_{22}-a_{12}a_{21}}=\overline{\det(A)}$$

となり，確かに成り立っていることがわかる。

本問は行列式の定義に従って証明する。

解答　(1)　$(A^*)^*=\overline{{}^t(A^*)}=\overline{{}^t(\overline{{}^tA})}=\overline{\overline{{}^t({}^tA)}}=A$　■

(2)　$A=[a_{ij}]$，$B=[b_{ij}]$ とすると，$A+B$ の $(i,\ j)$ 成分は $a_{ij}+b_{ij}$ であるから，

$(A+B)^*$ の $(i,\ j)$ 成分は　$\overline{a_{ji}+b_{ji}}=\overline{a_{ji}}+\overline{b_{ji}}$

A^*，B^* の $(i,\ j)$ 成分はそれぞれ $\overline{a_{ji}}$，$\overline{b_{ji}}$ であるから，A^*+B^* の $(i,\ j)$ 成分は

$\overline{a_{ji}}+\overline{b_{ji}}$

よって　$(A+B)^*=A^*+B^*$　■

(3)　$A=[a_{pq}]$，$B=[b_{st}]$ とすると，AB の $(i,\ j)$ 成分は $\displaystyle\sum_{k=1}^{m}a_{ik}b_{kj}$ であるから，

$(AB)^*$ の $(i,\ j)$ 成分は　$\displaystyle\overline{\sum_{k=1}^{m}a_{jk}b_{ki}}=\sum_{k=1}^{m}\overline{a_{jk}b_{ki}}$

A^* の $(p,\ q)$ 成分は $\overline{a_{qp}}$，B^* の $(s,\ t)$ 成分は $\overline{b_{ts}}$ であるから，B^*A^* の $(i,\ j)$ 成分は　$\displaystyle\sum_{k=1}^{m}\overline{b_{ki}}\,\overline{a_{jk}}=\sum_{k=1}^{m}\overline{a_{jk}b_{ki}}$

よって　$(AB)^*=B^*A^*$　■

(4) A は正則行列であるから　$AA^{-1}=A^{-1}A=E$

よって　$(AA^{-1})^*=(A^{-1}A)^*=E$

ここで　$(AA^{-1})^*=(A^{-1})^*A^*$, $(A^{-1}A)^*=A^*(A^{-1})^*$　◀(3) より。

ゆえに　$(A^{-1})^*A^*=A^*(A^{-1})^*=E$

したがって, A^* は正則行列であり, $(A^*)^{-1}=(A^{-1})^*$ である。■

(5) $A=[a_{ij}]$ と表すと, A^* の $(i,\ j)$ 成分は $\overline{a_{ji}}$ であるから

$$\det(A^*)=\sum_{\sigma}\mathrm{sgn}(\sigma)\overline{a_{\sigma(1)1}}\,\overline{a_{\sigma(2)2}}\cdots\cdots\overline{a_{\sigma(n)n}}$$
$$=\sum_{\sigma}\mathrm{sgn}(\sigma)\overline{a_{\sigma(1)1}a_{\sigma(2)2}\cdots\cdots a_{\sigma(n)n}}$$
$$=\overline{\sum_{\sigma}\mathrm{sgn}(\sigma)a_{\sigma(1)1}a_{\sigma(2)2}\cdots\cdots a_{\sigma(n)n}}$$
$$=\overline{\sum_{\sigma^{-1}}\mathrm{sgn}(\sigma^{-1})a_{1\sigma^{-1}(1)}a_{2\sigma^{-1}(2)}\cdots\cdots a_{n\sigma^{-1}(n)}}$$
$$=\overline{\det(A)}$$ ■

◀行列式の定義は, 基本例題 058 を参照。

別解　(5) は次のように示すこともできる。

(その 1)　$\det(A^*)=\det(\overline{{}^tA})$　◀随伴行列の定義より。

$=\overline{\det({}^tA)}$　◀基本例題 145 より。

$=\overline{\det(A)}$ ■　◀基本例題 061 の指針で扱った定理より。

(その 2)　[1]　行列 A が正則でないとき

A^* も正則でないから　$\det(A)=0$　かつ　$\det(A^*)=0$

よって　$\det(A^*)=\overline{\det(A)}$

[2]　行列 A が正則であるとき

行列 A は有限個の基本行列の積で書けるから,

ある基本行列 Q_1, Q_2, ……, Q_s が存在して,

$A=Q_1Q_2\ \cdots\cdots\ Q_s$ となる。　◀81 ページで扱った定理より。

よって　$\det(A^*)=\det(\overline{{}^t(Q_1Q_2\ \cdots\cdots\ Q_s)})$

$=\det(\overline{{}^tQ_s\ \cdots\cdots\ {}^tQ_2{}^tQ_1})$　◀基本例題 012 より。

$=\overline{\det({}^tQ_s\ \cdots\cdots\ {}^tQ_2{}^tQ_1)}$　◀基本例題 145 より。

$=\overline{\det({}^tQ_s)\cdots\cdots\det({}^tQ_2)\det({}^tQ_1)}$　◀基本例題 064 の指針で扱った定理より。

$=\overline{\det({}^tQ_1)}\,\overline{\det({}^tQ_2)}\cdots\cdots\overline{\det({}^tQ_s)}$

一方　$\overline{\det(A)}=\overline{\det(Q_1Q_2\ \cdots\cdots\ Q_s)}$

$=\overline{\det(Q_1)\det(Q_2)\cdots\cdots\det(Q_s)}$　◀基本例題 064 の指針で扱った定理より。

$=\overline{\det(Q_1)}\,\overline{\det(Q_2)}\cdots\cdots\overline{\det(Q_s)}$

ここで, $\det({}^tQ_k)=\det(Q_k)$ $(k=1,\ 2,\ \cdots\cdots,\ s)$　◀基本例題 061 の指針で扱った定理より。

であるから

$\overline{\det({}^tQ_k)}=\overline{\det(Q_k)}$　$(k=1,\ 2,\ \cdots\cdots,\ s)$

よって　$\det(A^*)=\overline{\det(A)}$

以上から, 示すべき等式が成り立つ。■

基本 例題 144 エルミート行列の性質 ① ★☆☆

A, B を n 次のエルミート行列とする。

(1) $A+B$ はエルミート行列であることを示せ。

(2) k が実数ならば, kA はエルミート行列であることを示せ。

指針 A を, 複素数を成分にもつ n 次正方行列として $A^*=A$ となるとき, 行列 A を n 次の **エルミート行列** という。$A=[a_{ij}]$ がエルミート行列であるとき, その (i, j) 成分 a_{ij} が (j, i) 成分 a_{ji} の複素共役に等しい $(a_{ij}=\overline{a_{ji}})$。特に, $a_{ii}=\overline{a_{ii}}$ $(i=1, 2, \cdots\cdots, n)$ である。すなわち, エルミート行列においては, その対角成分はすべて実数である。

解答 (1) 行列 A, B はエルミート行列であるから　$A^*=A$, $B^*=B$

ゆえに　$(A+B)^*=A^*+B^*$

$=A+B$

◀基本例題 143 (2) より。

よって, $A+B$ はエルミート行列である。■

(2) $A=[a_{ij}]$ とすると, 行列 A はエルミート行列であるから　$a_{ij}=\overline{a_{ji}}$

$k\in\mathbb{R}$ であるとき　$ka_{ij}=k\overline{a_{ji}}=\overline{ka_{ji}}$

よって, $(kA)^*=kA$ であるから, kA はエルミート行列である。■

基本 例題 145 エルミート行列の行列式 ★☆☆

エルミート行列 A の行列式 $\det(A)$ は実数であることを示せ。

指針 エルミート行列の定義は基本例題 144 を参照。

解答 A はエルミート行列であるから　$A=A^*$

よって　$\det(A)=\det(A^*)$ ……①

また　$\det(A^*)=\overline{\det(A)}$ ……②

◀基本例題 143 (5) より。

①, ② により　$\det(A)=\overline{\det(A)}$

したがって, 行列式 $\det(A)$ は実数である。■

基本 例題 146 エルミート内積の性質 ★☆☆

Vを複素計量ベクトル空間とし，$\{\boldsymbol{v}_1,\ \boldsymbol{v}_2,\ \cdots\cdots,\ \boldsymbol{v}_n\}$ をVの基底とする。このとき，n^2 個の複素数 g_{ij} $(i=1,\ 2,\ \cdots\cdots,\ n,\ j=1,\ 2,\ \cdots\cdots,\ n)$ を次で定義する。

$$g_{ij}=(\boldsymbol{v}_j,\ \boldsymbol{v}_i)(=\overline{(\boldsymbol{v}_i,\ \boldsymbol{v}_j)})$$

このとき，この $\{g_{ij}\}$ で，内積 $(\cdot,\ \cdot)$ は完全に決定され，Vの任意のベクトル
$\boldsymbol{v}=a_1\boldsymbol{v}_1+a_2\boldsymbol{v}_2+\cdots\cdots+a_n\boldsymbol{v}_n$ $(a_1\in\mathbb{C},\ a_2\in\mathbb{C},\ \cdots\cdots,\ a_n\in\mathbb{C})$ と
$\boldsymbol{w}=b_1\boldsymbol{v}_1+b_2\boldsymbol{v}_2+\cdots\cdots+b_n\boldsymbol{v}_n$ $(b_1\in\mathbb{C},\ b_2\in\mathbb{C},\ \cdots\cdots,\ b_n\in\mathbb{C})$ に対して，
$(\boldsymbol{v},\ \boldsymbol{w})=\sum_{i=1}^{n}\sum_{j=1}^{n}a_j\overline{b_i}(\boldsymbol{v}_j,\ \boldsymbol{v}_i)=\sum_{i=1}^{n}\sum_{j=1}^{n}\overline{b_i}g_{ij}a_j$ となることを証明せよ。

指針 288 ページで扱ったエルミート内積の定義に従って示す。

解答

$$\begin{aligned}(\boldsymbol{v},\ \boldsymbol{w})&=\left(\sum_{j=1}^{n}a_j\boldsymbol{v}_j,\ \sum_{i=1}^{n}b_i\boldsymbol{v}_i\right)=\sum_{i=1}^{n}\left(\sum_{j=1}^{n}a_j\boldsymbol{v}_j,\ b_i\boldsymbol{v}_i\right)\\&=\sum_{i=1}^{n}\sum_{j=1}^{n}(a_j\boldsymbol{v}_j,\ b_i\boldsymbol{v}_i)\\&=\sum_{i=1}^{n}\sum_{j=1}^{n}a_j(\boldsymbol{v}_j,\ b_i\boldsymbol{v}_i)\\&=\sum_{i=1}^{n}\sum_{j=1}^{n}a_j\overline{b_i}(\boldsymbol{v}_j,\ \boldsymbol{v}_i)\\&=\sum_{i=1}^{n}\sum_{j=1}^{n}\overline{b_i}g_{ij}a_j\quad\blacksquare\end{aligned}$$

◀(H2)[1] より。
◀(H1)[1] より。
◀(H1)[2] より。
◀(H2)[2] より。

補足 この問題の設定のもと，$\boldsymbol{a}=\begin{bmatrix}a_1\\a_2\\\vdots\\a_n\end{bmatrix}$，$\boldsymbol{b}=\begin{bmatrix}b_1\\b_2\\\vdots\\b_n\end{bmatrix}$，$G=[g_{ij}]$ とすると，行列としての等式

$(\boldsymbol{v},\ \boldsymbol{w})=[\,\overline{b_1}\ \ \overline{b_2}\ \ \cdots\ \ \overline{b_n}\,]\,G\begin{bmatrix}a_1\\a_2\\\vdots\\a_n\end{bmatrix}=b^*Ga$ が成り立つ。このような表記は第 8 章の 2 次形式の対角化を考える際などでよく用いられる。

基本 例題 147 グラム行列の求め方 ★☆☆

閉区間 $\left[0,\ \dfrac{\pi}{2}\right]$ 上連続な実数値関数全体のなす，$\mathbb{R}$ 上のベクトル空間 $C^0\left(\left[0,\ \dfrac{\pi}{2}\right]\right)$ に，$f\in C^0\left(\left[0,\ \dfrac{\pi}{2}\right]\right)$，$g\in C^0\left(\left[0,\ \dfrac{\pi}{2}\right]\right)$ に対して，$(f,\ g)=\displaystyle\int_0^{\frac{\pi}{2}}f(x)g(x)dx$ となる内積を考える。Vを，$\{\sin x,\ \cos x\}$ で生成される $C^0\left(\left[0,\ \dfrac{\pi}{2}\right]\right)$ の部分空間とする。また，$\{\sin x,\ \cos x\}$ はVの基底である。内積 $(\cdot,\ \cdot)$ の，Vの基底 $\{\sin x,\ \cos x\}$ に関するグラム行列を求めよ。

指針　Vを複素計量ベクトル空間とし，その基底 $\{\boldsymbol{v}_1,\ \boldsymbol{v}_2,\ \cdots\cdots,\ \boldsymbol{v}_n\}$ を固定すると，内積 $(\cdot,\ \cdot)$ は $i=1,\ 2,\ \cdots\cdots,\ n$，$j=1,\ 2,\ \cdots\cdots,\ n$ に対し，$(\boldsymbol{v}_i,\ \boldsymbol{v}_j)$ で決定される。

このとき，n 次正方行列 $\begin{bmatrix}(\boldsymbol{v}_1,\ \boldsymbol{v}_1) & (\boldsymbol{v}_2,\ \boldsymbol{v}_1) & \cdots & (\boldsymbol{v}_n,\ \boldsymbol{v}_1)\\ (\boldsymbol{v}_1,\ \boldsymbol{v}_2) & (\boldsymbol{v}_2,\ \boldsymbol{v}_2) & \cdots & (\boldsymbol{v}_n,\ \boldsymbol{v}_2)\\ \vdots & \vdots & \ddots & \vdots\\ (\boldsymbol{v}_1,\ \boldsymbol{v}_n) & (\boldsymbol{v}_2,\ \boldsymbol{v}_n) & \cdots & (\boldsymbol{v}_n,\ \boldsymbol{v}_n)\end{bmatrix}$ を，内積 $(\cdot,\ \cdot)$ の，Vの基底 $\{\boldsymbol{v}_1,\ \boldsymbol{v}_2,\ \cdots\cdots,\ \boldsymbol{v}_n\}$ に関する **表現行列**，あるいは **グラム行列** という。

解答

$$(\sin x,\ \sin x)=\int_0^{\frac{\pi}{2}}\sin^2 x\,dx=\int_0^{\frac{\pi}{2}}\frac{1-\cos 2x}{2}dx=\left[\frac{x}{2}-\frac{\sin 2x}{4}\right]_0^{\frac{\pi}{2}}=\frac{\pi}{4}$$

$$(\sin x,\ \cos x)=(\cos x,\ \sin x)=\int_0^{\frac{\pi}{2}}\sin x\cos x\,dx$$

$$=\int_0^{\frac{\pi}{2}}\frac{1}{2}\sin 2x\,dx=\left[-\frac{1}{4}\cos 2x\right]_0^{\frac{\pi}{2}}=\frac{1}{2}$$

$$(\cos x,\ \cos x)=\int_0^{\frac{\pi}{2}}\cos^2 x\,dx=\int_0^{\frac{\pi}{2}}\frac{1+\cos 2x}{2}dx=\left[\frac{x}{2}+\frac{\sin 2x}{4}\right]_0^{\frac{\pi}{2}}=\frac{\pi}{4}$$

よって，求めるグラム行列は　$\boldsymbol{\dfrac{1}{4}\begin{bmatrix}\pi & 2\\ 2 & \pi\end{bmatrix}}$

◈グラム行列

詳しくは「数研講座シリーズ　大学教養　線形代数」の 259〜261 ページを参照。以下は，その要約である。グラム行列には，次のような性質がある。

定理　グラム行列の性質

Vを内積 $(\cdot,\ \cdot)$ をもつ計量ベクトル空間とし，$\{\boldsymbol{v}_1,\ \boldsymbol{v}_2,\ \cdots\cdots,\ \boldsymbol{v}_n\}$ をその基底とする。

[1]　内積 $(\cdot,\ \cdot)$ の，Vの基底 $\{\boldsymbol{v}_1,\ \boldsymbol{v}_2,\ \cdots\cdots,\ \boldsymbol{v}_n\}$ に関するグラム行列をGとすると，Gはエルミート行列である（$K=\mathbb{R}$ ならば，グラム行列Gは対称行列である）。

[2]　$\boldsymbol{v}=a_1\boldsymbol{v}_1+a_2\boldsymbol{v}_2+\cdots\cdots+a_n\boldsymbol{v}_n$ $(a_1\in\mathbb{C},\ a_2\in\mathbb{C},\ \cdots\cdots,\ a_n\in\mathbb{C})$，
$\boldsymbol{w}=b_1\boldsymbol{v}_1+b_2\boldsymbol{v}_2+\cdots\cdots+b_n\boldsymbol{v}_n$ $(b_1\in\mathbb{C},\ b_2\in\mathbb{C},\ \cdots\cdots,\ b_n\in\mathbb{C})$ に対し，次が成り立つ。

$$(\boldsymbol{v},\ \boldsymbol{w})=\begin{bmatrix}\overline{b_1} & \overline{b_2} & \cdots & \overline{b_n}\end{bmatrix} G \begin{bmatrix} a_1 \\ a_2 \\ \vdots \\ a_n \end{bmatrix}$$

線形写像の行列表現の場合と同様に，内積のグラム行列も基底を取り替えると別の行列に変換される。

定理　基底変換とグラム行列

Vを内積 $(\cdot,\ \cdot)$ をもつ計量ベクトル空間とし，$\{\boldsymbol{v}_1,\ \boldsymbol{v}_2,\ \cdots\cdots,\ \boldsymbol{v}_n\}$，$\{\boldsymbol{v}_1',\ \boldsymbol{v}_2',\ \cdots\cdots,\ \boldsymbol{v}_n'\}$ をVの基底とする。また，内積 $(\cdot,\ \cdot)$ の，基底 $\{\boldsymbol{v}_1,\ \boldsymbol{v}_2,\ \cdots\cdots,\ \boldsymbol{v}_n\}$ に関するグラム行列を$G=[g_{ij}]$，基底 $\{\boldsymbol{v}_1',\ \boldsymbol{v}_2',\ \cdots\cdots,\ \boldsymbol{v}_n'\}$ に関するグラム行列を $G'=[g_{ij}']$ とし，
$\{\boldsymbol{v}_1,\ \boldsymbol{v}_2,\ \cdots\cdots,\ \boldsymbol{v}_n\}$ から $\{\boldsymbol{v}_1',\ \boldsymbol{v}_2',\ \cdots\cdots,\ \boldsymbol{v}_n'\}$ への基底の変換行列を $P=[p_{ij}]$ とする。このとき，$G'=P^*GP$ が成り立つ。

基底変換とグラム行列の定理から次の系が成り立つ。

系　Vを内積 $(\cdot,\ \cdot)$ をもつn次元計量ベクトル空間とし，内積 $(\cdot,\ \cdot)$ の，（Vの基底に関する）グラム行列をGとする。このとき，Gはn次正則行列Pによって，$G=P^*P$ と書ける。

更に上の系から次の系が得られる。

系　Vを内積 $(\cdot,\ \cdot)$ をもつn次元計量ベクトル空間とし，内積 $(\cdot,\ \cdot)$ の，（Vの基底に関する）グラム行列をGとする。このとき，Gは正則行列であり，$\det(G)$ は正の実数である。

◈直交変換とユニタリ変換

詳しくは「数研講座シリーズ　大学教養　線形代数」の 261〜264 ページを参照。以下は，その要約である。VをK上の計量ベクトル空間とし，その内積（$K=\mathbb{C}$ のときはエルミート内積）を $(\cdot,\ \cdot)$ とする。内積を不変に保つVの1次変換として，次を定義する。

定義　直交変換・ユニタリ変換

Vの1次変換 $\varphi: V \longrightarrow V$ が，次の条件を満たすとする。

任意の $\boldsymbol{v}\in V$，$\boldsymbol{w}\in V$ に対し　　$(\varphi(\boldsymbol{v}),\ \varphi(\boldsymbol{w}))=(\boldsymbol{v},\ \boldsymbol{w})$

このとき，φを **ユニタリ変換** という。特に，$K=\mathbb{R}$ のときは，φを **直交変換** という。

定理　**ユニタリ変換と正規直交基底**

VをK上の計量ベクトル空間とし，$\varphi : V \longrightarrow V$ を，Vのユニタリ変換とする。

[1]　任意の $\boldsymbol{v} \in V$ に対し，$\|\varphi(\boldsymbol{v})\| = \|\boldsymbol{v}\|$ が成り立つ。すなわち，Vのユニタリ変換φはベクトルのノルムを不変に保つ。

[2]　($K=\mathbb{R}$ のとき) Vの直交変換φは零ベクトルでないVの2つのベクトルのなす角を不変に保つ。

[3]　$\{\boldsymbol{v}_1, \boldsymbol{v}_2, \cdots\cdots, \boldsymbol{v}_n\}$ をVの正規直交基底とすると，$\{\varphi(\boldsymbol{v}_1), \varphi(\boldsymbol{v}_2), \cdots\cdots, \varphi(\boldsymbol{v}_n)\}$ もVの正規直交基底である。

ユニタリ変換（および直交変換）の表現行列に関して次の定理が成り立つ。

定理　**ユニタリ変換の表現行列**

VをK上の計量ベクトル空間とし，その内積（$K=\mathbb{C}$ のときはエルミート内積）を $(\cdot, \cdot)$ とする。また，$\{\boldsymbol{v}_1, \boldsymbol{v}_2, \cdots\cdots, \boldsymbol{v}_n\}$ をVの基底とし，この基底に関するグラム行列を $G=[g_{ij}]$ とする。更に，$\varphi : V \longrightarrow V$ を，Vの1次変換とし，基底 $\{\boldsymbol{v}_1, \boldsymbol{v}_2, \cdots\cdots, \boldsymbol{v}_n\}$ に関するφの表現行列を $U=[u_{ij}]$ とする。このとき，以下は同値である。

[1]　φはユニタリ変換である。

[2]　$U^*GU=G$ が成り立つ。

特に，$\{\boldsymbol{v}_1, \boldsymbol{v}_2, \cdots\cdots, \boldsymbol{v}_n\}$ がVの正規直交基底のとき，Vの1次変換φがユニタリ変換であるための必要十分条件は，$U^*U=E$ であること，すなわち，$U^*=U^{-1}$ であることである。

また，ユニタリ変換の表現行列の定理を踏まえ，次の行列を定義する。

定義　**直交行列・ユニタリ行列**

Uをn次正方行列とし，$U^*U=E$，すなわち $U^*=U^{-1}$ を満たすとき，Uを **ユニタリ行列** という。特に，$K=\mathbb{R}$ の場合は，**直交行列** という。すなわち，n次実正方行列Uが直交行列であるとは，${}^tUU=E$，すなわち，${}^tU=U^{-1}$ が成り立つことである。

ユニタリ変換の表現行列に関する定理から，次の**系**が得られる。

系　Uをn次正方行列とし，Uから決まる，K^n の1次変換を $\varphi_U : K^n \longrightarrow K^n$ $(\varphi_U(\boldsymbol{v})=U\boldsymbol{v})$ とする。このとき，K^n の1次変換 φ_U が，K^n の標準内積に関してユニタリ変換であるための必要十分条件は，Uがユニタリ行列であることである。

更に，ユニタリ行列の構造について，次の定理が成り立つ。

定理　**ユニタリ行列の構造**

Uをn次正方行列Uとするとき，次は同値である。

[1]　Uはユニタリ行列である。

[2]　行列Uを列ベクトルで書いて $U=[\,\boldsymbol{u}_1 \;\; \boldsymbol{u}_2 \;\; \cdots \;\; \boldsymbol{u}_n\,]$ とすると，$\{\boldsymbol{u}_1, \boldsymbol{u}_2, \cdots\cdots, \boldsymbol{u}_n\}$ は K^n の，標準内積に関する正規直交基底である。

基本 例題 148 直交行列であることの証明 ★☆☆

$\begin{bmatrix} \cos\theta & -\sin\theta \\ \sin\theta & \cos\theta \end{bmatrix}$ が直交行列であることを示せ。

指針 $U=\begin{bmatrix} \cos\theta & -\sin\theta \\ \sin\theta & \cos\theta \end{bmatrix}$ として，314 ページで述べた直交行列とユニタリ行列の定義に従って ${}^tUU=E$ となることを示す。

解答 $U=\begin{bmatrix} \cos\theta & -\sin\theta \\ \sin\theta & \cos\theta \end{bmatrix}$ とすると

$$ {}^tU=\begin{bmatrix} \cos\theta & \sin\theta \\ -\sin\theta & \cos\theta \end{bmatrix} $$

このとき $${}^tUU=\begin{bmatrix} \cos\theta & \sin\theta \\ -\sin\theta & \cos\theta \end{bmatrix}\begin{bmatrix} \cos\theta & -\sin\theta \\ \sin\theta & \cos\theta \end{bmatrix}$$

$$=\begin{bmatrix} \cos^2\theta+\sin^2\theta & 0 \\ 0 & \sin^2\theta+\cos^2\theta \end{bmatrix}=E$$

よって，Uは直交行列である。■

基本 例題 149 部分空間における折り返し変換の性質 ★★★

$\mathbb{R}^2$ の零でないベクトル $\boldsymbol{w}$で生成される部分空間（すなわち，原点を通る直線）をLとする。$\mathbb{R}^2$ の1次変換φを

$$\varphi(\boldsymbol{v})=-\boldsymbol{v}+2\frac{(\boldsymbol{v},\ \boldsymbol{w})}{\|\boldsymbol{w}\|^2}\boldsymbol{w}$$

で定義する。

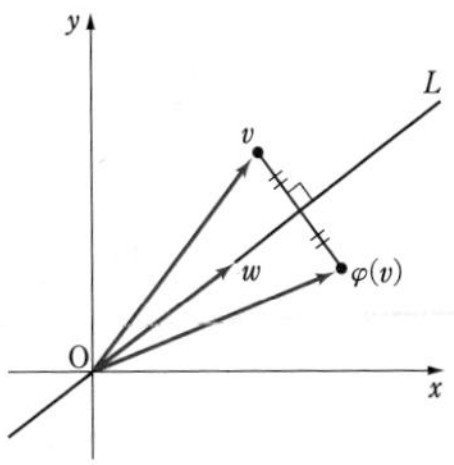

(1) φはLに関する折り返し（鏡映）変換であることを示せ。

(2) φの，$\mathbb{R}^2$ の標準基底に関する表現行列を求め，それが直交行列になっていることを示せ。

指針 (1) 2つのベクトル $\varphi(\boldsymbol{v})-\boldsymbol{v}$ と $\boldsymbol{w}$が直交することと，直線Lが2つのベクトル $\varphi(\boldsymbol{v})$ と $\boldsymbol{v}$の終点を結ぶ線分の中点を通ることをそれぞれ示す。

(2) ベクトル$\boldsymbol{w}$の方向ベクトルを設定し，問題で与えられた $\mathbb{R}^2$ の1次変換φの定義を用いて，φの，$\mathbb{R}^2$ の標準基底に関する表現行列を求める。得られた表現行列が直交行列であることは基本例題 148 と同様にして示せばよい。

解答 (1) $(\varphi(\boldsymbol{v})-\boldsymbol{v},\ \boldsymbol{w})=\left(-2\boldsymbol{v}+2\dfrac{(\boldsymbol{v},\ \boldsymbol{w})}{\|\boldsymbol{w}\|^2}\boldsymbol{w},\ \boldsymbol{w}\right)$

$$=-2(\boldsymbol{v},\ \boldsymbol{w})+2\frac{(\boldsymbol{v},\ \boldsymbol{w})}{\|\boldsymbol{w}\|^2}(\boldsymbol{w},\ \boldsymbol{w})=-2(\boldsymbol{v},\ \boldsymbol{w})+2(\boldsymbol{v},\ \boldsymbol{w})=0$$

よって，2つのベクトル $\varphi(\boldsymbol{v})-\boldsymbol{v}$ と $\boldsymbol{w}$ は直交する。

また，$\dfrac{\boldsymbol{v}+\varphi(\boldsymbol{v})}{2}=\dfrac{(\boldsymbol{v},\ \boldsymbol{w})}{\|\boldsymbol{w}\|^2}\boldsymbol{w}$ であるから，直線 L は2つのベクトル $\varphi(\boldsymbol{v})$ と $\boldsymbol{v}$ の終点を結ぶ線分の中点を通る。

ゆえに，φ は直線 L に関する折り返し（鏡映）変換である。■

(2) $\boldsymbol{w}=\begin{bmatrix} a \\ b \end{bmatrix}$ ($a \neq 0$ または $b \neq 0$) とする。

$\boldsymbol{v}=\begin{bmatrix} x \\ y \end{bmatrix}$ に対し　$\varphi(\boldsymbol{v})=-\boldsymbol{v}+2\dfrac{(\boldsymbol{v},\ \boldsymbol{w})}{\|\boldsymbol{w}\|^2}\boldsymbol{w}=-\begin{bmatrix} x \\ y \end{bmatrix}+2\cdot\dfrac{ax+by}{a^2+b^2}\begin{bmatrix} a \\ b \end{bmatrix}$

$$=\frac{1}{a^2+b^2}\begin{bmatrix} a^2-b^2 & 2ab \\ 2ab & -a^2+b^2 \end{bmatrix}\begin{bmatrix} x \\ y \end{bmatrix}$$

$$=\frac{1}{a^2+b^2}\begin{bmatrix} a^2-b^2 & 2ab \\ 2ab & -a^2+b^2 \end{bmatrix}\boldsymbol{v}$$

よって，R^2 の1次変換 φ の，R^2 の標準基底に関する表現行列は

$$\boldsymbol{\frac{1}{a^2+b^2}\begin{bmatrix} a^2-b^2 & 2ab \\ 2ab & -a^2+b^2 \end{bmatrix}}$$

このとき，$U=\dfrac{1}{a^2+b^2}\begin{bmatrix} a^2-b^2 & 2ab \\ 2ab & -a^2+b^2 \end{bmatrix}$ とすると　${}^tU=U$

ゆえに　${}^tUU=U^2=E$

したがって，得られた表現行列は直交行列である。■

別解 x 軸の正の向きと直線 L のなす角を θ とすると，ベクトル $\boldsymbol{w}$ の方向ベクトルは $\begin{bmatrix} \cos\theta \\ \sin\theta \end{bmatrix}$ と表されるから，R^2 の1次変換 φ の，R^2 の標準基底に関する表現行列は $\begin{bmatrix} \cos 2\theta & \sin 2\theta \\ \sin 2\theta & -\cos 2\theta \end{bmatrix}$ である。

補足 直線 L が y 軸に一致しない場合，直線 L の傾きを m とすると，ベクトル $\boldsymbol{w}$ の方向ベクトルは $\begin{bmatrix} 1 \\ m \end{bmatrix}$ と表されるから，R^2 の1次変換 φ の，R^2 の標準基底に関する表現行列は $\dfrac{1}{1+m^2}\begin{bmatrix} 1-m^2 & 2m \\ 2m & m^2-1 \end{bmatrix}$ である。なお，鏡映変換の「**鏡映**」は，図形を鏡に映すように対称移動することに由来する。

基本 例題 150 ベクトル積（外積）の性質の証明 ① ★☆☆

R^3 の 2 つのベクトル $\boldsymbol{v}$，$\boldsymbol{w}$ に関するベクトル積について，次の性質 (a)，(b) を証明せよ。

(a)　(交代性)　$\boldsymbol{v}\times\boldsymbol{w}=-\boldsymbol{w}\times\boldsymbol{v}$

(b)　(線形性)　$(a\boldsymbol{v}_1+b\boldsymbol{v}_2)\times\boldsymbol{w}=a\boldsymbol{v}_1\times\boldsymbol{w}+b\boldsymbol{v}_2\times\boldsymbol{w}$　(ただし，a，b は実数)

指針

R^3 の 2 つのベクトル $\boldsymbol{v}=\begin{bmatrix} a_1 \\ a_2 \\ a_3 \end{bmatrix}\in\mathrm{R}^3$，$\boldsymbol{w}=\begin{bmatrix} b_1 \\ b_2 \\ b_3 \end{bmatrix}\in\mathrm{R}^3$ に対し，$\boldsymbol{v}$ と $\boldsymbol{w}$ の **ベクトル積** $\boldsymbol{v}\times\boldsymbol{w}$ は次のように定義される。

$$\boldsymbol{v}\times\boldsymbol{w}=\begin{bmatrix} \begin{vmatrix} a_2 & b_2 \\ a_3 & b_3 \end{vmatrix} \\ \begin{vmatrix} a_3 & b_3 \\ a_1 & b_1 \end{vmatrix} \\ \begin{vmatrix} a_1 & b_1 \\ a_2 & b_2 \end{vmatrix} \end{bmatrix}=\begin{bmatrix} a_2b_3-b_2a_3 \\ a_3b_1-b_3a_1 \\ a_1b_2-b_1a_2 \end{bmatrix}$$

(a) は行列式の交代性，(b) は行列式の線形性を用いて示す。

ベクトル積は **外積** ともいう。外積は R^3 におけるベクトルであり，R^3 において内積は実数であることに留意しておこう。

解答　(a) について，$\boldsymbol{v}=\begin{bmatrix} c_1 \\ c_2 \\ c_3 \end{bmatrix}$，$\boldsymbol{w}=\begin{bmatrix} d_1 \\ d_2 \\ d_3 \end{bmatrix}$ とすると

$$\boldsymbol{v}\times\boldsymbol{w}=\begin{bmatrix} \begin{vmatrix} c_2 & d_2 \\ c_3 & d_3 \end{vmatrix} \\ \begin{vmatrix} c_3 & d_3 \\ c_1 & d_1 \end{vmatrix} \\ \begin{vmatrix} c_1 & d_1 \\ c_2 & d_2 \end{vmatrix} \end{bmatrix}=-\begin{bmatrix} \begin{vmatrix} d_2 & c_2 \\ d_3 & c_3 \end{vmatrix} \\ \begin{vmatrix} d_3 & c_3 \\ d_1 & c_1 \end{vmatrix} \\ \begin{vmatrix} d_1 & c_1 \\ d_2 & c_2 \end{vmatrix} \end{bmatrix}=-\boldsymbol{w}\times\boldsymbol{v}$$

(b) について，$\boldsymbol{v}_1=\begin{bmatrix} c_1 \\ c_2 \\ c_3 \end{bmatrix}$，$\boldsymbol{v}_2=\begin{bmatrix} c_1' \\ c_2' \\ c_3' \end{bmatrix}$，$\boldsymbol{w}=\begin{bmatrix} d_1 \\ d_2 \\ d_3 \end{bmatrix}$ とすると

$$(a\boldsymbol{v}_1+b\boldsymbol{v}_2)\times\boldsymbol{w}=\begin{bmatrix} \begin{vmatrix} ac_2+bc_2' & d_2 \\ ac_3+bc_3' & d_3 \end{vmatrix} \\ \begin{vmatrix} ac_3+bc_3' & d_3 \\ ac_1+bc_1' & d_1 \end{vmatrix} \\ \begin{vmatrix} ac_1+bc_1' & d_1 \\ ac_2+bc_2' & d_2 \end{vmatrix} \end{bmatrix}=a\begin{bmatrix} \begin{vmatrix} c_2 & d_2 \\ c_3 & d_3 \end{vmatrix} \\ \begin{vmatrix} c_3 & d_3 \\ c_1 & d_1 \end{vmatrix} \\ \begin{vmatrix} c_1 & d_1 \\ c_2 & d_2 \end{vmatrix} \end{bmatrix}+b\begin{bmatrix} \begin{vmatrix} c_2' & d_2 \\ c_3' & d_3 \end{vmatrix} \\ \begin{vmatrix} c_3' & d_3 \\ c_1' & d_1 \end{vmatrix} \\ \begin{vmatrix} c_1' & d_1 \\ c_2' & d_2 \end{vmatrix} \end{bmatrix}$$

$$=a\boldsymbol{v}_1\times\boldsymbol{w}+b\boldsymbol{v}_2\times\boldsymbol{w}$$ ■

研究　3 つのベクトル $\boldsymbol{v}=\begin{bmatrix} a_1 \\ a_2 \\ a_3 \end{bmatrix} \in \mathrm{R}^3$，$\boldsymbol{w}=\begin{bmatrix} b_1 \\ b_2 \\ b_3 \end{bmatrix} \in \mathrm{R}^3$，$\boldsymbol{u}=\begin{bmatrix} c_1 \\ c_2 \\ c_3 \end{bmatrix} \in \mathrm{R}^3$ に対し，

$(\boldsymbol{v}\times\boldsymbol{w},\ \boldsymbol{u})=\begin{vmatrix} a_1 & b_1 & c_1 \\ a_2 & b_2 & c_2 \\ a_3 & b_3 & c_3 \end{vmatrix}$ ……① が成り立つ。ここで，内積 $(\cdot,\ \cdot)$ は，R^3 の標準内積である。また，① は右辺の行列式の 3 列目における余因子展開により得られる。

◈ベクトル積の幾何的性質

ベクトル積は，次のような幾何学的な性質をもっている。詳しくは「数研講座シリーズ　大学教養 線形代数」の 266 ページを参照。以下は，その要約である。

定理　**ベクトル積の幾何的性質**

ベクトル $\boldsymbol{v}\in\mathrm{R}^3$，$\boldsymbol{w}\in\mathrm{R}^3$ のベクトル積 $\boldsymbol{v}\times\boldsymbol{w}$ について，次が成り立つ。

[1]　$\boldsymbol{v}\times\boldsymbol{w}$ は $\boldsymbol{v}$ と $\boldsymbol{w}$ の両方に，R^3 の標準内積に関して直交する。

[2]　$\|\boldsymbol{v}\times\boldsymbol{w}\|$ は，$\boldsymbol{v}$ と $\boldsymbol{w}$ によって作られる平行四辺形の面積に等しい。

基本 例題 151 ベクトル積（外積）の性質の証明 ② ★☆☆

R^3 の標準基底 $\{\boldsymbol{e}_1,\ \boldsymbol{e}_2,\ \boldsymbol{e}_3\}$ に対して，次を証明せよ。

$$\boldsymbol{e}_1\times\boldsymbol{e}_2=\boldsymbol{e}_3,\quad \boldsymbol{e}_2\times\boldsymbol{e}_3=\boldsymbol{e}_1,\quad \boldsymbol{e}_3\times\boldsymbol{e}_1=\boldsymbol{e}_2$$

指針 基本例題 150 で扱ったベクトル積の定義に従って示す。

ここで，$\boldsymbol{e}_1=\begin{bmatrix}1\\0\\0\end{bmatrix}$，$\boldsymbol{e}_2=\begin{bmatrix}0\\1\\0\end{bmatrix}$，$\boldsymbol{e}_3=\begin{bmatrix}0\\0\\1\end{bmatrix}$ である。

解答

$$\boldsymbol{e}_1\times\boldsymbol{e}_2=\begin{bmatrix}\begin{vmatrix}0&1\\0&0\end{vmatrix}\\ \begin{vmatrix}0&0\\1&0\end{vmatrix}\\ \begin{vmatrix}1&0\\0&1\end{vmatrix}\end{bmatrix}=\begin{bmatrix}0\\0\\1\end{bmatrix}=\boldsymbol{e}_3$$

$$\boldsymbol{e}_2\times\boldsymbol{e}_3=\begin{bmatrix}\begin{vmatrix}1&0\\0&1\end{vmatrix}\\ \begin{vmatrix}0&1\\0&0\end{vmatrix}\\ \begin{vmatrix}0&0\\1&0\end{vmatrix}\end{bmatrix}=\begin{bmatrix}1\\0\\0\end{bmatrix}=\boldsymbol{e}_1$$

$$\boldsymbol{e}_3\times\boldsymbol{e}_1=\begin{bmatrix}\begin{vmatrix}0&0\\1&0\end{vmatrix}\\ \begin{vmatrix}1&0\\0&1\end{vmatrix}\\ \begin{vmatrix}0&1\\0&0\end{vmatrix}\end{bmatrix}=\begin{bmatrix}0\\1\\0\end{bmatrix}=\boldsymbol{e}_2 \quad ■$$

第 7 章の内容チェックテスト

次の(ア)，(イ)などの問いに答えよ。また，□に当てはまる適当な式や値，用語を答えよ。

(1) 次のベクトル $\boldsymbol{v}$，$\boldsymbol{w}$ について，それぞれのベクトルの標準内積でのノルム，および，$\boldsymbol{v}$，$\boldsymbol{w}$ のなす角を求めよ。

[1] $\boldsymbol{v}=\begin{bmatrix}1\\2\end{bmatrix}$，$\boldsymbol{w}=\begin{bmatrix}1\\-3\end{bmatrix}$　ノルムは順に ア□，イ□；なす角は ウ□

[2] $\boldsymbol{v}=\begin{bmatrix}1\\3\\-2\end{bmatrix}$，$\boldsymbol{w}=\begin{bmatrix}2\\-1\\3\end{bmatrix}$　ノルムは順に エ□，オ□；なす角は カ□

(2) ベクトル $\boldsymbol{v}_1=\begin{bmatrix}1\\k\\k\end{bmatrix}$，$\boldsymbol{v}_2=\begin{bmatrix}k\\k\\1\end{bmatrix}$，$\boldsymbol{v}_3=\begin{bmatrix}2\\y\\z\end{bmatrix}$ がある。ただし，k は 0 でない実数とし，内積は標準内積を考えているものとする。$\boldsymbol{v}_1$ と $\boldsymbol{v}_2$ が直交するとき，k の値は ア□ である。このとき更に，$\boldsymbol{v}_3$ が $\boldsymbol{v}_1$ と $\boldsymbol{v}_2$ に直交するならば，$y=$ イ□，$z=$ ウ□ である。そして，このとき，3 つのベクトルの組 $\{\boldsymbol{v}_1,\ \boldsymbol{v}_2,\ \boldsymbol{v}_3\}$ は R^3 の標準内積に関する エ□ であり，また，その各ベクトルを正規化すると，正規直交基底 オ□ が得られる。

(3) 次のベクトルの組にグラム・シュミットの直交化を適用して，(ア)は K^2，(イ)は K^3 のそれぞれ標準内積に関する正規直交基底を構成せよ。

(ア) $\left\{\boldsymbol{v}_1=\begin{bmatrix}1\\-2\end{bmatrix},\ \boldsymbol{v}_2=\begin{bmatrix}1\\3\end{bmatrix}\right\}$　　(イ) $\left\{\boldsymbol{v}_1=\begin{bmatrix}0\\2\\-1\end{bmatrix},\ \boldsymbol{v}_2=\begin{bmatrix}-1\\0\\1\end{bmatrix},\ \boldsymbol{v}_3=\begin{bmatrix}-1\\3\\0\end{bmatrix}\right\}$

(4) [1] $\left\{\begin{bmatrix}-1\\3\end{bmatrix},\ \begin{bmatrix}1\\2\end{bmatrix}\right\}$ で生成される K^2 の部分空間を W とすると，$\boldsymbol{v}=\begin{bmatrix}p\\q\end{bmatrix}$ の，W への正射影は ア□ である。ただし，p，q は実数で，K^2 の内積は標準内積を考える。

[2] $\left\{\begin{bmatrix}1\\-2\\0\end{bmatrix},\ \begin{bmatrix}1\\1\\2\end{bmatrix}\right\}$ で生成される K^3 の部分空間を W とすると，W の正規直交基底は イ□ であり，$\boldsymbol{v}=\begin{bmatrix}1\\-1\\1\end{bmatrix}$ の W への正射影は ウ□ である。ただし，K^3 の内積は標準内積を考える。

(5) $\left\{\begin{bmatrix}-1\\1\\2\end{bmatrix}\right\}$ で生成される K^3 の部分空間を W とする。K^3 から W への正射影作用素を，K^3 の 1 次変換 $p_W : K^3 \longrightarrow K^3$ とみなすとき，その標準基底に関する表現行列 A は，W の正規直交基底が ア□ であることから，$A=$ イ□ と求められる。

重要 例題 071 グラム・シュミットの直交化 ②　★★☆

グラム・シュミットの直交化を用いて，$\left\{ \boldsymbol{v}_1 = \begin{bmatrix} 1 \\ 1 \\ 1 \end{bmatrix},\ \boldsymbol{v}_2 = \begin{bmatrix} 1 \\ -1 \\ 1 \end{bmatrix},\ \boldsymbol{v}_3 = \begin{bmatrix} 2 \\ 1 \\ 1 \end{bmatrix} \right\}$ を正規直交基底にせよ。

指針 基本例題 138 と同様に考える。

解答 [1]　$\boldsymbol{v}_1' = \boldsymbol{v}_1$ とすると　$\boldsymbol{v}_1' = \begin{bmatrix} 1 \\ 1 \\ 1 \end{bmatrix}$

[2]　$\boldsymbol{v}_2' = \boldsymbol{v}_2 - x_1 \boldsymbol{v}_1'$ として，$(\boldsymbol{v}_2',\ \boldsymbol{v}_1') = 0$ とすると　$1 - 3x_1 = 0$

よって　$x_1 = \dfrac{1}{3}$

ゆえに　$\boldsymbol{v}_2' = \boldsymbol{v}_2 - \dfrac{1}{3} \boldsymbol{v}_1' = \dfrac{2}{3} \begin{bmatrix} 1 \\ -2 \\ 1 \end{bmatrix}$

[3]　$\boldsymbol{v}_3' = \boldsymbol{v}_3 - x_1 \boldsymbol{v}_1' - x_2 \boldsymbol{v}_2'$ として，$(\boldsymbol{v}_3',\ \boldsymbol{v}_1') = 0$ および $(\boldsymbol{v}_3',\ \boldsymbol{v}_2') = 0$ とすると

$$4 - 3x_1 = 0,\ \ \frac{2}{3} - \frac{8}{3} x_2 = 0$$

よって　$x_1 = \dfrac{4}{3},\ \ x_2 = \dfrac{1}{4}$

ゆえに　$\boldsymbol{v}_3' = \boldsymbol{v}_3 - x_1 \boldsymbol{v}_1' - x_2 \boldsymbol{v}_2' = \boldsymbol{v}_3 - \dfrac{4}{3} \boldsymbol{v}_1' - \dfrac{1}{4} \boldsymbol{v}_2' = \dfrac{1}{2} \begin{bmatrix} 1 \\ 0 \\ -1 \end{bmatrix}$

以上から，求める正規直交基底は　$\left\{ \dfrac{1}{\sqrt{3}} \begin{bmatrix} 1 \\ 1 \\ 1 \end{bmatrix},\ \dfrac{1}{\sqrt{6}} \begin{bmatrix} 1 \\ -2 \\ 1 \end{bmatrix},\ \dfrac{1}{\sqrt{2}} \begin{bmatrix} 1 \\ 0 \\ -1 \end{bmatrix} \right\}$

重要 例題 072　部分空間への正射影作用素の表現行列 ②　★★☆

$\left\{\begin{bmatrix}1\\1\\-1\end{bmatrix}, \begin{bmatrix}2\\-1\\1\end{bmatrix}\right\}$ で生成される K^3 の部分空間を W とする。K^3 から W への正射影作用素を，K^3 の 1 次変換 $p_W : K^3 \longrightarrow K^3$ とみなすとき，その標準基底に関する表現行列を求めよ。ただし，K^3 の内積 ($K=\mathbb{C}$ の場合はエルミート内積) は，標準内積を考えるものとする。

指針　基本例題 141 と同様にして求めればよい。

解答　K^3 の標準基底を $\{\boldsymbol{e}_1, \boldsymbol{e}_2, \boldsymbol{e}_3\}$ とする。

$\boldsymbol{v}_1=\begin{bmatrix}1\\1\\-1\end{bmatrix}$，$\boldsymbol{v}_2=\begin{bmatrix}2\\-1\\1\end{bmatrix}$ として，$\{\boldsymbol{v}_1, \boldsymbol{v}_2\}$ にグラム・シュミットの直交化を適用する。

[1]　$\boldsymbol{v}_1=\boldsymbol{v}_1'$ とすると　　$\boldsymbol{v}_1'=\begin{bmatrix}1\\1\\-1\end{bmatrix}$

[2]　$\boldsymbol{v}_2'=\boldsymbol{v}_2-x_1\boldsymbol{v}_1'$ として，$(\boldsymbol{v}_2', \boldsymbol{v}_1')=0$ とすると　　$x_1=0$

ゆえに　　$\boldsymbol{v}_2'=\boldsymbol{v}_2-0\cdot\boldsymbol{v}_1'=\begin{bmatrix}2\\-1\\1\end{bmatrix}$

したがって，W の正規直交基底は　　$\left\{\dfrac{1}{\sqrt{3}}\begin{bmatrix}1\\1\\-1\end{bmatrix}, \dfrac{1}{\sqrt{6}}\begin{bmatrix}2\\-1\\1\end{bmatrix}\right\}$

$\boldsymbol{w}_1=\dfrac{1}{\sqrt{3}}\begin{bmatrix}1\\1\\-1\end{bmatrix}$，$\boldsymbol{w}_2=\dfrac{1}{\sqrt{6}}\begin{bmatrix}2\\-1\\1\end{bmatrix}$ とし，ベクトル $\boldsymbol{v}$ の，W への正射影を $p_W(\boldsymbol{v})$ とすると

$$p_W(\boldsymbol{e}_1)=(\boldsymbol{e}_1, \boldsymbol{w}_1)\boldsymbol{w}_1+(\boldsymbol{e}_1, \boldsymbol{w}_2)\boldsymbol{w}_2=\frac{1}{3}\begin{bmatrix}1\\1\\-1\end{bmatrix}+\frac{1}{3}\begin{bmatrix}2\\-1\\1\end{bmatrix}=\begin{bmatrix}1\\0\\0\end{bmatrix}$$

$$p_W(\boldsymbol{e}_2)=(\boldsymbol{e}_2, \boldsymbol{w}_1)\boldsymbol{w}_1+(\boldsymbol{e}_2, \boldsymbol{w}_2)\boldsymbol{w}_2=\frac{1}{3}\begin{bmatrix}1\\1\\-1\end{bmatrix}-\frac{1}{6}\begin{bmatrix}2\\-1\\1\end{bmatrix}=\frac{1}{2}\begin{bmatrix}0\\1\\-1\end{bmatrix}$$

$$p_W(\boldsymbol{e}_3)=(\boldsymbol{e}_3, \boldsymbol{w}_1)\boldsymbol{w}_1+(\boldsymbol{e}_3, \boldsymbol{w}_2)\boldsymbol{w}_2=-\frac{1}{3}\begin{bmatrix}1\\1\\-1\end{bmatrix}+\frac{1}{6}\begin{bmatrix}2\\-1\\1\end{bmatrix}=\frac{1}{2}\begin{bmatrix}0\\-1\\1\end{bmatrix}$$

ゆえに $[\, p_W(\boldsymbol{e}_1) \quad p_W(\boldsymbol{e}_2) \quad p_W(\boldsymbol{e}_3)\,]=\frac{1}{2}\begin{bmatrix} 2 & 0 & 0 \\ 0 & 1 & -1 \\ 0 & -1 & 1 \end{bmatrix}$

$$=[\,\boldsymbol{e}_1 \quad \boldsymbol{e}_2 \quad \boldsymbol{e}_3\,]\frac{1}{2}\begin{bmatrix} 2 & 0 & 0 \\ 0 & 1 & -1 \\ 0 & -1 & 1 \end{bmatrix}$$

したがって，求める表現行列は $\boldsymbol{\frac{1}{2}\begin{bmatrix} 2 & 0 & 0 \\ 0 & 1 & -1 \\ 0 & -1 & 1 \end{bmatrix}}$

別解 $\boldsymbol{v}=\begin{bmatrix} a_1 \\ a_2 \\ a_3 \end{bmatrix}\in K^3$ に対し $p_W(\boldsymbol{v})=(\boldsymbol{v},\ \boldsymbol{w}_1)\boldsymbol{w}_1+(\boldsymbol{v},\ \boldsymbol{w}_2)\boldsymbol{w}_2$

$$=\frac{1}{3}(a_1+a_2-a_3)\begin{bmatrix} 1 \\ 1 \\ -1 \end{bmatrix}+\frac{1}{6}(2a_1-a_2+a_3)\begin{bmatrix} 2 \\ -1 \\ 1 \end{bmatrix}$$

$$=\frac{1}{2}\begin{bmatrix} 2a_1 \\ a_2-a_3 \\ -a_2+a_3 \end{bmatrix}=\frac{1}{2}\begin{bmatrix} 2 & 0 & 0 \\ 0 & 1 & -1 \\ 0 & -1 & 1 \end{bmatrix}\begin{bmatrix} a_1 \\ a_2 \\ a_3 \end{bmatrix}=\frac{1}{2}\begin{bmatrix} 2 & 0 & 0 \\ 0 & 1 & -1 \\ 0 & -1 & 1 \end{bmatrix}\boldsymbol{v}$$

よって，求める表現行列は $\boldsymbol{\frac{1}{2}\begin{bmatrix} 2 & 0 & 0 \\ 0 & 1 & -1 \\ 0 & -1 & 1 \end{bmatrix}}$

重要 例題 073 正射影作用素の性質に基づく証明 ★★☆

有限次元計量ベクトル空間 V から，その部分空間 W への正射影作用素を，V の1次変換 $p: V \longrightarrow V$ とみなす。このとき，$p\circ p=p$ であることを示せ。

指針 300，302 ページ で扱った直交補空間の定義と正射影作用素の定理に従って示す。

解答 有限次元計量ベクトル空間 V の部分空間 W の直交補空間を $W^{\perp}$ とする。
任意の $\boldsymbol{v}\in V$ に対し，ある $\boldsymbol{w}\in W$，$\boldsymbol{w}'\in W^{\perp}$ が存在して，$\boldsymbol{v}=\boldsymbol{w}+\boldsymbol{w}'$ と一意的に書ける。
このとき，正射影作用素の定義から $p(\boldsymbol{v})=\boldsymbol{w}$ …… ①
また，$\boldsymbol{w}=\boldsymbol{w}+\boldsymbol{0}$ であり，$\boldsymbol{w}\in W$，$\boldsymbol{0}\in W^{\perp}$ であるから $p(\boldsymbol{w})=\boldsymbol{w}$ …… ②
①，② より $p\circ p(\boldsymbol{v})=p(p(\boldsymbol{v}))=p(\boldsymbol{w})=\boldsymbol{w}=p(\boldsymbol{v})$
よって $p\circ p=p$ ■

重要　例題 074　直交行列とユニタリ行列の性質　★☆☆

(1)　n 次のユニタリ行列について，次を示せ。

[1]　単位行列はユニタリ行列である。

[2]　2つのユニタリ行列の積もまたユニタリ行列である。

[3]　ユニタリ行列の逆行列もまたユニタリ行列である。

(2)　n 次の直交行列について，次を示せ。

[1]　単位行列は直交行列である。

[2]　2つの直交行列の積もまた直交行列である。

[3]　直交行列の逆行列もまた直交行列である。

指針　直交行列とユニタリ行列の定義（314ページのまとめを参照）に従って示す。

解答　(1)　[1]　$E^*=E=E^{-1}$ であるから，単位行列はユニタリ行列である。■

[2]　U，V をユニタリ行列とすると，$U^*=U^{-1}$，$V^*=V^{-1}$ が成り立つ。

このとき　$(UV)^*=V^*U^*=V^{-1}U^{-1}=(UV)^{-1}$

よって，題意は示された。■

[3]　Uをユニタリ行列とすると，$U^*=U^{-1}$ が成り立つ。

このとき　$(U^{-1})^*=(U^*)^*=U=(U^{-1})^{-1}$

よって，題意は示された。■

(2)　[1]　${}^tE=E=E^{-1}$ であるから，単位行列は直交行列である。■

[2]　U，V を直交行列とすると，${}^tU=U^{-1}$，${}^tV=V^{-1}$ が成り立つ。

このとき　${}^t(UV)={}^tV{}^tU=V^{-1}U^{-1}=(UV)^{-1}$

よって，題意は示された。■

[3]　Uを直交行列とすると，${}^tU=U^{-1}$ が成り立つ。

このとき　${}^t(U^{-1})={}^t({}^tU)=U=(U^{-1})^{-1}$

よって，題意は示された。■

重要 例題 075 部分空間への正射影作用素の表現行列 ③ ★★☆

$\left\{\begin{bmatrix}1\\1\\1\\-1\end{bmatrix}, \begin{bmatrix}1\\2\\2\\1\end{bmatrix}\right\}$ で生成される K^4 の部分空間を W とする。K^4 から W への正射影作用素を，K^4 の 1 次変換 $p_W : K^4 \longrightarrow K^4$ とみなすとき，その標準基底に関する表現行列を求めよ。ただし，K^4 の内積（$K=\mathbb{C}$ の場合はエルミート内積）は，標準内積を考えるものとする。

指針 基本例題 141，重要例題 072 と同様にして求めればよい。

解答 K^4 の標準基底を $\{\boldsymbol{e}_1, \boldsymbol{e}_2, \boldsymbol{e}_3, \boldsymbol{e}_4\}$ とする。

$\boldsymbol{v}_1=\begin{bmatrix}1\\1\\1\\-1\end{bmatrix}$，$\boldsymbol{v}_2=\begin{bmatrix}1\\2\\2\\1\end{bmatrix}$ として，$\{\boldsymbol{v}_1, \boldsymbol{v}_2\}$ にグラム・シュミットの直交化を適用する。

[1]　$\boldsymbol{v}_1=\boldsymbol{v}_1'$ とすると　　$\boldsymbol{v}_1'=\begin{bmatrix}1\\1\\1\\-1\end{bmatrix}$

[2]　$\boldsymbol{v}_2'=\boldsymbol{v}_2-x_1\boldsymbol{v}_1'$ として，$(\boldsymbol{v}_2', \boldsymbol{v}_1')=0$ とすると　　$4-4x_1=0$

よって　　$x_1=1$

ゆえに　　$\boldsymbol{v}_2'=\boldsymbol{v}_2-\boldsymbol{v}_1'=\begin{bmatrix}0\\1\\1\\2\end{bmatrix}$

したがって，W の正規直交基底は　　$\left\{\dfrac{1}{2}\begin{bmatrix}1\\1\\1\\-1\end{bmatrix}, \dfrac{1}{\sqrt{6}}\begin{bmatrix}0\\1\\1\\2\end{bmatrix}\right\}$

$\boldsymbol{w}_1=\dfrac{1}{2}\begin{bmatrix}1\\1\\1\\-1\end{bmatrix}$，$\boldsymbol{w}_2=\dfrac{1}{\sqrt{6}}\begin{bmatrix}0\\1\\1\\2\end{bmatrix}$ とし，ベクトル $\boldsymbol{v}$ の，W への正射影を $p_W(\boldsymbol{v})$ とすると

$$p_W(\boldsymbol{e}_1)=(\boldsymbol{e}_1, \boldsymbol{w}_1)\boldsymbol{w}_1+(\boldsymbol{e}_1, \boldsymbol{w}_2)\boldsymbol{w}_2=\frac{1}{4}\begin{bmatrix}1\\1\\1\\-1\end{bmatrix}+0\cdot\begin{bmatrix}0\\1\\1\\2\end{bmatrix}=\frac{1}{4}\begin{bmatrix}1\\1\\1\\-1\end{bmatrix}$$

$$p_W(\boldsymbol{e}_2)=(\boldsymbol{e}_2,\ \boldsymbol{w}_1)\boldsymbol{w}_1+(\boldsymbol{e}_2,\ \boldsymbol{w}_2)\boldsymbol{w}_2=\frac{1}{4}\begin{bmatrix}1\\1\\1\\-1\end{bmatrix}+\frac{1}{6}\begin{bmatrix}0\\1\\1\\2\end{bmatrix}=\frac{1}{12}\begin{bmatrix}3\\5\\5\\1\end{bmatrix}$$

$$p_W(\boldsymbol{e}_3)=(\boldsymbol{e}_3,\ \boldsymbol{w}_1)\boldsymbol{w}_1+(\boldsymbol{e}_3,\ \boldsymbol{w}_2)\boldsymbol{w}_2=\frac{1}{4}\begin{bmatrix}1\\1\\1\\-1\end{bmatrix}+\frac{1}{6}\begin{bmatrix}0\\1\\1\\2\end{bmatrix}=\frac{1}{12}\begin{bmatrix}3\\5\\5\\1\end{bmatrix}$$

$$p_W(\boldsymbol{e}_4)=(\boldsymbol{e}_4,\ \boldsymbol{w}_1)\boldsymbol{w}_1+(\boldsymbol{e}_4,\ \boldsymbol{w}_2)\boldsymbol{w}_2=-\frac{1}{4}\begin{bmatrix}1\\1\\1\\-1\end{bmatrix}+\frac{1}{3}\begin{bmatrix}0\\1\\1\\2\end{bmatrix}=\frac{1}{12}\begin{bmatrix}-3\\1\\1\\11\end{bmatrix}$$

ゆえに　$[\ p_W(\boldsymbol{e}_1)\quad p_W(\boldsymbol{e}_2)\quad p_W(\boldsymbol{e}_3)\quad p_W(\boldsymbol{e}_4)\ ]$

$$=\frac{1}{12}\begin{bmatrix}3&3&3&-3\\3&5&5&1\\3&5&5&1\\-3&1&1&11\end{bmatrix}=[\ \boldsymbol{e}_1\quad \boldsymbol{e}_2\quad \boldsymbol{e}_3\quad \boldsymbol{e}_4\ ]\frac{1}{12}\begin{bmatrix}3&3&3&-3\\3&5&5&1\\3&5&5&1\\-3&1&1&11\end{bmatrix}$$

したがって，求める表現行列は　$\boldsymbol{\dfrac{1}{12}\begin{bmatrix}3&3&3&-3\\3&5&5&1\\3&5&5&1\\-3&1&1&11\end{bmatrix}}$

別解　$\boldsymbol{v}=\begin{bmatrix}a_1\\a_2\\a_3\\a_4\end{bmatrix}\in K^4$ に対し

$$p_W(\boldsymbol{v})=(\boldsymbol{v},\ \boldsymbol{w}_1)\boldsymbol{w}_1+(\boldsymbol{v},\ \boldsymbol{w}_2)\boldsymbol{w}_2$$

$$=\frac{1}{4}(a_1+a_2+a_3-a_4)\begin{bmatrix}1\\1\\1\\-1\end{bmatrix}+\frac{1}{6}(a_2+a_3+2a_4)\begin{bmatrix}0\\1\\1\\2\end{bmatrix}$$

$$=\frac{1}{12}\begin{bmatrix}3a_1+3a_2+3a_3-3a_4\\3a_1+5a_2+5a_3+a_4\\3a_1+5a_2+5a_3+a_4\\-3a_1+a_2+a_3+11a_4\end{bmatrix}=\frac{1}{12}\begin{bmatrix}3&3&3&-3\\3&5&5&1\\3&5&5&1\\-3&1&1&11\end{bmatrix}\begin{bmatrix}a_1\\a_2\\a_3\\a_4\end{bmatrix}=\frac{1}{12}\begin{bmatrix}3&3&3&-3\\3&5&5&1\\3&5&5&1\\-3&1&1&11\end{bmatrix}\boldsymbol{v}$$

よって，求める表現行列は　$\boldsymbol{\dfrac{1}{12}\begin{bmatrix}3&3&3&-3\\3&5&5&1\\3&5&5&1\\-1&1&1&11\end{bmatrix}}$

重要 例題076 正射影作用素の具体的な表示方法 ★★★

WをK^nの部分空間とし，Wの標準内積に関する正規直交基底を$\{\boldsymbol{w}_1,\ \boldsymbol{w}_2,\ \cdots\cdots,\ \boldsymbol{w}_k\}$とする。また，$P$を$P=[\,\boldsymbol{w}_1\ \ \boldsymbol{w}_2\ \ \cdots\ \ \boldsymbol{w}_k\,]$で定める。このとき，正射影作用素$p_W:K^n \longrightarrow W$の，$K^n$の標準基底と$W$の基底$\{\boldsymbol{w}_1,\ \boldsymbol{w}_2,\ \cdots\cdots,\ \boldsymbol{w}_k\}$に関する表現行列は$P^*$に等しいことを示せ。

指針 基本例題140で扱った正射影作用素の具体的な表示を用いて示す。

解答 K^nの標準基底を$\{\boldsymbol{e}_1,\ \boldsymbol{e}_2,\ \cdots\cdots,\ \boldsymbol{e}_n\}$とする。

$l=1,\ 2,\ \cdots\cdots,\ n$に対し

$$p_W(\boldsymbol{e}_l)=\sum_{m=1}^{k}(\boldsymbol{e}_l,\ \boldsymbol{w}_m)\boldsymbol{w}_m=[\,\boldsymbol{w}_1\ \ \boldsymbol{w}_2\ \ \cdots\ \ \boldsymbol{w}_k\,]\begin{bmatrix}(\boldsymbol{e}_l,\ \boldsymbol{w}_1)\\(\boldsymbol{e}_l,\ \boldsymbol{w}_2)\\\vdots\\(\boldsymbol{e}_l,\ \boldsymbol{w}_k)\end{bmatrix}$$

よって

$$\begin{aligned}[\,p_W(\boldsymbol{e}_1)\ \ p_W(\boldsymbol{e}_2)\ \ \cdots\ \ p_W(\boldsymbol{e}_n)\,]&=P\begin{bmatrix}(\boldsymbol{e}_1,\ \boldsymbol{w}_1)&(\boldsymbol{e}_2,\ \boldsymbol{w}_1)&\cdots&(\boldsymbol{e}_n,\ \boldsymbol{w}_1)\\(\boldsymbol{e}_1,\ \boldsymbol{w}_2)&(\boldsymbol{e}_2,\ \boldsymbol{w}_2)&\cdots&(\boldsymbol{e}_n,\ \boldsymbol{w}_2)\\\vdots&\vdots&&\vdots\\(\boldsymbol{e}_1,\ \boldsymbol{w}_k)&(\boldsymbol{e}_2,\ \boldsymbol{w}_k)&\cdots&(\boldsymbol{e}_n,\ \boldsymbol{w}_k)\end{bmatrix}\\&=PP^*\end{aligned}$$

したがって，題意は示された。 ■

別解 $\phi:W \longrightarrow K^k$を$W$の基底$\{\boldsymbol{w}_1,\ \boldsymbol{w}_2,\ \cdots,\ \boldsymbol{w}_k\}$によって決まる$K$上の同型写像とする。また，求める表現行列を$A$とし，行列$A$によって決まる線形写像を$f_A:K^n \longrightarrow K^k$とする。このとき，図式をかくと右の図のようになる。

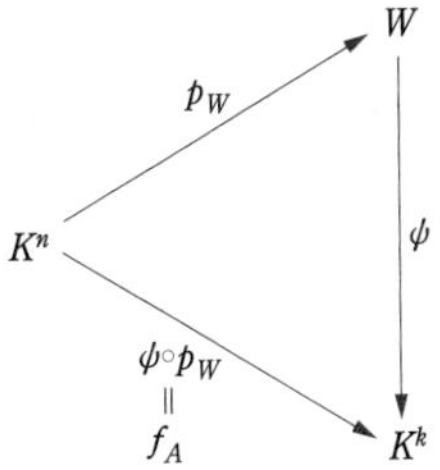

$\boldsymbol{v}=\begin{bmatrix}a_1\\a_2\\\vdots\\a_n\end{bmatrix}\in K^n$に対し　　$p_W(\boldsymbol{v})=\sum_{m=1}^{k}(\boldsymbol{v},\ \boldsymbol{w}_m)\boldsymbol{w}_m$

$$\boldsymbol{w}_m=\begin{bmatrix} w_{1m} \\ w_{2m} \\ \vdots \\ w_{nm} \end{bmatrix}\ (1 \leqq m \leqq k)\ \text{と表すと}$$

$$\begin{aligned}\phi(p_W(\boldsymbol{v}))&=\begin{bmatrix} (\boldsymbol{v},\ \boldsymbol{w}_1) \\ (\boldsymbol{v},\ \boldsymbol{w}_2) \\ \vdots \\ (\boldsymbol{v},\ \boldsymbol{w}_k) \end{bmatrix} \\ &=\begin{bmatrix} a_1\overline{w_{11}}+a_2\overline{w_{21}}+\cdots\cdots+a_n\overline{w_{n1}} \\ a_1\overline{w_{12}}+a_2\overline{w_{22}}+\cdots\cdots+a_n\overline{w_{n2}} \\ \vdots \\ a_1\overline{w_{1k}}+a_2\overline{w_{2k}}+\cdots\cdots+a_n\overline{w_{nk}} \end{bmatrix} \\ &=\begin{bmatrix} \overline{w_{11}} & \overline{w_{21}} & \cdots & \overline{w_{n1}} \\ \overline{w_{12}} & \overline{w_{22}} & \cdots & \overline{w_{n2}} \\ \vdots & \vdots & & \vdots \\ \overline{w_{1k}} & \overline{w_{2k}} & \cdots & \overline{w_{nk}} \end{bmatrix}\begin{bmatrix} a_1 \\ a_2 \\ \vdots \\ a_n \end{bmatrix}=P^*\boldsymbol{v}\end{aligned}$$

よって，題意は示された。■

重要　例題 077　直交補空間の性質に関する証明　★★☆

n 次正方行列 A が，K^n の部分空間 W を不変にする，すなわち，任意の $\boldsymbol{v} \in W$ について $A\boldsymbol{v} \in W$ であるとする。このとき，A^* が，K^n の標準（エルミート）内積に関する W の直交補空間 $W^\perp$ を不変にする，すなわち，任意の $\boldsymbol{w} \in W^\perp$ について $A^*\boldsymbol{w} \in W^\perp$ であることを示せ。

指針　直交補空間の定義（300，301 ページのまとめを参照）に従って示す。

解答　任意の $\boldsymbol{w} \in W^\perp$，$\boldsymbol{v} \in W$ について $(A^*\boldsymbol{w},\ \boldsymbol{v})=(\boldsymbol{w},\ A\boldsymbol{v})$ が成り立つ。
ここで，任意の $\boldsymbol{v} \in W$ について $A\boldsymbol{v} \in W$ であるから　　$(\boldsymbol{w},\ A\boldsymbol{v})=0$
よって　　$(A^*\boldsymbol{w},\ \boldsymbol{v})=0$
したがって，任意の $\boldsymbol{w} \in W^\perp$ について $A^*\boldsymbol{w} \in W^\perp$ である。■

第 8 章

8 固有値問題と行列の対角化

1 固有値と固有ベクトル
2 正方行列の対角化
3 最小多項式と対角化

例題一覧

例題番号	レベル	例題タイトル	教科書との対応
		1 固有値と固有ベクトル	
基本 152	1	1 次変換とベクトル空間の関係	練習 1
基本 153	1	1 次変換の固有値と固有空間	練習 2
基本 154	2	固有多項式，固有値，固有空間の基底	練習 3
基本 155	1	特別な形の行列の固有多項式 ①	練習 4
基本 156	1	特別な形の行列の固有多項式 ②	練習 5
		2 正方行列の対角化	
基本 157	2	実対称行列の直交行列による対角化 ①	練習 1
基本 158	1	交代行列の対角化	練習 2
基本 159	2	シルベスター標準形の求め方	練習 3
基本 160	2	エルミート行列が正定値をとるための条件	練習 4
基本 161	1	対称行列の 2 次形式	練習 5
基本 162	1	2 次形式に対する実対称行列	練習 6
基本 163	3	2 次形式が正定値であるための条件の確認	練習 7
基本 164	3	2 次形式の標準形とシルベスター標準形	練習 8
基本 165	2	空間内の 2 次曲面の分類	練習 9
基本 166	2	空間内の 2 次曲線の分類	練習 10
		3 最小多項式と対角化	
基本 167	1	行列の多項式の性質 ①	練習 1
基本 168	1	行列の多項式の性質 ②	練習 2
基本 169	1	行列の多項式の性質 ③	練習 3
基本 170	2	可換な行列の多項式についての二項定理	練習 4
基本 171	1	(高校数学) 多項式の割り算と因数定理	練習 5
基本 172	1	多項式の最大公約数の性質	練習 6
基本 173	1	2 次，3 次行列の最小多項式	練習 7
基本 174	2	行列 A，$P^{-1}AP$ の最小多項式の関係	練習 8
基本 175	1	最小多項式と対角化可能性 ①	練習 9
基本 176	2	行列 A，B の同時対角化	練習 10
		第 8 章の内容チェックテスト	
		演　習　編	
重要 078	3	固有値，固有空間の基底，対角化 ①	章末 1
重要 079	3	固有値，固有空間の基底，対角化 ②	
重要 080	3	固有値，固有空間の基底，対角化 ③	
重要 081	2	行列の対角化を用いた A^n の計算	
重要 082	2	実対称行列の直交行列による対角化 ②	章末 2
重要 083	2	エルミート行列のユニタリ行列による対角化	章末 3
重要 084	2	ユニタリ行列による対角化	
重要 085	2	最小多項式と対角化可能性 ②	章末 4
重要 086	1	n 次行列 AB の固有値の性質	章末 5
重要 087	2	交代行列の固有値の性質	
重要 088	2	転置行列の対角化可能性	
重要 089	3	正射影作用素の対角化	章末 6
重要 090	3	射影子の性質と正方行列の対角化	章末 7
重要 091	1	行列の和と積の同時対角化可能の証明	章末 8
重要 092	3	エルミート行列が正定値である条件	
重要 093	2	フロベニウスの定理の証明	章末 9

1　固有値と固有ベクトル

基本 例題 152　1 次変換とベクトル空間の関係　★☆☆

V を K 上のベクトル空間とし，$\varphi : V \longrightarrow V$ を，V の 1 次変換とする。K のスカラー λ について，V の部分集合 W_λ を $W_\lambda = \{\boldsymbol{v} \in V \mid \varphi(\boldsymbol{v}) = \lambda \boldsymbol{v}\}$ で定めるとき，W_λ は V の部分空間であることを示せ。

指針　この例題は，第 5，6 章の復習問題である。線形写像 $f : V \longrightarrow W$ において，$W = V$ であるものを 1 次変換（または線形変換）という（基本例題 112 参照）。基本例題 074 で扱った，次の部分空間の定義に従って示す。
部分空間の定義は次で与えられる。これらを満たしていることを確かめる。

定義　部分空間
V を K 上のベクトル空間とする。V の部分集合 W について，次の条件が満たされるとき，W は V の **部分空間である** という。
[1]　$\boldsymbol{0} \in W$
[2]　$\boldsymbol{v} \in W$，$\boldsymbol{w} \in W$ ならば　　$\boldsymbol{v} + \boldsymbol{w} \in W$
[3]　$\boldsymbol{v} \in W$ で $c \in K$ ならば　　$c\boldsymbol{v} \in W$

なお，ここで扱ったスカラーの λ は，1 次変換 φ の固有値と呼ばれるもので，次の例題以降で詳しく学習していく。

解答　[1]　$\varphi(\boldsymbol{0}) = \lambda \cdot \boldsymbol{0} = \boldsymbol{0}$ であるから　　$\boldsymbol{0} \in W_\lambda$

[2]　$\boldsymbol{x} \in W_\lambda$，$\boldsymbol{y} \in W_\lambda$ に対し，$\varphi(\boldsymbol{x}) = \lambda \boldsymbol{x}$，$\varphi(\boldsymbol{y}) = \lambda \boldsymbol{y}$ が成り立っている。
よって　　$\varphi(\boldsymbol{x} + \boldsymbol{y}) = \varphi(\boldsymbol{x}) + \varphi(\boldsymbol{y}) = \lambda \boldsymbol{x} + \lambda \boldsymbol{y} = \lambda(\boldsymbol{x} + \boldsymbol{y})$
ゆえに　　$\boldsymbol{x} + \boldsymbol{y} \in W_\lambda$

[3]　$\boldsymbol{x} \in W_\lambda$ に対し，$\varphi(\boldsymbol{x}) = \lambda \boldsymbol{x}$ が成り立っている。
$c \in K$ とすると　　$\varphi(c\boldsymbol{x}) = c\varphi(\boldsymbol{x}) = c\lambda \boldsymbol{x} = \lambda c \boldsymbol{x}$
よって　　$c\boldsymbol{x} \in W_\lambda$

したがって，W_λ は V の部分空間である。 ■

基本 例題 153 1次変換の固有値と固有空間 ★☆☆

λ, μ を，1次変換 φ の相異なる $(\lambda \neq \mu)$ 固有値とし，W_λ, W_μ を，それぞれ λ, μ に対する固有空間とする。このとき，$W_\lambda \cap W_\mu = \{\mathbf{0}\}$ であることを示せ。

指針 固有値と固有ベクトルは次のように定義される。

定義 固有値と固有ベクトル

V を K 上のベクトル空間とし，$\varphi : V \longrightarrow V$ を V の1次変換とする。$\lambda \in K$ に対し，$W_\lambda \subset V$ を $W_\lambda = \{\boldsymbol{v} \in V \mid \varphi(\boldsymbol{v}) = \lambda \boldsymbol{v}\}$ で定める。

$W_\lambda \neq \{\mathbf{0}\}$ であるとき，すなわち，ある零ベクトルでない $\boldsymbol{v} \in V$ が存在して，$\varphi(\boldsymbol{v}) = \lambda \boldsymbol{v}$ となるとき，λ を1次変換 φ の **固有値** という。

また，このとき，V の部分空間 W_λ を，1次変換 φ の固有値 λ に対する **固有空間** といい，W_λ に属する零ベクトルでないベクトルを，1次変換 φ の固有値 λ に対する **固有ベクトル** という。

定義に従って示す。

解答 $\boldsymbol{v} \in W_\lambda \cap W_\mu$ とすると　$\lambda \boldsymbol{v} = \mu \boldsymbol{v}$

よって　$(\lambda - \mu)\boldsymbol{v} = \mathbf{0}$

$\lambda \neq \mu$ であるから　$\boldsymbol{v} = \mathbf{0}$

したがって　$W_\lambda \cap W_\mu = \{\mathbf{0}\}$ ■

研究 本問より，次のことがわかる。

V を K 上のベクトル空間とし，$\varphi : V \longrightarrow V$ を V の1次変換とする。また，λ, μ を，1次変換 φ の相異なる固有値とし，W_λ, W_μ を，それぞれ固有値 λ, μ に対する固有空間とするとき，固有空間の和 $W_\lambda + W_\mu$ は直和である。一般に，次の定理が得られる（証明は，「数研講座シリーズ　大学教養　線形代数」の274ページを参照）。

定理 固有空間の和

V を K 上のベクトル空間とし，$\varphi : V \longrightarrow V$ を V の1次変換とする。また，λ_1, λ_2, ……, λ_r を1次変換 φ の互いに相異なる（すなわち，$i \neq j$ について $\lambda_i \neq \lambda_j$）固有値とし，W_{λ_i} $(i=1, 2, \cdots\cdots, r)$ を，固有値 λ_i に対する固有空間とする。このとき，固有空間の和 $W_{\lambda_1} + W_{\lambda_2} + \cdots\cdots + W_{\lambda_r}$ は直和である。

また，上の定理から次の 系 が得られる。

系　V を K 上のベクトル空間とし，$\varphi : V \longrightarrow V$ を V の1次変換とする。また，λ_1, λ_2, ……, λ_r を1次変換 φ の互いに相異なる（すなわち，$i \neq j$ について $\lambda_i \neq \lambda_j$）固有値とし，$\boldsymbol{v}_i$ $(i=1, 2, \cdots\cdots, r)$ を，固有値 λ_i に対する固有ベクトルとする。このとき，$\{\boldsymbol{v}_1, \boldsymbol{v}_2, \cdots\cdots, \boldsymbol{v}_r\}$ は1次独立である。

◈固有多項式

ここでは，特別な場合として，数ベクトル空間 $V=K^n$ の場合を考える。Vの 1 次変換は，（標準基底での表現行列をとることで）一意的に決まる n 次正方行列 A によって

$$\varphi_A : K^n \longrightarrow K^n, \qquad \varphi_A(\boldsymbol{v})=A\boldsymbol{v}$$

と書ける（240 ページの数ベクトル空間の間の線形写像の定理参照）。

行列 A で決まる V の 1 次変換 φ_A の固有値，固有ベクトル，固有空間を，それぞれ行列 A の **固有値**，**固有ベクトル**，**固有空間** という。

$\lambda\in K$ を 1 次変換 φ_A の固有値とするとき，固有値 λ に対する固有空間 $W_\lambda=\{\boldsymbol{x}\in K^n \mid \varphi_A(\boldsymbol{x})=\lambda\boldsymbol{x}\}$ は，同次連立 1 次方程式

$$(A-\lambda E)\boldsymbol{x}=\boldsymbol{0} \quad \cdots\cdots (*)$$

の解空間（第 5 章の 177 ページを参照）である。よって

$$\begin{aligned} \lambda \text{ が行列 } A \text{ の固有値} &\iff \text{同次連立 1 次方程式 } (*) \text{ が非自明な解をもつ} \\ &\iff \operatorname{rank}(A-\lambda E)<n \\ &\iff \det(A-\lambda E)=0 \end{aligned}$$

また，このとき，固有空間 W_λ の次元は，同次連立 1 次方程式 $(*)$ の解の自由度に等しい。よって，$\dim W_\lambda=n-\operatorname{rank}(A-\lambda E)$ が成り立つから，変数 t についての方程式

$$\det(tE-A)=0$$

を考え，これを行列 A の **固有方程式** という。

左辺の $\det(tE-A)$ は，t についての n 次多項式である。

これを

$$F_A(t)=\det(tE-A)$$

と書いて，行列 A の **固有多項式** という。

行列 A の固有値は，固有方程式 $F_A(t)=0$ の解である。行列 A の固有値 λ が，固有方程式 $F_A(t)=0$ の，ちょうど m 重根 $(m\geqq 1)$ であるとき，この m を固有値 λ の **重複度** という。

注意　固有多項式は，最高次の係数を 1 にするために，$tE-A$ の行列式として定義しているが，実際の計算のときには $\det(A-tE)$ を計算してもよい。A が n 次正方行列であるとき，$F_A(t)=(-1)^n\det(A-tE)$ であるから，両者の違いは，符号の違いだけである。

基本 例題 154 固有多項式，固有値，固有空間の基底 ★★☆

次の行列Aの固有多項式，固有値を求めよ。また，それぞれの固有値に対する固有空間の基底を1組求めよ。

(1) $A=\begin{bmatrix} 2 & 1 \\ 2 & 3 \end{bmatrix}$　　(2) $A=\begin{bmatrix} 3 & 1 & 1 \\ 2 & 4 & 2 \\ 1 & 1 & 3 \end{bmatrix}$　　(3) $A=\begin{bmatrix} 3 & 2 & -3 & 1 \\ 2 & 7 & -7 & 1 \\ 2 & 10 & -10 & 1 \\ 0 & -4 & 4 & 1 \end{bmatrix}$

指針 行列Aの固有多項式，固有値の定義は332ページを参照。まず，定義に従い固有多項式を定める。次に固有方程式を解いてその解，つまりAの固有値を求める。

解答 (1) $\det(tE-A)=\begin{vmatrix} t-2 & -1 \\ -2 & t-3 \end{vmatrix}=(t-2)(t-3)-2=(t-1)(t-4)$

よって，行列Aの固有多項式は　　$\boldsymbol{(t-1)(t-4)}$

ゆえに，行列Aの固有値は**1**と**4**（どちらも重複度1）である。

固有値1，4に対する固有空間をそれぞれW_1，W_4とする。

W_1は，同次連立1次方程式$(A-E)\boldsymbol{x}=\boldsymbol{0}$の解空間である。

$A-E$の簡約階段形は$\begin{bmatrix} 1 & 1 \\ 0 & 0 \end{bmatrix}$であるから，この方程式の解は

$$\boldsymbol{x}=c\begin{bmatrix} -1 \\ 1 \end{bmatrix}\quad (c\text{は任意定数})$$

よって，W_1の基底は　　$\left\{\begin{bmatrix} \mathbf{-1} \\ \mathbf{1} \end{bmatrix}\right\}$

W_4は，同次連立1次方程式$(A-4E)\boldsymbol{x}=\boldsymbol{0}$の解空間である。

$A-4E$の簡約階段形は$\begin{bmatrix} 1 & -\frac{1}{2} \\ 0 & 0 \end{bmatrix}$であるから，この方程式の解は

$$\boldsymbol{x}=c\begin{bmatrix} 1 \\ 2 \end{bmatrix}\quad (c\text{は任意定数})$$

よって，W_4の基底は　　$\left\{\begin{bmatrix} \mathbf{1} \\ \mathbf{2} \end{bmatrix}\right\}$

(2) $\det(tE-A)=\begin{vmatrix} t-3 & -1 & -1 \\ -2 & t-4 & -2 \\ -1 & -1 & t-3 \end{vmatrix}=\begin{vmatrix} 1 & 1 & -t+3 \\ -2 & t-4 & -2 \\ t-3 & -1 & -1 \end{vmatrix}$

$$=\begin{vmatrix} 1 & 0 & 0 \\ -2 & t-2 & -2(t-2) \\ t-3 & -(t-2) & (t-2)(t-4) \end{vmatrix}=(t-2)^2\begin{vmatrix} 1 & -2 \\ -1 & t-4 \end{vmatrix}$$

$$=(t-2)^2(t-6)$$

よって，行列 A の固有多項式は　　$\boldsymbol{(t-2)^2(t-6)}$

ゆえに，行列 A の固有値は **2**（重複度 2）と **6**（重複度 1）である。

固有値 2，6 に対する固有空間をそれぞれ W_2，W_6 とする。

W_2 は，同次連立 1 次方程式 $(A-2E)\boldsymbol{x}=\boldsymbol{0}$ の解空間である。

$A-2E$ の簡約階段形は $\begin{bmatrix} 1 & 1 & 1 \\ 0 & 0 & 0 \\ 0 & 0 & 0 \end{bmatrix}$ であるから，この方程式の解は

$$\boldsymbol{x}=c\begin{bmatrix} -1 \\ 1 \\ 0 \end{bmatrix}+d\begin{bmatrix} -1 \\ 0 \\ 1 \end{bmatrix}\quad (c,\ d \text{ は任意定数})$$

よって，W_2 の基底は　$\left\{\begin{bmatrix} \boldsymbol{-1} \\ \boldsymbol{1} \\ \boldsymbol{0} \end{bmatrix},\ \begin{bmatrix} \boldsymbol{-1} \\ \boldsymbol{0} \\ \boldsymbol{1} \end{bmatrix}\right\}$

W_6 は，同次連立 1 次方程式 $(A-6E)\boldsymbol{x}=\boldsymbol{0}$ の解空間である。

$A-6E$ の簡約階段形は $\begin{bmatrix} 1 & 0 & -1 \\ 0 & 1 & -2 \\ 0 & 0 & 0 \end{bmatrix}$ であるから，この方程式の解は

$$\boldsymbol{x}=c\begin{bmatrix} 1 \\ 2 \\ 1 \end{bmatrix}\quad (c \text{ は任意定数})$$

よって，W_6 の基底は　$\left\{\begin{bmatrix} \boldsymbol{1} \\ \boldsymbol{2} \\ \boldsymbol{1} \end{bmatrix}\right\}$

(3)　$\det(tE-A)$

$$=\begin{vmatrix} t-3 & -2 & 3 & -1 \\ -2 & t-7 & 7 & -1 \\ -2 & -10 & t+10 & -1 \\ 0 & 4 & -4 & t-1 \end{vmatrix}=\begin{vmatrix} 1 & -2 & 3 & t-3 \\ 1 & t-7 & 7 & -2 \\ 1 & -10 & t+10 & -2 \\ -t+1 & 4 & -4 & 0 \end{vmatrix}$$

$$=\begin{vmatrix} 1 & -2 & 3 & t-3 \\ 0 & t-5 & 4 & -(t-1) \\ 0 & -8 & t+7 & -(t-1) \\ 0 & -2t+6 & 3t-7 & (t-1)(t-3) \end{vmatrix}=(t-1)\begin{vmatrix} t-5 & 4 & -1 \\ -8 & t+7 & -1 \\ -2t+6 & 3t-7 & t-3 \end{vmatrix}$$

$$=(t-1)\begin{vmatrix} 1 & 4 & t-5 \\ 1 & t+7 & -8 \\ -t+3 & 3t-7 & -2t+6 \end{vmatrix}=(t-1)\begin{vmatrix} 1 & 4 & t-5 \\ 0 & t+3 & -(t+3) \\ 0 & 7t-19 & t^2-10t+21 \end{vmatrix}$$

$$=(t-1)(t+3)\begin{vmatrix} 1 & -1 \\ 7t-19 & t^2-10t+21 \end{vmatrix}=(t-1)^2(t-2)(t+3)$$

よって，行列Aの固有多項式は　$(t-1)^2(t-2)(t+3)$
ゆえに，行列Aの固有値は $\mathbf{1}$（重複度２）と $\mathbf{2}$（重複度１）と $\mathbf{-3}$（重複度１）である。
固有値 1，2，-3 に対する固有空間をそれぞれ W_1，W_2，W_{-3} とする。
W_1 は，同次連立１次方程式 $(A-E)\boldsymbol{x}=\mathbf{0}$ の解空間である。

$A-E$ の簡約階段形は $\begin{bmatrix} 1 & 0 & -\frac{1}{2} & \frac{1}{2} \\ 0 & 1 & -1 & 0 \\ 0 & 0 & 0 & 0 \\ 0 & 0 & 0 & 0 \end{bmatrix}$ であるから，その解は

$$\boldsymbol{x}=c\begin{bmatrix} 1 \\ 2 \\ 2 \\ 0 \end{bmatrix}+d\begin{bmatrix} -1 \\ 0 \\ 0 \\ 2 \end{bmatrix}\quad (c,\ d\text{ は任意定数})$$

よって，W_1 の基底は　$\left\{\begin{bmatrix} \mathbf{1} \\ \mathbf{2} \\ \mathbf{2} \\ \mathbf{0} \end{bmatrix}, \begin{bmatrix} \mathbf{-1} \\ \mathbf{0} \\ \mathbf{0} \\ \mathbf{2} \end{bmatrix}\right\}$

W_2 は，同次連立１次方程式 $(A-2E)\boldsymbol{x}=\mathbf{0}$ の解空間である。

$A-2E$ の簡約階段形は $\begin{bmatrix} 1 & 0 & -1 & 0 \\ 0 & 1 & -1 & 0 \\ 0 & 0 & 0 & 1 \\ 0 & 0 & 0 & 0 \end{bmatrix}$ であるから，その解は

$$\boldsymbol{x}=c\begin{bmatrix} 1 \\ 1 \\ 1 \\ 0 \end{bmatrix}\quad (c\text{ は任意定数})$$

よって，W_2 の基底は　$\left\{\begin{bmatrix} \mathbf{1} \\ \mathbf{1} \\ \mathbf{1} \\ \mathbf{0} \end{bmatrix}\right\}$

W_{-3} は，同次連立１次方程式 $(A+3E)\boldsymbol{x}=\mathbf{0}$ の解空間である。

$A+3E$ の簡約階段形は $\begin{bmatrix} 1 & 0 & 0 & 1 \\ 0 & 1 & 0 & 2 \\ 0 & 0 & 1 & 3 \\ 0 & 0 & 0 & 0 \end{bmatrix}$ であるから，その解は

$$\boldsymbol{x}=c\begin{bmatrix} -1 \\ -2 \\ -3 \\ 1 \end{bmatrix}\quad (c\text{ は任意定数})$$

よって，W_{-3} の基底は　$\left\{\begin{bmatrix} -1 \\ -2 \\ -3 \\ 1 \end{bmatrix}\right\}$

◈固有値の重複度と固有空間の次元

詳しくは「数研講座シリーズ　大学教養　線形代数」の 277，278 ページを参照。以下は，その要約である。

固有多項式に関して次の定理が成り立つ。

定理　固有多項式と基底変換

A を n 次正方行列とし，P を n 次正則行列とする。このとき，A の固有多項式と，$P^{-1}AP$ の固有多項式は等しい。

上の定理から，A の固有値と $P^{-1}AP$ の固有値は，重複度も込めて一致する。また，λ を A の固有値とし，$\boldsymbol{v}$ を λ に対する A の固有ベクトルとすると

$$P^{-1}AP\cdot P^{-1}\boldsymbol{v}=P^{-1}A\boldsymbol{v}=P^{-1}\lambda\boldsymbol{v}=\lambda P^{-1}\boldsymbol{v}$$

よって，$P^{-1}\boldsymbol{v}$ は λ に対する $P^{-1}AP$ の固有ベクトルである。

逆に，$\boldsymbol{w}$ が λ に対する $P^{-1}AP$ の固有ベクトルならば，同様に $P\boldsymbol{w}$ は λ に対する A の固有ベクトルである。

よって，次の 系 が成り立つ。

系　A を n 次正方行列，P を n 次正則行列とし，$A'=P^{-1}AP$ とする。λ を A，$P^{-1}AP$ の固有値とすると，λ に対する A' の固有空間と，λ に対する A の固有空間は，行列 P で決まる 1 次変換 $\varphi_P : K^n \longrightarrow K^n$ によって同型である。特に，両者の次元は一致する。

一般に，固有値の重複度と，固有空間の次元について，次の定理が成り立つ。

定理　固有値の重複度と固有空間の次元

A を正方行列とし，λ をその固有値，m をその重複度とする。

固有値 λ に対する固有空間を W_λ とするとき　　$1 \leqq \dim W_\lambda \leqq m$

特に，$m=1$ ならば次が成り立つ。

系　A を正方行列とし，λ を A の重複度 1 の固有値とする。このとき，$\dim W_\lambda=1$ となる。

基本 例題 155 特別な形の行列の固有多項式 ① ★☆☆

下三角行列 $A=\begin{bmatrix} a_{11} & & & & \\ & a_{22} & & \text{\huge 0} & \\ & & \ddots & & \\ & & & \ddots & \\ & & & & a_{nn} \end{bmatrix}$ の固有多項式 $F_A(t)$ は，

$F_A(t)=(t-a_{11})(t-a_{22})\cdots\cdots(t-a_{nn})$ で与えられることを示せ。

指針 基本例題 064 で扱った 系 を用いて示す。

系 **上三角行列・下三角行列の行列式**

[1] $A=[a_{ij}]$ を n 次の上三角行列，すなわち $i>j$ ならば $a_{ij}=0$ であるような n 次正方行列とする。このとき，行列 A の行列式は，行列 A の対角成分の積であり，

$\det(A)=a_{11}a_{22}\cdots\cdots a_{nn}$ が成り立つ。

[2] $A=[a_{ij}]$ を n 次の下三角行列，すなわち $i<j$ ならば $a_{ij}=0$ であるような n 次正方行列とする。このとき，行列 A の行列式は，行列 A の対角成分の積であり，

$\det(A)=a_{11}a_{22}\cdots\cdots a_{nn}$ が成り立つ。

解答

$$F_A(t)=\det(tE-A)=\begin{vmatrix} t-a_{11} & & & \\ & t-a_{22} & & \text{\huge 0} \\ & & \ddots & \\ & & & t-a_{nn} \end{vmatrix}$$

$$=(t-a_{11})(t-a_{22})\cdots\cdots(t-a_{nn}) \quad ■$$

参考 本問と同様にして，上三角行列 $A=\begin{bmatrix} a_{11} & & & & \\ & a_{22} & & & \\ & & \ddots & & \\ & \text{\huge 0} & & \ddots & \\ & & & & a_{nn} \end{bmatrix}$ の固有多項式を $F_A(t)$ とすると，$F_A(t)$ は，次で与えられる。

$$F_A(t)=(t-a_{11})(t-a_{22})\cdots\cdots(t-a_{nn})$$

基本 例題 156　特別な形の行列の固有多項式 ②　★☆☆

ブロック対角行列 $A=\begin{bmatrix} A_1 & & & \mathbf{0} \\ & A_2 & & \\ & & \ddots & \\ \mathbf{0} & & & A_r \end{bmatrix}$ について，

$F_A(t)=F_{A_1}(t)F_{A_2}(t)\cdots\cdots F_{A_r}(t)$ を示せ。

指針　重要例題 038 (3) で示した $\det\begin{bmatrix} A & B \\ O & D \end{bmatrix}=\det(A)\det(D)$ を繰り返し用いて示す。このとき，A は m 次正方行列，D は n 次正方行列である。

解答　
$$F_A(t)=\det\begin{bmatrix} tE-A_1 & & & \mathbf{0} \\ & tE-A_2 & & \\ & & \ddots & \\ \mathbf{0} & & & tE-A_r \end{bmatrix}$$
$$=\det(tE-A_1)\det(tE-A_2)\cdots\cdots\det(tE-A_r)$$
$$=F_{A_1}(t)F_{A_2}(t)\cdots\cdots F_{A_r}(t) \quad ■$$

研究　対角行列について，次の定理が成り立つ (証明は，「数研講座シリーズ　大学教養　線形代数」の 280 ページを参照)。

定理　対角行列の固有多項式と固有空間

n 次の対角行列 $A=\begin{bmatrix} \lambda_1 E_{m_1} & & & \mathbf{0} \\ & \lambda_2 E_{m_2} & & \\ & & \ddots & \\ \mathbf{0} & & & \lambda_r E_{m_r} \end{bmatrix}$ を考える。

ここで，E_{m_i} $(i=1,\ 2,\ \cdots\cdots,\ r)$ は m_i 次の単位行列であり，

$m_1+m_2+\cdots\cdots+m_r=n$ である。

また，$\lambda_i \neq \lambda_j$ $(i=1,\ 2,\ \cdots\cdots,\ r,\ j=1,\ 2,\ \cdots\cdots,\ r,\ i\neq j)$ であるとする。

このとき，行列 A の固有多項式を $F_A(t)$ とすると，

$F_A(t)=(t-\lambda_1)^{m_1}(t-\lambda_2)^{m_2}\cdots\cdots(t-\lambda_r)^{m_r}$ で与えられる。

更に，固有値 λ_i に対する固有空間を W_{λ_i} とするとき，W_{λ_i} の次元は m_i に等しい。

2 正方行列の対角化

◈正方行列の対角化

詳しくは「数研講座シリーズ　大学教養　線形代数」の 281～284 ページを参照。以下は，その要約である。

A を n 次正方行列とし，次を満たすとき行列 A は **対角化可能である** という。ある n 次正則行列 P が存在して，$P^{-1}AP$ が対角行列となる。

行列が対角化可能であるための必要十分条件に関して，次の 定理 が成り立つ。

定理　正方行列の対角化可能条件

A を n 次正方行列とし，その固有多項式を $F_A(t)$ とする。$F_A(t)$ が，K 上で次のように 1 次因子の積に分解されるとする。

$$F_A(t)=(t-\lambda_1)^{m_1}(t-\lambda_2)^{m_2}\cdot\cdots\cdots\cdot(t-\lambda_r)^{m_r},\ \lambda_i\neq\lambda_j\quad(i\neq j)$$

すなわち，行列 A の互いに相異なる固有値の全体は λ_1，λ_2，……，λ_r であり，λ_i の重複度が m_i である $(i=1,\ 2,\ \cdots\cdots,\ r)$ とする。このとき，次は同値である。

[1]　行列 A は K 上で対角化可能である。すなわち，ある K 上の n 次正則行列 P が存在して，$P^{-1}AP$ が対角行列となる。

[2]　各 $i=1,\ 2,\ \cdots\cdots,\ r$ について，固有値 λ_i に対する固有空間を W_{λ_i} とするとき，次が成り立つ。

$$\dim W_{\lambda_1}+\dim W_{\lambda_2}+\cdots\cdots+\dim W_{\lambda_r}=n$$

すなわち，$K^n=W_{\lambda_1}\oplus W_{\lambda_2}\oplus\cdots\cdots\oplus W_{\lambda_r}$ である。

[3]　各 $i=1,\ 2,\ \cdots\cdots,\ r$ について，$\dim W_{\lambda_i}=m_i$ が成り立つ。

また，行列 A が対角化可能ならば，その対角化された行列 $P^{-1}AP$ の対角成分には，各 $i=1,\ 2,\ \cdots\cdots,\ r$ について，固有値 λ_i はちょうど m_i 個並ぶ。

上の定理より，次の 系 が得られる。

系　A を n 次正方行列とし，K 上で n 個の互いに相異なる固有値 λ_1，λ_2，……，λ_n をもつとする。このとき，行列 A は対角化可能であり，K 上の n 次正則行列 P が存在して，$P^{-1}AP$ を次の形にできる。

$$P^{-1}AP=\begin{bmatrix}\lambda_1 & & & 0\\ & \lambda_2 & & \\ & & \ddots & \\ 0 & & & \lambda_n\end{bmatrix}$$

行列の対角化の手順は次の通りである。

行列 A の対角化の手順

[1]　行列 A の固有方程式 $\det(tE-A)=0$ を解いて，A の固有値をすべて求める。

[2]　各固有値を λ，λ に対する固有空間を W_λ とするとき，同次連立1次方程式 $(A-\lambda E)\boldsymbol{x}=\boldsymbol{0}$ を解いて，W_λ の基底を求める。

[3]　各固有空間の基底を並べて，K^n の基底にする（ここで，K^n の基底にならない（数が足りない）ならば，対角化不可能である）。

[4]　得られた基底のベクトルを $\boldsymbol{v}_1$，$\boldsymbol{v}_2$，……，$\boldsymbol{v}_n$ とするとき，それらを並べて，基底変換の行列 $P=[\,\boldsymbol{v}_1\ \ \boldsymbol{v}_2\ \ \cdots\ \ \boldsymbol{v}_n\,]$ を作る。

[5]　$P^{-1}AP$ が求める対角行列である。

◈正方行列の三角化

詳しくは「数研講座シリーズ　大学教養　線形代数」の286～288ページを参照。以下は，その要約である。

339ページの正方行列の対角化可能条件の定理より，一般にはすべての正方行列が対角化できるわけではないが，任意の正方行列は，（少なくとも $\mathbb{C}$ 上では）適当な基底変換によって，上三角行列によって表現することができる。これを行列の **三角化** という。

定理　正方行列の三角化

A を K 上の n 次正方行列とし，次の条件が満たされるとする。

行列 A は，重複を込めて n 個の固有値 $\lambda_1\in K$，$\lambda_2\in K$，……，$\lambda_n\in K$ をもつ。

このとき，ある K 上の n 次正則行列 P が存在して，$P^{-1}AP$ が上三角行列となる。

すなわち，n 次正方行列で，その（重複を込めて）n 個の固有値すべてが K の中に入るものは，三角化可能である。

◈実対称行列・エルミート行列の対角化

詳しくは「数研講座シリーズ　大学教養　線形代数」の288～291ページを参照。以下は，その要約である。

A を K 上の n 次正方行列とし，$A^*=A$ を満たすものとする。すなわち，A を実対称行列，またはエルミート行列とする。このとき，A の固有値について，次の定理が成り立つ。

定理　実対称行列・エルミート行列の固有値

A を n 次正方行列とし，$A^*=A$ を満たすとする。このとき，行列 A の固有値はすべて実数である。

実対称行列やエルミート行列の特別な性質は，固有値だけでなく，固有ベクトルや固有空間においてもみられる。

定理　固有空間の直交性

A を n 次正方行列とし，$A^*=A$ を満たすとする。また，λ，μ を行列 A の相異なる固有値とし，λ，μ に対する固有空間を W_λ，W_μ とする。このとき，固有空間 W_λ，W_μ は，K^n の標準内積に関して直交している。すなわち，任意の $\boldsymbol{v}\in W_\lambda$，$\boldsymbol{w}\in W_\mu$ に対し，$(\boldsymbol{v},\ \boldsymbol{w})=0$ となる。

実対称行列やエルミート行列は，常に対角化可能である。

定理　実対称行列・エルミート行列の対角化

A を n 次エルミート行列とし，λ_1，λ_2，…，λ_n を行列 A の固有値の全体（重複も込めて）とする。このとき，あるユニタリ行列 U が存在して

$$U^{-1}AU=U^*AU=\begin{bmatrix}\lambda_1 & & & \text{\Large 0}\\ & \lambda_2 & & \\ & & \ddots & \\ \text{\Large 0} & & & \lambda_n\end{bmatrix}$$

となる。

すなわち，エルミート行列はユニタリ行列で対角化可能である。同様に，A が実対称行列であるとき，ある直交行列 U が存在して上の形にできる。すなわち，実対称行列は直交行列で対角化可能である。

実対称行列やエルミート行列の手順は次のとおりである。

実対称行列・エルミート行列 A の対角化の手順

[1]　340 ページの「行列 A の対角化の手順」に従って，$P^{-1}AP$ が対角行列となる基底変換の行列 $P=[\,\boldsymbol{v}_1\ \ \boldsymbol{v}_2\ \ \cdots\ \ \boldsymbol{v}_n\,]$ を求める。

[2]　グラム・シュミットの直交化（第 7 章 1）によって基底 $\{\boldsymbol{v}_1,\ \boldsymbol{v}_2,\ \cdots\cdots,\ \boldsymbol{v}_n\}$ を直交化し，正規直交基底を作り，それを $\{\boldsymbol{u}_1,\ \boldsymbol{u}_2,\ \cdots\cdots,\ \boldsymbol{u}_n\}$ とする。

[3]　得られた正規直交基底のベクトルを並べて，基底変換の行列 $U=[\,\boldsymbol{u}_1\ \ \boldsymbol{u}_2\ \ \cdots\ \ \boldsymbol{u}_n\,]$ を作る。

[4]　U はユニタリ行列であり，U^*AU が求める対角行列である。

基本　例題 157　実対称行列の直交行列による対角化 ①　★★☆

対称行列 $A=\begin{bmatrix} 4 & -1 & 1 \\ -1 & 4 & -1 \\ 1 & -1 & 4 \end{bmatrix}$ を，直交行列によって対角化せよ。

指針　341 ページで示した実対称行列・エルミート行列の対角化の手順に従って対角化する。なお，解法には次の定理も利用している（証明は，「数研講座シリーズ　大学教養　線形代数」の 289 ページを参照)。

定理　**固有空間の直交性**

A を n 次正方行列とし，$A^*=A$ を満たすとする。また，λ，μ を行列 A の相異なる固有値とし，λ，μ に対する固有空間を W_λ，W_μ とする。このとき，固有空間 W_λ，W_μ は，K^n の標準内積に関して直交している。すなわち，任意の $\boldsymbol{v}\in W_\lambda$，$\boldsymbol{w}\in W_\mu$ に対し，$(\boldsymbol{v},\ \boldsymbol{w})=0$ となる。

実対称行列やエルミート行列は，常に対角化可能である。

解答　行列 A の固有方程式は

$$\det(tE-A)$$

$$=\begin{vmatrix} t-4 & 1 & -1 \\ 1 & t-4 & 1 \\ -1 & 1 & t-4 \end{vmatrix}=\begin{vmatrix} 1 & -1 & -t+4 \\ 1 & t-4 & 1 \\ t-4 & 1 & -1 \end{vmatrix}$$

$$=\begin{vmatrix} 1 & -1 & -t+4 \\ 0 & t-3 & t-3 \\ 0 & t-3 & (t-3)(t-5) \end{vmatrix}=(t-3)^2\begin{vmatrix} 1 & 1 \\ 1 & t-5 \end{vmatrix}=(t-3)^2(t-6)$$

よって，行列 A の固有値は 3（重複度 2）と 6（重複度 1）である。

$A-3E=\begin{bmatrix} 1 & -1 & 1 \\ -1 & 1 & -1 \\ 1 & -1 & 1 \end{bmatrix}$ の簡約階段形は $\begin{bmatrix} 1 & -1 & 1 \\ 0 & 0 & 0 \\ 0 & 0 & 0 \end{bmatrix}$ であるから，固有値 3 に対する固有空間の基底として $\left\{\begin{bmatrix} 1 \\ 1 \\ 0 \end{bmatrix},\ \begin{bmatrix} -1 \\ 0 \\ 1 \end{bmatrix}\right\}$ がとれる。

$A-6E=\begin{bmatrix} -2 & -1 & 1 \\ -1 & -2 & -1 \\ 1 & -1 & -2 \end{bmatrix}$ の簡約階段形は $\begin{bmatrix} 1 & 0 & -1 \\ 0 & 1 & 1 \\ 0 & 0 & 0 \end{bmatrix}$ であるから，固有値 6 に対する固有空間の基底として $\left\{\begin{bmatrix} 1 \\ -1 \\ 1 \end{bmatrix}\right\}$ がとれる。

$\boldsymbol{v}_1=\begin{bmatrix}1\\1\\0\end{bmatrix}$, $\boldsymbol{v}_2=\begin{bmatrix}-1\\0\\1\end{bmatrix}$, $\boldsymbol{v}_3=\begin{bmatrix}1\\-1\\1\end{bmatrix}$ として，$\{\boldsymbol{v}_1,\ \boldsymbol{v}_2,\ \boldsymbol{v}_3\}$ をグラム・シュミットの直交化によって直交化する。

固有空間の直交性により，$\boldsymbol{v}_1$ と $\boldsymbol{v}_3$ および $\boldsymbol{v}_2$ および $\boldsymbol{v}_3$ は直交しているから，$\{\boldsymbol{v}_1,\ \boldsymbol{v}_2\}$ を直交化すれば十分である。

$\boldsymbol{v}_1'=\boldsymbol{v}_1$, $\boldsymbol{v}_2'=\boldsymbol{v}_2-x_1\boldsymbol{v}_1'$ とすると　　$(\boldsymbol{v}_2',\ \boldsymbol{v}_1')=-1-2x_1$

$(\boldsymbol{v}_2',\ \boldsymbol{v}_1')=0$ であるとき　　$x_1=-\dfrac{1}{2}$

このとき　　$\boldsymbol{v}_2'=\dfrac{1}{2}\begin{bmatrix}-1\\1\\2\end{bmatrix}$

$\boldsymbol{v}_3'=\begin{bmatrix}1\\-1\\1\end{bmatrix}$ として，$\boldsymbol{v}_1'$, $\boldsymbol{v}_2'$, $\boldsymbol{v}_3'$ を正規化したものを $\boldsymbol{w}_1$, $\boldsymbol{w}_2$, $\boldsymbol{w}_3$ とすると

$$\boldsymbol{w}_1=\frac{1}{\sqrt{2}}\begin{bmatrix}1\\1\\0\end{bmatrix},\ \boldsymbol{w}_2=\frac{1}{\sqrt{6}}\begin{bmatrix}-1\\1\\2\end{bmatrix},\ \boldsymbol{w}_3=\frac{1}{\sqrt{3}}\begin{bmatrix}1\\-1\\1\end{bmatrix}$$

$\{\boldsymbol{w}_1,\ \boldsymbol{w}_2,\ \boldsymbol{w}_3\}$ は正規直交基底であるから，$U=[\ \boldsymbol{w}_1\ \ \boldsymbol{w}_2\ \ \boldsymbol{w}_3\ ]$ とすると，Uは直交行列であり　　$U^{-1}AU={}^tUAU=\begin{bmatrix}\mathbf{3}&\mathbf{0}&\mathbf{0}\\\mathbf{0}&\mathbf{3}&\mathbf{0}\\\mathbf{0}&\mathbf{0}&\mathbf{6}\end{bmatrix}$

基本 例題 158 交代行列の対角化 ★☆☆

交代行列 $A=\begin{bmatrix} 0 & -1 & -2 \\ 1 & 0 & -2 \\ 2 & 2 & 0 \end{bmatrix}$ を，ユニタリ行列によって対角化せよ。

指針 A を K 上の n 次正方行列とする。行列 A が $AA^*=A^*A$ を満たすとき，A は **正規行列** であるという。行列 A が $A^*=-A$ を満たすとき，A は **歪エルミート行列** であるという。
行列 A が歪エルミート行列ならば，$AA^*=-A^2=A^*A$ であるから，A は正規行列である。また，行列 A が ${}^tA=-A$ を満たすとき，A は **交代行列** であるという。行列 A が実交代行列ならば，$AA^*=-A^2=A^*A$ であるから，A は正規行列である。

定理　テプリッツの定理

A を n 次正方行列とする。行列 A がユニタリ行列で対角化できるための必要十分条件は，A が正規行列であることである。

本問で与えられた行列 A は交代行列であるから，上の定理により，対角化可能であることが保証されている（証明は，「数研講座シリーズ　大学教養　線形代数」の 293，294 ページを参照）。

解答 行列 A は交代行列であるから，正規行列である。
行列 A の固有多項式は

$$\det(tE-A)$$

$$=\begin{vmatrix} t & 1 & 2 \\ -1 & t & 2 \\ -2 & -2 & t \end{vmatrix}=\begin{vmatrix} 1 & -t & -2 \\ t & 1 & 2 \\ -2 & -2 & t \end{vmatrix}$$

$$=\begin{vmatrix} 1 & -t & -2 \\ 0 & t^2+1 & 2t+2 \\ 0 & -2t-2 & t-4 \end{vmatrix}=(t^2+1)(t-4)-(2t+2)(-2t-2)=t(t^2+9)$$

よって，行列 A の固有値は 0，$3i$，$-3i$（すべて重複度 1）である。

A の簡約階段形は $\begin{bmatrix} 1 & 0 & -2 \\ 0 & 1 & 2 \\ 0 & 0 & 0 \end{bmatrix}$ であるから，固有値 0 に対する固有空間の基底として

$\left\{\begin{bmatrix} 2 \\ -2 \\ 1 \end{bmatrix}\right\}$ がとれる。

$A-3iE$ の簡約階段形は $\begin{bmatrix} 1 & 0 & -\frac{3i-1}{4} \\ 0 & 1 & -\frac{3i+1}{4} \\ 0 & 0 & 0 \end{bmatrix}$ であるから，固有値 $3i$ に対する固有空間

の基底として $\left\{\begin{bmatrix} 3i-1 \\ 3i+1 \\ 4 \end{bmatrix}\right\}$ がとれる。

$A+3iE$ の簡約階段形は $\begin{bmatrix} 1 & 0 & \dfrac{3i+1}{4} \\ 0 & 1 & \dfrac{3i-1}{4} \\ 0 & 0 & 0 \end{bmatrix}$ であるから，固有値 $-3i$ に対する固有空間の基底として $\left\{\begin{bmatrix} -3i-1 \\ -3i+1 \\ 4 \end{bmatrix}\right\}$ がとれる。

これらの基底を正規化して，$\boldsymbol{v}_1=\dfrac{1}{3}\begin{bmatrix} 2 \\ -2 \\ 1 \end{bmatrix}$，$\boldsymbol{v}_2=\dfrac{1}{6}\begin{bmatrix} 3i-1 \\ 3i+1 \\ 4 \end{bmatrix}$，$\boldsymbol{v}_3=\dfrac{1}{6}\begin{bmatrix} -3i-1 \\ -3i+1 \\ 4 \end{bmatrix}$ とすると，$\{\boldsymbol{v}_1, \boldsymbol{v}_2, \boldsymbol{v}_3\}$ は $\mathbb{C}^3$ の標準エルミート内積に関して正規直交基底になっている。

よって，$U=[\,\boldsymbol{v}_1 \quad \boldsymbol{v}_2 \quad \boldsymbol{v}_3\,]$ とすると，これはユニタリ行列であり

$$U^*AU=\begin{bmatrix} \mathbf{0} & \mathbf{0} & \mathbf{0} \\ \mathbf{0} & \boldsymbol{3i} & \mathbf{0} \\ \mathbf{0} & \mathbf{0} & \boldsymbol{-3i} \end{bmatrix}$$

補足 A がエルミート行列ならば，$A^*=A$ より，$AA^*=A^2=A^*A$ である。よって，エルミート行列は正規行列である。したがって，特に，実対称行列も正規行列である。
A がユニタリ行列ならば，$A^*=A^{-1}$ より，$AA^*=E=A^*A$ である。よって，ユニタリ行列は正規行列である。したがって，特に，直交行列も正規行列である。

基本 例題 159 シルベスター標準形の求め方 ★★☆

対称行列 $A=\begin{bmatrix} 4 & -1 & 1 \\ -1 & 4 & -1 \\ 1 & -1 & 4 \end{bmatrix}$ について，P^*AP がシルベスター標準形となるような，正則行列 P を求めよ。

指針 次の定理に基づいて考える（証明は，「数研講座シリーズ　大学教養　線形代数」の 296～299 ページを参照）。

定理 シルベスター慣性法則

A を n 次エルミート行列とする。このとき，n 次正則行列（エルミート行列 A が実対称行列の場合は，実正則行列）P が存在して，$P^*AP=\begin{bmatrix} E_{n_+} & & \text{\Large 0} \\ & -E_{n_-} & \\ \text{\Large 0} & & O_{n_0} \end{bmatrix}$ ……（＊）となる。ここで，n_+，n_-，n_0 は $n=n_++n_-+n_0$ を満たす 0 以上の整数であり，E_{n_+}，E_{n_-} はそれぞれ n_+ 次および n_- 次の単位行列，O_{n_0} は $n_0\times n_0$ の零行列である。更に，整数の組 (n_+, n_-, n_0) は，行列 A に対して一意的である。

（＊）の右辺の形のエルミート行列を，**シルベスター標準形** という。

基本例題 157 を用いる。

解答 $U=\dfrac{1}{\sqrt{6}}\begin{bmatrix} \sqrt{3} & -1 & \sqrt{2} \\ \sqrt{3} & 1 & -\sqrt{2} \\ 0 & 2 & \sqrt{2} \end{bmatrix}$ とすると　${}^tUAU=\begin{bmatrix} 3 & 0 & 0 \\ 0 & 3 & 0 \\ 0 & 0 & 6 \end{bmatrix}$　◀基本例題 157 より。

$Q=\dfrac{1}{\sqrt{6}}\begin{bmatrix} \sqrt{2} & 0 & 0 \\ 0 & \sqrt{2} & 0 \\ 0 & 0 & 1 \end{bmatrix}$ として，$P=UQ=\dfrac{1}{3\sqrt{2}}\begin{bmatrix} \sqrt{3} & -1 & 1 \\ \sqrt{3} & 1 & -1 \\ 0 & 2 & 1 \end{bmatrix}$ とすると，

${}^tP={}^t(UQ)={}^tQ{}^tU=Q{}^tU$ であるから　${}^tPAP=\begin{bmatrix} 1 & 0 & 0 \\ 0 & 1 & 0 \\ 0 & 0 & 1 \end{bmatrix}$

よって　$P=\dfrac{1}{3\sqrt{2}}\begin{bmatrix} \sqrt{3} & -1 & 1 \\ \sqrt{3} & 1 & -1 \\ 0 & 2 & 1 \end{bmatrix}$

研究 指針で扱った定理における n_+ をエルミート行列 A の **正の慣性指数**，n_- を A の **負の慣性指数**，n_0 を A の **退化次数** という。$n_0=0$ のとき，行列 A は **非退化である** という。また，$\mathrm{sgn}(A)=n_--n_+$ と書いて，これをエルミート行列 A の **符号数** という。また，$n_+=n$ であるとき，エルミート行列 A は **正定値である**，$n_-=n$ であるときは **負定値である** という。正定値または負定値であるエルミート行列は，非退化である。

基本 例題 160 エルミート行列が正定値であるための条件 ★★☆

エルミート行列Aが正定値であるための必要十分条件は，正則行列Pによって$A=P^*P$と書けることであることを示せ。

指針 基本例題 159 の **研究** で扱ったとおり，$n_+=n$ であるとき，エルミート行列Aは **正定値である**，$n_-=n$ であるときは **負定値である** という。この定義に従って必要性と十分性をそれぞれ示す。

解答 エルミート行列Aが正定値であるとすると，Aのシルベスター の標準形は単位行列である。

すなわち，エルミート行列Aに対して，ある正則行列Pが存在して，$P^*AP=E$ となる。

このとき　$A=(P^*)^{-1}P^{-1}$

また　$(P^*)^{-1}=(P^{-1})^*$

◀基本例題 143 (4) より。

ゆえに，エルミート行列Aは正則行列 P^{-1} により，

$A=(P^{-1})^*P^{-1}$ と表される。

逆に，エルミート行列Aがある正則行列Pにより，$A=P^*P$ と書けるとすると，$(P^*)^{-1}=(P^{-1})^*$ により

$$E=(P^*)^{-1}AP^{-1}=(P^{-1})^*AP^{-1}$$

よって，エルミート行列Aのシルベスター標準形は単位行列である。

したがって，エルミート行列Aは正定値である。

以上から，題意は示された。■

◈ 2 次形式とその標準形

詳しくは「数研講座シリーズ　大学教養　線形代数」の 299〜302 ページを参照。以下は，その要約である。

n 個の変数 x_1，x_2，……，x_n についての，2 次の単項式 $x_i x_j$ ($i=1$, 2, ……, n, $j=1$, 2, ……, n) の実数係数の 1 次結合の形の式（すなわち，2 次の同次式）を $q(x_1, x_2, \cdots\cdots, x_n)$ とすると

$$q(x_1,\ x_2,\ \cdots\cdots,\ x_n)=\sum_{i=1}^{n}\sum_{j=1}^{n}a_{ij}x_ix_j \quad (a_{ij}\in\mathbb{R})$$

であり，これを，n 変数の **2 次形式** という。

係数を成分にもつ行列を $A=[a_{ij}]$ とし，変数を成分にもつ列ベクトルを $\boldsymbol{x}=\begin{bmatrix} x_1 \\ x_2 \\ \vdots \\ x_n \end{bmatrix}$ とする。これらを用いると，$q(x_1, x_2, \cdots\cdots, x_n)$ は次のように書ける。

$$\begin{aligned} q(x_1,\ x_2,\ \cdots\cdots,\ x_n)&=\sum_{i=1}^{n}x_i\left(\sum_{j=1}^{n}a_{ij}x_j\right) \\ &=\begin{bmatrix} x_1 & x_2 & \cdots & x_n \end{bmatrix}\begin{bmatrix} a_{11} & a_{12} & \cdots & a_{1n} \\ a_{21} & a_{22} & \cdots & a_{2n} \\ \vdots & \vdots & \ddots & \vdots \\ a_{n1} & a_{n2} & \cdots & a_{nn} \end{bmatrix}\begin{bmatrix} x_1 \\ x_2 \\ \vdots \\ x_n \end{bmatrix} \\ &={}^t\boldsymbol{x}A\boldsymbol{x} \end{aligned}$$

このようにして，n 次正方行列 A で決まる 2 次形式を $q_A(x_1, x_2, \cdots\cdots, x_n)$ とすると

$$q_A(x_1,\ x_2,\ \cdots\cdots,\ x_n)={}^t\boldsymbol{x}A\boldsymbol{x}$$

と書く。

ここで，行列 A で決まる 2 次形式 $q_A(x_1, x_2, \cdots\cdots, x_n)$ の x_i^2 の係数は，A の対角成分 a_{ii} である。また，$x_ix_j=x_jx_i$ ($i=1$, 2, ……, n, $j=1$, 2, ……, n, $i\neq j$) の係数は $a_{ij}+a_{ji}$ である。すべての i, j について a_{ij} と a_{ji} を，どちらも $\dfrac{a_{ij}+a_{ji}}{2}$ で取り替えても，2 次形式 $q_A(x_1, x_2, \cdots\cdots, x_n)$ は変わらず，$a_{ij}=a_{ji}$ が成り立つ。よって，2 次形式を考えるときは，n 次正方行列 A は実対称行列であるとしてよい。

このとき　$q_A(x_1,\ x_2,\ \cdots\cdots,\ x_n)=\sum_{i=1}^{n}a_{ii}x_i^2+2\sum_{1\leqq i<j\leqq n}a_{ij}x_ix_j$

2 次形式に関して，次の定理が成り立つ。

定理　**2 次形式の標準形**

$q(x_1, x_2, \cdots\cdots, x_n)$ を $\mathbb{R}$ 上の任意の n 変数 2 次形式とする。$q(x_1, x_2, \cdots\cdots, x_n)$ は，ある直交行列 U による変数変換 $\begin{bmatrix} x_1 \\ x_2 \\ \vdots \\ x_n \end{bmatrix}=U\begin{bmatrix} x_1' \\ x_2' \\ \vdots \\ x_n' \end{bmatrix}$ によって，次の形に変換される。

$$q(x_1,\ x_2,\ \cdots,\ x_n)=\lambda_1x_1'^2+\lambda_2x_2'^2+\cdots\cdots+\lambda_nx_n'^2 \quad (\lambda_1,\ \lambda_2,\ \cdots\cdots,\ \lambda_n\in\mathbb{R}) \quad \cdots\cdots (*)$$

(＊) の形の 2 次形式を **標準形** という。この定理より，任意の 2 次形式は，直交変換による座標変換によって標準形にすることができる。
また，シルベスター慣性法則のときと同様に，与えられた 2 次形式を次の形にまで変形することができる。

定理　2 次形式のシルベスター標準形

$q(x_1, x_2, \cdots\cdots, x_n)$ を $\mathbb{R}$ 上の任意の n 変数 2 次形式とする。$q(x_1, x_2, \cdots\cdots, x_n)$ は，ある正則行列 P による変数変換 $\begin{bmatrix} x_1 \\ x_2 \\ \vdots \\ x_n \end{bmatrix} = P \begin{bmatrix} x_1' \\ x_2' \\ \vdots \\ x_n' \end{bmatrix}$ によって，次の形に変換される。

$$q(x_1, x_2, \cdots\cdots, x_n) = x_1'^2 + x_2'^2 + \cdots\cdots + x_{n_+}'^2 - x_{n_+ +1}'^2 - x_{n_+ +2}'^2 - \cdots\cdots - x_{n_+ + n_-}'^2 \quad \cdots\cdots (＊＊)$$

ここで，n_+，n_- は，$n_+ + n_- \leqq n$ を満たす 0 以上の整数である。

(＊＊) の形の 2 次形式を **シルベスター標準形** という。エルミート行列のシルベスター標準形の場合と同様に，n_+ を 2 次形式 q の **正の慣性指数**，n_- を 2 次形式 q の **負の慣性指数** という。また，$\mathrm{sgn}(q) = n_- - n_+$ と書いて，これを 2 次形式 q の **符号数** という。$n_+ = n$ であるとき，2 次形式 q は **正定値である** といい，$n_- = n$ であるとき，2 次形式 q は **負定値である** という。

基本 例題 161　対称行列の 2 次形式　★☆☆

次の対称行列Aについて，2 次形式 q_A を求めよ。

(1)　$A=\begin{bmatrix} 2 & 1 \\ 1 & 2 \end{bmatrix}$　　(2)　$A=\begin{bmatrix} 0 & 1 & 2 \\ 1 & 0 & 1 \\ 2 & 1 & 0 \end{bmatrix}$　　(3)　$A=\begin{bmatrix} 1 & 0 & 1 & 0 \\ 0 & 2 & 0 & 2 \\ 1 & 0 & 2 & 0 \\ 0 & 2 & 0 & 1 \end{bmatrix}$

指針　348 ページで示した2 次形式の定義に従って求める。

解答　(1)　$q_A(x_1,\ x_2)=\begin{bmatrix} x_1 & x_2 \end{bmatrix}\begin{bmatrix} 2 & 1 \\ 1 & 2 \end{bmatrix}\begin{bmatrix} x_1 \\ x_2 \end{bmatrix}=\boldsymbol{2x_1^2+2x_2^2+2x_1x_2}$

(2)　$q_A(x_1,\ x_2,\ x_3)=\begin{bmatrix} x_1 & x_2 & x_3 \end{bmatrix}\begin{bmatrix} 0 & 1 & 2 \\ 1 & 0 & 1 \\ 2 & 1 & 0 \end{bmatrix}\begin{bmatrix} x_1 \\ x_2 \\ x_3 \end{bmatrix}=\boldsymbol{2x_1x_2+2x_2x_3+4x_3x_1}$

(3)　$q_A(x_1,\ x_2,\ x_3,\ x_4)=\begin{bmatrix} x_1 & x_2 & x_3 & x_4 \end{bmatrix}\begin{bmatrix} 1 & 0 & 1 & 0 \\ 0 & 2 & 0 & 2 \\ 1 & 0 & 2 & 0 \\ 0 & 2 & 0 & 1 \end{bmatrix}\begin{bmatrix} x_1 \\ x_2 \\ x_3 \\ x_4 \end{bmatrix}$

$=\boldsymbol{x_1^2+2x_2^2+2x_3^2+x_4^2+2x_1x_3+4x_2x_4}$

基本 例題 162　2 次形式に対する実対称行列　★☆☆

次の 2 次形式qに対応する，実対称行列Aを求めよ。

(1)　$q(x_1,\ x_2)=ax_1^2+bx_1x_2+cx_2^2$　　(2)　$q(x_1,\ x_2,\ x_3)=x_1^2+x_3^2-2x_2x_3+2x_3x_1$

指針　348 ページで示した2 次形式の定義に従って求める。

解答　(1)　$q(x_1,\ x_2)=\begin{bmatrix} x_1 & x_2 \end{bmatrix}\begin{bmatrix} a & \frac{1}{2}b \\ \frac{1}{2}b & c \end{bmatrix}\begin{bmatrix} x_1 \\ x_2 \end{bmatrix}$

よって　　$\boldsymbol{A=\frac{1}{2}\begin{bmatrix} 2a & b \\ b & 2c \end{bmatrix}}$

(2)　$q(x_1,\ x_2,\ x_3)=\begin{bmatrix} x_1 & x_2 & x_3 \end{bmatrix}\begin{bmatrix} 1 & 0 & 1 \\ 0 & 0 & -1 \\ 1 & -1 & 1 \end{bmatrix}\begin{bmatrix} x_1 \\ x_2 \\ x_3 \end{bmatrix}$

よって　　$\boldsymbol{A=\begin{bmatrix} 1 & 0 & 1 \\ 0 & 0 & -1 \\ 1 & -1 & 1 \end{bmatrix}}$

基本 例題 163 2次形式が正定値であるための条件の確認 ★★★

$\mathbb{R}$ 上の2変数2次形式 $ax_1{}^2+bx_1x_2+cx_2{}^2$ $(a\in\mathbb{R},\ b\in\mathbb{R},\ c\in\mathbb{R})$ が正定値であるための必要十分条件は，$a>0$ かつ $b^2-4ac<0$ であることを示せ。

指針 2次形式については，348，349ページのまとめを参照する。与えられた2次形式をシルベスター標準形に変形して考える。

解答 $q(x_1,\ x_2)=ax_1{}^2+bx_1x_2+cx_2{}^2$ とする。

[I] $a=0$ のとき

$$q(x_1,\ x_2)=bx_1x_2+cx_2{}^2$$

[1] $c=0$ のとき

[a] $b=0$ のとき　$q(x_1,\ x_2)=0$

よって，2次形式 $q(x_1,\ x_2)$ は正定値ではない。

[b] $b>0$ のとき

$$q(x_1,\ x_2)=bx_1x_2=\left\{\frac{\sqrt{b}}{2}(x_1+x_2)\right\}^2-\left\{\frac{\sqrt{b}}{2}(x_1-x_2)\right\}^2$$

ここで，$x_1{}'=\dfrac{\sqrt{b}}{2}(x_1+x_2)$，$x_2{}'=\dfrac{\sqrt{b}}{2}(x_1-x_2)$，すなわち $x_1=\dfrac{1}{\sqrt{b}}(x_1{}'+x_2{}')$，

$x_2=\dfrac{1}{\sqrt{b}}(x_1{}'-x_2{}')$ とすると，2次形式 $q(x_1,\ x_2)$ は $x_1{}'^2-x_2{}'^2$ に変換されるから，2次形式 $q(x_1,\ x_2)$ は正定値ではない。

[c] $b<0$ のとき

$$q(x_1,\ x_2)=bx_1x_2=\left\{\frac{\sqrt{-b}}{2}(x_1-x_2)\right\}^2-\left\{\frac{\sqrt{-b}}{2}(x_1+x_2)\right\}^2$$

ここで，$x_1{}'=\dfrac{\sqrt{-b}}{2}(x_1-x_2)$，$x_2{}'=\dfrac{\sqrt{-b}}{2}(x_1+x_2)$，すなわち

$x_1=\dfrac{1}{\sqrt{-b}}(x_1{}'+x_2{}')$，$x_2=-\dfrac{1}{\sqrt{-b}}(x_1{}'-x_2{}')$ とすると，2次形式 $q(x_1,\ x_2)$ は $x_1{}'^2-x_2{}'^2$ に変換されるから，2次形式 $q(x_1,\ x_2)$ は正定値ではない。

[2] $c>0$ のとき

$$q(x_1,\ x_2)=bx_1x_2+cx_2{}^2=\left\{\sqrt{c}\left(x_2+\frac{b}{2c}x_1\right)\right\}^2-\frac{b^2}{4c}x_1{}^2$$

ここで，$x_1{}'=\sqrt{c}\left(x_2+\dfrac{b}{2c}x_1\right)$，$x_2{}'=\dfrac{b}{2\sqrt{c}}x_1$，すなわち $x_1=\dfrac{2\sqrt{c}}{b}x_2{}'$，

$x_2=\dfrac{1}{\sqrt{c}}(x_1{}'-x_2{}')$ とすると，2次形式 $q(x_1,\ x_2)$ は $x_1{}'^2-x_2{}'^2$ に変換されるから，2次形式 $q(x_1,\ x_2)$ は正定値ではない。

[3]　$c<0$ のとき

$$q(x_1,\ x_2)=bx_1x_2+cx_2{}^2=-\frac{b^2}{4c}x_1{}^2-\left\{\sqrt{-c}\left(x_2+\frac{b}{2c}x_1\right)\right\}^2$$

ここで，$x_1'=\dfrac{b}{2\sqrt{-c}}x_1$，$x_2'=\sqrt{-c}\left(x_2+\dfrac{b}{2c}x_1\right)$，すなわち $x_1=\dfrac{2\sqrt{-c}}{b}x_1'$，

$x_2=\dfrac{1}{\sqrt{-c}}(x_1'+x_2')$ とすると，2 次形式 $q(x_1,\ x_2)$ は $x_1'^2-x_2'^2$ に変換されるから，2 次形式 $q(x_1,\ x_2)$ は正定値ではない。

[Ⅱ]　$a>0$ のとき

$$q(x_1,\ x_2)=ax_1{}^2+bx_1x_2+cx_2{}^2=\left\{\sqrt{a}\left(x_1+\frac{b}{2a}x_2\right)\right\}^2-\frac{b^2-4ac}{4a}x_2{}^2$$

[1]　$b^2-4ac=0$ のとき

$x_1'=\sqrt{a}\left(x_1+\dfrac{b}{2a}x_2\right)$，$x_2'=x_2$，すなわち $x_1=\dfrac{1}{\sqrt{a}}x_1'-\dfrac{b}{2a}x_2'$，$x_2=x_2'$ とすると，2 次形式 $q(x_1,\ x_2)$ は $x_1'^2$ に変換されるから，2 次形式 $q(x_1,\ x_2)$ は正定値ではない。

[2]　$b^2-4ac>0$ のとき

$x_1'=\sqrt{a}\left(x_1+\dfrac{b}{2a}x_2\right)$，$x_2'=\dfrac{1}{2}\sqrt{\dfrac{b^2-4ac}{a}}x_2$，すなわち

$x_1=\dfrac{1}{\sqrt{a}}x_1'-\dfrac{b}{\sqrt{a(b^2-4ac)}}x_2'$，$x_2=2\sqrt{\dfrac{a}{b^2-4ac}}x_2'$ とすると，2 次形式 $q(x_1,\ x_2)$ は $x_1'^2-x_2'^2$ に変換されるから，2 次形式 $q(x_1,\ x_2)$ は正定値ではない。

[3]　$b^2-4ac<0$ のとき

$x_1'=\sqrt{a}\left(x_1+\dfrac{b}{2a}x_2\right)$，$x_2'=\dfrac{1}{2}\sqrt{\dfrac{4ac-b^2}{a}}x_2$，すなわち

$x_1=\dfrac{1}{\sqrt{a}}x_1'-\dfrac{b}{\sqrt{a(4ac-b^2)}}x_2'$，$x_2=2\sqrt{\dfrac{a}{4ac-b^2}}x_2'$ とすると，2 次形式 $q(x_1,\ x_2)$ は $x_1'^2+x_2'^2$ に変換されるから，2 次形式 $q(x_1,\ x_2)$ は正定値である。

[Ⅲ]　$a<0$ のとき

$$q(x_1,\ x_2)=ax_1{}^2+bx_1x_2+cx_2{}^2=-\frac{b^2-4ac}{4a}x_2{}^2-\left\{\sqrt{-a}\left(x_1+\frac{b}{2a}x_2\right)\right\}^2$$

[1]　$b^2-4ac=0$ のとき

$x_1'=\sqrt{-a}\left(x_1+\dfrac{b}{2a}x_2\right)$，$x_2'=x_2$，すなわち $x_1=\dfrac{1}{\sqrt{-a}}x_1'-\dfrac{b}{2a}x_2'$，$x_2=x_2'$ とすると，2 次形式 $q(x_1,\ x_2)$ は $-x_1'^2$ に変換されるから，2 次形式 $q(x_1,\ x_2)$ は正定値ではない。

[2] $b^2-4ac>0$ のとき

$x_1{}'=\dfrac{1}{2}\sqrt{-\dfrac{b^2-4ac}{a}}\,x_2$, $x_2{}'=\sqrt{-a}\left(x_1+\dfrac{b}{2a}x_2\right)$, すなわち

$x_1=\dfrac{b}{\sqrt{-a(b^2-4ac)}}x_1{}'+\dfrac{1}{\sqrt{-a}}x_2{}'$, $x_2=2\sqrt{-\dfrac{a}{b^2-4ac}}\,x_1{}'$ とすると，2次形式

$q(x_1,\ x_2)$ は $x_1{}'^2-x_2{}'^2$ に変換されるから，2次形式 $q(x_1,\ x_2)$ は正定値ではない。

[3] $b^2-4ac<0$ のとき

$x_1{}'=\dfrac{1}{2}\sqrt{\dfrac{b^2-4ac}{a}}\,x_2$, $x_2{}'=\sqrt{-a}\left(x_1+\dfrac{b}{2a}x_2\right)$, すなわち

$x_1=\dfrac{b}{\sqrt{a(b^2-4ac)}}x_1{}'+\dfrac{1}{\sqrt{-a}}x_2{}'$, $x_2=2\sqrt{\dfrac{a}{b^2-4ac}}\,x_1{}'$ とすると，2次形式

$q(x_1,\ x_2)$ は $-x_1{}'^2-x_2{}'^2$ に変換されるから，2次形式 $q(x_1,\ x_2)$ は正定値でない。

[Ⅰ]，[Ⅱ]，[Ⅲ] から，題意は示された。■

別解 上の解答と同様に $q(x_1,\ x_2)=ax_1{}^2+bx_1x_2+cx_2{}^2$ として，次のように考えることもできる。

$q(x_1,\ x_2)$ が正定値であるならば，ある正則行列 P が存在し，$\begin{bmatrix} x_1 \\ x_2 \end{bmatrix}=P\begin{bmatrix} x_1{}' \\ x_2{}' \end{bmatrix}$ によって，

$q(x_1,\ x_2)=x_1{}'^2+x_2{}'^2$ となる。

よって，2次形式 $q(x_1,\ x_2)$ が正定値であるならば，$q(x_1,\ x_2)\geqq 0$ であり，等号が成り立つのは $(x_1,\ x_2)=(0,\ 0)$ のときのみである。

[1] $a=0$ のとき

$$q(x_1,\ x_2)=bx_1x_2+cx_2{}^2=x_2(bx_1+cx_2)$$

よって，$x_1\neq 0$, $x_2=0$ に対し，$q(x_1,\ x_2)=0$ となるから，2次形式 $q(x_1,\ x_2)$ は正定値でない。

[2] $a\neq 0$ のとき

$$q(x_1,\ x_2)=a\left(x_1+\frac{b}{2a}x_2\right)^2+\frac{4ac-b^2}{4a}x_2{}^2$$

よって，2次形式 $q(x_1,\ x_2)$ が正定値であるならば　$a>0$　かつ　$4ac-b^2>0$

[1]，[2] から，題意は示された。■

基本 例題 164 2次形式の標準形とシルベスター標準形 ★★★

次の2次形式の標準形と，シルベスター標準形を求めよ。

(1) $4x_1{}^2+2x_2{}^2+3x_3{}^2-4x_2x_3+4x_3x_1-4x_1x_2$

(2) $x_2{}^2+2x_3{}^2+3x_4{}^2-2x_1x_2-2x_1x_3+4x_2x_3-2x_2x_4-2x_3x_4$

(3) $4x_1x_2+4x_1x_4+4x_3x_4$

指針 与えられた2次形式を，348，349ページで示した2次形式の標準形の定理，更に2次形式のシルベスター標準形の定理の形に平方完成を繰り返して，変形する。

解答 (1) (与式)$=4\{x_1{}^2+(x_3-x_2)x_1\}+2x_2{}^2+3x_3{}^2-4x_2x_3$

$$=4\left(x_1+\frac{x_3-x_2}{2}\right)^2-4\left(\frac{x_3-x_2}{2}\right)^2+2x_2{}^2+3x_3{}^2-4x_2x_3$$

$$=(2x_1-x_2+x_3)^2+x_2{}^2+2x_3{}^2-2x_2x_3=(2x_1-x_2+x_3)^2+(x_2-x_3)^2+x_3{}^2$$

$x_1'=2x_1-x_2+x_3$，$x_2'=x_2-x_3$，$x_3'=x_3$ とすると

$$\begin{bmatrix} x_1' \\ x_2' \\ x_3' \end{bmatrix}=\begin{bmatrix} 2 & -1 & 1 \\ 0 & 1 & -1 \\ 0 & 0 & 1 \end{bmatrix}\begin{bmatrix} x_1 \\ x_2 \\ x_3 \end{bmatrix}$$

行列 $\begin{bmatrix} 2 & -1 & 1 \\ 0 & 1 & -1 \\ 0 & 0 & 1 \end{bmatrix}$ の逆行列をUとすると，$U=\dfrac{1}{2}\begin{bmatrix} 1 & 1 & 0 \\ 0 & 2 & 2 \\ 0 & 0 & 2 \end{bmatrix}$ であり

$$\begin{bmatrix} x_1 \\ x_2 \\ x_3 \end{bmatrix}=U\begin{bmatrix} x_1' \\ x_2' \\ x_3' \end{bmatrix}$$

よって，与えられた2次形式は正則行列Uによって標準形 $\boldsymbol{x_1'^2+x_2'^2+x_3'^2}$ に変換される。

また，この標準形はシルベスター標準形でもある。

(2) (与式)

$$=x_2{}^2-2(x_1-2x_3+x_4)x_2+2x_3{}^2+3x_4{}^2-2x_1x_3-2x_3x_4$$

$$=\{x_2-(x_1-2x_3+x_4)\}^2-(x_1-2x_3+x_4)^2+2x_3{}^2+3x_4{}^2-2x_1x_3-2x_3x_4$$

$$=(x_1-x_2-2x_3+x_4)^2-\{x_1{}^2-2(x_3-x_4)x_1\}-2x_3{}^2+2x_4{}^2+2x_3x_4$$

$$=(x_1-x_2-2x_3+x_4)^2-\{x_1-(x_3-x_4)\}^2+(x_3-x_4)^2-2x_3{}^2+2x_4{}^2+2x_3x_4$$

$$=(x_1-x_2-2x_3+x_4)^2-(x_1-x_3+x_4)^2-x_3{}^2+3x_4{}^2$$

$x_1'=x_1-x_2-2x_3+x_4$，$x_2'=x_1-x_3+x_4$，$x_3'=x_3$，$x_4'=x_4$ とすると

$$\begin{bmatrix} x_1' \\ x_2' \\ x_3' \\ x_4' \end{bmatrix}=\begin{bmatrix} 1 & -1 & -2 & 1 \\ 1 & 0 & -1 & 1 \\ 0 & 0 & 1 & 0 \\ 0 & 0 & 0 & 1 \end{bmatrix}\begin{bmatrix} x_1 \\ x_2 \\ x_3 \\ x_4 \end{bmatrix}$$

行列 $\begin{bmatrix} 1 & -1 & -2 & 1 \\ 1 & 0 & -1 & 1 \\ 0 & 0 & 1 & 0 \\ 0 & 0 & 0 & 1 \end{bmatrix}$ の逆行列をUとすると，$U=\begin{bmatrix} 0 & 1 & 1 & -1 \\ -1 & 1 & -1 & 0 \\ 0 & 0 & 1 & 0 \\ 0 & 0 & 0 & 1 \end{bmatrix}$ であり

$$\begin{bmatrix} x_1 \\ x_2 \\ x_3 \\ x_4 \end{bmatrix}=U\begin{bmatrix} x_1' \\ x_2' \\ x_3' \\ x_4' \end{bmatrix}$$

よって，与えられた 2 次形式は正則行列Uによって，標準形 $\boldsymbol{x_1'^2-x_2'^2-x_3'^2+3x_4'^2}$ に変換される。

また　　$(x_1-x_2-2x_3+x_4)^2-(x_1-x_3+x_4)^2-x_3{}^2+3x_4{}^2$

$$=(x_1-x_2-2x_3+x_4)^2+(\sqrt{3}\,x_4)^2-(x_1-x_3+x_4)^2-x_3{}^2$$

$x_1'=x_1-x_2-2x_3+x_4$，$x_2'=\sqrt{3}\,x_4$，$x_3'=x_1-x_3+x_4$，$x_4'=x_3$ とすると

$$\begin{bmatrix} x_1' \\ x_2' \\ x_3' \\ x_4' \end{bmatrix}=\begin{bmatrix} 1 & -1 & -2 & 1 \\ 0 & 0 & 0 & \sqrt{3} \\ 1 & 0 & -1 & 1 \\ 0 & 0 & 1 & 0 \end{bmatrix}\begin{bmatrix} x_1 \\ x_2 \\ x_3 \\ x_4 \end{bmatrix}$$

行列 $\begin{bmatrix} 1 & -1 & -2 & 1 \\ 0 & 0 & 0 & \sqrt{3} \\ 1 & 0 & -1 & 1 \\ 0 & 0 & 1 & 0 \end{bmatrix}$ の逆行列をPとすると，

$P=\dfrac{1}{\sqrt{3}}\begin{bmatrix} 0 & -1 & \sqrt{3} & \sqrt{3} \\ -\sqrt{3} & 0 & \sqrt{3} & -\sqrt{3} \\ 0 & 0 & 0 & \sqrt{3} \\ 0 & 1 & 0 & 0 \end{bmatrix}$ であり　　$\begin{bmatrix} x_1 \\ x_2 \\ x_3 \\ x_4 \end{bmatrix}=P\begin{bmatrix} x_1' \\ x_2' \\ x_3' \\ x_4' \end{bmatrix}$

よって，与えられた 2 次形式は正則行列Pによって，シルベスター標準形 $\boldsymbol{x_1'^2+x_2'^2-x_3'^2-x_4'^2}$ に変換される。

(3)　(与式)$=(x_1+x_2)^2-(x_1-x_2)^2+2\{(x_1+x_2)+(x_1-x_2)\}x_4+4x_3x_4$

$$=(x_1+x_2+x_4)^2-x_4{}^2-(x_1-x_2-x_4)^2+x_4{}^2+4x_3x_4$$

$$=(x_1+x_2+x_4)^2-(x_1-x_2-x_4)^2+(x_3+x_4)^2-(x_3-x_4)^2$$

$x_1'=x_1+x_2+x_4$，$x_2'=x_1-x_2-x_4$，$x_3'=x_3+x_4$，$x_4'=x_3-x_4$ とすると

$$\begin{bmatrix} x_1' \\ x_2' \\ x_3' \\ x_4' \end{bmatrix}=\begin{bmatrix} 1 & 1 & 0 & 1 \\ 1 & -1 & 0 & -1 \\ 0 & 0 & 1 & 1 \\ 0 & 0 & 1 & -1 \end{bmatrix}\begin{bmatrix} x_1 \\ x_2 \\ x_3 \\ x_4 \end{bmatrix}$$

行列 $\begin{bmatrix} 1 & 1 & 0 & 1 \\ 1 & -1 & 0 & -1 \\ 0 & 0 & 1 & 1 \\ 0 & 0 & 1 & -1 \end{bmatrix}$ の逆行列を U とすると，$U=\dfrac{1}{2}\begin{bmatrix} 1 & 1 & 0 & 0 \\ 1 & -1 & -1 & 1 \\ 0 & 0 & 1 & 1 \\ 0 & 0 & 1 & -1 \end{bmatrix}$ であり　$\begin{bmatrix} x_1 \\ x_2 \\ x_3 \\ x_4 \end{bmatrix}=U\begin{bmatrix} x_1' \\ x_2' \\ x_3' \\ x_4' \end{bmatrix}$

よって，与えられた 2 次形式は正則行列 U によって，標準形 $\boldsymbol{x}_1'^2-\boldsymbol{x}_2'^2+\boldsymbol{x}_3'^2-\boldsymbol{x}_4'^2$ に変換される。

また　$(x_1+x_2+x_4)^2-(x_1-x_2-x_4)^2+(x_3+x_4)^2-(x_3-x_4)^2$

$$=(x_1+x_2+x_4)^2+(x_3+x_4)^2-(x_1-x_2-x_4)^2-(x_3-x_4)^2$$

$x_1'=x_1+x_2+x_4$，$x_2'=x_3+x_4$，$x_3'=x_1-x_2-x_4$，$x_4'=x_3-x_4$ とすると

$$\begin{bmatrix} x_1' \\ x_2' \\ x_3' \\ x_4' \end{bmatrix}=\begin{bmatrix} 1 & 1 & 0 & 1 \\ 0 & 0 & 1 & 1 \\ 1 & -1 & 0 & -1 \\ 0 & 0 & 1 & -1 \end{bmatrix}$$

行列 $\begin{bmatrix} 1 & 1 & 0 & 1 \\ 0 & 0 & 1 & 1 \\ 1 & -1 & 0 & -1 \\ 0 & 0 & 1 & -1 \end{bmatrix}$ の逆行列を P とすると，$P=\dfrac{1}{2}\begin{bmatrix} 1 & 0 & 1 & 0 \\ 1 & -1 & -1 & 1 \\ 0 & 1 & 0 & 1 \\ 0 & 1 & 0 & -1 \end{bmatrix}$ であり　$\begin{bmatrix} x_1 \\ x_2 \\ x_3 \\ x_4 \end{bmatrix}=P\begin{bmatrix} x_1' \\ x_2' \\ x_3' \\ x_4' \end{bmatrix}$

よって，与えられた 2 次形式は正則行列 P によって，シルベスター標準形 $\boldsymbol{x}_1'^2+\boldsymbol{x}_2'^2-\boldsymbol{x}_3'^2-\boldsymbol{x}_4'^2$ に変換される。

◈空間内の 2 次曲面の分類

2 次形式の標準形を用いると，3 次元空間 $\mathbb{R}^3$ の中の 2 次曲面を，座標変換によって分類することができる。ここでは，2 次曲面とは，$\boldsymbol{x}=\begin{bmatrix} x \\ y \\ z \end{bmatrix}$，$A=[a_{ij}]$ を 3 次対称行列として，3 次の横ベクトル $[\,b_1 \quad b_2 \quad b_3\,]$，および定数 $c\in\mathbb{R}$ により

$$^t\boldsymbol{x}A\boldsymbol{x}+[\,b_1 \quad b_2 \quad b_3\,]\boldsymbol{x}+c=0$$

すなわち　$a_{11}x^2+a_{22}y^2+a_{33}z^2+2a_{23}yz+2a_{13}zx+2a_{12}xy+b_1x+b_2y+b_3z+c=0$

という形の方程式で定義される，空間内の曲面 S であるとする。

2 次形式の標準形の定理に従って，$\boldsymbol{x}'=\begin{bmatrix} x' \\ y' \\ z' \end{bmatrix}$ を $\boldsymbol{x}=P\boldsymbol{x}'$ で定義すると，$^tPAP=\begin{bmatrix} a_{11}' & & \\ & a_{22}' & \\ & & a_{33}' \end{bmatrix}$，

および $[\,b_1 \quad b_2 \quad b_3\,]P=[\,b_1' \quad b_2' \quad b_3'\,]$ として，S の定義式は

$$^t\boldsymbol{x}'\,{}^tPAP\boldsymbol{x}'+[\,b_1 \quad b_2 \quad b_3\,]P\boldsymbol{x}'+c=0$$

すなわち　$a_{11}'x'^2+a_{22}'y'^2+a_{33}'z'^2+b_1'x'+b_2'y'+b_3'z'+c=0$

と変形される。

したがって，最初から，考えている 2 次曲面 S の方程式は

$$a_1x^2+a_2y^2+a_3z^2+b_1x+b_2y+b_3z+c=0 \quad \cdots\cdots (*)$$

$(a_1\in\mathbb{R},\ a_2\in\mathbb{R},\ a_3\in\mathbb{R},\ b_1\in\mathbb{R},\ b_2\in\mathbb{R},\ b_3\in\mathbb{R},\ c\in\mathbb{R})$ という形であるとして，一般性は失われない。

ここで，a_1，a_2，a_3 の中で，正のものの個数を n_+，負のものの個数を n_-，0 のものの個数を n_0 とすると，これらはそれぞれ，最初に考えた対称行列 A の正の慣性指数，負の慣性指数，および退化次数に等しい。

[1]　$(n_+,\ n_-,\ n_0)=(3,\ 0,\ 0),\ (0,\ 3,\ 0)$ のとき

$a_1\neq 0$ かつ $a_2\neq 0$ かつ $a_3\neq 0$ であり，その符号が一致しているから，必要ならば定義式 $(*)$ の全体に -1 を掛けて，$a_1>0$ かつ $a_2>0$ かつ $a_3>0$ としてよい。

また，平行移動 $(x,\ y,\ z)=\left(x'-\dfrac{b_1}{2a_1},\ y'-\dfrac{b_2}{2a_2},\ z'-\dfrac{b_3}{2a_3}\right)$ によって新しい座標 $(x',\ y',\ z')$ を導入すると，定義式 $(*)$ は

$$a_1x'^2+a_2y'^2+a_3z'^2+c'=0$$

$(c'\in\mathbb{R})$ という形に変形される。

よって，最初から，定義式は

$$a_1x^2+a_2y^2+a_3z^2=c \quad (a_1>0,\ a_2>0,\ a_3>0)$$

という形であるとしてよい。

[a]　$c>0$ のとき，S は **楕円面** である。

[b]　$c<0$ のとき，S は空集合である。

[c]　$c=0$ のとき，S は 1 点 (原点のみ) である。

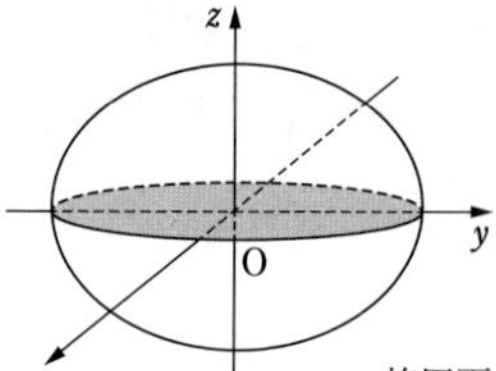

楕円面

[2]　$(n_+,\ n_-,\ n_0)=(2,\ 1,\ 0),\ (1,\ 2,\ 0)$ のとき

変数 x，y，z を適当に入れ替え，更に，必要ならば全体に -1 を掛けることで，$a_1>0$，$a_2>0$，$a_3<0$ と仮定してよい。

また，[1] と同様の平行移動によって，定義式は最初から

$$a_1x^2+a_2y^2+a_3z^2=c \quad (a_1>0,\ a_2>0,\ a_3<0)$$

という形であるとしてよい。

[a]　$c>0$ のとき，S は **一葉双曲面** である。

[b]　$c<0$ のとき，S は **二葉双曲面** である。

[c]　$c=0$ のとき，S は **楕円錐面** である。

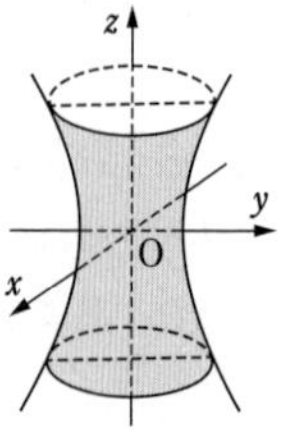

一葉双曲面

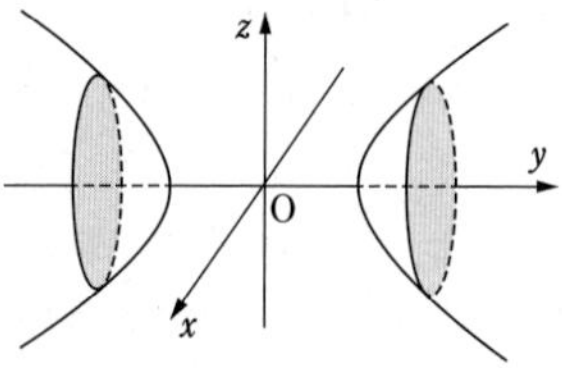

二葉双曲面

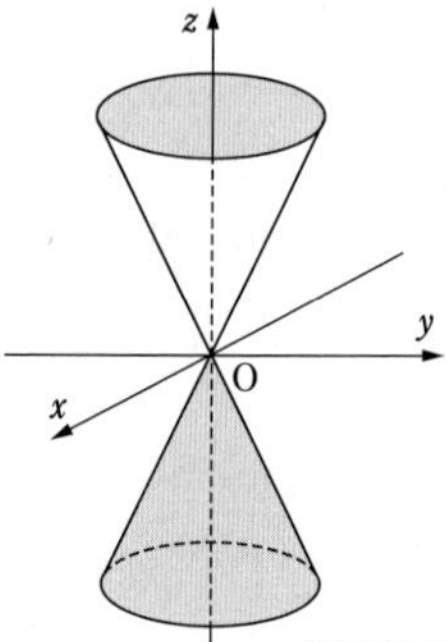

楕円錐面

[3]　$(n_+,\ n_-,\ n_0)=(2,\ 0,\ 1),\ (0,\ 2,\ 1)$ のとき

変数 x，y，z を適当に入れ替え，また，必要ならば全体に -1 を掛けることで，$a_1>0$，$a_2>0$，$a_3=0$ と仮定してよい。

また，平行移動 $(x,\ y,\ z)=\left(x'-\dfrac{b_1}{2a_1},\ y'-\dfrac{b_2}{2a_2},\ z'\right)$ によって新しい座標 $(x',\ y',\ z')$ を導入すると，定義式 (＊) は

$$a_1x'^2+a_2y'^2+b_3z'+c'=0$$

$(c'\in\mathbb{R})$ という形に変形される。

よって，最初から，定義式は

$$a_1x^2+a_2y^2+b_3z=c \quad (a_1>0,\ a_2>0)$$

という形であるとしてよい。

$b_3 \neq 0$ とすると，z を $z+\dfrac{c-1}{b_3}$ に取り替えるという平行移動によって，

$c=1$ と仮定してよい。

このとき

[a]　S は **楕円放物面** である。

$b_3=0$ ならば

[b]　$c<0$ のとき，S は空集合である。

[c]　$c>0$ のとき，S は楕円柱である。

[d]　$c=0$ のとき，S は直線である。

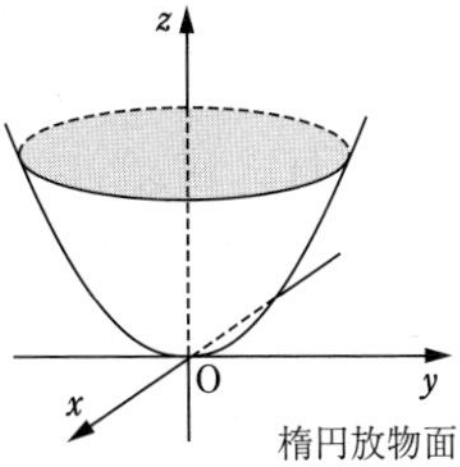

楕円放物面

[4]　$(n_+,\ n_-,\ n_0)=(1,\ 1,\ 1)$ のとき

変数 x，y，z を適当に入れ替え，更に，必要ならば全体に -1 を掛けることで，$a_1>0$，$a_2<0$，$a_3=0$ と仮定してよい。

また，[3] と同様の平行移動によって，定義式は最初から

$$a_1x^2+a_2y^2+b_3z=c \quad (a_1>0,\ a_2<0)$$

という形であるとしてよい。

[3] と同様に，$b_3 \neq 0$ とすると，z を $z+\dfrac{c-1}{b_3}$ に取り替えるという平行移動によって，$c=1$ と仮定してよい。

このとき

[a]　S は **双曲放物面** である。

$b_3=0$ ならば

[b]　$c \neq 0$ のとき，S は双曲柱である。

[c]　$c=0$ のとき，S は 2 枚の交差する平面である。

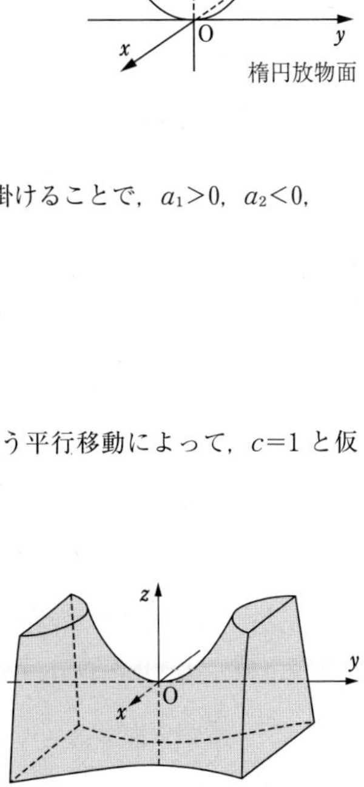

双曲放物面

基本 例題 165 空間内の 2 次曲面の分類 ★★☆

357～359 ページの $(n_+,\ n_-,\ n_0)=(1,\ 0,\ 2),\ (0,\ 1,\ 2),\ (0,\ 0,\ 3)$ の場合を考察して，分類を完成させよ。

指針 357～359 ページで示した，空間内の 2 次曲面の分類のまとめに従って考えればよい。

解答 [1]　$(n_+,\ n_-,\ n_0)=(1,\ 0,\ 2)$ のとき

(ア)　$a_1>0$ かつ $a_2=a_3=0$ のとき

変数変換 $x'=x+\dfrac{b_1}{2a_1}$ により，$a_1x'^2+b_2y+b_3z=c'$ $\left(c'=\dfrac{{b_1}^2}{4a_1}-c\right)$ に変形される。

[a]　$b_2=b_3=0$ のとき

[α]　$c'>0$ のとき，2 次曲面 S は 2 枚の平行な平面である。

[β]　$c'=0$ のとき，2 次曲面 S は 1 枚の平面である。

[γ]　$c'<0$ のとき，2 次曲面 S は空集合である。

[b]　$b_2\neq 0$ または $b_3\neq 0$ のとき，2 次曲面 S は放物柱面である。

(イ)　$a_2>0$ かつ $a_1=a_3=0$ のとき

変数変換 $y'=y+\dfrac{b_2}{2a_2}$ により，$a_2y'^2+b_1x+b_3z=c'$ $\left(c'=\dfrac{{b_2}^2}{4a_2}-c\right)$ に変形される。

[a]　$b_1=b_3=0$ のとき

[α]　$c'>0$ のとき，2 次曲面 S は 2 枚の平行な平面である。

[β]　$c'=0$ のとき，2 次曲面 S は 1 枚の平面である。

[γ]　$c'<0$ のとき，2 次曲面 S は空集合である。

[b]　$b_1\neq 0$ または $b_3\neq 0$ のとき，2 次曲面 S は放物柱面である。

(ウ)　$a_3>0$ かつ $a_1=a_2=0$ のとき

変数変換 $z'=z+\dfrac{b_3}{2a_3}$ により，$a_3z'^2+b_1x+b_2y=c'$ $\left(c'=\dfrac{{b_3}^2}{4a_3}-c\right)$ に変形される。

[a]　$b_1=b_2=0$ のとき

[α]　$c'>0$ のとき，2 次曲面 S は 2 枚の平行な平面である。

[β]　$c'=0$ のとき，2 次曲面 S は 1 枚の平面である。

[γ]　$c'<0$ のとき，2 次曲面 S は空集合である。

[b]　$b_1\neq 0$ または $b_2\neq 0$ のとき，2 次曲面 S は放物柱面である。

[2]　$(n_+,\ n_-,\ n_0)=(0,\ 1,\ 2)$ のとき

(ア)　$a_1<0$ かつ $a_2=a_3=0$ のとき

変数変換 $x'=x+\dfrac{b_1}{2a_1}$ により，$a_1x'^2+b_2y+b_3z=c'$ $\left(c'=\dfrac{b_1{}^2}{4a_1}-c\right)$ に変形される。

[a]　$b_2=b_3=0$ のとき

[α]　$c'>0$ のとき，2 次曲面 S は空集合である。

[β]　$c'=0$ のとき，2 次曲面 S は 1 枚の平面である。

[γ]　$c'<0$ のとき，2 次曲面 S は 2 枚の平行な平面である。

[b]　$b_2\neq0$ または $b_3\neq0$ のとき，2 次曲面 S は放物柱面である。

(イ)　$a_2<0$ かつ $a_1=a_3=0$ のとき

変数変換 $y'=y+\dfrac{b_2}{2a_2}$ により，$a_2y'^2+b_1x+b_3z=c'$ $\left(c'=\dfrac{b_2{}^2}{4a_2}-c\right)$ に変形される。

[a]　$b_1=b_3=0$ のとき

[α]　$c'>0$ のとき，2 次曲面 S は空集合である。

[β]　$c'=0$ のとき，2 次曲面 S は 1 枚の平面である。

[γ]　$c'<0$ のとき，2 次曲面 S は 2 枚の平行な平面である。

[b]　$b_1\neq0$ または $b_3\neq0$ のとき，2 次曲面 S は放物柱面である。

(ウ)　$a_3<0$ かつ $a_1=a_2=0$ のとき

変数変換 $z'=z+\dfrac{b_3}{2a_3}$ により，$a_3z'^2+b_1x+b_2y=c'$ $\left(c'=\dfrac{b_3{}^2}{4a_3}-c\right)$ に変形される。

[a]　$b_1=b_2=0$ のとき

[α]　$c'>0$ のとき，2 次曲面 S は空集合である。

[β]　$c'=0$ のとき，2 次曲面 S は 1 枚の平面である。

[γ]　$c'<0$ のとき，2 次曲面 S は 2 枚の平行な平面である。

[b]　$b_1\neq0$ または $b_2\neq0$ のとき，2 次曲面 S は放物柱面である。

[3]　$(n_+,\ n_-,\ n_0)=(0,\ 0,\ 3)$ のとき

(ア)　$b_1=b_2=b_3=c=0$ のとき，2 次曲線 S の方程式は存在しない。

(イ)　$b_1=b_2=b_3=0$ かつ $c\neq0$ のとき，2 次曲線 S は空集合である。

(ウ)　$b_1\neq0$ または $b_2\neq0$ または $b_3\neq0$ のとき，2 次曲線 S は 1 枚の平面である。

基本 例題 166 空間内の 2 次曲線の分類 ★★☆

357〜359 ページの $\mathbb{R}^3$ 内の 2 次曲面の分類を参考にして，$\mathbb{R}^2$ 内の 2 次曲線の分類をせよ。

指針 $\mathbb{R}^2$ 内の 2 次曲線の方程式は，a_1，a_2，b_1，b_2，c を実数として $a_1x^2+a_2y^2+b_1x+b_2y+c=0$ の形であるとして，一般性は失われない。357〜359 ページのまとめで扱った，空間内の 2 次曲面の分類に従って考えればよい。

解答 $\mathbb{R}^2$ 内の 2 次曲線の方程式は

$$a_1x^2+a_2y^2+b_1x+b_2y+c=0\ (a_1\in\mathbb{R},\ a_2\in\mathbb{R},\ b_1\in\mathbb{R},\ b_2\in\mathbb{R},\ c\in\mathbb{R})$$

という形で表される。

この 2 次曲線を S とする。

また，a_1，a_2 のうち，正のものの個数を n_+，負のものの個数を n_-，0 のものの個数を n_0 とする。

[1]　$(n_+,\ n_-,\ n_0)=(2,\ 0,\ 0)$ のとき

変数変換 $x'=x+\dfrac{b_1}{2a_1}$，$y'=y+\dfrac{b_2}{2a_2}$ により，$a_1x'^2+a_2y'^2=c'$ $\left(c'=\dfrac{b_1{}^2}{4a_1}+\dfrac{b_2{}^2}{4a_2}-c\right)$ に変形される。

(ア)　$c'>0$ のとき，2 次曲線 S は楕円である。

(イ)　$c'=0$ のとき，2 次曲線 S は 1 点である。

(ウ)　$c'<0$ のとき，2 次曲線 S は空集合である。

[2]　$(n_+,\ n_-,\ n_0)=(0,\ 2,\ 0)$ のとき

変数変換 $x'=x+\dfrac{b_1}{2a_1}$，$y'=y+\dfrac{b_2}{2a_2}$ により，$a_1x'^2+a_2y'^2=c'$ $\left(c'=\dfrac{b_1{}^2}{4a_1}+\dfrac{b_2{}^2}{4a_2}-c\right)$ に変形される。

(ア)　$c'>0$ のとき，2 次曲線 S は空集合である。

(イ)　$c'=0$ のとき，2 次曲線 S は 1 点である。

(ウ)　$c'<0$ のとき，2 次曲線 S は楕円である。

[3]　$(n_+,\ n_-,\ n_0)=(1,\ 1,\ 0)$ のとき

変数変換 $x'=x+\dfrac{b_1}{2a_1}$，$y'=y+\dfrac{b_2}{2a_2}$ により，$a_1x'^2+a_2y'^2=c'$ $\left(c'=\dfrac{b_1{}^2}{4a_1}+\dfrac{b_2{}^2}{4a_2}-c\right)$ に変形される。

(ア)　$c'\neq 0$ のとき，2 次曲線 S は双曲線である。

(イ)　$c'=0$ のとき，2 次曲線 S は 2 本の直線である。

[4]　$(n_+,\ n_-,\ n_0)=(1,\ 0,\ 1)$ のとき

(ア)　$a_1>0$ かつ $a_2=0$ のとき

変数変換 $x'=x+\dfrac{b_1}{2a_1}$ により，$a_1x'^2+b_2y=c'$ $\left(c'=\dfrac{b_1{}^2}{4a_1}-c\right)$ に変形される。

[a] $b_2 \neq 0$ のとき，2 次曲線 S は放物線である。

[b] $b_2=0$ のとき

[α] $c'>0$ のとき，2 次曲線 S は 2 本の直線である。

[β] $c'=0$ のとき，2 次曲線 S は 1 本の直線である。

[γ] $c'<0$ のとき，2 次曲線 S は空集合である。

(イ) $a_1=0$ かつ $a_2>0$ のとき

変数変換 $y'=y+\dfrac{b_2}{2a_2}$ により，$b_1x+a_2y'^2=c'$ $\left(c'=\dfrac{{b_2}^2}{4a_2}-c\right)$ に変形される。

[a] $b_1 \neq 0$ のとき，2 次曲線 S は放物線である。

[b] $b_1=0$ のとき

[α] $c'>0$ のとき，2 次曲線 S は 2 本の直線である。

[β] $c'=0$ のとき，2 次曲線 S は 1 本の直線である。

[γ] $c'<0$ のとき，2 次曲線 S は空集合である。

[5] $(n_+,\ n_-,\ n_0)=(0,\ 1,\ 1)$ のとき

(ア) $a_1<0$ かつ $a_2=0$ のとき

変数変換 $x'=x+\dfrac{b_1}{2a_1}$ により，$a_1x'^2+b_2y=c'$ $\left(c'=\dfrac{{b_1}^2}{4a_1}-c\right)$ に変形される。

[a] $b_2 \neq 0$ のとき，2 次曲線 S は放物線である。

[b] $b_2=0$ のとき

[α] $c'>0$ のとき，2 次曲線 S は空集合である。

[β] $c'=0$ のとき，2 次曲線 S は 1 本の直線である。

[γ] $c'<0$ のとき，2 次曲線 S は 2 本の直線である。

(イ) $a_1=0$ かつ $a_2<0$ のとき

変数変換 $y'=y+\dfrac{b_2}{2a_2}$ により，$b_1x+a_2y'^2=c'$ $\left(c'=\dfrac{{b_2}^2}{4a_2}-c\right)$ に変形される。

[a] $b_1 \neq 0$ のとき，2 次曲線 S は放物線である。

[b] $b_1=0$ のとき

[α] $c'>0$ のとき，2 次曲線 S は空集合である。

[β] $c'=0$ のとき，2 次曲線 S は 1 本の直線である。

[γ] $c'<0$ のとき，2 次曲線 S は 2 本の直線である。

[6] $(n_+,\ n_-,\ n_0)=(0,\ 0,\ 2)$ のとき

(ア) $b_1 \neq 0$ または $b_2 \neq 0$ のとき，2 次曲線 S は 1 本の直線である。

(イ) $b_1=b_2=0$ のとき

[a] $c=0$ のとき，2 次曲線 S の方程式は存在しない。

[b] $c \neq 0$ のとき，2 次曲線 S は空集合である。

3　最小多項式と対角化

基本　例題 167　行列の多項式の性質 ①　★☆☆

A が K 上の n 次正方行列であり，$f(t)=at^2+bt+c$ $(a\in K,\ b\in K,\ c\in K)$，$g(t)=a't^2+b't+c'$ $(a'\in K,\ b'\in K,\ c'\in K)$ であるときに，多項式の積 $h(t)=f(t)g(t)$ を計算しておいて，その計算結果に行列 A を代入したもの $h(A)$ は，$f(t)$，$g(t)$ に別々に行列 A を代入しておいて，それらの結果として得られた行列を掛け算したもの $f(A)g(A)$ に等しいことを示せ。

指針　多項式への正方行列の代入を次のように定義する。詳しくは，「数研講座シリーズ　大学教養 線形代数」の 306 ページを参照。

定義　多項式への正方行列の代入

$f(t)$ を，t を変数とする K 上の多項式として $f(t)=a_rt^r+a_{r-1}t^{r-1}+\cdots\cdots+a_1t+a_0$ $(a_0\in K,\ a_1\in K,\ \cdots\cdots,\ a_{r-1}\in K,\ a_r\in K)$ とし，A を K 上の n 次正方行列とする。行列 A の多項式 $f(t)$ への代入 $f(A)$ とは，$f(A)=a_rA^r+a_{r-1}A^{r-1}+\cdots\cdots+a_1A+a_0E_n$ で定義される n 次正方行列である。

この定義に従って示す。

解答　$h(t)=f(t)g(t)=aa't^4+(ab'+ba')t^3+(ac'+bb'+ca')t^2+(bc'+cb')t+cc'$

よって　$h(A)=aa'A^4+(ab'+ba')A^3+(ac'+bb'+ca')A^2+(bc'+cb')A+cc'E$

また　$f(A)=aA^2+bA+cE,\ g(A)=a'A^2+b'A+c'E$

ゆえに　$f(A)g(A)=(aA^2+bA+cE)(a'A^2+b'A+c'E)$

$$=aa'A^4+(ab'+ba')A^3+(ac'+bb'+ca')A^2+(bc'+cb')A+cc'E$$

したがって，題意は成り立つ。■

補足　$f(t)$，$g(t)$ が一般の多項式である場合にも，本問の性質は成り立つ。更に，次の性質も成り立つ。多項式の和 $h(t)=f(t)+g(t)$ を計算しておいて，その計算結果に行列 A を代入したもの $h(A)$ は，$f(t)$，$g(t)$ に別々に行列 A を代入しておいて，それらの結果として得られた行列を足したもの $f(A)+g(A)$ に等しい。

注意　一般に，K の要素を係数にもつ多項式を，**K 上の多項式** という。

基本 例題 168 行列の多項式の性質 ② ★☆☆

A を K 上の n 次正方行列とし，$f(t)=a_rt^r+a_{r-1}t^{r-1}+\cdots\cdots+a_1t+a_0$ ($a_0\in K$, $a_1\in K$, ……, $a_{r-1}\in K$, $a_r\in K$) とするとき，任意の n 次正則行列 P について，$f(P^{-1}AP)=P^{-1}f(A)P$ であることを示せ。

指針 k を正の整数とするとき

$$(P^{-1}AP)^k=\overbrace{(P^{-1}AP)(P^{-1}AP)\cdots\cdots(P^{-1}AP)}^{k\text{個}}=P^{-1}A(PP^{-1})A(PP^{-1})\cdots\cdots(PP^{-1})AP$$
$$=P^{-1}\overbrace{AA\cdots\cdots A}^{k\text{個}}P=P^{-1}A^kP$$

となることを利用する。

解答 k を正の整数とするとき　$(P^{-1}AP)^k=P^{-1}A^kP$

よって　(左辺)$=a_rP^{-1}A^rP+a_{r-1}P^{-1}A^{r-1}P+\cdots\cdots+a_1P^{-1}AP+a_0E$

$=P^{-1}(a_rA^r+a_{r-1}A^{r-1}+\cdots\cdots+a_1A+a_0E)P$

$=P^{-1}f(A)P=$(右辺)

ゆえに　$f(P^{-1}AP)=P^{-1}f(A)P$ ■

基本 例題 169 行列の多項式の性質 ③ ★☆☆

A，B が K 上の n 次正方行列であり，可換である，すなわち，$AB=BA$ であるとする。$f(t)=at^2+bt+c$ ($a\in K$, $b\in K$, $c\in K$) であるとき，$f(A)$ と $f(B)$ も可換である，すなわち，$f(A)f(B)=f(B)f(A)$ であることを示せ。

指針 $AB=BA$ であることから，$A^2B^2=B^2A^2$，$A^2B=BA^2$，$AB^2=B^2A$ であることを示す。

解答 (左辺)$=(aA^2+bA+cE)(aB^2+bB+cE)$

$=a^2A^2B^2+abA^2B+caA^2+abAB^2+b^2AB+bcA+caB^2+bcB+c^2E$

(右辺)$=(aB^2+bB+cE)(aA^2+bA+cE)$

$=a^2B^2A^2+abB^2A+caB^2+abBA^2+b^2BA+bcB+caA^2+bcA+c^2E$

ここで，$AB=BA$ であるから

$A^2B^2=A(AB)B=A(BA)B=(AB)(AB)$

$=(BA)(BA)=B(AB)A=B(BA)A=B^2A^2$

$A^2B=A(AB)=A(BA)=(AB)A=(BA)A=BA^2$

$AB^2=(AB)B=(BA)B=B(AB)=B(BA)=B^2A$

よって　$f(A)f(B)=f(B)f(A)$ ■

注意 A と B が可換でなければ，$f(A)f(B)=f(B)f(A)$ は一般には成り立たない。

基本 例題 170 可換な行列についての二項定理 ★★☆

A，B が K 上の n 次正方行列であり，可換であるとき，次を証明せよ。

自然数 n について　$(A+B)^n=\sum_{k=0}^{n}\binom{n}{k}A^kB^{n-k}$

ただし　$\binom{n}{k}=\dfrac{n(n-1)\cdot\cdots\cdots\cdot(n-k+1)}{k!}$

指針 行列 A，B が可換であるとは，$AB=BA$ が成り立つということである。数学的帰納法により証明する。

CHART **行列 A，B が可換なら数のように計算できる**

解答 $(A+B)^n=\sum_{k=0}^{n}\binom{n}{k}A^kB^{n-k}$ ……① とする。

[1]　$n=1$ のとき

$(\text{左辺})=A+B$

$(\text{右辺})=\sum_{k=0}^{1}\binom{1}{k}A^kB^{1-k}=A+B$

ゆえに，① は成り立つ。

[2]　$n=m(\geqq 1)$ のとき ① が成り立つ，すなわち

$(A+B)^m=\sum_{k=0}^{m}\binom{m}{k}A^kB^{m-k}$ ……② と仮定する。

$n=m+1$ のときを考えると，② から

$$\begin{aligned}(A+B)^{m+1}&=(A+B)\sum_{k=0}^{m}\binom{m}{k}A^kB^{m-k}\\&=A^{m+1}+\sum_{k=0}^{m-1}\binom{m}{k}A^{k+1}B^{m-k}+\sum_{k=1}^{m}\binom{m}{k}A^kB^{m-k+1}+B^{m+1}\\&=A^{m+1}+\sum_{k=1}^{m}\binom{m}{k-1}A^kB^{m-k+1}+\sum_{k=1}^{m}\binom{m}{k}A^kB^{m-k+1}+B^{m+1}\\&=A^{m+1}+\sum_{k=1}^{m}\left\{\binom{m}{k-1}+\binom{m}{k}\right\}A^kB^{m-k+1}+B^{m+1}\\&=A^{m+1}+\sum_{k=1}^{m}\binom{m+1}{k}A^kB^{(m+1)-k}+B^{m+1}\\&=\sum_{k=0}^{m+1}\binom{m+1}{k}A^kB^{(m+1)-k}\end{aligned}$$

◀ $AB=BA$ より。

よって，$n=m+1$ のときも ① は成り立つ。

[1]，[2] から，すべての自然数 n について ① は成り立つ。 ■

基本 例題 171 （高校数学）多項式の割り算と因数定理 ★☆☆

$f(t)$ を多項式とするとき，方程式 $f(t)=0$ が $t=a$ を解にもつ（すなわち，$f(a)=0$）ための必要十分条件は，多項式 $f(t)$ が $t-a$ で割り切れることであることを示せ（因数定理）。

指針 $f(t)$，$g(t)$ を，変数 t についての 1 変数多項式とする。ただし，$g(t)\neq 0$ とする。
このとき，次の 2 つの条件を同時に満たす多項式 $q(t)$，$r(t)$ の組が一意的に存在する。
[1] $f(t)=g(t)q(t)+r(t)$　[2] $r(t)=0$ または $\deg r(t)<\deg g(t)$
なお，deg は degree の略で，多項式の次数を表す記号である。
多項式 $f(t)$ を 1 次式 $t-a$ で割った商を $g(t)$，余りを h として，$f(t)=(t-a)g(t)+h$ とおく。

解答 多項式 $f(t)$ を 1 次式 $t-a$ で割ったときの商を $g(t)$，余りを h とすると

$$f(t)=(t-a)g(t)+h \quad \cdots\cdots ①$$

① の両辺に $t=a$ を代入すると　$f(a)=h$

$f(a)=0$ であるとき　$h=0$

よって，題意は成り立つ。■

基本 例題 172 多項式の最大公約数の性質 ★☆☆

$f(t)$，$g(t)$，$q(t)$，$r(t)$ をそれぞれ変数 t についての 1 変数多項式とする。
$f(t)=g(t)q(t)+r(t)$ が成り立つとき，$\mathrm{GCD}(f(t),\ g(t))=\mathrm{GCD}(g(t),\ r(t))$ であることを示せ。

指針 整数と同じように，多項式 $g(x)$ が多項式 $f_1(x)$，$f_2(x)$，……，$f_k(x)$ を割り切るとき，$g(x)$ は $f_1(x)$，$f_2(x)$，……，$f_k(x)$ の **公約数** であるといい，次数が最も高い公約数を **最大公約数** という。そして，多項式 $f(t)$，$g(t)$ の最大公約数を，**GCD($f(t)$, $g(t)$)** と書く。最大公約数 $\mathrm{GCD}(f(t),\ g(t))$ は，（0 でない定数による）定数倍を除いて定まる。また，
$\mathrm{GCD}(f(t),\ g(t))=1$ のとき，多項式 $f(t)$ と多項式 $g(t)$ は **互いに素である** という。

解答 多項式 $f(t)$，$g(t)$ が多項式 $h(t)$ で割り切れるとする。
$r(t)=f(t)-g(t)q(t)$ より，多項式 $r(t)$ も多項式 $h(t)$ で割り切れる。
よって，多項式 $g(t)$，$r(t)$ は多項式 $h(t)$ で割り切れる。
逆に，多項式 $g(t)$，$r(t)$ が多項式 $h(t)$ で割り切れるとする。
$f(t)=g(t)q(t)+r(t)$ より，多項式 $f(t)$ は多項式 $h(t)$ で割り切れる。
よって，多項式 $f(t)$，$g(t)$ を割り切る多項式全体と多項式 $g(t)$，$r(t)$ を割り切る多項式全体は一致する。
したがって　$\mathrm{GCD}(f(t),\ g(t))=\mathrm{GCD}(g(t),\ r(t))$ ■

◈ケーリー・ハミルトンの定理

正方行列の多項式への代入について，次の定理が成り立つ。詳しくは「数研講座シリーズ　大学教養　線形代数」の 308，309 ページを参照。以下は，その要約である。

定理　ケーリー・ハミルトンの定理

A を n 次正方行列とし，その固有多項式を $F_A(t)$ とする。このとき，$F_A(A)=O$ が成り立つ。

◈多項式の割り算

詳しくは「数研講座シリーズ　大学教養　線形代数」の 310〜312 ページを参照。

整数の場合と同様に，最大公約数の表示について，次の定理が成り立つ。

定理　最大公約数の表示

$f(t)$，$g(t)$ を多項式とし，$h(t)$ を，$f(t)$，$g(t)$ の最大公約数とする。このとき，ある多項式 $a(t)$，$b(t)$ が存在して，$a(t)f(t)+b(t)g(t)=h(t)$ となる。

上の定理から，直ちに次の 系 が得られる。

系　$f(t)$，$g(t)$ を多項式とし，$f(t)$ と $g(t)$ は互いに素であるとする。このとき，ある多項式 $a(t)$，$b(t)$ が存在して，$a(t)f(t)+b(t)g(t)=1$ となる。

更に上の定理を用いて，次の 系 が得られる。

系　$f_1(t)$，$f_2(t)$，……，$f_r(t)$ を多項式とし，$h(t)=\mathrm{GCD}(f_1(t),\ f_2(t),\ \cdots\cdots,\ f_r(t))$ とする。このとき，ある多項式 $a_1(t)$，$a_2(t)$，……，$a_r(t)$ が存在して，
$a_1(t)f_1(t)+a_2(t)f_2(t)+\cdots\cdots+a_r(t)f_r(t)=h(t)$ となる。

◈最小多項式

詳しくは「数研講座シリーズ　大学教養　線形代数」の 312～314 ページを参照。以下は，その要約である。

A を n 次正方行列とする。行列 A を代入すると O（零行列）になるような多項式 $f(t)$ $(f(A)=O)$ とし，そのような多項式の全体がなす集合を I_A とすると，次のように与えられる。

$$I_A=\{f(t)\mid f(A)=O\}$$

明らかに，集合 I_A は，次の条件を満たしている。

[1]　$0\in I_A$

[2]　$f(t)\in I_A$，$g(t)\in I_A$ ならば，$f(t)+g(t)\in I_A$ である（すなわち，I_A は多項式の和で閉じている）。

[3]　$f(t)\in I_A$ ならば，任意の多項式 $h(t)$ に対し，$h(t)f(t)\in I_A$ である（すなわち，$f(t)$ のすべての倍数も I_A に入る）。

集合 I_A は，0 でない多項式を含んでいる。例えば，ケーリー・ハミルトンの定理により，行列 A の固有多項式は I_A に含まれる。集合 I_A に属する 0 でない多項式の中で，その次数が最小であるものが存在する。そのような多項式を 1 つとって，$p(t)$ とする。このとき，次が成り立つ。

補題　A を n 次正方行列とし，A を代入すると O（零行列）になるような多項式の全体がなす集合を I_A とする。このとき，集合 I_A は，$p(t)$ の倍数全体の集合，すなわち，$p(t)h(t)$（$h(t)$ は任意の多項式）という形の多項式全体に一致する。

特に，集合 I_A に属する 0 でない多項式の中で，次数が最小のものは，定数倍を除いて 1 つしかない。すなわち，$p(t)$ と $q(t)$ が集合 I_A に属する 0 でない多項式で，どちらも次数が最小ならば，$q(t)$ は $p(t)$ の倍数で，次数が等しいことから定数倍でなければならない。よって，集合 I_A に属する 0 でない多項式の中で，次数が最小で，最高次の係数が 1 であるものは，ただ 1 つに定まる。

定義　**最小多項式**

A を n 次正方行列とし，A を代入すると O（零行列）になるような多項式の全体がなす集合を I_A とする。集合 I_A に属する 0 でない多項式で，次数が最小であり，最高次の係数が 1 に等しいものを，A の **最小多項式** といい $p_A(t)$ と書く。

最小多項式の性質として，次の定理が成り立つ。

定理　**最小多項式の性質**

A を n 次正方行列，その固有多項式を $F_A(t)$ とする。固有多項式 $F_A(t)$ が，次のように分解されるとする。

$$F_A(t)=(t-\lambda_1)^{m_1}(t-\lambda_2)^{m_2}\cdots\cdots(t-\lambda_r)^{m_r},\ \lambda_i\neq\lambda_j\quad(i\neq j)$$

このとき，行列 A の最小多項式を $p_A(t)$ とすると，次のようになる。

$$p_A(t)=(t-\lambda_1)^{l_1}(t-\lambda_2)^{l_2}\cdots\cdots(t-\lambda_r)^{l_r}$$

ここで，l_1，l_2，……，l_r は，$1\leqq l_1\leqq m_1$，$1\leqq l_2\leqq m_2$，……，$1\leqq l_r\leqq m_r$ を満たす整数である。特に，$1\leqq \deg p_A(t)\leqq n$ である。

基本　例題 173　2 次，3 次行列の最小多項式　★☆☆

次の行列 A の最小多項式を求めよ。

(1)　$A=\begin{bmatrix} 2 & 1 \\ 2 & 3 \end{bmatrix}$　　(2)　$A=\begin{bmatrix} 3 & 1 & 1 \\ 2 & 4 & 2 \\ 1 & 1 & 3 \end{bmatrix}$

指針　369 ページで示した最小多項式の定義と，最小多項式の性質の定理に基づいて考える。

解答　(1)　行列 A の固有多項式は　$(t-1)(t-4)$　◀基本例題 154 (1) より。

よって，行列 A の最小多項式は　$\boldsymbol{(t-1)(t-4)}$

(2)　行列 A の固有多項式は　$(t-2)^2(t-6)$　◀基本例題 154 (2) より。

ゆえに，行列 A の最小多項式は，$(t-2)(t-6)$ または $(t-2)^2(t-6)$ のどちらかである。

$p(t)=(t-2)(t-6)$ とすると

$$p(A)=(A-2E)(A-6E)=\begin{bmatrix} 1 & 1 & 1 \\ 2 & 2 & 2 \\ 1 & 1 & 1 \end{bmatrix}\begin{bmatrix} -3 & 1 & 1 \\ 2 & -2 & 2 \\ 1 & 1 & -3 \end{bmatrix}=O$$

よって，行列 A の最小多項式は　$\boldsymbol{(t-2)(t-6)}$

基本　例題 174　行列 A，$P^{-1}AP$ の最小多項式の関係　★★☆

基本例題 168 で確かめた性質を用いて，次を証明せよ。

A を n 次正方行列，P を n 次正則行列とし，A の最小多項式を $p_A(t)$，$P^{-1}AP$ の最小多項式を $p_{P^{-1}AP}(t)$ とするとき，A の最小多項式と $P^{-1}AP$ の最小多項式は等しい，すなわち $p_A(t)=p_{P^{-1}AP}(t)$ となる。

指針　最小多項式の最高次の係数は 1 であるから，$p_{P^{-1}AP}(t)$ が $p_A(t)$ で割り切れること，$p_A(t)$ が $p_{P^{-1}AP}(t)$ で割り切れることをそれぞれ証明すればよい。

解答　[1]　$f(t)=p_{P^{-1}AP}(t)$ とすると　$f(P^{-1}AP)=O$

また，$f(P^{-1}AP)=P^{-1}f(A)P$ であるから　$f(A)=O$

よって，$p_{P^{-1}AP}(t)$ は $p_A(t)$ で割り切れる。

[2]　$g(t)=p_A(t)$ とすると　$g(A)=O$

また，$P^{-1}g(A)P=g(P^{-1}AP)$ であるから　$g(P^{-1}AP)=O$

よって，$p_A(t)$ は $p_{P^{-1}AP}(t)$ で割り切れる。

[1]，[2] から　$p_A(t)=p_{P^{-1}AP}(t)$　■

基本 例題 175 最小多項式と対角化可能性 ① ★☆☆

行列 $A=\begin{bmatrix} 1 & -1 & 1 \\ 1 & 1 & 1 \\ 0 & 2 & 0 \end{bmatrix}$ の最小多項式を求め，A が対角化不可能であることを確かめよ。

指針 339 ページの正方行列の対角化についてのまとめで扱った 系 の一般形である，次の定理を用いる (証明は，「数研講座シリーズ　大学教養　線形代数」の 315〜317 ページを参照)。

定理 最小多項式と対角化

A を n 次正方行列とし，A の最小多項式を $p_A(t)$ とするとき，以下は同値である。

[1] 行列 A は ($\mathbb{C}$ 上で) 対角化可能である。

[2] 方程式 $p_A(t)=0$ は重解をもたない。

[3] 行列 A の互いに相異なるすべての固有値を λ_1，λ_2，……，λ_r ($i\neq j$ ならば $\lambda_i\neq\lambda_j$) とするとき，$p_A(t)=(t-\lambda_1)(t-\lambda_2)\cdots\cdots(t-\lambda_r)$ と分解される。

解答 行列 A の固有多項式は

$$\det(tE-A)=\begin{vmatrix} t-1 & 1 & -1 \\ -1 & t-1 & -1 \\ 0 & -2 & t \end{vmatrix}=t^2(t-2)$$

◀下の 補足 参照。

よって，行列 A の最小多項式は，$t(t-2)$ または $t^2(t-2)$ のどちらかである。

$p(t)=t(t-2)$ とすると

$$p(A)=A(A-2E)=\begin{bmatrix} 1 & -1 & 1 \\ 1 & 1 & 1 \\ 0 & 2 & 0 \end{bmatrix}\begin{bmatrix} -1 & -1 & 1 \\ 1 & -1 & 1 \\ 0 & 2 & -2 \end{bmatrix}=\begin{bmatrix} -2 & 2 & -2 \\ 0 & 0 & 0 \\ 2 & -2 & 2 \end{bmatrix}\neq O$$

ゆえに，行列 A の最小多項式は　　$\boldsymbol{t^2(t-2)}$

方程式 $t^2(t-2)=0$ が重解をもつから，行列 A は対角化不可能である。 ■

補足 $\det(tE-A)$ の計算 ① 還元定理利用　　② サラスの方法利用

① $$\begin{vmatrix} t-1 & 1 & -1 \\ -1 & t-1 & -1 \\ 0 & -2 & t \end{vmatrix}=\begin{vmatrix} 1 & 1-t & 1 \\ t-1 & 1 & -1 \\ 0 & -2 & t \end{vmatrix}=\begin{vmatrix} 1 & 1-t & 1 \\ 0 & (1-t)^2+1 & -t \\ 0 & -2 & t \end{vmatrix}$$

$$=\begin{vmatrix} (1-t)^2+1 & -t \\ -2 & t \end{vmatrix}=t\{(1-t)^2+1\}-2t=t^2(t-2)$$

② $$\begin{vmatrix} t-1 & 1 & -1 \\ -1 & t-1 & -1 \\ 0 & -2 & t \end{vmatrix}=(t-1)^2t+0\cdot1\cdot(-1)+(-2)\cdot(-1)\cdot(-1)$$

$$-(-1)\cdot(t-1)\cdot0-(-2)\cdot(-1)\cdot(t-1)-(-1)\cdot1\cdot t$$

$$=t^2(t-2)$$

基本 例題 176 行列 A，B の同時対角化 ★★☆

$A=\begin{bmatrix} 1 & 2 & 1 \\ -1 & 4 & 1 \\ 2 & -4 & 0 \end{bmatrix}$，$B=\begin{bmatrix} -55 & 136 & 40 \\ -14 & 35 & 10 \\ -28 & 68 & 21 \end{bmatrix}$ とする。

(1) $AB=BA$ を確かめよ。

(2) $P^{-1}AP$ と $P^{-1}BP$ が対角行列になるような，3 次正則行列 P を求めよ。

指針 A，B を n 次正方行列とする。この n 次正方行列 A，B に対し，n 次正則行列 P によって，$P^{-1}AP$ と $P^{-1}BP$ の両方を同時に対角化することを，**同時対角化** という。同時対角化について，次の定理が成り立つ（証明は，「数研講座シリーズ　大学教養　線形代数」の 317～319 ページを参照）。

定理　同時対角化定理

A，B を各々対角化可能な n 次正方行列とする。この 2 つの n 次正方行列 A，B について，次は同値である。

[1]　行列 A，B は同時対角化可能である。すなわち，n 次正則行列 P によって，$P^{-1}AP$ と $P^{-1}BP$ を同時に対角行列にできる。

[2]　行列 A，B は可換である。すなわち，$AB=BA$ となる。

まず，行列 A の対角化を行い，それを通じて行列 B の対角化ができる。

解答 (1)

$$AB=\begin{bmatrix} 1 & 2 & 1 \\ -1 & 4 & 1 \\ 2 & -4 & 0 \end{bmatrix}\begin{bmatrix} -55 & 136 & 40 \\ -14 & 35 & 10 \\ -28 & 68 & 21 \end{bmatrix}$$

$$=\begin{bmatrix} -55-28-28 & 136+70+68 & 40+20+21 \\ 55-56-28 & -136+140+68 & -40+40+21 \\ -110+56+0 & 272-140+0 & 80-40+0 \end{bmatrix}$$

$$=\begin{bmatrix} -111 & 274 & 81 \\ -29 & 72 & 21 \\ -54 & 132 & 40 \end{bmatrix}$$

同様に　$BA=\begin{bmatrix} -55 & 136 & 40 \\ -14 & 35 & 10 \\ -28 & 68 & 21 \end{bmatrix}\begin{bmatrix} 1 & 2 & 1 \\ -1 & 4 & 1 \\ 2 & -4 & 0 \end{bmatrix}=\begin{bmatrix} -111 & 274 & 81 \\ -29 & 72 & 21 \\ -54 & 132 & 40 \end{bmatrix}$

よって，$AB=BA$ が成り立つ。■

(2)　行列 A の固有多項式は　$\begin{vmatrix} t-1 & -2 & -1 \\ 1 & t-4 & -1 \\ -2 & 4 & t \end{vmatrix}=(t-1)(t-2)^2$

よって，行列 A の固有値は 1（重複度 1），2（重複度 2）である。

固有値 1 に対する固有空間を W_1，固有値 2 に対する固有空間を W_2 とする。

$A-E$ の簡約階段形は $\begin{bmatrix} 1 & 0 & \frac{1}{2} \\ 0 & 1 & \frac{1}{2} \\ 0 & 0 & 0 \end{bmatrix}$ であるから，W_1 の基底として $\left\{\begin{bmatrix} 1 \\ 1 \\ -2 \end{bmatrix}\right\}$ がとれる。

$A-2E$ の簡約階段形は $\begin{bmatrix} 1 & -2 & -1 \\ 0 & 0 & 0 \\ 0 & 0 & 0 \end{bmatrix}$ であるから，W_2 の基底として $\left\{\begin{bmatrix} 2 \\ 1 \\ 0 \end{bmatrix}, \begin{bmatrix} 1 \\ 0 \\ 1 \end{bmatrix}\right\}$ がとれる。

$\dim W_1=1$，$\dim W_2=2$ であり，これらはそれぞれ固有値 1 および 2 の重複度に等しいから，行列 A は対角化可能である。

$Q=\begin{bmatrix} 1 & 2 & 1 \\ 1 & 1 & 0 \\ -2 & 0 & 1 \end{bmatrix}$ とすると　　$Q^{-1}AQ=\begin{bmatrix} 1 & 0 & 0 \\ 0 & 2 & 0 \\ 0 & 0 & 2 \end{bmatrix}$

ここで，$Q^{-1}BQ=\begin{bmatrix} 1 & 0 & 0 \\ 0 & 7 & -4 \\ 0 & 12 & -7 \end{bmatrix}$ であるから，$C=\begin{bmatrix} 7 & -4 \\ 12 & -7 \end{bmatrix}$ として，行列 C を対角化する。

行列 C の固有値は ± 1 であり，固有値 1 に対する固有空間の基底として $\left\{\begin{bmatrix} 2 \\ 3 \end{bmatrix}\right\}$，固有値 -1 に対する固有空間の基底として $\left\{\begin{bmatrix} 1 \\ 2 \end{bmatrix}\right\}$ がとれる。

ゆえに，$R=\begin{bmatrix} 2 & 1 \\ 3 & 2 \end{bmatrix}$ とすると　　$R^{-1}CR=\begin{bmatrix} 1 & 0 \\ 0 & -1 \end{bmatrix}$

よって，$P=Q\begin{bmatrix} 1 & 0 & 0 \\ 0 & 2 & 1 \\ 0 & 3 & 2 \end{bmatrix}=\begin{bmatrix} 1 & 7 & 4 \\ 1 & 2 & 1 \\ -2 & 3 & 2 \end{bmatrix}$ とすると，$P^{-1}=\begin{bmatrix} 1 & -2 & -1 \\ -4 & 10 & 3 \\ 7 & -17 & -5 \end{bmatrix}$ であるから　　$P^{-1}AP=\begin{bmatrix} 1 & 0 & 0 \\ 0 & 2 & 0 \\ 0 & 0 & 2 \end{bmatrix}$，$P^{-1}BP=\begin{bmatrix} 1 & 0 & 0 \\ 0 & 1 & 0 \\ 0 & 0 & -1 \end{bmatrix}$

したがって，求める P は　　$\boldsymbol{P}=\begin{bmatrix} \mathbf{1} & \mathbf{7} & \mathbf{4} \\ \mathbf{1} & \mathbf{2} & \mathbf{1} \\ \mathbf{-2} & \mathbf{3} & \mathbf{2} \end{bmatrix}$

第 8 章の内容チェックテスト

次の(ア), (イ)などの問いに答えよ。また, □ に当てはまる適当な式や値, 用語を答えよ。

(1) 行列 $A=\begin{bmatrix} -2 & 1 & 3 \\ 4 & -3 & -5 \\ -5 & 3 & 7 \end{bmatrix}$ の固有多項式 $F_A(t)$, 固有値, および, それぞれの固有値に対する固有空間の基底を 1 組求めると, $F_A(t)=$ ア□, 固有値は, 小さい方から イ□, ウ□, エ□ であり, 順に基底は オ□, カ□, キ□ と求められる。

(2) 行列 $A=\begin{bmatrix} -1 & 1 & -1 \\ -1 & -1 & -1 \\ 0 & -2 & 0 \end{bmatrix}$ が対角化可能かどうかを調べてみよう。

Aの固有値は, 重複度が 1 の ア□ と, 重複度が 2 の イ□ である。固有値が ア□ のとき, 行列 ア□$E-A$ の簡約階段形は ウ□ となるから, ア□ に対する固有空間 $W_{\text{ア}}$ は基底 エ□ をもつ。同様にして, 固有値 イ□ に対する固有空間 $W_{\text{イ}}$ は基底 オ□ をもつ。$\dim W_{\text{ア}}=$ カ□, $\dim W_{\text{イ}}=$ キ□ から, 行列Aは対角化 ク□。

(3) 実対称行列は, ある ア□ 行列で対角化可能であることを行列 $A=\begin{bmatrix} 2 & -1 & 1 \\ -1 & 2 & 1 \\ 1 & 1 & 2 \end{bmatrix}$ で試してみよう。

Aの固有多項式 $F_A(t)$ を求めると $F_A(t)=$ イ□ であるから, Aの固有値は, 重複度が 1 の ウ□ と, 重複度が 2 の エ□ である。

(2)と同様にして, 固有値 ウ□ に対する固有空間は基底 オ□, 固有値 エ□ に対する固有空間は基底 カ□ をそれぞれもつから, ア□ 行列として $U=$ キ□ がとれて, ${}^tU=$ ク□ となる。したがって, 行列Aの対角化行列 ケ□ を得る。

(4) 右の行列Aの最小多項式を求めよ。(ア) $A=\begin{bmatrix} 4 & -5 \\ 2 & -3 \end{bmatrix}$ (イ) $A=\begin{bmatrix} 2 & 0 & 0 \\ 0 & 2 & 0 \\ 0 & -1 & 2 \end{bmatrix}$

(5) Aをn次正方行列とし, Aの固有値を λ_1, λ_2, ……, λ_n とすると, Aの固有多項式 $F_A(t)$ は $F_A(t)=(t-\lambda_1)(t-\lambda_2)\cdot\cdots\cdots\cdot(t-\lambda_n)$ と表される。この t を A, λ_k を $\lambda_k E$ とおいた行列の多項式を $F_A(A)$ と表すと $F_A(A)=O$ が成り立つ (ケーリー・ハミルトンの定理)。これを使って, 次の行列の計算をせよ (Eは単位行列, Oは零行列を表す)。

[1] $A=\begin{bmatrix} 4 & 2 \\ -2 & 3 \end{bmatrix}$ のとき A^2- ア□$A+$ イ□$E=O$, $A^3-6A^2+10A+18E=$ ウ□

[2] $A=\begin{bmatrix} 6 & -3 & -7 \\ -1 & 2 & 1 \\ 5 & -3 & -6 \end{bmatrix}$ のとき $A^5-2A^4=$ エ□

重要 例題 078　固有値，固有空間の基底，対角化 ①　★★★

次の行列 A の固有値および固有空間の基底を求め，対角化可能ならば対角化せよ。

(1)　$A=\begin{bmatrix}1 & 2\\ 0 & 1\end{bmatrix}$　　(2)　$A=\begin{bmatrix}3 & 1 & 1\\ 2 & 4 & 2\\ 1 & 1 & 3\end{bmatrix}$　　(3)　$A=\begin{bmatrix}7 & 6 & -4\\ -5 & -4 & 4\\ 5 & 5 & -3\end{bmatrix}$

(4)　$A=\begin{bmatrix}-4 & 0 & 0 & 3\\ 3 & -1 & 0 & -3\\ 0 & 0 & -1 & 0\\ -6 & 0 & 0 & 5\end{bmatrix}$　　(5)　$A=\begin{bmatrix}2 & -1 & 1\\ a & 1-a & a\\ 1 & -1 & 2\end{bmatrix}$

指針　基本例題 154 と同様にして，各行列 A の固有値，固有空間の基底を求める。対角化可能であるための条件は，339 ページの正方行列の対角化のまとめを参照。
(5) は a の値によって，場合分けが生じることに注意する。

解答　(1)　行列 A の固有多項式は　$\det(tE-A)=\begin{vmatrix}t-1 & -2\\ 0 & t-1\end{vmatrix}=(t-1)^2$

ゆえに，行列 A の固有値は **1** (重複度 2) である。

固有値 1 に対する固有空間を W_1 とする。

W_1 は，同次連立 1 次方程式 $(A-E)\boldsymbol{x}=\boldsymbol{0}$ の解空間である。

$A-E$ の簡約階段形は $\begin{bmatrix}0 & 1\\ 0 & 0\end{bmatrix}$ であるから，この方程式の解は

$$\boldsymbol{x}=c\begin{bmatrix}1\\ 0\end{bmatrix}\quad (c \text{ は任意定数})$$

よって，W_1 の基底は　$\left\{\begin{bmatrix}\mathbf{1}\\ \mathbf{0}\end{bmatrix}\right\}$

また，$\dim W_1=1$ であり，行列 A の固有値 1 の重複度 2 と等しくないから，行列 A は **対角化不可能である。**

(2)　行列 A の固有値は **2** (重複度 2)，**6** (重複度 1) である。　◀基本例題 173 (2) より。

固有値 2，6 に対する固有空間をそれぞれ W_2，W_6 とする。

W_2 は，同次連立 1 次方程式 $(A-2E)\boldsymbol{x}=\boldsymbol{0}$ の解空間である。

$A-2E$ の簡約階段形は $\begin{bmatrix}1 & 1 & 1\\ 0 & 0 & 0\\ 0 & 0 & 0\end{bmatrix}$ であるから，この方程式の解は

$$\boldsymbol{x}=c\begin{bmatrix}-1\\ 1\\ 0\end{bmatrix}+d\begin{bmatrix}-1\\ 0\\ 1\end{bmatrix}\quad (c,\ d \text{ は任意定数})$$

よって，W_2 の基底は　$\left\{ \begin{bmatrix} \mathbf{-1} \\ \mathbf{1} \\ \mathbf{0} \end{bmatrix}, \begin{bmatrix} \mathbf{-1} \\ \mathbf{0} \\ \mathbf{1} \end{bmatrix} \right\}$

W_6 は，同次連立 1 次方程式 $(A-6E)\boldsymbol{x}=\mathbf{0}$ の解空間である。

$A-6E$ の簡約階段形は $\begin{bmatrix} 1 & 0 & -1 \\ 0 & 1 & -2 \\ 0 & 0 & 0 \end{bmatrix}$ であるから，この方程式の解は

$$\boldsymbol{x}=c\begin{bmatrix} 1 \\ 2 \\ 1 \end{bmatrix} \quad (c \text{ は任意定数})$$

よって，W_6 の基底は　$\left\{ \begin{bmatrix} \mathbf{1} \\ \mathbf{2} \\ \mathbf{1} \end{bmatrix} \right\}$

また，$\dim W_2=2$，$\dim W_6=1$ であり，これらはそれぞれ行列 A の固有値 2 および 6 の重複度に等しいから，行列 A は **対角化可能である。**

実際，W_2 の基底と W_6 の基底を並べて $P=\begin{bmatrix} -1 & -1 & 1 \\ 1 & 0 & 2 \\ 0 & 1 & 1 \end{bmatrix}$ とすると

$$P^{-1}AP=\begin{bmatrix} 2 & 0 & 0 \\ 0 & 2 & 0 \\ 0 & 0 & 6 \end{bmatrix}$$

(3)　行列 A の固有多項式は

$$\det(tE-A)=\begin{vmatrix} t-7 & -6 & 4 \\ 5 & t+4 & -4 \\ -5 & -5 & t+3 \end{vmatrix}=(t-1)(t-2)(t+3)$$

ゆえに，行列 A の固有値は **1**，**2**，**−3**（すべて重複度 1）である。

固有値 1，2，-3 に対する固有空間をそれぞれ W_1，W_2，W_{-3} とする。

W_1 は，同次連立 1 次方程式 $(A-E)\boldsymbol{x}=\mathbf{0}$ の解空間である。

$A-E$ の簡約階段形は $\begin{bmatrix} 1 & 1 & 0 \\ 0 & 0 & 1 \\ 0 & 0 & 0 \end{bmatrix}$ であるから，この方程式の解は

$$\boldsymbol{x}=c\begin{bmatrix} -1 \\ 1 \\ 0 \end{bmatrix} \quad (c \text{ は任意定数})$$

よって，W_1 の基底は　$\left\{ \begin{bmatrix} \mathbf{-1} \\ \mathbf{1} \\ \mathbf{0} \end{bmatrix} \right\}$

W_2 は，同次連立 1 次方程式 $(A-2E)\boldsymbol{x}=\boldsymbol{0}$ の解空間である。

$A-2E$ の簡約階段形は $\begin{bmatrix} 1 & 0 & -2 \\ 0 & 1 & 1 \\ 0 & 0 & 0 \end{bmatrix}$ であるから，この方程式の解は

$$\boldsymbol{x}=c\begin{bmatrix} 2 \\ -1 \\ 1 \end{bmatrix} \quad (c\text{ は任意定数})$$

よって，W_2 の基底は　$\left\{\begin{bmatrix} \mathbf{2} \\ \mathbf{-1} \\ \mathbf{1} \end{bmatrix}\right\}$

W_{-3} は，同次連立 1 次方程式 $(A+3E)\boldsymbol{x}=\boldsymbol{0}$ の解空間である。

$A+3E$ の簡約階段形は $\begin{bmatrix} 1 & 0 & -1 \\ 0 & 1 & 1 \\ 0 & 0 & 0 \end{bmatrix}$ であるから，この方程式の解は

$$\boldsymbol{x}=c\begin{bmatrix} 1 \\ -1 \\ 1 \end{bmatrix} \quad (c\text{ は任意定数})$$

よって，W_{-3} の基底は　$\left\{\begin{bmatrix} \mathbf{1} \\ \mathbf{-1} \\ \mathbf{1} \end{bmatrix}\right\}$

また，3 次正方行列 A は 3 個の互いに相異なる固有値 1，2，-3 をもつから，行列 A は **対角化可能である。**

実際，W_1 の基底と W_2 の基底と W_{-3} の基底を並べて $P=\begin{bmatrix} -1 & 2 & 1 \\ 1 & -1 & -1 \\ 0 & 1 & 1 \end{bmatrix}$ とする

と　$P^{-1}AP=\begin{bmatrix} 1 & 0 & 0 \\ 0 & 2 & 0 \\ 0 & 0 & -3 \end{bmatrix}$

(4)　行列 A の固有多項式は

$$\det(tE-A)=\begin{vmatrix} t+4 & 0 & 0 & -3 \\ -3 & t+1 & 0 & 3 \\ 0 & 0 & t+1 & 0 \\ 6 & 0 & 0 & t-5 \end{vmatrix}=(t+1)^3(t-2)$$

ゆえに，行列 A の固有値は $\mathbf{-1}$（重複度 3），$\mathbf{2}$（重複度 1）である。

固有値 -1，2 に対する固有空間をそれぞれ W_{-1}，W_2 とする。

W_{-1} は，同次連立 1 次方程式 $(A+E)\boldsymbol{x}=\boldsymbol{0}$ の解空間である。

$A+E$ の簡約階段形は $\begin{bmatrix} 1 & 0 & 0 & -1 \\ 0 & 0 & 0 & 0 \\ 0 & 0 & 0 & 0 \\ 0 & 0 & 0 & 0 \end{bmatrix}$ であるから，この方程式の解は

$$\boldsymbol{x}=c\begin{bmatrix} 1 \\ 0 \\ 0 \\ 1 \end{bmatrix}+d\begin{bmatrix} 0 \\ 1 \\ 0 \\ 0 \end{bmatrix}+e\begin{bmatrix} 0 \\ 0 \\ 1 \\ 0 \end{bmatrix}\quad (c,\ d,\ e \text{ は任意定数})$$

よって，W_{-1} の基底は $\left\{\begin{bmatrix} \mathbf{1} \\ \mathbf{0} \\ \mathbf{0} \\ \mathbf{1} \end{bmatrix}, \begin{bmatrix} \mathbf{0} \\ \mathbf{1} \\ \mathbf{0} \\ \mathbf{0} \end{bmatrix}, \begin{bmatrix} \mathbf{0} \\ \mathbf{0} \\ \mathbf{1} \\ \mathbf{0} \end{bmatrix}\right\}$

W_2 は，同次連立 1 次方程式 $(A-2E)\boldsymbol{x}=\boldsymbol{0}$ の解空間である。

$A-2E$ の簡約階段形は $\begin{bmatrix} 1 & 0 & 0 & -\frac{1}{2} \\ 0 & 1 & 0 & \frac{1}{2} \\ 0 & 0 & 1 & 0 \\ 0 & 0 & 0 & 0 \end{bmatrix}$ であるから，この方程式の解は

$$\boldsymbol{x}=c\begin{bmatrix} 1 \\ -1 \\ 0 \\ 2 \end{bmatrix}\quad (c \text{ は任意定数})$$

よって，W_2 の基底は $\left\{\begin{bmatrix} \mathbf{1} \\ \mathbf{-1} \\ \mathbf{0} \\ \mathbf{2} \end{bmatrix}\right\}$

また，$\dim W_{-1}=3$，$\dim W_2=1$ であり，これらはそれぞれ行列 A の固有値 -1 および 2 の重複度に等しいから，行列 A は **対角化可能である。**

実際，W_{-1} の基底と W_2 の基底を並べて $P=\begin{bmatrix} 1 & 0 & 0 & 1 \\ 0 & 1 & 0 & -1 \\ 0 & 0 & 1 & 0 \\ 1 & 0 & 0 & 2 \end{bmatrix}$ とすると

$$P^{-1}AP=\begin{bmatrix} -1 & 0 & 0 & 0 \\ 0 & -1 & 0 & 0 \\ 0 & 0 & -1 & 0 \\ 0 & 0 & 0 & 2 \end{bmatrix}$$

(5) 行列Aの固有多項式は

$$\det(tE-A)=\begin{vmatrix} t-2 & 1 & -1 \\ -a & t+a-1 & -a \\ -1 & 1 & t-2 \end{vmatrix}=(t-1)^2(t+a-3)$$

[1] $a=2$ のとき，行列Aの固有値は **1**（重複度 3）である。

固有値 1 に対する固有空間を W_1 とする。

W_1 は，同次連立 1 次方程式 $(A-E)\boldsymbol{x}=\boldsymbol{0}$ の解空間である。

$A-E$ の簡約階段形は $\begin{bmatrix} 1 & -1 & 1 \\ 0 & 0 & 0 \\ 0 & 0 & 0 \end{bmatrix}$ であるから，この方程式の解は

$$\boldsymbol{x}=c\begin{bmatrix} 1 \\ 1 \\ 0 \end{bmatrix}+d\begin{bmatrix} -1 \\ 0 \\ 1 \end{bmatrix}\quad (c,\ d \text{ は任意定数})$$

よって，W_1 の基底は $\left\{\begin{bmatrix} \mathbf{1} \\ \mathbf{1} \\ \mathbf{0} \end{bmatrix},\ \begin{bmatrix} \mathbf{-1} \\ \mathbf{0} \\ \mathbf{1} \end{bmatrix}\right\}$

また，$\dim W_1=2$ であり，行列Aの固有値 1 の重複度 3 と等しくないから，行列Aは **対角化不可能である。**

[2] $a \neq 2$ のとき，行列Aの固有値は **1**（重複度 2），$\boldsymbol{-a+3}$（重複度 1）である。

固有値 1，$-a+3$ に対する固有空間をそれぞれ W_1，W_{-a+3} とする。

W_1 は，同次連立 1 次方程式 $(A-E)\boldsymbol{x}=\boldsymbol{0}$ の解空間である。

$A-E$ の簡約階段形は $\begin{bmatrix} 1 & -1 & 1 \\ 0 & 0 & 0 \\ 0 & 0 & 0 \end{bmatrix}$ であるから，この方程式の解は

$$\boldsymbol{x}=c\begin{bmatrix} 1 \\ 1 \\ 0 \end{bmatrix}+d\begin{bmatrix} -1 \\ 0 \\ 1 \end{bmatrix}\quad (c,\ d \text{ は任意定数})$$

よって，W_1 の基底は $\left\{\begin{bmatrix} \mathbf{1} \\ \mathbf{1} \\ \mathbf{0} \end{bmatrix},\ \begin{bmatrix} \mathbf{-1} \\ \mathbf{0} \\ \mathbf{1} \end{bmatrix}\right\}$

W_{-a+3} は，同次連立 1 次方程式 $\{A+(a-3)E\}x=0$ の解空間である。

$A+(a-3)E$ の簡約階段形は $\begin{bmatrix} 1 & 0 & -1 \\ 0 & 1 & -a \\ 0 & 0 & 0 \end{bmatrix}$ であるから，この方程式の解は

$$\boldsymbol{x}=c\begin{bmatrix} 1 \\ a \\ 1 \end{bmatrix}\quad (c \text{ は任意定数})$$

よって，W_{-a+3} の基底は　$\left\{\begin{bmatrix}\mathbf{1}\\ \boldsymbol{a}\\ \mathbf{1}\end{bmatrix}\right\}$

また，$\dim W_1=2$，$\dim W_{-a+3}=1$ であり，これらはそれぞれ行列 A の固有値 1 および $-a+3$ の重複度に等しいから，行列 A は **対角化可能である。**

実際，W_1 の基底と W_{-a+3} の基底を並べて $P=\begin{bmatrix}1 & -1 & 1\\ 1 & 0 & a\\ 0 & 1 & 1\end{bmatrix}$ とすると

$$P^{-1}AP=\begin{bmatrix}1 & 0 & 0\\ 0 & 1 & 0\\ 0 & 0 & -a+3\end{bmatrix}$$

重要　例題 079　固有値，固有空間の基底，対角化 ②　★★★

次の行列 A の固有値および固有空間の基底を求め，対角化可能ならば対角化せよ。

(1)　$A=\begin{bmatrix}2 & 3 & 3\\ -1 & 4 & 2\\ 1 & -5 & -3\end{bmatrix}$　　(2)　$A=\begin{bmatrix}-3 & -2 & -2 & 1\\ 2 & 3 & 2 & 0\\ 3 & 1 & 2 & -1\\ -4 & -2 & -2 & 2\end{bmatrix}$

(3)　$A=\begin{bmatrix}3 & 2 & 4 & 1\\ -5 & -2 & -8 & 1\\ 2 & 0 & 4 & -2\\ 5 & 2 & 8 & -1\end{bmatrix}$

指針　基本例題 154，重要例題 078 と同様にして考える。

解答　(1)　行列 A の固有多項式は　$\det(tE-A)=\begin{vmatrix}t-2 & -3 & -3\\ 1 & t-4 & -2\\ -1 & 5 & t+3\end{vmatrix}=(t+1)(t-2)^2$

ゆえに，行列 A の固有値は $\mathbf{-1}$ (重複度 1)，$\mathbf{2}$ (重複度 2) である。

固有値 -1，2 に対する固有空間をそれぞれ W_{-1}，W_2 とする。

W_{-1} は，同次連立 1 次方程式 $(A+E)\boldsymbol{x}=\mathbf{0}$ の解空間である。

$A+E$ の簡約階段形は $\begin{bmatrix}1 & 0 & \frac{1}{2}\\ 0 & 1 & \frac{1}{2}\\ 0 & 0 & 0\end{bmatrix}$ であるから，この方程式の解は

$$\boldsymbol{x}=c\begin{bmatrix}-1\\-1\\2\end{bmatrix}\quad (c \text{ は任意定数})$$

よって，W_{-1} の基底は　$\left\{\begin{bmatrix}\mathbf{-1}\\\mathbf{-1}\\\mathbf{2}\end{bmatrix}\right\}$

W_2 は，同次連立 1 次方程式 $(A-2E)\boldsymbol{x}=\mathbf{0}$ の解空間である。

$A-2E$ の簡約階段形は $\begin{bmatrix}1&0&0\\0&1&1\\0&0&0\end{bmatrix}$ であるから，この方程式の解は

$$\boldsymbol{x}=c\begin{bmatrix}0\\-1\\1\end{bmatrix}\quad (c \text{ は任意定数})$$

よって，W_2 の基底は　$\left\{\begin{bmatrix}\mathbf{0}\\\mathbf{-1}\\\mathbf{1}\end{bmatrix}\right\}$

また，$\dim W_2=1$ であり，行列 A の固有値 2 の重複度 2 と等しくないから，行列 A は **対角化不可能である。**

(2)　行列 A の固有多項式は

$$\det(tE-A)=\begin{vmatrix}t+3&2&2&-1\\-2&t-3&-2&0\\-3&-1&t-2&1\\4&2&2&t-2\end{vmatrix}=t(t-1)^2(t-2)$$

ゆえに，行列 A の固有値は $\mathbf{0}$ (重複度 1)，$\mathbf{1}$ (重複度 2)，$\mathbf{2}$ (重複度 1) である。

固有値 0，1，2 に対する固有空間をそれぞれ W_0，W_1，W_2 とする。

W_0 は，同次連立 1 次方程式 $A\boldsymbol{x}=\mathbf{0}$ の解空間である。

A の簡約階段形は $\begin{bmatrix}1&0&0&-1\\0&1&0&0\\0&0&1&1\\0&0&0&0\end{bmatrix}$ であるから，この方程式の解は

$$\boldsymbol{x}=c\begin{bmatrix}1\\0\\-1\\1\end{bmatrix}\quad (c \text{ は任意定数})$$

よって，W_0 の基底は　$\left\{\begin{bmatrix}\mathbf{1}\\\mathbf{0}\\\mathbf{-1}\\\mathbf{1}\end{bmatrix}\right\}$

W_1 は，同次連立 1 次方程式 $(A-E)\boldsymbol{x}=\mathbf{0}$ の解空間である。

$A-E$ の簡約階段形は $\begin{bmatrix} 1 & 0 & 0 & -\frac{1}{2} \\ 0 & 1 & 1 & \frac{1}{2} \\ 0 & 0 & 0 & 0 \\ 0 & 0 & 0 & 0 \end{bmatrix}$ であるから，この方程式の解は

$$\boldsymbol{x}=c\begin{bmatrix} 0 \\ -1 \\ 1 \\ 0 \end{bmatrix}+d\begin{bmatrix} 1 \\ -1 \\ 0 \\ 2 \end{bmatrix} \quad (c,\ d \text{ は任意定数})$$

よって，W_1 の基底は $\left\{\begin{bmatrix} \mathbf{0} \\ \mathbf{-1} \\ \mathbf{1} \\ \mathbf{0} \end{bmatrix}, \begin{bmatrix} \mathbf{1} \\ \mathbf{-1} \\ \mathbf{0} \\ \mathbf{2} \end{bmatrix}\right\}$

W_2 は，同次連立 1 次方程式 $(A-2E)\boldsymbol{x}=\mathbf{0}$ の解空間である。

$A-2E$ の簡約階段形は $\begin{bmatrix} 1 & 0 & 0 & -1 \\ 0 & 1 & 0 & 2 \\ 0 & 0 & 1 & 0 \\ 0 & 0 & 0 & 0 \end{bmatrix}$ であるから，この方程式の解は

$$\boldsymbol{x}=c\begin{bmatrix} 1 \\ -2 \\ 0 \\ 1 \end{bmatrix} \quad (c \text{ は任意定数})$$

よって，W_2 の基底は $\left\{\begin{bmatrix} \mathbf{1} \\ \mathbf{-2} \\ \mathbf{0} \\ \mathbf{1} \end{bmatrix}\right\}$

また，$\dim W_0=1$，$\dim W_1=2$，$\dim W_2=1$ であり，これらはそれぞれ行列 A の固有値 0 および 1 および 2 の重複度に等しいから，行列 A は **対角化可能である。**

実際，W_0 の基底と W_1 の基底と W_2 の基底を並べて

$$P=\begin{bmatrix} 1 & 0 & 1 & 1 \\ 0 & -1 & -1 & -2 \\ -1 & 1 & 0 & 0 \\ 1 & 0 & 2 & 1 \end{bmatrix} \text{ とすると} \qquad P^{-1}AP=\begin{bmatrix} 0 & 0 & 0 & 0 \\ 0 & 1 & 0 & 0 \\ 0 & 0 & 1 & 0 \\ 0 & 0 & 0 & 2 \end{bmatrix}$$

(3)　行列Aの固有多項式は

$$\det(tE-A)=\begin{vmatrix} t-3 & -2 & -4 & -1 \\ 5 & t+2 & 8 & -1 \\ -2 & 0 & t-4 & 2 \\ -5 & -2 & -8 & t+1 \end{vmatrix}=t^2(t-2)^2$$

ゆえに，行列Aの固有値は **0**，**2**（どちらも重複度 2）である。

固有値 0，2 に対する固有空間をそれぞれ W_0，W_2 とする。

W_0 は，同次連立 1 次方程式 $A\boldsymbol{x}=\boldsymbol{0}$ の解空間である。

Aの簡約階段形は $\begin{bmatrix} 1 & 0 & 2 & -1 \\ 0 & 1 & -1 & 2 \\ 0 & 0 & 0 & 0 \\ 0 & 0 & 0 & 0 \end{bmatrix}$ であるから，この方程式の解は

$$\boldsymbol{x}=c\begin{bmatrix} -2 \\ 1 \\ 1 \\ 0 \end{bmatrix}+d\begin{bmatrix} 1 \\ -2 \\ 0 \\ 1 \end{bmatrix}\quad (c,\ d \text{ は任意定数})$$

よって，W_0 の基底は $\left\{\begin{bmatrix} \mathbf{-2} \\ \mathbf{1} \\ \mathbf{1} \\ \mathbf{0} \end{bmatrix},\ \begin{bmatrix} \mathbf{1} \\ \mathbf{-2} \\ \mathbf{0} \\ \mathbf{1} \end{bmatrix}\right\}$

W_2 は，同次連立 1 次方程式 $(A-2E)\boldsymbol{x}=\boldsymbol{0}$ の解空間である。

$A-2E$ の簡約階段形は $\begin{bmatrix} 1 & 0 & 0 & -1 \\ 0 & 1 & 0 & 1 \\ 0 & 0 & 1 & 0 \\ 0 & 0 & 0 & 0 \end{bmatrix}$ であるから，この方程式の解は

$$\boldsymbol{x}=c\begin{bmatrix} 1 \\ -1 \\ 0 \\ 1 \end{bmatrix}\quad (c \text{ は任意定数})$$

よって，W_2 の基底は $\left\{\begin{bmatrix} \mathbf{1} \\ \mathbf{-1} \\ \mathbf{0} \\ \mathbf{1} \end{bmatrix}\right\}$

また，$\dim W_2=1$ であり，行列Aの固有値 2 の重複度 2 と等しくないから，行列Aは **対角化不可能である**。

重要 例題 080　固有値，固有空間の基底，対角化 ③　★★★

行列 $A=\begin{bmatrix} -1 & -1 & -1 & -2 \\ 1 & 1 & 1 & 0 \\ a & 1 & a & 2 \\ 1 & 1 & 0 & 3 \end{bmatrix}$ の固有値および固有空間の基底を求め，対角化可能ならば対角化せよ。

指針　基本例題 154，重要例題 078，079 と同様にして考える。a の値によって，場合分けが生じることに注意する。

解答　行列 A の固有多項式は

$$\det(tE-A)=\begin{vmatrix} t+1 & 1 & 1 & 2 \\ -1 & t-1 & -1 & 0 \\ -a & -1 & t-a & -2 \\ -1 & -1 & 0 & t-3 \end{vmatrix}=(t-1)^2(t-2)(t-a+1)$$

[1]　$a=2$ のとき，行列 A の固有値は **1**（重複度 3），**2**（重複度 1）である。

固有値 1，2 に対する固有空間をそれぞれ W_1，W_2 とする。

W_1 は，同次連立 1 次方程式 $(A-E)\boldsymbol{x}=\boldsymbol{0}$ の解空間である。

$A-E$ の簡約階段形は $\begin{bmatrix} 1 & 0 & 1 & 0 \\ 0 & 1 & -1 & 2 \\ 0 & 0 & 0 & 0 \\ 0 & 0 & 0 & 0 \end{bmatrix}$ であるから，この方程式の解は

$$\boldsymbol{x}=c\begin{bmatrix} -1 \\ 1 \\ 1 \\ 0 \end{bmatrix}+d\begin{bmatrix} 0 \\ -2 \\ 0 \\ 1 \end{bmatrix}\quad (c,\ d \text{ は任意定数})$$

よって，W_1 の基底は $\left\{\begin{bmatrix} \mathbf{-1} \\ \mathbf{1} \\ \mathbf{1} \\ \mathbf{0} \end{bmatrix},\ \begin{bmatrix} \mathbf{0} \\ \mathbf{-2} \\ \mathbf{0} \\ \mathbf{1} \end{bmatrix}\right\}$

W_2 は，同次連立 1 次方程式 $(A-2E)\boldsymbol{x}=\boldsymbol{0}$ の解空間である。

$A-2E$ の簡約階段形は $\begin{bmatrix} 1 & 0 & 0 & 1 \\ 0 & 1 & 0 & 0 \\ 0 & 0 & 1 & -1 \\ 0 & 0 & 0 & 0 \end{bmatrix}$ であるから，この方程式の解は

$$\boldsymbol{x}=c\begin{bmatrix} -1 \\ 0 \\ 1 \\ 1 \end{bmatrix}\quad (c \text{ は任意定数})$$

よって，W_2 の基底は　$\left\{\begin{bmatrix} \mathbf{-1} \\ \mathbf{0} \\ \mathbf{1} \\ \mathbf{1} \end{bmatrix}\right\}$

また，$\dim W_1=2$ であり，行列 A の固有値 1 の重複度 3 と等しくないから，行列 A は **対角化不可能である。**

[2]　$a=3$ のとき，行列 A の固有値は **1**（重複度 2），**2**（重複度 2）である。

固有値 1，2 に対する固有空間をそれぞれ W_1，W_2 とする。

W_1 は，同次連立 1 次方程式 $(A-E)\boldsymbol{x}=\mathbf{0}$ の解空間である。

$A-E$ の簡約階段形は $\begin{bmatrix} 1 & 0 & 1 & 0 \\ 0 & 1 & -1 & 2 \\ 0 & 0 & 0 & 0 \\ 0 & 0 & 0 & 0 \end{bmatrix}$ であるから，この方程式の解は

$$\boldsymbol{x}=c\begin{bmatrix} -1 \\ 1 \\ 1 \\ 0 \end{bmatrix}+d\begin{bmatrix} 0 \\ -2 \\ 0 \\ 1 \end{bmatrix}\quad (c,\ d \text{ は任意定数})$$

よって，W_1 の基底は　$\left\{\begin{bmatrix} \mathbf{-1} \\ \mathbf{1} \\ \mathbf{1} \\ \mathbf{0} \end{bmatrix}, \begin{bmatrix} \mathbf{0} \\ \mathbf{-2} \\ \mathbf{0} \\ \mathbf{1} \end{bmatrix}\right\}$

W_2 は，同次連立 1 次方程式 $(A-2E)\boldsymbol{x}=\mathbf{0}$ の解空間である。

$A-2E$ の簡約階段形は $\begin{bmatrix} 1 & 0 & \frac{1}{2} & \frac{1}{2} \\ 0 & 1 & -\frac{1}{2} & \frac{1}{2} \\ 0 & 0 & 0 & 0 \\ 0 & 0 & 0 & 0 \end{bmatrix}$ であるから，この方程式の解は

$$\boldsymbol{x}=c\begin{bmatrix} -1 \\ 1 \\ 2 \\ 0 \end{bmatrix}+d\begin{bmatrix} -1 \\ -1 \\ 0 \\ 2 \end{bmatrix}\quad (c,\ d \text{ は任意定数})$$

よって，W_2 の基底は　$\left\{\begin{bmatrix} \mathbf{-1} \\ \mathbf{1} \\ \mathbf{2} \\ \mathbf{0} \end{bmatrix}, \begin{bmatrix} \mathbf{-1} \\ \mathbf{-1} \\ \mathbf{0} \\ \mathbf{2} \end{bmatrix}\right\}$

また，$\dim W_1=2$，$\dim W_2=2$ であり，これらはそれぞれ行列 A の固有値 1 および 2 の重複度に等しいから，行列 A は **対角化可能である。**

実際，W_1 の基底と W_2 の基底を並べて

$$P=\begin{bmatrix}-1&0&-1&-1\\1&-2&1&-1\\1&0&2&0\\0&1&0&2\end{bmatrix} \text{とすると} \quad P^{-1}AP=\begin{bmatrix}1&0&0&0\\0&1&0&0\\0&0&2&0\\0&0&0&2\end{bmatrix}$$

[3]　$a \neq 2,\ 3$ のとき，行列 A の固有値は $\mathbf{1}$ (重複度 2)，$\mathbf{2}$ (重複度 1)，$\boldsymbol{a-1}$ (重複度 1) である。

固有値 1，2，$a-1$ に対する固有空間をそれぞれ W_1，W_2，W_{a-1} とする。

W_1 は，同次連立 1 次方程式 $(A-E)\boldsymbol{x}=\boldsymbol{0}$ の解空間である。

$A-E$ の簡約階段形は $\begin{bmatrix}1&0&1&0\\0&1&-1&2\\0&0&0&0\\0&0&0&0\end{bmatrix}$ であるから，この方程式の解は

$$\boldsymbol{x}=c\begin{bmatrix}-1\\1\\1\\0\end{bmatrix}+d\begin{bmatrix}0\\-2\\0\\1\end{bmatrix} \quad (c,\ d \text{ は任意定数})$$

よって，W_1 の基底は　$\left\{\begin{bmatrix}\mathbf{-1}\\\mathbf{1}\\\mathbf{1}\\\mathbf{0}\end{bmatrix},\ \begin{bmatrix}\mathbf{0}\\\mathbf{-2}\\\mathbf{0}\\\mathbf{1}\end{bmatrix}\right\}$

W_2 は，同次連立 1 次方程式 $(A-2E)\boldsymbol{x}=\boldsymbol{0}$ の解空間である。

$A-2E$ の簡約階段形は $\begin{bmatrix}1&0&0&1\\0&1&0&0\\0&0&1&-1\\0&0&0&0\end{bmatrix}$ であるから，この方程式の解は

$$\boldsymbol{x}=c\begin{bmatrix}-1\\0\\1\\1\end{bmatrix} \quad (c \text{ は任意定数})$$

よって，W_2 の基底は　$\left\{\begin{bmatrix}\mathbf{-1}\\\mathbf{0}\\\mathbf{1}\\\mathbf{1}\end{bmatrix}\right\}$

W_{a-1} は，同次連立 1 次方程式 $\{A-(a-1)E\}\boldsymbol{x}=\boldsymbol{0}$ の解空間である。

$A-(a-1)E$ を行基本変形すると $\begin{bmatrix}1&1&0&0\\0&-a+1&1&0\\0&0&0&1\\0&0&0&0\end{bmatrix}$ となる。

[a]　$a=1$ のとき，A の簡約階段形は $\begin{bmatrix} 1 & 1 & 0 & 0 \\ 0 & 0 & 1 & 0 \\ 0 & 0 & 0 & 1 \\ 0 & 0 & 0 & 0 \end{bmatrix}$ であるから，同次連立 1 次方程式 $A\boldsymbol{x}=\boldsymbol{0}$ の解は

$$\boldsymbol{x}=c\begin{bmatrix} -1 \\ 1 \\ 0 \\ 0 \end{bmatrix} \quad (c \text{ は任意定数})$$

よって，W_0 の基底は

$$\left\{\begin{bmatrix} \boldsymbol{-1} \\ \boldsymbol{1} \\ \boldsymbol{0} \\ \boldsymbol{0} \end{bmatrix}\right\}$$

[b]　$a\neq1$ のとき，$A-(a-1)E$ の簡約階段形は $\begin{bmatrix} 1 & 0 & \dfrac{1}{a-1} & 0 \\ 0 & 1 & -\dfrac{1}{a-1} & 0 \\ 0 & 0 & 0 & 1 \\ 0 & 0 & 0 & 0 \end{bmatrix}$ であるから，

同次連立 1 次方程式 $\{A-(a-1)E\}\boldsymbol{x}=\boldsymbol{0}$ の解は

$$\boldsymbol{x}=c\begin{bmatrix} -1 \\ 1 \\ a-1 \\ 0 \end{bmatrix} \quad (c \text{ は任意定数})$$

よって，W_{a-1} の基底は

$$\left\{\begin{bmatrix} \boldsymbol{-1} \\ \boldsymbol{1} \\ \boldsymbol{a-1} \\ \boldsymbol{0} \end{bmatrix}\right\}$$

[a] における W_0 の基底は，[b] における W_{a-1} の基底において，$a=1$ とおくと得られる。

また，$\dim W_1=2$，$\dim W_2=1$，$\dim W_{a-1}=1$ であり，これらはそれぞれ行列 A の固有値 1 および 2 および $a-1$ の重複度に等しいから，行列 A は **対角化可能である。**

実際，W_1 の基底と W_2 の基底と W_{a-1} の基底を並べて

$$P=\begin{bmatrix} -1 & 0 & -1 & -1 \\ 1 & -2 & 0 & 1 \\ 1 & 0 & 1 & a-1 \\ 0 & 1 & 1 & 0 \end{bmatrix} \text{ とすると} \qquad P^{-1}AP=\begin{bmatrix} 1 & 0 & 0 & 0 \\ 0 & 1 & 0 & 0 \\ 0 & 0 & 2 & 0 \\ 0 & 0 & 0 & a-1 \end{bmatrix}$$

重要 例題 081 行列の対角化を用いた A^n の計算 ★★☆

次の行列Aについて，A^n（nは自然数）を求めよ。

(1) $A=\begin{bmatrix} 4 & 2 \\ 3 & -1 \end{bmatrix}$　　(2) $A=\begin{bmatrix} 0 & 1 & 2 \\ -2 & 3 & 2 \\ -1 & 1 & 3 \end{bmatrix}$　　(3) $A=\begin{bmatrix} 2 & 1 & 1 \\ 1 & 2 & 1 \\ 0 & 0 & 1 \end{bmatrix}$

指針 各行列Aを，ある正則行列Pを用いて，$P^{-1}AP$ が対角行列となるように対角化する。このとき，$(P^{-1}AP)^n$ は容易に計算できる。更に，$A^n=P(P^{-1}AP)^nP^{-1}$ を計算する。

解答 (1) 行列Aの固有多項式は　$\det(tE-A)=\begin{vmatrix} t-4 & -2 \\ -3 & t+1 \end{vmatrix}=(t+2)(t-5)$

ゆえに，行列Aの固有値は -2，5（どちらも重複度 1）である。

固有値 -2，5 に対する固有空間をそれぞれ W_{-2}，W_5 とする。

W_{-2} は，同次連立 1 次方程式 $(A+2E)\boldsymbol{x}=\boldsymbol{0}$ の解空間である。

$A+2E$ の簡約階段形は $\begin{bmatrix} 1 & \frac{1}{3} \\ 0 & 0 \end{bmatrix}$ であるから，この方程式の解は

$$\boldsymbol{x}=c\begin{bmatrix} -1 \\ 3 \end{bmatrix}\quad（c\text{ は任意定数}）$$

よって，W_{-2} の基底は　$\left\{\begin{bmatrix} -1 \\ 3 \end{bmatrix}\right\}$

W_5 は，同次連立 1 次方程式 $(A-5E)\boldsymbol{x}=\boldsymbol{0}$ の解空間である。

$A-5E$ の簡約階段形は $\begin{bmatrix} 1 & -2 \\ 0 & 0 \end{bmatrix}$ であるから，この方程式の解は

$$\boldsymbol{x}=c\begin{bmatrix} 2 \\ 1 \end{bmatrix}\quad（c\text{ は任意定数}）$$

よって，W_5 の基底は　$\left\{\begin{bmatrix} 2 \\ 1 \end{bmatrix}\right\}$

2 次正方行列Aは 2 個の互いに相異なる固有値 -2，5 をもつから，行列Aは対角化可能である。実際，W_{-2} の基底と W_5 の基底を並べて $P=\begin{bmatrix} -1 & 2 \\ 3 & 1 \end{bmatrix}$ とすると

$$P^{-1}AP=\begin{bmatrix} -2 & 0 \\ 0 & 5 \end{bmatrix}$$

$P^{-1}=\frac{1}{7}\begin{bmatrix} -1 & 2 \\ 3 & 1 \end{bmatrix}$ であるから

$$A^n=P(P^{-1}AP)^nP^{-1}=\frac{1}{7}\begin{bmatrix} -1 & 2 \\ 3 & 1 \end{bmatrix}\begin{bmatrix} (-2)^n & 0 \\ 0 & 5^n \end{bmatrix}\begin{bmatrix} -1 & 2 \\ 3 & 1 \end{bmatrix}$$

$$=\boldsymbol{\frac{1}{7}\begin{bmatrix} 6\cdot 5^n+(-2)^n & 2\cdot 5^n+(-2)^{n+1} \\ 3\cdot 5^n-3\cdot(-2)^n & 5^n+6\cdot(-2)^n \end{bmatrix}}$$

(2)　行列 A の固有多項式は　$\det(tE-A)=\begin{vmatrix} t & -1 & -2 \\ 2 & t-3 & -2 \\ 1 & -1 & t-3 \end{vmatrix}=(t-1)(t-2)(t-3)$

ゆえに，行列 A の固有値は **1**，**2**，**3**（すべて重複度 1）である。

固有値 1，2，3 に対する固有空間をそれぞれ W_1，W_2，W_3 とする。

W_1 は，同次連立 1 次方程式 $(A-E)\boldsymbol{x}=\boldsymbol{0}$ の解空間である。

$A-E$ の簡約階段形は $\begin{bmatrix} 1 & -1 & 0 \\ 0 & 0 & 1 \\ 0 & 0 & 0 \end{bmatrix}$ であるから，この方程式の解は

$\boldsymbol{x}=c\begin{bmatrix} 1 \\ 1 \\ 0 \end{bmatrix}$（$c$ は任意定数）　よって，W_1 の基底は　$\left\{\begin{bmatrix} \mathbf{1} \\ \mathbf{1} \\ \mathbf{0} \end{bmatrix}\right\}$

W_2 は，同次連立 1 次方程式 $(A-2E)\boldsymbol{x}=\boldsymbol{0}$ の解空間である。

$A-2E$ の簡約階段形は $\begin{bmatrix} 1 & 0 & -1 \\ 0 & 1 & 0 \\ 0 & 0 & 0 \end{bmatrix}$ であるから，この方程式の解は

$\boldsymbol{x}=c\begin{bmatrix} 1 \\ 0 \\ 1 \end{bmatrix}$（$c$ は任意定数）　よって，W_2 の基底は　$\left\{\begin{bmatrix} \mathbf{1} \\ \mathbf{0} \\ \mathbf{1} \end{bmatrix}\right\}$

W_3 は，同次連立 1 次方程式 $(A-3E)\boldsymbol{x}=\boldsymbol{0}$ の解空間である。

$A-3E$ の簡約階段形は $\begin{bmatrix} 1 & 0 & -1 \\ 0 & 1 & -1 \\ 0 & 0 & 0 \end{bmatrix}$ であるから，この方程式の解は

$\boldsymbol{x}=c\begin{bmatrix} 1 \\ 1 \\ 1 \end{bmatrix}$（$c$ は任意定数）　よって，W_3 の基底は　$\left\{\begin{bmatrix} \mathbf{1} \\ \mathbf{1} \\ \mathbf{1} \end{bmatrix}\right\}$

また，3 次正方行列 A は 3 個の互いに相異なる固有値 1，2，3 をもつから，行列 A は **対角化可能である**。

実際，W_1 の基底と W_2 の基底と W_3 の基底を並べて $P=\begin{bmatrix} 1 & 1 & 1 \\ 1 & 0 & 1 \\ 0 & 1 & 1 \end{bmatrix}$ とすると

$$P^{-1}AP=\begin{bmatrix} 1 & 0 & 0 \\ 0 & 2 & 0 \\ 0 & 0 & 3 \end{bmatrix}$$

$P^{-1}=\begin{bmatrix} 1 & 0 & -1 \\ 1 & -1 & 0 \\ -1 & 1 & 1 \end{bmatrix}$ であるから

$$A^n=P(P^{-1}AP)^nP^{-1}=\begin{bmatrix}1&1&1\\1&0&1\\0&1&1\end{bmatrix}\begin{bmatrix}1&0&0\\0&2^n&0\\0&0&3^n\end{bmatrix}\begin{bmatrix}1&0&-1\\1&-1&0\\-1&1&1\end{bmatrix}$$

$$=\begin{bmatrix}\mathbf{1+2^n-3^n}&\mathbf{-2^n+3^n}&\mathbf{-1+3^n}\\\mathbf{1-3^n}&\mathbf{3^n}&\mathbf{-1+3^n}\\\mathbf{2^n-3^n}&\mathbf{-2^n+3^n}&\mathbf{3^n}\end{bmatrix}$$

(3)　行列 A の固有多項式は　　$\det(tE-A)=\begin{vmatrix}t-2&-1&-1\\-1&t-2&-1\\0&0&t-1\end{vmatrix}=(t-1)^2(t-3)$

ゆえに，行列 A の固有値は 1 (重複度 2)，3 (重複度 1) である。

固有値 1，3 に対する固有空間をそれぞれ W_1，W_3 とする。

W_1 は，同次連立 1 次方程式 $(A-E)\boldsymbol{x}=\mathbf{0}$ の解空間である。

$A-E$ の簡約階段形は $\begin{bmatrix}1&1&1\\0&0&0\\0&0&0\end{bmatrix}$ であるから，この方程式の解は

$$\boldsymbol{x}=c\begin{bmatrix}-1\\1\\0\end{bmatrix}+d\begin{bmatrix}-1\\0\\1\end{bmatrix}\quad (c,\ d \text{ は任意定数})$$

よって，W_1 の基底は　$\left\{\begin{bmatrix}-1\\1\\0\end{bmatrix},\ \begin{bmatrix}-1\\0\\1\end{bmatrix}\right\}$

W_3 は，同次連立 1 次方程式 $(A-3E)\boldsymbol{x}=\mathbf{0}$ の解空間である。

$A-3E$ の簡約階段形は $\begin{bmatrix}1&-1&0\\0&0&1\\0&0&0\end{bmatrix}$ であるから，この方程式の解は

$$\boldsymbol{x}=c\begin{bmatrix}1\\1\\0\end{bmatrix}\quad (c \text{ は任意定数})\qquad \text{よって，} W_3 \text{ の基底は}\quad \left\{\begin{bmatrix}1\\1\\0\end{bmatrix}\right\}$$

$\dim W_1=2$，$\dim W_3=1$ であり，これらはそれぞれ行列 A の固有値 1 および 3 の重複度に等しいから，行列 A は対角化可能である。

実際，W_1 の基底と W_3 の基底を並べて $P=\begin{bmatrix}-1&-1&1\\1&0&1\\0&1&0\end{bmatrix}$ とすると

$$P^{-1}AP=\begin{bmatrix}1&0&0\\0&1&0\\0&0&3\end{bmatrix}$$

$$P^{-1}=\frac{1}{2}\begin{bmatrix}-1 & 1 & -1\\ 0 & 0 & 2\\ 1 & 1 & 1\end{bmatrix}$$ であるから

$$A^n=P(P^{-1}AP)^nP^{-1}=\frac{1}{2}\begin{bmatrix}-1 & -1 & 1\\ 1 & 0 & 1\\ 0 & 1 & 0\end{bmatrix}\begin{bmatrix}1 & 0 & 0\\ 0 & 1 & 0\\ 0 & 0 & 3^n\end{bmatrix}\begin{bmatrix}-1 & 1 & -1\\ 0 & 0 & 2\\ 1 & 1 & 1\end{bmatrix}$$

$$=\mathbf{\frac{1}{2}\begin{bmatrix}3^n+1 & 3^n-1 & 3^n-1\\ 3^n-1 & 3^n+1 & 3^n-1\\ 0 & 0 & 2\end{bmatrix}}$$

重要　例題 082　実対称行列の直交行列による対角化 ②　★★☆

実対称行列 $A=\begin{bmatrix}0 & \sqrt{2} & 1\\ \sqrt{2} & 1 & \sqrt{2}\\ 1 & \sqrt{2} & 0\end{bmatrix}$ を直交行列で対角化せよ。

指針　基本例題 157 と同様にして対角化する。

解答　行列Aの固有方程式は

$$\det(tE-A)=\begin{vmatrix}t & -\sqrt{2} & -1\\ -\sqrt{2} & t-1 & -\sqrt{2}\\ -1 & -\sqrt{2} & t\end{vmatrix}=(t+1)^2(t-3)$$

◀392 ページの 補足 参照。

よって，行列Aの固有値は -1（重複度 2）と 3（重複度 1）である。

$A+E=\begin{bmatrix}1 & \sqrt{2} & 1\\ \sqrt{2} & 2 & \sqrt{2}\\ 1 & \sqrt{2} & 1\end{bmatrix}$ の簡約階段形は $\begin{bmatrix}1 & \sqrt{2} & 1\\ 0 & 0 & 0\\ 0 & 0 & 0\end{bmatrix}$ であるから，固有値 -1

に対する固有空間の基底として $\left\{\begin{bmatrix}-\sqrt{2}\\ 1\\ 0\end{bmatrix}, \begin{bmatrix}-1\\ 0\\ 1\end{bmatrix}\right\}$ がとれる。

$A-3E=\begin{bmatrix}-3 & \sqrt{2} & 1\\ \sqrt{2} & -2 & \sqrt{2}\\ 1 & \sqrt{2} & -3\end{bmatrix}$ の簡約階段形は $\begin{bmatrix}1 & 0 & -1\\ 0 & 1 & -\sqrt{2}\\ 0 & 0 & 0\end{bmatrix}$ であるから，固有値 3

に対する固有空間の基底として $\left\{\begin{bmatrix}1\\ \sqrt{2}\\ 1\end{bmatrix}\right\}$ がとれる。

$\boldsymbol{v}_1=\begin{bmatrix}-\sqrt{2}\\ 1\\ 0\end{bmatrix}$，$\boldsymbol{v}_2=\begin{bmatrix}-1\\ 0\\ 1\end{bmatrix}$，$\boldsymbol{v}_3=\begin{bmatrix}1\\ \sqrt{2}\\ 1\end{bmatrix}$ として，$\{\boldsymbol{v}_1, \boldsymbol{v}_2, \boldsymbol{v}_3\}$ をグラム・シュミット

の直交化によって直交化する。

固有空間の直交性により，$\boldsymbol{v}_1$ と $\boldsymbol{v}_3$ および $\boldsymbol{v}_2$ と $\boldsymbol{v}_3$ は直交しているから，$\{\boldsymbol{v}_1, \boldsymbol{v}_2\}$ を直交化すれば十分である。

$\boldsymbol{v}_1'=\boldsymbol{v}_1$，$\boldsymbol{v}_2'=\boldsymbol{v}_2-x_1\boldsymbol{v}_1'$ とすると　$(\boldsymbol{v}_2', \boldsymbol{v}_1')=\sqrt{2}-3x_1$

$(\boldsymbol{v}_2', \boldsymbol{v}_1')=0$ であるとき　$x_1=\dfrac{\sqrt{2}}{3}$

このとき　$\boldsymbol{v}_2'=\dfrac{1}{3}\begin{bmatrix} -1 \\ -\sqrt{2} \\ 3 \end{bmatrix}$

$\boldsymbol{v}_3'=\begin{bmatrix} 1 \\ \sqrt{2} \\ 1 \end{bmatrix}$ として，$\boldsymbol{v}_1'$，$\boldsymbol{v}_2'$，$\boldsymbol{v}_3'$ を正規化したものを $\boldsymbol{w}_1$，$\boldsymbol{w}_2$，$\boldsymbol{w}_3$ とすると

$$\boldsymbol{w}_1=\frac{1}{\sqrt{3}}\begin{bmatrix} -\sqrt{2} \\ 1 \\ 0 \end{bmatrix},\ \boldsymbol{w}_2=\frac{1}{2\sqrt{3}}\begin{bmatrix} -1 \\ -\sqrt{2} \\ 3 \end{bmatrix},\ \boldsymbol{w}_3=\frac{1}{2}\begin{bmatrix} 1 \\ \sqrt{2} \\ 1 \end{bmatrix}$$

$\{\boldsymbol{w}_1, \boldsymbol{w}_2, \boldsymbol{w}_3\}$ は正規直交基底であるから，

$U=[\,\boldsymbol{w}_1\ \ \boldsymbol{w}_2\ \ \boldsymbol{w}_3\,]=\dfrac{1}{2\sqrt{3}}\begin{bmatrix} -2\sqrt{2} & -1 & \sqrt{3} \\ 2 & -\sqrt{2} & \sqrt{6} \\ 0 & 3 & \sqrt{3} \end{bmatrix}$ とすると，U は直交行列であり

$$U^{-1}AU={}^tUAU=\begin{bmatrix} \mathbf{-1} & \mathbf{0} & \mathbf{0} \\ \mathbf{0} & \mathbf{-1} & \mathbf{0} \\ \mathbf{0} & \mathbf{0} & \mathbf{3} \end{bmatrix}$$

補足　**det$(tE-A)$ の計算**　①　還元定理利用　　②　サラスの方法利用

① $$\begin{vmatrix} t & -\sqrt{2} & -1 \\ -\sqrt{2} & t-1 & -\sqrt{2} \\ -1 & -\sqrt{2} & t \end{vmatrix}=\begin{vmatrix} 1 & \sqrt{2} & -t \\ -\sqrt{2} & t-1 & -\sqrt{2} \\ t & -\sqrt{2} & -1 \end{vmatrix}=\begin{vmatrix} 1 & \sqrt{2} & -t \\ 0 & t+1 & -\sqrt{2}(t+1) \\ 0 & -\sqrt{2}(t+1) & t^2-1 \end{vmatrix}$$

$$=\begin{vmatrix} t+1 & -\sqrt{2}(t+1) \\ -\sqrt{2}(t+1) & t^2-1 \end{vmatrix}=(t+1)^2\begin{vmatrix} 1 & -\sqrt{2} \\ -\sqrt{2} & t-1 \end{vmatrix}$$

$$=(t+1)^2(t-3)$$

② $$\begin{vmatrix} t & -\sqrt{2} & -1 \\ -\sqrt{2} & t-1 & -\sqrt{2} \\ -1 & -\sqrt{2} & t \end{vmatrix}=t(t-1)\cdot t+(-1)\cdot(-\sqrt{2})^2+(-\sqrt{2})^2\cdot(-1)$$

$$-(-1)^2(t-1)-(-\sqrt{2})^2t-(-\sqrt{2})^2t$$

$$=t^3-t^2-5t-3=(t+1)^2(t-3)$$

重要 例題 083 エルミート行列のユニタリ行列による対角化 ★★☆

エルミート行列 $A=\begin{bmatrix} 3 & i & -1 \\ -i & 5 & i \\ -1 & -i & 3 \end{bmatrix}$ をユニタリ行列で対角化せよ。

指針 基本例題 158 と同様にして対角化する。

解答 行列Aの固有多項式は $\det(tE-A)=\begin{vmatrix} t-3 & -i & 1 \\ i & t-5 & -i \\ 1 & i & t-3 \end{vmatrix}=(t-2)(t-3)(t-6)$

よって，行列Aの固有値は 2，3，6（すべて重複度 1）である。

$A-2E$ の簡約階段形は $\begin{bmatrix} 1 & 0 & -1 \\ 0 & 1 & 0 \\ 0 & 0 & 0 \end{bmatrix}$ であるから，固有値 2 に対する固有空間の基底として $\left\{\begin{bmatrix} 1 \\ 0 \\ 1 \end{bmatrix}\right\}$ がとれる。

$A-3E$ の簡約階段形は $\begin{bmatrix} 1 & 0 & 1 \\ 0 & 1 & i \\ 0 & 0 & 0 \end{bmatrix}$ であるから，固有値 3 に対する固有空間の基底として $\left\{\begin{bmatrix} -1 \\ -i \\ 1 \end{bmatrix}\right\}$ がとれる。

$A-6E$ の簡約階段形は $\begin{bmatrix} 1 & 0 & 1 \\ 0 & 1 & -2i \\ 0 & 0 & 0 \end{bmatrix}$ であるから，固有値 6 に対する固有空間の基底として $\left\{\begin{bmatrix} -1 \\ 2i \\ 1 \end{bmatrix}\right\}$ がとれる。

これらの基底を正規化して，$\boldsymbol{v}_1=\dfrac{1}{\sqrt{2}}\begin{bmatrix} 1 \\ 0 \\ 1 \end{bmatrix}$，$\boldsymbol{v}_2=\dfrac{1}{\sqrt{3}}\begin{bmatrix} -1 \\ -i \\ 1 \end{bmatrix}$，$\boldsymbol{v}_3=\dfrac{1}{\sqrt{6}}\begin{bmatrix} -1 \\ 2i \\ 1 \end{bmatrix}$ とすると，$\{\boldsymbol{v}_1,\ \boldsymbol{v}_2,\ \boldsymbol{v}_3\}$ は $\mathbb{C}^3$ の標準エルミート内積に関して正規直交基底になっている。

よって，$U=[\,\boldsymbol{v}_1\ \ \boldsymbol{v}_2\ \ \boldsymbol{v}_3\,]$ とすると，これはユニタリ行列であり

$$U^*AU=\begin{bmatrix} \mathbf{2} & \mathbf{0} & \mathbf{0} \\ \mathbf{0} & \mathbf{3} & \mathbf{0} \\ \mathbf{0} & \mathbf{0} & \mathbf{6} \end{bmatrix}$$

重要 例題 084 ユニタリ行列による対角化 ★★☆

行列 $A=\begin{bmatrix} 2-i & 0 & i \\ 0 & 1+i & 0 \\ i & 0 & 2-i \end{bmatrix}$ をユニタリ行列で対角化せよ。

指針 基本例題 158，重要例題 083 と同様にして考える。

解答 $AA^*=A^*A=\begin{bmatrix} 6 & 0 & -2 \\ 0 & 2 & 0 \\ -2 & 0 & 6 \end{bmatrix}$ であるから，行列 A は正規行列である。行列 A の固有多項式は

$$\det(tE-A)=\begin{vmatrix} t-2+i & 0 & -i \\ 0 & t-1-i & 0 \\ -i & 0 & t-2+i \end{vmatrix}=(t-2)(t-1-i)(t-2+2i)$$

よって，行列 A の固有値は 2，$1+i$，$2-2i$（すべて重複度 1）である。

$A-2E$ の簡約階段形は $\begin{bmatrix} 1 & 0 & -1 \\ 0 & 1 & 0 \\ 0 & 0 & 0 \end{bmatrix}$ であるから，固有値 2 に対する固有空間の基底として $\left\{\begin{bmatrix} 1 \\ 0 \\ 1 \end{bmatrix}\right\}$ がとれる。

$A-(1+i)E$ の簡約階段形は $\begin{bmatrix} 1 & 0 & 0 \\ 0 & 0 & 1 \\ 0 & 0 & 0 \end{bmatrix}$ であるから，固有値 $1+i$ に対する固有空間の基底として $\left\{\begin{bmatrix} 0 \\ 1 \\ 0 \end{bmatrix}\right\}$ がとれる。

$A-(2-2i)E$ の簡約階段形は $\begin{bmatrix} 1 & 0 & 1 \\ 0 & 1 & 0 \\ 0 & 0 & 0 \end{bmatrix}$ であるから，固有値 $2-2i$ に対する固有空間の基底として $\left\{\begin{bmatrix} -1 \\ 0 \\ 1 \end{bmatrix}\right\}$ がとれる。

これらの基底を正規化して，$\boldsymbol{v}_1=\dfrac{1}{\sqrt{2}}\begin{bmatrix} 1 \\ 0 \\ 1 \end{bmatrix}$，$\boldsymbol{v}_2=\begin{bmatrix} 0 \\ 1 \\ 0 \end{bmatrix}$，$\boldsymbol{v}_3=\dfrac{1}{\sqrt{2}}\begin{bmatrix} -1 \\ 0 \\ 1 \end{bmatrix}$ とすると，

$\{\boldsymbol{v}_1,\ \boldsymbol{v}_2,\ \boldsymbol{v}_3\}$ は $\mathbb{C}^3$ の標準エルミート内積に関して正規直交基底になっている。

よって，$U=[\ \boldsymbol{v}_1\ \ \boldsymbol{v}_2\ \ \boldsymbol{v}_3\ ]=\dfrac{1}{\sqrt{2}}\begin{bmatrix} 1 & 0 & -1 \\ 0 & \sqrt{2} & 0 \\ 1 & 0 & 1 \end{bmatrix}$ とすると，これはユニタリ行列であり

$$U^*AU=\begin{bmatrix} 2 & 0 & 0 \\ 0 & 1+i & 0 \\ 0 & 0 & 2-2i \end{bmatrix}$$

重要 例題 085 最小多項式と対角化可能性 ② ★★☆

次の行列Aの最小多項式を求めよ。また，対角化可能であれば，対角化せよ。

(1) $A=\begin{bmatrix}1&0&2\\0&1&1\\0&0&2\end{bmatrix}$　　(2) $A=\begin{bmatrix}0&-2&6\\2&5&-3\\-2&-1&7\end{bmatrix}$　　(3) $A=\begin{bmatrix}4&0&-6\\3&-2&-3\\3&0&-5\end{bmatrix}$

指針　各行列Aの最小多項式は，基本例題 173 と同様にして求める。また，最小多項式を用いた行列の対角化可能かどうかの判定法は，基本例題 175 の指針の定理を参照。

解答　(1)　行列Aの固有多項式は　$\det(tE-A)=\begin{vmatrix}t-1&0&-2\\0&t-1&-1\\0&0&t-2\end{vmatrix}=(t-1)^2(t-2)$

よって，行列Aの最小多項式は，$(t-1)(t-2)$ または $(t-1)^2(t-2)$ のどちらかである。

$p(t)=(t-1)(t-2)$ とすると

$$p(A)=(A-E)(A-2E)=\begin{bmatrix}0&0&2\\0&0&1\\0&0&1\end{bmatrix}\begin{bmatrix}-1&0&2\\0&-1&1\\0&0&0\end{bmatrix}=O$$

よって，行列Aの最小多項式は　$\boldsymbol{(t-1)(t-2)}$

方程式 $(t-1)(t-2)=0$ は重解をもたないから，行列Aは **対角化可能である。**

行列Aの固有値は **1**（重複度 2），**2**（重複度 1）である。

固有値 1，2 に対する固有空間をそれぞれ W_1，W_2 とする。

W_1 は，同次連立 1 次方程式 $(A-E)\boldsymbol{x}=\boldsymbol{0}$ の解空間である。

$A-E$ の簡約階段形は $\begin{bmatrix}0&0&1\\0&0&0\\0&0&0\end{bmatrix}$ であるから，この方程式の解は

$$\boldsymbol{x}=c\begin{bmatrix}1\\0\\0\end{bmatrix}+d\begin{bmatrix}0\\1\\0\end{bmatrix}\quad(c,\ d\text{ は任意定数})$$

よって，W_1 の基底は　$\left\{\begin{bmatrix}\boldsymbol{1}\\\boldsymbol{0}\\\boldsymbol{0}\end{bmatrix},\ \begin{bmatrix}\boldsymbol{0}\\\boldsymbol{1}\\\boldsymbol{0}\end{bmatrix}\right\}$

W_2 は，同次連立 1 次方程式 $(A-2E)\boldsymbol{x}=\mathbf{0}$ の解空間である。

$A-2E$ の簡約階段形は $\begin{bmatrix} 1 & 0 & -2 \\ 0 & 1 & -1 \\ 0 & 0 & 0 \end{bmatrix}$ であるから，この方程式の解は

$$\boldsymbol{x}=c\begin{bmatrix} 2 \\ 1 \\ 1 \end{bmatrix} \quad (c \text{ は任意定数})$$

よって，W_2 の基底は　$\left\{\begin{bmatrix} \mathbf{2} \\ \mathbf{1} \\ \mathbf{1} \end{bmatrix}\right\}$

W_1 の基底と W_2 の基底を並べて $P=\begin{bmatrix} 1 & 0 & 2 \\ 0 & 1 & 1 \\ 0 & 0 & 1 \end{bmatrix}$ とすると

$$P^{-1}AP=\begin{bmatrix} 1 & 0 & 0 \\ 0 & 1 & 0 \\ 0 & 0 & 2 \end{bmatrix}$$

(2)　行列 A の固有多項式は　$\det(tE-A)=\begin{vmatrix} t & 2 & -6 \\ -2 & t-5 & 3 \\ 2 & 1 & t-7 \end{vmatrix}=(t-4)^3$

$A-4E\neq O$ であるから，行列 A の最小多項式は，$(t-4)^2$ または $(t-4)^3$ のどちらかである。

$p(t)=(t-4)^2$ とすると

$$p(A)=(A-4E)^2=\begin{bmatrix} -4 & -2 & 6 \\ 2 & 1 & -3 \\ -2 & -1 & 3 \end{bmatrix}\begin{bmatrix} -4 & -2 & 6 \\ 2 & 1 & -3 \\ -2 & -1 & 3 \end{bmatrix}=O$$

よって，行列 A の最小多項式は　$\boldsymbol{(t-4)^2}$

方程式 $(t-4)^2=0$ は重解をもつから，行列 A は **対角化不可能である。**

(3)　行列 A の固有多項式は　$\det(tE-A)=\begin{vmatrix} t-4 & 0 & 6 \\ -3 & t+2 & 3 \\ -3 & 0 & t+5 \end{vmatrix}=(t-1)(t+2)^2$

よって，行列 A の最小多項式は，$(t-1)(t+2)$ または $(t-1)(t+2)^2$ のどちらかである。

$p(t)=(t-1)(t+2)$ とすると

$$p(A)=(A-E)(A+2E)=\begin{bmatrix} 3 & 0 & -6 \\ 3 & -3 & -3 \\ 3 & 0 & -6 \end{bmatrix}\begin{bmatrix} 6 & 0 & -6 \\ 3 & 0 & -3 \\ 3 & 0 & -3 \end{bmatrix}=O$$

よって，行列 A の最小多項式は　$\boldsymbol{(t-1)(t+2)}$

方程式 $(t-1)(t+2)=0$ は重解をもたないから，行列 A は **対角化可能である。**

行列Aの固有値は$\mathbf{1}$（重複度 1），$\mathbf{-2}$（重複度 2）である。

固有値 1，-2 に対する固有空間をそれぞれ W_1，W_{-2} とする。

W_1 は，同次連立 1 次方程式 $(A-E)\boldsymbol{x}=\mathbf{0}$ の解空間である。

$A-E$ の簡約階段形は $\begin{bmatrix} 1 & 0 & -2 \\ 0 & 1 & -1 \\ 0 & 0 & 0 \end{bmatrix}$ であるから，この方程式の解は

$$\boldsymbol{x}=c\begin{bmatrix} 2 \\ 1 \\ 1 \end{bmatrix} \quad (c \text{ は任意定数})$$

よって，W_1 の基底は　$\left\{\begin{bmatrix} \mathbf{2} \\ \mathbf{1} \\ \mathbf{1} \end{bmatrix}\right\}$

W_{-2} は，同次連立 1 次方程式 $(A+2E)\boldsymbol{x}=\mathbf{0}$ の解空間である。

$A+2E$ の簡約階段形は $\begin{bmatrix} 1 & 0 & -1 \\ 0 & 0 & 0 \\ 0 & 0 & 0 \end{bmatrix}$ であるから，この方程式の解は

$$\boldsymbol{x}=c\begin{bmatrix} 1 \\ 0 \\ 1 \end{bmatrix}+d\begin{bmatrix} 0 \\ 1 \\ 0 \end{bmatrix} \quad (c,\ d \text{ は任意定数})$$

よって，W_{-2} の基底は　$\left\{\begin{bmatrix} \mathbf{1} \\ \mathbf{0} \\ \mathbf{1} \end{bmatrix}, \begin{bmatrix} \mathbf{0} \\ \mathbf{1} \\ \mathbf{0} \end{bmatrix}\right\}$

W_1 の基底と W_{-2} の基底を並べて $P=\begin{bmatrix} 2 & 1 & 0 \\ 1 & 0 & 1 \\ 1 & 1 & 0 \end{bmatrix}$ とすると

$$P^{-1}AP=\begin{bmatrix} 1 & 0 & 0 \\ 0 & -2 & 0 \\ 0 & 0 & -2 \end{bmatrix}$$

重要 例題 086　n 次行列 AB の固有値の性質　★☆☆

n 次正方行列 A, B と $\lambda \in K$ について，λ が AB の固有値ならば，λ は BA の固有値でもあることを示せ。

指針　行列の固有値は固有ベクトルとペアになっている。AB の固有ベクトルをもとに BA の固有ベクトルを考える。

解答　AB の固有値 λ に対する固有ベクトルを $\boldsymbol{v}(\neq \boldsymbol{0})$ とすると，等式 $AB\boldsymbol{v}=\lambda\boldsymbol{v}$　…… ①
が成り立つ。

① の両辺に左から B を掛けると　　$BA(B\boldsymbol{v})=\lambda(B\boldsymbol{v})$

よって，$B\boldsymbol{v}\neq\boldsymbol{0}$ ならば，λ は BA の固有値であり，$B\boldsymbol{v}$ は BA の固有値 λ に対する固有ベクトルである。

また $B\boldsymbol{v}=\boldsymbol{0}$ ならば，$AB\boldsymbol{v}=A(B\boldsymbol{v})=\boldsymbol{0}$ となる。

よって　　$\lambda\boldsymbol{v}=\boldsymbol{0}$

$\boldsymbol{v}\neq\boldsymbol{0}$ であるから　　$\lambda=0$

更に，$B\boldsymbol{v}=\boldsymbol{0}$，$\boldsymbol{v}\neq\boldsymbol{0}$ により　　$\det(B)=0$

ゆえに，$\det(BA)=\det(B)\det(A)=0$ であるから，$BA\boldsymbol{w}=\boldsymbol{0}$ を満たす $\boldsymbol{w}(\neq\boldsymbol{0})$ が存在し，それは BA の固有値 0 に対する固有ベクトルである。

よって，$B\boldsymbol{v}\neq\boldsymbol{0}$，$B\boldsymbol{v}=\boldsymbol{0}$ どちらの場合についても，λ は BA の固有値である。

したがって，題意は示された。 ■

重要 例題 087　交代行列の固有値の性質　★★☆

(1)　λ が交代行列 A の固有値ならば，$-\lambda$ も A の固有値であることを示せ。

(2)　n が奇数ならば，n 次の交代行列は 0 を固有値にもつことを示せ。

指針　(2) は (1) を利用する。

解答　(1)　A は交代行列であるから　　${}^tA=-A$　…… ①

また，$B=A-\lambda E$ とおき，行列 A の固有値 λ に対する固有ベクトルを $\boldsymbol{v}$ とすると

$$B\boldsymbol{v}=\boldsymbol{0}$$

$\boldsymbol{v}\neq\boldsymbol{0}$ であるから　　$\det(B)=0$　…… ②

① より　　${}^tB={}^tA-\lambda E=-(A+\lambda E)$

$\det({}^tB)=\det(B)$ であるから，② より　　$\det({}^tB)=0$

よって　　$\det(A+\lambda E)=0$

したがって，$-\lambda$ も交代行列 A の固有値である。 ■

(2)　(1) により，λ が交代行列の固有値ならば，$-\lambda$ も交代行列の固有値である。

よって，交代行列の 0 でない固有値の個数は偶数である。

n 次の行列の固有多項式の次数は n であるから，n が奇数ならば，n 次の交代行列の固有値の少なくとも 1 つは 0 である。

したがって，題意は示された。 ■

重要 例題 088　転置行列の対角化可能性　★★☆

n 次正方行列 A が対角化可能ならば，その転置行列 ${}^tA$ も対角化可能であることを示せ。

指針　正方行列の対角化については，339 ページ～341 ページを参照。

解答　行列 A は対角化可能であるから，ある n 次正則行列 P が存在して，$P^{-1}AP$ が対角行列になるようにできる。

$P^{-1}AP=Q$ とおき，両辺の転置行列を考える。

行列 Q は対角行列であるから　　${}^tQ=Q$

よって　　${}^tP\,{}^tA\,{}^t(P^{-1})=Q$

◀ ${}^t(P^{-1}AP)={}^tP\,{}^tA\,{}^t(P^{-1})$

また，$P^{-1}P=PP^{-1}=E$ であり，このとき

$${}^t(P^{-1}P)={}^t(PP^{-1})=E$$

更に，${}^t(P^{-1}P)={}^tP\,{}^t(P^{-1})$，${}^t(PP^{-1})={}^t(P^{-1})\,{}^tP$ であるから

$${}^t(P^{-1})\,{}^tP={}^tP\,{}^t(P^{-1})=E$$

よって　　${}^t(P^{-1})=({}^tP)^{-1}$

ゆえに　　${}^tP\,{}^tA({}^tP)^{-1}=Q$

したがって，題意は示された。 ■

重要 例題 089 正射影作用素の対角化 ★★★

K^n に標準内積を考える。K^n の部分空間 W に対して，K^n から W への正射影作用素 p_W を，K^n 上の 1 次変換とみなす。このとき，p_W は対角化可能であり，その対角化の対角成分には，1 が $\dim W$ 個並び，残りの成分はすべて 0 であることを示せ。

指針 W の直交補空間を $W^{\perp}$ として，K^n が W と $W^{\perp}$ の直和に分解されることを利用して示す。

解答 K^n の標準基底を $\{\boldsymbol{e}_1, \boldsymbol{e}_2, \cdots\cdots, \boldsymbol{e}_n\}$ とする。

正射影作用素 p_W の，K^n の標準基底 $\{\boldsymbol{e}_1, \boldsymbol{e}_2, \cdots\cdots, \boldsymbol{e}_n\}$ に関する表現行列を A とする。

すなわち　$[\,p_W(\boldsymbol{e}_1) \;\; p_W(\boldsymbol{e}_2) \;\; \cdots \;\; p_W(\boldsymbol{e}_n)\,]=[\,\boldsymbol{e}_1 \;\; \boldsymbol{e}_2 \;\; \cdots \;\; \boldsymbol{e}_n\,]A$

また，W の直交補空間を $W^{\perp}$ とすると　$K^n=W\oplus W^{\perp}$

よって，$\dim W=p$，$\dim W^{\perp}=q$ $(p+q=n)$ とし，W の基底を $\{\boldsymbol{w}_1, \boldsymbol{w}_2, \cdots\cdots, \boldsymbol{w}_p\}$，$W^{\perp}$ の基底を $\{\boldsymbol{w}_1', \boldsymbol{w}_2', \cdots\cdots, \boldsymbol{w}_q'\}$ とすると，

$\{\boldsymbol{w}_1, \boldsymbol{w}_2, \cdots\cdots, \boldsymbol{w}_p, \boldsymbol{w}_1', \boldsymbol{w}_2', \cdots\cdots, \boldsymbol{w}_q'\}$ は K^n の基底である。

K^n の標準基底 $\{\boldsymbol{e}_1, \boldsymbol{e}_2, \cdots\cdots, \boldsymbol{e}_n\}$ から基底

$\{\boldsymbol{w}_1, \boldsymbol{w}_2, \cdots\cdots, \boldsymbol{w}_p, \boldsymbol{w}_1', \boldsymbol{w}_2', \cdots\cdots, \boldsymbol{w}_q'\}$ への変換行列を P とすると

$$[\,\boldsymbol{w}_1 \;\; \boldsymbol{w}_2 \;\; \cdots \;\; \boldsymbol{w}_p \;\; \boldsymbol{w}_1' \;\; \boldsymbol{w}_2' \;\; \cdots \;\; \boldsymbol{w}_q'\,]=[\,\boldsymbol{e}_1 \;\; \boldsymbol{e}_2 \;\; \cdots \;\; \boldsymbol{e}_n\,]P$$

よって

$$\begin{aligned}&[\,p_W(\boldsymbol{w}_1) \;\; p_W(\boldsymbol{w}_2) \;\; \cdots \;\; p_W(\boldsymbol{w}_p) \;\; p_W(\boldsymbol{w}_1') \;\; p_W(\boldsymbol{w}_2') \;\; \cdots \;\; p_W(\boldsymbol{w}_q')\,]\\ &=[\,p_W(\boldsymbol{e}_1) \;\; p_W(\boldsymbol{e}_2) \;\; \cdots \;\; p_W(\boldsymbol{e}_n)\,]P\\ &=[\,\boldsymbol{e}_1 \;\; \boldsymbol{e}_2 \;\; \cdots \;\; \boldsymbol{e}_n\,]AP=[\,\boldsymbol{w}_1 \;\; \boldsymbol{w}_2 \;\; \cdots \;\; \boldsymbol{w}_p \;\; \boldsymbol{w}_1' \;\; \boldsymbol{w}_2' \;\; \cdots \;\; \boldsymbol{w}_q'\,]P^{-1}AP\end{aligned}$$

ゆえに，正射影作用素 p_W の，K^n の基底 $\{\boldsymbol{w}_1, \boldsymbol{w}_2, \cdots\cdots, \boldsymbol{w}_p, \boldsymbol{w}_1', \boldsymbol{w}_2', \cdots\cdots, \boldsymbol{w}_q'\}$ に関する表現行列は $P^{-1}AP$ である。

ここで　$p_W(\boldsymbol{w}_1)=\boldsymbol{w}_1$，$p_W(\boldsymbol{w}_2)=\boldsymbol{w}_2$，$\cdots\cdots$，$p_W(\boldsymbol{w}_p)=\boldsymbol{w}_p$，

$p_W(\boldsymbol{w}_1')=\boldsymbol{0}$，$p_W(\boldsymbol{w}_2')=\boldsymbol{0}$，$\cdots\cdots$，$p_W(\boldsymbol{w}_q')=\boldsymbol{0}$

したがって，題意は示された。■

重要　例題 090　射影子の性質，正方行列の対角化　★★★

(1)　K上のベクトル空間V上の1次変換φが，$\varphi^2=\varphi$ を満たすとき，φは **射影子である** という。φがVの射影子であるとき，直和分解 $V=\varphi(V)\oplus\mathrm{Ker}(\varphi)$ が成り立つことを示せ。

(2)　n次正方行列Aが $A^2=A$ を満たすとする。このとき，Aは $\begin{bmatrix} E_p & O_{pq} \\ O_{qp} & O_{qq} \end{bmatrix}$ (E_p はp次の単位行列，O_{pq} は $p\times q$ の零行列，$p+q=n$) の形の対角行列に対角化できることを示せ。

指針　(2)は(1)を利用する。

解答　(1)　任意の $\boldsymbol{v}\in V$ に対し，$\boldsymbol{w}=\boldsymbol{v}-\varphi(\boldsymbol{v})$ とおく。

このとき　$\varphi(\boldsymbol{w})=\varphi(\boldsymbol{v})-\varphi^2(\boldsymbol{v})=\varphi(\boldsymbol{v})-\varphi(\boldsymbol{v})=\boldsymbol{0}$

よって　$\boldsymbol{w}\in\mathrm{Ker}(\varphi)$

ゆえに　$\boldsymbol{v}=\varphi(\boldsymbol{v})+\boldsymbol{w}\in\varphi(V)+\mathrm{Ker}(\varphi)$

したがって　$V=\varphi(V)+\mathrm{Ker}(\varphi)$

また，$\boldsymbol{v}\in\varphi(V)\cap\mathrm{Ker}(\varphi)$ とする。

$\boldsymbol{v}\in\mathrm{Ker}(\varphi)$ より　$\varphi(\boldsymbol{v})=\boldsymbol{0}$

$\boldsymbol{v}\in\varphi(V)$ より，ある $\boldsymbol{w}\in V$ が存在して，$\boldsymbol{v}=\varphi(\boldsymbol{w})$ となる。

このとき　$\boldsymbol{v}=\varphi(\boldsymbol{w})=\varphi^2(\boldsymbol{w})=\varphi(\boldsymbol{v})=\boldsymbol{0}$

よって　$\varphi(V)\cap\mathrm{Ker}(\varphi)=\{\boldsymbol{0}\}$

以上から　$V=\varphi(V)\oplus\mathrm{Ker}(\varphi)$　■

(2)　Aの固有値をλとし，λに対する固有ベクトルを $\boldsymbol{v}\in K^n$ とする。

$A\boldsymbol{v}=\lambda\boldsymbol{v}$ より　$A^2\boldsymbol{v}=\lambda A\boldsymbol{v}=\lambda^2\boldsymbol{v}$

また，$A^2=A$ より　$A^2\boldsymbol{v}=A\boldsymbol{v}=\lambda\boldsymbol{v}$

よって，$\lambda^2\boldsymbol{v}=\lambda\boldsymbol{v}$ より　$(\lambda^2-\lambda)\boldsymbol{v}=\boldsymbol{0}$

$\boldsymbol{v}\neq\boldsymbol{0}$ であるから　$\lambda^2-\lambda=0$

すなわち　$\lambda(\lambda-1)=0$

よって　$\lambda=0,\ 1$

行列Aにより決まる線形写像を $\varphi_A:K^n\longrightarrow K^n$ とすると，$\boldsymbol{v}\in K^n$ に対し，$\varphi_A(\boldsymbol{v})=A\boldsymbol{v}$ となる。

ここで，$A^2=A$ より　${\varphi_A}^2=\varphi_A$　…… ①

ゆえに，(1)より　$V=\varphi_A(K^n)\oplus\mathrm{Ker}(\varphi_A)$

また，固有値0に対する固有空間を W_0，固有値1に対する固有空間を W_1 とする。
任意の $\boldsymbol{v}\in\mathrm{Ker}(\varphi_A)$ に対し，$\varphi_A(\boldsymbol{v})=\boldsymbol{0}$
よって，$A\boldsymbol{v}=\boldsymbol{0}$ であるから　$A\boldsymbol{v}=0\cdot\boldsymbol{v}$
ゆえに　$W_0=\mathrm{Ker}(\varphi_A)$
また，任意の $\boldsymbol{v}\in\varphi_A(K^n)$ に対し，ある $\boldsymbol{w}\in K^n$ が存在して，$\boldsymbol{v}=\varphi_A(\boldsymbol{w})$ となる。
よって，① も合わせて，$\varphi_A(\boldsymbol{v})=\varphi_A{}^2(\boldsymbol{w})=\varphi_A(\boldsymbol{w})=\boldsymbol{v}$ であるから　$A\boldsymbol{v}=1\cdot\boldsymbol{v}$
ゆえに　$W_1=\varphi_A(K^n)$
$\dim W_1=p$，$\dim W_0=q$ とすると　$p+q=n$
固有空間 W_1 の基底を $\{\boldsymbol{v}_1, \boldsymbol{v}_2, \cdots\cdots, \boldsymbol{v}_p\}$，固有空間 W_0 の基底を $\{\boldsymbol{w}_1, \boldsymbol{w}_2, \cdots\cdots, \boldsymbol{w}_q\}$ とすると，$\{\boldsymbol{v}_1, \boldsymbol{v}_2, \cdots\cdots, \boldsymbol{v}_p, \boldsymbol{w}_1, \boldsymbol{w}_2, \cdots\cdots, \boldsymbol{w}_q\}$ は K^n の基底である。
ここで　$\varphi_A(\boldsymbol{v}_i)=\boldsymbol{v}_i\ (i=1, 2, \cdots\cdots, p)$，$\varphi_A(\boldsymbol{w}_j)=\boldsymbol{0}\ (j=1, 2, \cdots\cdots, q)$
したがって，題意は示された。■

重要 例題 091　行列の和と積の同時対角化可能の証明　★☆☆

n 次正方行列 A，B が同時対角化可能であるならば，$A+B$ と AB も同時対角化可能であることを示せ。

指針　基本例題 176 の指針で扱った定理を用いる。

解答　n 次正方行列 A，B が同時対角化可能であるから，ある n 次正則行列 P によって，$P^{-1}AP$ と $P^{-1}BP$ を同時に対角行列にできる。

◀基本例題 176 の指針で扱った定理参照。

$P^{-1}AP=U$，$P^{-1}BP=V$ とすると

$$P^{-1}(A+B)P=P^{-1}AP+P^{-1}BP=U+V$$
$$P^{-1}(AB)P=(P^{-1}AP)(P^{-1}BP)=UV$$

U，V はどちらも対角行列であるから，和 $U+V$ と積 UV は対角行列である。
よって，題意は示された。■

重要　例題 092　エルミート行列が正定値である条件　★★★

n 次エルミート行列 A が正定値であるための必要十分条件は，任意の $\mathbf{0}$ でない $\boldsymbol{v}\in K^n$ について $\boldsymbol{v}^*A\boldsymbol{v}>0$ となることであることを示せ。

指針　基本例題 159 の指針で扱ったシルベスター慣性法則の定理を用いる。

解答　n 次エルミート行列 A が正定値であるとすると，n 次正則行列 P が存在して，$P^*AP=E$ となる。

任意のベクトル $\boldsymbol{v}(\neq\mathbf{0})$ に対し，$\boldsymbol{w}=P^{-1}\boldsymbol{v}$ とおくと　　$\boldsymbol{v}=P\boldsymbol{w}$

$\boldsymbol{v}\neq\mathbf{0}$ であるから　　$\boldsymbol{w}\neq\mathbf{0}$

よって　　$\boldsymbol{v}^*A\boldsymbol{v}=(P\boldsymbol{w})^*A(P\boldsymbol{w})=\boldsymbol{w}^*(P^*AP)\boldsymbol{w}=\boldsymbol{w}^*E\boldsymbol{w}=\boldsymbol{w}^*\boldsymbol{w}=\|\boldsymbol{w}\|^2>0$

n 次エルミート行列 A が正定値でないとする。

n 次正方行列 P が存在して，P^*AP が対角行列となり，その対角線上には 0 または -1 が少なくとも 1 つ配置される。

P^*AP の第 $(k,\ k)$ 成分が 0 または -1 であるとする。

n 次正則行列 P の列ベクトルを $\boldsymbol{p}_1$，$\boldsymbol{p}_2$，……，$\boldsymbol{p}_n$ とすると，これらの列ベクトルはいずれも $\mathbf{0}$ でない。

このとき　　$$P^*AP=\begin{bmatrix}\boldsymbol{p}_1{}^*\\ \boldsymbol{p}_2{}^*\\ \vdots\\ \boldsymbol{p}_k{}^*\\ \vdots\\ \boldsymbol{p}_n{}^*\end{bmatrix}\begin{bmatrix}A\boldsymbol{p}_1 & A\boldsymbol{p}_2 & \cdots & A\boldsymbol{p}_k & \cdots & A\boldsymbol{p}_n\end{bmatrix}$$

$$=\begin{bmatrix}\boldsymbol{p}_1{}^*A\boldsymbol{p}_1 & \boldsymbol{p}_1{}^*A\boldsymbol{p}_2 & \cdots & \boldsymbol{p}_1{}^*A\boldsymbol{p}_k & \cdots & \boldsymbol{p}_1{}^*A\boldsymbol{p}_n\\ \boldsymbol{p}_2{}^*A\boldsymbol{p}_1 & \boldsymbol{p}_2{}^*A\boldsymbol{p}_2 & \cdots & \boldsymbol{p}_2{}^*A\boldsymbol{p}_k & \cdots & \boldsymbol{p}_2{}^*A\boldsymbol{p}_n\\ \vdots & \vdots & \ddots & \vdots & & \vdots\\ \boldsymbol{p}_k{}^*A\boldsymbol{p}_1 & \boldsymbol{p}_k{}^*A\boldsymbol{p}_2 & \cdots & \boldsymbol{p}_k{}^*A\boldsymbol{p}_k & \cdots & \boldsymbol{p}_k{}^*A\boldsymbol{p}_n\\ \vdots & \vdots & & \vdots & \ddots & \vdots\\ \boldsymbol{p}_n{}^*A\boldsymbol{p}_1 & \boldsymbol{p}_n{}^*A\boldsymbol{p}_2 & \cdots & \boldsymbol{p}_n{}^*A\boldsymbol{p}_k & \cdots & \boldsymbol{p}_n{}^*A\boldsymbol{p}_n\end{bmatrix}$$

この行列の第 $(k,\ k)$ 成分 $\boldsymbol{p}_k{}^*A\boldsymbol{p}_k$ は -1 または 0 である。

したがって，題意は示された。 ■

重要　例題 093　フロベニウスの定理の証明　★★☆

n 次正方行列 A の固有値全体を λ_1, λ_2, ……, λ_n とし，$f(t)$ を変数 t の多項式とする。このとき，$f(A)$ の固有値全体は $f(\lambda_1)$, $f(\lambda_2)$, ……, $f(\lambda_n)$ であることを示せ。

指針　340 ページで述べた正方行列の三角化の定理を用いて示す。

解答　$f(t)=a_0+a_1t+a_2t^2+\cdots\cdots+a_rt^r$ とする。

n 次正則行列 P が存在して，

$$P^{-1}AP=\begin{bmatrix} \lambda_1 & * & * & \cdots & * \\ & \lambda_2 & * & \cdots & * \\ & & \ddots & & \vdots \\ & & & \ddots & * \\ \text{\Large 0} & & & & \lambda_n \end{bmatrix}$$ となる。

◀340 ページで扱った正方行列の三角化の定理により。

よって，$k=1$, 2, ……, r に対し，$(P^{-1}AP)^k=P^{-1}A^kP$ もまた三角行列であり，

$$P^{-1}A^kP=\begin{bmatrix} {\lambda_1}^k & * & * & \cdots & * \\ & {\lambda_2}^k & * & \cdots & * \\ & & \ddots & & \vdots \\ & & & \ddots & * \\ \text{\Large 0} & & & & {\lambda_n}^k \end{bmatrix}$$ となる。

ゆえに

$$\begin{aligned} P^{-1}f(A)P &= f(P^{-1}AP) \\ &= a_0E+a_1P^{-1}AP+a_2P^{-1}A^2P+\cdots\cdots+a_rP^{-1}A^rP \\ &= \begin{bmatrix} f(\lambda_1) & * & * & \cdots & * \\ & f(\lambda_2) & * & \cdots & * \\ & & \ddots & & \vdots \\ & & & \ddots & * \\ \text{\Large 0} & & & & f(\lambda_n) \end{bmatrix} \end{aligned}$$

したがって，題意は示された。■

参考　本問で示した事実は，**フロベニウスの定理** と呼ばれる。多項式に行列を代入してできた行列の固有値の性質について述べている。

第9章

9 ジョルダンの標準形

■ 広義固有空間とジョルダンの標準形

例題一覧

例題番号	レベル	例題タイトル	教科書との対応
		■ 広義固有空間とジョルダンの標準形	
基本 177	1	べき零変換, べき零行列の性質 ①	練習 1
基本 178	2	べき零変換, べき零行列の性質 ②	練習 2
基本 179	1	べき零変換, べき零行列の性質 ③	
基本 180	2	ジョルダン細胞の 最小多項式	練習 3
基本 181	1	ジョルダン標準形の 計算 ①	練習 4
基本 182	2	ジョルダン標準形の 計算 ②	練習 5
基本 183	2	ジョルダン標準形の 計算 ③	練習 6
基本 184	2	ジョルダン標準形の 計算 ④	
基本 185	2	ジョルダン分解の計算	練習 7
		第 9 章の内容チェックテスト	
		演 習 編	
重要 094	3	ジョルダン標準形の 計算 ⑤	章末 1
重要 095	3	べき零行列の ジョルダン標準形の計算	章末 2
重要 096	2	3 次行列の n 乗	章末 3
重要 097	3	ジョルダン標準形の 計算 ⑥	

1 広義固有空間とジョルダンの標準形

基本 例題 177 べき零変換，べき零行列の性質 ① ★☆☆

Aがべき零行列で，Pが正則行列であるとき，$P^{-1}AP$ もまたべき零行列であることを示せ。

指針 べき零変換・べき零行列の定義は次で与えられる。

定義 べき零変換・べき零行列

VをK上のベクトル空間として，$\varphi: V \longrightarrow V$ を，Vの 1 次変換とし，$\varphi^k = \overbrace{\varphi \circ \cdots\cdots \circ \varphi}^{k\text{個}}$ で，φをk回合成したものを表すとする。

[1] ある自然数kが存在して，$\varphi^k = 0$（零写像）となるとき，1 次変換φを **べき零変換** という。

[2] n次正方行列Aに対して，ある自然数kが存在して，$A^k = O$ となるとき，Aを **べき零行列** という。

$$(P^{-1}AP)^k = \overbrace{(P^{-1}AP)(P^{-1}AP)\cdots\cdots(P^{-1}AP)}^{k\text{個}}$$
$$= P^{-1}A(PP^{-1})A(PP^{-1})\cdots\cdots(PP^{-1})AP = P^{-1}A^kP$$

となることを利用する。

解答 Aはべき零行列であるから，ある自然数kが存在して，$A^k = O$ となる。

このとき　$(P^{-1}AP)^k = P^{-1}A^kP = O$

よって，題意は示された。■

補足 Aがべき零行列であるならば，Aで決まる 1 次変換 $\varphi_A: K^n \longrightarrow K^n$ はべき零である。また，Vをn次元ベクトル空間とするとき，1 次変換φがV上のべき零変換ならば，その任意の基底による表現行列はべき零行列である。

研究 べき零行列の性質として，次の 2 つの定理が成り立つ（詳しくは「数研講座シリーズ　大学教養　線形代数」の 324 ページ，325 ページを参照。以下は，その要約である。）。

定理 べき零行列の基本性質（その 1）

[1] Aをn次のべき零行列とする。このとき，行列Aの最小多項式を $p_A(t)$ とすると，$p_A(t) = t^m$ $(1 \leqq m \leqq n)$ の形となる。特に，行列Aの固有値はすべて 0 である。

[2] Aをn次正方行列とするとき，その固有値がすべて 0 ならば，Aはべき零行列である。

上の定理 [1] から，特にAをn次のべき零行列とするとき，$A^n = O$ である。また，べき零行列Aの最小多項式を $p_A(t)$ とするとき，$p_A(t) = t^m$ $(1 \leqq m \leqq n)$ ならば，$A^{m-1} \neq O$ である。実際，$A^{m-1} = O$ ならば，$p(t) = t^{m-1}$ として $p(A) = O$ となるが，これは最小多項式 $p_A(t)$ の次数の最小性に反する。

定理 べき零行列の基本性質（その 2）

A を n 次のべき零行列とし，$\boldsymbol{v} \in K^n$ を $\boldsymbol{v} \neq \boldsymbol{0}$ であるベクトルとする。l を自然数とするとき，$\boldsymbol{v} \neq \boldsymbol{0}$ かつ $A\boldsymbol{v} \neq \boldsymbol{0}$ かつ $A^2\boldsymbol{v} \neq \boldsymbol{0}$ かつ …… かつ $A^l\boldsymbol{v} \neq \boldsymbol{0}$ ならば，
$\{\boldsymbol{v},\ A\boldsymbol{v},\ A^2\boldsymbol{v},\ \cdots\cdots,\ A^l\boldsymbol{v}\}$ は K 上 1 次独立である。

基本 例題 178 べき零変換，べき零行列の性質 ② ★★☆

A，B が n 次のべき零行列で，互いに可換である，すなわち $AB=BA$ であるとする。このとき，$A+B$ もべき零行列であることを示せ。

指針 基本例題 170 で証明した等式 $\left(\text{自然数 } n \text{ について} \quad (A+B)^n=\sum_{k=0}^{n}\binom{n}{k}A^kB^{n-k}\right)$ を用いる。

解答 A，B はべき零行列であるから，ある自然数 k，l が存在して，
$A^k=O$，$B^l=O$ となる。
よって，$m \geqq k$ に対して $A^m=O$，$m \geqq l$ に対して $B^m=O$ となる。
$AB=BA$ より

$$(A+B)^{k+l}=\sum_{m=0}^{k+l}\binom{k+l}{m}A^mB^{k+l-m}$$

◀基本例題 170 より。

$$=\sum_{m=0}^{k-1}\binom{k+l}{m}A^mB^{k+l-m}$$

◀$m \geqq k$ ならば $A^m=O$

$0 \leqq m \leqq k-1$ に対して，$k+l-m \geqq l+1$ が成り立つ。
よって，$0 \leqq m \leqq k-1$ に対して，$B^{k+l-m}=O$ となる。

◀基本例題 177 より。

ゆえに　$(A+B)^{k+l}=O$
したがって，題意は示された。 ■

基本 例題 179　べき零変換，べき零行列の性質 ③　★☆☆

A が n 次正方行列であり，べき零であるとき，$E+A+A^2+\cdots\cdots+A^{n-1}$ は $E-A$ の逆行列であることを示せ。

指針　$E+A+A^2+\cdots\cdots+A^{n-1}$ に左右から $E-A$ を掛ける。また，406 ページのべき零行列の基本性質の定理（その 1）から，n 次のべき零行列 A について，$A^n=O$ となることを利用する。

解答　条件より $A^n=O$ であるから

$$(E-A)(E+A+A^2+\cdots\cdots+A^{n-1})$$

$$=(E+A+A^2+\cdots\cdots+A^{n-1})-(A+A^2+\cdots\cdots+A^{n-1}+A^n)=E-A^n=E$$

$$(E+A+A^2+\cdots\cdots+A^{n-1})(E-A)$$

$$=(E+A+A^2+\cdots\cdots+A^{n-1})-(A+A^2+\cdots\cdots+A^{n-1}+A^n)=E-A^n=E$$

よって，題意は示された。■

基本 例題 180　ジョルダン細胞の最小多項式　★★☆

ジョルダン細胞 $J(\lambda,\ m)$ の最小多項式は $(t-\lambda)^m$ であることを示せ。

指針　$\lambda\in K$ について，次の形の m 次正方行列を，固有値 λ の m 次 **ジョルダン細胞** といい，

$J(\lambda,\ m)$ で表す。

$$J(\lambda,\ m)=\begin{bmatrix} \lambda & 1 & & & & \mathbf{0} \\ & \lambda & 1 & & & \\ & & \lambda & 1 & & \\ & & & \ddots & \ddots & \\ & & & & \lambda & 1 \\ \mathbf{0} & & & & & \lambda \end{bmatrix}$$

なお，ジョルダン細胞 $J(\lambda,\ m)$ において，$m=1$ のときは，1×1 行列 $[\lambda]$ である。

解答　ジョルダン細胞 $J(\lambda,\ m)$ の固有多項式は $(t-\lambda)^m$ であるから，$J(\lambda,\ m)$ の最小多項式は $(t-\lambda)^k$ $(1\leqq k\leqq m)$ という形である。

ここで，$N_m=J(\lambda,\ m)-\lambda E$ とする。

行列 N_m で決まる 1 次変換を $\varphi_{N_m}:K^m\longrightarrow K^m$ とし，K^m の標準基底を $\{\boldsymbol{e}_1,\ \boldsymbol{e}_2,\ \cdots\cdots,\ \boldsymbol{e}_m\}$ とする。

このとき　$\varphi_{N_m}(\boldsymbol{e}_i)=\begin{cases}\mathbf{0} & (i=1)\\ \boldsymbol{e}_{i-1} & (i=2,\ \cdots\cdots,\ m)\end{cases}$

よって，すべての $i=1,\ 2,\ \cdots\cdots,\ m$ に対し，${\varphi_{N_m}}^m(\boldsymbol{e}_i)=\mathbf{0}$ となる。

ゆえに　${N_m}^m=O$

ところが　${\varphi_{N_m}}^{m-1}(\boldsymbol{e}_m)=\boldsymbol{e}_1$

したがって　${N_m}^{m-1}\neq O$

すなわち　$\{J(\lambda,\ m)-\lambda E\}^{m-1}\neq O$

以上から，題意は示された。■

◈ジョルダン標準形定理

詳しくは「数研講座シリーズ　大学教養　線形代数」の 326～329 ページを参照。以下はその要約である。

次のようないくつかのジョルダン細胞が対角ブロックに並んだ正方行列を，**ジョルダン行列** という。

$$\begin{bmatrix} J(\lambda_1,\ m_1) & & & \mathbf{0} \\ & J(\lambda_2,\ m_2) & & \\ & & \ddots & \\ \mathbf{0} & & & J(\lambda_r,\ m_r) \end{bmatrix}$$

ここで，$\lambda_1=\lambda_2=\cdots\cdots=\lambda_r=\lambda$ である次のような場合の行列を，**固有値 λ のジョルダン行列** という。

$$\begin{bmatrix} J(\lambda,\ m_1) & & & \mathbf{0} \\ & J(\lambda,\ m_2) & & \\ & & \ddots & \\ \mathbf{0} & & & J(\lambda,\ m_r) \end{bmatrix} \quad \cdots\cdots(*)$$

$(*)$ の行列を A として，$A-\lambda E$ を考えると，$m=\max\{m_1,\ m_2,\ \cdots\cdots,\ m_r\}$ に対し，$(A-\lambda E)^m=O$ かつ $(A-\lambda E)^{m-1}\neq O$ が成り立つ。

すなわち，この行列 A の最小多項式は $(t-\lambda)^m$ (ただし，$m=\max\{m_1,\ m_2,\ \cdots\cdots,\ m_r\}$) である。

定理　ジョルダン標準形定理

A を n 次正方行列とし，A の固有多項式を $F_A(t)$ とする。$F_A(t)$ が，次のように変形されるとする。

$$F_A(t)=(t-\lambda_1)^{m_1}(t-\lambda_2)^{m_2}\cdot\cdots\cdots\cdot(t-\lambda_r)^{m_r},\ \ \lambda_i\neq\lambda_j \quad (i\neq j)$$

このとき，ある n 次正則行列 P が存在して，$P^{-1}AP=\begin{bmatrix} J_1 & & & \mathbf{0} \\ & J_2 & & \\ & & \ddots & \\ \mathbf{0} & & & J_r \end{bmatrix}$ となる。

ここで，各 $i=1,\ 2,\ \cdots\cdots,\ r$ について，J_i は固有値 λ_i の m_i 次ジョルダン行列である。

$$J_i=\begin{bmatrix} J(\lambda_i,\ l_{i1}) & & & \mathbf{0} \\ & J(\lambda_i,\ l_{i2}) & & \\ & & \ddots & \\ \mathbf{0} & & & J(\lambda_i,\ l_{ir_i}) \end{bmatrix} \quad \cdots\cdots(\dagger)\ (ただし，l_{i1}+l_{i2}+\cdots\cdots+l_{ir_i}=m_i)$$

更に，各 $i=1,\ 2,\ \cdots\cdots,\ r$ および $p=1,\ 2,\ \cdots\cdots,\ n$ について，ここに現れる p 次のジョルダン細胞 $J(\lambda_i,\ p)$ の個数は次に等しい。

$$\mathrm{rank}(A-\lambda_i E)^{p+1}-2\,\mathrm{rank}(A-\lambda_i E)^{p}+\mathrm{rank}(A-\lambda_i E)^{p-1}$$

よって，特に，上の形はジョルダン細胞の並べ方を除いて，行列 A だけで一意的に決まる。

上の定理における $P^{-1}AP$ のような形の行列を，**ジョルダンの標準形** という。

◈広義固有空間

詳しくは「数研講座シリーズ　大学教養　線形代数」の 329〜333 ページを参照。以下はその要約である。

V を n 次元ベクトル空間とし，$\varphi : V \longrightarrow V$ を V 上の 1 次変換とする。λ を 1 次変換 φ の固有値とするとき，$\varphi - \lambda \mathrm{id}_V$ は次の V 上の 1 次変換を表す。

$$(\varphi - \lambda \mathrm{id}_V)(\boldsymbol{v}) = \varphi(\boldsymbol{v}) - \lambda \boldsymbol{v}$$

定義　広義固有空間

V を n 次元ベクトル空間とし，$\varphi : V \longrightarrow V$ を V 上の 1 次変換とする。また，λ を 1 次変換 φ の固有値とするとき，$\widetilde{W}_\lambda = \{\boldsymbol{v} \in V \mid (\varphi - \lambda \mathrm{id}_V)^n(\boldsymbol{v}) = \boldsymbol{0}\}$ として，これを λ に対する φ の **広義固有空間** という。

また，A を n 次正方行列とし，その固有値を λ とするとき，A で決まる K^n 上の 1 次変換 φ_A の λ に対する広義固有空間 $\widetilde{W}_\lambda$ を，A の λ に対する **広義固有空間** という。すなわち，行列 A の固有値 λ に対する広義固有空間とは，$\widetilde{W}_\lambda = \{\boldsymbol{v} \in K^n \mid (A - \lambda E)^n \boldsymbol{v} = \boldsymbol{0}\}$ で与えられる。

A を n 次正方行列とするとき，K^n は常に A の広義固有空間の直和に分解される。

定理　広義固有空間による分解

A を n 次正方行列とする。行列 A の互いに相違なる固有値を $\lambda_1,\ \lambda_2,\ \cdots\cdots,\ \lambda_r$ とし，$i = 1,\ 2,\ \cdots\cdots,\ r$ について，固有値 λ_i の重複度を m_i とする。

すなわち，行列 A の固有多項式を $F_A(t)$ とするとき，次のようになる。

$$F_A(t) = (t - \lambda_1)^{m_1}(t - \lambda_2)^{m_2} \cdot \cdots\cdots \cdot (t - \lambda_r)^{m_r}$$

このとき，行列 A の固有値 λ_i に対する広義固有空間を $\widetilde{W}_{\lambda_i}$ とすると，次が成り立つ。

$$K^n = \widetilde{W}_{\lambda_1} \oplus \widetilde{W}_{\lambda_2} \oplus \cdots\cdots \oplus \widetilde{W}_{\lambda_r}$$

また，$i = 1,\ 2,\ \cdots\cdots,\ r$ について，$\dim \widetilde{W}_{\lambda_i} = m_i$ が成り立つ。

409 ページのジョルダン標準形の定理は次の定理を用いて示される。

定理　単一固有値の場合のジョルダン標準形

A を n 次正方行列とし，A が 1 つの固有値のみをもち，それを λ とする。

このとき，ある n 次正則行列 P が存在して，$P^{-1}AP = \begin{bmatrix} J(\lambda,\ l_1) & & & \Large 0 \\ & J(\lambda,\ l_2) & & \\ & & \ddots & \\ \Large 0 & & & J(\lambda,\ l_r) \end{bmatrix}$

(ただし，$l_1 + l_2 + \cdots\cdots + l_r = n$) となる。

更に，$p = 1,\ 2,\ \cdots\cdots,\ n$ について，ここに現れる p 次のジョルダン細胞 $J(\lambda,\ p)$ の個数は次に等しい。

$$\mathrm{rank}(A - \lambda E)^{p+1} - 2\,\mathrm{rank}(A - \lambda E)^p + \mathrm{rank}(A - \lambda E)^{p-1}$$

よって，特に，$P^{-1}AP$ の形はジョルダン細胞の並べ方を除いて，行列 A だけで一意的に決まる。

基本 例題 181 ジョルダン標準形の計算 ① ★☆☆

行列 $A=\begin{bmatrix} 4 & -3 & 3 \\ -1 & 3 & -2 \\ -3 & 4 & -3 \end{bmatrix}$ のジョルダン標準形を求めよ。

指針 連立1次方程式を繰り返し解いて変換行列を求め，ジョルダン標準形を求める。
また，広義固有空間による分解の定理と407ページのべき零行列の基本性質の定理（その2）を用いて求めることもできる。この場合，広義固有空間の次元が3以下の場合のジョルダン標準形は，最小多項式だけで決まる。

解答 行列Aの固有多項式は　$\det(tE-A)=\begin{vmatrix} t-4 & 3 & -3 \\ 1 & t-3 & 2 \\ 3 & -4 & t+3 \end{vmatrix}=(t-1)^2(t-2)$

よって，行列Aの固有値は1（重複度2），2（重複度1）である。
行列Aの固有値1，2に対する固有空間をそれぞれ W_1，W_2 とする。
W_2 は，同次連立1次方程式 $(A-2E)\boldsymbol{x}=\boldsymbol{0}$ の解空間である。

$A-2E$ の簡約階段形は $\begin{bmatrix} 1 & 0 & 3 \\ 0 & 1 & 1 \\ 0 & 0 & 0 \end{bmatrix}$ であるから，この方程式の解は

$$\boldsymbol{x}=c\begin{bmatrix} -3 \\ -1 \\ 1 \end{bmatrix}\quad (c\text{ は任意定数})$$

よって，W_2 の基底は $\left\{\begin{bmatrix} -3 \\ -1 \\ 1 \end{bmatrix}\right\}$ であるから，$\boldsymbol{v}_1=\begin{bmatrix} -3 \\ -1 \\ 1 \end{bmatrix}$ とすると　$A\boldsymbol{v}_1=2\boldsymbol{v}_1$

W_1 は，同次連立1次方程式 $(A-E)\boldsymbol{x}=\boldsymbol{0}$ の解空間である。

$A-E$ の簡約階段形は $\begin{bmatrix} 1 & 0 & 0 \\ 0 & 1 & -1 \\ 0 & 0 & 0 \end{bmatrix}$ であるから，この方程式の解は

$$\boldsymbol{x}=c\begin{bmatrix} 0 \\ 1 \\ 1 \end{bmatrix}\quad (c\text{ は任意定数})$$

よって，W_1 の基底は $\left\{\begin{bmatrix} 0 \\ 1 \\ 1 \end{bmatrix}\right\}$ であるから，$\boldsymbol{v}_2=\begin{bmatrix} 0 \\ 1 \\ 1 \end{bmatrix}$ とすると　$A\boldsymbol{v}_2=\boldsymbol{v}_2$

また，$(A-E)\boldsymbol{x}=\boldsymbol{v}_2$ を解くと，例えば $\boldsymbol{x}=\begin{bmatrix} 1 \\ 1 \\ 0 \end{bmatrix}$ が得られるから，$\boldsymbol{v}_3=\begin{bmatrix} 1 \\ 1 \\ 0 \end{bmatrix}$ とすると

$$A\boldsymbol{v}_3=\boldsymbol{v}_2+\boldsymbol{v}_3$$

したがって，$P=[\boldsymbol{v}_1 \quad \boldsymbol{v}_2 \quad \boldsymbol{v}_3]=\begin{bmatrix} -3 & 0 & 1 \\ -1 & 1 & 1 \\ 1 & 1 & 0 \end{bmatrix}$ とすると

$$
\begin{aligned}
AP&=[A\boldsymbol{v}_1 \quad A\boldsymbol{v}_2 \quad A\boldsymbol{v}_3] \\
&=[2\boldsymbol{v}_1 \quad \boldsymbol{v}_2 \quad \boldsymbol{v}_2+\boldsymbol{v}_3]=[\boldsymbol{v}_1 \quad \boldsymbol{v}_2 \quad \boldsymbol{v}_3]\begin{bmatrix} 2 & 0 & 0 \\ 0 & 1 & 1 \\ 0 & 0 & 1 \end{bmatrix}
\end{aligned}
$$

以上から　　$P^{-1}AP=\begin{bmatrix} \mathbf{2} & \mathbf{0} & \mathbf{0} \\ \mathbf{0} & \mathbf{1} & \mathbf{1} \\ \mathbf{0} & \mathbf{0} & \mathbf{1} \end{bmatrix}$

研究　変換行列を定めずに，ジョルダン標準形を求めるだけであれば，次のように求めることができる。

行列Aの固有値1，2に対する広義固有空間をそれぞれ $\widetilde{W}_1$，$\widetilde{W}_2$ とすると

$$\dim \widetilde{W}_1=2,\ \dim \widetilde{W}_2=1$$

行列Aの最小多項式は，$(t-1)(t-2)$ または $(t-1)^2(t-2)$ である。

$(A-E)(A-2E)=\begin{bmatrix} 3 & -3 & 3 \\ -1 & 2 & -2 \\ -3 & 4 & -4 \end{bmatrix}\begin{bmatrix} 2 & -3 & 3 \\ -1 & 1 & -2 \\ -3 & 4 & -5 \end{bmatrix} \neq O$ であるから，最小多項式は $(t-1)^2(t-2)$ である。

したがって，行列Aのジョルダン標準形は　$\begin{bmatrix} \mathbf{2} & \mathbf{0} & \mathbf{0} \\ \mathbf{0} & \mathbf{1} & \mathbf{1} \\ \mathbf{0} & \mathbf{0} & \mathbf{1} \end{bmatrix}$

補足　次数の大きい行列のジョルダン標準形を求める際，広義固有空間による分解の定理とべき零行列の基本性質の定理（その2）を用いる方法は有効であるが，考える行列の次数が3次または4次程度である場合は，連立1次方程式を繰り返し解く方法が簡明である。連立1次方程式を繰り返し解いていくことにより，ジョルダン標準形の形が自ずと明らかになり，変換行列も同時に定められる。

基本 例題 182 ジョルダン標準形の計算 ② ★★☆

次の行列 A のジョルダン標準形を求めよ。

(1) $A=\begin{bmatrix} 5 & 2 & 2 \\ -2 & 2 & -3 \\ -1 & -1 & 2 \end{bmatrix}$　　(2) $A=\begin{bmatrix} 1 & 1 & -1 \\ 0 & 1 & 0 \\ 0 & 0 & 1 \end{bmatrix}$

指針 基本例題 181 と同様にして求める。

解答 (1) 行列 A の固有多項式は　$\det(tE-A)=\begin{vmatrix} t-5 & -2 & -2 \\ 2 & t-2 & 3 \\ 1 & 1 & t-2 \end{vmatrix}=(t-3)^3$

よって，行列 A の固有値は 3 (重複度 3) である。

行列 A の固有値 3 に対する固有空間を W_3 とする。

ここで，$\boldsymbol{x}=\begin{bmatrix} x \\ y \\ z \end{bmatrix}$，$\boldsymbol{b}=\begin{bmatrix} b_1 \\ b_2 \\ b_3 \end{bmatrix}$ として，連立 1 次方程式 $(A-3E)\boldsymbol{x}=\boldsymbol{b}$ が解をもつための定数項ベクトル $\boldsymbol{b}$ の条件を考える。

連立 1 次方程式 $(A-3E)\boldsymbol{x}=\boldsymbol{b}$ の拡大係数行列は　$\left[\begin{array}{ccc|c} 2 & 2 & 2 & b_1 \\ -2 & -1 & -3 & b_2 \\ -1 & -1 & -1 & b_3 \end{array}\right]$

これを行基本変形すると　$\left[\begin{array}{ccc|c} 1 & 0 & 2 & -\frac{1}{2}b_1-b_2 \\ 0 & 1 & -1 & b_1+b_2 \\ 0 & 0 & 0 & b_1+2b_3 \end{array}\right]$

よって，連立 1 次方程式 $(A-3E)\boldsymbol{x}=\boldsymbol{b}$ が解をもつための定数項ベクトル $\boldsymbol{b}$ の条件は　$b_1+2b_3=0$ ……①

連立 1 次方程式 $(A-3E)\boldsymbol{x}=\boldsymbol{b}$ を解くと $\begin{cases} x=-\frac{1}{2}b_1-b_2-2c \\ y=b_1+b_2+c \\ z=c \end{cases}$ (c は任意定数)

よって，W_3 の基底は $\left\{\begin{bmatrix} -2 \\ 1 \\ 1 \end{bmatrix}\right\}$ であるから，$\boldsymbol{v}_1=\begin{bmatrix} -2 \\ 1 \\ 1 \end{bmatrix}$ とすると　$A\boldsymbol{v}_1=3\boldsymbol{v}_1$

① より，連立 1 次方程式 $(A-3E)\boldsymbol{x}=\boldsymbol{v}_1$ は解をもち，その解は

$\begin{cases} x=-2c \\ y=-1+c \\ z=c \end{cases}$ (c は任意定数) であるから，$\boldsymbol{v}_2=\begin{bmatrix} 0 \\ -1 \\ 0 \end{bmatrix}$ とすると

$A\boldsymbol{v}_2=\boldsymbol{v}_1+3\boldsymbol{v}_2$

更に，① より，連立 1 次方程式 $(A-3E)\boldsymbol{x}=\boldsymbol{v}_2$ は解をもち，その解として例えば

$\begin{cases} x=\ \ 1 \\ y=-1 \\ z=\ \ 0 \end{cases}$ が得られるから，$\boldsymbol{v}_3=\begin{bmatrix} 1 \\ -1 \\ 0 \end{bmatrix}$ とすると　$A\boldsymbol{v}_3=\boldsymbol{v}_2+3\boldsymbol{v}_3$

したがって，$P=[\,\boldsymbol{v}_1\ \ \boldsymbol{v}_2\ \ \boldsymbol{v}_3\,]=\begin{bmatrix} -2 & 0 & 1 \\ 1 & -1 & -1 \\ 1 & 0 & 0 \end{bmatrix}$ とすると

$$AP=[\,A\boldsymbol{v}_1\ \ A\boldsymbol{v}_2\ \ A\boldsymbol{v}_3\,]=[\,3\boldsymbol{v}_1\ \ \boldsymbol{v}_1+3\boldsymbol{v}_2\ \ \boldsymbol{v}_2+3\boldsymbol{v}_3\,]=[\,\boldsymbol{v}_1\ \ \boldsymbol{v}_2\ \ \boldsymbol{v}_3\,]\begin{bmatrix} 3 & 1 & 0 \\ 0 & 3 & 1 \\ 0 & 0 & 3 \end{bmatrix}$$

以上から　$P^{-1}AP=\begin{bmatrix} \mathbf{3} & \mathbf{1} & \mathbf{0} \\ \mathbf{0} & \mathbf{3} & \mathbf{1} \\ \mathbf{0} & \mathbf{0} & \mathbf{3} \end{bmatrix}$

(2)　行列 A の固有多項式は　$\det(tE-A)=\begin{vmatrix} t-1 & -1 & 1 \\ 0 & t-1 & 0 \\ 0 & 0 & t-1 \end{vmatrix}=(t-1)^3$

よって，行列 A の固有値は 1 (重複度 3) である。

ここで，$\boldsymbol{x}=\begin{bmatrix} x \\ y \\ z \end{bmatrix}$，$\boldsymbol{b}=\begin{bmatrix} b_1 \\ b_2 \\ b_3 \end{bmatrix}$ として，連立 1 次方程式 $(A-E)\boldsymbol{x}=\boldsymbol{b}$ が解をもつための定数項ベクトル $\boldsymbol{b}$ の条件を考える。

行列 A の固有値 1 に対する固有空間を W_1 とする。

連立 1 次方程式 $(A-E)\boldsymbol{x}=\boldsymbol{b}$ の拡大係数行列は　$\left[\begin{array}{ccc|c} 0 & 1 & -1 & b_1 \\ 0 & 0 & 0 & b_2 \\ 0 & 0 & 0 & b_3 \end{array}\right]$

よって，連立 1 次方程式 $(A-E)\boldsymbol{x}=\boldsymbol{b}$ が解をもつための定数項ベクトル $\boldsymbol{b}$ の条件は

$$b_2=0 \quad \text{かつ} \quad b_3=0 \quad \cdots\cdots ①$$

連立 1 次方程式 $(A-E)\boldsymbol{x}=\boldsymbol{b}$ を解くと　$\begin{cases} x=\qquad c \\ y=b_1+\ d \\ z=\qquad d \end{cases}$　(c，d は任意定数)

よって，W_1 の基底は $\left\{\begin{bmatrix} 1 \\ 0 \\ 0 \end{bmatrix},\ \begin{bmatrix} 0 \\ 1 \\ 1 \end{bmatrix}\right\}$ であるから，$\boldsymbol{c}=p\begin{bmatrix} 1 \\ 0 \\ 0 \end{bmatrix}+q\begin{bmatrix} 0 \\ 1 \\ 1 \end{bmatrix}$ とする。

① より，連立 1 次方程式 $(A-E)\boldsymbol{x}=\boldsymbol{c}$ が解をもつような定数項ベクトル $\boldsymbol{c}$ の条件は

$$q=0$$

$p=1$ のとき $\boldsymbol{c}=\begin{bmatrix}1\\0\\0\end{bmatrix}$ であるから，$\boldsymbol{v}_1=\begin{bmatrix}1\\0\\0\end{bmatrix}$ とすると　　$A\boldsymbol{v}_1=\boldsymbol{v}_1$

連立1次方程式 $(A-E)\boldsymbol{x}=\boldsymbol{v}_1$ を解くと，例えば $\boldsymbol{x}=\begin{bmatrix}0\\1\\0\end{bmatrix}$ が得られるから，

$\boldsymbol{v}_2=\begin{bmatrix}0\\1\\0\end{bmatrix}$ とすると　　$A\boldsymbol{v}_2=\boldsymbol{v}_1+\boldsymbol{v}_2$

更に，$\boldsymbol{v}_3=\begin{bmatrix}0\\1\\1\end{bmatrix}$ とすると　　$A\boldsymbol{v}_3=\boldsymbol{v}_3$

したがって，$P=[\,\boldsymbol{v}_1\ \ \boldsymbol{v}_2\ \ \boldsymbol{v}_3\,]=\begin{bmatrix}1&0&0\\0&1&1\\0&0&1\end{bmatrix}$ とすると

$$AP=[\,A\boldsymbol{v}_1\ \ A\boldsymbol{v}_2\ \ A\boldsymbol{v}_3\,]=[\,\boldsymbol{v}_1\ \ \boldsymbol{v}_1+\boldsymbol{v}_2\ \ \boldsymbol{v}_3\,]=[\,\boldsymbol{v}_1\ \ \boldsymbol{v}_2\ \ \boldsymbol{v}_3\,]\begin{bmatrix}1&1&0\\0&1&0\\0&0&1\end{bmatrix}$$

以上から　　$P^{-1}AP=\begin{bmatrix}\mathbf{1}&\mathbf{1}&\mathbf{0}\\\mathbf{0}&\mathbf{1}&\mathbf{0}\\\mathbf{0}&\mathbf{0}&\mathbf{1}\end{bmatrix}$

研究 (1)　行列 A の固有値3に対する広義固有空間を $\widetilde{W}_3$ とすると，$\dim\widetilde{W}_3=3$ であるから

$$K^3=\widetilde{W}_3$$

行列 A の最小多項式は，$t-3$ または $(t-3)^2$ または $(t-3)^3$ である。

$A-3E=\begin{bmatrix}2&2&2\\-2&-1&-3\\-1&-1&-1\end{bmatrix}\neq O$，$(A-3E)^2=\begin{bmatrix}-2&0&-4\\1&0&2\\1&0&2\end{bmatrix}\neq O$ であるから，行列 A の最小多項式は $(t-3)^3$ である。

したがって，行列 A のジョルダン標準形は　　$\begin{bmatrix}\mathbf{3}&\mathbf{1}&\mathbf{0}\\\mathbf{0}&\mathbf{3}&\mathbf{1}\\\mathbf{0}&\mathbf{0}&\mathbf{3}\end{bmatrix}$

(2)　行列 A の固有値1に対する広義固有空間を $\widetilde{W}_1$ とすると，$\dim\widetilde{W}_1=3$ であるから

$$K^3=\widetilde{W}_1$$

行列 A の最小多項式は，$t-1$ または $(t-1)^2$ または $(t-1)^3$ である。

$A-E=\begin{bmatrix}0&1&-1\\0&0&0\\0&0&0\end{bmatrix}\neq O$，$(A-E)^2=O$ であるから，行列 A の最小多項式は $(t-1)^2$ である。

したがって，行列 A のジョルダン標準形は　　$\begin{bmatrix}\mathbf{1}&\mathbf{1}&\mathbf{0}\\\mathbf{0}&\mathbf{1}&\mathbf{0}\\\mathbf{0}&\mathbf{0}&\mathbf{1}\end{bmatrix}$

基本 例題 183　ジョルダン標準形の計算 ③　★★☆

行列 $A=\begin{bmatrix} 0 & 1 & 0 & 1 \\ -4 & 3 & 1 & 3 \\ -5 & 3 & 2 & 4 \\ 3 & -1 & -1 & -1 \end{bmatrix}$ のジョルダン標準形を求めよ。

指針　基本例題 181，基本例題 182 と同様にして求める。

解答　行列 A の固有多項式は

$$\det(tE-A)=\begin{vmatrix} t & -1 & 0 & -1 \\ 4 & t-3 & -1 & -3 \\ 5 & -3 & t-2 & -4 \\ -3 & 1 & 1 & t+1 \end{vmatrix}=(t-1)^4$$

よって，行列 A の固有値は 1（重複度 4）である。

行列 A の固有値 1 に対する固有空間の基底を W_1 とする。

ここで，$\boldsymbol{x}=\begin{bmatrix} x \\ y \\ z \\ w \end{bmatrix}$，$\boldsymbol{b}=\begin{bmatrix} b_1 \\ b_2 \\ b_3 \\ b_4 \end{bmatrix}$ として，連立 1 次方程式 $(A-E)\boldsymbol{x}=\boldsymbol{b}$ が解をもつための定数項ベクトル $\boldsymbol{b}$ の条件を考える。

連立 1 次方程式 $(A-E)\boldsymbol{x}=\boldsymbol{b}$ の拡大係数行列は　$\left[\begin{array}{cccc|c} -1 & 1 & 0 & 1 & b_1 \\ -4 & 2 & 1 & 3 & b_2 \\ -5 & 3 & 1 & 4 & b_3 \\ 3 & -1 & -1 & -2 & b_4 \end{array}\right]$

これを行基本変形すると　$\left[\begin{array}{cccc|c} 1 & 0 & -\dfrac{1}{2} & -\dfrac{1}{2} & b_1-\dfrac{1}{2}b_2 \\ 0 & 1 & -\dfrac{1}{2} & \dfrac{1}{2} & 2b_1-\dfrac{1}{2}b_2 \\ 0 & 0 & 0 & 0 & b_1+b_2-b_3 \\ 0 & 0 & 0 & 0 & b_1-b_2-b_4 \end{array}\right]$

よって，連立 1 次方程式 $(A-E)\boldsymbol{x}=\boldsymbol{b}$ が解をもつための定数項ベクトル $\boldsymbol{b}$ の条件は

$$b_1+b_2-b_3=0 \quad かつ \quad b_1-b_2-b_4=0 \quad \cdots\cdots ①$$

連立1次方程式 $(A-E)\boldsymbol{x}=\boldsymbol{b}$ を解くと

$$\begin{cases} x=b_1-\dfrac{1}{2}b_2+c+d \\ y=2b_1-\dfrac{1}{2}b_2+c-d \quad (c,\ d \text{ は任意定数}) \\ z=2c \\ w=2d \end{cases}$$

よって，W_1 の基底は $\left\{\begin{bmatrix}1\\1\\2\\0\end{bmatrix},\ \begin{bmatrix}1\\-1\\0\\2\end{bmatrix}\right\}$ であるから，$\boldsymbol{c}=p\begin{bmatrix}1\\1\\2\\0\end{bmatrix}+q\begin{bmatrix}1\\-1\\0\\2\end{bmatrix}$ とする。

① より，任意の $p\in K$，$q\in K$ に対して，連立1次方程式 $(A-E)\boldsymbol{x}=\boldsymbol{c}$ は解をもつ。

$p=2$，$q=0$ のとき $\boldsymbol{c}=\begin{bmatrix}2\\2\\4\\0\end{bmatrix}$ であるから，$\boldsymbol{v}_1=\begin{bmatrix}2\\2\\4\\0\end{bmatrix}$ とすると　　$A\boldsymbol{v}_1=\boldsymbol{v}_1$

連立1次方程式 $(A-E)\boldsymbol{x}=\boldsymbol{v}_1$ を解くと，例えば $\boldsymbol{x}=\begin{bmatrix}1\\3\\0\\0\end{bmatrix}$ が得られるから，$\boldsymbol{v}_2=\begin{bmatrix}1\\3\\0\\0\end{bmatrix}$

とすると　　$A\boldsymbol{v}_2=\boldsymbol{v}_1+\boldsymbol{v}_2$

また，$p=0$，$q=2$ のとき $\boldsymbol{c}=\begin{bmatrix}2\\-2\\0\\4\end{bmatrix}$ であるから，$\boldsymbol{v}_3=\begin{bmatrix}2\\-2\\0\\4\end{bmatrix}$ とすると　　$A\boldsymbol{v}_3=\boldsymbol{v}_3$

連立1次方程式 $(A-E)\boldsymbol{x}=\boldsymbol{v}_3$ を解くと，例えば $\boldsymbol{x}=\begin{bmatrix}3\\5\\0\\0\end{bmatrix}$ が得られるから，$\boldsymbol{v}_4=\begin{bmatrix}3\\5\\0\\0\end{bmatrix}$

とすると　　$A\boldsymbol{v}_4=\boldsymbol{v}_3+\boldsymbol{v}_4$

したがって，$P=[\,\boldsymbol{v}_1 \quad \boldsymbol{v}_2 \quad \boldsymbol{v}_3 \quad \boldsymbol{v}_4\,]=\begin{bmatrix} 2 & 1 & 2 & 3 \\ 2 & 3 & -2 & 5 \\ 4 & 0 & 0 & 0 \\ 0 & 0 & 4 & 0 \end{bmatrix}$ とすると

$$AP=[\,A\boldsymbol{v}_1 \quad A\boldsymbol{v}_2 \quad A\boldsymbol{v}_3 \quad A\boldsymbol{v}_4\,]$$

$$=[\,\boldsymbol{v}_1 \quad \boldsymbol{v}_1+\boldsymbol{v}_2 \quad \boldsymbol{v}_3 \quad \boldsymbol{v}_3+\boldsymbol{v}_4\,]=[\,\boldsymbol{v}_1 \quad \boldsymbol{v}_2 \quad \boldsymbol{v}_3 \quad \boldsymbol{v}_4\,]\begin{bmatrix} 1 & 1 & 0 & 0 \\ 0 & 1 & 0 & 0 \\ 0 & 0 & 1 & 1 \\ 0 & 0 & 0 & 1 \end{bmatrix}$$

以上から　　$P^{-1}AP=\begin{bmatrix} \mathbf{1} & \mathbf{1} & \mathbf{0} & \mathbf{0} \\ \mathbf{0} & \mathbf{1} & \mathbf{0} & \mathbf{0} \\ \mathbf{0} & \mathbf{0} & \mathbf{1} & \mathbf{1} \\ \mathbf{0} & \mathbf{0} & \mathbf{0} & \mathbf{1} \end{bmatrix}$

研究　行列 A の固有値 1 に対する広義固有空間を $\widetilde{W}_1$ とすると，$\dim \widetilde{W}_1=4$ であるから　　$K^4=\widetilde{W}_1$
行列 A の最小多項式は，$t-1$ または $(t-1)^2$ または $(t-1)^3$ または $(t-1)^4$ である。

$A-E=\begin{bmatrix} -1 & 1 & 0 & 1 \\ -4 & 2 & 1 & 3 \\ -5 & 3 & 1 & 4 \\ 3 & -1 & -1 & -2 \end{bmatrix} \neq O$，$(A-E)^2=O$ であるから，行列 A の最小多項式は $(t-1)^2$ である。

$\mathrm{rank}(A-E)=2$ であるから，$J(1,\ 2)$ の個数は

$$\mathrm{rank}(A-E)^3-2\,\mathrm{rank}(A-E)^2+\mathrm{rank}(A-E)=0-2\cdot 0+2=2$$

したがって，求めるジョルダン標準形は　$\begin{bmatrix} \mathbf{1} & \mathbf{1} & \mathbf{0} & \mathbf{0} \\ \mathbf{0} & \mathbf{1} & \mathbf{0} & \mathbf{0} \\ \mathbf{0} & \mathbf{0} & \mathbf{1} & \mathbf{1} \\ \mathbf{0} & \mathbf{0} & \mathbf{0} & \mathbf{1} \end{bmatrix}$

基本 例題 184 ジョルダン標準形の計算 ④ ★★☆

行列 $A=\begin{bmatrix} 4 & -4 & -11 & 11 \\ 3 & -12 & -42 & 42 \\ -2 & 12 & 37 & -34 \\ -1 & 7 & 20 & -17 \end{bmatrix}$ のジョルダン標準形を求めよ。

指針 基本例題 181，基本例題 182，基本例題 183 と同様にして求める。

解答 行列 A の固有多項式は $\det(tE-A)=\begin{vmatrix} t-4 & 4 & 11 & -11 \\ -3 & t+12 & 42 & -42 \\ 2 & -12 & t-37 & 34 \\ 1 & -7 & -20 & t+17 \end{vmatrix}=(t-3)^4$

よって，行列 A の固有値は 3 (重複度 4) である。

行列 A の固有値 3 に対する固有空間を W_3 とする。

ここで，$\boldsymbol{x}=\begin{bmatrix} x \\ y \\ z \\ w \end{bmatrix}$，$\boldsymbol{b}=\begin{bmatrix} b_1 \\ b_2 \\ b_3 \\ b_4 \end{bmatrix}$ として，連立 1 次方程式 $(A-3E)\boldsymbol{x}=\boldsymbol{b}$ が解をもつための定数項ベクトル $\boldsymbol{b}$ の条件を考える。

連立 1 次方程式 $(A-3E)\boldsymbol{x}=\boldsymbol{b}$ の拡大係数行列は $\left[\begin{array}{cccc|c} 1 & -4 & -11 & 11 & b_1 \\ 3 & -15 & -42 & 42 & b_2 \\ -2 & 12 & 34 & -34 & b_3 \\ -1 & 7 & 20 & -20 & b_4 \end{array}\right]$

これを行基本変形すると $\left[\begin{array}{cccc|c} 1 & 0 & 1 & -1 & 5b_1-\frac{4}{3}b_2 \\ 0 & 1 & 3 & -3 & b_1-\frac{1}{3}b_2 \\ 0 & 0 & 0 & 0 & 6b_1-4b_2-3b_3 \\ 0 & 0 & 0 & 0 & 2b_1-b_2-b_4 \end{array}\right]$

よって，連立 1 次方程式 $(A-3E)\boldsymbol{x}=\boldsymbol{b}$ が解をもつための定数項ベクトル $\boldsymbol{b}$ の条件は

$$6b_1-4b_2-3b_3=0 \quad \text{かつ} \quad 2b_1-b_2-b_4=0 \quad \cdots\cdots ①$$

連立 1 次方程式 $(A-3E)\boldsymbol{x}=\boldsymbol{b}$ を解くと

$$\begin{cases} x=5b_1-\frac{4}{3}b_2-c+d \\ y=b_1-\frac{1}{3}b_2-3c+3d \quad (c,\ d \text{ は任意定数}) \\ z=c \\ w=d \end{cases}$$

よって，W_3 の基底は $\left\{\begin{bmatrix}-1\\-3\\1\\0\end{bmatrix}, \begin{bmatrix}1\\3\\0\\1\end{bmatrix}\right\}$ であるから，$\boldsymbol{c}=p\begin{bmatrix}-1\\-3\\1\\0\end{bmatrix}+q\begin{bmatrix}1\\3\\0\\1\end{bmatrix}$ とする。

① より，連立1次方程式 $(A-3E)\boldsymbol{x}=\boldsymbol{c}$ が解をもつための定数項ベクトル $\boldsymbol{c}$ の条件は

$$6(-p+q)-4(-3p+3q)-3p=0 \quad \text{かつ} \quad 2(-p+q)-(-3p+3q)-q=0$$

ゆえに　　$p=2q$

このとき　　$\boldsymbol{c}=q\begin{bmatrix}-1\\-3\\2\\1\end{bmatrix}$

連立1次方程式 $(A-3E)\boldsymbol{x}=\boldsymbol{c}$ を解くと　$\begin{cases} x=-q-c+d \\ y=-3c+3d \\ z=c \\ w=d \end{cases}$　(c，d は任意定数)

更に，$\boldsymbol{d}=\begin{bmatrix}-q\\0\\0\\0\end{bmatrix}+s\begin{bmatrix}-1\\-3\\1\\0\end{bmatrix}+t\begin{bmatrix}1\\3\\0\\1\end{bmatrix}$ とする。

① より，連立1次方程式 $(A-3E)\boldsymbol{x}=\boldsymbol{d}$ が解をもつような定数項ベクトル $\boldsymbol{d}$ の条件は

$$6(-q-s+t)-4(-3s+3t)-3s=0 \quad \text{かつ} \quad 2(-q-s+t)-(-3s+3t)-t=0$$

ゆえに　　$s-2t-2q=0$

例えば，$s=2q$，$t=0$ とすると　　$\boldsymbol{d}=q\begin{bmatrix}-3\\-6\\2\\0\end{bmatrix}$

連立1次方程式 $(A-3E)\boldsymbol{x}=\boldsymbol{d}$ を解くと，例えば $\begin{cases} x=-7q \\ y=-q \\ z=0 \\ w=0 \end{cases}$ が得られる。

$p=2$, $q=1$, $s=2$ のときを考えて $\boldsymbol{v}_1=\begin{bmatrix}-1\\-3\\2\\1\end{bmatrix}$, $\boldsymbol{v}_2=\begin{bmatrix}-3\\-6\\2\\0\end{bmatrix}$, $\boldsymbol{v}_3=\begin{bmatrix}-7\\-1\\0\\0\end{bmatrix}$ とすると

$$A\boldsymbol{v}_1=3\boldsymbol{v}_1,\ A\boldsymbol{v}_2=\boldsymbol{v}_1+3\boldsymbol{v}_2,\ A\boldsymbol{v}_3=\boldsymbol{v}_2+3\boldsymbol{v}_3$$

更に，$\boldsymbol{v}_4=\begin{bmatrix}-1\\-3\\1\\0\end{bmatrix}$ とすると　　$A\boldsymbol{v}_4=3\boldsymbol{v}_4$

したがって，$P=[\,\boldsymbol{v}_1\ \ \boldsymbol{v}_2\ \ \boldsymbol{v}_3\ \ \boldsymbol{v}_4\,]=\begin{bmatrix}-1&-3&-7&-1\\-3&-6&-1&-3\\2&2&0&1\\1&0&0&0\end{bmatrix}$ とすると

$$\begin{aligned}AP&=[\,A\boldsymbol{v}_1\ \ A\boldsymbol{v}_2\ \ A\boldsymbol{v}_3\ \ A\boldsymbol{v}_4\,]\\&=[\,3\boldsymbol{v}_1\ \ \boldsymbol{v}_1+3\boldsymbol{v}_2\ \ \boldsymbol{v}_2+3\boldsymbol{v}_3\ \ 3\boldsymbol{v}_4\,]=[\,\boldsymbol{v}_1\ \ \boldsymbol{v}_2\ \ \boldsymbol{v}_3\ \ \boldsymbol{v}_4\,]\begin{bmatrix}3&1&0&0\\0&3&1&0\\0&0&3&0\\0&0&0&3\end{bmatrix}\end{aligned}$$

以上から　　$P^{-1}AP=\begin{bmatrix}\mathbf{3}&\mathbf{1}&\mathbf{0}&\mathbf{0}\\\mathbf{0}&\mathbf{3}&\mathbf{1}&\mathbf{0}\\\mathbf{0}&\mathbf{0}&\mathbf{3}&\mathbf{0}\\\mathbf{0}&\mathbf{0}&\mathbf{0}&\mathbf{3}\end{bmatrix}$

研究　行列 A の固有値 3 に対する広義固有空間を $\widetilde{W}_3$ とすると，$\dim\widetilde{W}_3=4$ であるから　　$K^4=\widetilde{W}_3$
行列 A の最小多項式は，$t-3$ または $(t-3)^2$ または $(t-3)^3$ または $(t-3)^4$ である。

$$A-3E=\begin{bmatrix}1&-4&-11&11\\3&-15&-42&42\\-2&12&34&-34\\-1&7&20&-20\end{bmatrix}\neq O,\ (A-3E)^2=\begin{bmatrix}0&1&3&-3\\0&3&9&-9\\0&-2&-6&6\\0&-1&-3&3\end{bmatrix}\neq O,\ (A-3E)^3=O$$

であるから，行列 A の最小多項式は $(t-3)^3$ である。

したがって，行列 A のジョルダン標準形は　　$\begin{bmatrix}\mathbf{3}&\mathbf{1}&\mathbf{0}&\mathbf{0}\\\mathbf{0}&\mathbf{3}&\mathbf{1}&\mathbf{0}\\\mathbf{0}&\mathbf{0}&\mathbf{3}&\mathbf{0}\\\mathbf{0}&\mathbf{0}&\mathbf{0}&\mathbf{3}\end{bmatrix}$

基本 例題 185 ジョルダン分解の計算 ★★☆

行列 $A=\begin{bmatrix} -3 & 2 & -7 \\ 0 & 1 & 2 \\ 2 & -1 & 5 \end{bmatrix}$ のジョルダン分解を求めよ。

指針 次の定理を用いる（証明は，「数研講座シリーズ　大学教養　線形代数」の 340 ページから 342 ページを参照）。

定理　ジョルダン分解

A を $\mathbb{C}$ 上の n 次正方行列とする。

このとき，行列 A は次の条件を満たす分解 $A=S+N$ をもつ。

[1]　行列 S は対角化可能である。

[2]　行列 N はべき零行列である。

[3]　行列 S と行列 N は可換である。すなわち，$SN=NS$ が成り立つ。

更に，この 3 つの条件を満たすような分解は，行列 A に対して一意的に定まる。

定理のような分解 $A=S+N$ を，行列 A の **ジョルダン分解** という。

まず，与えられた行列 A に対して，適当な正則行列 P を定めて $P^{-1}AP$ がジョルダン標準形となるようにする。S' を $P^{-1}AP$ の対角成分のみからなる対角行列とし，$N'=P^{-1}AP-S'$ とすると，$PS'P^{-1}+PN'P^{-1}$ が求めるジョルダン分解である。

解答 行列 A の固有多項式は　$\det(tE-A)=\begin{vmatrix} t+3 & -2 & 7 \\ 0 & t-1 & -2 \\ -2 & 1 & t-5 \end{vmatrix}=(t-1)^3$

よって，行列 A の固有値は 1（重複度 3）である。

ここで，$\boldsymbol{x}=\begin{bmatrix} x \\ y \\ z \end{bmatrix}$，$\boldsymbol{b}=\begin{bmatrix} b_1 \\ b_2 \\ b_3 \end{bmatrix}$ として，連立 1 次方程式 $(A-E)\boldsymbol{x}=\boldsymbol{b}$ が解をもつための定数項ベクトル $\boldsymbol{b}$ の条件を考える。

連立 1 次方程式 $(A-E)\boldsymbol{x}=\boldsymbol{b}$ の拡大係数行列は　$\left[\begin{array}{ccc|c} -4 & 2 & -7 & b_1 \\ 0 & 0 & 2 & b_2 \\ 2 & -1 & 4 & b_3 \end{array}\right]$

これを行基本変形すると　$\left[\begin{array}{ccc|c} 1 & -\frac{1}{2} & 0 & -\frac{1}{4}b_1-\frac{7}{8}b_2 \\ 0 & 0 & 1 & \frac{1}{2}b_2 \\ 0 & 0 & 0 & 2b_1-b_2+4b_3 \end{array}\right]$

よって，連立 1 次方程式 $(A-E)\boldsymbol{x}=\boldsymbol{b}$ が解をもつための定数項ベクトル b の条件は

$$2b_1-b_2+4b_3=0 \quad \cdots\cdots ①$$

連立１次方程式 $(A-E)\boldsymbol{x}=\boldsymbol{b}$ を解くと $\begin{cases} x=-\dfrac{1}{4}b_1-\dfrac{7}{8}b_2+\ c \\ y=\qquad\qquad\quad 2c \quad (c\text{は任意定数}) \\ z=\qquad \dfrac{1}{2}b_2 \end{cases}$

よって，行列 A の固有値１に対する固有空間の基底は $\left\{\begin{bmatrix}1\\2\\0\end{bmatrix}\right\}$ であるから，$\boldsymbol{v}_1=\begin{bmatrix}1\\2\\0\end{bmatrix}$ と

すると　$A\boldsymbol{v}_1=\boldsymbol{v}_1$

① より，連立１次方程式は $(A-E)\boldsymbol{x}=\boldsymbol{v}_1$ は解をもち，その解は

$\begin{cases} x=-2+\ c \\ y=\qquad 2c \\ z=\ 1 \end{cases}$（$c$ は任意定数）であるから，$\boldsymbol{v}_2=\begin{bmatrix}-2\\0\\1\end{bmatrix}$ とすると　$A\boldsymbol{v}_2=\boldsymbol{v}_1+\boldsymbol{v}_2$

更に，① より，連立１次方程式 $(A-E)\boldsymbol{x}=\boldsymbol{v}_2$ は解をもち，その解として例えば

$\begin{cases} x=\dfrac{1}{2} \\ y=\ 0 \\ z=\ 0 \end{cases}$ が得られるから，$\boldsymbol{v}_3=\begin{bmatrix}\frac{1}{2}\\0\\0\end{bmatrix}$ とすると　$A\boldsymbol{v}_3=\boldsymbol{v}_2+\boldsymbol{v}_3$

ゆえに，$P=[\,\boldsymbol{v}_1\ \ \boldsymbol{v}_2\ \ \boldsymbol{v}_3\,]=\dfrac{1}{2}\begin{bmatrix}2&-4&1\\4&0&0\\0&2&0\end{bmatrix}$ とすると

$$AP=[\,A\boldsymbol{v}_1\ \ A\boldsymbol{v}_2\ \ A\boldsymbol{v}_3\,]=[\,\boldsymbol{v}_1\ \ \boldsymbol{v}_1+\boldsymbol{v}_2\ \ \boldsymbol{v}_2+\boldsymbol{v}_3\,]=[\,\boldsymbol{v}_1\ \ \boldsymbol{v}_2\ \ \boldsymbol{v}_3\,]\begin{bmatrix}1&1&0\\0&1&1\\0&0&1\end{bmatrix}$$

したがって　$P^{-1}AP=\begin{bmatrix}1&1&0\\0&1&1\\0&0&1\end{bmatrix}$

$P^{-1}=\dfrac{1}{2}\begin{bmatrix}0&1&0\\0&0&2\\4&-2&8\end{bmatrix}$ であるから，行列 A のジョルダン分解は

$$A=P\begin{bmatrix}1&0&0\\0&1&0\\0&0&1\end{bmatrix}P^{-1}+P\begin{bmatrix}0&1&0\\0&0&1\\0&0&0\end{bmatrix}P^{-1}=\begin{bmatrix}\mathbf{1}&\mathbf{0}&\mathbf{0}\\\mathbf{0}&\mathbf{1}&\mathbf{0}\\\mathbf{0}&\mathbf{0}&\mathbf{1}\end{bmatrix}+\begin{bmatrix}\mathbf{-4}&\mathbf{2}&\mathbf{-7}\\\mathbf{0}&\mathbf{0}&\mathbf{2}\\\mathbf{2}&\mathbf{-1}&\mathbf{4}\end{bmatrix}$$

第9章の内容チェックテスト

次の □ に当てはまる適当な式や値，用語を答えよ。

(1) n 次正方行列 A について，ア□ となる自然数 k が存在するとき，A はべき零行列である，あるいは単に，べき零であるという。A を n 次のべき零行列とすると，A の最小多項式 $p_A(t)$ は $p_A(t)=$ イ□ $(1\leqq m\leqq n)$ である。特に，A の固有値は ウ□ である。
逆に，A の固有値が ウ□ ならば，A は エ□ である。

(2) 行列 A が固有値 λ の m 次ジョルダン細胞であるとき，行列 A は，すべての ア□ 成分が λ で，そのすぐ イ□ の成分が ウ□ であり，その他の成分は エ□ である オ□ 行列である。
固有値 λ の m 次ジョルダン細胞である行列を $J(\lambda,\ m)$ で表す。このとき

$$\{J(\lambda,\ m)-\lambda E\}^m=\text{カ}\square,\quad \{J(\lambda,\ m)-\lambda E\}^{m-1}\neq \text{カ}\square$$

が成り立ち，$J(\lambda,\ m)$ の最小多項式は キ□ となる。

(3) V を n 次ベクトル空間とし，$\varphi : V\longrightarrow V$ を V 上の1次変換とする。$\boldsymbol{v}\in V$ と φ の固有値 λ に対し，$\varphi(\boldsymbol{v})-\lambda\boldsymbol{v}$ という V 上の1次変換を $(\varphi-\lambda\mathrm{id}_V)$ で表すとする。ただし，id_V は V から V への恒等写像（恒等変換）を表す。このとき，ベクトル空間
$\widetilde{W}_\lambda=\{\boldsymbol{v}\in V\mid(\varphi-\lambda\mathrm{id}_V)^n(\boldsymbol{v})=\boldsymbol{0}\}$ を，λ に対する φ の ア□ 空間という。すなわち ア□ 空間 $\widetilde{W}_\lambda$ は，線形写像 $(\varphi-\lambda\mathrm{id}_V)^n$ の イ□ である。
また，n 次正方行列 A の固有値 λ について，A で決まる K^n 上の1次変換 φ_A の λ に対する ア□ 空間 $\widetilde{W}_\lambda$ を A の λ に対する ア□ 空間といい ウ□ で表される。
そして，$\lambda_1,\ \lambda_2,\ \cdots\cdots,\ \lambda_r$ を n 次正方行列 A の互いに異なる固有値とすると，
$\widetilde{W}_{\lambda_1}+\widetilde{W}_{\lambda_2}+\cdots\cdots+\widetilde{W}_{\lambda_r}$ は エ□ である。

(4) 行列 $A=\begin{bmatrix}1 & -3 & -5\\ 3 & 13 & 19\\ -2 & -7 & -10\end{bmatrix}$ のジョルダン標準形を求めてみよう。

A の固有多項式を $F_A(t)$ とすると $F_A(t)=$ ア□ であり，A の最小多項式は イ□ である。
ここで，A の固有値は，重複度が1の ウ□ と，重複度が2の エ□ であるから，固有値 ウ□ に対して方程式 $(A-$ ウ□ $E)\boldsymbol{v}=\boldsymbol{0}$ を解いて $\boldsymbol{v}_1={}^t[\,1$ オ□ カ□$\,]$ がとれる。次に，$(A-$ エ□ $E)\boldsymbol{v}=\boldsymbol{0}$ を解いて $\boldsymbol{v}_2={}^t[\,1$ キ□ ク□$\,]$ をとり，更に
$(A-$ エ□ $E)\boldsymbol{v}=\boldsymbol{v}_2$ を解いて $\boldsymbol{v}_3={}^t[\,-1$ ケ□ コ□$\,]$ をとる。
そして，$P=[\,\boldsymbol{v}_1\ \ \boldsymbol{v}_2\ \ \boldsymbol{v}_3\,]=$ サ□ を考えると，A のジョルダン標準形は $P^{-1}AP=$ シ□ と求められる。

重要 例題 094 ジョルダン標準形の計算 ⑤ ★★★

次の行列Aのジョルダン標準形を求めよ。

(1) $A=\begin{bmatrix} 2 & 2 & 3 \\ 1 & 3 & 3 \\ -1 & -2 & -2 \end{bmatrix}$　　(2) $A=\begin{bmatrix} 0 & 2 & 6 \\ -1 & 1 & 3 \\ -1 & -1 & 5 \end{bmatrix}$

(3) $A=\begin{bmatrix} -1 & -1 & -1 & -2 \\ 1 & 1 & 1 & 0 \\ 2 & 1 & 2 & 2 \\ 1 & 1 & 0 & 3 \end{bmatrix}$　　(4) $A=\begin{bmatrix} 4 & -4 & -11 & 11 \\ 7 & -16 & -48 & 46 \\ -6 & 16 & 43 & -38 \\ -3 & 9 & 23 & -19 \end{bmatrix}$

指針 (1), (3), (4) は基本例題 181～基本例題 184 と同様にして求める。
(2) の 3 次正方行列Aは 3 個の互いに相異なる固有値をもつから，対角化可能である。

解答 (1) 行列Aの固有多項式は　$\det(tE-A)=\begin{vmatrix} t-2 & -2 & -3 \\ -1 & t-3 & -3 \\ 1 & 2 & t+2 \end{vmatrix}=(t-1)^3$

よって，行列Aの固有値は 1 (重複度 3) である。

行列Aの固有値 1 に対する固有空間を W_1 とする。

ここで，$\boldsymbol{x}=\begin{bmatrix} x \\ y \\ z \end{bmatrix}$，$\boldsymbol{b}=\begin{bmatrix} b_1 \\ b_2 \\ b_3 \end{bmatrix}$ として，連立 1 次方程式 $(A-E)\boldsymbol{x}=\boldsymbol{b}$ が解をもつための定数項ベクトル $\boldsymbol{b}$ の条件を考える。

連立 1 次方程式 $(A-E)\boldsymbol{x}=\boldsymbol{b}$ の拡大係数行列は　$\left[\begin{array}{ccc|c} 1 & 2 & 3 & b_1 \\ 1 & 2 & 3 & b_2 \\ -1 & -2 & -3 & b_3 \end{array}\right]$

これを行基本変形すると　$\left[\begin{array}{ccc|c} 1 & 2 & 3 & b_1 \\ 0 & 0 & 0 & b_1-b_2 \\ 0 & 0 & 0 & b_1+b_3 \end{array}\right]$

よって，連立 1 次方程式 $(A-E)\boldsymbol{x}=\boldsymbol{b}$ が解をもつための定数項ベクトル $\boldsymbol{b}$ の条件は

$b_1-b_2=0$　かつ　$b_1+b_3=0$　…… ①

連立 1 次方程式 $(A-E)\boldsymbol{x}=\boldsymbol{b}$ を解くと　$\begin{cases} x=b_1-2c-3d \\ y=\quad c \\ z=\quad d \end{cases}$　(c, d は任意定数)

よって，W_1 の基底は $\left\{\begin{bmatrix} -2 \\ 1 \\ 0 \end{bmatrix}, \begin{bmatrix} -3 \\ 0 \\ 1 \end{bmatrix}\right\}$ であるから，$\boldsymbol{c}=p\begin{bmatrix} -2 \\ 1 \\ 0 \end{bmatrix}+q\begin{bmatrix} -3 \\ 0 \\ 1 \end{bmatrix}$ とする。

① より，連立1次方程式 $(A-E)\boldsymbol{x}=\boldsymbol{c}$ が解をもつための定数項ベクトル $\boldsymbol{c}$ の条件は

$$(-2p-3q)-p=0 \quad \text{かつ} \quad (-2p-3q)+q=0$$

ゆえに　　$q=-p$

$p=1$，$q=-1$ のとき $\boldsymbol{c}=\begin{bmatrix}1\\1\\-1\end{bmatrix}$ であるから，$\boldsymbol{v}_1=\begin{bmatrix}1\\1\\-1\end{bmatrix}$ とすると　　$A\boldsymbol{v}_1=\boldsymbol{v}_1$

連立1次方程式 $(A-E)\boldsymbol{x}=\boldsymbol{v}_1$ を解くと，例えば $\boldsymbol{x}=\begin{bmatrix}1\\0\\0\end{bmatrix}$ が得られるから，

$\boldsymbol{v}_2=\begin{bmatrix}1\\0\\0\end{bmatrix}$ とすると　　$A\boldsymbol{v}_2=\boldsymbol{v}_1+\boldsymbol{v}_2$

更に，$\boldsymbol{v}_3=\begin{bmatrix}-2\\1\\0\end{bmatrix}$ とすると　　$A\boldsymbol{v}_3=\boldsymbol{v}_3$

したがって，$P=[\,\boldsymbol{v}_1 \quad \boldsymbol{v}_2 \quad \boldsymbol{v}_3\,]=\begin{bmatrix}1&1&-2\\1&0&1\\-1&0&0\end{bmatrix}$ とすると

$$AP=[\,A\boldsymbol{v}_1 \quad A\boldsymbol{v}_2 \quad A\boldsymbol{v}_3\,]=[\,\boldsymbol{v}_1 \quad \boldsymbol{v}_1+\boldsymbol{v}_2 \quad \boldsymbol{v}_3\,]=[\,\boldsymbol{v}_1 \quad \boldsymbol{v}_2 \quad \boldsymbol{v}_3\,]\begin{bmatrix}1&1&0\\0&1&0\\0&0&1\end{bmatrix}$$

以上から　　$P^{-1}AP=\begin{bmatrix}\mathbf{1}&\mathbf{1}&\mathbf{0}\\\mathbf{0}&\mathbf{1}&\mathbf{0}\\\mathbf{0}&\mathbf{0}&\mathbf{1}\end{bmatrix}$

(2)　行列 A の固有多項式は

$$\det(tE-A)=\begin{vmatrix}t&-2&-6\\1&t-1&-3\\1&1&t-5\end{vmatrix}=(t-2)(t^2-4t+8)$$

よって，行列 A の固有値は 2，$2-2i$，$2+2i$（すべて重複度1）である。

固有値 2，$2-2i$，$2+2i$ に対する固有空間をそれぞれ W_2，W_{2-2i}，W_{2+2i} とする。

W_2 は，同次連立1次方程式 $(A-2E)\boldsymbol{x}=\boldsymbol{0}$ の解空間である。

$A-2E$ の簡約階段形は $\begin{bmatrix}1&0&-3\\0&1&0\\0&0&0\end{bmatrix}$ であるから，この方程式の解は

$$\boldsymbol{x}=c\begin{bmatrix}3\\0\\1\end{bmatrix} \quad (c\text{ は任意定数})$$

よって，W_2 の基底は $\left\{\begin{bmatrix}3\\0\\1\end{bmatrix}\right\}$

W_{2-2i} は，同次連立1次方程式 $\{A-(2-2i)E\}\boldsymbol{x}=\boldsymbol{0}$ の解空間である。

$A-(2-2i)E$ の簡約階段形は $\begin{bmatrix}1&0&-2-2i\\0&1&-1\\0&0&0\end{bmatrix}$ であるから，この方程式の解は

$$\boldsymbol{x}=c\begin{bmatrix}2+2i\\1\\1\end{bmatrix}\quad(c\text{ は任意定数})$$

よって，W_{2-2i} の基底は $\left\{\begin{bmatrix}2+2i\\1\\1\end{bmatrix}\right\}$

W_{2+2i} は，同次連立1次方程式 $\{A-(2+2i)E\}\boldsymbol{x}=\boldsymbol{0}$ の解空間である。

$A-(2+2i)E$ の簡約階段形は $\begin{bmatrix}1&0&-2+2i\\0&1&-1\\0&0&0\end{bmatrix}$ であるから，この方程式の解は

$$\boldsymbol{x}=c\begin{bmatrix}2-2i\\1\\1\end{bmatrix}\quad(c\text{ は任意定数})$$

よって，W_{2+2i} の基底は $\left\{\begin{bmatrix}2-2i\\1\\1\end{bmatrix}\right\}$

また，3次正方行列Aは3個の互いに相異なる固有値 2，$2-2i$，$2+2i$ をもつから，行列Aは対角化可能である。

実際，W_2 の基底と W_{2-2i} の基底と W_{2+2i} の基底を並べて

$P=\begin{bmatrix}3&2+2i&2-2i\\0&1&1\\1&1&1\end{bmatrix}$ とすると　$P^{-1}AP=\begin{bmatrix}\mathbf{2}&\mathbf{0}&\mathbf{0}\\\mathbf{0}&\mathbf{2-2}\boldsymbol{i}&\mathbf{0}\\\mathbf{0}&\mathbf{0}&\mathbf{2+2}\boldsymbol{i}\end{bmatrix}$

(3)　行列Aの固有多項式は

$$\det(tE-A)=\begin{vmatrix}t+1&1&1&2\\-1&t-1&-1&0\\-2&-1&t-2&-2\\-1&-1&0&t-3\end{vmatrix}=(t-1)^3(t-2)$$

よって，行列Aの固有値は1(重複度3)，2(重複度1)である。

行列Aの固有値1，2に対する固有空間をそれぞれ W_1，W_2 とする。

ここで，$\boldsymbol{x}=\begin{bmatrix} x \\ y \\ z \\ w \end{bmatrix}$，$\boldsymbol{b}=\begin{bmatrix} b_1 \\ b_2 \\ b_3 \\ b_4 \end{bmatrix}$ として，連立 1 次方程式 $(A-E)\boldsymbol{x}=\boldsymbol{b}$ が解をもつための定数項ベクトル $\boldsymbol{b}$ の条件を考える。

連立 1 次方程式 $(A-E)\boldsymbol{x}=\boldsymbol{b}$ の拡大係数行列は $\left[\begin{array}{cccc|c} -2 & -1 & -1 & -2 & b_1 \\ 1 & 0 & 1 & 0 & b_2 \\ 2 & 1 & 1 & 2 & b_3 \\ 1 & 1 & 0 & 2 & b_4 \end{array}\right]$

これを行基本変形すると $\left[\begin{array}{cccc|c} 1 & 0 & 1 & 0 & b_2 \\ 0 & 1 & -1 & 2 & -b_1-2b_2 \\ 0 & 0 & 0 & 0 & b_1+b_3 \\ 0 & 0 & 0 & 0 & b_1+b_2+b_4 \end{array}\right]$

よって，連立方程式 $(A-E)\boldsymbol{x}=\boldsymbol{b}$ が解をもつための定数項ベクトル $\boldsymbol{b}$ の条件は

$$b_1+b_3=0 \quad \text{かつ} \quad b_1+b_2+b_4=0 \quad \cdots\cdots ①$$

連立 1 次方程式 $(A-E)\boldsymbol{x}=\boldsymbol{b}$ を解くと

$$\begin{cases} x= b_2-c \\ y=-b_1-2b_2+c-2d \\ z= c \\ w= d \end{cases} \quad (c,\ d \text{ は任意定数})$$

よって，W_1 の基底は $\left\{\begin{bmatrix} -1 \\ 1 \\ 1 \\ 0 \end{bmatrix}, \begin{bmatrix} 0 \\ -2 \\ 0 \\ 1 \end{bmatrix}\right\}$ であるから，$\boldsymbol{c}=p\begin{bmatrix} -1 \\ 1 \\ 1 \\ 0 \end{bmatrix}+q\begin{bmatrix} 0 \\ -2 \\ 0 \\ 1 \end{bmatrix}$ とする。

① より，連立 1 次方程式 $(A-E)\boldsymbol{x}=\boldsymbol{c}$ が解をもつような定数項ベクトル $\boldsymbol{c}$ が満たす条件は　$-p+(p-2q)+q=0$

ゆえに　$q=0$

$p=1$ のとき，$\boldsymbol{c}=\begin{bmatrix} -1 \\ 1 \\ 1 \\ 0 \end{bmatrix}$ であるから，$\boldsymbol{v}_1=\begin{bmatrix} -1 \\ 1 \\ 1 \\ 0 \end{bmatrix}$ とすると　$A\boldsymbol{v}_1=\boldsymbol{v}_1$

連立1次方程式 $(A-E)\boldsymbol{x}=\boldsymbol{v}_1$ を解くと，例えば $\boldsymbol{x}=\begin{bmatrix}1\\-1\\0\\0\end{bmatrix}$ が得られるから，

$\boldsymbol{v}_2=\begin{bmatrix}1\\-1\\0\\0\end{bmatrix}$ とすると　　$A\boldsymbol{v}_2=\boldsymbol{v}_1+\boldsymbol{v}_2$

更に，$\boldsymbol{v}_3=\begin{bmatrix}0\\-2\\0\\1\end{bmatrix}$ とすると　　$A\boldsymbol{v}_3=\boldsymbol{v}_3$

W_2 は同次連立1次方程式 $(A-2E)\boldsymbol{x}=\boldsymbol{0}$ の解空間である。

$A-2E$ の簡約階段化は $\begin{bmatrix}1&0&0&1\\0&1&0&0\\0&0&1&-1\\0&0&0&0\end{bmatrix}$ であるから，この方程式の解は

$$\boldsymbol{x}=c\begin{bmatrix}-1\\0\\1\\1\end{bmatrix}\quad（c \text{ は任意定数}）$$

よって，W_2 の基底は $\left\{\begin{bmatrix}-1\\0\\1\\1\end{bmatrix}\right\}$ であるから，$\boldsymbol{v}_4=\begin{bmatrix}-1\\0\\1\\1\end{bmatrix}$ とすると

$$A\boldsymbol{v}_4=2\boldsymbol{v}_4$$

したがって，$P=[\,\boldsymbol{v}_1\quad\boldsymbol{v}_2\quad\boldsymbol{v}_3\quad\boldsymbol{v}_4\,]=\begin{bmatrix}-1&1&0&-1\\1&-1&-2&0\\1&0&0&1\\0&0&1&1\end{bmatrix}$ とすると

$$\begin{aligned}AP&=[\,A\boldsymbol{v}_1\quad A\boldsymbol{v}_2\quad A\boldsymbol{v}_3\quad A\boldsymbol{v}_4\,]\\&=[\,\boldsymbol{v}_1\quad \boldsymbol{v}_1+\boldsymbol{v}_2\quad \boldsymbol{v}_3\quad 2\boldsymbol{v}_4\,]=[\,\boldsymbol{v}_1\quad\boldsymbol{v}_2\quad\boldsymbol{v}_3\quad\boldsymbol{v}_4\,]\begin{bmatrix}1&1&0&0\\0&1&0&0\\0&0&1&0\\0&0&0&2\end{bmatrix}\end{aligned}$$

以上から　　$P^{-1}AP=\begin{bmatrix}\mathbf{1}&\mathbf{1}&\mathbf{0}&\mathbf{0}\\\mathbf{0}&\mathbf{1}&\mathbf{0}&\mathbf{0}\\\mathbf{0}&\mathbf{0}&\mathbf{1}&\mathbf{0}\\\mathbf{0}&\mathbf{0}&\mathbf{0}&\mathbf{2}\end{bmatrix}$

(4)　行列Aの固有多項式は

$$\det(tE-A)=\begin{vmatrix} t-4 & 4 & 11 & -11 \\ -7 & t+16 & 48 & -46 \\ 6 & -16 & t-43 & 38 \\ 3 & -9 & -23 & t+19 \end{vmatrix}=(t-3)^4$$

よって，行列Aの固有値は3（重複度4）である。

行列Aの固有値3に対する固有空間を W_3 とする。

ここで，$\boldsymbol{x}=\begin{bmatrix} x \\ y \\ z \\ w \end{bmatrix}$，$\boldsymbol{b}=\begin{bmatrix} b_1 \\ b_2 \\ b_3 \\ b_4 \end{bmatrix}$ として，連立1次方程式 $(A-3E)\boldsymbol{x}=\boldsymbol{b}$ が解をもつための定数項ベクトル $\boldsymbol{b}$ の条件を考える。

連立1次方程式 $(A-3E)\boldsymbol{x}=\boldsymbol{b}$ の拡大係数行列は $\left[\begin{array}{cccc|c} 1 & -4 & -11 & 11 & b_1 \\ 7 & -19 & -48 & 46 & b_2 \\ -6 & 16 & 40 & -38 & b_3 \\ -3 & 9 & 23 & -22 & b_4 \end{array}\right]$

これを行基本変形すると $\left[\begin{array}{cccc|c} 1 & 0 & 0 & 1 & -4b_1+8b_2+\dfrac{17}{2}b_3 \\ 0 & 1 & 0 & 3 & -4b_1+13b_2+\dfrac{29}{2}b_3 \\ 0 & 0 & 1 & -2 & b_1-4b_2-\dfrac{9}{2}b_3 \\ 0 & 0 & 0 & 0 & 2b_1-2b_2-3b_3+2b_4 \end{array}\right]$

よって，連立1次方程式 $(A-3E)\boldsymbol{x}=\boldsymbol{b}$ が解をもつための定数項ベクトル $\boldsymbol{b}$ の条件は　$2b_1-2b_2-3b_3+2b_4=0$　……①

連立1次方程式 $(A-3E)\boldsymbol{x}=\boldsymbol{b}$ を解くと

$$\begin{cases} x=-4b_1+8b_2+\dfrac{17}{2}b_3-c \\ y=-4b_1+13b_2+\dfrac{29}{2}b_3-3c \\ z=b_1-4b_2-\dfrac{9}{2}b_3+2c \\ w=c \end{cases}$$ （cは任意定数）

よって，W_1 の基底は $\left\{\begin{bmatrix}-1\\-3\\2\\1\end{bmatrix}\right\}$ であるから，$\boldsymbol{v}_1=\begin{bmatrix}-1\\-3\\2\\1\end{bmatrix}$ とすると　$A\boldsymbol{v}_1=3\boldsymbol{v}_1$

① より，連立1次方程式 $(A-3E)\boldsymbol{x}=\boldsymbol{v}_1$ は解をもち，その解は

$\begin{cases} x=-3-c \\ y=-6-3c \\ z=2+2c \\ w=c \end{cases}$ （c は任意定数）であるから，$\boldsymbol{v}_2=\begin{bmatrix}-3\\-6\\2\\0\end{bmatrix}$ とすると

$$A\boldsymbol{v}_2=\boldsymbol{v}_1+3\boldsymbol{v}_2$$

また，① より，連立1次方程式 $(A-3E)\boldsymbol{x}=\boldsymbol{v}_2$ は解をもち，その解は

$\begin{cases} x=-19-c \\ y=-37-3c \\ z=12+2c \\ w=c \end{cases}$ （c は任意定数）であるから，$\boldsymbol{v}_3=\begin{bmatrix}-19\\-37\\12\\0\end{bmatrix}$ とすると

$$A\boldsymbol{v}_3=\boldsymbol{v}_2+3\boldsymbol{v}_3$$

更に，① より，連立1次方程式 $(A-3E)\boldsymbol{x}=\boldsymbol{v}_3$ は解をもち，その解として例えば

$\begin{cases} x=-118 \\ y=-231 \\ z=75 \\ w=0 \end{cases}$ が得られるから，$\boldsymbol{v}_4=\begin{bmatrix}-118\\-231\\75\\0\end{bmatrix}$ とすると　$A\boldsymbol{v}_4=\boldsymbol{v}_3+3\boldsymbol{v}_4$

したがって，$P=[\,\boldsymbol{v}_1\ \ \boldsymbol{v}_2\ \ \boldsymbol{v}_3\ \ \boldsymbol{v}_4\,]=\begin{bmatrix}-1 & -3 & -19 & -118\\-3 & -6 & -37 & -231\\2 & 2 & 12 & 75\\1 & 0 & 0 & 0\end{bmatrix}$ とすると

$$\begin{aligned} AP&=[\,A\boldsymbol{v}_1\ \ A\boldsymbol{v}_2\ \ A\boldsymbol{v}_3\ \ A\boldsymbol{v}_4\,]\\ &=[\,3\boldsymbol{v}_1\ \ \boldsymbol{v}_1+3\boldsymbol{v}_2\ \ \boldsymbol{v}_2+3\boldsymbol{v}_3\ \ \boldsymbol{v}_3+3\boldsymbol{v}_4\,]=[\,\boldsymbol{v}_1\ \ \boldsymbol{v}_2\ \ \boldsymbol{v}_3\ \ \boldsymbol{v}_4\,]\begin{bmatrix}3 & 1 & 0 & 0\\0 & 3 & 1 & 0\\0 & 0 & 3 & 1\\0 & 0 & 0 & 3\end{bmatrix} \end{aligned}$$

以上から　$P^{-1}AP=\begin{bmatrix}\mathbf{3} & \mathbf{1} & \mathbf{0} & \mathbf{0}\\\mathbf{0} & \mathbf{3} & \mathbf{1} & \mathbf{0}\\\mathbf{0} & \mathbf{0} & \mathbf{3} & \mathbf{1}\\\mathbf{0} & \mathbf{0} & \mathbf{0} & \mathbf{3}\end{bmatrix}$

研究　(1)　行列Aの固有値 1 に対する広義固有空間を $\widetilde{W}_1$ とすると，$\dim \widetilde{W}_1=3$ であるから

$$K^3=\widetilde{W}_1$$

行列Aの最小多項式は，$t-1$ または $(t-1)^2$ または $(t-1)^3$ である。

$A-E=\begin{bmatrix} 1 & 2 & 3 \\ 1 & 2 & 3 \\ -1 & -2 & -3 \end{bmatrix} \neq O$，$(A-E)^2=O$ であるから，行列Aの最小多項式は $(t-1)^2$ である。

したがって，行列Aのジョルダン標準形は　$\begin{bmatrix} \mathbf{1} & \mathbf{1} & \mathbf{0} \\ \mathbf{0} & \mathbf{1} & \mathbf{0} \\ \mathbf{0} & \mathbf{0} & \mathbf{1} \end{bmatrix}$

(3)　行列Aの固有値 1，2 に対する広義固有空間をそれぞれ $\widetilde{W}_1$，$\widetilde{W}_2$ とすると

$$\dim \widetilde{W}_1=3,\ \dim \widetilde{W}_2=1$$

行列Aの最小多項式は，$(t-1)(t-2)$ または $(t-1)^2(t-2)$ または $(t-1)^3(t-2)$ である。

$$(A-E)(A-2E)=\begin{bmatrix} -2 & -1 & -1 & -2 \\ 1 & 0 & 1 & 0 \\ 2 & 1 & 1 & 2 \\ 1 & 1 & 0 & 2 \end{bmatrix}\begin{bmatrix} -3 & -1 & -1 & -2 \\ 1 & -1 & 1 & 0 \\ 2 & 1 & 0 & 2 \\ 1 & 1 & 0 & 1 \end{bmatrix} \neq O$$

$$(A-E)^2(A-2E)=\begin{bmatrix} -1 & -1 & 0 & -2 \\ 0 & 0 & 0 & 0 \\ 1 & 1 & 0 & 2 \\ 1 & 1 & 0 & 2 \end{bmatrix}\begin{bmatrix} -3 & -1 & -1 & -2 \\ 1 & -1 & 1 & 0 \\ 2 & 1 & 0 & 2 \\ 1 & 1 & 0 & 1 \end{bmatrix} = O$$

よって，行列Aの最小多項式は $(t-1)^2(t-2)$ である。

したがって，行列Aのジョルダン標準形は　$\begin{bmatrix} \mathbf{1} & \mathbf{1} & \mathbf{0} & \mathbf{0} \\ \mathbf{0} & \mathbf{1} & \mathbf{0} & \mathbf{0} \\ \mathbf{0} & \mathbf{0} & \mathbf{1} & \mathbf{0} \\ \mathbf{0} & \mathbf{0} & \mathbf{0} & \mathbf{2} \end{bmatrix}$

(4)　行列Aの固有値 3 に対する広義固有空間を $\widetilde{W}_3$ とすると，$\dim \widetilde{W}_3=4$ であるから

$$K^4=\widetilde{W}_3$$

行列Aの最小多項式は，$t-3$ または $(t-3)^2$ または $(t-3)^3$ または $(t-3)^4$ である。

$A-3E=\begin{bmatrix} 1 & -4 & -11 & 11 \\ 7 & -19 & -48 & 46 \\ -6 & 16 & 40 & -38 \\ -3 & 9 & 23 & -22 \end{bmatrix} \neq O$，$(A-3E)^2=\begin{bmatrix} 6 & -5 & -6 & 3 \\ 24 & -21 & -27 & 15 \\ -20 & 18 & 24 & -14 \\ -12 & 11 & 15 & -9 \end{bmatrix} \neq O$，

$(A-3E)^3=\begin{bmatrix} -2 & 2 & 3 & -2 \\ -6 & 6 & 9 & -6 \\ 4 & -4 & -6 & 4 \\ 2 & -2 & -3 & 2 \end{bmatrix} \neq O$ であるから，行列Aの最小多項式は $(t-3)^4$ である。

したがって，行列Aのジョルダン標準形は　$\begin{bmatrix} \mathbf{3} & \mathbf{1} & \mathbf{0} & \mathbf{0} \\ \mathbf{0} & \mathbf{3} & \mathbf{1} & \mathbf{0} \\ \mathbf{0} & \mathbf{0} & \mathbf{3} & \mathbf{1} \\ \mathbf{0} & \mathbf{0} & \mathbf{0} & \mathbf{3} \end{bmatrix}$

重要 例題 095 べき零行列のジョルダン標準形の計算 ★★★

べき零行列 $A=\begin{bmatrix} 0 & 1 & 1 & 1 & 1 \\ 0 & 0 & 0 & 0 & 1 \\ 0 & 0 & 0 & 0 & 1 \\ 0 & 0 & 0 & 0 & 1 \\ 0 & 0 & 0 & 0 & 0 \end{bmatrix}$ のジョルダン標準形を求めよ。

指針　基本例題 181～基本例題 184，重要例題 094 と同様にして求める。

解答　行列 A の固有多項式は　$\det(tE-A)=\begin{vmatrix} t & -1 & -1 & -1 & -1 \\ 0 & t & 0 & 0 & -1 \\ 0 & 0 & t & 0 & -1 \\ 0 & 0 & 0 & t & -1 \\ 0 & 0 & 0 & 0 & t \end{vmatrix}=t^5$

よって，行列 A の固有値は 0 (重複度 5) である。

行列 A の固有値 0 に対する固有空間を W_0 とする。

ここで，$\boldsymbol{x}=\begin{bmatrix} x \\ y \\ z \\ v \\ w \end{bmatrix}$，$\boldsymbol{b}=\begin{bmatrix} b_1 \\ b_2 \\ b_3 \\ b_4 \\ b_5 \end{bmatrix}$ として，連立 1 次方程式 $A\boldsymbol{x}=\boldsymbol{b}$ が解をもつための定数項ベクトル $\boldsymbol{b}$ の条件を考える。

連立 1 次方程式 $A\boldsymbol{x}=\boldsymbol{b}$ の拡大係数行列は　$\left[\begin{array}{ccccc|c} 0 & 1 & 1 & 1 & 1 & b_1 \\ 0 & 0 & 0 & 0 & 1 & b_2 \\ 0 & 0 & 0 & 0 & 1 & b_3 \\ 0 & 0 & 0 & 0 & 1 & b_4 \\ 0 & 0 & 0 & 0 & 0 & b_5 \end{array}\right]$

これを行基本変形すると　$\left[\begin{array}{ccccc|c} 0 & 1 & 1 & 1 & 0 & b_1-b_2 \\ 0 & 0 & 0 & 0 & 1 & b_2 \\ 0 & 0 & 0 & 0 & 0 & b_2-b_3 \\ 0 & 0 & 0 & 0 & 0 & b_2-b_4 \\ 0 & 0 & 0 & 0 & 0 & b_5 \end{array}\right]$

よって，連立 1 次方程式 $A\boldsymbol{x}=\boldsymbol{b}$ が解をもつための定数項ベクトル $\boldsymbol{b}$ の条件は

$b_2-b_3=0$　かつ　$b_2-b_4=0$　かつ　$b_5=0$

ゆえに　$b_2=b_3=b_4$　かつ　$b_5=0$　……①

連立 1 次方程式 $A\boldsymbol{x}=\boldsymbol{b}$ を解くと

$$\begin{cases} x= \quad c \\ y=b_1-b_2 \ -d-e \\ z= \quad\quad d \\ v= \quad\quad\quad e \\ w= \ b_2 \end{cases} \quad (c,\ d,\ e \text{ は任意定数})$$

よって，W_0 の基底は $\left\{\begin{bmatrix}1\\0\\0\\0\\0\end{bmatrix},\ \begin{bmatrix}0\\-1\\1\\0\\0\end{bmatrix},\ \begin{bmatrix}0\\-1\\0\\1\\0\end{bmatrix}\right\}$ であるから，

$\boldsymbol{c}=p\begin{bmatrix}1\\0\\0\\0\\0\end{bmatrix}+q\begin{bmatrix}0\\-1\\1\\0\\0\end{bmatrix}+r\begin{bmatrix}0\\-1\\0\\1\\0\end{bmatrix}$ とする。

① より，連立 1 次方程式 $A\boldsymbol{x}=\boldsymbol{c}$ が解をもつための定数項ベクトル $\boldsymbol{c}$ の条件は

$$-q-r=q=r$$

ゆえに　$q=r=0$

このとき　$\boldsymbol{c}=p\begin{bmatrix}1\\0\\0\\0\\0\end{bmatrix}$

連立 1 次方程式 $A\boldsymbol{x}=\boldsymbol{c}$ を解くと　$\begin{cases} x= \ c \\ y=p \ -d-e \\ z= \quad d \\ v= \quad\quad e \\ w=0 \end{cases}$ $(c,\ d,\ e$ は任意定数$)$

更に，$\boldsymbol{d}=\begin{bmatrix}0\\p\\0\\0\\0\end{bmatrix}+s\begin{bmatrix}1\\0\\0\\0\\0\end{bmatrix}+t\begin{bmatrix}0\\-1\\1\\0\\0\end{bmatrix}+u\begin{bmatrix}0\\-1\\0\\1\\0\end{bmatrix}$ とする。

① より，連立 1 次方程式 $A\boldsymbol{x}=\boldsymbol{d}$ が解をもつような定数項ベクトル $\boldsymbol{d}$ の条件は

$$p-t-u=t=u$$

ゆえに　$t=u=\dfrac{1}{3}p$

例えば，$s=0$ とすると　$\boldsymbol{d}=\frac{1}{3}p\begin{bmatrix}0\\1\\1\\1\\0\end{bmatrix}$

連立 1 次方程式 $A\boldsymbol{x}=\boldsymbol{d}$ を解くと，例えば $\begin{cases}x=0\\y=-\frac{1}{3}p\\z=0\\v=0\\w=\frac{1}{3}p\end{cases}$ が得られる。

$p=3$，$t=u=1$ のときを考えて，$\boldsymbol{v}_1=\begin{bmatrix}3\\0\\0\\0\\0\end{bmatrix}$，$\boldsymbol{v}_2=\begin{bmatrix}0\\1\\1\\1\\0\end{bmatrix}$，$\boldsymbol{v}_3=\begin{bmatrix}0\\-1\\0\\0\\1\end{bmatrix}$ とすると

$$A\boldsymbol{v}_1=\boldsymbol{0},\ A\boldsymbol{v}_2=\boldsymbol{v}_1,\ A\boldsymbol{v}_3=\boldsymbol{v}_2$$

更に，$\boldsymbol{v}_4=\begin{bmatrix}0\\-1\\1\\0\\0\end{bmatrix}$，$\boldsymbol{v}_5=\begin{bmatrix}0\\-1\\0\\1\\0\end{bmatrix}$ とすると　$A\boldsymbol{v}_4=\boldsymbol{0}$，$A\boldsymbol{v}_5=\boldsymbol{0}$

したがって，$P=[\,\boldsymbol{v}_1\ \ \boldsymbol{v}_2\ \ \boldsymbol{v}_3\ \ \boldsymbol{v}_4\ \ \boldsymbol{v}_5\,]=\begin{bmatrix}3&0&0&0&0\\0&1&-1&-1&-1\\0&1&0&1&0\\0&1&0&0&1\\0&0&1&0&0\end{bmatrix}$ とすると

$$AP=[\,A\boldsymbol{v}_1\ \ A\boldsymbol{v}_2\ \ A\boldsymbol{v}_3\ \ A\boldsymbol{v}_4\ \ A\boldsymbol{v}_5\,]$$

$$=[\,\boldsymbol{0}\ \ \boldsymbol{v}_1\ \ \boldsymbol{v}_2\ \ \boldsymbol{0}\ \ \boldsymbol{0}\,]=[\,\boldsymbol{v}_1\ \ \boldsymbol{v}_2\ \ \boldsymbol{v}_3\ \ \boldsymbol{v}_4\ \ \boldsymbol{v}_5\,]\begin{bmatrix}0&1&0&0&0\\0&0&1&0&0\\0&0&0&0&0\\0&0&0&0&0\\0&0&0&0&0\end{bmatrix}$$

以上から　$P^{-1}AP=\begin{bmatrix}\mathbf{0}&\mathbf{1}&\mathbf{0}&\mathbf{0}&\mathbf{0}\\\mathbf{0}&\mathbf{0}&\mathbf{1}&\mathbf{0}&\mathbf{0}\\\mathbf{0}&\mathbf{0}&\mathbf{0}&\mathbf{0}&\mathbf{0}\\\mathbf{0}&\mathbf{0}&\mathbf{0}&\mathbf{0}&\mathbf{0}\\\mathbf{0}&\mathbf{0}&\mathbf{0}&\mathbf{0}&\mathbf{0}\end{bmatrix}$

研究　行列Aの固有値0に対する広義固有空間を $\widetilde{W}_0$ とすると，$\dim \widetilde{W}_0=5$ であるから　　$K^5=\widetilde{W}_0$

行列Aの最小多項式は，t または t^2 または t^3 または t^4 または t^5 である。

$A=\begin{bmatrix} 0 & 1 & 1 & 1 & 1 \\ 0 & 0 & 0 & 0 & 1 \\ 0 & 0 & 0 & 0 & 1 \\ 0 & 0 & 0 & 0 & 1 \\ 0 & 0 & 0 & 0 & 0 \end{bmatrix} \neq O$，$A^2=\begin{bmatrix} 0 & 0 & 0 & 0 & 3 \\ 0 & 0 & 0 & 0 & 0 \\ 0 & 0 & 0 & 0 & 0 \\ 0 & 0 & 0 & 0 & 0 \\ 0 & 0 & 0 & 0 & 0 \end{bmatrix} \neq O$，$A^3=O$ であるから，行列Aの最小多項式は t^3 である。

$\operatorname{rank} A=2$，$\operatorname{rank} A^2=1$ であるから，$J(0,\ 2)$ の個数は

$$\operatorname{rank} A^3-2\operatorname{rank} A^2+\operatorname{rank} A=0-2\cdot 1+2=0$$

したがって，求めるジョルダン標準形は　$\begin{bmatrix} \mathbf{0} & \mathbf{1} & \mathbf{0} & \mathbf{0} & \mathbf{0} \\ \mathbf{0} & \mathbf{0} & \mathbf{1} & \mathbf{0} & \mathbf{0} \\ \mathbf{0} & \mathbf{0} & \mathbf{0} & \mathbf{0} & \mathbf{0} \\ \mathbf{0} & \mathbf{0} & \mathbf{0} & \mathbf{0} & \mathbf{0} \\ \mathbf{0} & \mathbf{0} & \mathbf{0} & \mathbf{0} & \mathbf{0} \end{bmatrix}$

最小多項式を求めた後，$\dim W_0=3$ であることから，ジョルダン細胞の個数は3個であることがわかる（W_0 は解答中の行列Aの固有値0に対する固有空間）。これによりジョルダン標準形を求めてもよい。

重要 例題 096　3 次行列の n 乗　★★☆

行列 $A=\begin{bmatrix} -3 & 2 & -7 \\ 0 & 1 & 2 \\ 2 & -1 & 5 \end{bmatrix}$ について，べき乗 A^n（n は自然数）を求めよ。

指針　与えられた行列 A は，基本例題 185 と同じであるから，そこでの結果を利用する。

解答　$P=\dfrac{1}{2}\begin{bmatrix} 2 & -4 & 1 \\ 4 & 0 & 0 \\ 0 & 2 & 0 \end{bmatrix}$ とすると

$$P^{-1}AP=\begin{bmatrix} 1 & 1 & 0 \\ 0 & 1 & 1 \\ 0 & 0 & 1 \end{bmatrix}=\begin{bmatrix} 1 & 0 & 0 \\ 0 & 1 & 0 \\ 0 & 0 & 1 \end{bmatrix}+\begin{bmatrix} 0 & 1 & 0 \\ 0 & 0 & 1 \\ 0 & 0 & 0 \end{bmatrix}$$

◀基本例題 185 より。

$N=\begin{bmatrix} 0 & 1 & 0 \\ 0 & 0 & 1 \\ 0 & 0 & 0 \end{bmatrix}$ とすると

$$N^2=\begin{bmatrix} 0 & 0 & 1 \\ 0 & 0 & 0 \\ 0 & 0 & 0 \end{bmatrix},\ N^m=O\quad(m \text{ は } 3 \text{ 以上の整数})$$

よって

$$(P^{-1}AP)^n=(E+N)^n=\sum_{k=0}^{n}\binom{n}{k}E^kN^{n-k}$$

◀基本例題 170 より。

$$=E+nN+\frac{n(n-1)}{2}N^2=\frac{1}{2}\begin{bmatrix} 2 & 2n & n(n-1) \\ 0 & 2 & 2n \\ 0 & 0 & 2 \end{bmatrix}$$

したがって

$$A^n=P(P^{-1}AP)^nP^{-1}$$

$$=\frac{1}{2}\cdot\frac{1}{2}\cdot\frac{1}{2}\begin{bmatrix} 2 & -4 & 1 \\ 4 & 0 & 0 \\ 0 & 2 & 0 \end{bmatrix}\begin{bmatrix} 2 & 2n & n(n-1) \\ 0 & 2 & 2n \\ 0 & 0 & 2 \end{bmatrix}\begin{bmatrix} 0 & 1 & 0 \\ 0 & 0 & 2 \\ 4 & -2 & 8 \end{bmatrix}$$

$$=\boldsymbol{\frac{1}{2}\begin{bmatrix} 2n^2-10n+2 & -n^2+5n & 4n^2-18n \\ 4n^2-4n & -2n^2+2n+2 & 8n^2-4n \\ 4n & -2n & 8n+2 \end{bmatrix}}$$

重要 例題 097　ジョルダン標準形の計算 ⑥　★★★

行列 $A=\begin{bmatrix} 1 & 0 & 0 & 0 & 0 & 0 \\ 0 & 0 & 0 & 0 & -1 & 1 \\ -1 & -1 & 1 & 1 & -1 & 1 \\ 0 & 0 & 0 & 1 & 0 & 0 \\ 0 & 1 & 0 & 0 & 2 & 0 \\ 0 & 0 & 0 & 0 & 0 & 1 \end{bmatrix}$ のジョルダン標準形を求めよ。

指針　基本例題 181～基本例題 184，重要例題 094，重要例題 095 と同様にして求める。

解答　行列 A の固有多項式は

$$\det(tE-A)=\begin{vmatrix} t-1 & 0 & 0 & 0 & 0 & 0 \\ 0 & t & 0 & 0 & 1 & -1 \\ 1 & 1 & t-1 & -1 & 1 & -1 \\ 0 & 0 & 0 & t-1 & 0 & 0 \\ 0 & -1 & 0 & 0 & t-2 & 0 \\ 0 & 0 & 0 & 0 & 0 & t-1 \end{vmatrix}=(t-1)^6$$

よって，行列 A の固有値は 1（重複度 6）である。

ここで，$\boldsymbol{x}=\begin{bmatrix} x \\ y \\ z \\ u \\ v \\ w \end{bmatrix}$，$\boldsymbol{b}=\begin{bmatrix} b_1 \\ b_2 \\ b_3 \\ b_4 \\ b_5 \\ b_6 \end{bmatrix}$ として，連立 1 次方程式 $(A-E)\boldsymbol{x}=\boldsymbol{b}$ が解をもつための定数項ベクトル $\boldsymbol{b}$ の条件を考える。

連立 1 次方程式 $(A-E)\boldsymbol{x}=\boldsymbol{b}$ の拡大係数行列は $\left[\begin{array}{cccccc|c} 0 & 0 & 0 & 0 & 0 & 0 & b_1 \\ 0 & -1 & 0 & 0 & -1 & 1 & b_2 \\ -1 & -1 & 0 & 1 & -1 & 1 & b_3 \\ 0 & 0 & 0 & 0 & 0 & 0 & b_4 \\ 0 & 1 & 0 & 0 & 1 & 0 & b_5 \\ 0 & 0 & 0 & 0 & 0 & 0 & b_6 \end{array}\right]$

これを行基本変形すると $\left[\begin{array}{cccccc|c} 1 & 0 & 0 & -1 & 0 & 0 & b_2-b_3 \\ 0 & 1 & 0 & 0 & 1 & 0 & b_5 \\ 0 & 0 & 0 & 0 & 0 & 1 & b_2+b_5 \\ 0 & 0 & 0 & 0 & 0 & 0 & b_1 \\ 0 & 0 & 0 & 0 & 0 & 0 & b_4 \\ 0 & 0 & 0 & 0 & 0 & 0 & b_6 \end{array}\right]$

よって，連立1次方程式 $(A-E)\boldsymbol{x}=\boldsymbol{b}$ が解をもつための定数項ベクトル $\boldsymbol{b}$ の条件は

$$b_1=0 \quad \text{かつ} \quad b_4=0 \quad \text{かつ} \quad b_6=0 \quad \cdots\cdots ①$$

連立1次方程式 $(A-E)\boldsymbol{x}=\boldsymbol{b}$ を解くと

$$\left\{\begin{array}{l} x=b_2-b_3+d \\ y=b_5-e \\ z=c \\ u=d \\ v=e \\ w=b_2+b_5 \end{array}\right. \quad (c,\ d,\ e\ \text{は任意定数})$$

よって，行列 A の固有値1に対する固有空間の基底は

$$\left\{\begin{bmatrix}0\\0\\1\\0\\0\\0\end{bmatrix}, \begin{bmatrix}1\\0\\0\\1\\0\\0\end{bmatrix}, \begin{bmatrix}0\\-1\\0\\0\\1\\0\end{bmatrix}\right\} \text{であるから，} \boldsymbol{c}=p\begin{bmatrix}0\\0\\1\\0\\0\\0\end{bmatrix}+q\begin{bmatrix}1\\0\\0\\1\\0\\0\end{bmatrix}+r\begin{bmatrix}0\\-1\\0\\0\\1\\0\end{bmatrix} \text{とする。}$$

① より，連立1次方程式 $(A-E)\boldsymbol{x}=\boldsymbol{c}$ が解をもつための定数項ベクトル $\boldsymbol{c}$ の条件は

$$q=0$$

連立1次方程式 $(A-E)\boldsymbol{x}=\boldsymbol{c}$ を解くと

$$\left\{\begin{array}{l} x=-p-r+d \\ y=r-e \\ z=c \\ u=d \\ v=e \\ w=0 \end{array}\right. \quad (c,\ d,\ e\ \text{は任意定数})$$

ここで

$$\boldsymbol{d}=\begin{bmatrix}-p-r\\r\\0\\0\\0\\0\end{bmatrix}+\alpha\begin{bmatrix}0\\0\\1\\0\\0\\0\end{bmatrix}+\beta\begin{bmatrix}1\\0\\0\\1\\0\\0\end{bmatrix}+\gamma\begin{bmatrix}0\\-1\\0\\0\\1\\0\end{bmatrix}$$

とする。

① より，連立 1 次方程式 $(A-E)\boldsymbol{x}=\boldsymbol{d}$ が解をもつための定数項ベクトル $\boldsymbol{d}$ の条件は

$$-p-r+\beta=0 \quad \text{かつ} \quad \beta=0$$

ゆえに　$p+r=0$　かつ　$\beta=0$

例えば，$\alpha=0$，$\gamma=0$ とすると　$\boldsymbol{d}=r\begin{bmatrix}0\\1\\0\\0\\0\\0\end{bmatrix}$

連立 1 次方程式 $(A-E)\boldsymbol{x}=\boldsymbol{d}$ を解くと，例えば $\boldsymbol{x}=r\begin{bmatrix}1\\0\\0\\0\\0\\1\end{bmatrix}$ が得られる。

$p=-1$，$r=1$ のときを考えて，$\boldsymbol{v}_1=\begin{bmatrix}0\\-1\\-1\\0\\1\\0\end{bmatrix}$，$\boldsymbol{v}_2=\begin{bmatrix}0\\1\\0\\0\\0\\0\end{bmatrix}$，$\boldsymbol{v}_3=\begin{bmatrix}1\\0\\0\\0\\0\\1\end{bmatrix}$ とすると

$$A\boldsymbol{v}_1=\boldsymbol{v}_1,\ A\boldsymbol{v}_2=\boldsymbol{v}_1+\boldsymbol{v}_2,\ A\boldsymbol{v}_3=\boldsymbol{v}_2+\boldsymbol{v}_3$$

また，$p=1$，$r=0$ のときを考えて，$\boldsymbol{v}_4=\begin{bmatrix}0\\0\\1\\0\\0\\0\end{bmatrix}$，　$\boldsymbol{v}_5=\begin{bmatrix}-1\\0\\0\\0\\0\\0\end{bmatrix}$ とすると

$$A\boldsymbol{v}_4=\boldsymbol{v}_4,\ A\boldsymbol{v}_5=\boldsymbol{v}_4+\boldsymbol{v}_5$$

更に，$\boldsymbol{v}_6=\begin{bmatrix}1\\0\\0\\1\\0\\0\end{bmatrix}$ とすると　$A\boldsymbol{v}_6=\boldsymbol{v}_6$

したがって，$P=[\,\boldsymbol{v}_1\ \ \boldsymbol{v}_2\ \ \boldsymbol{v}_3\ \ \boldsymbol{v}_4\ \ \boldsymbol{v}_5\ \ \boldsymbol{v}_6\,]=\begin{bmatrix} 0 & 0 & 1 & 0 & -1 & 1 \\ -1 & 1 & 0 & 0 & 0 & 0 \\ -1 & 0 & 0 & 1 & 0 & 0 \\ 0 & 0 & 0 & 0 & 0 & 1 \\ 1 & 0 & 0 & 0 & 0 & 0 \\ 0 & 0 & 1 & 0 & 0 & 0 \end{bmatrix}$ とすると

$$\begin{aligned} AP &= [\,A\boldsymbol{v}_1\ \ A\boldsymbol{v}_2\ \ A\boldsymbol{v}_3\ \ A\boldsymbol{v}_4\ \ A\boldsymbol{v}_5\ \ A\boldsymbol{v}_6\,] \\ &= [\,\boldsymbol{v}_1\ \ \boldsymbol{v}_1+\boldsymbol{v}_2\ \ \boldsymbol{v}_2+\boldsymbol{v}_3\ \ \boldsymbol{v}_4\ \ \boldsymbol{v}_4+\boldsymbol{v}_5\ \ \boldsymbol{v}_6\,] \\ &= [\,\boldsymbol{v}_1\ \ \boldsymbol{v}_2\ \ \boldsymbol{v}_3\ \ \boldsymbol{v}_4\ \ \boldsymbol{v}_5\ \ \boldsymbol{v}_6\,]\begin{bmatrix} 1 & 1 & 0 & 0 & 0 & 0 \\ 0 & 1 & 1 & 0 & 0 & 0 \\ 0 & 0 & 1 & 0 & 0 & 0 \\ 0 & 0 & 0 & 1 & 1 & 0 \\ 0 & 0 & 0 & 0 & 1 & 0 \\ 0 & 0 & 0 & 0 & 0 & 1 \end{bmatrix} \end{aligned}$$

以上から　　$P^{-1}AP=\begin{bmatrix} \mathbf{1} & \mathbf{1} & \mathbf{0} & \mathbf{0} & \mathbf{0} & \mathbf{0} \\ \mathbf{0} & \mathbf{1} & \mathbf{1} & \mathbf{0} & \mathbf{0} & \mathbf{0} \\ \mathbf{0} & \mathbf{0} & \mathbf{1} & \mathbf{0} & \mathbf{0} & \mathbf{0} \\ \mathbf{0} & \mathbf{0} & \mathbf{0} & \mathbf{1} & \mathbf{1} & \mathbf{0} \\ \mathbf{0} & \mathbf{0} & \mathbf{0} & \mathbf{0} & \mathbf{1} & \mathbf{0} \\ \mathbf{0} & \mathbf{0} & \mathbf{0} & \mathbf{0} & \mathbf{0} & \mathbf{1} \end{bmatrix}$

研究　行列Aの固有値 1 に対する広義固有空間を $\widetilde{W}_1$ とすると，$\dim\widetilde{W}_1=6$ であるから　　$K^6=\widetilde{W}_1$

行列Aの最小多項式は，$t-1$ または $(t-1)^2$ または $(t-1)^3$ または $(t-1)^4$ または $(t-1)^5$ または $(t-1)^6$ である。

$$A-E=\begin{bmatrix} 0 & 0 & 0 & 0 & 0 & 0 \\ 0 & -1 & 0 & 0 & -1 & 1 \\ -1 & -1 & 0 & 1 & -1 & 1 \\ 0 & 0 & 0 & 0 & 0 & 0 \\ 0 & 1 & 0 & 0 & 1 & 0 \\ 0 & 0 & 0 & 0 & 0 & 0 \end{bmatrix}\neq O,\quad (A-E)^2=\begin{bmatrix} 0 & 0 & 0 & 0 & 0 & 0 \\ 0 & 0 & 0 & 0 & 0 & -1 \\ 0 & 0 & 0 & 0 & 0 & -1 \\ 0 & 0 & 0 & 0 & 0 & 0 \\ 0 & 0 & 0 & 0 & 0 & 1 \\ 0 & 0 & 0 & 0 & 0 & 0 \end{bmatrix}\neq O,$$

$(A-E)^3=O$ であるから，行列Aの最小多項式は $(t-1)^3$ である。

$\mathrm{rank}(A-E)=3$，$\mathrm{rank}(A-E)^2=1$ であるから，$J(0,\ 2)$ の個数は

$$\mathrm{rank}(A-E)^3-2\,\mathrm{rank}(A-E)^2+\mathrm{rank}(A-E)=0-2\cdot1+3=1$$

したがって，行列Aのジョルダン標準形は　$\begin{bmatrix} \mathbf{1} & \mathbf{1} & \mathbf{0} & \mathbf{0} & \mathbf{0} & \mathbf{0} \\ \mathbf{0} & \mathbf{1} & \mathbf{1} & \mathbf{0} & \mathbf{0} & \mathbf{0} \\ \mathbf{0} & \mathbf{0} & \mathbf{1} & \mathbf{0} & \mathbf{0} & \mathbf{0} \\ \mathbf{0} & \mathbf{0} & \mathbf{0} & \mathbf{1} & \mathbf{1} & \mathbf{0} \\ \mathbf{0} & \mathbf{0} & \mathbf{0} & \mathbf{0} & \mathbf{1} & \mathbf{0} \\ \mathbf{0} & \mathbf{0} & \mathbf{0} & \mathbf{0} & \mathbf{0} & \mathbf{1} \end{bmatrix}$

答　の　部

※各章の内容チェックテストの解答例を示した。□ には，下に示した以外の解答が入る場合もある。

第 1 章の内容チェックテストの解答例

(1)　(ア)　$\begin{bmatrix} 13 & 27 & 3 \\ -6 & 17 & -18 \\ -15 & -5 & -17 \end{bmatrix}$　(イ)　$\begin{bmatrix} 1 & \sin 3x \\ \cos 3x & \cos 2x \end{bmatrix}$　(ウ)　$\begin{bmatrix} \dfrac{20}{3} & -\dfrac{20}{3} & 15 \\ -5 & 5 & 0 \end{bmatrix}$

(2)　(ア)　$\begin{bmatrix} 4 & 5 & 14 \end{bmatrix}$　(イ)　$\begin{bmatrix} 29 & 15 & 42 & 28 \\ 37 & 21 & 48 & 32 \end{bmatrix}$　(ウ)　$\begin{bmatrix} -26 \\ -13 \\ -26 \end{bmatrix}$　(エ)　$\begin{bmatrix} 4 & 0 \\ -7 & 1 \end{bmatrix}$

(3)　(ア)　$\begin{bmatrix} a^2 & 4a \\ 0 & a^2 \end{bmatrix}$　(イ)　$\begin{bmatrix} a^3 & 6a^2 \\ 0 & a^3 \end{bmatrix}$　(ウ)　$\begin{bmatrix} a^4 & 8a^3 \\ 0 & a^4 \end{bmatrix}$　(エ)　$\begin{bmatrix} a^n & 2na^{n-1} \\ 0 & a^n \end{bmatrix}$　(オ)　数学的帰納法

(4)　(ア)　$\dfrac{1}{2}(A^2-AB-BA+B^2)$　(イ)　$4(AB+BA)$

(5)　(ア)　$\begin{bmatrix} 5 & -2 \\ -7 & 3 \end{bmatrix}$　(イ)　ない　(ウ)　$\dfrac{1}{a^2+2}\begin{bmatrix} 2a+2 & -a \\ -a-4 & a+1 \end{bmatrix}$

(6)　(ア)　$(ad-bc)$　(イ)　$a+d=0$，$ad-bc=0$　(ウ)　$a+d-1$　(エ)　0，1

第 2 章の内容チェックテストの解答例

(1)　(ア)　$\begin{bmatrix} 3 & -2 \\ 5 & 3 \end{bmatrix}\begin{bmatrix} x \\ y \end{bmatrix}=\begin{bmatrix} 1 \\ -3 \end{bmatrix}$　(イ)　$\begin{bmatrix} 3 & 2 & 0 & -4 \\ 1 & 2 & -4 & 3 \\ 2 & 0 & 3 & -1 \\ -1 & -3 & 2 & 6 \end{bmatrix}\begin{bmatrix} x \\ y \\ z \\ u \end{bmatrix}=\begin{bmatrix} 5 \\ 0 \\ -1 \\ 7 \end{bmatrix}$

(ウ)　$\begin{bmatrix} 5 & -6 & 4 \\ -4 & 2 & -6 \\ 1 & 0 & -7 \end{bmatrix}\begin{bmatrix} x \\ y \\ z \end{bmatrix}=\begin{bmatrix} 2 \\ -3 \\ -12 \end{bmatrix}$

(2)　(ア)　$\left[\begin{array}{cc|c} 3 & -2 & 1 \\ 5 & 3 & -3 \end{array}\right]$　(イ)　$\left[\begin{array}{cccc|c} 3 & 2 & 0 & -4 & 5 \\ 1 & 2 & -4 & 3 & 0 \\ 2 & 0 & 3 & -1 & -1 \\ -1 & -3 & 2 & 7 & 7 \end{array}\right]$　(ウ)　$\left[\begin{array}{ccc|c} 5 & -6 & 4 & 2 \\ -4 & 2 & -6 & -3 \\ 1 & 0 & -7 & -12 \end{array}\right]$

(3)　(ア)　$\begin{bmatrix} 1 & 0 & 1 \\ 0 & 1 & -2 \\ 0 & 0 & 0 \end{bmatrix}$　(イ)　$\begin{bmatrix} 1 & 0 & 1 & 1 \\ 0 & 1 & 3 & 1 \\ 0 & 0 & 0 & 0 \end{bmatrix}$　(ウ)　$\begin{bmatrix} 1 & 0 & 0 & 0 \\ 0 & 1 & 0 & 0 \\ 0 & 0 & 1 & 0 \\ 0 & 0 & 0 & 1 \end{bmatrix}$

(4)　(ア)　2　(イ)　2　(ウ)　4

(5)　$a=4$ のとき 1，$a=-8$ のとき 2，$a\neq 4$，-8 のとき 3

(6)　(ア)　$x=4k+\dfrac{1}{2}$，$y=k-\dfrac{3}{2}$，$z=k$（k は任意定数）　(イ)　1　(ウ)　なし　(エ)　なし　(オ)　$x=2$，$y=-4$，$z=1$

(カ)　0

(7)　(ア)　$a=-1$，7　(イ)　$a=\dfrac{3\pm\sqrt{37}}{2}$

第 3 章の内容チェックテストの解答例

(1)　(ア)　正方　(イ)　0　(ウ)　対角　(エ)　1　(オ)　0　(カ)　対角　(キ)　1　(ク)　1　(ケ)　0

(2)　(ア)　A，C，D　(イ)　D　(ウ)　A　(エ)　C

(3)　(ア)　$\begin{bmatrix} 0 & 5 \\ 3 & -1 \end{bmatrix}$　(イ)　$\begin{bmatrix} 1 & 2 & 3 \\ -4 & -5 & -6 \\ 7 & 8 & 9 \end{bmatrix}$　(ウ)　$\begin{bmatrix} a & b & c \\ 2a+p & 2b+q & 2c+r \end{bmatrix}$　(エ)　$\begin{bmatrix} b & a & c \\ q & p & r \end{bmatrix}$

(オ) $\begin{bmatrix} 1 & 2 & 6 \\ 4 & 5 & 12 \\ 7 & 8 & 18 \end{bmatrix}$ (カ) $\begin{bmatrix} 4 & 15 \\ 2 & 7 \end{bmatrix}$

(4) (ア) $\begin{bmatrix} 1 & 0 & 0 & 0 \\ 0 & 1 & 0 & 0 \end{bmatrix}$ (イ) $\begin{bmatrix} 1 & 0 & 0 & 0 \\ 0 & 1 & 0 & 0 \\ 0 & 0 & 0 & 0 \end{bmatrix}$ (ウ) $\begin{bmatrix} 1 & 0 & 0 & 0 \\ 0 & 1 & 0 & 0 \\ 0 & 0 & 1 & 0 \\ 0 & 0 & 0 & 1 \end{bmatrix}$

(5) (ア) $\dfrac{1}{a^2+a+1}\begin{bmatrix} a & 1 \\ a+1 & -a \end{bmatrix}$ (イ) なし (ウ) $\dfrac{1}{10}\begin{bmatrix} 2 & 0 & 4 \\ -4 & 5 & -3 \\ 0 & 5 & -5 \end{bmatrix}$ (エ) $\dfrac{1}{8}\begin{bmatrix} 10 & 4 & 2 \\ 3 & 2 & 3 \\ 6 & 4 & -2 \end{bmatrix}$

第 4 章の内容チェックテストの解答例

(1) (ア) 6 (イ) 3 (ウ) 0 (エ) $\begin{pmatrix} 1 & 2 & 3 \\ 1 & 2 & 3 \end{pmatrix}$ (オ) 2 (カ) $\begin{pmatrix} 1 & 2 & 3 \\ 2 & 3 & 1 \end{pmatrix}$, $\begin{pmatrix} 1 & 2 & 3 \\ 3 & 1 & 2 \end{pmatrix}$

(2) (ア) $\mathrm{sgn}(\sigma)\mathrm{sgn}(\tau)$ (イ) $\mathrm{sgn}(\sigma^{-1})$ (ウ) $(-1)^{k-1}$

(3) (ア) $\cos(\alpha-\beta)$ (イ) -32 (ウ) $acf+bde$ (エ) 0

(4) (ア) 1 (イ) $3x-z$ (ウ) 81 (エ) -1

(5) (ア) $\begin{bmatrix} -1 & 3 & 1 \\ -2 & 1 & -3 \\ 3 & 2 & 0 \end{bmatrix}$ (イ) 2 (ウ) $\begin{bmatrix} 2 & 3 & 1 \\ 0 & 1 & -3 \\ -1 & 2 & 0 \end{bmatrix}$ (エ) 3 (オ) $\begin{bmatrix} 2 & -1 & 3 \\ 0 & -2 & 1 \\ -1 & 3 & 2 \end{bmatrix}$ (カ) -27

(6) (ア) $x=-\dfrac{39}{25}$, $y=\dfrac{29}{25}$ (イ) $x=1$, $y=1$, $z=0$ (ウ) $x=-\dfrac{21}{71}$, $y=-\dfrac{26}{71}$, $z=\dfrac{36}{71}$

第 5 章の内容チェックテストの解答例

(1) (ア) 結果：○　　理由：$a\cdot 0+b\cdot 0+c\cdot 0=0$ から $\mathbf{0}\in W$

${}^t[x\ \ y\ \ z]\in W$, ${}^t[x'\ \ y'\ \ z']\in W$ に対し，$ax+by+cz=0$, $ax'+by'+cz'=0$ が成り立っている。

${}^t[x\ \ y\ \ z]+{}^t[x'\ \ y'\ \ z']={}^t[x+x'\ \ y+y'\ \ z+z']$ であり，

$a(x+x')+b(y+y')+c(z+z')=(ax+by+cz)+(ax'+by'+cz')=0+0=0$ から

${}^t[x\ \ y\ \ z]+{}^t[x'\ \ y'\ \ z']\in W$

${}^t[x\ \ y\ \ z]\in W$ に対し，$ax+by+cz=0$ が成り立っている。

$p\in\mathbb{R}$ とすると，$p\,{}^t[x\ \ y\ \ z]={}^t[px\ \ py\ \ pz]$ であるが，

$a\cdot px+b\cdot py+c\cdot pz=p(ax+by+cz)=p\cdot 0=0$ から $p\,{}^t[x\ \ y\ \ z]\in W$

(イ) 結果：×　　理由：$0+2\cdot 0+3\cdot 0<0$ は成り立たないから $\mathbf{0}\notin W$

(ウ) 結果：×　　理由：${}^t[1\ \ 1\ \ 1]$ に対して $\sqrt{2}\,{}^t[1\ \ 1\ \ 1]\notin W$

(エ) 結果：○　　理由：(ア)と同様にして証明できる（証明は省略）。

(2) (ア) × (イ) ○ (ウ) ×

(3) 独立 (イ) $a=-2,\ 1$

(4) (ア) $\begin{bmatrix} 1 & 0 & 0 & 2 & 1 \\ 0 & 1 & 0 & 3 & 2 \\ 0 & 0 & 1 & 1 & 0 \\ 0 & 0 & 0 & 0 & 0 \end{bmatrix}$ (イ) $\{\boldsymbol{v}_1,\ \boldsymbol{v}_2,\ \boldsymbol{v}_3\}$

(5) (ア) $(2,\ -3,\ -1)$ (イ) $\dfrac{x-1}{2}=\dfrac{y+2}{-3}=\dfrac{z-3}{-1}$ (ウ) 5 (エ) $4x-4y+z-1=0$

第 6 章の内容チェックテストの解答例

(1) (ア) $b=0$ かつ $d=0$ (イ) $b\neq 0$ または $d\neq 0$

(2) (ア) $\begin{bmatrix} a & b \\ c & d \end{bmatrix}$ (イ) $\dfrac{1}{ad-bc}\begin{bmatrix} du-bv \\ -cu+av \end{bmatrix}$ (ウ) $\dfrac{1}{ad-bc}\begin{bmatrix} d & -b \\ -c & a \end{bmatrix}$

(3) (ア) $\begin{bmatrix} 1 & 0 & -2 \\ 0 & 1 & 1 \\ 0 & 0 & 0 \end{bmatrix}$ (イ) $\left\{\begin{bmatrix} 1 \\ -1 \\ 2 \end{bmatrix}, \begin{bmatrix} 4 \\ -1 \\ 3 \end{bmatrix}\right\}$ (ウ) $\left\{\begin{bmatrix} 2 \\ -1 \\ 1 \end{bmatrix}\right\}$ (エ) 1

(4)　(ア)　$\begin{bmatrix} 0 & 1 & 1 \\ 3 & -2 & 0 \\ -2 & 0 & 2 \end{bmatrix}$　(イ)　$\begin{bmatrix} 2 & -2 & -1 \\ -3 & 4 & 3 \\ 0 & 2 & -1 \end{bmatrix}$　(ウ)　$\dfrac{1}{8}\begin{bmatrix} 8 & 2 & 14 \\ 0 & -1 & 9 \\ 16 & -2 & 2 \end{bmatrix}$

(5)　(ア)　$\begin{bmatrix} 0 & 1 \\ 1 & 0 \end{bmatrix}$　(イ)　$\begin{bmatrix} 1 & -1 & 0 \\ 3 & 0 & 2 \\ -2 & 3 & 1 \end{bmatrix}$

第7章の内容チェックテストの解答例

(1)　(ア)　$\sqrt{5}$　(イ)　$\sqrt{10}$　(ウ)　$\dfrac{3}{4}\pi$　(エ)　$\sqrt{14}$　(オ)　$\sqrt{14}$　(カ)　$\dfrac{2}{3}\pi$

(2)　(ア)　-2　(イ)　-1　(ウ)　2　(エ)　直交基底　(オ)　$\left\{\dfrac{1}{3}\begin{bmatrix} 1 \\ -2 \\ -2 \end{bmatrix}, \dfrac{1}{3}\begin{bmatrix} -2 \\ -2 \\ 1 \end{bmatrix}, \dfrac{1}{3}\begin{bmatrix} 2 \\ -1 \\ 2 \end{bmatrix}\right\}$

(3)　(ア)　$\left\{\dfrac{1}{\sqrt{5}}\begin{bmatrix} 1 \\ -2 \end{bmatrix}, \dfrac{1}{\sqrt{5}}\begin{bmatrix} 2 \\ 1 \end{bmatrix}\right\}$　(イ)　$\left\{\dfrac{1}{\sqrt{5}}\begin{bmatrix} 0 \\ 2 \\ -1 \end{bmatrix}, \dfrac{1}{3\sqrt{5}}\begin{bmatrix} -5 \\ 2 \\ 4 \end{bmatrix}, \dfrac{1}{3}\begin{bmatrix} 2 \\ 1 \\ 2 \end{bmatrix}\right\}$

(4)　(ア)　$\begin{bmatrix} p \\ q \end{bmatrix}$　(イ)　$\left\{\dfrac{1}{\sqrt{5}}\begin{bmatrix} 1 \\ -2 \\ 0 \end{bmatrix}, \dfrac{1}{\sqrt{145}}\begin{bmatrix} 6 \\ 3 \\ 10 \end{bmatrix}\right\}$　(ウ)　$\dfrac{1}{29}\begin{bmatrix} 33 \\ -27 \\ 26 \end{bmatrix}$

(5)　(ア)　$\left\{\dfrac{1}{\sqrt{6}}\begin{bmatrix} -1 \\ 1 \\ 2 \end{bmatrix}\right\}$　(イ)　$\dfrac{1}{6}\begin{bmatrix} 1 & -1 & -2 \\ -1 & 1 & 2 \\ -2 & 2 & 4 \end{bmatrix}$

第8章の内容チェックテストの解答例

(1)　(ア)　$t(t+1)(t-3)$　(イ)　-1　(ウ)　0　(エ)　3　(オ)　$\left\{\begin{bmatrix} 1 \\ 7 \\ -2 \end{bmatrix}\right\}$　(カ)　$\left\{\begin{bmatrix} 2 \\ 1 \\ 1 \end{bmatrix}\right\}$　(キ)　$\left\{\begin{bmatrix} 1 \\ -1 \\ 2 \end{bmatrix}\right\}$

(2)　(ア)　-2　(イ)　0　(ウ)　$\begin{bmatrix} 1 & 0 & 0 \\ 0 & 1 & -1 \\ 0 & 0 & 0 \end{bmatrix}$　(エ)　$\left\{\begin{bmatrix} 0 \\ 1 \\ 1 \end{bmatrix}\right\}$　(オ)　$\left\{\begin{bmatrix} 1 \\ 0 \\ -1 \end{bmatrix}\right\}$　(カ)　1　(キ)　1　(ク)　可能ではない

(3)　(ア)　直交　(イ)　$t(t-3)^2$　(ウ)　0　(エ)　3　(オ)　$\left\{\begin{bmatrix} 1 \\ 1 \\ -1 \end{bmatrix}\right\}$　(カ)　$\left\{\begin{bmatrix} 1 \\ 0 \\ 1 \end{bmatrix}, \begin{bmatrix} 0 \\ 1 \\ 1 \end{bmatrix}\right\}$　(キ)　$\dfrac{1}{\sqrt{6}}\begin{bmatrix} \sqrt{2} & \sqrt{3} & -1 \\ \sqrt{2} & 0 & 2 \\ -\sqrt{2} & \sqrt{3} & 1 \end{bmatrix}$

(ク)　$\dfrac{1}{\sqrt{6}}\begin{bmatrix} \sqrt{2} & \sqrt{2} & -\sqrt{2} \\ \sqrt{3} & 0 & \sqrt{3} \\ -1 & 2 & 1 \end{bmatrix}$　(ケ)　$\begin{bmatrix} 0 & 0 & 0 \\ 0 & 3 & 0 \\ 0 & 0 & 3 \end{bmatrix}$

(4)　(ア)　$(t+1)(t-2)$　(イ)　$(t-2)^2$

(5)　(ア)　7　(イ)　16　(ウ)　$\begin{bmatrix} 6 & 2 \\ -2 & 5 \end{bmatrix}$　(エ)　$\begin{bmatrix} 4 & -3 & -7 \\ -1 & 0 & 1 \\ 5 & -3 & -8 \end{bmatrix}$

第9章の内容チェックテストの解答例

(1)　(ア)　$A^k=O_n$　(イ)　t^m　(ウ)　すべて 0　(エ)　べき零行列

(2)　(ア)　対角　(イ)　右上　(ウ)　1　(エ)　すべて 0　(オ)　正方　(カ)　O　(キ)　$(t-\lambda)^m$

(3)　(ア)　広義固有　(イ)　核　(ウ)　$\widetilde{W}_\lambda=\{\boldsymbol{v}\mid(A-\lambda E)^n\boldsymbol{v}=\boldsymbol{0}\}$　(エ)　直和

(4)　(ア)　$(t-1)^2(t-2)$　(イ)　$(t-1)^2(t-2)$　(ウ)　2　(エ)　1　(オ)　-2　(カ)　1　(キ)　-5　(ク)　3　(ケ)　3

(コ)　-2　(サ)　$\begin{bmatrix} 1 & 1 & -1 \\ -2 & -5 & 3 \\ 1 & 3 & -2 \end{bmatrix}$　(シ)　$\begin{bmatrix} 2 & 0 & 0 \\ 0 & 1 & 1 \\ 0 & 0 & 1 \end{bmatrix}$

索　引

【た 行】

【な 行】

【は 行】

【ま 行】

【や 行】

【ら 行】

【わ 行】

第 1 刷　2020 年 5 月 1 日　発行
第 2 刷　2020 年 12 月 1 日　発行
第 3 刷　2021 年 6 月 1 日　発行
第 4 刷　2022 年 3 月 1 日　発行
第 5 刷　2023 年 2 月 1 日　発行
第 6 刷　2024 年 1 月 10 日　発行
第 7 刷　2024 年 11 月 1 日　発行

●カバーデザイン　株式会社麒麟三隻館

●カバー監修者近影　撮影・河野裕昭

ISBN978-4-410-15463-8

チャート式®シリーズ
大学教養
線形代数

監　修　加藤文元
編　著　数研出版編集部
発行者　星野 泰也
発行所　**数研出版株式会社**
〒101-0052　東京都千代田区神田小川町 2 丁目 3 番地 3
〔振替〕00140-4-118431
〒604-0861　京都市中京区烏丸通竹屋町上る大倉町205番地
〔電話〕代表 (075)231-0161
ホームページ　https://www.chart.co.jp
印刷　創栄図書印刷株式会社

240907

・**余因子展開**　n 次正方行列 $A=[a_{ij}]$ とその $(i,\ j)$ 余因子 $\tilde{a}_{ij}$ について，次が成り立つ。

(1)　$a_{i1}\tilde{a}_{k1}+a_{i2}\tilde{a}_{k2}+\cdots\cdots+a_{in}\tilde{a}_{kn}$ の値は
　$k=i$ のとき $|A|$，$k\neq i$ のとき 0

(2)　$a_{1j}\tilde{a}_{1k}+a_{2j}\tilde{a}_{2k}+\cdots\cdots+a_{nj}\tilde{a}_{nk}$ の値は
　$k=j$ のとき $|A|$，$k\neq j$ のとき 0

また，n 次正方行列 $A=[a_{ij}]$ に対して，その $(i,\ j)$ 余因子 $\tilde{a}_{ij}$ をその $(j,\ i)$ 成分とする n 次正方行列を A の余因子行列といい，$\tilde{A}$ で表す。このとき $A\tilde{A}=\tilde{A}A=|A|E$ が成り立つ。

・**正則行列の特徴付け**　n 次正方行列 A について，次の条件 (a)，(b)，(c) は互いに同値である。

(a)　A は正則行列である。

(b)　$\mathrm{rank}\,A=n$　　(c)　$|A|\neq 0$

・**クラメールの公式**　n 個の未知数についての，n 個の方程式からなる連立 1 次方程式 $A\boldsymbol{x}=\boldsymbol{b}$ $(*)$ において，係数行列 A を n 次の正則行列とすると，$(*)$ の唯一の解

$\boldsymbol{x}={}^t[\,x_1\ \ x_2\ \ \cdots\ \ x_n\,]$ は

$$x_i=\frac{\det[\,\boldsymbol{a}_1\ \cdots\ \boldsymbol{a}_{i-1}\ \ \boldsymbol{b}\ \ \boldsymbol{a}_{i+1}\ \cdots\ \boldsymbol{a}_n\,]}{|A|}$$

で表される。ただし，$\boldsymbol{a}_i$ は A の i 番目の列ベクトルを表し，

$$[\,\boldsymbol{a}_1\ \cdots\ \boldsymbol{a}_{i-1}\ \ \boldsymbol{b}\ \ \boldsymbol{a}_{i+1}\ \cdots\ \boldsymbol{a}_n\,]$$

は，A の i 列目を $\boldsymbol{b}$ に取り替えて得られる n 次正方行列である。$\begin{bmatrix} a & b \\ c & d \end{bmatrix}\begin{bmatrix} x \\ y \end{bmatrix}=\begin{bmatrix} p \\ q \end{bmatrix}$ ならば

$$x=\frac{\begin{vmatrix} p & b \\ q & d \end{vmatrix}}{ad-bc}=\frac{dp-bq}{ad-bc},$$

$$y=\frac{\begin{vmatrix} a & p \\ c & q \end{vmatrix}}{ad-bc}=\frac{aq-cp}{ad-bc}$$　と求められる。

ベクトル空間と線形写像，内積

ベクトル空間

・**体**　集合 K が加法・減法・乗法および 0 以外の除法の演算で閉じているとき，K を体という。

・**ベクトル空間**　集合 V に次の構造が定義されるとき，V をベクトル空間といい，ベクトル空間 V の各要素を，V のベクトルという。

[1]　V の任意の要素 $\boldsymbol{v}$，$\boldsymbol{w}$ に対して $\boldsymbol{v}+\boldsymbol{w}\in V$

[2]　V の任意の要素 $\boldsymbol{v}$，体 K の任意の要素 c に対して　$c\boldsymbol{v}\in V$

[3]　[1]，[2] について，次をすべて満たす。ただし，$\boldsymbol{u}$，$\boldsymbol{v}$，$\boldsymbol{w}$，$\boldsymbol{0}$ は V の要素で $\boldsymbol{0}$ は零ベクトル，a，b は K の要素とする。

(1)　$(\boldsymbol{u}+\boldsymbol{v})+\boldsymbol{w}=\boldsymbol{u}+(\boldsymbol{v}+\boldsymbol{w})$（和の結合律）

(2)　任意の $\boldsymbol{v}$ に対し，$\boldsymbol{v}+\boldsymbol{0}=\boldsymbol{0}+\boldsymbol{v}=\boldsymbol{v}$ となる $\boldsymbol{0}$ が存在する。（零元の存在）

(3)　$\boldsymbol{v}$ に対し，$\boldsymbol{v}+\boldsymbol{w}=\boldsymbol{w}+\boldsymbol{v}=\boldsymbol{0}$ となる $\boldsymbol{w}$ が存在する。（逆元の存在）

(4)　$\boldsymbol{v}+\boldsymbol{w}=\boldsymbol{w}+\boldsymbol{v}$　（和の交換律）

(5)　$a(b\boldsymbol{v})=(ab)\boldsymbol{v}$　（スカラーの結合律）

(6)　$(a+b)\boldsymbol{v}=a\boldsymbol{v}+b\boldsymbol{v}$　（分配法則）

(7)　$a(\boldsymbol{v}+\boldsymbol{w})=a\boldsymbol{v}+a\boldsymbol{w}$　（分配法則）

(8)　$1\boldsymbol{v}=\boldsymbol{v}$

特に，n 次の列ベクトル全体のなす K 上のベクトル空間 K^n を n 次元数ベクトル空間という。

・**部分空間**　V を K 上のベクトル空間とする。V の部分集合 W が次の条件を満たすとき，W は V の部分空間であるという。

[1]　$\boldsymbol{0}\in W$　[2]　$\boldsymbol{v}$，$\boldsymbol{w}\in W$ ならば $\boldsymbol{v}+\boldsymbol{w}\in W$

[3]　$\boldsymbol{v}\in W$ で $c\in K$ ならば　$c\boldsymbol{v}\in W$

・**同次連立 1 次方程式の解の空間**

A を，K の要素を成分とする $m\times n$ 行列とする。同次連立 1 次方程式 $A\boldsymbol{v}=\boldsymbol{0}$ の解全体は，K^n の部分空間をなす。ただし $\boldsymbol{v}={}^t[\,x_1\ \ x_2\ \ \cdots\ \ x_n\,]$

一般に，同次連立 1 次方程式の解全体がなす，数ベクトル空間の部分空間を同次連立 1 次方程式の解空間という。

・**部分空間の和と共通部分，直和**　V を K 上のベクトル空間とし，U，W を V の部分空間とする。

(1)　集合 $U\cap W$ は V の部分空間であり，U と W の共通部分という。

(2)　$\{\boldsymbol{u}+\boldsymbol{w}\mid\boldsymbol{u}\in U,\ \boldsymbol{w}\in W\}$ で表される集合は V の部分空間で，U と W の和といい，$U+W$ と書く。

(3)　$U\cap W=\{\boldsymbol{0}\}$ の場合の U と W の和 $U+W$ を U と W の直和といい，$U\oplus W$ と書く。

・**直和の条件**　V を K 上のベクトル空間とし，U，W を V の部分空間とするとき，次は同値である。

(1)　和 $U+W$ は直和 $(U\cap W=\{\boldsymbol{0}\})$ である。

(2)　$U+W$ の各要素は，$\boldsymbol{u}+\boldsymbol{w}$ $(\boldsymbol{u}\in U,\ \boldsymbol{w}\in W)$ の形に一意的に書ける。

ベクトルの 1 次独立・1 次従属

V を K 上のベクトル空間，$\boldsymbol{v}_1$，$\boldsymbol{v}_2$，……，$\boldsymbol{v}_n$ を V のベクトル，a_1，a_2，……，a_n を K のスカラーとする。

・**生成系と有限生成**　$a_1\boldsymbol{v}_1+a_2\boldsymbol{v}_2+\cdots\cdots+a_n\boldsymbol{v}_n$ の形に表せる式を，ベクトル $\boldsymbol{v}_1$，$\boldsymbol{v}_2$，……，$\boldsymbol{v}_n$ の 1 次結合という。

$\boldsymbol{v}_1$，$\boldsymbol{v}_2$，……，$\boldsymbol{v}_n$ の 1 次結合全体からなる V の部分空間を $\langle\boldsymbol{v}_1,\ \boldsymbol{v}_2,\ \cdots\cdots,\ \boldsymbol{v}_n\rangle$ と書く。

$\langle \boldsymbol{v}_1,\ \boldsymbol{v}_2,\ \cdots\cdots,\ \boldsymbol{v}_n \rangle$ をWとおくと，ベクトルの組 $\{\boldsymbol{v}_1,\ \boldsymbol{v}_2,\ \cdots\cdots,\ \boldsymbol{v}_n\}$ はWの生成系であるという。更に，Vの部分空間Wが生成系をもつとき，Wは有限生成であるという。

・**1次独立・1次従属**
$a_1\boldsymbol{v}_1+a_2\boldsymbol{v}_2+\cdots\cdots+a_n\boldsymbol{v}_n=0$ という形に表される関係式を $\boldsymbol{v}_1,\ \boldsymbol{v}_2,\ \cdots\cdots,\ \boldsymbol{v}_n$ のK上の1次関係または1次関係式という。
$a_1\boldsymbol{v}_1+a_2\boldsymbol{v}_2+\cdots\cdots+a_n\boldsymbol{v}_n=0$ ならば必ず
$a_1=a_2=\cdots\cdots=0$ が成り立つとき，
$\{\boldsymbol{v}_1,\ \boldsymbol{v}_2,\ \cdots\cdots,\ \boldsymbol{v}_n\}$ はK上1次独立であるといい，$a_1\boldsymbol{v}_1+a_2\boldsymbol{v}_2+\cdots\cdots+a_n\boldsymbol{v}_n=0$ であって，
$a_1,\ a_2,\ \cdots\cdots,\ a_n$ のうち少なくとも1つが0でないとき，$\{\boldsymbol{v}_1,\ \boldsymbol{v}_2,\ \cdots\cdots,\ \boldsymbol{v}_n\}$ はK上1次従属であるという。

基底と次元　VをK上のベクトル空間とし，
$\boldsymbol{v}_1,\ \boldsymbol{v}_2,\ \cdots\cdots,\ \boldsymbol{v}_n$ をVのベクトルとし，ベクトルの組 $\{\boldsymbol{v}_1,\ \boldsymbol{v}_2,\ \cdots\cdots,\ \boldsymbol{v}_n\}$ を$(*)$とする。

・**基底**　次の2つの条件を満たす$(*)$を，Vの(K上の) 基底であるという。
[1]　$(*)$はVを生成する。すなわち，VはK上の部分空間 $\langle \boldsymbol{v}_1,\ \boldsymbol{v}_2,\ \cdots\cdots,\ \boldsymbol{v}_n \rangle$ である。
[2]　$(*)$は1次独立である。
n次元数ベクトル空間 K^n の基本ベクトルの組 $\{\boldsymbol{e}_1,\ \boldsymbol{e}_2,\ \cdots\cdots,\ \boldsymbol{e}_n\}$ は K^n の基底であり，特別に，数ベクトル空間 K^n の標準基底という。

・**基底に属するベクトルの個数の一意性**
有限生成ベクトル空間は基底をもつ。VをK上の有限生成ベクトル空間とし，Vが2通りの基底 $\{\boldsymbol{v}_1,\ \boldsymbol{v}_2,\ \cdots\cdots,\ \boldsymbol{v}_n\}$，$\{\boldsymbol{w}_1,\ \boldsymbol{w}_2,\ \cdots\cdots,\ \boldsymbol{w}_m\}$ をもつならば $n=m$ である。
すなわち，基底をなすベクトルの個数は，Vに対して一意的である。

・**次元**　VをK上の有限生成ベクトル空間とする。Vの基底をなすベクトルの個数を $\dim V$ と書き，VのK上の次元という。

・**次元の大小**　$U,\ W$ はVの部分空間で $U\subset W$，Wは有限次元とする。このとき
(1)　Uも有限次元であり，次が成り立つ。
$$\dim U \leqq \dim W$$
(2)　$U=W$ であるための必要十分条件は
$\dim U=\dim W$ が成り立つことである。

・**行列の階数と次元**　Kの要素を成分とする
$m\times n$ 行列Aの階数 $\operatorname{rank} A$ は，Aの列ベクトルで生成される K^m の部分空間の次元と一致する。

・**次元公式**　$W_1,\ W_2$ をVの有限次元部分空間とするとき $W_1+W_2,\ W_1\cap W_2$ も有限次元であり，次が成り立つ。
$$\dim(W_1+W_2)=\dim W_1+\dim W_2-\dim W_1\cap W_2$$

線形写像と内積空間，ベクトル積
VとWをK上のベクトル空間とし
$f: V \longrightarrow W$ を写像とする。

・**線形写像**　次の2つの条件が満たされるとき，写像fはK上の線形写像という。
[1]　任意の $\boldsymbol{v}_1,\ \boldsymbol{v}_2\in V$ について
$$f(\boldsymbol{v}_1+\boldsymbol{v}_2)=f(\boldsymbol{v}_1)+f(\boldsymbol{v}_2)$$
[2]　任意の $\boldsymbol{v}\in V$ および任意の $a\in K$ について
$$f(a\boldsymbol{v})=af(\boldsymbol{v})$$
特に，$f: V \longrightarrow V$ という線形写像を，VのK上の線形変換，あるいは1次変換という。

・**線形写像の核**　$V,\ W$ をK上の有限次元ベクトル空間とし，$f: V \longrightarrow W$ をK上の線形写像とする。零ベクトルだけからなるWの部分空間 $\{\boldsymbol{0}\}$ の逆像 $f^{-1}(\boldsymbol{0})$ を，fの核といい，$\mathrm{Ker}(f)$ と書く。すなわち
$$\mathrm{Ker}(f)=\{\boldsymbol{v}\mid f(\boldsymbol{v})=\boldsymbol{0}\}$$
fが単射（1対1の写像）であるための必要十分条件は $\mathrm{Ker}(f)=\{\boldsymbol{0}\}$ が成り立つことである。

・**線形写像と1次独立性**　$\{\boldsymbol{v}_1,\ \boldsymbol{v}_2,\ \cdots\cdots,\ \boldsymbol{v}_r\}$ をVのベクトルの組とする。
(1)　Wのベクトルの組
$\{f(\boldsymbol{v}_1),\ f(\boldsymbol{v}_2),\ \cdots\cdots,\ f(\boldsymbol{v}_r)\}$ が1次独立なら $\{\boldsymbol{v}_1,\ \boldsymbol{v}_2,\ \cdots\cdots,\ \boldsymbol{v}_r\}$ は1次独立である。
(2)　fが単射であるとき，(1)の逆が成り立つ。

・**同型写像と次元**　1対1写像（単射）かつ上への写像（全射）である写像を同型写像という。
VとWをK上の有限次元ベクトル空間とし
$f: V \longrightarrow W$ がK上の同型写像とする（このときVとWはK上同型であるという)。
Vのベクトルの組 $\{\boldsymbol{v}_1,\ \boldsymbol{v}_2,\ \cdots,\ \boldsymbol{v}_n\}$ がVの基底であるための必要十分条件はWのベクトルの組 $\{f(\boldsymbol{v}_1),\ f(\boldsymbol{v}_2),\ \cdots,\ f(\boldsymbol{v}_r)\}$ がWの基底であることである。特に，$\dim V=\dim W$ である。

・**線形写像と次元**　VとWをK上の有限次元ベクトル空間とし $f: V \longrightarrow W$ をK上の線形写像とすると，次が成り立つ。
(1)　$\dim V=\operatorname{rank} f+\dim \mathrm{Ker}(f)$
(2)　fが単射ならば　$\dim V\leqq \dim W$
(3)　fが全射ならば　$\dim V\geqq \dim W$

・**ベクトル空間と次元**　2つのK上の有限次元ベクトル空間 $V,\ W$ が同型であるための必要十分条件は，その次元が一致すること，すなわち